现行冶金轧辊标准汇编

冶金机电标准化技术委员会　编

北　京
冶　金　工　业　出　版　社
2014

内容提要

本书汇集了现行的冶金轧辊标准共40项，其中15项产品标准，两项基础通用标准和23项相关方法标准。

本书可供冶金及相关行业的科技人员、工程技术人员、质量监督检验人员使用。

图书在版编目(CIP)数据

现行冶金轧辊标准汇编/冶金机电标准化技术委员会编．—北京：冶金工业出版社，2014.1

ISBN 978-7-5024-6414-1

Ⅰ.①现…　Ⅱ.①冶…　Ⅲ.①轧辊—标准—汇编—中国
Ⅳ.①TG333.17-65

中国版本图书馆CIP数据核字(2014)第004811号

出 版 人　谭学余
地　　址　北京北河沿大街嵩祝院北巷39号，邮编 100009
电　　话　(010)64027926　电子信箱　yjcbs@cnmip.com.cn
责任编辑　戈　兰　美术编辑　彭子赫　版式设计　孙跃红
责任校对　王永欣　责任印制　李玉山
ISBN 978-7-5024-6414-1
冶金工业出版社出版发行；各地新华书店经销；三河市双峰印刷装订有限公司印刷
2014年1月第1版，2014年1月第1次印刷
210mm×297mm；41.75印张；1291千字；662页
260.00元

冶金工业出版社投稿电话：(010)64027932　投稿信箱：tougao@cnmip.com.cn
冶金工业出版社发行部　电话：(010)64044283　传真：(010)64027893
冶金书店　地址：北京东四西大街46号(100010)　电话：(010)65289081(兼传真)

前 言

轧辊是轧机的重要部件，轧辊质量直接影响到成材产品的质量，尤其是用于生产航天、汽车钢板等高品质产品的轧机精轧辊，其要求极高。另外，为提高轧辊的使用寿命和性能，降本增效，也需要不断提高轧辊本身的质量。

近年来，随着钢铁工业的快速发展，国内主要轧辊生产企业加快了高性能轧辊的研发，引进人才、技术、装备，自主创新，推动了冶金轧辊技术的发展，促进了产品结构调整和产业升级换代，轧辊产品质量有了明显提高，基本满足了市场需求。标准化工作配合落实国家产业政策和行业发展的要求，积极开展了轧辊系列标准的制修订工作，完善标准体系，以满足市场需求。

为了深入贯彻落实《中华人民共和国标准化法》，加强标准化工作，便于读者全面了解冶金轧辊标准体系概况，推动标准实施工作，冶金机电标准化技术委员会和冶金工业出版社组织编辑了《现行冶金轧辊标准汇编》。本汇编收录了到目前为止所有有效的冶金轧辊标准，并将标准复审、相关标准信息也纳入书中，为广大用户提供尽可能多的信息。

本汇编共收集了40项标准，其中15项产品标准，两项基础通用标准和23项相关方法标准。

本汇编收集的标准的属性已在本目录上标明，年号用四位数字表示。鉴于部分标准是在标准清理整顿前出版，内容尚未修订，故正文部分仍保留原样(包括标准正文中"引用标准"中的标准的现状，请读者注意查对)。

鉴于本汇编收录的标准发布年代不尽相同，汇编时对标准中所使用的计量单位、符号等未做改动。

本书可供冶金、机械等行业制造、使用轧辊的科技人员、工程设计人员、质量监督检验人员使用，也可供采购、管理、国际贸易、对外交流人员参考。

参加本汇编的编写人员有：赵宝林、仇金辉、冯玉洁、张进莺、费颀田。

编 者

2013年9月

目　　录

一、基 础 标 准

二、产 品 标 准

三、相关方法标准

目　　录

一、基础标准

UDC 669-122:621.77.07:001.4
H 94

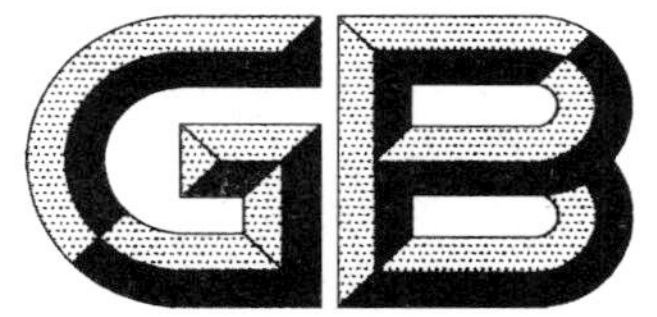

中华人民共和国国家标准

GB/T 15546—1995

冶 金 轧 辊 术 语

Terms of mill rolls

1995-04-11 发布 1995-12-01 实施

国家技术监督局 发布

中华人民共和国国家标准

冶金轧辊术语

GB/T 15546—1995

Terms of mill rolls

1 主题内容与适用范围

本标准规定了冶金轧辊术语的定义。

本标准适用于轧制金属材料的轧辊。

2 基础术语

2.1 冶金轧辊 mill rolls

在轧机上使金属产生塑性变形的轧制工具。

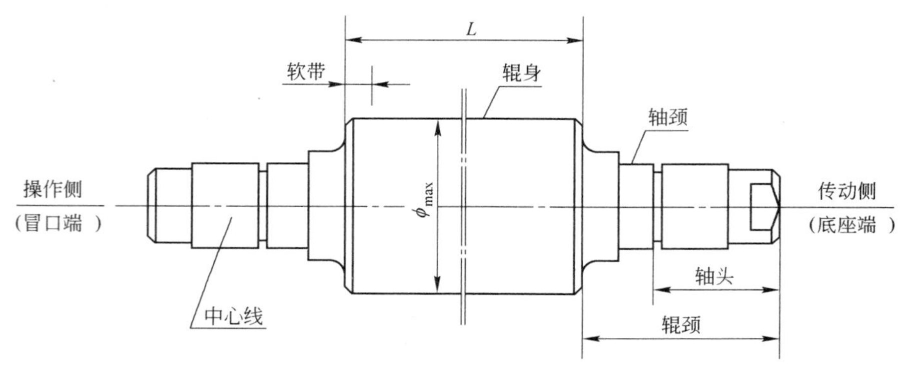

轧辊示意图

2.2 辊身 roll body

轧辊参与轧制过程的主体部位。

2.3 辊颈 roll neck

从辊身端面延伸到轧辊同侧最末端,包括辊颈、轴头和其他延伸部位。

2.4 轴颈 journal

轧辊装配轴承的部位。

2.5 轴头 wabbler

轧辊轴颈向外延伸的部位。

2.6 传动侧 drive side

轧辊与驱动机构联接的一侧。

2.7 操作侧 work side

与传动侧相对应的另一侧。

国家技术监督局 1995-04-11 批准 1995-12-01 实施

2.8 冒口端 top

铸造轧辊相应冒口部位或锻造轧辊相应钢锭上部的辊颈部位。

2.9 底座端 bottom

铸造轧辊相应轧辊下部或锻造轧辊相应钢锭下部的辊颈部位。

2.10 工作层 work layer

辊身允许使用的表层。

2.11 复合层 shell

复合轧辊辊身不同于芯部材质的外层。

2.12 白口层 clear chill layer

冷硬铸铁轧辊辊身不含石墨的白亮色表层。

2.13 软带 soft zone

从辊身端面沿母线测量至硬度达到图样要求处的部位。

2.14 中心线 axis

轧辊工作时围绕其旋转的轴线。

2.15 母线 generatrix

包含轧辊中心线的平面与轧辊表面的相贯线。

2.16 公称尺寸 nominal size

表征轧辊规格的主要尺寸，以辊身直径和辊身长度表示($\phi_{max}\times L$)

2.17 硬度落差 hardness drop

从辊身表面至指定层沿径向硬度下降的差值。

2.18 硬度梯度 hardness gradient

辊身径向单位长度上的硬度变化。

2.19 辊身淬硬层深度 hardened depth of roll body

从辊身最大直径表面沿径向至硬度低于图样要求下限 5HS 处的厚度。

2.20 辊身硬度均匀度 hardness homogeneity of roll body

辊身表面除允许软带区外最高硬度与最低硬度的差值。

3 专业术语

3.1 按制造工艺分类

3.1.1 铸造轧辊

a. 碳素铸钢轧辊 carbon cast steel roll

由含碳量为 0.4%～0.8%的碳素钢铸造的轧辊。

b. 合金铸钢轧辊 alloy cast steel roll

由合金元素总量不大于 5%的合金铸钢铸造的轧辊。

c. 铸造半钢轧辊 cast adamite roll(steel base roll)

含碳量为 1.4%～2.3%及适量合金元素的铸钢轧辊。

d. 石墨铸钢轧辊 graphitic cast steel roll

组织中有适量的石墨，含碳量为 1.2%～2.5%和含硅量大于 0.8%的铸钢轧辊。

e. 高铬铸钢轧辊 high chromium cast steel roll

含铬量大于 6%的合金铸钢轧辊。

f. 冷硬铸铁轧辊 chilled cast iron roll

辊身表层有一定白口层的铸铁轧辊。

g. 半冷硬球墨铸铁轧辊 semi-chill ductile cast iron roll

采用挂砂冷型铸造的球墨铸铁轧辊。

h. 无界冷硬铸铁轧辊(无限冷硬铸铁轧辊) indefinite chill cast iron roll

采用金属型铸造,辊身表层为麻口铸铁的轧辊。

i. 珠光体球墨铸铁轧辊 pearlitic nodular cast iron roll;ductile cast iron roll

辊身工作层基体为珠光体的球墨铸铁轧辊。

j. 针状组织球墨铸铁轧辊 acicular nodular cast iron roll

辊身工作层基体为针状组织的球墨铸铁轧辊。

k. 高铬铸铁轧辊 high chromium cast iron roll

辊身工作层为含铬量大于12%的白口铸铁轧辊。

3.1.2 锻造轧辊

a. 锻钢轧辊 forged steel roll

用钢锭锻成的轧辊。

b. 锻造半钢轧辊 forged adamite roll

用半钢铸坯锻成的轧辊。

c. 锻造白口铁轧辊 nisso toyama roll

用高纯度亚共晶白口铸铁锻成的轧辊。简称"NT"轧辊。

3.1.3 粉末冶金轧辊 powder metallurgical roll

以碳化钨或其他为基体原料,用粉末冶金方法制成的轧辊。

3.1.4 连续浇注复合轧辊 roll by continnuous pouring process for cladding

在实心的金属棒周围,连续地浇入高合金外层熔合而成的轧辊。简称"CPC"轧辊。

3.1.5 喷射沉积复合轧辊 spraying precipitation composition roll

采用液态高合金雾化沉积工艺方法制成的轧辊。

3.1.6 堆焊轧辊 bead welding roll

在辊身表面堆焊一层耐磨合金的轧辊。

3.2 按结构分类

3.2.1 整体轧辊 single roll

由单一材质铸造或锻造的轧辊。

3.2.2 复合轧辊

a. 铸造复合轧辊 double pouring cast roll

用不同铸造方法由两种或两种以上材质制成的轧辊。

b. 镶套轧辊 compound sleeve roll

由不同材质辊套和芯轴组装的轧辊。

3.3 按轧制工序及配制分类

3.3.1 初轧辊 blooming/slabbing mill roll

在初轧机上将钢锭轧制成钢坯的轧辊。

3.3.2 粗轧辊 roughing roll

在粗轧机上轧制坯料的轧辊。

3.3.3 中间机架轧辊 intermediate stand roll

在粗轧机架后的中间机架上使用的轧辊。

3.3.4 精轧辊 finishing roll

在精轧机架上使轧件最终轧制成材的轧辊。

3.3.5 平整辊 temper mill roll

平整板、带材使其有较好的板型和改善机械性能的轧辊。

3.3.6 光亮平整辊 skin pass roll

使板、带材通过平整后改善表面粗糙度，达到表面光亮目的的轧辊。

3.3.7 矫直辊 straightening roll

使轧材平直以及为轧材断面整形所使用的轧辊。

3.3.8 工作辊 work roll

在轧机上直接轧制产品的轧辊。

3.3.9 支承辊 back-up roll

在轧机上增加工作辊刚度，直接或间接承受轧制载荷的轧辊。

3.3.10 中间辊 intermediate roll

同一机架上工作辊与支承辊之间的轧辊。

3.3.11 轧边辊(立辊) edger roll

轧辊中心线垂直于水平面，用于破鳞和轧边的轧辊。

附加说明：

本标准由中华人民共和国冶金工业部提出。

本标准由北京冶金设备研究院归口。

本标准由邢台冶金机械轧辊股份有限公司负责起草。

本标准主要起草人文铁铮、杨相炫。

本标准水平等级标记 GB/T 15546—1995 Ⅰ

ICS 77.140
H 40

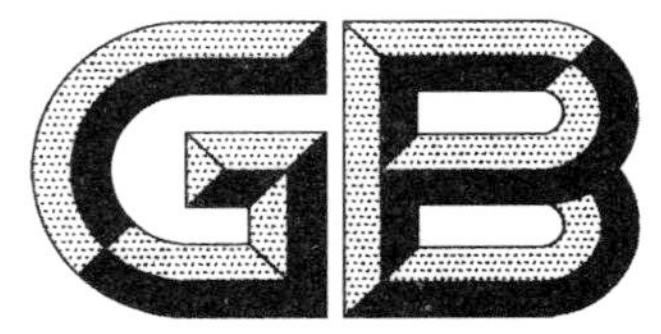

中华人民共和国国家标准

GB/T 17107—1997

锻件用结构钢牌号和力学性能

Structural steel grades and mechanical property for forgings

1997-11-11 发布 1998-05-01 实施

国家技术监督局 发布

前　言

本标准是根据 GB 221—79《钢铁产品牌号表示方法》的规定，对碳素结构钢锻件、合金结构钢锻件进行规范化、标准化管理，在 GB 700、GB 699、GB 3077、JB 1265、JB 1271、YB 475 等基础上增加了一些常用的碳素结构钢、合金结构钢锻件牌号。牌号设置上避免与国际重合。并参照国内外标准，在大量试验研究的基础上，根据锻件的特点规定化学成分偏差和力学性能。取样位置参照 ASTM A 668 标准作了详细规定，比较科学合理。这就使结构钢锻件的牌号、化学成分及其成品化学成分偏差、力学性能、试样取样位置有了全国统一规定，并在一定程度上与国际接轨。各专业标准可依据本标准的规定，结合本行业特点和特殊情况提出技术规定。

本标准附录 A 是标准的附录。

本标准由中华人民共和国冶金工业部提出。

本标准由冶金工业部北京冶金设备研究院归口。

本标准起草单位：北满特殊钢股份有限公司、第一重型机械集团公司、冶金工业部北京冶金设备研究院。

本标准主要起草人：李兴华、王明家、李亚军。

中华人民共和国国家标准

GB/T 17107—1997

锻件用结构钢牌号和力学性能

Structural steel grades and mechanical property for forgings

1 范围

本标准规定了锻件用结构钢牌号、化学成分、成品化学成分偏差、力学性能及力学性能取样位置等。

本标准适用于冶金、矿山、船舶、工程机械等设备中经整体热处理后取样测定力学性能的一般锻件。

本标准的力学性能不适用于电站设备中高温高速转动的主轴、转子、叶轮和压力容器等锻件。

2 引用标准

下列标准所包含的条文，通过在本标准中引用而构成为本标准的条文。在本标准出版时，所示版本均为有效。所有标准都会被修订，使用本标准的各方应探讨使用下列标准最新版本的可能性。

GB 223　钢铁及合金化学分析方法（见附录 A）

GB 228—87　金属拉伸试验方法

GB/T 229—94　金属夏比缺口冲击试验方法

GB 231—84　金属布氏硬度试验方法

GB 6397—86　金属拉伸试样

3 牌号和化学成分

3.1 碳素结构钢的牌号及化学成分（熔炼分析）应符合表 1 规定。

3.2 合金结构钢的牌号及化学成分（熔炼分析）应符合表 2 的规定。钢中硫、磷及残余铜、铬、镍含量应符合表 3 的规定。

4 成品化学成分偏差

4.1 成品化学成分偏差，碳素结构钢锻件应符合表 4 的规定，合金结构钢锻件应符合表 5 的规定。

4.2 需方需要进行成品化学成分分析时，试样应取自锻件本体或其延长部分，对于圆盘或实心锻件取自 1/2 半径到外表面之间，对于空心锻件或圆环锻件取自 1/2 壁厚处至外表面之间。

5 力学性能

5.1 碳素结构钢锻件的力学性能应符合表 1 的规定。

5.2 合金结构钢锻件的力学性能应符合表 2 的规定。

5.3 锻件必须在性能热处理后表面处理前检验力学性能。

5.4 试样取下后，不得进行任何对力学性能有影响的热处理或者是对测试结果有影响的各种加工。

5.5 力学性能主要检验材料的拉伸、冲击性能和硬度。同时做拉伸、冲击和硬度试验时，硬度值供参考。也可做拉伸、冲击和硬度中的某一项试验。

国家技术监督局 1997-11-11 批准　　　　1998-05-01 实施

表 1 碳素结构钢

序号	牌号	化学成分,%										热处理状态	截面尺寸（直径或厚度）mm	试样方向	力学性能					硬度 HB
		C	Si	Mn	Cr	Ni	Mo	V	S	P	Cu				σ_b N/mm² 不小于	σ_s N/mm² 不小于	δ_5 % 不小于	ψ % 不小于	A_{ku} J 不小于	
1	Q235	0.14～0.22	≤0.30	0.30～0.65	≤0.30	≤0.30	—	—	≤0.050	≤0.045	≤0.30	—	≤100	纵向	330	210	23	—	—	—
													100～30Q	纵向	320	195	22	43	—	—
													300～500	纵向	310	185	21	38	—	—
													500～700	纵向	300	175	20	38	—	—
2	15	0.12～0.19	0.17～0.37	0.35～0.65	≤0.25	≤0.25	—	—	≤0.035	≤0.035	≤0.25	正火＋回火	≤100	纵向	320	195	27	55	47	97～143
													100～300	纵向	310	165	25	50	47	97～143
													300～500	纵向	300	145	24	45	43	97～143
3	20	0.17～0.24	0.17～0.37	0.35～0.65	≤0.25	≤0.25	—	—	≤0.035	≤0.035	≤0.25	正火或正火＋回火	≤100	纵向	340	215	24	50	43	103～156
													100～250	纵向	330	195	23	45	39	103～156
													250～500	纵向	320	185	22	40	39	103～156
													500～1000	纵向	300	175	20	35	35	103～156
4	25	0.22～0.30	0.17～0.37	0.50～0.80	≤0.25	≤0.25	—	—	≤0.035	≤0.035	≤0.25	正火或正火＋回火	≤100	纵向	420	235	22	50	39	112～170
													100～250	纵向	390	215	20	48	31	112～170
													250～500	纵向	380	205	18	40	31	112～170
5	30	0.27～0.35	0.17～0.37	0.50～0.80	≤0.25	≤0.25	—	—	≤0.035	≤0.035	≤0.25	正火或正火＋回火	≤100	纵向	470	245	19	48	31	126～179
													100～300	纵向	460	235	19	46	27	126～179
													300～500	纵向	450	225	18	40	27	126～179
													500～800	纵向	440	215	17	35	28	126～179

表 1(续)

序号	牌号	化学成分,%										热处理状态	截面尺寸(直径或厚度) mm	试样方向	力学性能					硬度 HB
		C	Si	Mn	Cr	Ni	Mo	V	S	P	Cu				σ_b N/mm² 不小于	σ_s N/mm² 不小于	δ_5 % 不小于	ψ % 不小于	A_{ku} J 不小于	
6	35	0.32~0.40	0.17~0.37	0.50~0.80	≤0.25	≤0.25	—	—	≤0.035	≤0.035	≤0.25	正火或正火+回火	≤100	纵向	510	265	18	43	28	149~187
													100~300	纵向	490	255	18	40	24	149~187
													300~500	纵向	470	235	17	37	24	143~187
													500~750	纵向	450	225	16	32	20	137~187
													750~1000	纵向	430	215	15	28	20	137~187
												调质	≤100	纵向	550	295	19	48	47	156~207
													100~300	纵向	530	275	18	40	39	156~207
												正火+回火	100~300	切向	470	245	13	30	20	—
													300~500	切向	450	225	12	28	20	—
													500~750	切向	430	215	11	24	16	—
													750~1000	切向	410	205	10	22	16	—
7	40	0.37~0.45	0.17~0.37	0.50~0.80	≤0.25	≤0.25	—	—	≤0.035	≤0.035	≤0.25	正火+回火	≤100	纵向	550	275	17	40	24	143~207
													100~250	纵向	530	265	17	36	24	143~207
													250~500	纵向	510	255	16	32	20	143~207
													500~1000	纵向	490	245	15	30	20	143~207
												调质	≤100	纵向	615	340	18	40	39	196~241
													100~250	纵向	590	295	17	35	31	189~229
													250~500	纵向	560	275	17	—	—	163~219

表 1(完)

序号	牌号	化学成分,%										热处理状态	截面尺寸(直径或厚度) mm	试样方向	力学性能					硬度 HB
		C	Si	Mn	Cr	Ni	Mo	V	S	P	Cu				σ_b N/mm² 不小于	σ_s N/mm² 不小于	δ_5 % 不小于	ψ % 不小于	A_{ku} J 不小于	
8	45	0.42~0.50	0.17~0.37	0.50~0.80	≤0.25	≤0.25	—	—	≤0.035	≤0.035	≤0.25	正火或正火+回火	≤100	纵向	590	295	15	38	23	170~217
													100~300	纵向	570	285	15	35	19	163~217
													300~500	纵向	550	275	14	32	19	163~217
													500~1000	纵向	530	265	13	30	15	156~217
												调质	≤100	纵向	630	370	17	40	31	207~302
													100~250	纵向	590	345	18	35	31	197~286
													250~500	纵向	590	345	17	—	—	187~255
												正火+回火	100~300	切向	540	275	10	25	16	—
													300~500	切向	520	265	10	23	16	—
													500~750	切向	500	255	9	21	12	—
													750~1000	切向	480	245	8	20	12	—
9	50	0.47~0.55	0.17~0.37	0.50~0.80	≤0.25	≤0.25	—	—	≤0.035	≤0.035	≤0.25	正火+回火	≤100	纵向	610	310	13	35	23	—
													100~300	纵向	590	295	12	33	19	—
													300~500	纵向	570	285	12	30	19	—
													500~750	纵向	550	265	12	28	15	—
												调质	≤16	纵向	700	500	14	30	31	—
													16~40	纵向	650	430	16	35	31	—
													40~100	纵向	630	370	17	40	31	—
													100~250	纵向	590	345	17	35	31	—
													250~500	纵向	590	345	17	—	—	—
10	55	0.52~0.60	0.17~0.37	0.50~0.80	≤0.25	≤0.25	—	—	≤0.035	≤0.035	≤0.25	正火+回火	≤100	纵向	645	320	12	35	23	187~229
													100~300	纵向	625	310	11	28	19	187~229
													300~500	纵向	610	305	10	22	19	187~229

注:除 Q235 之外的牌号使用废钢冶炼时 Cu 不大于 0.30%

表 2　合金结构钢

序号	牌号	化学成分,% C	Si	Mn	Cr	Ni	Mo	V	其他	热处理状态	截面尺寸（直径或厚度）mm	试样方向	力学性能 σ_b N/mm² 不小于	σ_s N/mm² 不小于	δ_5 % 不小于	ψ % 不小于	A_{ku} J 不小于	硬度 HB
1	30Mn2	0.27～0.34	0.17～0.37	1.40～1.80	—	—	—	—	—	调质	≤100	纵向	685	440	15	50	—	—
											100～300	纵向	635	410	16	45	—	—
2	35Mn2	0.32～0.39	0.17～0.37	1.40～1.80	—	—	—	—	—	正火+回火	≤100	纵向	620	315	18	45	—	207～241
											100～300	纵向	580	295	18	43	23	207～241
										调质	≤100	纵向	745	590	16	50	47	229～269
											100～300	纵向	690	490	16	45	47	229～269
3	45Mn2	0.42～0.49	0.17～0.37	1.40～1.80	—	—	—	—	—	正火+回火	≤100	纵向	690	355	16	38	—	187～241
											100～300	纵向	670	335	15	35	—	187～241
4	20SiMn	0.16～0.22	0.60～0.80	1.00～1.30	—	—	—	—	—	正火+回火	≤600	纵向	470	265	15	30	39	—
											600～900	纵向	450	255	14	30	39	—
											900～1200	纵向	440	245	14	30	39	—
											≤300	切向	490	275	14	30	27	—
											300～500	切向	470	265	13	28	23	—
											500～750	切向	440	245	11	24	19	—
											750～1000	切向	410	225	10	22	19	—
5	35SiMn	0.32～0.40	1.10～1.40	1.10～1.40	—	—	—	—	—	调质	≤100	纵向	785	510	15	45	47	229～286
											100～300	纵向	735	440	14	35	39	271～265
											300～400	纵向	685	390	13	30	35	215～255
											400～500	纵向	635	375	11	28	31	196～255

表 2(续)

序号	牌号	化学成分,%								热处理状态	截面尺寸（直径或厚度）mm	试样方向	力学性能					硬度 HB
		C	Si	Mn	Cr	Ni	Mo	V	其他				σ_b N/mm^2 不小于	σ_s N/mm^2 不小于	δ_5 % 不小于	ψ % 不小于	A_{ku} J 不小于	
6	42SiMn	0.39～0.45	1.10～1.40	1.10～1.40	—	—	—	—	—	调质	≤100	纵向	785	510	15	45	31	229～286
											100～200	纵向	735	460	14	35	23	217～269
											200～300	纵向	685	440	13	30	23	217～255
											300～500	纵向	635	375	10	28	20	196～255
7	50SiMn	0.46～0.54	0.80～1.10	0.80～1.10	—	—	—	—	—	调质	≤100	纵向	835	540	15	40	39	229～286
											100～200	纵向	735	490	15	35	39	217～269
											200～300	纵向	685	440	14	30	31	207～255
8	20MnMo	0.17～0.23	0.17～0.37	0.90～1.30	—	—	0.15～0.25	—	—	调质	≤300	纵向	500	305	14	40	39	—
											300～500	纵向	470	275	14	40	39	—
											≤300	切向	500	305	14	32	31	—
											300～500	切向	470	275	13	30	31	—
9	20MnMoNb	0.16～0.23	0.17～0.37	1.20～1.50	—	—	0.45～0.60	—	Nb 0.020～0.045	调质	100～300	纵向	635	490	15	45	47	187～229
											300～500	纵向	590	440	15	45	47	187～229
											500～800	纵向	490	345	15	45	39	—
											100～300	切向	610	430	12	32	31	—
											300～500	切向	570	400	12	30	24	—
10	42MnMoV	0.38～0.45	0.17～0.37	1.20～1.50	—	—	0.20～0.30	0.10～0.20	—	调质	100～300	纵向	765	590	12	40	31	241～286
											300～500	纵向	705	540	12	35	23	229～269
											500～800	纵向	635	490	12	35	23	217～241

表 2(续)

序号	牌号	化学成分,% C	Si	Mn	Cr	Ni	Mo	V	其他	热处理状态	截面尺寸(直径或厚度) mm	试样方向	力学性能 σ_b N/mm² 不小于	σ_s N/mm² 不小于	δ_5 % 不小于	ψ % 不小于	A_{ku} J 不小于	硬度 HB
11	50SiMnMoV	0.45~0.55	0.50~0.70	1.50~1.80	—	—	0.30~0.50	0.20~0.30	—	调质	100~300	纵向	885	735	12	40	31	269~302
											300~500	纵向	885	635	12	38	31	255~286
											500~800	纵向	835	610	12	35	23	241~286
12	37SiMn2MoV	0.33~0.39	0.60~0.90	1.60~1.90	—	—	0.40~0.50	0.05~0.12	—	调质	100~200	纵向	865	685	14	40	31	269~302
											200~400	纵向	815	635	14	40	31	241~286
											400~600	纵向	765	590	14	40	31	229~269
13	15Cr	0.12~0.18	0.17~0.37	0.40~0.70	0.70~1.00	—	—	—	—	正火+回火	≤100	纵向	390	195	26	50	39	111~156
											100~300	纵向	390	195	23	45	35	111~156
14	20Cr	0.18~0.24	0.17~0.37	0.50~0.80	0.70~1.00	—	—	—	—	正火+回火	≤100	纵向	430	215	19	40	31	123~179
											100~300	纵向	430	215	18	35	31	123~167
										调质	≤100	纵向	470	275	20	40	35	137~179
											100~300	纵向	470	245	19	40	31	137~197
15	30Cr	0.27~0.34	0.17~0.37	0.50~0.80	0.80~1.10	—	—	—	—	调质	≤100	纵向	615	395	17	40	43	187~229
16	35Cr	0.32~0.39	0.17~0.37	0.50~0.80	0.80~1.10	—	—	—	—	调质	100~300	纵向	615	395	15	35	39	187~229
17	40Cr	0.37~0.44	0.17~0.37	0.50~0.80	0.80~1.10	—	—	—	—	调质	≤100	纵向	735	540	15	45	39	241~286
											100~300	纵向	685	490	14	45	31	241~286
											300~500	纵向	685	440	10	35	23	229~269
											500~800	纵向	590	345	8	30	16	217~255

表 2(续)

序号	牌号	化学成分,% C	Si	Mn	Cr	Ni	Mo	V	其他	热处理状态	截面尺寸(直径或厚度) mm	试样方向	力学性能 σ_b N/mm² 不小于	σ_s N/mm² 不小于	δ_5 % 不小于	ψ % 不小于	A_{ku} J 不小于	硬度 HB
18	50Cr	0.47~0.54	0.17~0.37	0.50~0.80	0.80~1.10	—	—	—	—	调质	≤100	纵向	835	540	10	40	—	241~286
											100~300	纵向	785	490	10	40	—	241~286
19	12CrMo	0.08~0.15	0.17~0.37	0.40~0.70	0.40~0.70	—	0.40~0.55	—	—	正火+回火	≤100	纵向	440	275	20	50	55	≤159
											100~300	纵向	440	275	20	45	55	≤159
20	15CrMo	0.12~0.18	0.17~0.37	0.40~0.70	0.80~1.10	—	0.40~0.55	—	—	淬火+回火	≤100	切向	440	275	20	—	55	116~179
											100~300	切向	440	275	20	—	55	116~179
											300~500	切向	430	255	19	—	47	116~179
21	25CrMo	0.22~0.29	0.17~0.37	0.50~0.80	0.90~1.20	—	0.15~0.30	—	—	调质	17~40	纵向	780	600	14	55	—	—
											40~100	纵向	690	450	15	60	—	—
											100~160	纵向	640	400	16	60	—	—
22	30CrMo	0.26~0.34	0.17~0.37	0.40~0.70	0.80~1.10	—	0.15~0.25	—	—	调质	≤100	纵向	620	410	16	40	49	196~240
											100~300	纵向	590	390	15	40	44	196~240
23	35CrMo	0.32~0.40	0.17~0.37	0.40~0.70	0.80~1.10	—	0.15~0.25	—	—	调质	≤100	纵向	735	540	15	45	47	207~269
											100~300	纵向	685	490	15	40	39	207~269
											300~500	纵向	635	440	15	35	31	207~269
											500~800	纵向	590	390	12	30	23	—
											100~300	切向	635	440	11	30	27	—
											300~500	切向	590	390	10	24	24	—
											500~800	切向	540	345	9	20	20	—

表 2(续)

序号	牌号	化学成分,%								热处理状态	截面尺寸(直径或厚度) mm	试样方向	力学性能					硬度 HB
		C	Si	Mn	Cr	Ni	Mo	V	其他				σ_b N/mm² 不小于	σ_s N/mm² 不小于	δ_5 % 不小于	ψ % 不小于	A_{ku} J 不小于	
24	42CrMo	0.38~0.45	0.17~0.37	0.50~0.80	0.90~1.20	—	0.15~0.25	—	—	调质	≤100	纵向	900	650	12	50	—	—
											100~160	纵向	800	550	13	50	—	—
											160~250	纵向	750	500	14	55	—	—
											250~500	纵向	690	460	15	—	—	—
											500~750	纵向	590	390	16	—	—	—
25	50CrMo	0.46~0.54	0.17~0.37	0.50~0.80	0.90~1.20	—	0.15~0.30	—	—	调质	≤100	纵向	900	700	12	50	—	—
											100~160	纵向	850	650	13	50	—	—
											160~250	纵向	800	550	14	50	—	—
											250~500	纵向	740	540	14	—	—	—
											500~750	纵向	690	490	15	—	—	—
26	34CrMo1	0.30~0.38	0.17~0.37	0.40~0.70	0.70~1.20	—	0.40~0.55	—	—	调质	100~300	纵向	765	590	15	40	47	—
											300~500	纵向	705	540	15	40	39	—
											500~750	纵向	665	490	14	35	31	—
											750~1000	纵向	635	440	13	35	31	—
27	16CrMn	0.14~0.19	0.17~0.37	1.00~1.30	0.80~1.10	—	—	—	—	渗碳+淬火+回火	≤30	纵向	780	590	10	40	—	—
											30~63	纵向	640	440	11	40	—	—
28	20CrMn	0.17~0.22	0.17~0.37	1.10~1.40	1.00~1.30	—	—	—	—	渗碳+淬火+回火	≤30	纵向	980	680	8	35	—	—
											30~63	纵向	790	540	10	35	—	—

表 2(续)

序号	牌号	化学成分,% C	Si	Mn	Cr	Ni	Mo	V	其他	热处理状态	截面尺寸（直径或厚度）mm	试样方向	σ_b N/mm² 不小于	σ_s N/mm² 不小于	δ_5 % 不小于	ψ % 不小于	A_{ku} J 不小于	硬度 HB
29	20CrMnTi	0.17～0.23	0.17～0.37	0.80～1.10	1.00～1.30	—	—	—	Ti 0.04～0.10	调质	≤100	纵向	615	395	17	45	47	—
30	20CrMnMo	0.17～0.23	0.17～0.37	0.90～1.20	1.10～1.40	—	0.20～0.30	—	—	渗碳+淬火+回火	≤30	纵向	1080	785	7	40	—	—
											30～100	纵向	835	490	15	40	31	—
31	35CrMnMo	0.30～0.40	0.17～0.37	1.10～1.40	1.10～1.40	—	0.25～0.35	—	—	调质	>100～300	纵向	785	590	14	45	43	207～269
											300～500	纵向	735	540	13	40	39	207～269
											500～800	纵向	685	490	12	35	31	207～269
32	40CrMnMo	0.37～0.45	0.17～0.37	0.90～1.20	0.90～1.20	—	0.20～0.30	—	—	调质	≤100	纵向	885	735	12	40	39	—
											100～250	纵向	835	640	12	30	39	—
											250～400	纵向	785	530	12	40	31	—
											400～500	纵向	735	480	12	35	23	—
33	20CrMnMoB	0.17～0.23	0.17～0.37	1.20～1.50	1.50～1.80	—	0.45～0.55	—	加入量 B 0.001～0.0035	调质	≤100	纵向	900	785	13	40	39	277～331
											100～300	纵向	880	735	13	40	39	225～302
											300～500	纵向	835	685	13	40	39	241～286
											500～800	纵向	785	635	13	40	39	241～286
											100～300	切向	845	735	12	35	39	269～302
											300～600	切向	805	685	12	35	39	255～286
34	30CrMn2MoB	0.27～0.35	0.17～0.37	1.40～1.80	0.90～1.20	—	0.45～0.55	—	加入量 B 0.001～0.0035	调质	100～300	纵向	880	715	12	40	31	255～302
											300～500	纵向	835	665	12	40	31	255～302
											500～800	纵向	785	615	12	40	31	241～286

表 2(续)

序号	牌号	化学成分,%								热处理状态	截面尺寸(直径或厚度) mm	试样方向	力学性能					硬度 HB
		C	Si	Mn	Cr	Ni	Mo	V	其他				σ_b N/mm² 不小于	σ_s N/mm² 不小于	δ_5 % 不小于	ψ % 不小于	A_{ku} J 不小于	
35	32Cr2MnMo	0.28～0.36	0.17～0.37	1.10～1.40	1.70～2.10	—	0.40～0.50	—	—	调质	100～300	纵向	830	685	14	45	59	255～302
											300～500	纵向	785	635	12	40	49	255～302
											500～750	纵向	735	590	12	35	30	241～286
36	30CrMnSi	0.27～0.34	0.90～1.20	0.80～1.10	0.80～1.10	—	—	—	—	调质	≤100	纵向	735	590	12	35	35	235～293
											100～300	纵向	685	460	13	35	35	228～269
37	35CrMnSi	0.32～0.39	1.10～1.40	0.80～1.10	1.10～1.40	—	—	—	—	调质	≤100	纵向	785	640	12	35	31	241～293
											100～300	纵向	685	540	12	35	31	223～269
38	12CrMoV	0.08～0.15	0.17～0.37	0.40～0.70	0.30～0.60	—	0.25～0.35	0.15～0.30	—	正火加回火	≤100	纵向	470	245	22	48	39	143～179
											100～300	纵向	430	215	20	40	39	123～167
39	12Cr1MoV	0.08～0.15	0.17～0.37	0.40～0.70	0.90～1.20	—	0.25～0.35	0.15～0.30	—	正火+回火	≤100	纵向	440	245	19	50	39	123～167
											100～300	纵向	430	215	19	48	39	123～167
											300～500	纵向	430	215	18	40	35	123～167
											500～800	纵向	430	215	16	35	31	123～167
40	24CrMoV	0.20～0.28	0.17～0.37	0.30～0.60	1.20～1.50	—	0.50～0.60	0.15～0.30	—	调质	100～300	纵向	735	590	16	—	47	—
											300～500	纵向	685	540	16	—	47	—
41	35CrMoV	0.30～0.38	0.17～0.37	0.40～0.70	1.00～1.30	—	0.20～0.30	0.10～0.20	—	调质	100～200	切向	880	745	12	40	47	—
											200～240	切向	860	705	12	35	47	—
42	30Cr2MoV	0.26～0.34	0.17～0.37	0.40～0.70	2.30～2.70	—	0.15～0.25	0.10～0.20	—	调质	≤150	纵向	830	735	15	50	47	219～277
											150～250	纵向	735	590	16	50	47	219～277
											250～500	纵向	635	440	16	50	47	219～277

表 2(续)

序号	牌号	化学成分,% C	Si	Mn	Cr	Ni	Mo	V	其他	热处理状态	截面尺寸(直径或厚度) mm	试样方向	力学性能 σ_b N/mm² 不小于	σ_s N/mm² 不小于	δ_5 % 不小于	ψ % 不小于	A_{ku} J 不小于	硬度 HB
43	28Cr2Mo1V	0.22～0.32	0.30～0.50	0.50～0.80	1.50～1.80	—	0.60～0.80	0.20～0.30	—	调质	≤100	纵向	835	735	15	50	47	269～302
											100～300	纵向	735	635	15	40	47	269～302
											300～500	纵向	685	565	14	35	47	269～302
44	40CrNi	0.37～0.44	0.17～0.37	0.50～0.80	0.45～0.75	1.00～1.40	—	—	—	调质	≤100	纵向	735	590	14	45	47	223～277
											100～300	纵向	685	540	13	40	39	207～262
											300～500	纵向	635	440	13	35	39	197～235
											500～800	纵向	615	395	11	30	31	187～229
45	40CrNiMo	0.37～0.44	0.17～0.37	0.50～0.80	0.60～0.90	1.25～1.65	0.15～0.25	—	—	淬火＋回火	≤80	纵向	980	835	12	55	78	—
											80～100	纵向	980	835	11	50	74	—
											100～150	纵向	980	835	10	45	70	—
											150～250	纵向	980	835	9	40	66	—
										调质	100～300	纵向	785	640	12	38	39	241～293
											300～500	纵向	685	540	12	33	35	207～262
46	34CrNi1Mo	0.30～0.40	0.17～0.37	0.50～0.80	1.30～1.70	1.30～1.70	0.20～0.30	—	—	调质	≤100	纵向	850	735	15	45	55	277～321
											100～300	纵向	765	635	14	40	47	262～311
											300～500	纵向	685	540	14	35	39	235～277
											500～800	纵向	635	490	14	32	31	212～248
47	34CrNi3Mo	0.30～0.40	0.17～0.37	0.50～0.80	0.70～1.10	2.75～3.25	0.25～0.40	—	—	调质	≤100	纵向	900	785	14	40	55	269～341
											100～300	纵向	850	735	14	38	47	262～321
											300～500	纵向	805	685	13	35	39	241～302
											500～800	纵向	755	590	12	32	32	241～302

表 2(续)

序号	牌号	化学成分,% C	Si	Mn	Cr	Ni	Mo	V	其他	热处理状态	截面尺寸(直径或厚度)mm	试样方向	力学性能 σ_b N/mm² 不小于	σ_s N/mm² 不小于	δ_5 % 不小于	ψ % 不小于	A_{ku} J 不小于	硬度 HB
48	15Cr2Ni2	0.12~0.17	0.17~0.37	0.30~0.60	1.40~1.70	1.40~1.70	—	—	—	渗碳+淬火+回火	≤30	纵向	880	640	9	40	—	—
											30~63	纵向	780	540	10	40	—	—
49	20Cr2Ni4	0.17~0.23	0.17~0.37	0.30~0.60	1.25~1.65	3.25~3.65	—	—	—	调质	试样毛坯尺寸 ϕ15	纵向	1175	1080	10	45	62	—
50	17Cr2Ni2Mo	0.14~0.19	0.17~0.37	0.30~0.60	1.50~1.80	1.40~1.70	0.25~0.35	—	—	渗碳+淬火+回火	≤30	纵向	1080	790	8	35	—	—
											30~63	纵向	980	690	8	35	—	—
51	30Cr2Ni2Mo	0.26~0.34	0.17~0.37	0.30~0.60	1.80~2.20	1.80~2.20	0.30~0.50	—	—	调质	≤100	纵向	1100	900	10	45	—	—
											100~160	纵向	1000	800	11	50	—	—
											160~250	纵向	900	700	12	50	—	—
											250~500	纵向	830	635	12	—	—	—
											500~1000	纵向	780	590	12	—	—	—
52	34Cr2Ni2Mo	0.30~0.38	0.17~0.37	0.40~0.70	1.40~1.70	1.40~1.70	0.15~0.30	—	—	调质	≤100	纵向	1000	800	11	50	—	—
											100~160	纵向	900	700	12	55	—	—
											160~250	纵向	800	600	13	55	—	—
											250~500	纵向	740	540	14	—	—	—
											500~1000	纵向	690	490	15	—	—	—
53	15CrNiMoV	0.12~0.19	0.17~0.37	0.40~0.70	0.50~1.00	0.80~1.20	0.20~0.35	0.10~0.20	—	调质	100~300	纵向	685	585	15	60	110	190~240
											300~500	纵向	635	535	14	55	100	190~240

表 2(完)

序号	牌号	化学成分,%								热处理状态	截面尺寸(直径或厚度) mm	试样方向	力学性能					硬度 HB
		C	Si	Mn	Cr	Ni	Mo	V	其他				σ_b N/mm^2 不小于	σ_s N/mm^2 不小于	δ_5 % 不小于	ψ % 不小于	A_{ku} J 不小于	
54	34CrNi3MoV	0.30～0.40	0.17～0.37	0.50～0.80	1.20～1.50	3.00～3.50	0.25～0.40	0.10～0.20	—	调质	≤100	纵向	900	785	14	40	47	269～321
											100～300	纵向	855	735	14	38	39	248～311
											300～500	纵向	805	685	13	33	31	235～293
											500～800	纵向	735	590	12	30	31	212～262
55	37CrNi3MoV	0.32～0.42	0.17～0.37	0.25～0.50	1.20～1.50	3.00～3.50	0.35～0.45	0.10～0.25	—	调质	≤100	纵向	900	785	13	40	47	269～321
											100～300	纵向	855	735	12	38	39	248～311
											300～500	纵向	805	685	11	33	31	235～293
											500～800	纵向	735	590	10	30	31	212～262
56	24Cr2Ni4MoV	0.22～0.28	0.17～0.37	0.30～0.60	1.50～1.80	3.30～3.80	0.40～0.55	0.05～0.15	—	调质	100～300	纵向	1000	870	12	45	70	—
											300～500	纵向	950	850	13	50	70	—
											500～750	纵向	900	800	15	50	65	—
											750～1000	纵向	850	750	15	50	65	—
57	18Cr2Ni4W	0.13～0.19	0.17～0.37	0.30～0.60	1.35～1.65	4.00～4.50	—	—	W 0.80～1.20	淬火+回火	≤80	纵向	1180	835	10	45	78	—
											80～100	纵向	1180	835	9	40	74	—
											100～150	纵向	1180	835	8	35	70	—
											150～250	纵向	1180	835	7	30	66	—

表 3 合金结构钢中硫、磷及残余铜、铬、镍含量

钢 类	代 号	P	S	Cu	Cr	Ni
		% 不大于				
优质钢	—	0.035	0.035	0.30	0.30	0.30
高级优质钢	A	0.025	0.025	0.25	0.30	0.30
特级优质钢	E	0.025	0.015	0.25	0.30	0.30

表 4 碳素结构钢锻件化学成分允许偏差

元素	规定的最大范围 %	横截面积，cm²					
		≤650	>650～1300	>1300～2600	>2600～5200	>5200～10400	>10400
		超过规定值上、下限的允许偏差值，%					
C	≤0.25	0.02	0.03	0.03	0.04	0.05	0.05
	>0.25～0.55	0.03	0.04	0.04	0.05	0.06	0.06
	>0.55	0.04	0.05	0.05	0.06	0.07	0.07
Si	≤0.37	0.02	0.03	0.04	0.04	0.05	0.06
	>0.37	0.05	0.06	0.06	0.07	0.07	0.09
Mn	≤0.90	0.03	0.04	0.05	0.06	0.07	0.08
	>0.90	0.06	0.06	0.07	0.08	0.08	0.09
P	≤0.050	0.008	0.008	0.010	0.010	0.015	0.015
S	≤0.05	0.005	0.005	0.005	0.006	0.006	0.006
	>0.05	0.008	0.010	0.010	0.015	0.015	0.015

表 5 合金结构钢锻件化学成分允许偏差

元素	规定的最大范围 %	横截面积，cm²					
		≤650	>650～1300	>1300～2600	>2600～5200	>5200～10400	>10400
		超过规定值上、下限的允许偏差值，%					
C	≤0.25	0.02	0.03	0.03	0.04	0.05	0.05
	>0.25～0.55	0.03	0.04	0.04	0.05	0.06	0.06
	>0.55	0.04	0.05	0.05	0.06	0.07	0.07
Mn	≤0.90	0.03	0.04	0.05	0.06	0.07	0.08
	>0.90	0.06	0.06	0.07	0.08	0.08	0.09
P	≤0.050	0.008	0.008	0.010	0.010	0.015	0.015
S	≤0.035	0.005	0.005	0.005	0.006	0.006	0.006
	>0.035	0.008	0.010	0.010	0.015	0.015	0.015
Si	≤0.37	0.02	0.03	0.04	0.04	0.05	0.06
	>0.37	0.05	0.06	0.06	0.07	0.07	0.09
Ni	≤1.00	0.03	0.03	0.03	0.03	0.03	0.03
	>1.00～2.00	0.05	0.05	0.05	0.05	0.05	0.05
	>2.00～5.30	0.07	0.07	0.07	0.07	0.07	0.07

表 5(完)

元素	规定的最大范围 %	横截面积,cm^2					
		≤650	>650~1300	>1300~2600	>2600~5200	>5200~10400	>10400
		超过规定值上、下限的允许偏差值,%					
Cr	≤0.90	0.03	0.04	0.04	0.05	0.05	0.06
	>0.90~2.10	0.05	0.06	0.06	0.07	0.07	0.08
	>2.10~10.00	0.10	0.10	0.12	0.14	0.15	0.16
Mo	≤0.20	0.01	0.02	0.02	0.02	0.03	0.03
	>0.20~0.40	0.02	0.03	0.03	0.03	0.04	0.04
	>0.40~1.15	0.03	0.04	0.05	0.06	0.07	0.08
	>1.15~5.50	0.05	0.06	0.08	0.10	0.12	0.12
Nb	≤0.14	0.02	0.02	0.02	0.02	0.03	0.03
	>0.14~0.50	0.06	0.06	0.06	0.06	0.07	0.08
Ti	≤0.85	0.05	0.05	0.05	0.05	0.05	0.05
W	≤1.00	0.05	0.05	0.05	0.06	0.06	0.07
	>1.00~4.00	0.09	0.09	0.10	0.12	0.12	0.14
Al	≤0.16~0.50	0.05	0.05	0.06	0.07	0.07	0.08
	>0.50~2.00	0.10	0.10	0.10	0.12	0.12	0.14
V	≤0.10	0.01	0.01	0.01	0.01	0.01	0.01
	>0.10~0.25	0.02	0.02	0.02	0.02	0.02	0.02
	>0.25~0.50	0.03	0.03	0.03	0.03	0.03	0.03
	>0.50~1.25	0.04	0.04	0.04	0.04	0.04	0.04

5.6 在利用横向、切向或径向的试样测定锻件的力学性能时,允许力学性能低于纵向力学性能的数值,其降低程度见表 6。

表 6

力学性能指标	试样方向	酸性平炉及电炉钢		碱性平炉钢					
				1-25t 钢锭锻件			>25t 钢锭锻件		
		锻造比		锻造比					
		≤5	>5	2~3	>3~5	>5	2~3	>3~5	>5
力学性能允许降低的百分数,%									
σ_s	切向	5	5	5	5	5	5	5	5
	横向	5	5	10	10	10	10	10	10
σ_b	切向	5	5	5	5	5	5	5	5
	横向	5	5	10	10	10	10	10	10
δ_5	切向	25	40	25	30	35	35	40	45
	横向	25	40	25	35	40	40	50	50

表 6(续)

力学性能指标	试样方向	酸性平炉及电炉钢		碱性平炉钢					
				1-25t 钢锭锻件			>25t 钢锭锻件		
		锻造比		锻造比					
		≤5	>5	2～3	>3～5	>5	2～3	>3～5	>5
力学性能允许降低的百分数,%									
ψ	切向	20	40	25	30	40	40	40	45
	横向	20	40	30	35	45	45	50	60
A_k	切向	25	40	30	30	30	30	40	50
	横向	25	40	35	40	40	40	50	60

6 力学性能的取样位置

6.1 力学性能试样应取自锻件本体或其加长、加大、加厚部分。加长、加大、加厚部分的尺寸决定于锻件粗加工公称直径或厚度,而不考虑其粗大的端部、凸肩、法兰和轴颈。但经正火和回火的轴类锻件,其试样部分可以是小直径轴端的延长部分。如图 1 所示。

6.2 力学性能试样允许在同一熔炼炉号同一热处理炉次的样坯上取,该样坯尺寸应与锻件取样部位尺寸等效。

6.3 锻件的纵向拉伸试样,标距长度的中心或切向拉伸试样的轴线和冲击试样缺口面的位置,应按下述方法之一确定。

a) 实心轴类锻件的试样位置,在离表面 1/3 半径处,对方形和长方形锻件的试样位置,则可取自截面对角线上自顶点 1/3 处。经淬火的锻件试样位置还应离端头 90mm 或相当于 1/2 直径或厚度的尺寸处(取两个数值中较小的一个数值),见图 1a。

b) 空心锻件的试样位置应在 1/2 壁厚处,而且经淬火的锻件试样位置还应离端头 90mm 或相当于 1/2 壁厚的尺寸处(取两个数值中较小的一个数值),见图 1b。

c) 圆盘锻件,当试样部分是外径加大部分时,其试样位置,在 1/2 高度处,而且淬火锻件试样应离外径 90mm 或相当于 1/2 高度的尺寸(取两个数值中较小的一个数值)。当试样部分是高度加厚部分时,其试样位置应在 1/2 厚度处,而淬火锻件试样位置则应在距各表面 90mm 或 1/2 厚度处(取两个数值中较小的一个数值),见图 1c。

d) 环形锻件,当试样部分是高度延长部分时,其试样位置在 1/2 壁厚处,而且淬火锻件试样应离环形端面 90mm 或相当于 1/2 壁厚的尺寸(取两个数值中较小的一个数值)。当试样部分是外径加大部分时,其试样位置在 1/2 高度处,而且淬火锻件应离外径 90mm 或相当于 1/2 高度处的尺寸(取两个数值中较小的一个数值),见图 1d。

6.4 横向试样的取样位置按需方的图样规定。

6.5 特殊要求的锻件,力学性能取样位置按双方协议执行。

6.6 经正火或正火加回火处理的锻件,可不去掉热影响区段。

7 试样

锻件的拉伸、冲击试样尺寸应符合 GB 6397、GB/T 229 的规定。

8 试验方法

8.1 化学分析试验应符合附录 A(标准的附录)中标准的规定。

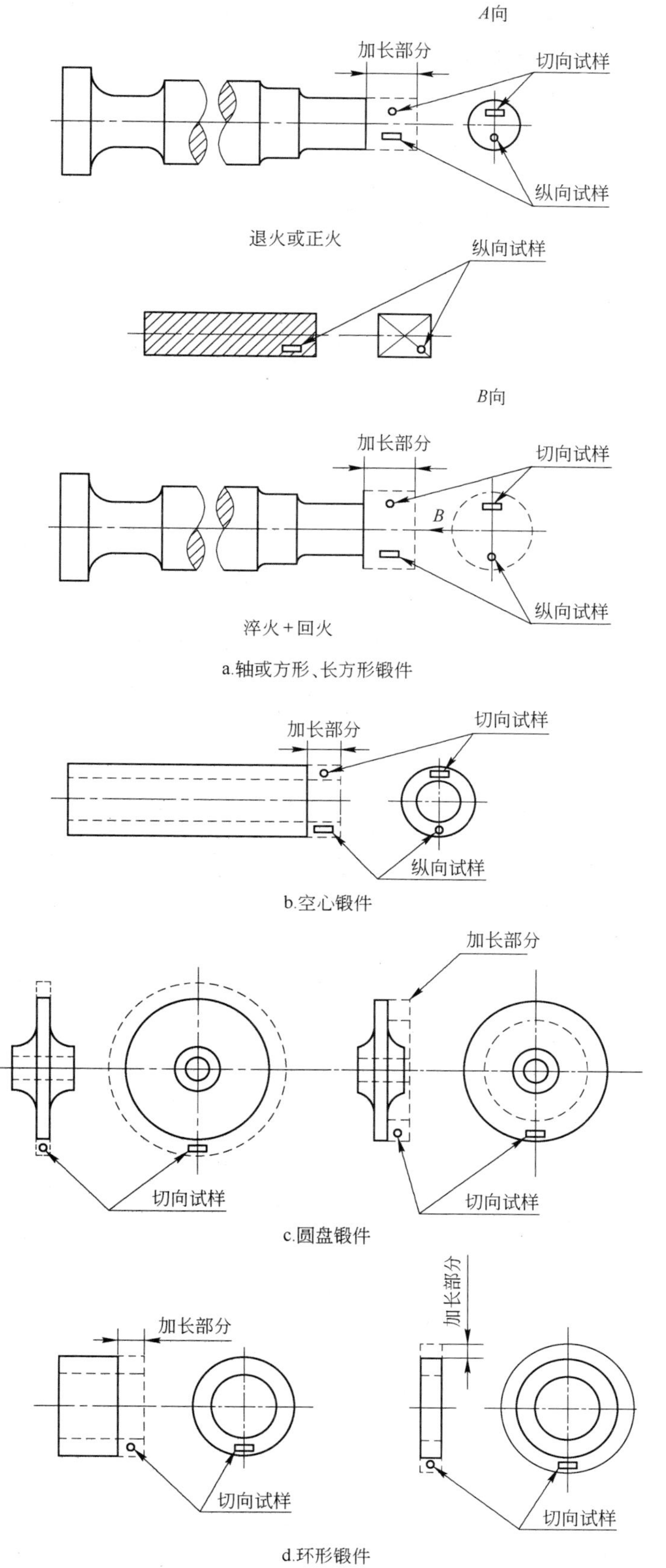

图 1　各类锻件的取样位置

8.2 拉伸试验应符合 GB 228 的规定。

8.3 冲击试验应符合 GB/T 229 的规定。

8.4 硬度试验应符合 GB 231 的规定。

9 取样数量

锻件用钢的取样数量应符合产品技术标准的要求。

附 录 A
(标准的附录)
化学分析方法引用标准

GB 223.3—88 钢铁及合金化学分析方法 二安替比林甲烷磷钼酸重量法测定磷量
GB 223.5—88 钢铁及合金化学分析方法 草酸-硫酸亚铁硅钼蓝光度法测定硅量
GB/T 223.6—94 钢铁及合金化学分析方法 中和滴定法测定硼量
GB/T 223.11—91 钢铁及合金化学分析方法 过硫酸铵氧化容量法测定铬量
GB/T 223.12—91 钢铁及合金化学分析方法 碳酸钠分离-二苯碳酰二肼光度法测定铬量
GB 223.13—89 钢铁及合金化学分析方法 硫酸亚铁铵容量法测定钒量
GB 223.14—89 钢铁及合金化学分析方法 钽试剂萃取光度法测定钒量
GB/T 223.16—91 钢铁及合金化学分析方法 变色酸光度法测定钛量
GB/T 223.18—94 钢铁及合金化学分析方法 硫代硫酸钠分离-碘量法测定铜量
GB 223.19—89 钢铁及合金化学分析方法 新亚铜灵-三氯甲烷萃取光度法测定铜量
GB/T 223.23—94 钢铁及合金化学分析方法 丁二酮肟分光光度法测定镍量
GB/T 223.24—94 钢铁及合金化学分析方法 萃取分离-丁二酮肟分光光度法测定镍量
GB/T 223.25—94 钢铁及合金化学分析方法 丁二酮肟量法测定镍量
GB 223.26—89 钢铁及合金化学分析方法 硫氰酸盐直接光度法测定钼量
GB/T 223.39—94 钢铁及合金化学分析方法 氯磺酚 S 光度法测定铌量
GB/T 223.43—94 钢铁及合金化学分析方法 钨量的测定
GB 223.53—87 钢铁及合金化学分析方法 火焰原子吸收分光光度法测定铜量
GB 223.54—87 钢铁及合金化学分析方法 火焰原子吸收分光光度法测定镍量
GB 223.58—87 钢铁及合金化学分析方法 亚砷酸钠-亚硝酸钠滴定法测定锰量
GB 223.59—87 钢铁及合金化学分析方法 锑磷钼蓝光度法测定磷量
GB 223.60—87 钢铁及合金化学分析方法 高氯酸脱水重量法测定硅量
GB 223.61—88 钢铁及合金化学分析方法 磷钼酸铵容量法测定磷量
GB 223.62—88 钢铁及合金化学分析方法 乙酸丁酯萃取光度测定高氯量
GB 223.63—88 钢铁及合金化学分析方法 高碘酸钠(钾)光度法测定锰量
GB 223.64—88 钢铁及合金化学分析方法 火焰原子吸收光谱法测定锰量
GB 223.66—89 钢铁及合金化学分析方法 硫氰酸盐-盐酸氯丙嗪-三氯甲烷萃取光度法测定钨量
GB 223.67—89 钢铁及合金化学分析方法 还原蒸馏-次甲基蓝光度法测定硫量
GB 223.68—89 钢铁及合金化学分析方法 燃烧-碘酸钾容量法测定硫量
GB 223.69—89 钢铁及合金化学分析方法 燃烧气体容量法测定碳量
GB/T 223.72—91 钢铁及合金化学分析方法 氧化铝色层分离-硫酸钡重量法测定硫量
GB/T 223.75—91 钢铁及合金化学分析方法 甲醇蒸馏-姜黄素光度法测定硼量

二、产 品 标 准

ICS 77.180
H 94

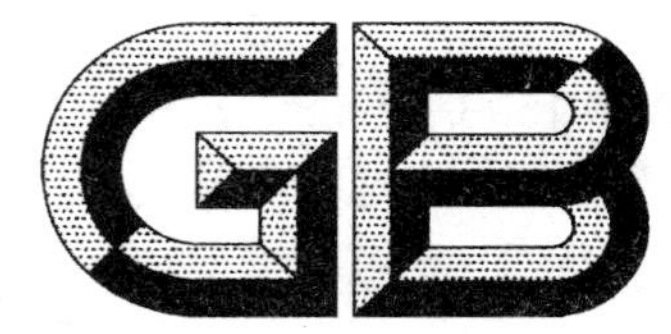

中华人民共和国国家标准

GB/T 1503—2008
代替 GB 1503—1989、GB/T 13316—1991

铸 钢 轧 辊

Cast steel rolls

2008-08-05 发布

2009-04-01 实施

中华人民共和国国家质量监督检验检疫总局
中国国家标准化管理委员会 发布

前　言

本标准代替 GB 1503—1989《铸钢轧辊》和 GB/T 13316—1991《铸钢轧辊超声波探伤方法》。

本标准纳入并修订了 GB 1503—1989 和 GB/T 13316—1991 中的内容，与原标准的主要技术差异如下：

——规范性引用文件做了补充、调整；

——根据我国轧钢设备、工艺技术的发展，将型钢万能等轧机使用的辊环纳入了国家标准，新添了高铬钢、高速钢和半高速钢离心复合轧辊材质；

——增加了合金钢、半钢、石墨钢轧辊材质品种；

——轧辊材质采用代码代替了钢号；

——增加了轧辊推荐用途、3.7 机械加工等内容；

——删去了原标准 4.1 中的优质碳素钢和 ZU80Cr、4.5 毛坯轧辊外观质量的要求、4.6 中的表 3 和附录 A 中的梅花试样力学性能与附铸试样的延伸率和冲击韧性；

——将 GB/T 13316—1991 修订后作为本标准的附录 B。

本标准附录 B 与 GB/T 13316—1991 的主要技术差异如下：

——增加了缺陷当量、单个缺陷、密集缺陷、底波清晰等名词和术语；

——增加了复合轧辊的超声波检测方法、表 B.2《离心铸钢轧辊超声波检测判定》和表 B.3《铸钢轧辊超声波检测判定》；

——删去了原标准 7.3 对工作层内缺陷回波的定量方法。

本标准附录 A 是资料性附录，附录 B 是规范性附录。

本标准由中国钢铁工业协会提出。

本标准由中冶集团北京冶金设备研究设计总院归口。

本标准起草单位：中钢集团邢台机械轧辊有限公司。

本标准主要起草人：刘娣、梁从涛、郝进元。

本标准附录 B 主要起草人：裴竹彩。

本标准所代替标准的历次版本发布情况为：

——GB 1503—1979、GB 1503—1989；

——GB/T 13316—1991。

铸 钢 轧 辊

1 范围

本标准规定了铸钢轧辊的技术要求、试验方法、检验规则、标识、包装、质量证书和超声波检测方法。

本标准适用于金属材料加工使用的铸钢轧辊和工作层为铸钢材质的复合轧辊(含辊环),其他用途的铸钢轧辊可参照采用。

2 规范性引用文件

下列文件中的条款通过本标准的引用而成为本标准的条款。凡是注日期的引用文件,其随后所有的修改单(不包括勘误的内容)或修订版均不适用于本标准,然而,鼓励根据本标准达成协议的各方研究是否可使用这些文件的最新版本。凡是不注日期的引用文件,其最新版本适用于本标准。

GB/T 145 中心孔(GB/T 145—2001,ISO 866:1975,IDT)

GB/T 223.11 钢铁及合金化学分析方法 过硫酸铵氧化容量法测定铬量

GB/T 223.13 钢铁及合金化学分析方法 硫酸亚铁铵滴定法测定钒含量

GB/T 223.20 钢铁及合金化学分析方法 电位滴定法测定钴量

GB/T 223.21 钢铁及合金化学分析方法 5-Cl-PADAB分光光度法测定钴量

GB/T 223.22 钢铁及合金化学分析方法 亚硝基R盐分光光度法测定钴量

GB/T 223.23 钢铁及合金化学分析方法 丁二酮肟分光光度法测定镍量

GB/T 223.25 钢铁及合金化学分析方法 丁二酮肟重量法测定镍量

GB/T 223.26 钢铁及合金化学分析方法 硫氰酸盐直接光度法测定钼量

GB/T 223.28 钢铁及合金化学分析方法 α-安息香肟重量法测定钼量

GB/T 223.38 钢铁及合金化学分析方法 离子交换分离-重量法测定铌量

GB/T 223.40 钢铁及合金 铌含量的测定 氯磺酚S分光光度法

GB/T 223.43 钢铁及合金化学分析方法 钨量的测定

GB/T 223.59 钢铁及合金化学分析方法 锑磷钼蓝光度法测定磷量

GB/T 223.60 钢铁及合金化学分析方法 高氯酸脱水重量法测定硅含量

GB/T 223.62 钢铁及合金化学分析方法 乙酸丁酯萃取光度法测定磷量

GB/T 223.63 钢铁及合金化学分析方法 高碘酸钠(钾)光度法测定锰量

GB/T 223.64 钢铁及合金化学分析方法 火焰原子吸收光谱法测定锰量

GB/T 223.65 钢铁及合金化学分析方法 火焰原子吸收光谱法测定钴量

GB/T 223.66 钢铁及合金化学分析方法 硫氰酸盐-盐酸氯丙嗪-三氯甲烷萃取光度法测定钨量

GB/T 223.67 钢铁及合金化学分析方法 还原蒸馏-次甲基蓝光度法测定硫量

GB/T 223.71 钢铁及合金化学分析方法 管式炉内燃烧后重量法测定碳含量

GB/T 223.76 钢铁及合金化学分析方法 火焰原子吸收光谱法测定钒量

GB/T 228 金属材料 室温拉伸试验方法(GB/T 228—2002,eqv ISO 6892:1998(E))

GB/T 1804 一般公差未注公差的线性和角度尺寸的公差(GB/T 1804—2000,eqv ISO 2768-1:1989)

GB/T 4336 碳素钢和中低合金钢 火花源原子发射光谱分析方法(常规法)

GB/T 9445 无损检测 人员资格鉴定与认证(GB/T 9445—2008,ISO 9712:2005,IDT)

GB/T 12604.1 无损检测 术语 超声检测(GB/T 12604.1—2005,ISO 5577:2000,IDT)

GB/T 13313 轧辊肖氏、里氏硬度试验方法

JB/T 10061 A型脉冲反射式超声探伤仪 通用技术条件(JB/T 10061—1999,eqv ASTM E 750-80)

JB/T 10062 超声探伤用探头性能测试方法

3 技术要求

3.1 根据轧辊用途和供需双方确认的订货图样,依照本标准制造。本标准以外的技术要求供需双方协商确定。

3.2 化学成分、表面硬度应符合表1规定。

3.3 辊身表面硬度均匀度:板带钢工作辊≤4HSD,其他用途的轧辊≤5HSD。

3.4 复合轧辊的外层厚度应大于工作层5mm。

3.5 抗拉强度应满足合同规定,可参照附录A执行。

3.6 表面质量

3.6.1 辊身工作面不应有目视可见的制造缺陷。其他部位不影响使用的制造缺陷,应修复达到双方确认的图样要求。

3.6.2 平辊交货的轧辊,缺陷在孔型部位且能去除时,供需双方可协商交货。

3.7 机械加工

3.7.1 符合供需双方确认的轧辊订货图样要求。

3.7.2 中心孔:辊身直径550mm以下,中心孔推荐采用60°B型,按GB/T 145执行;其他规格的轧辊,中心孔推荐采用75°B型,按图1和表2执行。

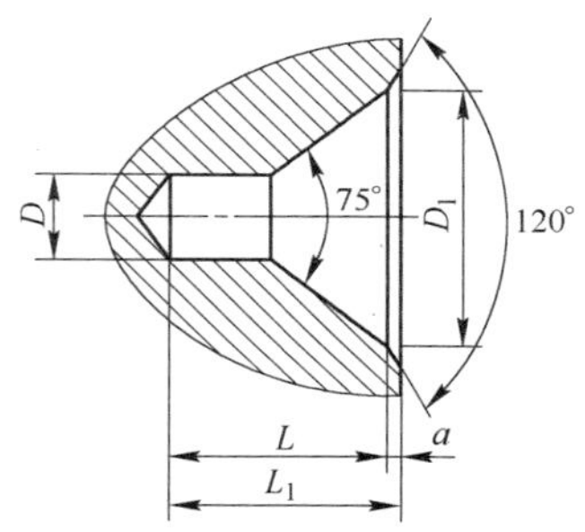

图1 75°B型中心孔

3.7.3 辊身直径的尺寸公差、形位公差和表面粗糙度推荐采用表3。图样未注加工精度的,轧辊总长按GB/T 1804的c级,其余按m级执行。

4 试验方法

4.1 化学成分分析按GB/T 223相关标准及GB/T 4336规定进行,以化学分析方法仲裁。

4.2 硬度试验按GB/T 13313规定进行。

4.3 力学性能试验按GB/T 228规定进行。

4.4 超声波检测按附录B规定进行。

5 检验规则

5.1 化学成分按冶炼炉次逐炉进行检验,试样从浇注前钢水包中采取。当化学成分分析不合格时,允许在轧辊工作层上取样复验两次,有一次合格即为合格。

5.2 辊身、辊颈的表面硬度要逐支检测,测定点数及位置应符合GB/T 13313的规定。

表1 化学成分和表面硬度

材质类别	材质代码	化学成分(质量分数)/%											表面硬度 HSD		推荐用途
		C	Si	Mn	Cr	Ni	Mo	V	Nb	W	P	S	辊身	辊颈	
合金钢	AS40	0.35~0.45	0.20~0.60	0.60~1.20	2.00~3.50	0.00~0.80	0.30~0.70	0.05~0.15	—	—	≤0.035	≤0.030	45~55 55~65	≤45	热轧带钢支承辊、粗轧辊；板钢粗轧辊；带钢冷轧及平整支承辊
	AS50	0.45~0.55	0.20~0.60	0.60~1.20	1.00~3.00	0.30~1.00	0.30~0.70	0.05~0.15	—	—			60~70	≤45	
	AS60	0.55~0.65	0.20~0.45	0.90~1.20	0.80~1.20	—	0.20~0.45	—	—	—			35~45 40~50	≤45	型钢、棒线材粗轧机；轨梁、型钢万能开坯机；热轧带钢破鳞辊、粗轧辊；中板粗轧辊；带钢支承辊、立辊
	AS60 Ⅰ	0.55~0.65	0.20~0.60	0.50~1.00	0.80~1.20	0.20~1.50	0.20~0.60	—	—	—			35~45	≤45	
	AS65	0.60~0.70	0.20~0.60	0.70~1.20	0.80~1.20	—	0.20~0.45	—	0.06~0.10	—			35~45	≤45	
	AS65 Ⅰ	0.60~0.70	0.20~0.60	0.50~0.80	0.80~1.20	0.20~0.50	0.20~0.45	—	—	—			35~45	≤45	
	AS70	0.65~0.75	0.20~0.45	0.90~1.20	—	—	—	—	—	—			32~42	≤42	中小型型钢、棒线材粗轧机
	AS70 Ⅰ	0.65~0.75	0.20~0.45	1.40~1.80	—	—	—	—	—	—			35~45	≤45	
	AS70 Ⅱ	0.65~0.75	0.20~0.45	1.40~1.80	—	—	0.20~0.45	—	—	—			35~45	≤45	
	AS75	0.70~0.80	0.20~0.45	0.60~0.90	0.75~1.00	—	0.20~0.45	—	—	—			35~45 40~50	≤45	方/板坯初轧机；大中型型钢、轨梁、型钢万能开坯机；热轧带钢破鳞机和粗轧机
	AS75 Ⅰ	0.70~0.80	0.20~0.70	0.70~1.10	0.80~1.50	≥0.20	0.20~0.60	—	—	—			35~45 40~50	≤45	
半钢	AD140	1.30~1.50	0.30~0.60	0.70~1.40	0.80~1.60	—	0.20~0.60	—	—	—			38~48 45~55	≤48	中小型型钢、棒线材粗轧、中轧机架；无缝钢管粗轧机；带钢支承辊、立辊
	AD140 Ⅰ	1.30~1.50	0.30~0.60	0.70~1.10	0.80~1.20	0.50~1.20	0.20~0.60	—	—	—			35~45 40~50	≤45	
	AD160	1.50~1.70	0.30~0.60	0.70~1.10	0.80~1.20	—	0.20~0.60	—	—	—			40~50	≤50	

表 1(续)

材质类别	材质代码	化学成分(质量分数)/%											表面硬度 HSD		推荐用途
		C	Si	Mn	Cr	Ni	Mo	V	Nb	W	P	S	辊身	辊颈	
半钢	AD160 I	1.50～1.70	0.30～0.60	0.80～1.30	0.80～2.00	≥0.20	0.20～0.60	—	—	—	≤0.035	≤0.030	40～50 50～60	≤50	型钢、棒线材粗轧;大型中型钢、轨梁、钢坯轧机、型钢万能轧机;热轧板带钢粗轧辊、支承辊、立辊
	AD180	1.70～1.90	0.30～0.80	0.60～1.10	0.80～1.50	0.50～2.00	0.20～0.60	—	—	—			45～55 50～60	≤50	
	AD190	1.80～2.00	0.30～0.80	0.60～1.20	1.50～3.50	1.00～2.00	0.20～0.60	—	—	—			55～65	≤50	
	AD200	1.90～2.10	0.30～0.80	0.80～1.20	0.60～2.00	0.60～2.50	0.20～0.80	—	—	—			50～60 55～65	≤50	
石墨钢	GS140	1.30～1.50	1.30～1.60	0.50～1.00	0.40～1.00	—	0.20～0.50	—	—	—			36～46	≤46	型钢、棒线材轧机;钢坯轧机;热轧板带钢粗轧辊、立辊;型钢万能轧机
	GS150	1.40～1.60	1.00～1.70	0.60～1.00	0.60～1.00	0.20～1.00	0.20～0.50	—	—	—			40～50	≤50	
	GS160	1.50～1.70	0.80～1.50	0.60～1.00	0.50～1.50	0.20～1.00	0.20～0.80	—	—	—			45～55	≤50	
	GS190	1.80～2.00	0.80～1.50	0.60～1.00	0.50～2.00	0.60～2.20	0.20～0.80	—	—	—			50～60 55～65	≤50	
高铬钢	HCrS	1.00～1.80	0.40～1.00	0.50～1.00	8.00～15.0	0.50～1.50	1.50～4.50	—	—	—	≤0.030	≤0.025	70～85	35～45	热轧带钢粗轧辊、立辊;型钢万能轧机
高速钢	HSS	1.50～2.20	0.30～1.00	0.40～1.20	3.00～8.00	0.00～1.50	2.00～8.00	2.00～9.00	—	0.00～8.00			75～95	30～45	热轧带钢、棒材精轧辊;型钢万能轧机;高速线材预精轧
半高速钢	S-HSS	0.60～1.20	0.80～1.50	0.50～1.00	3.00～9.00	0.20～1.20	2.00～5.00	0.40～3.00	—	0.00～3.00			75～85 80～98	30～45	热轧带钢粗轧工作辊;冷轧带钢工作辊、中间辊

注 1:高速钢:Co≤8.00%、Nb≤5.00%。

注 2:铸钢复合轧辊芯部可采用球墨铸铁、石墨钢、低合金钢或锻钢等材质。

注 3:表中同栏有两组表面硬度的轧辊,根据用途选择。

表2 75°B型中心孔选择要求

D /mm	D_1 /mm ≤	L_1≈ /mm	L /mm	a≈ /mm	选择中心孔参考数据 轧辊最大重量 /kg
6	18	16	14	1.8	800
8	24	21	19	2	1500
12	36	31	28	2.5	3000
16	48	41	38	2.5	6000
20	60	53	50	3	9000
24	65	62	58	4	12000
30	90	74	70	4	20000
40	120	100	95	5	35000
45	135	121	115	6	50000
50	150	148	140	8	80000

表3 辊身直径尺寸公差、形位公差和表面粗糙度

轧 辊 类 别	直径公差 /mm	形位公差 /mm	表面粗糙度 /μm
板带轧辊	+0.5 0	≤0.10	≤3.2
支承辊	+1 0	≤0.10	≤3.2
型钢轧辊	±1	≤0.30	≤12.5

5.3 表面质量、主要尺寸、表面粗糙度应逐支检验。

5.4 抗拉强度试样取自轧辊传动侧辊颈端部。

5.5 复合轧辊和辊身直径大于700mm的铸钢轧辊，应逐支进行超声波检测。

6 包装、标识和质量证书

6.1 成品检验合格后，应在传动侧辊颈端面刻制造厂标识、辊号。需方对轧辊标识有具体要求时，可在订货图样或协议中注明。

6.2 包装前应对轧辊表面关键部位涂防锈漆等保护；包装应考虑轧辊在运输及吊装时的安全，防止运输过程中损伤，并满足室内存放六个月内不锈蚀。

6.3 轧辊应平放于干燥通风的室内环境中。

6.4 轧辊出厂时应附质量检验部门填写的质量证书，内容一般包括：

a) 供方名称；

b) 需方名称；

c) 合同号、产品编号；

d) 产品规格；

e) 材质代码、化学成分、硬度、超声波检测结果、轧辊重量、生产日期。

附 录 A
(资料性附录)
材质代码与钢号、力学性能对照表

A.1 材质代码与钢号、力学性能对照见表 A.1。

表 A.1 材质代码与钢号、力学性能对照表

材质类别	材质代码	原国标钢号	抗拉强度 R_m/(N/mm²)
合金钢	AS60	ZU60CrMnMo	≥650
	AS65 Ⅰ	ZU65CrNiMo	≥650
	AS70	ZU70Mn	≥600
	AS70 Ⅰ	ZU70Mn2	≥600
	AS70 Ⅱ	ZU70Mn2Mo	≥680
	AS75	ZU75CrMo	≥680
	AS75 Ⅰ	ZU75CrNiMnMo	≥700
半钢	AD140	ZUB140CrMo	≥590
	AD140 Ⅰ	ZUB140CrNiMo	≥590
	AD160	ZUB160CrMo	≥490
	AD160 Ⅰ	ZUB160CrNiMo	≥490
石墨钢	GS140	ZUS140SiCrMo	≥540
	GS150	ZUS150SiCrNiMo	≥500

附　录　B
（规范性附录）
铸钢轧辊超声波检测方法

B.1　术语和定义

GB/T 12604.1 确立的以及下列术语和定义适用于本附录。

B.1.1

缺陷当量　defect equivalent size

指平底孔　flat bottom hole(FBH)反射当量。

B.1.2

单个缺陷　single defect

密集缺陷　concentrated defect

在规定的灵敏度下，相邻缺陷间距大于其中较大的缺陷当量的 8 倍时称为单个缺陷，否则称为密集缺陷。缺陷间距按缺陷回波峰值处探头中心位置确定。密集缺陷的指示面积以规定的灵敏度为边界确定。

B.1.3

底波衰减区　backwall echo attenuation zone

由于轧辊内部缺陷导致径向底波衰减至 10%f.s 以下的部位。

底波清晰　clear backwall echo

底波与其附近杂波信号的信噪比 $S/N \geqslant$ 12dB 以上。

B.2　符号和缩略语

B——底波或底波高(按仪器满屏高为 100%)。

F——缺陷波或缺陷波高。

H——缺陷回波离探测面的距离(mm)。

S——以规定灵敏度回波高度为边界测定缺陷的指示面积。

f.s——仪器满屏高刻度(full scale)。

B.3　技术要求

B.3.1　轧辊

B.3.1.1　应加工成适于检测的简单圆柱体，妨碍检测的机械加工应在检测后进行。

B.3.1.2　探测表面粗糙度 $Ra \leqslant 12.5\mu m$。

B.3.1.3　组织粗大影响检测判定的轧辊，应在奥氏体重结晶后进行超声波检测。

B.3.2　设备

B.3.2.1　采用 A 型脉冲反射式超声仪，其技术要求应符合 JB/T 10061 的规定。

B.3.2.2　仪器必须具有满足所探轧辊全长的扫描范围，频率范围至少应为 0.5MHz～5MHz。推荐采用软保护膜直探头，探头规格的选取参见表 B.1，探头的技术要求应符合 JB/T 10062 的规定。

B.3.3　人员

检测人员应持有符合 GB/T 9445 规定的无损检测人员技术资格证书。

B.3.4　耦合剂

20～40 号机油或满足耦合要求的其他物质。

表 B.1 单直探头及双晶直探头的规格

探头型号	探头频率/MHz	晶片直径/mm
TR	2～2.5	7×13
直探头	1～1.25	ϕ24～ϕ34
	2～2.5	ϕ10～ϕ25.4
	0.5	ϕ34

B.4 检测要求

B.4.1 径向和轴向采用纵波垂直扫查，必要时可变换频率或探头类型。

B.4.2 探头在轧辊表面扫查速度应不大于 150mm/s，每次扫迹覆盖前次扫迹的宽度至少应为所用探头晶片直径的 10%。

B.4.3 检测频率

B.4.3.1 径向和辊身轴向检测时为 1MHz～1.25MHz。

B.4.3.2 全长轴向检测时为 0.5MHz。

B.4.3.3 离心复合轧辊外层、结合层检测时为 2MHz～2.5MHz。

B.4.4 灵敏度

B.4.4.1 径向检测时，以相应部位中正常底波反射最高处的第一次底波 B1 作为基准底波，将 B1 调至 100%f.s 作为灵敏度。

B.4.4.2 辊身轴向检测时，以辊身两个端面分别作为探测面和底波反射面，将反射良好部位的 B1 调至 100%f.s，作为灵敏度。

B.4.4.3 全长轴向检测时，以辊颈端面作为探测面，将对侧辊颈或辊身端面的底波 B1 调至 20%f.s，作为灵敏度。

B.4.4.4 辊身结合层部位检测时，推荐使用如图 B.1 所示 RBS5 型对比试块来校定仪器的扫描速度和灵敏度，将 ϕ5 平底孔的第一次回波调至 80%f.s，作为检测灵敏度。对比试块的材质应与被检测轧辊相同或相似，探测面至 ϕ5 平底孔底为外层材质，平底孔所在部位为芯部材质，试块的结合部位应熔接良好。

单位为毫米

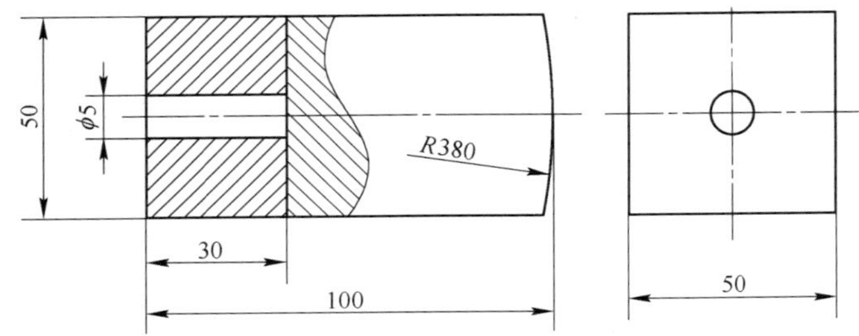

图 B.1 RBS5 型超声波检测对比试块示意图

B.5 判定

依轧辊类型和用途按表 B.2、表 B.3 进行超声波检测判定。

B.6 报告

检测报告应包括下列内容：

a) 轧辊名称、编号、规格、材质、热处理状态、探测面粗糙度；

b) 仪器型号、探头规格、工作频率、试块型号；

c) 各部底波反射情况；

d) 各部缺陷位置、深度、波高、指示面积或当量值。可用简图表示F在轧辊内的分布。必要时附缺陷及底波波形图；

e) 离心铸钢轧辊外层超声测厚结果；

f) 检测结论；

g) 检测日期、检测人员签名。

表 B.2 离心铸钢轧辊超声波检测判定

<table>
<tr><td colspan="2" rowspan="2">部　位</td><td colspan="3">类　　别</td></tr>
<tr><td>板带精轧工作辊</td><td>板带粗轧工作辊</td><td>辊　环</td></tr>
<tr><td colspan="2">工作层</td><td colspan="3">不允许存在≥ϕ2 以上单个 F</td></tr>
<tr><td rowspan="7">结合层</td><td>单个 F</td><td>≤ϕ5+6dB</td><td>≤ϕ5+8dB</td><td>≤ϕ5+10dB</td></tr>
<tr><td rowspan="6">密集 F</td><td colspan="3">允许存在的密集 F</td></tr>
<tr><td>≤ϕ5+2dB</td><td>≤ϕ5+4dB</td><td>≤ϕ5+6dB</td></tr>
<tr><td colspan="3">最大当量密集 F 其分布面积 S(cm^2)应</td></tr>
<tr><td>≤25</td><td>≤49</td><td>≤100</td></tr>
<tr><td colspan="3">相邻密集 F 间距(mm)应</td></tr>
<tr><td>≥70</td><td>≥100</td><td>≥120</td></tr>
<tr><td colspan="2">辊身径向</td><td colspan="3">不允许 B 衰减区存在</td></tr>
<tr><td colspan="2">辊颈径向</td><td colspan="3">允许存在中心缩松类 F 引起的 B 衰减区存在，
但在此区域内，缺陷回波不得大于 20%f.s</td></tr>
<tr><td colspan="2">轴向检测</td><td colspan="3">各段 B 应清晰确认，不允许裂纹性 F 存在</td></tr>
<tr><td colspan="2">外层测厚</td><td colspan="3">当屏幕出现清晰而稳定的界面回波时即可测厚，
其前沿位置即为外层厚度指标值</td></tr>
</table>

表 B.3 铸钢轧辊超声波检测判定

<table>
<tr><td rowspan="2">部　位</td><td colspan="3">类　　别</td></tr>
<tr><td>板钢轧辊</td><td>型钢轧辊</td><td>支承辊</td></tr>
<tr><td>工作层</td><td colspan="3">不允许存在≥ϕ2 以上单个 F</td></tr>
<tr><td>径向探伤</td><td colspan="3">允许 B 衰减区和非裂纹性 F 存在，F 应满足</td></tr>
<tr><td>辊身径向</td><td colspan="2">≤30%f.s</td><td>≤40%f.s</td></tr>
<tr><td>辊颈轴承位置径向</td><td colspan="3">≤25%f.s</td></tr>
<tr><td>辊身轴向</td><td colspan="3">不允许 B 衰减区或裂纹性 F 存在</td></tr>
<tr><td>全轴向</td><td colspan="3">各段 B 应清晰确认，不允许裂纹性 F 存在</td></tr>
</table>

ICS 77.180
H 94

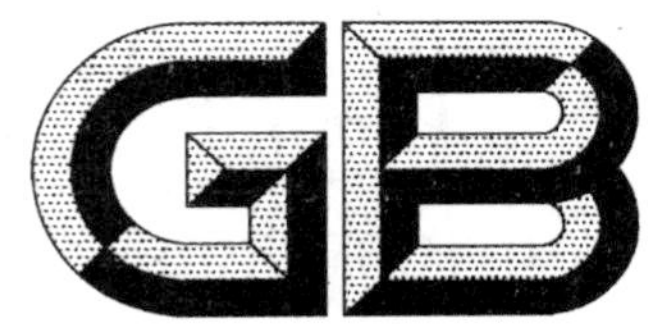

中华人民共和国国家标准

GB/T 1504—2008
代替 GB 1504—1991

铸 铁 轧 辊

Cast iron rolls

2008-08-05 发布　　2009-04-01 实施

中华人民共和国国家质量监督检验检疫总局
中国国家标准化管理委员会　发布

前　　言

本标准代替 GB 1504—1991《铸铁轧辊》。

本标准纳入并修订了 GB 1504—1991 和 YB/T 4052—1991 中的内容，与原标准的主要技术差异如下：

——规范性引用文件做了补充、调整；

——轧辊材质根据工作层金相组织和合金含量划分，将低合金轧辊种类进行淘汰、合并，细化了较高合金铸铁材质，对近年来已约定俗成的叫法进行明确，以规范轧辊品质观念；

——加严了对 C、P、S 元素的控制；

——根据我国轧钢设备、工艺技术的发展，将离心辊环纳入国家标准；

——增补了材质代码、推荐用途，以方便使用；

——增加了辊身加工精度要求；

——将 YB/T 4052—1991 修订后作为本标准的附录 B。

本标准附录 A 与 GB 1504—1991 附录 A 的主要技术差异如下：

——明确了检测时轧辊状态及试块的技术要求、检测频率及灵敏度选择；

——增加了离心复合轧辊的检测判定原则；

——增加了检测报告的格式、内容要求。

本标准附录 B 与 YB/T 4052—1991 的主要技术差异如下：

——删除了单一品种——高镍铬无限冷硬离心铸铁轧辊工作层金相检验及评级方法；

——规范增加了球墨铸铁轧辊及芯部为球墨铸铁的复合轧辊辊颈金相组织检验规则及判定。

本标准附录 A、附录 B 是规范性附录。

本标准由中国钢铁工业协会提出。

本标准由中冶集团北京冶金设备研究设计总院归口。

本标准起草单位：中钢集团邢台机械轧辊有限公司、中国钢研科技集团公司。

本标准主要起草人：孙格平、张军田、宫开令、彭书平。

本标准附录 A 主要起草人：裴竹彩、冯仲志。

本标准附录 B 主要起草人：梁立斌。

本标准所代替标准的历次版本发布情况为：

——GB 1504—1979、GB 1504—1991。

铸 铁 轧 辊

1 范围

本标准规定了铸铁轧辊的技术要求、试验方法、检验规则、标识、包装、质量证书和超声波检测方法。

本标准适用于金属材料加工使用的铸铁轧辊和工作层为铸铁材质的复合轧辊(含辊环),其他用途的铸铁轧辊可参照采用。

2 规范性引用文件

下列文件中的条款通过本标准的引用而成为本标准的条款。凡是注日期的引用文件,其随后所有的修改单(不包括勘误的内容)或修订版均不适用于本标准,然而,鼓励根据本标准达成协议的各方研究是否可使用这些文件的最新版本。凡是不注日期的引用文件,其最新版本适用于本标准。

GB/T 145 中心孔(GB/T 145—2001,ISO 866:1975,IDT)

GB/T 223.3 钢铁及合金化学分析方法 二安替比林甲烷磷钼酸重量法测定磷量

GB/T 223.5 钢铁及合金化学分析方法 还原型硅钼酸盐光度法测定酸溶硅含量

GB/T 223.11 钢铁及合金化学分析方法 过硫酸铵氧化容量法测定铬量

GB/T 223.13 钢铁及合金化学分析方法 硫酸亚铁铵滴定法测定钒含量

GB/T 223.18 钢铁及合金化学分析方法 硫代硫酸钠分离-碘量法测定铜量

GB/T 223.19 钢铁及合金化学分析方法 新亚铜灵-三氯甲烷萃取光度法测定铜量

GB/T 223.23 钢铁及合金化学分析方法 丁二酮肟分光光度法测定镍量

GB/T 223.25 钢铁及合金化学分析方法 丁二酮肟重量法测定镍量

GB/T 223.26 钢铁及合金化学分析方法 硫氰酸盐直接光度法测定钼量

GB/T 223.28 钢铁及合金化学分析方法 α-安息香肟重量法测定钼量

GB/T 223.46 钢铁及合金化学分析方法 火焰原子吸收光谱法测定镁量

GB/T 223.60 钢铁及合金化学分析方法 高氯酸脱水重量法测定硅含量

GB/T 223.63 钢铁及合金化学分析方法 高碘酸钠(钾)光度法测定锰量

GB/T 223.68 钢铁及合金化学分析方法 管式炉内燃烧后碘酸钾滴定法测定硫含量

GB/T 223.71 钢铁及合金化学分析方法 管式炉内燃烧后重量法测定碳含量

GB/T 228 金属材料 室温拉伸试验方法(GB/T 228—2002,eqv ISO 6892:1998(E))

GB/T 1804 一般公差 未注公差的线性和角度尺寸的公差(GB/T 1804—2000,eqv ISO 2768-1:1989)

GB/T 9445 无损检测 人员资格鉴定与认证(GB/T 9445—2008,ISO 9712:2005,IDT)

GB/T 12604.1 无损检测 术语 超声检测(GB/T 12604.1—2005,ISO 5577:2000,IDT)

GB/T 13313 轧辊肖氏、里氏硬度试验方法

JB/T 10061 A型脉冲反射式超声探伤仪 通用技术条件(JB/T 10061—1999,eqv ASTM E 750-80)

JB/T 10062 超声探伤用探头性能测试方法

3 技术要求

3.1 根据轧辊用途和供需双方确认的订货图样,依照本标准制造。本标准以外的技术要求供需双方协商确定。

3.2 工作层化学成分、表面硬度和辊颈抗拉强度应符合表 1 规定。

3.3 辊身表面硬度均匀度要求≤5HSD。

3.4 外层厚度

3.4.1 离心复合轧辊外层厚度应大于工作层 5mm。

3.4.2 冷硬铸铁轧辊的白口层深度应符合表 2 规定。辊身同侧端面白口层深度差应≤10mm，辊身两侧端面白口层深度差应≤15mm。

3.5 表面质量要求

3.5.1 辊身工作面不应有目视可见的制造缺陷。其他部位不影响使用的制造缺陷，应修复达到双方确认的订货图样要求。

3.5.2 平辊交货的轧辊，缺陷在孔型部位且能去除时，供需双方可协商交货。

3.6 离心复合铸铁轧辊内部缺陷应符合附录 A 表 A.2 的规定。

3.7 球墨铸铁轧辊及球芯复合轧辊辊颈金相组织检验按附录 B 规定执行，辊颈球化率应不低于 3 级，辊颈碳化物及铁素体量 1～5 级为合格。

3.8 机械加工

3.8.1 符合供需双方确认的轧辊订货图样要求。

3.8.2 中心孔：辊身直径 550mm 以下，中心孔推荐采用 60°B 型，按 GB/T 145 执行；其他规格的轧辊中心孔推荐采用 75°B 型，按图 1 和表 3 执行。

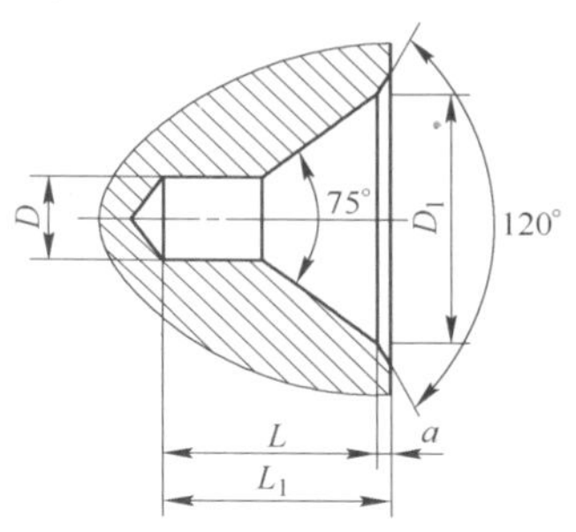

图 1 75°B 型中心孔

3.8.3 辊身直径的尺寸公差、形位公差和表面粗糙度推荐采用表 4。图样未注加工精度的，轧辊总长按 GB/T 1804 的 c 级执行，其余按照 m 级执行。

4 试验方法

4.1 化学成分分析按 GB/T 223 相关标准规定进行。

4.2 硬度试验按 GB/T 13313 规定进行。

4.3 力学性能试验按 GB/T 228 规定进行。

4.4 金相组织检验按附录 B 规定进行。

4.5 离心复合铸铁轧辊超声波检测按附录 A 规定进行。

5 检验规则

5.1 化学成分按冶炼炉次逐炉进行检验，试样从浇注前铁水包中采取。当化学成分分析不合格时，允许在轧辊工作层上取样复验两次，有一次合格即为合格。

5.2 辊身、辊颈的表面硬度应逐支检测，测定点数及位置应符合 GB/T 13313 规定。

5.3 抗拉强度试样取自轧辊传动侧辊颈端部，取样比例按照合同规定。

5.4 冷硬铸铁轧辊白口层深度检查，以辊身端面出现第一批灰点（辊身端面沿半径切线方向 10mm 宽范围内灰点数不少于 3 点）距交货辊面的距离来测定。

表 1　工作层化学成分、表面硬度和辊颈抗拉强度

分类	材质类别	材质代码	化学成分(质量分数)/%											硬度 HSD		抗拉强度 R_m/(N/mm²)	推荐用途
			C	Si	Mn	P	S	Cr	Ni	Mo	V	Cu	Mg	辊身	辊颈		
冷硬铸铁	铬钼冷硬	CC	2.90～3.60	0.25～0.80	0.20～1.00	≤0.40	≤0.08	0.20～0.60	—	0.20～0.60	—	—	—	58～70	32～48	≥150	小型型钢、线材、热轧薄板平整轧机
	镍铬钼冷硬Ⅰ	CCⅠ	2.90～3.60	0.25～0.80	0.20～1.00	≤0.40	≤0.08	0.20～0.60	0.50～1.00	0.20～0.60	—	—	—	60～70	32～50		
	镍铬钼冷硬Ⅱ	CCⅡ	2.90～3.60	0.25～0.80	0.20～1.00	≤0.40	≤0.08	0.30～1.20	1.01～2.00	0.20～0.60	—	—	—	62～75	35～52		
	镍铬钼冷硬离心复合Ⅲ	CCⅢ	2.90～3.60	0.25～0.80	0.20～1.00	≤0.40	≤0.08	0.50～1.50	2.01～3.00	0.20～0.60	—	—	—	65～80	32～45	≥350	
	镍铬钼冷硬离心复合Ⅳ	CCⅣ	2.90～3.60	0.25～0.80	0.20～1.00	≤0.40	≤0.08	0.50～1.70	3.01～4.50	0.20～0.60	—	—	—	70～85	32～45		
无限冷硬铸铁	铬钼无限冷硬	IC	2.90～3.60	0.60～1.20	0.40～1.20	≤0.25	≤0.08	0.60～1.20	—	0.20～0.60	—	—	—	50～70	35～55	≥160	小型型钢、窄带钢轧机
	镍铬钼无限冷硬Ⅰ	ICⅠ	2.90～3.60	0.60～1.20	0.40～1.20	≤0.25	≤0.08	0.70～1.20	0.50～1.00	0.20～0.60	—	—	—	55～72	35～55		
	镍铬钼无限冷硬Ⅱ	ICⅡ	2.90～3.60	0.60～1.20	0.40～1.20	≤0.25	≤0.08	0.70～1.20	1.01～2.00	0.20～0.60	—	—	—	55～72	35～55		
	镍铬钼无限冷硬离心复合Ⅲ	ICⅢ	2.90～3.60	0.60～1.20	0.40～1.20	≤0.25	≤0.05	0.70～1.20	2.01～3.00	0.20～1.00	—	—	—	65～78	32～45	≥350	
	高镍铬钼无限冷硬离心复合Ⅳ	ICⅣ	2.90～3.60	0.60～1.50	0.40～1.20	≤0.10	≤0.05	1.00～2.00	3.01～4.80	0.20～1.00	—	—	—	70～83	32～45		中厚板、平整、热带钢轧机
	高镍铬钼无限冷硬离心复合Ⅴ	ICⅤ	2.90～3.60	0.60～1.50	0.40～1.20	≤0.10	≤0.05	1.00～2.00	3.01～4.80	0.20～2.00	0.20～2.00	W 0.00～2.00	Nb 0.00～2.00	77～85	32～45		
球墨铸铁	铬钼球墨半冷硬	SGⅠ	2.90～3.60	0.80～2.50	0.40～1.20	≤0.25	≤0.03	0.20～0.60	—	0.20～0.60	—	—	≥0.04	40～55	32～50	≥320	型钢轧机
	铬钼球墨无限冷硬	SGⅡ	2.90～3.60	0.80～2.50	0.40～1.20	≤0.25	≤0.03	0.20～0.60	—	0.20～0.60	—	—	≥0.04	50～70	35～55		线材、型钢、窄带钢轧机
	铬钼铜球墨无限冷硬	SGⅢ	2.90～3.60	0.80～2.50	0.40～1.20	≤0.25	≤0.03	0.20～0.60	—	0.20～0.60	—	0.40～1.00	≥0.04	55～70	35～55		

表 1(续)

分类	材质类别	材质代码	化学成分(质量分数)/%											硬度 HSD		抗拉强度 R_m/(N/mm²)	推荐用途
			C	Si	Mn	P	S	Cr	Ni	Mo	V	Cu	Mg	辊身	辊颈		
球墨铸铁	镍铬钼球墨无限冷硬Ⅰ	SGⅣ	2.90～3.60	0.80～2.50	0.40～1.20	≤0.25	≤0.03	0.20～0.60	0.50～1.00	0.20～0.80	—	—	≥0.04	55～70	35～55	≥320	线材、型钢、窄带钢轧机
	镍铬钼球墨无限冷硬Ⅱ	SGⅤ	2.90～3.60	0.80～2.50	0.40～1.20	≤0.20	≤0.03	0.30～1.20	1.01～2.00	0.20～0.80	—	—	≥0.04	60～70	35～55		
	珠光体球墨Ⅰ	SGPⅠ	2.90～3.60	1.40～2.20	0.40～1.00	≤0.15	≤0.03	0.10～0.60	1.50～2.00	0.20～0.80	—	—	≥0.04	45～55	35～55	≥450	方/板坯初轧机,大中型型钢、线材、窄带钢轧机
	珠光体球墨Ⅱ	SGPⅡ	2.90～3.60	1.20～2.00	0.40～1.00	≤0.15	≤0.03	0.20～1.00	2.01～2.50	0.20～0.80	—	—	≥0.04	55～65	35～55		
	珠光体球墨Ⅲ	SGPⅢ	2.90～3.60	1.00～2.00	0.40～1.00	≤0.15	≤0.03	0.20～1.20	2.51～3.00	0.20～0.80	—	—	≥0.04	62～72	35～55		
	贝氏体球墨离心复合Ⅰ	SGAⅠ	2.90～3.60	1.20～2.20	0.20～0.80	≤0.10	≤0.03	0.20～1.00	3.01～3.50	0.50～1.00	—	—	≥0.04	55～78	32～45	≥350	
	贝氏体球墨离心复合Ⅱ	SGAⅡ	2.90～3.60	1.00～2.00	0.20～0.80	≤0.10	≤0.03	0.30～1.50	3.51～4.50	0.50～1.00	—	—	≥0.04	60～80	32～45		
高铬铸铁	高铬离心复合Ⅰ	HCrⅠ	2.30～3.30	0.30～1.00	0.50～1.20	≤0.10	≤0.05	12.00～15.00	0.70～1.70	0.70～1.50	0.00～0.60	—	—	60～75	32～45	≥350	热带钢、立辊、平整、中厚板轧机,冷带钢轧机,型钢万能轧机辊环
	高铬离心复合Ⅱ	HCrⅡ	2.30～3.30	0.30～1.00	0.50～1.20	≤0.10	≤0.05	15.01～18.00	0.70～1.70	0.70～1.50	0.00～0.60	—	—	65～80	32～45		
	高铬离心复合Ⅲ	HCrⅢ	2.30～3.30	0.30～1.00	0.50～1.20	≤0.10	≤0.05	18.01～22.00	0.70～1.70	1.51～3.00	0.00～0.60	—	—	75～90	32～45		

注 1:球墨铸铁轧辊中含有稀土元素时,残 Mg 量不得小于 0.03%。

注 2:在满足轧机使用条件下,复合轧辊或辊环芯部可采用球墨铸铁材质。

表 2 冷硬铸铁轧辊白口层深度

单位为毫米

轧辊直径	$\phi \leqslant 250$	$\phi 251 \sim \phi 300$	$\phi > 300$
白口层深度	15～30	17～35	20～45

表 3 75°B 型中心孔选择要求

D/ mm	D_1/ mm ≤	L_1≈/ mm	L/ mm	a≈/ mm	选择中心孔参考数据 轧辊最大重量/kg
6	18	16	14	1.8	800
8	24	21	19	2	1500
12	36	31	28	2.5	3000
16	48	41	38	2.5	6000
20	60	53	50	3	9000
24	65	62	58	4	12000
30	90	74	70	4	20000
40	120	100	95	5	35000
45	135	121	115	6	50000
50	150	148	140	8	80000

表 4 辊身直径尺寸公差、形位公差和表面粗糙度

轧辊类别	直径公差/ mm	形位公差/ mm	表面粗糙度/ μm
板带轧辊	$^{+0.5}_{0}$	≤0.10	≤3.2
型钢轧辊	±1	≤0.30	≤12.5

5.5 球墨铸铁轧辊及球芯复合轧辊辊颈球化质量以击断冒口断面组织进行宏观判断，如球化良好不做金相检验；如球化不良时，应取样做金相检验，检验结果必须符合 3.7。

5.6 表面质量、主要尺寸、表面粗糙度应逐支检验。

5.7 离心复合铸铁轧辊应逐支进行超声波检测。

6 包装、标识和质量证书

6.1 成品检验合格后，应在传动侧辊颈端面刻制造厂标识、辊号，需方对轧辊标识有具体要求时，可在订货图样或协议中注明。

6.2 包装前应对轧辊表面关键部位涂防锈漆等保护；包装应考虑轧辊在运输及吊装时的安全，防止在运输过程中损伤和锈蚀，并满足室内存放 6 个月内不锈蚀。

6.3 轧辊应平放于干燥通风的室内环境中。

6.4 轧辊出厂时应附质量检验部门填写的质量证书，内容包括：

a) 供方名称；
b) 需方名称；
c) 合同号、产品编号、辊号；
d) 产品规格；
e) 材质代码、化学成分、硬度、超声波检测结果、轧辊重量、生产日期；
f) 毛坯出厂应注明热处理状态。

附　录　A
（规范性附录）
离心复合铸铁轧辊超声波检测方法

A.1　术语和定义

GB/T 12604.1 确立的以及下列术语和定义适用于本附录。

A.1.1

缺陷当量　defect equivalent size

指平底孔　[flat bottom hole(FBH)]反射当量。

A.1.2

单个缺陷　single defect

密集缺陷　concentrated defect

在规定的灵敏度下，相邻缺陷间距大于其中较大的缺陷当量的 8 倍时称为单个缺陷，否则称为密集缺陷。缺陷间距按缺陷回波峰值处探头中心位置确定。密集缺陷的指示面积以规定的灵敏度为边界确定。

A.1.3

底波衰减区　backwall echo attenuation zone

由于轧辊内部缺陷导致径向底波衰减至 10%f.s 以下的部位。

底波清晰　clear backwall echo

底波与其附近杂波信号的信噪比 $S/N \geqslant 12$dB 以上。

A.2　符号和缩略语

B——底波或底波高(按仪器满屏高为 100%)。

F——缺陷波或缺陷波高。

H——缺陷回波距探测面的距离(mm)。

S——以规定灵敏度缺陷回波高度为边界测定缺陷的指示面积。

f.s——仪器满屏高刻度(full scale)。

A.3　技术要求

A.3.1　轧辊

A.3.1.1　应加工成适于检测的简单圆柱体，妨碍检测的加工应在检测后进行。

A.3.1.2　探测表面粗糙度 $Ra \leqslant 12.5\mu$m。

A.3.1.3　组织粗大影响检测判定的轧辊，应在奥氏体重结晶后进行超声波检测。

A.3.2　设备

A.3.2.1　采用 A 型脉冲反射式超声探伤仪，其技术要求应符合 JB/T 10061 的规定。

A.3.2.2　仪器必须具有满足所检轧辊全长的扫描范围，频率范围至少应为 0.5MHz～5MHz。推荐采用软保护膜直探头，探头规格的选取参见表 A.1，探头的技术要求应符合 JB/T 10062 的规定。

A.3.3　人员　检测人员应持有符合 GB/T 9445 规定的无损检测人员技术资格证书。

A.3.4　耦合剂　20 号～40 号机油，或满足耦合要求的其他物质。

A.4　检测要求

A.4.1　径向和轴向采用纵波垂直扫查，必要时可变换频率或探头类型。

表 A.1 单晶直探头及双晶直探头的规格

探头型号	探头频率/MHz	晶片直径/mm
TR	2～2.5	7×13
直探头	1～1.25	ϕ24～ϕ34
	2～2.5	ϕ10～ϕ25.4
	0.5	ϕ34

A.4.2 探头在轧辊表面扫查速度应不大于150mm/s，每次扫迹覆盖前次扫迹的宽度至少应为所用探头晶片直径的10%。

A.4.3 检测频率

A.4.3.1 径向和辊身轴向检测时为1MHz～1.25MHz。

A.4.3.2 轧辊全长轴向检测时为0.5MHz。

A.4.3.3 离心复合轧辊工作层、结合层部位检测时为2MHz～2.5MHz。

A.4.4 检测灵敏度

A.4.4.1 径向检测时，以相应检测部位中正常底波反射最高处为参照点，将B1调至100%f.s作为检测灵敏度。

A.4.4.2 辊身轴向检测时，以辊身两个端面分别作为探测面和底波反射面，将反射良好部位的B1调至100%f.s，作为检测灵敏度。

A.4.4.3 轧辊全长轴向检测时，以辊颈端面作为探测面，将对侧辊颈或辊身端面的底波B1调至20%f.s，作为检测灵敏度。

A.4.4.4 辊身结合层部位进行检测时，推荐使用如图A.1所示RBI5型对比试块校定仪器的扫描速度和检测灵敏度，将ϕ5平底孔的第一次回波调至80%f.s，作为检测灵敏度。对比试块的材质应与被检测轧辊相同或相似，探测面至ϕ5平底孔底为外层材质，平底孔所在部位为芯部材质，试块的结合部位应熔接良好。

单位为毫米

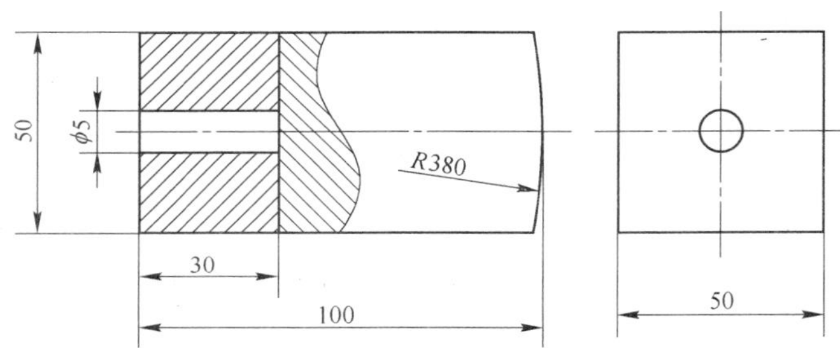

图 A.1 RBI5型探伤对比试块示意图

A.5 判定

依轧辊类型和用途按表A.2进行超声波检测判定。

A.6 报告

检测报告应包括下列内容：

a) 轧辊名称、编号、规格、材质、加工状态、探测面粗糙度；

表 A.2 离心复合铸铁轧辊超声波检测判定

部位		类别	
		板带精轧工作辊	其他用途轧辊
工作层		不允许存在≥ϕ2 当量缺陷	
结合层 单个缺陷		≤ϕ5+8dB	≤ϕ5+10dB
结合层密集缺陷	IC Ⅲ～Ⅴ	允许存在的密集 F 中最大当量应满足	
		≤ϕ5+6dB	≤ϕ5+8dB
		最大当量密集 F 分布面积 S 应不大于 50cm^2	
		相邻密集 F 间距应不小于 100mm	
	HCr	最大当量不大于	
		ϕ5+4dB	ϕ5+6dB
		最大当量密集 F 分布面积 S 应不大于 36cm^2	
		相邻密集 F 间距应不小于 100mm	
辊身径向		不允许底波衰减区存在	
辊颈径向		允许存在中心缩松类 F 引起的 B 衰减区存在， 但在此区域内，缺陷回波不得大于 20%f.s	
轴向检测		各段 B 应能清晰确认，不允许裂纹性 F 存在	
外层测厚		当屏幕出现清晰、稳定的界面回波时即可测厚， 其前沿位置即为外层厚度指标值	

b) 仪器型号、探头规格、工作频率、试块型号；

c) 各部底波反射情况；

d) 各部缺陷位置、深度、波高、指示面积或当量值。可用简图表示 F 在轧辊内的分布。必要时附缺陷波及底波波形图；

e) 复合铸铁轧辊外层超声测厚结果；

f) 检测结论；

g) 检测日期、检测人员签名。

附 录 B
（规范性附录）
球墨铸铁轧辊及球芯复合轧辊辊颈组织检验

B.1 范围

本附录规定了采用光学金相显微镜检验球墨铸铁轧辊及芯部为球墨铸铁的复合轧辊辊颈显微组织及评级方法。

本附录适用于球墨铸铁轧辊及芯部为球墨铸铁的复合轧辊显微组织的评级。

B.2 试样制备

B.2.1 辊颈部位金相试样在辊颈底座端切取，也可在辊颈表面指定检测部位直接进行检测。

B.2.2 切取和制备试样时不应过热、过烧，打磨和抛光时应保证不破坏原有的组织结构，试样表面应光滑，不允许有明显划痕或目视可见的缺陷。

B.2.3 含有石墨的试样制备时石墨不应剥落、污染和变形。

B.3 检验规则

B.3.1 检验部位根据检验要求而定，评级检测时，应在试样上距表面 5mm～15mm 部位进行。

B.3.2 显微组织检验包括石墨、碳化物和铁素体组织检验。

B.3.3 显微组织检验时，应首先普遍观察受检范围，然后选择有代表性的视场报出结果。

B.3.4 石墨检验在抛光后直接进行，放大倍数为 50 倍；碳化物和铁素体组织检验在抛光后经 3%～5% 硝酸酒精腐蚀后进行，放大倍数为 100 倍。

B.4 检验和评级

B.4.1 辊颈石墨形态

辊颈石墨形态分 5 种，见表 B.1 和图 B.1～图 B.5。

表 B.1

名 称	说 明	图 号
球 状	孤立的，外形为圆形，有明显的偏光效应	B.1
团 状	呈孤立的，外形不规则	B.2
团虫状	絮状、团状石墨的主体上有蠕虫分枝，形状不规则	B.3
开花状	由无联系的块形石墨组成，外周保持圆形	B.4
枝晶状	呈枝晶状分布	B.5

辊颈石墨形态

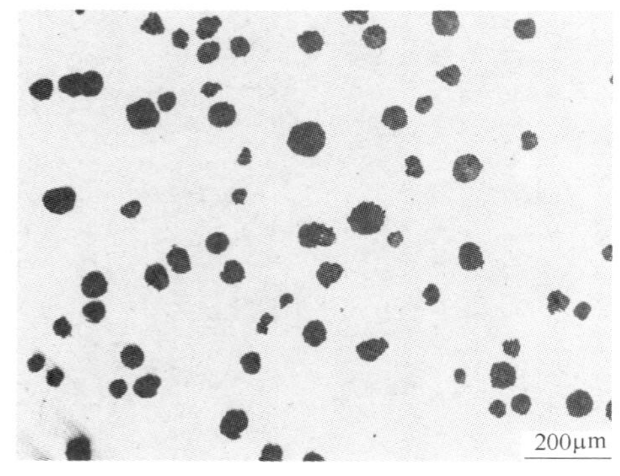

图 B.1 球状

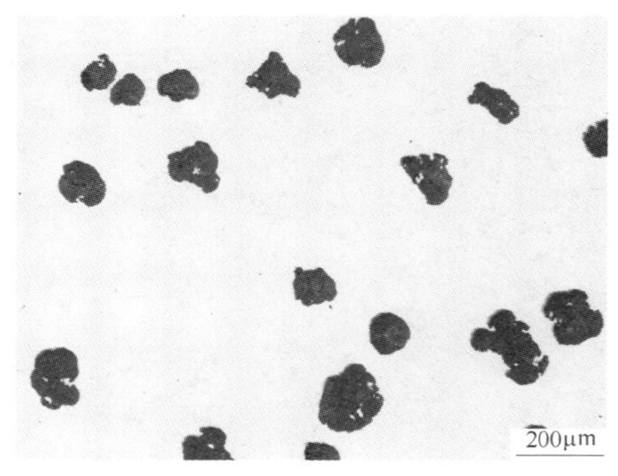

图 B.2 团状

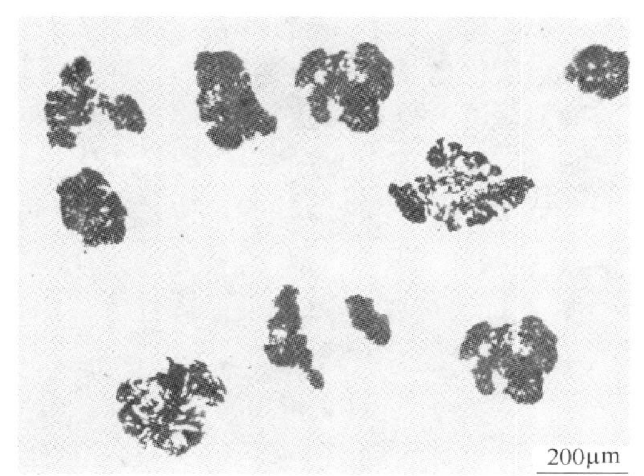

图 B.3　团虫状

图 B.4　开花状

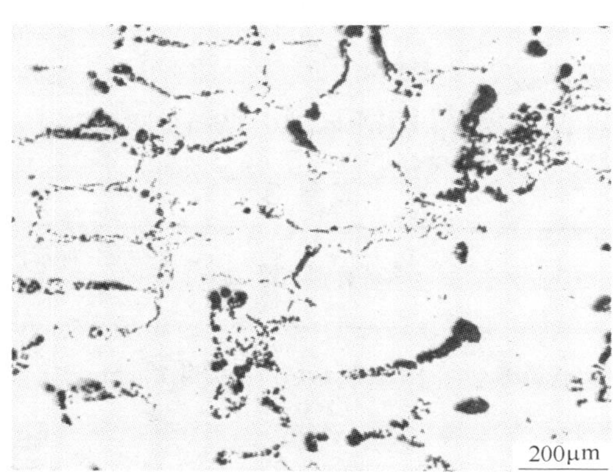

图 B.5　枝晶状

B.4.2　石墨评级

石墨球化分为 4 级，见表 B.2 和图 B.6～图 B.9。

表 B.2

级　别	石墨球化率/%	图　号
1	90 以上	B.6
2	>80～90	B.7
3	>60～80	B.8
4	60 以下	B.9

石墨球化级别图

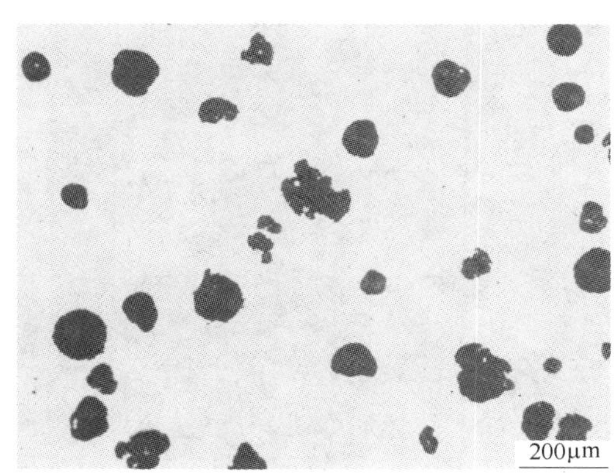

图 B.6　1 级

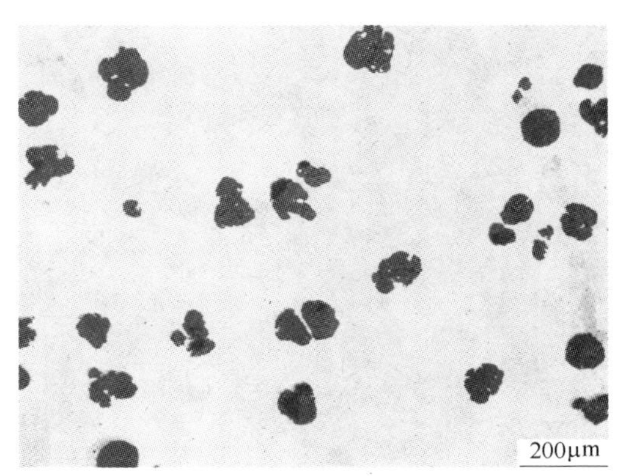

图 B.7　2 级

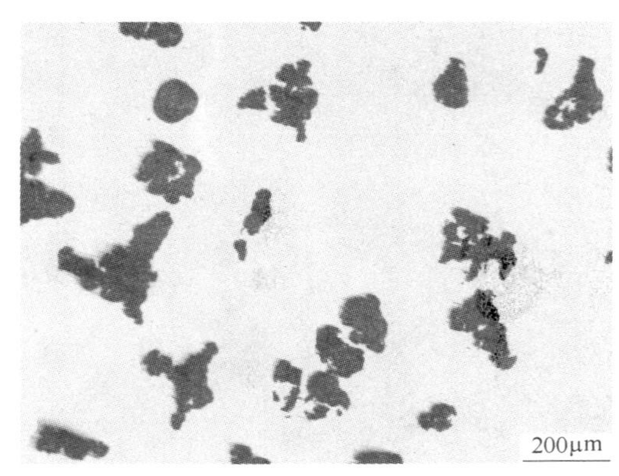

图 B.8　3级

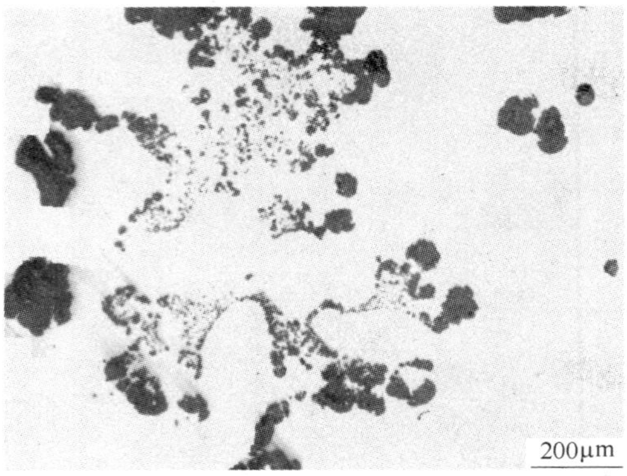

图 B.9　4级

B.4.3　辊颈碳化物与铁素体数量评级

碳化物、铁素体数量分为6级，见表B.3和图B.10～图B.15。

表 B.3

级　别	石墨数量/%	图　号
1	石墨周围牛眼状铁素体比例15%～20%，碳化物含量＜5%	B.10
2	牛眼状铁素体比例5%～10%，碳化物含量＜5%	B.11
3	无牛眼状铁素体，碳化物含量＜5%	B.12
4	牛眼状铁素体较少比例＜5%，碳化物含量5%～10%	B.13
5	无牛眼状铁素体，碳化物含量5%～10%	B.14
6	无牛眼状铁素体，碳化物含量＞10%	B.15

碳化物、铁素体数量级别图

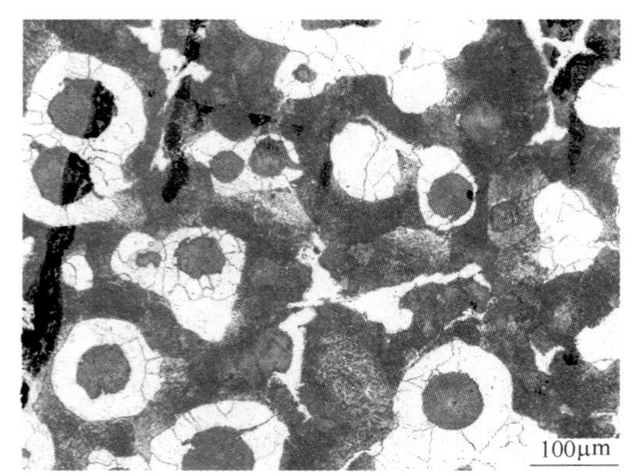

图 B.10　1级

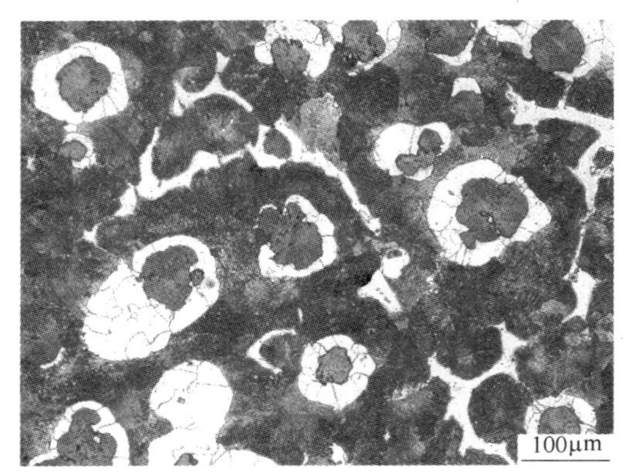

图 B.11　2级

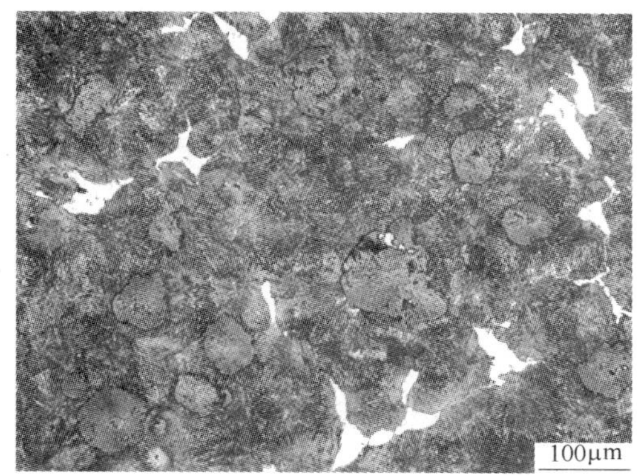

图 B.12　3 级

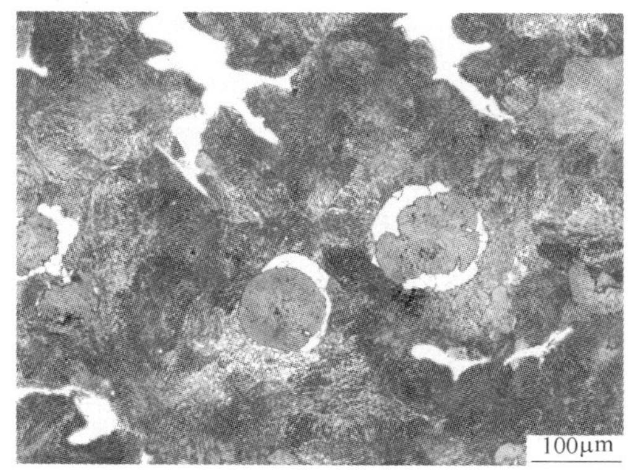

图 B.13　4 级

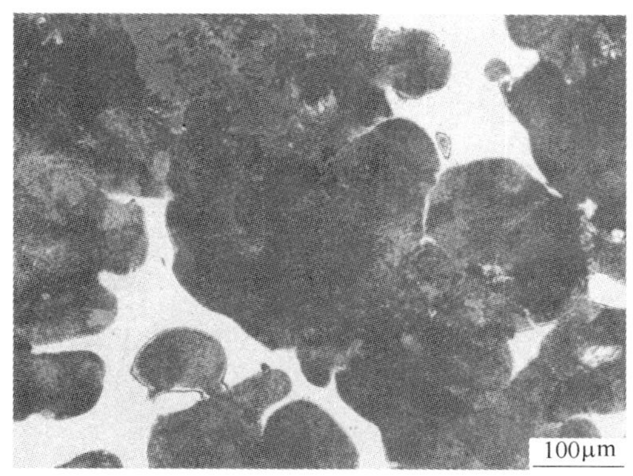

图 B.14　5 级

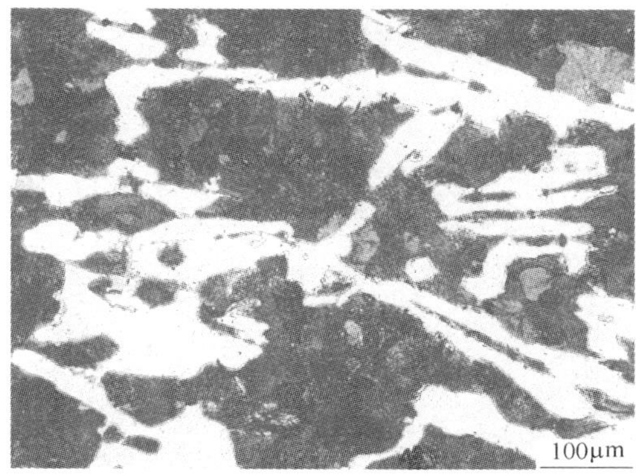

图 B.15　6 级

ICS 77.180
H 94

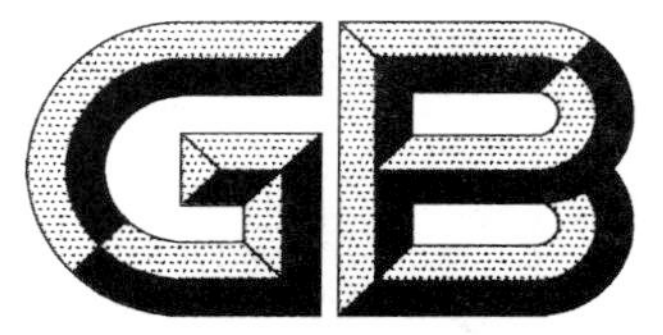

中华人民共和国国家标准

GB/T 13314—2008
代替 GB/T 13314～13315—1991

锻钢冷轧工作辊　通用技术条件

General specifications of forged steel work rolls for cold rolling

2008-05-13 发布　　2008-11-01 实施

中华人民共和国国家质量监督检验检疫总局
中国国家标准化管理委员会　发布

前　言

本标准代替 GB/T 13314—1991《锻钢冷轧工作辊通用技术条件》和 GB/T 13315—1991《锻钢冷轧工作辊超声波探伤方法》。

本标准纳入并修订了 GB/T 13314—1991 和 GB/T 13315—1991 中的内容，与原标准 GB/T 13314—1991 相比，主要变化有：

——增加前言；

——修改了“范围”的内容；

——规范性引用文件做了补充、调整；

——在表 1 中增加了 8Cr3MoV、8Cr5MoV 两个牌号，取消了不常用的材料 8CrMoV、9Cr2W；

——将 4.5 款中的洛氏硬度和维氏硬度去除；

——取消 3.6.4 和 3.6.5 中辊身硬度均匀度和辊身淬硬层深度的定义，增加 GB/T 15546 的引用；

——修改了软带宽度的定义，相应修改了表 4 中允许软带宽度；

——在表 5 中增加 8Cr3MoV 和 8Cr5MoV 两种材料的淬硬层深度；

——取消了对 GB/T 13315 的引用，将其作为本标准的规范性附录（见附录 A：锻钢冷轧工作辊超声波探伤方法）。在 GB/T 13315—1991 原有内容的基础上修改了“范围”、用于调节探伤灵敏度的探测距离与增益增量关系曲线和“探伤结果分级”的部分内容，调整并重新定义了术语，删除了附录 B，并对要素的编排进行了适当调整；

——把 GB/T 13315—1991 附录 A：探伤结果分级　编入本标准“A.8　探伤结果的评定”；

——把 GB/T 13315—1991 附录 C：缺陷记录方法　作为本标准的附录 B。

本标准附录 A 是规范性附录，附录 B 是资料性附录。

本标准由中国钢铁工业协会提出。

本标准由中冶集团北京冶金设备研究设计总院归口。

本标准起草单位：宝钢集团常州轧辊制造公司主要负责“通用技术条件”部分；中钢集团衡阳重机有限公司主要负责“超声波探伤方法”部分。

本标准主要起草人：杨国平、崔昌群、葛浩彬、滕文青、叶剑勇。

本标准历次版本发布情况为：

——GB/T 13314—1991；

——GB/T 13315—1991。

锻钢冷轧工作辊　通用技术条件

1　范围

本标准规定了冷轧金属用锻造合金钢工作辊的技术要求、试验方法与检验规则等。

本标准适用于金属板(带)材等冷轧机用的整体锻造合金钢冷轧工作辊及中间辊(以下简称冷轧辊)。用其他方法制造的冷轧辊也可参照执行。

2　规范性引用文件

下列文件中的条款通过本标准的引用而成为本标准的条款。凡是注日期的引用文件,其随后所有的修改单(不包括勘误的内容)或修订版均不适用于本标准,然而,鼓励根据本标准达成协议的各方研究是否可使用这些文件的最新版本。凡是不注日期的引用文件,其最新版本适用于本标准。

GB/T 223.5　钢铁及合金化学分析方法　还原型硅钼酸盐光度法测定酸溶硅含量

GB/T 223.11　钢铁及合金化学分析方法　过硫酸铵氧化容量法测定铬量

GB/T 223.14　钢铁及合金化学分析方法　钽试剂萃取光度法测定钒含量

GB/T 223.19　钢铁及合金化学分析方法　新亚铜灵-三氯甲烷萃取光度法测定铜量

GB/T 223.23　钢铁及合金化学分析方法　丁二酮肟分光光度法测定镍量

GB/T 223.26　钢铁及合金化学分析方法　硫氰酸盐直接光度法测定钼量

GB/T 223.59　钢铁及合金化学分析方法　锑磷钼蓝光度法测定磷量

GB/T 223.60　钢铁及合金化学分析方法　高氯酸脱水重量法测定硅含量

GB/T 223.63　钢铁及合金化学分析方法　高碘酸钠(钾)光度法测定锰量

GB/T 223.68　钢铁及合金化学分析方法　管式炉内燃烧后碘酸钾滴定法测定硫含量

GB/T 223.69　钢铁及合金化学分析方法　管式炉内燃烧后气体容量法测定碳含量

GB/T 226　钢的低倍组织及缺陷酸蚀检验法(GB/T 226—1991[1)],neq ISO 4969:1980)

GB/T 1184—1996[1)]　形状和位置公差　未注公差值(eqv ISO 2768-2:1989)

GB/T 1299—2000[1)]　合金工具钢

GB/T 1804—2000[1)]　一般公差　未注公差的线性和角度尺寸的公差(eqv ISO 2768-1:1989)

GB/T 4879—1999[1)]　防锈包装

GB/T 9445　无损检测　人员资格鉴定与认证(GB/T 9445—2005 idt ISO 9712:1999)

GB/T 12604.1　无损检测　术语　超声检测(GB/T 12604.1—2005 idt ISO 5577:2000)

GB/T 13313　轧辊肖氏、里氏硬度试验方法

GB/T 15546　冶金轧辊术语

GB/T 15547　锻钢冷轧辊辊坯

JB/T 10061　A 型脉冲反射式超声波探伤仪　通用技术条件

JB/T 10062　超声探伤用探头　性能测试方法

3　技术要求

3.1　冷轧辊应符合本标准和供需双方的约定(图样、协议等)。

---

1)　2004 年复审确认有效。

3.2 冷轧辊用钢的牌号和化学成分推荐按表1的规定，也可采用供需双方商定的其他牌号或化学成分。辊坯或成品分析的化学成分允许偏差应符合GB/T 15547的规定。

表1 冷轧辊用钢及化学成分

<table>
<tr><th rowspan="2">牌 号</th><th colspan="10">化学成分(质量分数)/%</th></tr>
<tr><th>C</th><th>Si</th><th>Mn</th><th>Cr</th><th>Mo</th><th>V</th><th>Ni</th><th>Cu</th><th>S</th><th>P</th></tr>
<tr><td>9Cr2</td><td>0.80～0.95</td><td>≤0.40</td><td>≤0.40</td><td>1.30～1.70</td><td>—</td><td>—</td><td>—</td><td>—</td><td colspan="2">≤0.030</td></tr>
<tr><td>8Cr2MoV</td><td>0.80～0.90</td><td>0.15～0.40</td><td>0.30～0.50</td><td>1.80～2.40</td><td>0.20～0.40</td><td>0.05～0.15</td><td colspan="2" rowspan="4">≤0.25</td><td colspan="2" rowspan="4">≤0.025</td></tr>
<tr><td>9Cr2Mo</td><td rowspan="3">0.85～0.95</td><td rowspan="3">0.25～0.45</td><td rowspan="3">0.20～0.35</td><td rowspan="2">1.70～2.10</td><td>0.20～0.40</td><td>—</td></tr>
<tr><td>9Cr2MoV</td><td>0.20～0.30</td><td>0.10～0.20</td></tr>
<tr><td>9Cr3Mo</td><td>2.50～3.50</td><td>0.20～0.40</td><td>—</td></tr>
<tr><td>8Cr3MoV</td><td>0.78～1.10</td><td>0.40～1.10</td><td>0.20～0.50</td><td>2.80～3.20</td><td>0.20～0.60</td><td>0.05～0.15</td><td rowspan="2">≤0.80</td><td rowspan="2">≤0.25</td><td colspan="2">≤0.025</td></tr>
<tr><td>8Cr5MoV</td><td>0.78～0.90</td><td>0.40～1.10</td><td>0.20～0.50</td><td>4.80～5.50</td><td>0.20～0.60</td><td>0.10～0.20</td><td colspan="2">≤0.020</td></tr>
</table>

3.3 冷轧辊用钢的冶炼方法宜采用炉外精炼、电渣重熔等二次精炼方法，也可采用供需双方商定的其他方法。

3.4 冷轧辊锻件采用钢锭锻造时，辊身锻比一般应不小于3；采用钢坯锻造时，辊身锻比不小于1.5；采用电渣重熔锭锻造时，辊身锻比不小于2。

3.5 冷轧辊的内部质量

3.5.1 冷轧辊试样的低倍组织，不允许有白点、内裂、缩孔、气泡、翻皮和目视可见的非金属夹杂物等冶金缺陷。

3.5.2 冷轧辊试样(锻件切片)显微组织网状碳化物不大于2.5级(按GB/T 1299—2000所附图第二级别图)。

3.5.3 冷轧辊应根据使用情况由供需双方协商选择超声波探伤的质量等级。

3.6 冷轧辊硬度及淬硬层深度

3.6.1 冷轧辊辊身表面硬度由供需双方商定或符合表2的规定。

表2 冷轧辊辊身表面硬度

序 号	辊身表面硬度(HSD)	推 荐 用 途
1	≥95	平整机和精轧机工作辊
2	90～98	金属板、带材的冷轧工作辊
3	75～90	金属板、带材的初[粗]轧工作辊 金属板、带材的冷轧中间辊

3.6.2 冷轧辊辊颈(装配径向轴承部位)表面硬度由供需双方商定或符合表3的规定。

表3 冷轧辊辊颈表面硬度

序　　号	辊颈表面硬度(HSD)
1	30～50
2	50～65
3	75～90

3.6.3 冷轧辊辊身表面两边缘允许有低于硬度要求的软带区域存在,软带宽度定义为"从辊身圆柱面边部开始沿母线测量至硬度达到图样要求处的距离"。允许软带宽度由供需双方商定或符合表4的规定。

表4 冷轧辊辊身两边缘允许软带宽度

单位为毫米

辊身长度	≤300	301～600	601～1000	1001～2000	≥2001
允许软带宽度不大于	25	45	50	55	65

对冷轧辊辊身表面硬度要求95HSD及以上的工作辊的软带宽度允许比表中数值增加20%。

3.6.4 冷轧辊辊身硬度均匀度不大于3HSD或由供需双方商定。

3.6.5 冷轧辊辊身淬硬层深度由供需双方商定或符合表5的规定。

表5 冷轧辊辊身淬硬层深度

辊身直径/mm	辊身表面硬度范围(HSD)	淬硬层深度/mm,不小于		
		2%Cr材料	3%Cr材料	5%Cr材料
≤300	≥95	6	15	15
	90～96	8	20	20
	75～90	10	—	—
301～500	≥95	7	20	25
	90～96	12	25	30
	75～90	14	—	—
>500	≥95	8	20	25
	90～96	13	25	35
	75～90	15	—	—

3.7 冷轧辊的表面质量

3.7.1 冷轧辊辊身和辊颈的工作表面上不允许有裂纹及目视可见的凹坑、非金属夹杂、气孔和其他影响使用的表面缺陷。

3.7.2 冷轧辊辊身和辊颈的表面粗糙度应符合图样规定。图样上未注粗糙度一般应达到 $Ra1.6$。

3.8 冷轧辊的形位公差和尺寸公差应符合图样规定。图样上辊身未注尺寸公差应执行GB/T 1804—2000 m级。辊身一般按圆柱形制造,圆柱度未注公差应执行GB/T 1184—1996 K级;如需制成其他形状,由供需双方协商确定。

4 试验方法

4.1 化学成分分析方法按 GB/T 223 规定执行。

4.2 化学成分偏差按 GB/T 15547 规定执行。

4.3 低倍组织检验按 GB/T 226 规定执行。

4.4 网状碳化物检验按 GB/T 1299—2000 规定执行。

4.5 超声波探伤检验按附录 A 规定执行。

4.6 肖氏硬度试验方法按 GB/T 13313 的规定执行。

4.7 冷轧辊辊身淬硬层深度的测试，应采用辊身逐层磨削测定表面肖氏硬度值或在使用单位修磨时测定表面肖氏硬度值的方式。

4.8 冷轧辊辊身表面裂纹的检验方法由供需双方协商确定。

5 检验规则

5.1 冷轧辊质量由制造厂质量检查部门按本标准和供需双方的约定进行检验。

5.2 冷轧辊各部位尺寸及表面质量要逐件进行检验。

5.3 冷轧辊化学成分每炉钢水浇注过程中取样检查，电渣钢应于电渣锭上端取样检验。当分析不合格时，允许在冷轧辊本体上取样复验，复验合格即为合格。

5.4 低倍组织、网状碳化物检验应符合 GB/T 15547 的规定。

5.5 冷轧辊应逐支进行超声波探伤检验。

5.6 冷轧辊表面硬度、辊身硬度均匀度、软带宽度应逐件进行检验。

5.7 辊身淬硬层深度由制造厂工艺保证，可用解剖测试相同材质和热处理工艺、直径相近，确有代表性的试验辊的淬硬层判定。若与修磨测量值不同时，应以实测值为准。

5.8 需方应在冷轧辊到货后三个月内进行复验。当需方复验或使用中确认冷轧辊质量不符合本标准或供需双方的约定时，应通知制造厂进行会检，根据双方会检或第三方仲裁结果判定是否合格。

6 标记、包装、运输和储存

6.1 经检验合格的冷轧辊，应在非传动端（对称型工作辊则任选一端）端面打上制造厂的标记和辊号。需方对标记和辊号有特殊要求时应在供需双方的约定中注明。

6.2 冷轧辊防锈包装应按 GB/T 4879—1999 表 1 中 3 级包装的规定执行，防锈期 2 年。

6.3 冷轧辊外包装用木板箱或栅板包装，包装质量应符合运输部门对包装的要求。

6.4 包装标志与随机文件

6.4.1 包装箱标志一般包括：

a) 合同号、工作辊型号及出厂编号；

b) 重量；

c) 包装日期；

d) 到站（港）及收货单位；

e) 发站（港）及发货单位。

6.4.2 对用栅板包装的冷轧辊，可将标志内容写在不易褪色且耐用的浅色尼龙纤维、棉布或镀锌薄铁片等上面，然后牢固地系在外包装上。

6.4.3 随机文件应包括质量证书、装箱单等。随机文件应用塑料袋封装后放在包装箱内。

质量证书的内容一般包括：

a) 冷轧辊型号、名称、规格及数量；

b) 合同号或出厂编号；
c) 辊号；
d) 牌号、化学成分；
e) 单件重量；
f) 主要检验项目的检验结果，如主要尺寸、硬度及超声波探伤结果等；
g) 收货单位名称；
h) 制造厂名称。

6.5 冷轧辊应平放于干燥通风的仓库或车间内。

附 录 A
（规范性附录）
锻钢冷轧工作辊超声波探伤方法

A.1 范围

本方法规定了锻钢冷轧工作辊（以下简称轧辊，包括冷轧金属板、带、箔材用工作辊；平整机工作辊；多辊轧机用中间辊）的超声波探伤方法及探伤结果分级。

本方法适用于采用A型脉冲反射式超声波探伤仪对直径大于或等于80mm的轧辊锻坯和轧辊成品进行纵波接触法超声波探伤。对直径小于80mm的轧辊，探伤方法由供需双方协商。

A.2 术语和定义

GB/T 12604.1确立的以及下列术语和定义适用于本方法。

A.2.1

基准高度 reference height

将示波屏某一高度定为基准，该高度即为基准高度（通常用示波屏满屏的百分数来表示）。

A.2.2

单个回波缺陷 single echo defects

探头从缺陷回波最高位置向任一方向移动时，缺陷回波的幅度出现正常的下降，且当量直径不小于ϕ2mm的回波缺陷，称为单个回波缺陷。

A.2.3

密集回波缺陷 cluster echo defects

在边长为50mm的立方体内，数量不少于5个，当量直径不小于ϕ2mm的缺陷回波，称为密集回波缺陷。

A.2.4

连续回波缺陷 continuous echo defects

探头在被探部位移动时，缺陷指示长度不小于50mm，当量直径不小于ϕ2mm的缺陷回波，称为连续回波缺陷。

A.2.5

游动回波缺陷 travelling echo defects

探头在被探部位移动时，缺陷回波前沿位置的移动距离相当于25mm或25mm以上工件厚度的缺陷回波，称为游动回波缺陷。

A.2.6

中心草状回波缺陷 central grass defects

在探伤灵敏度下，于轧辊轴心区反射呈草状的回波。用DGS法调节仪器至轴心位置上ϕ2mm当量直径的波高为20%满屏高时，其草状回波波高低于20%满屏高，此种草状回波缺陷称为中心草状回波缺陷。

A.3 一般要求

A.3.1 仪器、探头

A.3.1.1 采用A型脉冲反射式超声波探伤仪，其性能指标应符合JB/T 10061的规定。

A.3.1.2 超声波探伤用探头性能的测试按JB/T 10062的规定进行。

A.3.2 轧辊

A.3.2.1 供探伤的轧辊外形应尽可能加工成简单的几何形状，即孔、键槽、圆弧形过渡区等机械加工应安排在探伤后进行。对轧辊成品，则根据其几何形状作尽可能安全的重新探伤。

A.3.2.2 轧辊探伤面的表面粗糙度 Ra 应不大于 6.3μm。

A.3.2.3 轧辊探伤面上不应有影响探伤的划痕及污垢。

A.3.2.4 轧辊应放置在能自由转动的支架上探伤，以保证对轧辊整体进行扫查。

A.3.2.5 轧辊材质衰减系数的确定：

a) 轧辊材质衰减系数应不大于 0.004dB/mm，当轧辊的透声性不良时，应重新进行热处理后再作探伤；

b) 测量轧辊材质衰减系数时，在轧辊辊身上选取三处无缺陷回波的部位，分别测量每处的第一次底面回波高度(B_1)和第二次底面回波高度(B_2)。计算每处的材质衰减系数，取三处的平均值作为该轧辊的材质衰减系数。按式(A.1)、式(A.2)计算材质衰减系数。

$$\text{实心轧辊}\ \alpha = \frac{(B_1 - B_2) - 6}{2D} \quad \cdots\cdots (A.1)$$

$$\text{空心轧辊}\ \alpha = \frac{(B_1 - B_2) - 6 - 10\lg R/r}{2(R-r)} \quad \cdots\cdots (A.2)$$

式中：

α——材质衰减系数，dB/mm；

B_1——第一次底面回波高度，dB；

B_2——第二次底面回波高度，dB；

D——轧辊辊身直径，mm；

R——轧辊辊身半径，mm；

r——轧辊中心孔半径，mm。

A.3.3 探伤人员

轧辊的超声波探伤应按 GB/T 9445 的规定，由取得有效资格证书的人员担任。

A.4 探伤方法

A.4.1 采用单晶片直探头进行纵波接触法探伤。探头频率为 2MHz～2.5MHz。探头直径推荐按表 A.1 规定选择。必要时，可变换探头型式和探头频率进行辅助探伤。

表 A.1 推荐采用的探头直径

单位为毫米

探测部位尺寸		探头直径
实心轧辊直径	空心轧辊直径	
≤120		≤14
>120～200		≤20
>200		20～28

A.4.2 探伤用耦合剂推荐用机油。在不影响探伤灵敏度、不损伤轧辊表面的条件下，也可以用其他液态介质作耦合剂，但校正仪器和实施探伤时应使用同一种介质的耦合剂。

A.4.3 应以径向探测为主，对轧辊的外圆柱面进行 100%的扫查。在实际可能时，还应在端面作轴向辅助探测，如图 A.1 所示。

A.4.4 探头扫查速度应不大于 150mm/s。

A.4.5 相邻两次扫查之间应有一定的重叠，其重叠宽度至少应为所用探头直径的 15%。

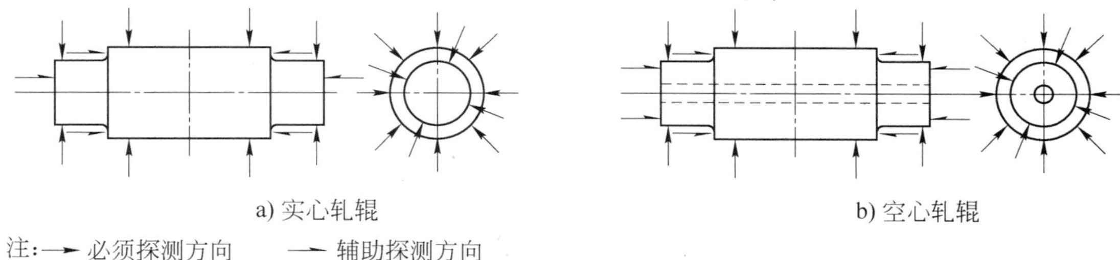

图 A.1　探测方向示意图

A.5　探伤灵敏度

A.5.1　在最大探测深度处，ϕ2mm 平底孔回波高度等于 20%满屏高为探伤灵敏度。

A.5.2　用底面回波法调节探伤灵敏度。

A.5.3　探伤灵敏度的调节

A.5.3.1　将仪器“抑制”放在“0”位置，“深度补偿”放在“关”位置。

A.5.3.2　将探头置于轧辊探测面上无缺陷回波的部位，调节第一次底面回波至示波屏时基线的 4/5 处。

A.5.3.3　调节仪器增益，使第一次底面回波的高度为满屏高度的 20%，以此作为基准高度。

A.5.3.4　根据被探测部位的尺寸，按下列方法之一求取增益增量，按增量提高仪器增益达探伤灵敏度。

a)　从图 A.2、图 A.3 中查出增益增量；

b)　按式(A.3)、式(A.4)计算增益增量。

$$实心轧辊\ \Delta = 20\lg \frac{\lambda D_i}{2\pi} \qquad (A.3)$$

$$空心轧辊\ \Delta = 20\lg \frac{\lambda (R_i - r)}{2\pi} - 10\lg \frac{R_i}{r} \qquad (A.4)$$

式中：

Δ——增益增量，dB；

λ——波长，mm；

D_i——探测部位直径，mm；

R_i——探测部位半径，mm；

r——中心孔半径，mm。

A.5.4　探伤灵敏度的重新调节与校核。

A.5.4.1　在同一轧辊不同直径部位探伤时，应按 A.5.3 重新调节探伤灵敏度。

A.5.4.2　更换探头、探头连线或电源时，应按 A.5.3 重新调节探伤灵敏度。

A.5.4.3　连续工作四小时以上或探伤结束时，应按 A.5.3 对探伤灵敏度进行校核，以验证探伤结果的正确性。

A.6　轧辊区域的划分

根据轧辊制造、使用对轧辊各部位质量的要求，将轧辊划分为Ⅰ、Ⅱ、Ⅲ和Ⅳ共四个区域，见图 A.4。

A.7　缺陷的测量和记录

A.7.1　缺陷的测量

A.7.1.1　单个回波缺陷的测量

A.7.1.1.1　对小于探头声束直径的单个回波缺陷，用 DGS 法测量缺陷的当量直径。

A.7.1.1.2　对大于探头声束直径的单个回波缺陷，用半波高度法测量缺陷的边界尺寸，并根据缺陷的

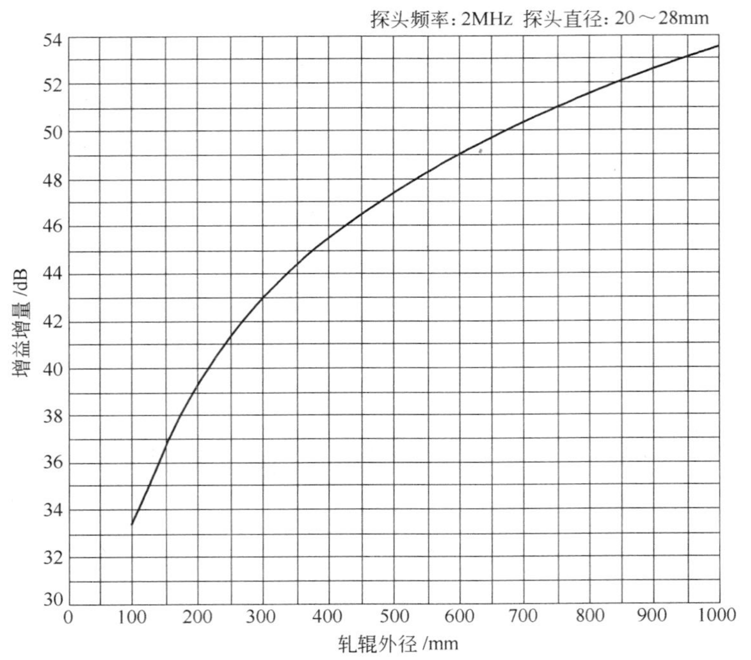

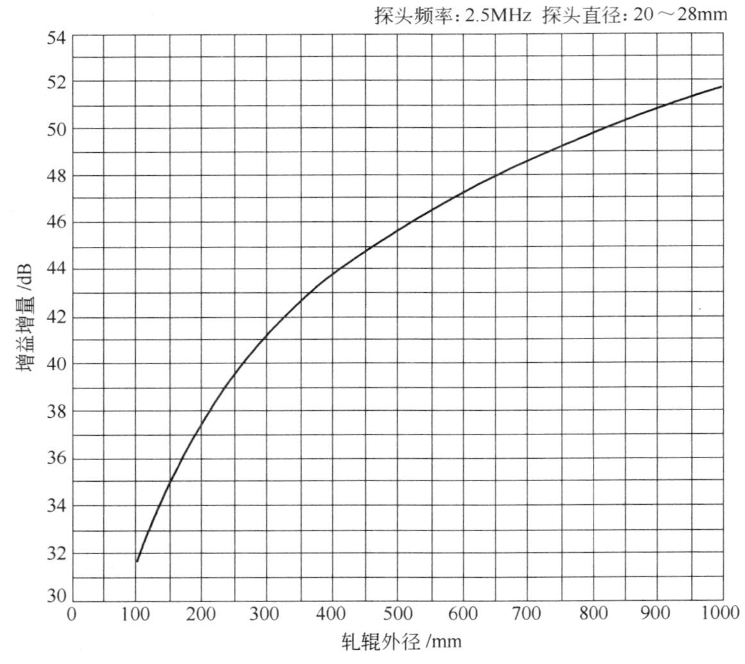

图 A.2 实心轧辊调节探伤灵敏度的“外径与增益增量关系曲线”

位置进行几何修正。

A.7.1.2 密集回波缺陷的测量

A.7.1.2.1 按 A.7.1.1.1 测量密集回波的最大当量直径。

A.7.1.2.2 用半波高度法测量密集回波缺陷的边界指示尺寸，其中圆周方向尺寸要根据缺陷位置进行几何修正。

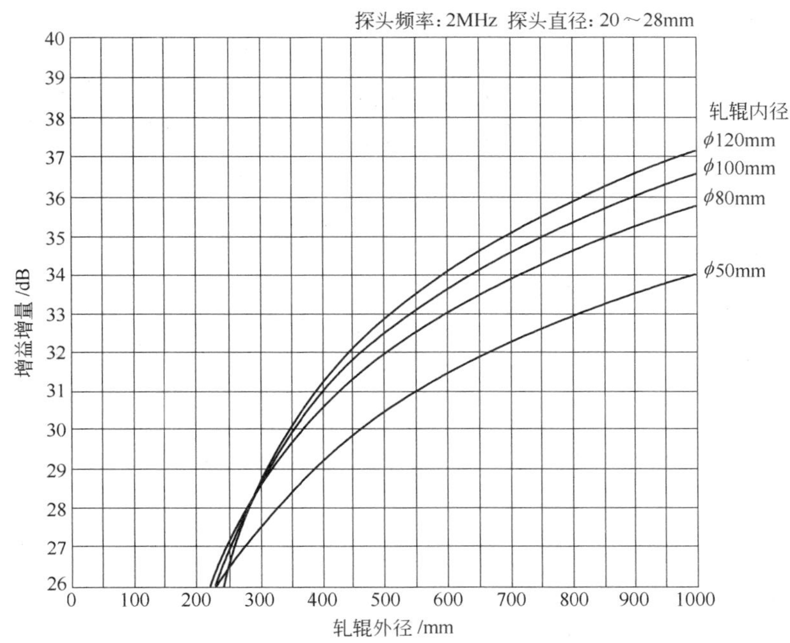

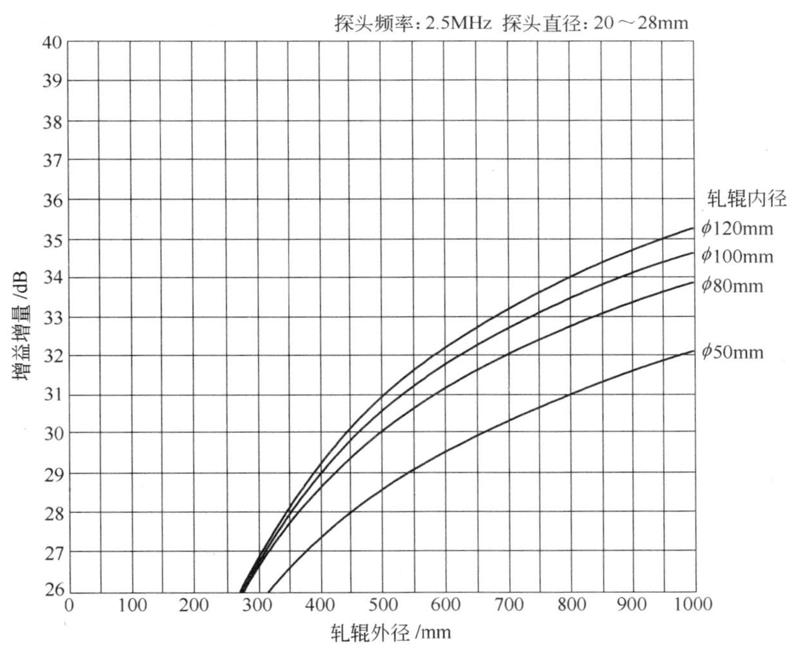

图 A.3 空心轧辊调节探伤灵敏度的“外径及内径与增益增量关系曲线”

A.7.1.3 连续回波缺陷的测量

A.7.1.3.1 按 A.7.1.1.1 测量连续回波的最大当量直径。

A.7.1.3.2 用半波高度法测量连续回波缺陷的轴向指示长度。

A.7.1.4 游动回波缺陷的测量

A.7.1.4.1 按 A.7.1.1.1 测量游动回波的最大当量直径。

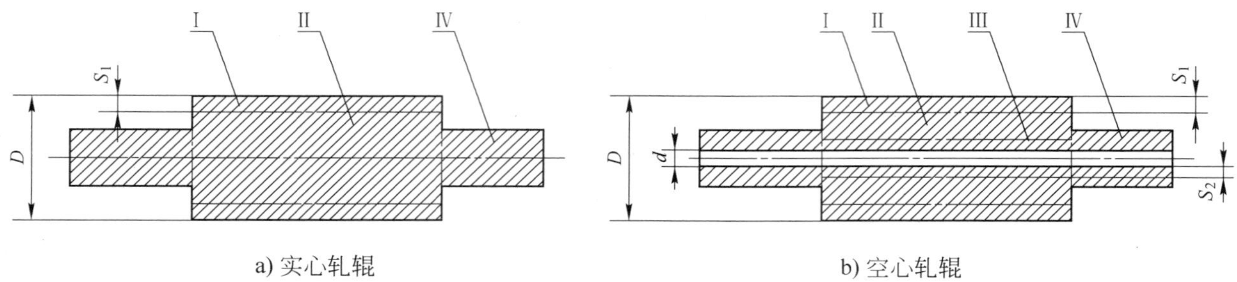

a) 实心轧辊　　b) 空心轧辊

S_1 取值：当 $D \leqslant 300$mm 时，$S_1 = 0.2D$；当 $D > 300$mm 时，$S_1 = 0.15D$

S_2 取值：$S_2 = 0.1(D-d)/2$

$D \leqslant 300$mm 的轧辊，如果加工了中心孔，中心孔表层区也划为Ⅲ区，探伤结果按 $D > 300$mm 的Ⅲ区所规定的条件评定。

D——轧辊辊身直径，mm；

d——中心孔直径，mm；

Ⅰ——辊身表层区，其范围为 S_1，mm；

Ⅱ——中间区；

Ⅲ——辊身段中心孔表层区，其范围为 S_2，mm；

Ⅳ——辊颈。

图 A.4　轧辊区域划分示意图

A.7.1.4.2　用半波高度法测量游动回波缺陷的轴向指示长度。

A.7.1.4.3　根据游动回波在示波屏扫描线上的游动位置确定游动回波缺陷在轧辊中的深度范围。

A.7.1.5　中心草状回波缺陷的测量

根据草状回波在示波屏扫描线上的位置确定中心草状回波缺陷在轧辊轴心区的范围(用轧辊直径的百分比表示)。

A.7.2　缺陷的记录

A.7.2.1　对缺陷的测量结果应作详细记录，包括缺陷的当量直径(对于连续回波缺陷，记录其最大当量直径)、边界尺寸、指示长度和深度、在轧辊中的坐标位置以及缺陷的性质等。除Ⅰ区外，其他区域存在的单个小于 ϕ2mm 当量直径的缺陷可不作记录。

A.7.2.2　记录可采用文字说明，也可参照附录 B 的规定进行。

A.8　探伤结果的评定

A.8.1　轧辊中不允许存在的缺陷

A.8.1.1　不允许有裂纹、白点、缩孔和游动回波缺陷。

A.8.1.2　实心轧辊的中心不允许有大于外径 12%的中心草状回波缺陷区。

A.8.2　探伤结果分级

当轧辊达到 A.8.1 的要求后，再根据对各区缺陷的规定，将探伤结果分为 A 级和 B 级，见表 A.2。

表 A.2　探伤结果分级

轧辊类别	轧辊中的区域	A 级	B 级
$D \leqslant 300$mm	Ⅰ	在规定的探伤灵敏度下，不允许有缺陷回波	
	Ⅱ	允许有不大于 ϕ3mm 当量直径的单个回波缺陷	允许有不大于 ϕ4mm 当量直径的单个回波缺陷

表 A.2(续)

<table>
<tr><th>轧辊类别</th><th>轧辊中的区域</th><th>A级</th><th>B级</th></tr>
<tr><td rowspan="3">300mm<D≤650mm</td><td>Ⅰ</td><td colspan="2">在规定的探伤灵敏度下,不允许有缺陷回波</td></tr>
<tr><td>Ⅱ</td><td>允许有不大于 ϕ4mm 当量直径的单个回波缺陷,其中大于 ϕ3mm 当量直径的单个回波缺陷在任意方向的间距不得小于 150mm,且在轴向任意 1m 长度内这种缺陷的总数不得多于 5 个;允许有不大于 ϕ3mm 当量直径的连续回波缺陷*</td><td>允许有不大于 ϕ5mm 当量直径的单个回波缺陷,其中大于 ϕ4mm 当量直径的单个回波缺陷在任意方向的间距不得小于 150mm,且在轴向任意 1m 长度内这种缺陷的总数不得多于 5 个;允许有不大于 ϕ4mm 当量直径的连续回波缺陷*</td></tr>
<tr><td>Ⅲ</td><td>允许有不大于 ϕ2mm 当量直径的单个回波缺陷</td><td>允许有不大于 ϕ3mm 当量直径的单个回波缺陷</td></tr>
<tr><td rowspan="3">D>650mm</td><td>Ⅰ</td><td colspan="2">在规定的探伤灵敏度下,不允许有缺陷回波</td></tr>
<tr><td>Ⅱ</td><td>允许有不大于 ϕ5mm 当量直径的单个回波缺陷,其中大于 ϕ4mm 当量直径的单个回波缺陷在任意方向的间距不得小于 200mm;允许有不大于 ϕ4mm 当量直径的连续回波缺陷*</td><td>允许有不大于 ϕ6mm 当量直径的单个回波缺陷,其中大于 ϕ5mm 当量直径的单个回波缺陷在任意方向的间距不得小于 200mm;允许有不大于 ϕ5mm 当量直径的连续回波缺陷*</td></tr>
<tr><td>Ⅲ</td><td>允许有不大于 ϕ2mm 当量直径的单个回波缺陷</td><td>允许有不大于 ϕ3mm 当量直径的单个回波缺陷</td></tr>
<tr><td colspan="4">Ⅳ区(辊颈):
a) 轧辊传动端的辊颈或需要进行表面淬火的辊颈,按相应类别轧辊Ⅱ区的规定评级。
b) 轧辊非传动端的辊颈,并且不需表面淬火时,允许有 ϕ2mm～ϕ6mm 当量直径的单个回波缺陷,其中大于 ϕ4mm～ϕ6mm 当量直径的单个回波缺陷的总数不得多于 5 个;允许有不大于 ϕ3mm 当量直径的连续回波缺陷*;允许有不大于 ϕ3mm 当量直径的密集回波缺陷,但密集回波缺陷区不得多于三处,每处的面积不得大于 25cm²,各密集回波缺陷区的间距应不小于 150mm。</td></tr>
<tr><td colspan="4">* 允许存在的连续回波缺陷应位于不大于辊身直径 15%的中心区域,超出该区域的位于Ⅱ区的连续回波缺陷的判定可由供需双方协商解决。</td></tr>
</table>

A.8.3 对轧辊进行超声波检查所要求的质量级别、协商检查的项目、探伤方式和探伤条件,由供需双方商量确定,在订货合同和设计图上说明。

A.9 探伤报告

探伤报告至少要包括以下内容:

a) 委托单位、工件名称、生产编号、规格、材质、热处理状态、探伤表面粗糙度;

b) 使用仪器型号、探头规格及型号、探头频率、耦合剂、探伤灵敏度等;

c) 轧辊简图及缺陷在图上的分布位置、缺陷边界尺寸、缺陷指示长度、缺陷当量直径,必要时应附探伤波型图;

d) 根据供需双方共同确定的超声波探伤质量级别或协商的条款,对轧辊的超声波探伤质量作出结论;

e) 探伤日期;

f) 探伤者及报告审核者签名。

附　录　B
（资料性附录）
缺陷记录方法

B.1　缺陷的记录形式

采用下述三段记录形式。

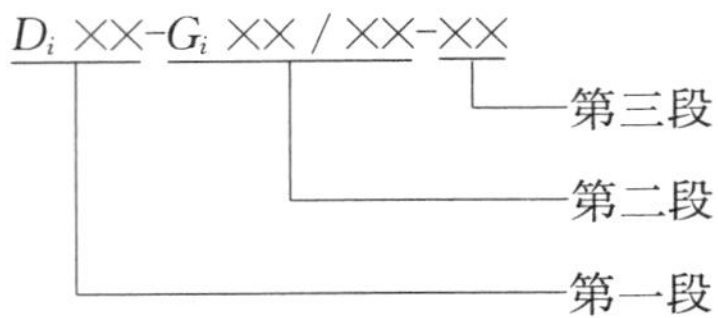

B.1.1　第一段是记录缺陷在轧辊主视图上的位置。用 D_i 表示缺陷所在轴段（以打印端的轴段为 D_1）；用数字表示缺陷与该轴段基准面（近打印端方向的端面）的距离（mm）。对游动回波缺陷则加小括号，并以分子表示轴向距离基准面的长度，分母表示径向深度。

B.1.2　第二段是记录缺陷在侧视图上的位置。用 G_i 表示四个等分圆周的基准点，顺时针方向排列，G_1 与“打印位置”方向相同；用分数表示缺陷位置，分子表示缺陷距离基准点的周向弧长，分母表示缺陷的径向深度。对游动回波缺陷则加上小括号，小括号的下角数值表示该处轴向距离基准面的长度。

B.1.3　第三段是记录缺陷的大小及性质。

B.1.3.1　小于探头声束直径的单个回波缺陷用当量直径表示，例如 $\phi 4$。

B.1.3.2　大于探头声束直径的单个回波缺陷用方括号内的面积（mm^2）表示，例如〔20×30〕。

B.1.3.3　连续回波缺陷用最大当量直径和轴向指示长度（mm）表示，例如 $\phi 4\times 50$。

B.1.3.4　密集回波缺陷用最大当量直径和大括号内的面积（cm^2）表示，例如 $\phi 3\{5\times 4\}$。

B.2　缺陷记录示例

参看图 B.1。

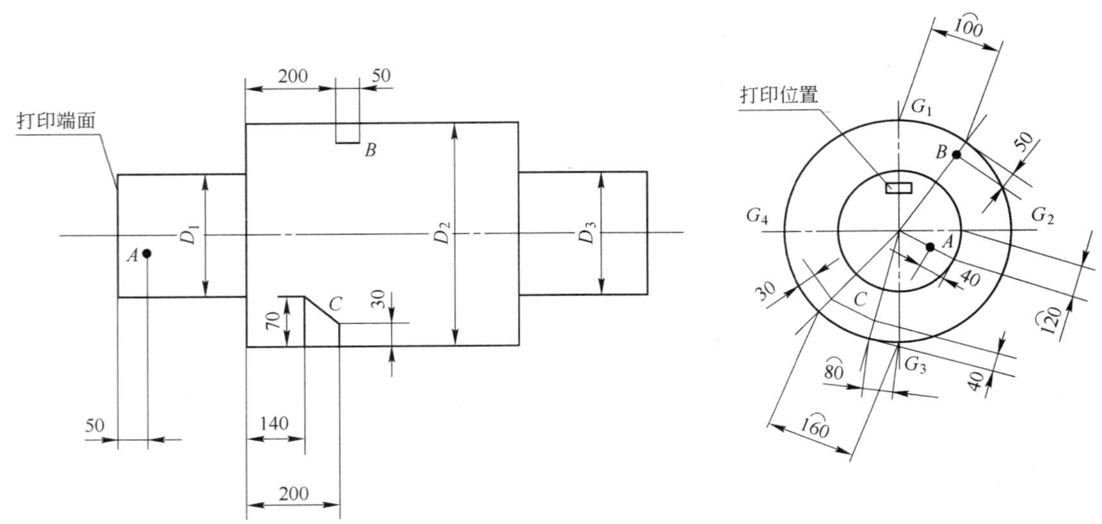

图 B.1　缺陷在轧辊主视图和侧视图上投影位置标识

例 1：缺陷 A 记为：$D_1 50\text{-}G_2\overset{\frown}{120}/40\text{-}\phi 4$

表示缺陷 A 位于第一轴段，轴向距离基准面 50mm，周向距离基准点 G_2 弧长 120mm，径向深度

40mm；该缺陷为小于探头声束直径的单个回波缺陷，其当量直径为 ϕ4mm。

例 2：缺陷记为：$D_1 150\text{-}G_3 \overset{\frown}{120}/40\text{-}[20\times 30]$

表示缺陷位于第一轴段，轴向距离基准面 150mm，周向距离基准点 G_3 弧长 120mm，径向深度 40mm；该缺陷为大于探头声束直径的单个回波缺陷，其边界尺寸为 20mm×30mm。

例 3：缺陷 B 记为：$D_2 200\text{-}G_1 \overset{\frown}{100}/50\text{-}\phi 6\times 50$

表示缺陷 B 位于第二轴段，轴向距离基准面 200mm，周向距离基准点 G_1 弧长 100mm，径向深度 50mm；该缺陷为连续回波缺陷，其最大当量直径为 ϕ6mm，轴向指示长度为 50mm。

例 4：缺陷 C 记为：$D_2(140/70\sim 200/30)\text{-}G_3(\overset{\frown}{80}/40\sim \overset{\frown}{160}/30)_{200}$

表示缺陷 C 为游动回波缺陷，位于第二轴段。距离基准面 140mm，径向深度 70mm，游动到轴向距离基准面 200mm，径向深度 30mm。在轴向距离基准面 200mm 处，该缺陷从距离 G_3 弧长 80mm，径向深 40mm 游动到距离基准点 G_3 弧长 160mm，径向深度 30mm。

例 5：缺陷记为：$D_2 180\text{-}G_4 \overset{\frown}{160}/50\text{-}\phi 3\{5\times 4\}$

表示该缺陷为一个密集回波缺陷区，位于第二轴段，距离基准面 180mm，周向距离基准点 G_4 弧长 160mm，径向深度 50mm；密集回波缺陷区的边界指示尺寸为 5cm×4cm，区内最大当量直径为 ϕ3mm。

ICS 77.180
H 94

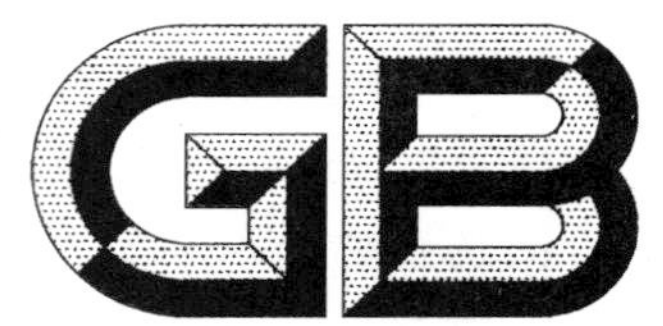

中华人民共和国国家标准

GB/T 15547—2012
代替 GB/T 15547—1995

锻钢冷轧辊辊坯

Blanks of forged steel rolls for cold rolling mill

2012-11-05 发布　　2013-05-01 实施

中华人民共和国国家质量监督检验检疫总局
中国国家标准化管理委员会　发布

前 言

本标准按照 GB/T 1.1—2009 给出的规则起草。

本标准代替 GB/T 15547—1995《锻钢冷轧辊辊坯》，与 GB/T 15547—1995 相比，除编辑性修改外主要技术变化如下：

——增加了冷轧中间辊辊坯(见第 1 章)；

——删除了支承辊辊套和辊芯轴锻件(见 1995 年版第 1 章)；

——补充完善了规范性引用文件 (见第 2 章，1995 年版第 2 章)；

——修改了辊坯用钢的牌号及化学成分(见 4.1.1，1995 年版的 4.1.1)；

——修改了材质选择推荐表(见 4.2，1995 年版的 4.2)；

——修改了低倍组织检验项目(见 4.5，1995 年版的 4.5)；

——修改了高倍组织检验项目(见 4.6，1995 年版的 4.6)；

——修改了"超声波探伤"的方法和判定标准(见 4.7，1995 年版的 4.7)。

本标准由中国钢铁工业协会提出。

本标准由全国钢标准化技术委员会(SAC/TC183)归口。

本标准起草单位：东北特殊钢集团有限责任公司、中钢集团邢台机械轧辊有限公司、北京中冶设备研究设计总院有限公司、江苏共昌轧辊有限公司。

本标准主要起草人：徐咏梅、杨昱东、姚书典、周军、李殿生、张英杰、赵宝林、姚风祥、朱学刚。

本标准所代替标准的历次版本发布情况为：

——GB/T 15547—1995。

锻钢冷轧辊辊坯

1 范围

本标准规定了金属板带材轧机用冷轧工作辊、中间辊、支承辊、矫直辊辊坯锻件的分类、技术要求、试验方法、检验规则、包装和运输。

本标准适用于金属板带材冷轧工作辊、中间辊、支承辊和矫直辊辊坯锻件，也适用于技术要求相同的其他辊坯。

2 规范性引用文件

下列文件对于本文件的应用是必不可少的。凡是注日期的引用文件，仅注日期的版本适用于本文件。凡是不注日期的引用文件，其最新版本（包括所有的修改单）适用于本文件。

GB/T 221—2008 钢铁产品牌号表示方法

GB/T 223.3 钢铁及合金化学分析方法 二安替比林甲烷磷钼酸重量法测定磷量

GB/T 223.5 钢铁 酸溶硅和全硅含量的测定 还原型硅钼酸盐分光光度法

GB/T 223.11 钢铁及合金 铬含量的测定 可视滴定或电位滴定法

GB/T 223.13 钢铁及合金化学分析方法 硫酸亚铁铵滴定法测定钒含量

GB/T 223.18 钢铁及合金化学分析方法 硫代硫酸钠分离-碘量法测定铜量

GB/T 223.19 钢铁及合金化学分析方法 新亚铜灵-三氯甲烷萃取光度法测定铜量

GB/T 223.23 钢铁及合金 镍含量的测定 丁二酮肟分光光度法

GB/T 223.26 钢铁及合金 钼含量的测定 硫氰酸盐分光光度法

GB/T 223.29 钢铁及合金 铅含量的测定 载体沉淀-二甲酚橙分光光度法

GB/T 223.31 钢铁及合金 砷含量的测定 蒸馏分离-钼蓝分光光度法

GB/T 223.40 钢铁及合金 铌含量的测定 氯磺酚 S 分光光度法

GB/T 223.47 钢铁及合金化学分析方法 载体沉淀-钼蓝光度法测定锑量

GB/T 223.48 钢铁及合金化学分析方法 半二甲酚橙光度法测定铋量

GB/T 223.50 钢铁及合金化学分析方法 苯基荧光酮-溴化十六烷基三甲基胺直接光度法测定锡量

GB/T 223.58 钢铁及合金化学分析方法 亚砷酸钠-亚硝酸钠滴定法测定锰量

GB/T 223.59 钢铁及合金 磷含量的测定 铋磷钼蓝分光光度法和锑磷钼蓝分光光度法

GB/T 223.60 钢铁及合金化学分析方法 高氯酸脱水重量法测定硅含量

GB/T 223.61 钢铁及合金化学分析方法 磷钼酸铵容量法测定磷量

GB/T 223.64 钢铁及合金 锰含量的测定 火焰原子吸收光谱法

GB/T 223.67 钢铁及合金 硫含量的测定 次甲基蓝分光光度法

GB/T 223.71 钢铁及合金化学分析方法 管式炉内燃烧后重量法测定碳含量

GB/T 223.72 钢铁及合金 硫含量的测定 重量法

GB/T 223.76 钢铁及合金化学分析方法 火焰原子吸收光谱法测定钒量

GB/T 223.82 钢铁 氢含量的测定 惰气脉冲熔融热导法

GB/T 226 钢的低倍组织及缺陷酸蚀检验法

GB/T 231.1 金属材料 布氏硬度试验 第1部分：试验方法

GB/T 1299—2000　合金工具钢

GB/T 1979—2001　结构钢低倍组织缺陷评级图

GB/T 6402—2008　钢锻件超声检测方法

GB/T 10561—2005　钢中非金属夹杂物含量的测定　标准评级图显微检验法

GB/T 11261　钢铁　氧含量的测定　脉冲加热惰气熔融-红外线吸收法

GB/T 13314—2008　锻钢冷轧工作辊　通用技术条件

GB/T 18254—2002　高碳铬轴承钢

3　分类

辊坯按用途分成下列四类：

a）　工作辊；

b）　中间辊；

c）　支承辊；

d）　矫直辊。

4　技术要求

4.1　牌号和化学成分

4.1.1　辊坯用钢牌号表示按 GB/T 221—2008 合金工具钢执行，化学成分分为普通级和优质级，普通级参见表 1。当表 1 中 Cu≤0.15、P≤0.015、S≤0.010，同时满足以下条件时为优质级：

a）　Pb、As、Sb、Sn 分别≤0.015，Bi≤0.010；

b）　电渣重熔钢[H]≤1.5×10^{-6}、[O]≤30×10^{-6}，或精炼钢[H]≤1.5×10^{-6}、[O]≤25×10^{-6}。

注 1：具体验收级别由供需双方协商，也可采用供需双方协商的其他牌号及化学成分。

注 2：[H]、[O]钢坯取样。

4.1.2　成品化学成分上、下限偏差

成品化学成分上、下限偏差应符合表 2 的规定。

4.2　材质选择

辊坯材质推荐按表 3 选择。

4.3　交货状态

a）　锻坯；

b）　外圆加工；

c）　粗加工。

4.4　硬度

4.4.1　辊坯退火后，硬度值通常不大于 255 HBW。

4.4.2　经调质处理的辊坯，硬度值由供需双方协商确定。

4.5　低倍组织

4.5.1　工作辊、中间辊和支承辊辊坯低倍组织检查，在酸浸低倍试片上不得有目视可见的缩孔、夹杂、分层、裂纹、气孔和白点。

中心疏松、锭型偏析按 GB/T 1299—2000 附录 A 第三级别图评定，点状偏析、一般疏松按 GB/T 1979—2001 附录 A 评定。质量要求应符合表 4 的规定。

4.5.2　矫直辊不检查低倍组织。

4.6　高倍组织

4.6.1　辊坯应进行非金属夹杂物检验，非金属夹杂物按 GB/T 10561—2005 中的附录 A 评定（用 A 法检验非金属夹杂物），A 类≤1.5 级，B 类≤1.5 级，C 级≤1.5 级，D 类≤1.5 级，DS 类 ≤1.5 级，A 类+B 类+C 类+D 类+DS 类≤5.0 级。

表 1 化学成分(普通级)

系列	序号	牌号	C	Si	Mn	P	S	Cr	Ni	Mo	V	Cu/Nb
Cr1	1	9SiCr	0.85～0.95	1.20～1.60	0.30～0.60	≤0.030	≤0.030	0.95～1.25	—	—	—	≤0.25/—
Cr2	2	8Cr2MoV	0.70～0.90	0.15～0.40	0.30～0.50	≤0.020	≤0.015	1.80～2.40	≤0.25	0.20～0.40	0.05～0.15	≤0.25/—
	3	9Cr2	0.80～0.95	≤0.40	≤0.40	≤0.030	≤0.030	1.30～1.70	—	—	—	≤0.25/—
	4	9Cr2Mo	0.85～0.95	0.25～0.45	0.20～0.35	≤0.020	≤0.015	1.70～2.10	≤0.25	0.20～0.40	—	≤0.25/—
	5	9Cr2MoV	0.85～0.95	0.25～0.45	0.20～0.35	≤0.020	≤0.015	1.70～2.10	≤0.25	0.20～0.30	0.10～0.20	≤0.25/—
Cr3	6	4Cr3MoV	0.35～0.45	0.20～0.50	0.20～0.50	≤0.020	≤0.015	2.80～3.80	—	0.40～0.80	0.05～0.20	≤0.25/—
	7	4Cr3NiMo	0.35～0.45	0.40～0.90	0.40～0.80	≤0.020	≤0.015	2.80～3.80	0.30～0.50	0.40～0.80	—	≤0.25/—
	8	5Cr3Mo	0.45～0.55	0.20～0.50	0.40～0.80	≤0.020	≤0.015	2.80～3.80	—	0.40～0.80	≤0.2	≤0.25/—
	9	7Cr3Mo	0.65～0.75	0.40～0.70	0.40～0.70	≤0.020	≤0.015	2.80～3.50	≤0.60	0.20～0.60	—	≤0.25/—
	10	7Cr3NiMo	0.65～0.75	0.40～0.70	0.50～0.80	≤0.020	≤0.015	2.80～3.50	0.50～1.00	0.60～0.80	—	≤0.25
	11	8Cr3Mo	0.78～1.10	0.40～1.10	0.20～0.50	≤0.020	≤0.015	2.80～3.20	≤0.80	0.20～0.60	—	≤0.25/—
	12	8Cr3MoV	0.78～1.10	0.40～1.10	0.20～0.50	≤0.020	≤0.015	2.80～3.20	≤0.80	0.20～0.60	0.05～0.15	≤0.25/—
	13	9Cr3Mo	0.85～0.95	0.25～0.45	0.20～0.35	≤0.020	≤0.015	2.50～3.50	≤0.25	0.20～0.40	—	≤0.25/—
	14	9Cr3MoV	0.85～0.95	0.25～0.45	0.20～0.35	≤0.020	≤0.015	2.50～3.50	≤0.25	0.20～0.40	0.10～0.20	≤0.25/—
Cr4	15	5Cr4MoV	0.40～0.60	0.30～0.80	0.40～0.80	≤0.020	≤0.015	3.50～4.50	—	0.20～0.80	0.05～0.20	≤0.25/—
	16	5Cr4NiMoV	0.40～0.60	0.40～0.80	0.40～0.80	≤0.020	≤0.015	3.50～4.50	0.30～0.70	0.40～0.80	0.05～0.15	≤0.25/—
	17	8Cr4MoV	0.70～0.90	0.20～0.60	0.20～0.60	≤0.020	≤0.020	3.50～4.50	≤0.8	0.20～0.70	≤0.15	≤0.25/—
Cr5	18	5Cr5MoV	0.40～0.60	0.40～0.90	0.40～0.90	≤0.020	≤0.015	4.50～5.50	—	0.50～1.20	0.05～0.35	≤0.25/—
	19	5Cr5NiMoVNb	0.40～0.60	0.40～0.80	0.50～0.80	≤0.020	≤0.015	4.50～5.50	0.40～0.60	0.50～1.20	0.15～0.30	≤0.25/0.01～0.06
	20	6Cr5Mo1V	0.50～0.70	0.80～1.20	0.20～0.50	≤0.020	≤0.015	4.80～5.50	≤0.25	1.00～1.30	0.20～0.60	≤0.25/—
	21	8Cr5Mo	0.70～0.90	0.40～1.15	0.20～0.80	≤0.020	≤0.015	4.80～5.50	≤0.25	0.20～0.60	—	≤0.25/—
	22	8Cr5MoV	0.70～0.90	0.40～1.15	0.20～0.50	≤0.020	≤0.015	4.80～5.50	≤0.80	0.20～0.60	0.05～0.20	≤0.25/—
	23	9Cr5Mo1V	0.85～0.95	≤0.50	≤0.80	≤0.020	≤0.015	4.80～5.50	≤0.25	0.90～1.40	0.05～0.25	≤0.25/—

注:牌号排序规则:公称含铬量由低到高原则分系列;公称含碳量从小到大、合金元素种类由少到多原则分序号。

表 2　成品化学成分上、下限偏差

元素	规定化学成分范围 （质量分数）/%	辊坯最大直径/mm					
		≤290	>290~410	>410~570	>570~810	>810~1150	>1150
		成品分析超过规定上、下限的允许偏差/%					
C	>0.30~0.75	0.02	0.03	0.04	0.05	0.06	0.06
	>0.75	0.03	0.04	0.05	0.06	0.07	—
Si	≤0.35	0.02	0.02	0.03	0.04	0.05	0.06
	>0.35~2.20	0.05	0.06	0.06	0.07	0.08	—
Mn	≤0.90	0.03	0.04	0.05	0.06	0.07	0.08
	>0.90~2.10	0.05	0.06	0.06	0.07	0.07	0.08
	>2.10~10	0.10	0.10	0.12	0.14	0.15	—
Mo	>0.20~0.40	0.02	0.03	0.03	0.04	0.04	0.04
	>0.40	0.03	0.04	0.05	0.06	0.07	0.08
V	≤0.10	0.01	0.01	0.01	0.01	0.01	0.01
	>0.10~0.25	0.02	0.02	0.02	0.02	0.02	0.02
	>0.25~0.60	0.03	0.03	0.03	0.03	0.03	0.03
Ni	≤1.00	0.05	0.05	0.05	0.05	0.05	0.05

表 3　辊坯推荐材质

轧辊类别	牌　　号
工作辊	8Cr2MoV、9Cr2Mo、8Cr3MoV、9Cr3Mo、8Cr4MoV、8Cr5Mo、8Cr5MoV
中间辊	8Cr2MoV、9Cr2Mo、8Cr3Mo、8Cr3MoV、8Cr5Mo、8Cr5MoV
支承辊	8Cr2MoV、5Cr3Mo、7Cr3Mo、7Cr3NiMo、5Cr4NiMoV、5Cr5MoV
矫直辊	9SiCr、9Cr2Mo、9Cr3Mo

表 4　低倍组织质量要求

中心疏松	锭型偏析	点状偏析	一般疏松
≤2.0	≤2.0	≤2.5	≤2.0

4.6.2　工作辊、中间辊和支承辊辊坯应进行网状、带状、液析和珠光体球化组织的检验。网状按 GB/T 1299—2000 附录 A 第二级别图评定，带状、液析按 GB/T 18254—2002 附录 A 评定，珠光体组织按 GB/T 1299—2000 附录 A 第一级别图评定。质量要求应符合表 5 的规定或由供需双方协商。

表 5　高倍组织质量要求

网　状	带　状	液　析	珠光体组织
≤2.5	≤2.0	≤2.0	2~4

4.6.3　支承辊辊坯、矫直辊辊坯、辊身直径大于 ϕ660mm 的工作辊辊坯和中间辊辊坯是否检验网状、带状和液析由供需双方协商。

4.7　超声波探伤

4.7.1　工作辊和中间辊辊坯须进行超声波探伤，按 GB/T 13314—2008 附录 A 执行，质量等级由供需双方协商。

4.7.2 支承辊辊坯超声波探伤，按 GB/T 6402—2008 方法执行，质量要求应符合表 6 的规定或由供需双方协商。

表 6 超声波探伤记录水平和验收标准

辊身直径/mm		<1000		1000～1600		>1600	
区 域		Ⅰ	Ⅱ	Ⅰ	Ⅱ	Ⅰ	Ⅱ
记录水平	当量平底孔直径/mm	≥2	≥3	≥2	≥4	≥2	≥5
	底波降低系数 R	≤0.6	≤0.5	≤0.6	≤0.4	≤0.6	≤0.3
验收标准	单个缺陷当量平底孔直径/mm	≤2	≤6	≤2	≤8	≤2	≤10
	密集缺陷当量平底孔直径/mm	≤2	≤4	≤2	≤6	≤2	≤8

注：Ⅰ区—— 辊身表层区，指辊身直径 15%表层区域；
Ⅱ区—— 辊身其他区域及辊颈。

4.7.3 矫直辊辊坯的超声波探伤要求由供需双方协商确定。

4.7.4 辊坯内部不允许有白点、裂纹和缩孔等缺陷。

4.8 制造工艺

4.8.1 工作辊、中间辊、支承辊和矫直辊辊坯应整体锻成。

4.8.2 工作辊、中间辊、支承辊和矫直辊辊坯用钢一般采用炉外精炼或电渣重熔等二次精炼方法冶炼，如采用其他冶炼方法，相关检验要求由供需双方协商确定。

4.8.3 采用钢锭锻造时，工作辊、中间辊、矫直辊辊坯锻比一般不小于 3，支承辊辊坯锻比一般不应小于 2.5。采用电渣重熔锭锻造时，锻比不小于 2.0；采用钢坯锻造时，锻造比不小于 1.5。

4.8.4 钢锭应有足够的切除量，以确保辊坯无残余缩孔和严重偏析，应保证轧辊与钢锭轴线基本重合。

4.8.5 辊坯锻后热处理，应保证处理后的辊坯内部无白点、有良好的超声波穿透性和切削加工性能。

4.9 表面质量

4.9.1 毛坯状态交货的辊坯，表面缺陷必须探明深度，单边应有不小于 5mm 的加工余量。

4.9.2 经粗加工或经外圆加工状态交货的辊坯，表面缺陷必须探明深度，单边应有不小于 4mm 的加工余量。

4.10 尺寸和外形

尺寸和尺寸极限偏差应符合辊坯图样或粗加工图样的规定。

4.11 其他

辊坯的其他要求由供需双方协商，并在合同中注明。

5 试验方法

各检验项目的试验方法按表 7 执行。

6 检验规则

6.1 取样规则与验收

6.1.1 辊坯的检验由供方技术监督部门进行。

6.1.2 辊坯的化学成分按冶炼炉号逐炉取样检验（电渣炉按母材炉号）。

6.1.3 低倍组织和高倍组织每个冶炼炉号（电渣炉按母材炉号）组成一批。

6.1.4 每批检验项目、取样数量、取样或检验部位应符合表 7 规定。

表 7　辊坯的检验

<table>
<tr><th>序号</th><th>检验项目</th><th>取样数量</th><th>取样或检验部位</th><th>试验方法</th></tr>
<tr><td>1</td><td>化学成分</td><td>逐炉</td><td>冶炼炉号</td><td>表 2、GB/T 223、
GB/T 11261</td></tr>
<tr><td>2</td><td>硬度</td><td>逐件</td><td>辊身、辊颈</td><td>GB/T 231.1</td></tr>
<tr><td>3</td><td>低倍组织</td><td>1</td><td>在相当于钢锭冒口端辊颈取 20mm 厚的试片</td><td>GB/T 226、GB/T 1299—2000、
GB/T 1979—2001</td></tr>
<tr><td>4</td><td>高倍组织</td><td>1</td><td>在相当于钢锭冒口端辊颈取 20mm 厚的试片，在半径 1/2 处取样</td><td>GB/T 10561—2005、
GB/T 1299—2000、
GB/T 18254—2002</td></tr>
<tr><td>5</td><td>超声波探伤</td><td>供需双方协商</td><td rowspan="3">辊身、辊颈外表面</td><td>GB/T 13314—2008
GB/T 6402—2008</td></tr>
<tr><td>6</td><td>表面质量</td><td>逐件</td><td>肉眼</td></tr>
<tr><td>7</td><td>尺寸</td><td>逐件</td><td>卡钳、直尺</td></tr>
<tr><td colspan="5">注：辊坯化学成分取样或检验部位①工作辊、中间辊辊坯，辊身工作层；②其余辊坯，自辊坯加长段上由 1/2 半径到外圆间的任何一点。</td></tr>
</table>

6.2　检验项目

6.2.1　工作辊和中间辊辊坯应检验化学成分、低倍组织、高倍组织、超声波探伤、表面和尺寸。

6.2.2　支承辊辊坯应检验化学成分、硬度、低倍组织、高倍组织、超声波探伤、表面和尺寸。

6.2.3　矫直辊检验项目由供需双方协商。

6.2.4　当辊坯逐件进行超声波探伤时，可不进行低倍组织检验。

6.3　复验

6.3.1　当化学成分分析不合格时，允许在辊坯本体取样复检，复检合格即为合格。

6.3.2　其他检验如有某一项结果不符合要求，则从同一批中再抽取双倍数量的试样进行该项目的复验，复验结果如有一项不合格，则逐支检验。

7　包装、标志、运输和质量证明书

7.1　印记

辊坯在相当于钢锭下部打上如下印记：合同号、牌号、冶炼炉号、锭节号。

7.2　质量证明书

质量证明书中应包括：

a）　供方名称和厂标；

b）　需方名称；

c）　合同号；

d）　标准号；

e）　牌号；

f）　冶炼炉号和锭节号；

g） 图样号；

h） 单重和支数；

i） 交货状态和各项检验结果。

7.3 包装和运输

辊坯通常以裸装运输。

ICS 77.180
H 94

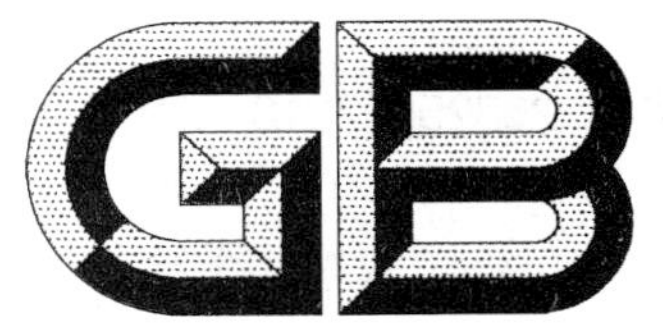

中华人民共和国国家标准

GB/T 25825—2010

热轧钢板带轧辊

Rolls for hot strip mill and plate mill

2010-12-23 发布

2011-09-01 实施

中华人民共和国国家质量监督检验检疫总局
中国国家标准化管理委员会 发布

前　言

本标准按照 GB/T 1.1—2009 给出的规则起草。

本标准附录 A 是规范性附录。

本标准由中国钢铁工业协会提出。

本标准由全国钢标准化技术委员会(SAC/TC 183)归口。

本标准起草单位:江苏共昌轧辊有限公司、中国钢研科技集团有限公司。

本标准主要起草人:邵顺才、俞誓达、周军、邵素云、宫开令、周勤忠、张文君、李武。

热轧钢板带轧辊

1 范围

本标准规定了热轧钢板带轧辊的技术要求、试验方法、检验规则、标识、包装、质量证明书和超声波检测方法。

本标准适用于公称宽度为1200mm及以上的热轧钢板和钢带轧机用工作辊、支承辊及立辊。

2 规范性引用文件

下列文件对于本文件的应用是必不可少的。凡是注日期的引用文件，仅注日期的版本适用于本文件。凡是不注日期的引用文件，其最新版本（包括所有的修改单）适用于本文件。

GB/T 222 钢的成品化学成分允许偏差

GB/T 223.3 钢铁及合金化学分析方法 二安替比林甲烷磷钼酸重量法测定磷量（GB/T 223.3—1988，neq ASTM E30：1980）

GB/T 223.5 钢铁 酸溶硅和全硅含量的测定 还原型硅钼酸盐分光光度法（GB/T 223.5—2008，ISO 4829-1：1986，ISO 4829-2：1988，MOD）

GB/T 223.11 钢铁及合金 铬含量的测定 可视滴定或电位滴定法（GB/T 223.11—2008，ISO 4937：1986，MOD）

GB/T 223.13 钢铁及合金化学分析方法 硫酸亚铁铵滴定法测定钒含量

GB/T 223.18 钢铁及合金化学分析方法 硫代硫酸钠分离-碘量法测定铜量

GB/T 223.19 钢铁及合金化学分析方法 新亚铜灵-三氯甲烷萃取光度法测定铜量

GB/T 223.20 钢铁及合金化学分析方法 电位滴定法测定钴量

GB/T 223.21 钢铁及合金化学分析方法 5-CI-PADAB分光光度法测定钴量

GB/T 223.22 钢铁及合金化学分析方法 亚硝基R盐分光光度法测定钴量

GB/T 223.23 钢铁及合金 镍含量的测定 丁二酮肟分光光度法

GB/T 223.25 钢铁及合金化学分析方法 丁二酮肟重量法测定镍量

GB/T 223.26 钢铁及合金 钼含量的测定 硫氰酸盐分光光度法

GB/T 223.28 钢铁及合金化学分析方法 α-安息香肟重量法测定钼量

GB/T 223.38 钢铁及合金化学分析方法 离子交换分离-重量法测定铌量

GB/T 223.40 钢铁及合金 铌含量的测定 氯磺酚S分光光度法

GB/T 223.43 钢铁及合金 钨含量的测定 重量法和分光光度法

GB/T 223.46 钢铁及合金化学分析方法 火焰原子吸收光谱法测定镁量

GB/T 223.59 钢铁及合金 磷含量的测定 铋磷钼蓝分光光度法和锑磷钼蓝分光光度法

GB/T 223.60 钢铁及合金化学分析方法 高氯酸脱水重量法测定硅含量

GB/T 223.62 钢铁及合金化学分析方法 乙酸丁酯萃取光度法测定磷量

GB/T 223.63 钢铁及合金化学分析方法 高碘酸钠（钾）光度法测定锰量

GB/T 223.64 钢铁及合金 锰含量的测定 火焰原子吸收光谱法（GB/T 223.64—2008，ISO 10700：1994，IDT）

GB/T 223.65 钢铁及合金化学分析方法 火焰原子吸收光谱法测定钴量

GB/T 223.66 钢铁及合金化学分析方法 硫氰酸盐-盐酸氯丙嗪-三氯甲烷萃取光度法测定钨量

GB/T 223.67 钢铁及合金 硫含量的测定 次甲基蓝分光光度法(GB/T 223.67—2008,ISO 10701:1994,IDT)

GB/T 223.68 钢铁及合金化学分析方法 管式炉内燃烧后碘酸钾滴定法测定硫含量

GB/T 223.71 钢铁及合金化学分析方法 管式炉内燃烧后重量法测定碳含量

GB/T 223.76 钢铁及合金化学分析方法 火焰原子吸收光谱法测定钒量

GB/T 228.1 金属材料 拉伸试验 第1部分:室温试验方法(GB/T 228.1—2010,ISO 6892-1:2009,MOD)

GB/T 1504—2008 铸铁轧辊

GB/T 1804—2000 一般公差 未注公差的线性和角度尺寸的公差(eqv ISO 2768-1:1989)

GB/T 9445 无损检测 人员资格鉴定与认证(GB/T 9445—2008,ISO 9712:2005,IDT)

GB/T 12604.1 无损检测 术语 超声检测(GB/T 12604.1—2005,ISO 5577:2000,IDT)

GB/T 13313 轧辊肖氏、里氏硬度试验方法

JB/T 10061 A型脉冲反射式超声探伤仪 通用技术条件(JB/T 10061—1999,eqv ASTM E 750-80)

JB/T 10062 超声探伤用探头性能测试方法

3 技术要求

3.1 一般要求

根据轧辊用途和供需双方确认的订货图样,依照本标准制造。本标准以外的技术要求由供需双方协商确定。

3.2 化学成分、表面硬度和辊颈抗拉强度

化学成分、表面硬度和辊颈抗拉强度应符合表1、表2和表3规定,离心铸造复合工作辊芯部推荐采用高强度球墨铸铁。

表1 工作辊、立辊工作层化学成分、表面硬度和辊颈抗拉强度

材质	材质代码	化学成分(质量分数)/%											表面硬度HSD		辊颈抗拉强度 R_m/(N/mm²)	推荐用途
		C	Si	Mn	P	S	Cr	Ni	Mo	V	Nb	W	辊身	辊颈		
高镍铬无限冷硬铸铁	ICDP-Ⅰ	3.00~3.60	0.60~1.10	0.60~1.10	≤0.100	≤0.040	1.10~1.70	3.50~4.20	0.20~0.60	—	—	—	65~75	32~45	≥350	中厚板、炉卷、平整轧机;热轧带钢精轧机
	ICDP-Ⅱ	3.00~3.60	0.60~1.10	0.60~1.10	≤0.100	≤0.040	1.40~2.00	4.20~4.80	0.20~0.80	—	—	—	70~85	32~45		
	ICDP-Ⅲ	3.00~3.60	0.60~1.10	0.60~1.10	≤0.100	≤0.040	1.20~2.00	4.10~4.70	0.20~0.80	W+V+Nb 0.50~4.00			77~90	32~45		
高铬铸铁	HCrI-Ⅰ	2.30~2.90	0.40~0.90	0.60~1.20	≤0.080	≤0.040	12.00~15.00	0.70~1.30	0.80~1.50	≤0.50	—	—	55~65[a] 65~75	32~45	≥350	中厚板、炉卷、平整轧机;热轧带钢精轧机;立辊
	HCrI-Ⅱ	2.50~3.10	0.40~0.90	0.60~1.20	≤0.080	≤0.040	15.00~18.00	0.80~1.40	0.80~1.50	≤0.50	—	—	65~85	32~45		
	HCrI-Ⅲ	2.70~3.30	0.30~0.90	0.60~1.20	≤0.080	≤0.040	18.00~22.00	0.90~1.50	1.00~3.00	≤0.50	—	≤1.00	75~90	32~45		

表1(续)

材质	材质代码	化学成分(质量分数)/%											表面硬度HSD		辊颈抗拉强度 R_m/(N/mm²)	推荐用途
		C	Si	Mn	P	S	Cr	Ni	Mo	V	Nb	W	辊身	辊颈		
高速钢	HSS	1.50～2.50	0.40～0.80	0.40～1.00	≤0.030	≤0.025	4.00～7.00	0.30～1.20	2.00～6.00	2.00～7.00	≤2.00	≤7.00	75～95	32～45	≥350	热轧带钢轧机
半高速钢	S-HSS	0.60～1.30	0.60～1.50	0.40～1.00	≤0.030	≤0.025	3.00～8.00	0.30～1.20	1.00～5.00	1.00～3.00	—	≤3.00	70～85	32～45	≥400	热轧带钢粗轧机
高铬钢	HCrS	1.00～1.80	0.40～1.00	0.40～1.00	≤0.030	≤0.025	7.00～14.00	0.60～1.50	1.50～4.50	≤0.50	—	—	55～70[a] 70～85	35～45	≥400	热轧带钢粗轧机;立辊
半钢	AD160	1.50～1.70	0.30～0.60	0.60～1.40	≤0.035	≤0.030	0.90～1.70	0.50～2.00	0.20～0.60	≤0.50	—	—	45～60	35～50	≥500	
	AD180	1.70～1.90	0.30～0.80	0.60～1.40	≤0.035	≤0.030	0.90～1.70	0.50～2.00	0.20～0.60	≤0.50	—	—	45～60	35～50	≥500	

注:高速钢:Co≤8.00%。

[a] 该硬度范围适用于立辊。

表2 支承辊工作层化学成分、表面硬度和辊颈抗拉强度

材质	材质代码	化学成分(质量分数)/%									表面硬度HSD		辊颈抗拉强度 R_m/(N/mm²)	推荐用途
		C	Si	Mn	P	S	Cr	Ni	Mo	V	辊身	辊颈		
合金铸钢	ZG-Cr3	0.30～0.70	0.20～0.50	0.50～1.00	≤0.035	≤0.030	2.40～3.40	≤0.80	0.30～0.60	0.10～0.30	55～65	30～45	≥600	热轧带钢、平整轧机
	ZG-Cr4	0.30～0.70	0.20～0.50	0.50～1.00	≤0.035	≤0.030	3.40～4.40	≤0.60	0.30～0.60	0.10～0.30	60～68	30～45	≥600	
	ZG-Cr5	0.30～0.70	0.20～0.50	0.50～1.00	≤0.035	≤0.030	4.40～5.40	≤0.60	0.30～0.60	0.10～0.40	65～73	30～45	≥600	
合金锻钢	DG-Cr2	0.75～0.95	0.25～0.45	0.20～0.50	≤0.020	≤0.020	1.50～2.50	—	0.20～0.40	—	50～60	30～45	≥600	中厚板轧机[a]
	DG-Cr3	0.35～0.55	0.40～0.80	0.50～0.80	≤0.020	≤0.020	2.50～3.50	≤0.60	0.50～0.80	≤0.30	50～65	30～45	≥600	热轧带钢、中厚板[a]、平整轧机
	DG-Cr4	0.35～0.55	0.40～0.80	0.60～1.00	≤0.020	≤0.020	3.50～4.50	0.40～0.80	0.40～0.80	0.05～0.15	60～70	30～45	≥600	
	DG-Cr5	0.30～0.70	0.40～0.80	0.50～0.80	≤0.020	≤0.020	4.50～5.50	≤0.60	0.40～0.80	≤0.30	65～75	30～45	≥600	

注:平整机支承辊也可选用高镍铬无限冷硬铸铁轧辊或高铬铸铁轧辊。

[a] 指公称宽度≤4000mm 的轧机,公称宽度>4000mm 的轧机支承辊由供需双方协商确定。

表3 离心铸造复合轧辊芯部高强度球墨铸铁化学成分、辊颈表面硬度和抗拉强度

材质	材质代码	化学成分(质量分数)/%													表面硬度 HSD	抗拉强度 R_m/(N/mm²)	推荐用途
		C	Si	Mn	P	S	Cr	W	Mo	V	Nb	Cu	Ni	Mg			
球墨铸铁	SG-C	2.50～3.30	2.00～3.00	0.40～1.00	≤0.050	≤0.020	Cr+W+Mo+V+Nb≤0.80					≤1.00	≤1.50	0.04～0.10	32～45	≥350	离心铸造复合轧辊芯部

3.3 工作层厚度[1)]

3.3.1 复合轧辊外层厚度最薄处应超过使用工作层厚度10mm以上；整体轧辊的淬硬层深度应超过使用工作层厚度5mm以上。

3.3.2 离心铸造复合轧辊辊身长度2500mm以下的，外层厚度差≤20mm；辊身长度2500mm～3500mm的轧辊外层厚度差≤25mm；辊身长度3500mm以上的，外层厚度差≤30mm。

3.4 硬度

3.4.1 辊身长度≤2500mm时，辊身表面硬度均匀度≤4HSD；辊身长度>2500mm时，辊身表面硬度均匀度≤5HSD。

3.4.2 轧辊以辊肩托磨时，辊肩硬度≥40HSD，硬度均匀性≤5HSD，辊肩允许采取镶套方式。

3.4.3 轧辊使用至正常报废尺寸时的硬度落差应符合表4的规定。

表4 轧辊使用至正常报废尺寸时的硬度落差

材质代码	ICDP-Ⅰ、ICDP-Ⅱ	ICDP-Ⅲ	其他类材质
工作层使用厚度≤40mm	≤5HSD	≤4HSD	≤4HSD
工作层使用厚度40mm～60mm	≤6HSD	≤5HSD	≤5HSD
工作层使用厚度≥60mm	≤7HSD	≤6HSD	≤10HSD

3.5 软带宽度

支承辊辊身表面两端边缘允许有软带区域存在，软带允许宽度应符合表5的规定。

表5 允许软带宽度

单位为毫米

辊身长度	<1800	1800～2500	>2500
允许软带宽度	≤60	≤80	≤100

3.6 表面质量

辊身工作面不应有目视可见的制造缺陷，其他部位不影响使用的制造缺陷，应修复达到双方确认的订货图样要求。

3.7 超声波检测

3.7.1 轧辊各部位不允许存在裂纹性缺陷，且锻造轧辊不允许存在白点；离心铸造复合工作辊内部缺陷应符合表A.2的规定；支承辊和立辊内部缺陷应符合表A.3的规定。

3.7.2 对于无中心通孔支承辊，当中心部位出现超标缺陷时，在保证轧辊承载能力的前提下，可用打中心通孔方式去除。

---

1) 厚度值均指半径方向。

3.8 金相检验

3.8.1 各类材质轧辊的工作层金相组织应满足不同轧制条件的使用要求。

3.8.2 离心铸造复合工作辊芯部球墨铸铁应符合 GB/T 1504—2008 附录 B 规定，辊颈球化率应不低于 3 级，辊颈碳化物及铁素体量应不低于 5 级。

3.9 其他性能

依据用户要求，生产制造企业应向使用单位提供所需的物理性能参数。

3.10 机械加工

3.10.1 符合供需双方确认的轧辊订货图样要求。

3.10.2 轧辊辊身、托肩、轴承部位、扁头的尺寸公差、形位公差和表面粗糙度应不低于表 6 规定，图样未注加工精度的，轧辊总长按 GB/T 1804—2000 的 c 级执行，其余按照 m 级执行。

表 6 轧辊关键部位尺寸公差、形位公差和表面粗糙度

部位名称	主要指标	主要参数		
		工作辊	支承辊	立辊
辊 身	直径公差/mm	$^{+0.5}_{0}$	$^{+1}_{0}$	$^{+1}_{0}$
	同轴度/mm	≤0.02	≤0.02	≤0.02
	表面粗糙度 Ra/μm	≤1.6	≤1.6	≤3.2
托 肩	直径公差/mm	±0.025	—	—
	同轴度/mm	≤0.02	—	—
	圆度/mm	≤0.015	—	—
	表面粗糙度 Ra/μm	≤0.8	—	—
轴承部位	同轴度/mm	≤0.02	≤0.03	≤0.03
	圆度/mm	≤0.015	≤0.025	≤0.025
	表面粗糙度 Ra/μm	≤0.8	≤0.8	≤0.8
扁 头	对称度/mm	≤0.1	—	≤0.1
	表面粗糙度 Ra/μm	≤3.2	—	≤3.2

3.10.3 单重小于等于 80t 的轧辊，中心孔推荐采用 75°B 型；单重大于 80t 的轧辊，中心孔推荐采用 90°B 型。具体按图 1、图 2 和表 7 执行。

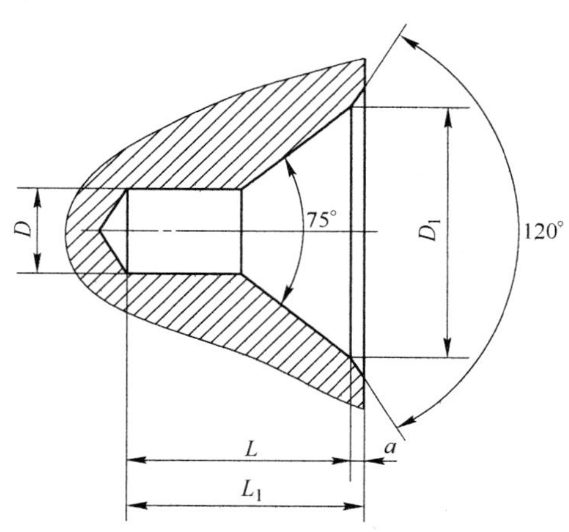

图 1 75°B 型中心孔

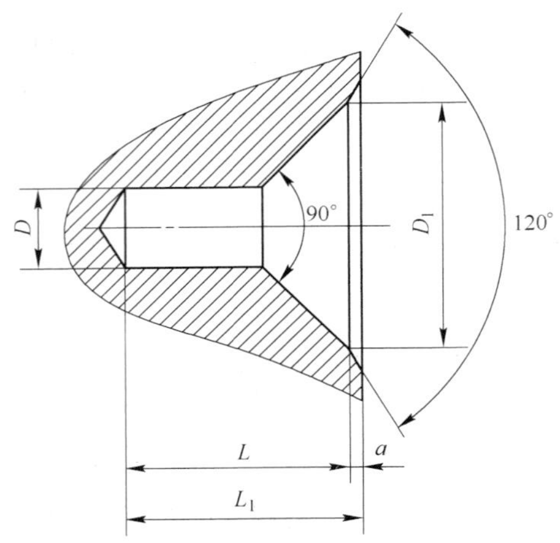

图 2　90°B 型中心孔

表 7　中心孔选择要求

D/mm	D_{1max}/mm	$L_1\approx$/mm	L/mm	$a\approx$/mm	选择中心孔参考数据	
					轧辊重量 G/t	类型
12	36	31	28	2.5	$\leqslant 3$	75°B 型
16	48	41	38	2.5	$3<G\leqslant 6$	
20	60	53	50	3	$6<G\leqslant 9$	
24	65	62	58	4	$9<G\leqslant 12$	
30	90	74	70	4	$12<G\leqslant 20$	
40	120	100	95	5	$20<G\leqslant 35$	
45	135	121	115	6	$35<G\leqslant 50$	
50	150	148	140	8	$50<G\leqslant 80$	
50	200	128	120	8	$G>80$	90°B 型

4　试验方法

4.1　化学成分分析按 GB/T 223 相关标准规定进行，成品化学成分允许偏差按 GB/T 222 规定执行。

4.2　硬度试验方法和硬度转换按 GB/T 13313 规定进行。

4.3　室温拉伸试验按 GB/T 228.1 规定进行。

4.4　金相检验

4.4.1　制样过程中不得破坏原有的组织结构和石墨形态，腐蚀剂可按照不同材质或不同基体组织自行选定。

4.4.2　对组织或石墨进行定量分析时，可采取标准图片对比法或图像分析软件定量法。

4.5　超声波检测按附录 A 规定进行。

5　检验规则

5.1　化学成分分析试样取自浇注前的每包钢水或铁水，对于同种材质多炉合浇的情况，取加权计算结果作为熔炼成分。当化学成分分析不合格时，允许在轧辊对应部位上取样复验两次，有一次合格即为合格。铸铁类材质在本体取样分析时，应考虑到石墨的损失对 C 含量的影响。

5.2 辊身、辊颈的表面硬度应逐支检测，检测母线条数和每条母线上测定点数按表 8 规定执行。

表 8 硬度检测母线条数和测定点数

<table>
<tr><td rowspan="3">辊身长度
/mm</td><td colspan="3">测定母线条数</td><td colspan="2">每条母线上测定点数</td></tr>
<tr><td colspan="2">辊身直径/mm</td><td rowspan="2">辊颈</td><td rowspan="2">辊身</td><td rowspan="2">辊颈</td></tr>
<tr><td>≤1350</td><td>>1350</td></tr>
<tr><td>≤2500</td><td rowspan="3">4</td><td rowspan="3">≥4</td><td rowspan="3">2</td><td>4</td><td rowspan="3">2</td></tr>
<tr><td>2500～3500</td><td>5</td></tr>
<tr><td>≥3500</td><td>≥6</td></tr>
</table>

5.3 抗拉强度试样取自轧辊传动侧端部，取样比例按照合同规定。

5.4 应逐支在现场或取样对辊身、辊颈进行金相检验，并提供低倍、高倍组织图片。

5.5 表面质量、主要尺寸、表面粗糙度应逐支检验。

5.6 应逐支进行超声波检测。

6 包装、标识和质量证明书

6.1 成品检验合格后，应在辊颈端面刻上制造厂标识及辊号。需方对标识有具体要求时，可在订货图样或协议中注明。

6.2 包装前应对轧辊表面关键部位涂防锈材料进行保护，包装应考虑轧辊在运输及吊装时的安全，防止在运输过程中损伤和锈蚀，并满足室内存放 6 个月内不锈蚀。

6.3 轧辊应平放于干燥通风的室内环境中。

6.4 轧辊出厂时应附质量检验部门填写的质量证明书，内容包括：

a) 供方名称；

b) 需方名称；

c) 合同号、产品编号、辊号；

d) 产品规格；

e) 材质代码、化学成分、硬度、超声波检测结果、关键部位尺寸、金相组织图片、轧辊重量、生产日期。

附　录　A
（规范性附录）
热轧钢板带轧辊超声波检测方法

A.1　术语和定义

GB/T 12604.1 界定的以及下列术语和定义适用于本附录。

A.1.1

缺陷当量　defect equivalent size

指平底孔　[flat bottom hole(FBH)]反射当量。

A.1.2

单个缺陷　single defect

在规定的灵敏度下，相邻缺陷间距大于其中较大的缺陷当量的 8 倍时称为单个缺陷。

A.1.3

密集缺陷　concentrated defect

在规定的灵敏度下，相邻缺陷间距小于等于其中较大的缺陷当量的 8 倍时为密集缺陷；缺陷间距按缺陷回波峰值处探头中心位置确定；密集缺陷的指示面积以规定的灵敏度为边界确定。

A.1.4

底波衰减区　backwall echo attenuation zone

由于轧辊内部缺陷导致径向底波衰减至 10%f.s 以下的部位；底波衰减区包括无底波。

A.1.5

底波清晰　clear backwall echo

底波与其附近杂波信号的信噪比 S/N≥12dB。

A.2　符号和缩略语

B——底波或底波高(按仪器满屏高为 100%)。

F——缺陷波或缺陷波高。

H——缺陷回波距探测面的距离(mm)。

S——以规定灵敏度缺陷回波高度为边界测定缺陷的指示面积。

f.s——仪器满屏高刻度(full scale)。

B_f——有缺陷时的底波高度。

A.3　试样、设备及人员要求

A.3.1　轧辊

A.3.1.1　应加工成适于检测的简单圆柱体，妨碍检测的加工应在检测后进行。

A.3.1.2　探测表面粗糙度 $Ra \leqslant 12.5\mu m$。

A.3.1.3　组织粗大影响检测判定的轧辊，应在重结晶处理后再进行超声波检测。

A.3.2　设备

A.3.2.1　采用 A 型脉冲反射式超声探伤仪时，其通用和计量技术要求应符合 JB/T 10061 的规定。

A.3.2.2　仪器应具有满足所检测轧辊全长的扫描范围，频率范围至少应为 0.5MHz～5MHz。推荐采用软保护膜探头，探头的技术要求应符合 JB/T 10062 的规定。

A.3.3　人员

检测人员应持有符合 GB/T 9445 规定的无损检测人员技术资格证书。

A.3.4 耦合剂

机油或满足耦合要求的其他物质。

A.4 检测要求

A.4.1 径向和轴向采用纵波垂直扫查，必要时可变换频率或探头类型。

A.4.2 探头在轧辊表面扫查速度应不大于 150mm/s，相邻两次扫查区域之间应有 10%～15%的重叠。

A.4.3 检测频率及探头尺寸

A.4.3.1 轧辊径向和辊身轴向检测时频率为 1MHz，推荐探头晶片直径为 ϕ34mm。

A.4.3.2 轧辊全长轴向检测时频率为 0.5MHz，推荐探头晶片直径为 ϕ34mm。

A.4.3.3 工作层、结合层检测时频率为 2MHz～2.5MHz，推荐探头晶片直径为 ϕ20mm～ϕ24mm。

A.4.4 检测灵敏度

A.4.4.1 径向检测时，以相应检测部位中正常底波反射最高处的第一次底波 $B1$ 作为基准底波，将 $B1$ 调至 100%f.s 作为检测灵敏度。

A.4.4.2 辊身轴向检测时，以辊身两个端面分别作为探测面和底波反射面，将反射良好部位的 $B1$ 调至 100%f.s，作为检测灵敏度。

A.4.4.3 轧辊全长轴向检测时，以辊颈端面作为探测面，将对侧辊颈或辊身端面的底波 $B1$ 调至 20% f.s，作为检测灵敏度。

A.4.4.4 辊身结合层部位进行检测时，推荐使用如图 A.1 所示对比试块校定仪器的灵敏度，将 ϕ5 平底孔的第一次回波调至 80%f.s，作为检测灵敏度。对比试块的材质应与被检测轧辊相同或相似，探测面至 ϕ5 平底孔底部为外层材质，ϕ5 平底孔的部位为靠近结合部位的内层组织，试块的结合部位应熔接良好，试块顶部曲率半径 R 应接近被检测轧辊外圆曲率半径。

单位为毫米

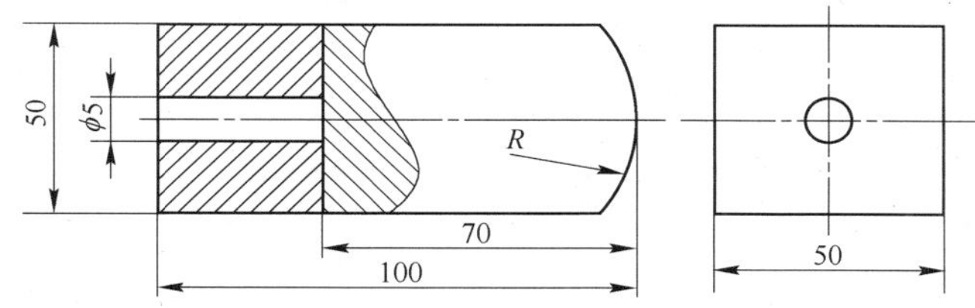

图 A.1 检测对比试块示意图

A.4.4.5 工作层、结合层检测时传播声速在上述图 A.1 所示对比试块上调出，推荐采用如表 A.1 所示传播声速进行外层测厚。

表 A.1 不同材质参考声速表

材　质	高镍铬无限冷硬铸铁	高铬铸铁	高速钢、半高速钢、高铬钢	半　钢	合金铸钢、合金锻钢
声速/(m/s)	5560～5580	6130～6160	6150～6180	5880～5910	5920～5950

A.5 判定

依轧辊类型和用途按表 A.2 和表 A.3 进行超声波检测判定。

表 A.2 离心铸造复合工作辊超声波检测判定

<table>
<tr><td colspan="2" rowspan="2">部 位</td><td colspan="2">类 别</td></tr>
<tr><td>粗轧工作辊</td><td>精轧工作辊</td></tr>
<tr><td colspan="2">工作层</td><td colspan="2">不允许存在≥ϕ2 当量 F</td></tr>
<tr><td colspan="2">结合层单个缺陷</td><td>≤ϕ5+8dB</td><td>≤ϕ5+6dB</td></tr>
<tr><td rowspan="9">结合层密集缺陷</td><td rowspan="4">ICDP
HCrI</td><td colspan="2">允许存在的密集 F 中最大当量应满足</td></tr>
<tr><td>≤ϕ5+6dB</td><td>≤ϕ5+4dB</td></tr>
<tr><td colspan="2">最大当量密集 F 分布面积 S 应不大于 50cm^2</td></tr>
<tr><td colspan="2">相邻密集 F 间距应不小于 100mm</td></tr>
<tr><td rowspan="5">HSS
S-HSS
HCrS</td><td colspan="2">允许存在的密集 F 中最大当量应满足</td></tr>
<tr><td>≤ϕ5+4dB</td><td>≤ϕ5+2dB</td></tr>
<tr><td colspan="2">最大当量密集 F 其分布面积 S(cm^2)应满足</td></tr>
<tr><td>≤36</td><td>≤25</td></tr>
<tr><td colspan="2">相邻密集 F 间距应不小于 100mm</td></tr>
<tr><td colspan="2">辊身径向</td><td colspan="2">不允许底波衰减区存在</td></tr>
<tr><td colspan="2">辊颈径向</td><td colspan="2">允许存在中心缩松类 F 引起的 B 衰减区存在,但在此区域内,缺陷回波不得大于 20%f.s</td></tr>
<tr><td colspan="2">轴向检测</td><td colspan="2">各段 B 应能清晰显示,不允许裂纹性 F 存在</td></tr>
<tr><td colspan="2">外层测厚</td><td colspan="2">当屏幕显示一个清晰而稳定的结合层界面回波时即可测厚,其前沿位置即为外层厚度指标值;如出现相邻两个及以上结合层界面回波时,以后波的前沿位置作为外层的厚度指标值,但前波前沿位置应大于使用层</td></tr>
<tr><td colspan="4">注:本判定同时适用于同材质离心铸造复合立辊超声波检测,单机架工作辊参照粗轧工作辊判定要求</td></tr>
</table>

表 A.3 支承辊及立辊超声波检测判定

<table>
<tr><td rowspan="2">部 位</td><td colspan="3">类 别</td></tr>
<tr><td>立 辊</td><td>铸造支承辊</td><td>锻造支承辊</td></tr>
<tr><td>工作层</td><td colspan="3">不允许存在≥ϕ2 当量 F</td></tr>
<tr><td>径向检测</td><td colspan="2">允许 B 衰减区和非裂纹性 F 存在,F 应满足</td><td>不允许 B 衰减区和裂纹性 F 存在,且 F 应满足</td></tr>
<tr><td>辊身径向</td><td>≤30%f.s</td><td>≤50%f.s</td><td>F≥50%f.s 且 B_f≤50%f.s 时,缺陷面积≤25cm^2</td></tr>
<tr><td>辊颈轴承位置径向</td><td>≤25%f.s</td><td colspan="2">不允许 B 衰减区或裂纹性 F 存在</td></tr>
<tr><td>辊身轴向</td><td colspan="3">不允许 B 衰减区或裂纹性 F 存在</td></tr>
<tr><td>全轴向</td><td colspan="3">各段 B 能清晰确认,不允许裂纹性 F 存在</td></tr>
</table>

A.6 报告

检测报告至少应包括下列内容:

a) 轧辊名称、编号、规格、材质、加工状态、探测表面粗糙度;

b） 仪器型号、探头规格、工作频率、试块型号；

c） 各部底波反射情况；

d） 离心铸造复合轧辊外层超声测厚结果；

e） 各部缺陷位置、深度、波高、指示面积或当量值。可用简图表示 F 在轧辊内的分布。必要时附缺陷波及底波波形图；

f） 检测结论；

g） 检查日期、检测人员签名。

H 94

中华人民共和国黑色冶金行业标准

YB/T 128—1997

焊管轧辊技术条件

Technical specifications for roll of straight bead welding pipe

1997-08-04 发布　　1997-12-01 实施

中华人民共和国冶金工业部　发布

前　言

焊管轧辊是直缝焊管机组的重要工具。80年代以来，有些制造厂制定了有关标准，使这些厂的焊管轧辊质量有了可靠的保证。为了进一步提高轧辊质量，使整个焊管轧辊制造行业的轧辊质量水平达到一个新高度，特制定本标准。

本标准附录A是标准的附录。

本标准由冶金机电标准化技术委员会提出。

本标准由冶金工业部北京冶金设备研究院归口。

本标准起草单位：北京科技大学、冶金工业部北京冶金设备研究院、邢台机械轧辊(集团)有限公司、新乡冶金机械轧辊厂。

本标准主要起草人：施东成、赵宝林、李建军、冯献开、刘刚。

中华人民共和国黑色冶金行业标准

YB/T 128—1997

焊管轧辊技术条件

Technical specifications for roll of straight bead welding pipe

1 范围

本标准规定了高频直缝焊管机组用轧辊的技术要求、试验方法和检验规则。

本标准适用于高频直缝焊管机组使用的各种锻钢轧辊。

2 引用标准

下列标准所包含的条文，通过在本标准中引用而构成为本标准的条文。在本标准出版时，所示版本均为有效。所有标准都会被修订，使用本标准的各方应探讨、使用下列标准最新版本的可能性。

GB 222—84　钢的化学分析用试样取样法及成品化学成分允许偏差

GB 223　钢铁及合金化学分析方法（见本标准附录 A）

GB 1031—83　表面粗糙度参数及其数值

GB 1184—80　形状与位置公差　未注公差的规定

GB 1222—84　弹簧钢

GB 1299—85　合金工具钢技术条件

GB 1804—92　一般公差　线性尺寸的未注公差

GB 1958—80　形状和位置公差检测规定

GB 3077—88　合金结构钢技术条件

GB 3177—82　光滑工件尺寸的检验

GB /T 230—91　金属洛氏硬度试验法

GB/T 13313—91　轧辊肖氏硬度试验方法

YB(T) 1—81　高铬轴承钢

YB/T 036.7—92　冶金设备制造通用技术条件　锻件

YB/T 036.8—92　冶金设备制造通用技术条件　锤上自由锻件加工余量与公差

YB/T 036.10—92　冶金设备制造通用条件　锻钢件超声波探伤方法

YB/T 036.16—92　冶金设备制造通用技术条件　热处理件

YB/T 036.17—92　冶金设备制造通用技术条件　机械加工件

JB/Z 181—82　GB 3177—82　光滑工件尺寸的检测使用指南

ZB J04 006—87　钢铁材料的磁粉探伤方法

3 技术要求

3.1 轧辊材质

3.1.1　本标准推荐的轧辊材质的化学成分应符合表 1 的规定。

中华人民共和国冶金工业部 1997-08-04 批准　　1997-12-01 实施

表 1 轧辊材质的化学成分

钢 号	化学成分,%										备注
	C	Si	Mn	P	S	Cr	Ni	Mo	W	V	标准号
				不大于							
GCr15	0.95～1.05	0.15～0.35	0.25～0.45	0.025	0.025	1.4～1.65	≤0.30				YB(T)1
Cr12	2.00～2.30	≤0.40	≤0.40	0.030	0.030	11.50～13.00	≤0.25				GB 1299
Cr12MoV	1.45～1.70	≤0.40	≤0.40	0.030	0.030	11.00～12.5	≤0.25	0.40～0.60		0.15～0.30	
35CrMoV	0.30～0.38	0.17～0.37	0.40～0.70	0.035	0.035	1.00～1.30	≤0.30	0.20～0.30		0.10～0.20	GB 3077
40Cr	0.37～0.44	0.17～0.37	0.50～0.80	0.035	0.035	0.80～1.10	≤0.30				
4Cr5MoSiV1	0.32～0.45	0.80～1.20	0.20～0.50	0.030	0.030	4.75～5.50	≤0.25	1.10～1.75		0.80～1.20	GB 1299
3Cr2W8V	0.30～0.40	≤0.40	≤0.40	0.030	0.030	2.20～2.70	≤0.25		7.50～9.00	0.20～0.50	
65Mn	0.62～0.70	0.17～0.37	0.90～1.20	0.035	0.035	≤0.25	≤0.25				GB 1222

3.1.2 要求用其他材质时,由供需双方协议有关规定。

3.1.3 轧辊用钢材进厂时,应有质量保证书,理化性能应符合有关技术标准规定,化学成分允许偏差应符合 GB 222 的规定。

3.2 轧辊辊坯

3.2.1 辊坯锻造的技术要求应符合 YB/T 036.7 标准的规定。

3.2.2 锻造用钢的表面缺陷必须全部清除,不得将带有缺陷的材料进行锻造。

3.2.3 用轧材或锻材锻造辊坯时,一般可不考虑锻造比。对大截面尺寸的钢坯,其镦粗锻造比应≤1.5～1.7,锻造时只拔长不镦粗者,其拔长锻造比应≥1.7。用钢锭锻造时,镦粗锻造比为 2.5～4,拔长锻造比为 2.5～3。

3.2.4 辊坯的机械加工余量和尺寸公差应符合 YB/T 036.8 的要求。

3.2.5 辊坯的低倍组织不得有白点、内裂等缺陷。辊坯的显微组织应符合相应钢种标准的规定。

3.2.6 如果辊坯表面存在轻微的局部裂纹、折叠等缺陷,其深度不得超过单边机械加工余量的 1/2。

3.2.7 锻后辊坯应根据不同的材质,选择不同的退火方式,退火后的硬度应符合相应钢种标准的规定。

3.2.8 对于直径≤ϕ400mm 的辊坯应进行超声波探伤抽样检查,当辊坯直径>ϕ400mm 时,则应逐件进行检查,其检查结果应符合供需双方商定的质量等级。

3.3 轧辊外形尺寸

3.3.1 轧辊尺寸及其公差应符合图纸要求。孔型部分应符合精加工样板,精加工样板采用半封闭型式并应有端面基准,必要时其技术要求可由供需双方商定。

3.3.2 轧辊孔型曲率半径的尺寸公差值应符合表 2 的规定。非孔型部分的未注线性尺寸公差的极限偏差，根据需要按 GB 1804—92 中 m 级（中等级）或 f 级（精密级）选用。

表 2　轧辊孔型曲率半径公差值

钢管外径，mm		≤φ114	φ114～φ219	>φ219
公差值 mm	粗成型辊	≤0.1	≤0.15	≤0.20
	精成型辊 定径辊 挤压辊	≤0.05	≤0.08	≤0.10

3.3.3　轧辊形位公差等级应符合表 3 的规定。

表 3　轧辊形位公差等级

序　号	检 测 部 位	形位公差		公差等级（不大于）
		名　称	代　号	
1	轴孔圆柱面	圆柱度	/○/	7 级
2	外圆非孔型圆柱面对轴孔轴线	圆跳动	↗	8 级
3	孔型对轴孔轴线	圆跳动	↗	8 级
4	两轴承孔轴线之间	同轴度	◎	8 级
5	端面对轴孔轴线	垂直度	⊥	6 级
6	两端面之间	平行度	//	6 级
7	键槽中心面对轴孔轴线	对称度	≡	9 级

3.3.4　表面粗糙度应符合表 4 的规定。

表 4　轧辊表面粗糙度

序　号	检测表面名称	表面粗糙度 R_a，μm（不大于）
1	孔型工作表面	0.8
2	轴孔圆柱面	0.8
3	两端面	1.6
4	外圆非孔型圆柱表面	1.6
5	键宽表面粗糙度	3.2
6	其他表面	6.3

3.3.5　轧辊表面不应有裂纹、烧伤、凹痕等肉眼可见的缺陷；精加工表面不得有毛刺、黑斑等缺陷。

3.3.6　如需要对轧辊外形尺寸有其他技术要求时，供需双方可另行协议商定。

3.4　轧辊工作表面硬度和淬硬层深度

3.4.1　轧辊最终热处理后的工作表面硬度应符合表 5（或相对应的肖氏硬度）的规定。

表 5　轧辊工作表面硬度

钢　　号	表 面 硬 度 HRC
GCr15	58～62
Cr12	58～63
Cr12MoV	58～63

表 5(完)

钢　　号	表面硬度
	HRC
35CrMoV	48～52
4Cr5MoSiV1	47～52
3Cr2W8V	47～52
40Cr	44～48
65Mn	48～52

3.4.2　用于≤ϕ114mm 直缝焊管机组的轧辊工作表面淬硬层深度应≥10mm，其他机组轧辊工作表面淬硬层深度可由供需方协议商定。

3.4.3　轧辊孔型工作表面硬度均匀性≤2HRC，两端面硬度均匀性≤4HRC。

4　试验方法

4.1　轧辊材质

对轧辊材质进行化学分析时，应符合附录 A(标准的附录)中的标准规定。

4.2　辊坯和轧辊成品

4.2.1　轧辊硬度检验采用 GB 230 或采用 GB/T 13313 的规定。

4.2.2　轧辊硬度检验至少应在轧辊孔型工作表面和两端面按圆周方向作三环测定，每环硬度至少测三点取平均值，其平均值应符合表 5 的规定。

4.2.3　轧辊孔型检验按 GB 1958—80 附录一中(5)线轮廓度误差检测代号 1-2 方法，根据由供需双方协商同意的孔型样板进行透光检查，其间隙应不大于表 2 的规定，且间隙均匀。

4.2.4　轧辊其他几何尺寸测量按 GB 3177 与 JB/Z 181 的规定执行。

4.2.5　轧辊表面粗糙度测量采用粗糙度样块比较法。若测量结果有争议时，可采用计量器具测量。

4.2.6　轧辊形位公差检测按 GB 1958 中有关方法进行。

4.2.7　轧辊的外观质量测量采用目测法。

4.2.8　每批轧辊应抽验 10%按 YB/T 036.10 进行超声波探伤检验锻造退火后的轧辊辊坯，在抽验中发现有一件轧辊出现裂纹，则应对该批轧辊逐个进行探伤检验。对大于 ϕ114mm 直缝焊管机组的轧辊成品应每件进行磁粉探伤检验。

5　检验规则

5.1　检验部门

每件轧辊成品应由制造厂质量检验部门检验，检验结果应有书面记录记入检验台账，并填写产品质量保证书交付需方。

5.2　检验项目

5.2.1　应对每件轧辊成品的工作表面硬度、孔型部分形状、几何尺寸、表面粗糙度和表面质量等主要项目进行逐项检查。

5.2.2　其他项目的检测，可由供需双方协商，在合同或订货图纸技术条件中说明。

6　标志、包装、运输、贮存

6.1　标志

6.1.1　经检验合格的产品，应在轧辊非基准面的环形槽内刻上明显的标志。

6.1.2　标志主要内容为制造厂厂标、钢号、生产年月及需方要求的有关符号。

6.2　包装、运输、贮存

6.2.1　轧辊包装前应仔细清理和擦洗，然后在各表面均匀涂以防锈油，待油膜干后再进行包装。

6.2.2　包装方法和包装材料应保证在正常运输条件下不致使轧辊受损伤，并应能防潮和防雨。

6.2.3　轧辊出厂时应附有产品质量证书，其内容包括：供方厂名、需方厂名、合同号、轧辊名称和规格、轧辊图号、轧辊材质、技术检查部门对主要质量指标的检验结果、检查员姓名或代号，并应盖有技术检查部门的印记。

6.2.4　轧辊运输和贮存应符合运输要求和合同中的规定。

附　录　A
（标准的附录）
化学分析方法引用标准

GB 223.1—1981　钢铁及合金中碳量的测定
GB 223.3—1988　钢铁及合金化学分析方法　二安替比林甲烷磷钼酸重量法测定磷量
GB/T 223.11—1991　钢铁及合金化学分析方法　过硫酸铵氧化容量法测定铬量
GB 223.13—1989　钢铁及合金化学分析方法　硫酸亚铁铵容量法测定钒量
GB 223.14—1989　钢铁及合金化学分析方法　钽试剂萃取光度法测定钒量
GB/T 223.23—1994　钢铁及合金化学分析方法　丁二酮肟分光光度法测定镍量
GB 223.26—1989　钢铁及合金化学分析方法　硫氰酸盐直接光度法测定钼量
GB/T 223.43—1994　钢铁及合金化学分析方法　钨量的测定
GB 223.58—1987　钢铁及合金化学分析方法　亚砷酸钠-亚硝酸钠滴定法测定锰量
GB 223.59—1987　钢铁及合金化学分析方法　锑磷钼蓝光度法测定磷量
GB/T 223.60—1997　钢铁及合金化学分析方法　高氯酸脱水重量法测定硅含量
GB 223.61—1988　钢铁及合金化学分析方法　磷钼酸铵容量法测定磷量
GB 223.62—1988　钢铁及合金化学分析方法　乙酸丁酯萃取光度法测定磷量
GB 223.63—1988　钢铁及合金化学分析方法　高碘酸钠(钾)光度法测定锰量
GB 223.67—1989　钢铁及合金化学分析方法　还原蒸馏-次甲基蓝光度法测定硫量
GB/T 223.69—1997　钢铁及合金化学分析方法　管式炉内燃烧后重量法测定碳含量
GB/T 223.72—1991　钢铁及合金化学分析方法　氧化铝色层分离-硫酸钡重量法测定硫量

H 94

中华人民共和国黑色冶金行业标准

YB/T 137—1998

二十辊轧机锻钢工作辊

1998-08-25 发布　　　　1998-12-01 实施

国家冶金工业局　发布

前　　言

本标准是参考国外同类产品实物检测数据，结合国内生产实践编写的。

本标准中 Cr12W 的化学成分与 DIN 17350 x210CrW12 等同。

本标准主要技术要求与国外同类产品先进水平接近。

本标准由冶金工业部北京冶金设备研究院提出并归口。

本标准起草单位：邢台机械轧辊(集团)有限公司。

本标准主要起草人：李宇山、刘国刚、齐增生。

中华人民共和国黑色冶金行业标准

YB/T 137—1998

二十辊轧机锻钢工作辊

1 范围

本标准规定了二十辊轧机锻钢工作辊的技术要求、试验方法及检验规则。

本标准适用于轧制金属带材的二十辊轧机用锻钢工作辊。

2 引用标准

下列标准所包含的条文,通过在本标准中引用而构成为本标准的条文。本标准出版时,所示版本均为有效。所有标准都会被修订,使用本标准的各方应探讨使用下列标准最新版本的可能性。

GB 222—84 钢的化学分析用试样取样法及成品化学成分允许偏差

GB 223.5—88 钢铁及合金化学分析方法 草酸-硫酸亚铁硅钼蓝光度法测定硅量

GB/T 223.10—94 钢铁及合金化学分析方法 铜铁试剂分离-铬天青 S 光度法测定铝量

GB/T 223.11—91 钢铁及合金化学分析方法 过硫酸铵氧化容量法测定铬量

GB 223.13—89 钢铁及合金化学分析方法 硫酸亚铁铵容量法测定钒量

GB/T 223.22—94 钢铁及合金化学分析方法 亚硝基 R 盐分光光度法测定钴量

GB 223.26—89 钢铁及合金化学分析方法 硫氰酸盐直接光度法测定钼量

GB/T 223.43—94 钢铁及合金化学分析方法 钨量的测定

GB 223.58—87 钢铁及合金化学分析方法 亚砷酸钠-亚硝酸钠滴定法测定锰量

GB 223.62—88 钢铁及合金化学分析方法 乙酸丁酯萃取光度法测定磷量

GB 223.63—88 钢铁及合金化学分析方法 高碘酸钠(钾)光度法测定锰量

GB 223.68—89 钢铁及合金化学分析方法 燃烧-碘酸钾容量法测定硫量

GB 223.69—89 钢铁及合金化学分析方法 燃烧气体容量法测定碳量

GB 226—91 钢的低倍组织及缺陷酸蚀检验法

GB/T 230—91 金属洛氏硬度试验方法

GB 1184—80 形状和位置公差 未注公差的规定

GB 1299—85 合金工具钢技术条件

GB/T 1804—92 一般公差、线性尺寸的未注公差

GB 4879—85 防锈包装

GB 9943—88 高速工具钢棒技术条件

GB 10561—89 钢中非金属夹杂物显微评定方法

GB 13298—91 金属显微组织检验方法

GB/T 13313—91 轧辊肖氏硬度试验方法

ZB J04 006—87 钢铁材料的磁粉探伤方法

国家冶金工业局 1998-08-25 批准 1998-12-01 实施

ZB J36 003—87　工具热处理金相检验标准
YB/T 036.21—92　冶金设备制造通用技术条件　包装

3　技术要求

3.1　工作辊用钢的钢号及化学成分按表1中规定，也可由供需双方协商确定。成品化学成分允许偏差按GB 222规定。

表1　工作辊用钢及化学成分　%

钢种	钢　号	C	Si	Mn	S	P	Cr	Mo	V	W	Co	Al
冷作模具钢	Cr12W	2.00～2.25	0.10～0.40	0.15～0.45	≤0.030	≤0.030	11.00～12.00	—	—	0.60～0.80	—	—
	Cr12MoV	1.45～1.70	≤0.40	≤0.40	≤0.030	≤0.030	11.00～12.50	0.40～0.60	0.15～0.30	—	—	—
	Cr12Mo1V1	1.40～1.60	≤0.60	≤0.60	≤0.030	≤0.030	11.00～13.00	0.70～1.20	≤1.10	—	≤1.00	—
高速工具钢	W2Mo9Cr4V2	0.97～1.05	0.20～0.55	0.15～0.40	≤0.030	≤0.030	3.50～4.00	8.20～9.20	1.75～2.25	1.40～2.10	—	—
	W6Mo5Cr4V2	0.80～0.90	0.20～0.45	0.15～0.40	≤0.030	≤0.030	3.80～4.40	4.50～5.50	1.75～2.20	5.50～6.75	—	—
	W6Mo5Cr4V3	1.15～1.25	0.20～0.45	0.15～0.40	≤0.030	≤0.030	3.75～4.50	4.75～6.50	2.75～3.25	5.00～6.75	—	—
	W12Cr4V5Co5	1.50～1.60	0.15～0.40	0.15～0.40	≤0.030	≤0.030	3.75～5.00	≤1.00	4.50～5.25	11.75～13.00	4.75～5.25	—
	W18Cr4V	0.70～0.80	0.20～0.40	0.10～0.40	≤0.030	≤0.030	3.80～4.40	≤0.30	1.00～1.40	17.50～19.00	—	—
	W6Mo5Cr4V2Al	1.05～1.20	0.20～0.60	0.15～0.40	≤0.030	≤0.030	3.80～4.40	4.50～5.50	1.75～2.20	5.50～6.75	—	0.80～1.20

3.2　工作辊用钢需经电渣重熔。
3.3　工作辊辊坯热锻成型，其锻造比不小于8。
3.4　工作辊辊坯应进行锻后热处理。
3.5　辊身直径不大于50mm的工作辊，可用轧材制造。
3.6　工作辊内在质量要求：
3.6.1　低倍检验不允许有内裂、缩孔残余、折叠和肉眼可见的非金属夹杂物等缺陷。
3.6.2　共晶碳化物不均匀度不大于5级。
3.6.3　非金属夹杂物级别：塑性夹杂物不大于2.5级，脆性夹杂物不大于2.5级。
3.6.4　成品显微组织：

冷作模具钢工作辊马氏体合格级别不大于3级。

高速工具钢工作辊淬火晶粒度合格级别不小于9级，过热程度合格级别不大于2级，回火程度合格级别不大于2级。

3.6.5　工作辊表面硬度应符合表2或满足图样要求。同一根轧辊辊面的最高硬度与最低硬度之差不小于2HRC。

表 2 工作辊表面硬度

序　号	硬度值 HRC	推 荐 用 途
1	58～62	轧制低碳钢、硅钢带材用工作辊
2	60～65	轧制不锈钢、弹簧钢带材用工作辊
3	≥65	轧制有色金属、特种合金带材用工作辊

3.7 工作辊表面质量要求：

3.7.1 工作辊形状、尺寸公差、表面粗糙度应符合图样要求。未注公差按 JB/T 1804 中 m 级和 GB 1184 中 C 级执行。

3.7.2 工作辊表面不允许有肉眼可见的任何影响使用的缺陷，如凹坑、非金属夹杂物、气孔等。

3.8 工作辊表面应进行磁粉探伤，不允许有缺陷磁痕显示。

4 试验方法及检验规则

4.1 化学分析试样于电渣锭端部切取，分析方法按 GB 223 规定，当分析不合格时，允许复验一次，复验合格即为合格。

4.2 金相检验：

4.2.1 低倍试样于辊坯端面切取，厚度 10～12mm；共晶碳化物和非金属夹杂物试样于低倍试样二分之一半径处切取。

4.2.2 低倍检验按 GB 226 规定。

4.2.3 共晶碳化物不均匀度检验按 GB/T 13298 规定，冷作模具钢按 GB 1299 中的有关规定，高速工具钢按 GB 9943 中有关规定。

4.2.4 非金属夹杂物检验与评定按 GB 10561 规定。

4.2.5 成品显微组织检验，按同一熔炼炉号同一热处理炉次抽检，马氏体级别按 ZB J36 003—87 中表 4 评定。淬火晶粒度、过热程度、回火程度按 ZB J36 003 中的有关规定。

4.3 硬度检验：

4.3.1 工作辊应逐支检验表面硬度，检验方法按 GB/T 230 或 GB/T 13313 规定。

4.3.2 硬度检验沿工作辊辊身圆周互成 180°的两条母线进行。两端测试点距辊身端面不大于 20mm，点距不大于 150mm，沿母线均布。辊身较短的轧辊每条母线的测试点不得少于 3 点。

4.4 无损检测：

工作辊磁粉探伤应逐支进行，探伤方法按 ZB J04 006 规定，使用 A-15/100 型标准试片校正探伤灵敏度，采用连续法进行检查。探伤完毕应进行退磁处理。

4.5 逐支检验工作辊各部位尺寸。

5 标志和包装

5.1 工作辊应在端面刻写生产厂标志、制修号、辊号。

5.2 工作辊防锈包装，按 GB 4879—85 表 2 中 D 级规定执行。防锈期限，自发货之日起，不少于 6 个月。

5.3 工作辊外包装按 YB/T 036.21 执行。

H 94

中华人民共和国黑色冶金行业标准

YB/T 139—1998

复 合 铸 钢 支 承 辊

1998-08-25 发布　　　　1998-12-01 实施

国家冶金工业局　发 布

前　言

本标准是参照国外同类先进水平产品实物检测结果,结合国内生产实践进行编写的。

本标准主要技术指标及性能要求与国外先进水平接近。

本标准附录 A 是标准的附录。

本标准由冶金工业部北京冶金设备研究院提出并归口。

本标准起草单位:邢台机械轧辊(集团)有限公司。

本标准主要起草人:刘娣、梁谨、周鼎祥、席德润。

中华人民共和国黑色冶金行业标准

复合铸钢支承辊

YB/T 139—1998

1 范围

本标准规定了复合铸钢支承辊的技术要求、试验方法、检验规则、标志、包装及合格证书。

本标准适用于冷、热轧板带轧机及平整机用复合铸钢支承辊。

2 引用标准

下列标准所包含的条文，通过在本标准中引用而构成为本标准的条文。本标准出版时，所示版本均为有效。所有标准都会被修订，使用本标准的各方应探讨使用下列标准最新版本的可能性。

GB 223.5—88 钢铁及合金化学分析方法 草酸-硫酸亚铁硅钼蓝光度法测定硅量

GB/T 223.11—91 钢铁及合金化学分析方法 过硫酸铵氧化容量法测定铬量

GB 223.13—89 钢铁及合金化学分析方法 硫酸亚铁铵容量法测定钒量

GB/T 223.23—94 钢铁及合金化学分析方法 丁二酮肟分光光度法测定镍量

GB 223.26—89 钢铁及合金化学分析方法 硫氰酸盐直接光度法测定钼量

GB 223.58—87 钢铁及合金化学分析方法 亚砷酸钠-亚硝酸钠滴定法测定锰量

GB 223.62—88 钢铁及合金化学分析方法 乙酸丁酯萃取光度法测定磷量

GB 223.63—88 钢铁及合金化学分析方法 高碘酸钠(钾)光度法测定锰量

GB 223.68—89 钢铁及合金化学分析方法 燃烧-碘酸钾容量法测定硫量

GB 223.69—89 钢铁及合金化学分析方法 燃烧气体容量法测定碳量

GB 228—87 金属拉伸试验方法

GB/T 229—94 金属夏比缺口冲击试验方法

GB 4336—84 炭素钢和中低合金钢的光电发射光谱分析方法

GB/T 6397—86 金属拉伸试验试样

GB/T 13313—91 轧辊肖氏硬度试验方法

GB/T 13316—91 铸钢轧辊超声波探伤方法

GB/T 15546—1995 冶金轧辊术语

JJG 747—91 里氏硬度计检定规程

3 订货条件

3.1 需方应在订货合同或协议上规定轧辊的用途、硬度范围、工作层厚度及交货状态，对本标准以外的补充检验项目或要求，由供需双方协商确定。

3.2 需方应提供经供需双方共同审定会签的订货图样，图样上的技术要求应与合同或协议中的规定一致。

4 技术要求

4.1 复合铸钢支承辊应采用内外层冶金熔合的复合铸造工艺制造，并经热处理。

国家冶金工业局 1998-08-25 批准 1998-12-01 实施

4.2 化学成分:

4.2.1 外层和芯部化学成分范围,除需方明确规定外,应由供方自行确定。

4.2.2 推荐外层化学成分(熔炼成分)范围见表1,允许采用供需双方协商确定的其他成分,芯部可采用优质碳素钢或低合金钢。

表1 化学成分 %

牌号	C	Si	Mn	P	S	Cr	Ni	Mo	V
ZUF	0.60~1.10	0.40~0.80	1.40~2.00	≤0.030	≤0.025	1.50~3.50	0.60~1.20	0.20~0.60	≤0.40

4.3 表面硬度应符合表2的规定或图样要求。

表2 表面硬度分类及推荐用途 HSD

类别	辊身	辊身硬度均匀度	辊颈	推荐用途
Ⅰ	50~60	≤5	25~45	宽厚板轧机
Ⅱ	55~65			带钢热轧机、炉卷轧机
Ⅲ	60~70	≤4		带钢冷轧、连铸连轧机
Ⅳ	65~75			带钢冷轧平整轧机
注:辊身硬度均匀度定义按GB/T 15546中规定。				

4.4 辊身表面两端边缘允许有软带区域存在,软带允许宽度应符合表3的规定。软带定义按GB/T 15546的规定。

表3 允许软带宽度 mm

辊身长度	<1800	1800~2400	>2400
宽度	≤60	≤80	≤100

4.5 辊身工作层硬度落差应符合图样要求。硬度落差定义按GB/T 15546的规定。

4.6 由供方提供力学性能检测数据。

4.7 超声波探伤的质量等级根据使用条件由供需双方协商确定。

4.8 轧辊尺寸、公差和表面粗糙度应符合图样要求,未注公差应符合相应国家标准的要求。

4.9 成品轧辊表面不允许有肉眼可见的裂纹、砂眼、气孔和夹渣等影响使用的缺陷。

5 试验方法和检验规则

5.1 外层和芯部钢水应在浇注前钢包中取样分析。对于多炉合浇的支承辊,外层钢水应在合包后浇注前取样分析。分析方法应符合GB 223或GB 4336的规定。

5.2 硬度:

5.2.1 试验方法可按GB/T 13313执行。

5.2.2 辊身、辊颈硬度的测定点数应符合表4的规定。

表4 辊身、辊颈硬度的测定点数

辊身直径 mm	测定母线条数		每条母线上测定点数			
	辊身	辊颈	辊身长度,mm			辊颈
			<1800	1800~2400	>2400	
<1000	4	2	5	7	—	2
1000~1800			5	7	7	
>1800			—	7		

5.2.3 有锥度的辊颈硬度检测，可在加工锥度前进行，加工成锥体后也可采用里氏硬度计检测，硬度换算按 JJG 747 中附录 2 执行。

5.3 辊身工作层硬度落差需方在轧辊磨削过程中进行验证。

5.4 力学性能试验方法按 GB 228、GB/T 229、GB 6397 执行。

5.5 超声波探伤见附录 A(标准的附录)。

6 标志、包装和合格证书

6.1 成品检验合格后，应在辊颈端面刻辊号等标志。需方有特殊要求时，应在图样或协议中注明。

6.2 轧辊包装前对轧辊表面要涂防锈漆保护；包装应考虑轧辊在吊装和运输时的安全，并应防止在运输及储存过程中损伤。防锈期限自发货之日起不少于 6 个月。

6.3 轧辊出厂时，应附质量检查部门填写的合格证书。

附 录 A
（标准的附录）
复合铸钢支承辊超声波探伤

A1 本附录的术语、符号及其定义参照 GB/T 13316。

A2 本附录对支承辊的技术要求，对探伤人员的要求及检查方法和部位参照 GB/T 13316。

A3 探伤灵敏度：

A3.1 径向扫查时，以相应完好部位的 B1 调至 100%的仪器屏高，作为探伤灵敏度。若所探部位的 B1 难以寻找，亦可使用图 A1 所示 CSK100 型大平底试块来校定仪器探伤灵敏度。该 CSK100 型试块采用 20 号锻钢制成，要求经超声检测，以保证无 Φ1 平底孔当量以上缺陷。其灵敏度校定法如下：

先利用试块高度 100mm 进行仪器水平标定。再将探头置于试块平面上，耦合良好，将 100mm 厚度的 B1 调至仪器 100%满屏高，再增益 G(dB)，即可探查工件。所需增益的 G 值按下式计算：

$$G = 20\lg\frac{D}{100} + 2D\alpha$$

式中：D——工件所探部分的直径，mm；

α——铸钢的超声衰减系数，在这里取 α=0.002dB/mm。

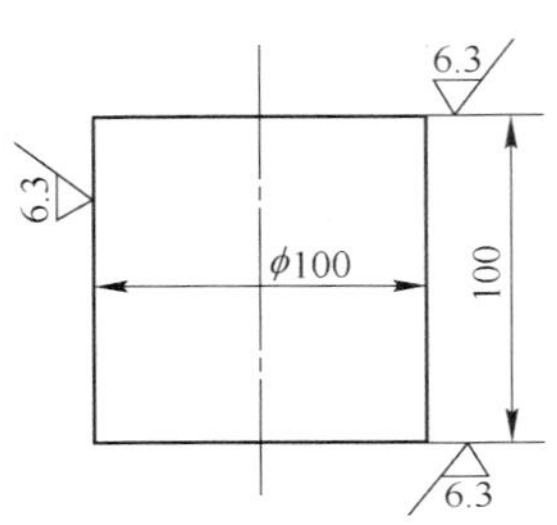

图 A1 CSK100 型大平底试块

A3.2 辊身轴向扫查时，以辊身两个端面分别作为探伤面和底反射面，将其 B1 调至 100%满屏高，作为探伤灵敏度。

A3.3 轧辊全长轴向扫查时，以辊颈任一端面作为扫查面，将对侧辊颈端面或辊身端面的 B1 调至 20%满屏高，作为探伤灵敏度。

A3.4 径向扫查时，若发现工作层内有缺陷回波，应对缺陷作当量评定。此时，使用 DGS 方法来校定灵敏度。为了减小探头近场的影响，应使用晶片尺寸尽量小的探头。校定方法如下：

将标准频率为 2～2.5MHz 纵波直探头置于 CSK100 型试块平面上，耦合良好，将 100mm 厚度的 B1 调至基准高度，例如 40%屏高，再增益一定的 dB 数即可。若使用 2MHz 探头，则增益量为 34dB，若使用 2.5MHz 探头，则增益量为 32dB。此时的灵敏度为 2～2.5MHz 频率下，100mm 声程，Φ2 平底孔当量起始。当发现 F 后，根据其波高 dB 数和声程，使用 BGS 方法计算其当量尺寸。当缺陷位于三倍近场距离内时，可使用 GB/T 13316 中的图 4 查找，求得缺陷的当量尺寸。

A4 质量分级：

A4.1 支承辊作超声探伤所选用的质量级别，应由需方提出或由供需双方协定，并在该辊的技术条件、订货合同或图样中注明。

A4.2 支承辊超声探伤的各项质量指标，应符合表 A1 中所列规定。需方有特殊要求的，可与供方协定。

表 A1　复合铸钢支承辊超声探伤质量分级表

<table>
<tr><th colspan="2">级　别
项　目</th><th>Ⅰ级</th><th>Ⅱ级</th><th>Ⅲ级</th></tr>
<tr><td colspan="2" rowspan="2">辊身工作层要求</td><td colspan="3">无密集 F,单个不大于</td></tr>
<tr><td>Φ2 当量</td><td>Φ4 当量</td><td>Φ6 当量</td></tr>
<tr><td colspan="2" rowspan="2">辊身径向检测要求</td><td colspan="3">允许 B 衰减和非裂纹性 F 存在,但在 B 衰减部位,直径为 1/3 辊颈的中心区内</td></tr>
<tr><td>F≤10%屏高</td><td>F≤20%屏高</td><td>F≤40%屏高</td></tr>
<tr><td rowspan="2">辊颈径向检测要求</td><td>轴承部位</td><td>不允许 B 衰减区存在</td><td>允许 B 衰减区存在,但在此种区域内 F≤10%屏高</td><td>允许 B 衰减区存在,但在此种区域内 F≤20%屏高</td></tr>
<tr><td>不受弯矩部位</td><td colspan="3">允许 B 衰减区和非裂纹性 F 存在</td></tr>
<tr><td colspan="2">辊身轴向检测要求</td><td colspan="3">不允许 B 衰减区存在</td></tr>
<tr><td colspan="2">轧辊全长轴向检测要求</td><td colspan="3">各段 B 应能清晰确认,不允许裂纹性 F 存在</td></tr>
<tr><td colspan="5">注:在工件中边长 50mm 的立方体内,有不少于 5 个的回波高度超过表中规定的单个 F 当量−6dB 的缺陷时,称为密集 F。</td></tr>
</table>

A5　报告　参照 GB/T 13316。

H 94

中华人民共和国黑色冶金行业标准

YB/T 181—2000

电渣熔铸合金钢轧辊

Electroslag remelting castalloy steel roll

2000-12-05 发布 2001-03-01 实施

国家冶金工业局 发布

前　　言

为满足冶金行业用轧辊，制定电渣重熔直接熔铸轧辊标准。

本标准采用的牌号是供需双方常用的钢号，并经电渣重熔冶炼直接熔铸成型。熔铸轧辊钢质纯洁、成分均匀、组织致密、综合性能优良、成本低、使用寿命长。

本标准为首次制定。

本标准的附录 A 为标准的附录。

本标准由国家冶金工业局提出。

本标准由北京冶金设备研究院归口。

本标准起草单位：西宁特殊钢集团有限责任公司。

本标准主要起草人：于凤林、严清忠、刘杰、肖飞虎、徐荣光、刘忠英、顾锡双、王恩杰。

中华人民共和国黑色冶金行业标准

YB/T 181—2000

电渣熔铸合金钢轧辊

Electroslag remelting castalloy steel roll

1 范围

本标准规定了电渣熔铸合金钢轧辊的规格系列、技术要求、牌号、试验方法、检验规则、交货状态、包装、标志以及质量证明书。

本标准适用于冶金工业使用的电渣熔铸方法制造的各种合金钢轧辊。

2 引用标准

下列标准所包含的条文，通过在本标准中引用而构成为本标准的条文。本标准出版时，所示版本均为有效。所有标准都会被修订，使用本标准的各方应探讨使用下列标准最新版本的可能性。

GB/T 222—1984 钢的化学分析用试样取样法及成品化学成分允许偏差

GB/T 223.3—1988 钢铁及合金化学分析方法 二安替比林甲烷磷钼酸重量法测定磷量

GB/T 223.5—1997 钢铁及合金化学分析方法 还原型硅钼酸盐光度法测定酸溶硅含量

GB/T 223.10—2000 钢铁及合金化学分析方法 铜铁试剂分离-铬天青 S 光度法测定铝含量

GB/T 223.11—1991 钢铁及合金化学分析方法 过硫酸铵氧化容量法测定铬量

GB/T 223.18—1994 钢铁及合金化学分析方法 硫代硫酸钠分离-碘量法测定铜量

GB/T 223.19—1989 钢铁及合金化学分析方法 新亚铜灵-三氯甲烷萃取光度法测定铜量

GB/T 223.23—1994 钢铁及合金化学分析方法 丁二酮肟分光光度法测定镍量

GB/T 223.24—1994 钢铁及合金化学分析方法 萃取分离-丁二酮肟分光光度法测定镍量

GB/T 223.25—1994 钢铁及合金化学分析方法 丁二酮肟重量法测定镍量

GB/T 223.26—1989 钢铁及合金化学分析方法 硫氰酸盐直接光度法测定钼量

GB/T 223.53—1987 钢铁及合金化学分析方法 火焰原子吸收分光光度法测定铜量

GB/T 223.54—1987 钢铁及合金化学分析方法 火焰原子吸收分光光度法测定镍量

GB/T 223.58—1987 钢铁及合金化学分析方法 亚砷酸钠-亚硝酸钠滴定法测定锰量

GB/T 223.67—1989 钢铁及合金化学分析方法 还原蒸馏-次甲基蓝光度法测定硫量

GB/T 223.74—1997 钢铁及合金化学分析方法 非化合碳量的测定

GB/T 228—1987 金属拉伸试验法

GB/T 229—1994 金属夏比缺口冲击试验方法

GB/T 231—1984 金属布氏硬度试验方法

GB/T 2101—1989 型钢验收、包装、标志及质量证明书的一般规定

GB/T 6397—1986 金属拉伸试验试样

GB/T 13313—1991 轧辊肖氏硬度试验方法

国家冶金工业局 2000-12-05 批准　　2001-03-01 实施

GB/T 13316—1991　铸钢轧辊超声波探伤方法

3　规格系列

3.1　电渣熔铸轧辊根据需方提供的用途、本标准及双方认可的订货图纸和合同进行制造。

3.2　轧辊系列规格尺寸如表1规定。

表1　轧辊系列规格尺寸　mm

名　称	长　度	直　径
辊　身	400～2000	220～890
辊　颈	—	100～670
轧辊总长	≤3200	—

注

1　轧辊规格尺寸由需方在订货时注明或提供图纸。

2　其他特殊尺寸由供需双方协商并提供图纸。

4　技术要求

4.1　轧辊采用电炉冶炼并经电渣熔铸成型。

4.2　轧辊牌号和化学成分

4.2.1　轧辊牌号和化学成分应符合表2规定。

表2　牌号及化学成分　%

牌　号	化 学 成 分							
	C	Si	Mn	P	S	Cr	Ni	Mo
8CrNiMo	0.80～0.90	0.20～0.45	0.50～0.80	≤0.035	≤0.030	0.50～0.80	0.50～0.90	0.10～0.20
7CrNiMo	0.70～0.80	0.20～0.45	0.50～0.80	≤0.035	≤0.030	0.50～0.80	0.50～0.90	0.10～0.20
75Mn2Mo	0.72～0.80	0.20～0.45	1.40～1.80	≤0.035	≤0.030	—	—	0.35～0.45
70Mn2Mo	0.65～0.75	0.20～0.45	1.40～1.80	≤0.035	≤0.030	—	—	0.20～0.45
9Cr2Mo	0.85～0.95	0.25～0.45	0.20～0.35	≤0.035	≤0.030	1.70～2.10	≤0.25	0.20～0.40

注

1　残余Cu≤0.30%。

2　残余Al控制在0.02%～0.07%，并在成品报告单上注明，但不做判定依据。

4.2.2　轧辊的化学成分允许偏差应符合GB/T 222—1984中表2的规定。

4.2.3　用户如需要其他牌号可经供需双方协商订货。

4.3　交货状态

4.3.1　光坯交货，轧辊退火后粗加工交货。

4.3.2　毛坯交货，轧辊退火后不经粗加工交货。

4.4　力学性能

4.4.1　交货状态轧辊表面的布氏硬度：

辊身：HB197～242；辊颈：HB197～242。

4.4.2　如用户要求作肖氏硬度检验，其硬度范围：

辊身：HS30～37；辊颈：HS30～37。

4.4.3 经供需双方协商并在合同中注明可检验力学性能，其结果应符合附录A（标准的附录）中表A1的规定。

4.5 毛坯轧辊的外观质量要求

4.5.1 轧辊表面的渣沟、裂纹、毛刺等缺陷深度不得超过该处加工余量。

4.5.2 因抽锭而引起的翻皮，在不影响加工的条件下，可不清理；如需清理时，清理后每边至少留有3mm的加工余量。

4.6 光坯轧辊的外观质量要求

4.6.1 轧辊辊身工作表面不允许有肉眼可见的气孔、疏松、渣沟、夹杂等缺陷。

注：开槽辊的辊身工作表面指轧槽底部、槽侧壁及距轧槽边缘10mm的辊脊表面部分。

4.6.2 轧辊辊身非工作表面如有不影响使用的缺陷，可经供需双方协商交货。

4.6.3 轧辊辊身端面，辊颈、梅花头、扁头的表面如有非连续性气孔、疏松等缺陷，允许焊补，但焊补后应达到图纸表面粗糙度的要求。焊补后应进行相应的消除应力处理。

4.7 粗加工后轧辊尺寸应符合订货图纸的要求，其尺寸公差、加工精度、表面粗糙度应符合表3的规定。

表3 尺寸公差、加工精度、表面粗糙度 mm

部　位	长　度	直　径	圆　度	圆　角	表面粗糙度 *Ra* μm
辊　身	±1.0	±3	—	—	12.5
辊　颈	±1.0	±0.5	≤0.2	—	3.2
梅花头	±1.0	±1.0	—	—	25
辊身端面	—	—	—	—	—
辊身与辊颈联接圆角偏差 *R*	—	—	—	≤0.5	—

4.8 超声波探伤

4.8.1 辊身直径大于650mm应逐支进行探伤检验，小于650mm由供需双方协商确定。

4.8.2 超声波探伤及判定原则应符合GB/T 13316的规定。

5 试验方法

轧辊各项检验项目的试(检)验方法按表4的规定执行。

表4 轧辊检验项目及试(检)验方法

序　号	检验项目	取样数量	取样部位	试(检)验方法
1	化学成分	1	距上辊颈端面50mm处	GB/T 223
2	拉伸试验	1		GB/T 6397，GB/T 228
3	冲击试验	1		GB/T 229

表 4(续)

序　号	检验项目	取样数量	取样部位	试(检)验方法
4	布氏硬度、肖氏硬度	逐件	辊身,辊颈表面	GB/T 13313 GB/T 231
5	表面质量	逐件	全部外表面	肉眼
6	超声波探伤	按规定	辊身,辊颈表面	GB/T 13316

6 检验规则

6.1 检查和验收

轧辊的检查和验收由供方技术监督部门进行。

6.2 轧辊各部位尺寸公差及表面质量要逐面进行检查。

6.3 组批规则

轧辊以自耗电极熔炼母炉号组批,同一熔炼号,同一热处理炉次的为一批。

6.4 轧辊的检验

6.4.1 轧辊的检验项目,取样数量,取样部位应符合表 4 的规定。

6.4.2 轧辊化学成分、硬度、表面质量、尺寸公差应逐支检验,其他项目检验按合同规定。

6.4.3 轧辊肖氏硬度测试部位及点数应符合表 5 的规定。

表 5 轧辊肖氏硬度测试部位及点数

辊身直径 mm	等圆周母线条数		辊身每条母线测定点数		辊颈每条母线测定点数
			长度,mm		
	辊　身	二端辊颈	≤1000	1000～2000	
≤650	2	2	2	3	2
>650	4	2	2	4	2
注:辊身两端测定点距辊身二端面距离 100～150mm,中间测定点距离均匀分布。					

6.5 复验和判定原则

所有项目检验完成后,若发现某项检验结果不合格(白点除外),允许对该项目进行复验,若复验仍不合格,判定该轧辊不合格。若硬度不合格时可重新热处理,并按 GB/T 13313、GB/T 231 进行硬度检验,重新热处理次数不得超过两次。

7 包装、标志及质量证明书

7.1 轧辊包装前应喷涂防锈漆或防锈油保护,包装应考虑轧辊在运输及吊装时的安全,并应防止在运输及储存过程中损伤。

7.2 光坯轧辊检验合格后,要在轧辊熔铸上端面用钢印打上熔炼辊号。

7.3 轧辊出厂应附质量证明书,内容要符合 GB/T 2101 的有关规定。

附 录 A
(标准的附录)
力 学 性 能

A1 需方要求力学性能时,供方应提供数据,退火状态的力学性能值见表A1。

表A1 退火状态的力学性能

牌 号	抗拉强度 σ_b MPa	延伸率 δ %	冲击功 A_{KU} J
	不小于		
8CrNiMo	700	6	12
7CrNiMo			
75Mn2Mo			
70Mn2Mo			
9Cr2Mo	800	8	

A2 轧辊力学性能试验用的试样毛坯取自上辊颈端面,其试样形状、尺寸及切取位置应符合图A1的要求。

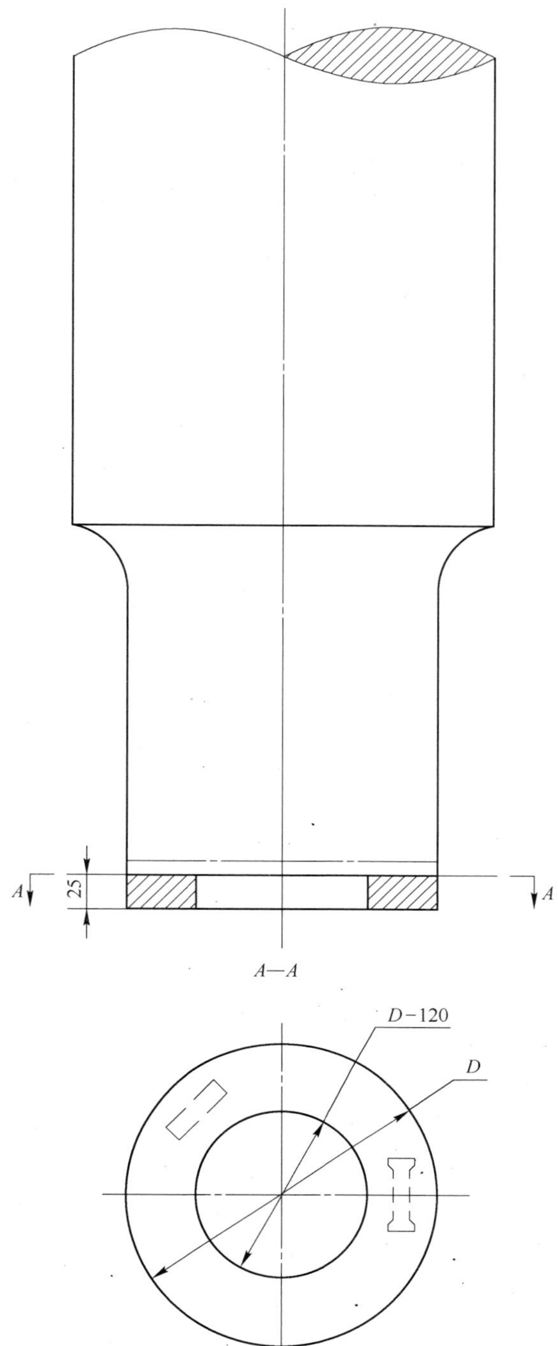

图 A1　试样取样部位图

ICS 77.140.99
H 99

中华人民共和国黑色冶金行业标准

YB/T 4056—2006
代替 YB/T 4056—1991

金属板材矫正机工作辊技术条件

Technical specifications of work roll for plate straightener

2006-05-13 发布　　2006-11-01 实施

中华人民共和国国家发展和改革委员会　发布

前　言

本标准代替 YB/T 4056—1991《金属板材矫正机工作辊技术条件》。

本标准与原标准相比，主要变化有：

——增加前言；

——适用范围增加了“也适用于技术要求相同的金属板材矫正机用整体锻造合金钢中间辊”；

——将 3.1 款改为“3.2.1 矫正机工作辊用钢的钢号和化学成分推荐按表 1 规定，也可采用供需双方商定的其他钢号或化学成分，辊坯或成品分析的化学成分允许偏差应符合 GB/T 222 的规定。”，并在表 1 中增加了 85Cr2MoV 牌号；

——增加矫正机工作辊用钢冶炼方法的规定；

——增加辊身直径不大于 50mm 的工作辊，也可采用轧材制造的规定；

——将 3.3.2 款改为“……热矫 50HSD～75HSD，在 8HS 硬度单位范围内选取”；

——增加对矫正机工作辊成组辊身直径差的一般规定；

——增加根据供需双方商定可对工作辊表面质量提出磁粉探伤或渗透探伤的规定，并规定相应的试验方法；

——增加参考文献。

本标准由中国钢铁工业协会提出。

本标准由冶金机电标准化技术委员会归口。

本标准起草单位：宝钢集团常州冶金机械厂。

本标准主要起草人：朱红娟、周才东、陈荣伟、何毕。

本标准历次版本发布情况为：

——YB/T 4056—1991。

金属板材矫正机工作辊技术条件

1 范围

本标准规定了辊式金属板材矫正机工作辊的技术要求、试验方法与验收规则、标记、包装、运输和贮存等。

本标准适用于辊式金属板材矫正机工作辊用的整体锻造合金钢工作辊(以下简称工作辊),也适用于技术要求相同的金属板材矫正机用整体锻造合金钢中间辊。

2 规范性引用文件

下列文件中的条款通过本标准的引用而成为本标准的条款。凡是注日期的引用文件,其随后所有的修改单(不包括勘误的内容)或修订版均不适用于本标准,然而,鼓励根据本标准达成协议的各方研究是否可使用这些文件的最新版本。凡是不注日期的引用文件,其最新版本适用于本标准。

GB/T 222 钢的化学分析用试样取样法及成品化学成分允许偏差

GB/T 223.5 钢铁及合金化学分析方法 还原型硅钼酸盐光度法测定酸溶硅含量

GB/T 223.11 钢铁及合金化学分析方法 过硫酸铵氧化容量法测定铬量

GB/T 223.13 钢铁及合金化学分析方法 硫酸亚铁铵滴定法测定钒含量

GB/T 223.14 钢铁及合金化学分析方法 钽试剂萃取光度法测定钒含量

GB/T 223.18 钢铁及合金化学分析方法 硫代硫酸钠分离—碘量法测定铜量

GB/T 223.23 钢铁及合金化学分析方法 丁二酮肟分光光度法测定镍量

GB/T 223.26 钢铁及合金化学分析方法 硫氰酸盐直接光度法测定钼量(neq JIS G1218:1981)

GB/T 223.59 钢铁及合金化学分析方法 锑磷钼蓝光度法测定磷量(neq гост 12347:1977)

GB/T 223.63 钢铁及合金化学分析方法 高碘酸钠(钾)光度法测定锰量(neq ASTM E350:1985)

GB/T 223.68 钢铁及合金化学分析方法 管式炉内燃烧后碘酸钾滴定法测定硫含量

GB/T 223.69 钢铁及合金化学分析方法 管式炉内燃烧后气体容量法测定碳含量

GB/T 230 金属洛氏硬度试验方法(neq ISO 6508:1986)

GB/T 1184—1996 形状和位置公差 未注公差值(eqv ISO 2768-2:1989)

GB/T 1804—2000 一般公差 未注公差的线性和角度尺寸的公差(eqv ISO 2768-1:1989)

GB/T 4340.1 金属维氏硬度试验 第1部分:试验方法(eqv ISO 6507-1:1997)

GB/T 4879—1999 防锈包装

GB/T 5617 钢的感应淬火或火焰淬火后有效硬化层深度的测定(eqv ISO 3754:1976)

GB/T 13313 轧辊肖氏硬度试验方法

GB/T 15822 磁粉探伤方法(neq JIS G565:1992)

GB/T 17394 金属里氏硬度试验方法

JB/T 9218 渗透探伤方法(eqv JIS Z2343:1992)

3 技术要求

3.1 矫正机工作辊应按供需双方认可的图样制造,并符合本标准规定。如有特殊要求,由供需双方协商确定。

3.2 矫正机工作辊用钢

3.2.1 矫正机工作辊用钢的钢号和化学成分推荐按表1规定,也可采用供需双方商定的其他钢号或化学成分，辊坯或成品分析的化学成分允许偏差应符合 GB/T 222 的规定。

表 1　矫正机工作辊用钢及化学成分

<table>
<tr><th rowspan="2">钢　　号</th><th colspan="10">化学成分(质量分数)，%</th></tr>
<tr><th>C</th><th>Si</th><th>Mn</th><th>Cr</th><th>Mo</th><th>V</th><th>Cu</th><th>Ni</th><th>P</th><th>S</th></tr>
<tr><td>50Cr
[GB/T 3077—1999，
技术要求，6.1.1]</td><td>0.47
～
0.54</td><td>0.17
～
0.37</td><td>0.50
～
0.80</td><td>0.80
～
1.10</td><td>—</td><td>—</td><td colspan="2">≤0.30</td><td colspan="2">≤0.035</td></tr>
<tr><td>60CrMo</td><td rowspan="2">0.55
～
0.65</td><td rowspan="2">0.17
～
0.37</td><td rowspan="2">0.50
～
0.80</td><td>0.50
～
0.80</td><td rowspan="2">0.30
～
0.40</td><td>—</td><td colspan="2" rowspan="2">≤0.25</td><td colspan="2" rowspan="2">≤0.030</td></tr>
<tr><td>60CrMoV</td><td>0.90
～
1.20</td><td>0.15
～
0.35</td></tr>
<tr><td>9Cr2Mo</td><td>0.85
～
0.95</td><td>0.25
～
0.45</td><td>0.20
～
0.35</td><td>1.70
～
2.10</td><td>0.20
～
0.40</td><td>—</td><td colspan="2">≤0.25</td><td colspan="2">≤0.030</td></tr>
<tr><td>9Cr2
[GB/T 1299—2000，
技术要求，5.1.1]</td><td>0.80
～
0.95</td><td>≤0.40</td><td>≤0.40</td><td>1.30
～
1.70</td><td>—</td><td>—</td><td colspan="2">≤0.30</td><td colspan="2">≤0.030</td></tr>
<tr><td>GCr15
[GB/T 18254—2002，
技术要求，5.1.1]</td><td>0.95
～
1.05</td><td>0.15
～
0.35</td><td>0.25
～
0.45</td><td>1.40
～
1.65</td><td>—</td><td>—</td><td>≤0.25</td><td>≤0.30</td><td colspan="2">≤0.025</td></tr>
<tr><td>85Cr2MoV</td><td>0.80
～
0.90</td><td>0.15
～
0.40</td><td>0.30
～
0.50</td><td>1.80
～
2.40</td><td>0.20
～
0.40</td><td>0.05
～
0.15</td><td colspan="2">≤0.25</td><td colspan="2">≤0.025</td></tr>
</table>

3.2.2　矫正机工作辊用钢的冶炼方法宜采用电弧炉冶炼、炉外精炼、电渣重熔等，也可采用供需双方商定的其他方法。

3.3　矫正机工作辊锻件的锻比

矫正机工作辊锻件采用钢锭锻造时，辊身锻比一般应不小于 3，采用钢坯锻造时，辊身锻比不小于 1.5。辊身直径不大于 50mm 的工作辊，也可用轧材制造。

3.4　矫正机工作辊的热处理要求

3.4.1　矫正机工作辊应经热处理，辊身、辊颈表面的硬度应符合图样和技术文件或有关协议的规定。

3.4.2　矫正机工作辊辊身表面硬度应根据使用条件确定，一般推荐冷矫 75HSD～95HSD、热矫 50HSD～75HSD，在 8HS 硬度单位范围内选取。

3.4.3　矫正机工作辊辊身表面硬度应均匀，其硬度均匀性应不大于 5HS 硬度单位。

3.4.4　矫正机工作辊辊身的有效淬硬层深度，一般应符合表 2 规定。

表 2　矫正机工作辊辊身的有效淬硬层深度　　单位为毫米

辊身直径	≥20～60	>60～150	>150
有效淬硬深度	1.5～4	3～6	5～11

3.4.5　要求进行表面淬火的辊颈，有效淬硬层深度一般为 1.5mm～4mm。

3.4.6　矫正机工作辊辊身边缘允许有 5mm～15mm 宽的低于图样硬度要求的软带存在。

3.5　矫正机工作辊的机械加工要求

3.5.1　矫正机工作辊的尺寸公差、形状和位置公差、表面粗糙度等均应符合图样要求。

3.5.2　图样上未注公差尺寸的极限偏差应执行 GB/T 1804—2000 M 级。

3.5.3　图样上未注形状和位置公差：

a）　圆度公差值应不大于尺寸公差值；

b）　对于要求遵循包容原则的圆柱表面，其圆柱度公差值为尺寸公差的一半。对于从功能要求不需要遵循包容原则的圆柱表面，由圆度、素线的直线度（或相对两条素线的平行度）的未注公差值和尺寸公差分别控制；

c）　辊身轴线对辊颈公共基准轴线的同轴度公差值应执行 GB/T 1184—1996H 级；

d）　键槽中心面对通过基准轴线的基准中心平面的对称度公差值应执行 GB/T 1184—1996K 级。

3.5.4　对于成组使用的矫正机工作辊，成组辊身直径差一般不大于 0.05mm。

3.6　矫正机工作辊的表面质量

3.6.1　辊身和辊颈的工作表面不允许有裂纹及肉眼可见的凹坑、非金属夹杂、气孔和其他影响使用的表面缺陷。

3.6.2　按供需双方商定，对工作辊表面可进行磁粉探伤或渗透探伤检查，不允许有微裂纹等缺陷存在。

4　试验方法

4.1　矫正机工作辊的化学成分检验方法按 GB/T 222、GB/T 223 相关规定执行。

4.2　硬度试验一般用肖氏硬度计测定。对于不适宜用肖氏硬度计测定的直径小的工作辊，亦可用洛氏硬度计、里氏硬度计或维氏硬度计测定。试验方法分别按 GB/T 13313、GB/T 230.1、GB/T 17394、GB/T 4340.1 规定执行。

4.3　工作辊有效淬硬层深度的测试方法按 GB/T 5617 规定执行。

4.4　工作辊磁粉探伤方法按 GB/T 15822 规定执行，也可用渗透探伤方法，按 JB/T 9218 的规定执行。

5　检验规则

5.1　矫正机工作辊化学成分应于每炉钢水浇注前取样检验，电渣钢应于电渣锭端部取样检验。

5.2　矫正机工作辊的几何尺寸、形位公差、表面质量应由制造厂质量检验部门按本标准和图样的要求逐件进行检查和验收。

5.3　矫正机工作辊表面硬度应按图样规定逐支进行检验，辊身硬度均匀性及辊身表面两端的软带宽度应分别符合 3.4.3 和 3.4.6 的规定。

5.4　矫正机工作辊有效淬硬层深度一般由工艺保证，不作常规检查。必要时可由用同材质、同直径、经相同工艺规范热处理的试样或实物解剖测试。

5.5　按供需双方的商定，工作辊应逐支进行磁粉探伤或渗透探伤。

6　标记、包装、运输和贮存

6.1　经检验合格的矫正机工作辊，应在其非传动端端面的适当部位（轴向对称的任选一端）标明厂标，端面直径小于 20mm 的可用其他方法进行标记。

6.2　矫正机工作辊防锈包装应按 GB/T 4879—1999 表 1 中的 3 级执行，在正常保管情况下，防锈期限自出厂之日起，不超过 2 年。

6.3　矫正机工作辊外包装用包装箱包装、包装质量应符合运输部门对包装的要求。

6.4 包装箱内应随附下列文件：

a） 装箱单应注明矫正机工作辊名称、型号及规格、合同号、数量、装箱日期；

b） 产品质量合格证。

6.5 包装箱外表面的标志一般包括：

a） 合同号、工作辊型号或名称、数量；

b） 箱体尺寸（长×宽×高，cm）、毛重；

c） 发站（港）及发货单位；

d） 到站（港）及收货单位；

e） 有关包装贮运指示标志。

6.6 矫正机工作辊应存放在通风、干燥的仓库或车间内。

参 考 文 献

[1] GB/T 1299—2000　合金工具钢(neq ASTM A681:1994)
[2] GB/T 3077—1999　合金结构钢(neq DIN EN 10083-1:1991)
[3] GB/T 18254—2002　高碳铬轴承钢

ICS 77.180
H 94

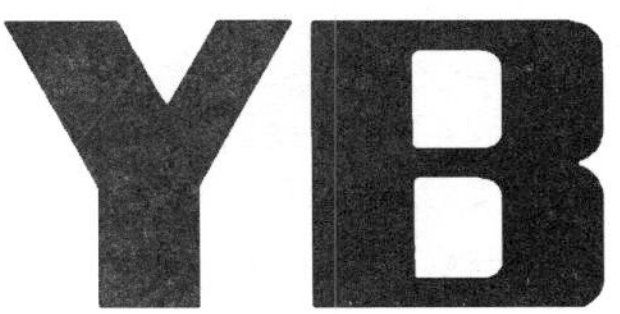

中华人民共和国黑色冶金行业标准

YB/T 4124.1—2004

热轧无缝钢管轧辊技术条件 张力减径机轧辊和定径机轧辊

Technical specifications for hot roll of seamless-tube rolling mill Stretch-reducing roll & sizing roll

2004-07-01 发布　　2005-01-01 实施

中华人民共和国国家发展和改革委员会　发布

前　言

YB/T 4124《热轧无缝钢管轧辊技术条件》制管工具类产品标准分为两个部分：

——第1部分：热轧无缝钢管轧辊技术条件　张力减径机轧辊和定径机轧辊

——第2部分：热轧无缝钢管轧辊技术条件　连轧机轧辊

本部分为 YB/T 4124 的第1部分。

本部分是 GB 1504《铸铁轧辊》标准的拓展与补充。

本部分由中国钢铁工业协会提出。

本部分由冶金机电标准化技术委员会归口。

本部分起草单位：宝钢集团常州冶金机械厂。

本部分主要起草人：匡阿根、张崇亮、潘卫东、何华。

热轧无缝钢管轧辊技术条件 张力减径机轧辊和定径机轧辊

1 范围

本部分规定了热轧无缝钢管轧机张力减径机和定径机用铸铁轧辊亦称辊环(以下简称轧辊)的技术要求、试验方法、检验规则、标识、包装、合格证书等。

本部分主要适用于热轧无缝钢管轧机张力减径机组、定径机组使用的铸铁轧辊的制造和验收。其他热成型钢管机组用的铸铁轧辊也可参照使用。

2 规范性引用文件

下列文件中的条款通过 YB/T 4124 的本部分的引用而成为本部分的条款。凡是注日期的引用文件,其随后所有的修改单(不包括勘误的内容)或修订版均不适用于本部分,然而,鼓励根据本部分达成协议的各方研究是否可使用这些文件的最新版本。凡是不注日期的引用文件,其最新版本适用于本部分。

GB/T 223.3 钢铁及合金化学分析方法 二安替比林甲烷磷钼酸重量法测定磷量

GB/T 223.5 钢铁及合金化学分析方法 还原型硅钼酸盐光度法测定酸溶硅含量

GB/T 223.11 钢铁及合金化学分析方法 过硫酸铵氧化容量法测定铬量

GB/T 223.23 钢铁及合金化学分析方法 丁二酮肟分光光度法测定镍量

GB/T 223.25 钢铁及合金化学分析方法 丁二酮肟重量法测定镍量

GB/T 223.26 钢铁及合金化学分析方法 硫氰酸盐直接光度法测定钼量

GB/T 223.45 钢铁及合金化学分析方法 铜试剂分离——二甲苯胺蓝Ⅱ光度法测定镁量

GB/T 223.49 钢铁及合金化学分析方法 萃取分离——偶氮氯膦 mA 分光光度法测定稀土总量

GB/T 223.59 钢铁及合金化学分析方法 锑磷钼蓝光度法测定磷量

GB/T 223.60 钢铁及合金化学分析方法 高氯酸脱水重量法测定硅含量

GB/T 223.63 钢铁及合金化学分析方法 高碘酸钠(钾)光度法测定锰量

GB/T 223.68 钢铁及合金化学分析方法 管式炉内燃烧后碘酸钾滴定法测定硫含量

GB/T 223.71 钢铁及合金化学分析方法 管式炉内燃烧后重量法测定碳含量

GB/T 1184—1996 形状和位置公差 未注公差值(eqv ISO 2768-2:1989)

GB/T 1348 球墨铸铁件

GB/T 1804—2000 一般公差 未注公差的线性和角度尺寸的公差(eqv ISO 2768-1:1989)

GB/T 4336 碳素钢和中低合金钢火花源原子发射光谱分析方法(常规法)

GB/T 4879 防锈包装

GB/T 9441—1988 球墨铸铁金相检验

GB/T 13313 轧辊肖氏硬度试验方法

YB/T 4052 高镍铬无限冷硬离心铸铁轧辊金相检验方法

YB/T 4124.2—2004 热轧无缝钢管轧辊技术条件 连轧机轧辊

3 技术要求

3.1 轧辊按辊坯制造方法分为离心复合铸造铸铁轧辊(简称离心辊)和静态整体铸造铸铁轧辊(简称静铸辊)两类。

3.2 轧辊应按供需双方认可的图样及有关技术文件制造,并符合本部分规定。如有特殊要求,供需双方协商确定。

3.3 轧辊化学成分、硬度、硬度不均匀度应符合表1规定。

表1 轧辊的化学成分、硬度

<table>
<tr><th colspan="3" rowspan="2">分 类</th><th colspan="10">化学成分，%wt</th><th rowspan="2">硬度（HSD）</th><th rowspan="2">工作层同一圆周硬度不均匀度（HSD）</th></tr>
<tr><th>C</th><th>Si</th><th>Mn</th><th>P</th><th>S</th><th>Ni</th><th>Cr</th><th>Mo</th><th>Mg</th><th>RE</th></tr>
<tr><td rowspan="9">离心辊</td><td rowspan="7">工作层</td><td rowspan="2">冷硬铸铁</td><td rowspan="2">2.90~3.60</td><td rowspan="2">0.25~0.80</td><td rowspan="2">0.20~1.00</td><td rowspan="2">≤0.3</td><td rowspan="2">≤0.06</td><td>1.00~3.00</td><td>0.60~1.20</td><td rowspan="2">0.20~0.80</td><td rowspan="2">—</td><td rowspan="2">—</td><td rowspan="2">60~75</td><td rowspan="7">≤5</td></tr>
<tr><td>2.50~4.80</td><td>1.00~2.00</td></tr>
<tr><td rowspan="2">无限冷硬铸铁</td><td rowspan="2">2.90~3.60</td><td rowspan="2">0.60~1.20</td><td rowspan="2">0.60~1.20</td><td rowspan="2">≤0.10</td><td rowspan="2">≤0.06</td><td>1.00~2.00</td><td rowspan="2">0.60~1.20</td><td rowspan="2">0.20~0.60</td><td rowspan="2">—</td><td rowspan="2">—</td><td rowspan="2">52~75</td></tr>
<tr><td>2.00~3.00</td></tr>
<tr><td rowspan="2">球墨铸铁</td><td rowspan="2">2.90~3.60</td><td rowspan="2">1.00~2.00</td><td rowspan="2">0.30~1.00</td><td rowspan="2">≤0.05</td><td rowspan="2">≤0.03</td><td>1.00~2.50</td><td rowspan="2">0.20~1.20</td><td rowspan="2">0.20~1.00</td><td rowspan="2">≥0.04</td><td rowspan="2">微量</td><td rowspan="2">52~75</td></tr>
<tr><td>2.50~3.50</td></tr>
<tr><td>高铬铸铁</td><td>2.40~3.00</td><td>0.40~1.00</td><td>0.50~1.00</td><td>≤0.10</td><td>≤0.06</td><td>0.50~1.50</td><td>12.00~22.00</td><td>1.00~2.00</td><td>—</td><td>—</td><td>60~90</td></tr>
<tr><td rowspan="2">内层</td><td>球墨铸铁</td><td>3.00~3.80</td><td>1.60~2.80</td><td>0.30~0.90</td><td>≤0.05</td><td>≤0.05</td><td>0.50~3.50</td><td>≤0.30</td><td>≤0.40</td><td>≥0.04</td><td>微量</td><td rowspan="2">32~50</td><td rowspan="2">—</td></tr>
<tr><td>灰口铸铁</td><td>2.80~3.60</td><td>1.20~1.80</td><td>0.70~1.20</td><td>≤0.10</td><td>≤0.06</td><td>≤1.50</td><td>≤0.30</td><td>≤0.40</td><td>—</td><td>—</td></tr>
<tr><td rowspan="4">静铸辊</td><td colspan="2" rowspan="2">无限冷硬铸铁</td><td rowspan="2">2.90~3.60</td><td rowspan="2">0.60~1.20</td><td rowspan="2">0.30~1.20</td><td rowspan="2">≤0.10</td><td rowspan="2">≤0.06</td><td>1.00~2.00</td><td rowspan="2">0.60~1.20</td><td rowspan="2">0.20~0.60</td><td rowspan="2">—</td><td rowspan="2">—</td><td rowspan="2">52~75</td><td rowspan="4">≤5</td></tr>
<tr><td>2.00~3.00</td></tr>
<tr><td colspan="2" rowspan="2">球墨铸铁</td><td rowspan="2">2.90~3.60</td><td rowspan="2">1.00~2.00</td><td rowspan="2">0.30~1.00</td><td rowspan="2">≤0.05</td><td rowspan="2">≤0.05</td><td>1.00~2.50</td><td rowspan="2">0.20~1.20</td><td rowspan="2">0.20~1.00</td><td rowspan="2">≥0.04</td><td rowspan="2">微量</td><td rowspan="2">52~75</td></tr>
<tr><td>2.50~3.50</td></tr>
</table>

注：内层成分仅作参考，不作验收依据。

3.4 金相组织

3.4.1 冷硬铸铁、无限冷硬铸铁、球墨铸铁轧辊的工作层金相组织为珠光体或贝氏体+碳化物+石墨。

3.4.2 高铬铸铁轧辊工作层金相组织为回火马氏体+碳化物+残余奥氏体。

3.4.3 球墨铸铁轧辊工作层石墨的球化级别应优于GB/T 9441—1988表1中4级。

3.5 离心辊工作层厚度应满足车削最大孔型的要求。

3.6 轧辊应按工艺规定进行热处理。

3.7 轧辊机械加工要求

3.7.1 轧辊的尺寸与公差、形位公差、表面粗糙度等应符合图样规定。

3.7.2 图样未注线性尺寸公差应执行GB/T 1804—2000 m级,未注形位公差应执行GB/T 1184—1996 k级。

3.8 轧辊表面质量

3.8.1 轧辊不允许有裂纹以及目视可见的砂眼、气孔、缩松和夹渣等影响使用的缺陷。

3.8.2 离心辊工作层与内层必须冶金结合。

4 试验方法

4.1 化学成分分析方法按GB/T 223中相应部分或GB/T 4336规定执行。

4.2 肖氏硬度检验按GB/T 13313规定执行。

4.3 金相组织检验、球化级别评判按GB/T 9441—1988、YB/T 4052规定执行。

4.4 试样制备应符合GB/T 1348的规定。

5 检验规则

5.1 轧辊质量由制造厂质量监督部门检验。

5.2 轧辊几何尺寸、表面质量和硬度应逐支检验。

5.3 轧辊化学成分分析可以采取化学分析或光谱分析方法进行,试样在每包铁水浇注前取样检查,当分析不合格时,允许在本体取样复查两次,复查合格即为合格品。当对分析结果有异议时,以化学分析为准。

5.4 金相组织检验

5.4.1 球墨铸铁轧辊的球化质量按10%抽检做本体金相检验,检验结果应符合3.4.3条规定。

5.4.2 轧辊工作层金相组织检验根据用户的需要进行,并在热处理后的轧辊外表面检验,按熔炼炉号每炉抽检1件。

5.5 硬度检验

5.5.1 轧辊工作层的表面硬度应逐支检测,孔型半径小于等于25mm时,加工孔型前在外表面轴向中部检测硬度;孔型半径大于25mm时,检测孔型底部的硬度。

5.5.2 对于离心辊,如对内层硬度有规定,则其检测部位由供需双方商定。

5.6 离心辊的工作层厚度一般由工艺保证,必要时可用检测轧辊端面硬度的方法判断,端面对应于最大孔型R底部垂直位置处的硬度,应符合图样规定的轧辊为最大孔型时的硬度。

5.7 离心辊工作层与内层的结合质量,应在轧辊两端面用宏观判断检验,如需探伤检测按YB/T 4124.2—2004中附录A执行。

6 标识、包装和贮存

6.1 轧辊成品检验后,应在非基准端面沿圆周方向刻印制造方标识、辊号及其他规定的有关标识。

6.2 轧辊包装应考虑轧辊在运输及吊装时的安全方便,以防止在运输及贮存过程中损伤、锈蚀。轧辊防锈包装应按GB/T 4879有关规定执行,防锈期应不少于6个月。

6.3 轧辊应存放在通风、防潮、干燥的仓库内。

7 合格证书

7.1 制造方质量监督部门应填写合格证书，连同轧辊交需方。

7.2 合格证书主要内容应包括：辊号、规格、化学成分、硬度、重量、检验日期等，并由制造方质量监督部门签章。

ICS 77.180
H 94

中华人民共和国黑色冶金行业标准

YB/T 4124.2—2004

热轧无缝钢管轧辊技术条件 连轧机轧辊

Technical specifications for hot roll of seamless-tube rolling mill
Mandrel mill roll

2004-07-01 发布　　2005-01-01 实施

中华人民共和国国家发展和改革委员会　发布

前　言

YB/T 4124《热轧无缝钢管轧辊技术条件》制管工具类产品标准分为两个部分：

——第1部分：热轧无缝钢管轧辊技术条件　张力减径机轧辊和定径机轧辊

——第2部分：热轧无缝钢管轧辊技术条件　连轧机轧辊

本部分为 YB/T 4124 的第2部分。

本部分是 GB 1504《铸铁轧辊》标准的拓展与补充。

本部分附录 A 为规范性附录。

本部分由中国钢铁工业协会提出。

本部分由冶金机电标准化技术委员会归口。

本部分起草单位：宝钢集团常州冶金机械厂。

本部分主要起草人：匡阿根、万建良、胡现龙、邹瑞。

热轧无缝钢管轧辊技术条件　连轧机轧辊

1　范围

本部分规定了热轧无缝钢管连轧机用铸铁轧辊(以下简称轧辊)的技术要求、试验方法、检验规则、标识、包装、合格证书等。

本部分主要适用于热轧无缝钢管连轧机使用的铸铁轧辊的制造和验收,其他轧制型钢、棒材、线材的轧机轧辊也可参照使用。

2　规范性引用文件

下列文件中的条款通过 YB/T 4124 的本部分的引用而成为本部分的条款。凡是注日期的引用文件,其随后所有的修改单(不包括勘误的内容)或修订版均不适用于本部分,然而,鼓励根据本部分达成协议的各方研究是否可使用这些文件的最新版本。凡是不注日期的引用文件,其最新版本适用于本部分。

GB/T 223.3　钢铁及合金化学分析方法　二安替比林甲烷磷钼酸重量法测定磷量

GB/T 223.5　钢铁及合金化学分析方法　还原型硅钼酸盐光度法测定酸溶硅含量

GB/T 223.11　钢铁及合金化学分析方法　过硫酸铵氧化容量法测定铬量

GB/T 223.23　钢铁及合金化学分析方法　丁二酮肟分光光度法测定镍量

GB/T 223.25　钢铁及合金化学分析方法　丁二酮肟重量法测定镍量

GB/T 223.26　钢铁及合金化学分析方法　硫氰酸盐直接光度法测定钼量

GB/T 223.45　钢铁及合金化学分析方法　铜试剂分离——二甲苯胺蓝Ⅱ光度法测定镁量

GB/T 223.49　钢铁及合金化学分析方法　萃取分离——偶氮氯膦 mA 分光光度法测定稀土总量

GB/T 223.59　钢铁及合金化学分析方法　锑磷钼蓝光度法测定磷量

GB/T 223.60　钢铁及合金化学分析方法　高氯酸脱水重量法测定硅含量

GB/T 223.63　钢铁及合金化学分析方法　高碘酸钠(钾)光度法测定锰量

GB/T 223.68　钢铁及合金化学分析方法　管式炉内燃烧后碘酸钾滴定法测定硫含量

GB/T 223.71　钢铁及合金化学分析方法　管式炉内燃烧后重量法测定碳含量

GB/T 228　金属材料　室温拉伸试验方法(eqv ISO 6892:1998)

GB/T 229　金属夏比缺口冲击试验方法(eqv ISO 148:1983;ISO 83:1976)

GB/T 1184—1996　形状和位置公差　未注公差值(eqv ISO 2768-2:1989)

GB/T 1348　球墨铸铁件

GB/T 1804—2000　一般公差　未注公差的线性和角度尺寸的公差(eqv ISO 2768-1:1989)

GB/T 4336　碳素钢和中低合金钢火花源原子发射光谱分析方法(常规法)

GB/T 4879　防锈包装

GB/T 9441—1988　球墨铸铁金相检验

GB/T 13313　轧辊肖氏硬度试验方法

YB/T 4052　高镍铬无限冷硬离心铸铁轧辊金相检验方法

JB/T 10061　A 型脉冲反射式超声波探伤仪　通用技术条件

3　技术要求

3.1　轧辊按辊坯制造方法分为离心铸造铸铁轧辊(简称离心辊)和静态铸造铸铁轧辊(简称静铸辊)两类。

其中离心辊按工作层材质又分为贝氏体球墨铸铁和无限冷硬铸铁。

3.2　轧辊应按供需双方认可的图样及有关技术文件制造，并符合本部分规定。如有特殊要求，供需双方协商确定。

3.3　轧辊的化学成分应符合表1规定。

表1　轧辊的化学成分

<table>
<tr><td colspan="3" rowspan="2">分　类</td><td colspan="10">化学成分，%wt</td></tr>
<tr><td>C</td><td>Si</td><td>Mn</td><td>P</td><td>S</td><td>Ni</td><td>Cr</td><td>Mo</td><td>Mg</td><td>RE</td></tr>
<tr><td rowspan="4">离心辊</td><td rowspan="3">工作层</td><td rowspan="2">贝氏体
球墨铸铁</td><td rowspan="2">3.00
～
3.60</td><td rowspan="2">1.10
～
2.20</td><td rowspan="2">0.30
～
0.80</td><td rowspan="2">≤0.05</td><td rowspan="2">≤0.03</td><td>2.50
～
3.50</td><td rowspan="2">≤0.50</td><td rowspan="2">0.60
～
1.00</td><td rowspan="2">≥0.04</td><td rowspan="2">微量</td></tr>
<tr><td>3.50
～
4.50</td></tr>
<tr><td>无限冷硬铸铁</td><td>3.00
～
3.60</td><td>0.60
～
1.00</td><td>0.40
～
1.00</td><td>≤0.15</td><td>≤0.10</td><td>1.00
～
4.50</td><td>0.70
～
2.00</td><td>0.20
～
0.60</td><td>—</td><td>—</td></tr>
<tr><td>芯　部</td><td>球墨铸铁</td><td>2.90
～
3.50</td><td>1.40
～
2.50</td><td>0.30
～
0.80</td><td>≤0.05</td><td>≤0.03</td><td>1.00
～
3.00</td><td>≤0.40</td><td>≤0.50</td><td>≥0.04</td><td>微量</td></tr>
<tr><td rowspan="2">静铸辊</td><td colspan="2" rowspan="2">贝氏体球墨铸铁</td><td rowspan="2">3.00
～
3.60</td><td rowspan="2">1.10
～
2.20</td><td rowspan="2">0.30
～
0.80</td><td rowspan="2">≤0.05</td><td rowspan="2">≤0.03</td><td>2.50
～
3.50</td><td rowspan="2">≤0.50</td><td rowspan="2">0.60
～
1.00</td><td rowspan="2">≥0.04</td><td rowspan="2">微量</td></tr>
<tr><td>3.50
～
4.50</td></tr>
</table>

3.4　金相组织

3.4.1　贝氏体球墨铸铁轧辊工作层金相组织应为：贝氏体＋适量碳化物＋残余奥氏体＋球状石墨。

3.4.2　无限冷硬铸铁轧辊工作层金相组织应为：珠光体或贝氏体＋碳化物＋片状石墨。

3.5　轧辊硬度、轧辊辊身表面硬度的不均匀度、轧辊辊颈的抗拉强度与冲击韧性应符合表2规定。孔型表面硬度如有特殊需要，由供需双方另行商定。

表2　轧辊的硬度、抗拉强度、冲击韧性

<table>
<tr><td colspan="3">硬度(HSD)</td><td rowspan="2">辊身表面硬度不均匀度
(HSD)</td><td rowspan="2">辊颈抗拉强度
N/mm²</td><td rowspan="2">辊颈冲击韧性
J</td></tr>
<tr><td>辊　身</td><td>辊　颈</td><td>孔型底部</td></tr>
<tr><td>55～72</td><td>35～55</td><td>≥45</td><td>≤5</td><td>≥500</td><td>≥4.0</td></tr>
</table>

3.6　离心辊工作层厚度应满足图样或有关技术文件规定。

3.7　轧辊应按工艺规定进行热处理。

3.8　轧辊机械加工要求

3.8.1　轧辊的尺寸与公差、形位公差、表面粗糙度等应符合图样规定。

3.8.2　图样未注线性尺寸公差应执行GB/T 1804—2000 m级，未注形位公差应执行GB/T 1184—1996 k级。

3.9　轧辊表面质量

3.9.1　辊身及辊颈轴承部位不允许有裂纹以及目视可见的砂眼、气孔和夹渣等缺陷。

3.9.2 轧辊非工作面允许存在不影响使用的细微缺陷。

3.9.3 离心辊工作层与芯部必须冶金结合。

4 试验方法

4.1 化学成分分析方法按 GB/T 223 中相应部分或 GB/T 4336 规定执行。

4.2 拉伸试验按 GB/T 228 规定执行。

4.3 冲击试验按 GB/T 229 规定执行。

4.4 肖氏硬度检验按 GB/T 13313 规定执行。

4.5 金相组织检验参照 GB/T 9441—1988、YB/T 4052 规定执行。

4.6 离心辊超声波探伤检验按本标准附录 A 规定执行。

4.7 试样制备应符合 GB/T 1348 的规定。

5 检验规则

5.1 轧辊质量由制造厂质量监督部门检验。

5.2 轧辊几何尺寸、表面质量和硬度应逐支检验。

5.3 轧辊化学成分分析可以采取化学分析或光谱分析方法进行，试样在每包铁水浇注前取样检查，当分析不合格时，允许在本体取样复查两次，复查合格即为合格品。当对分析结果有异议时，以化学分析为准。

5.4 轧辊力学性能试样必须从传动端（或非冒口端）切取，抽查量每批不少于 10%，如出现不合格时，同炉产品全部检验。

5.5 金相组织检验

5.5.1 轧辊辊颈球化质量宏观判断，如球化不良时，应做本体金相检验，石墨的球化级别应优于 GB/T 9441—1988 表 1 中 4 级。

5.5.2 轧辊辊身、辊颈金相组织按炉次进行抽查，每炉至少抽查 1 支。

5.6 辊身表面硬度在同一条母线上并位于孔型两侧的辊身中部各测一处，辊颈表面硬度在两端辊颈各测一处，孔型底部硬度在孔型底部任选一处进行检测。

5.7 离心辊超声波探伤检验判定规则按本标准附录 A 执行。

6 标识、包装和贮存

6.1 轧辊成品检验后，应在辊颈端面刻印制造方标识、辊号及其他的有关标识。

6.2 轧辊包装应考虑轧辊在运输及吊装时的安全方便，以防止在运输及贮存过程中损伤、锈蚀。轧辊防锈包装应按 GB/T 4879 的有关规定执行，防锈期应不少于 6 个月。

6.3 轧辊应存放在通风、防潮、干燥的仓库内。

7 合格证书

7.1 制造方质量监督部门应填写合格证书，连同轧辊交需方。

7.2 合格证书主要内容应包括：辊号、规格、化学成分、硬度、力学性能、重量、检验日期等，并由制造方质量监督部门签章。

附 录 A
(规范性附录)
热轧无缝钢管用连轧机轧辊离心辊超声波探伤检验方法和判定规则

A.1 范围

本规定适用于热轧无缝钢管用连轧机轧辊离心辊的超声波探伤方法与判定规则。

A.2 检验用仪器

A.2.1 所用的超声波探伤仪，其技术性能应符合 JB/T 10061 的要求。

A.2.2 采用单晶片直探头为主，工作频率为 1.0MHz～5.0MHz，必要时可使用其他类型的探头或变换频率。

A.3 检验方法

A.3.1 采用接触法探伤，耦合剂：机油。

A.3.2 轧辊探测面应无黑皮、涂料、粘附的铁屑、严重锈蚀等，探测面粗糙度应优于 *Ra* 12.5μm。

A.3.3 探头扫查速度应小于 150mm/s，相邻两次扫查区域之间应有 15%重叠。

A.3.4 探伤灵敏度应用与轧辊外层相同材质、相近表面曲率的试块，以 ϕ4 平底孔一次反射波至仪器屏高 80%f.s 作为探伤起始灵敏度。

A.4 判定规则

A.4.1 用离心复合铸造法生产的连轧机轧辊，应逐支进行外层和结合层质量超声波检查。

A.4.2 辊身工作层内不允许有缺陷波。

A.4.3 辊身结合层部位不允许有(40×40)mm^2 以上的密集型缺陷。

A.4.4 辊身各部位径向底波应良好，不得有底波衰减区存在(底波衰减的定义是指底波低于 15% FSH)。

A.4.5 辊颈各段径向底波应良好，当发现有辊颈径向底波衰减区时，引起底波衰减的允许铸造缺陷限定为中心疏松。

A.4.6 轧辊全轴向底波应能清晰显示，不得有裂纹性缺陷存在。

A.5 工作层测厚

辊身工作层使用超声波测厚时，应在测试前用相同材质、相近曲率试块进行校正，计量时以屏幕基线零点到结合层界面回波前沿为工作层厚度值，且工作层厚度应满足图样要求或用户需要。

ICS 77.180
H 94

中华人民共和国黑色冶金行业标准

YB/T 4326—2013

连铸辊焊接复合制造技术规范

Welding manufacture technical criterion for continuous casting roll

2013-04-25 发布　　2013-09-01 实施

中华人民共和国工业和信息化部　发布

目　次

前　言

本标准按照GB/T 1.1—2009给出的规则起草。

本标准由中国钢铁工业协会提出。

本标准由冶金机电标准化技术委员会归口。

本标准由中冶建筑研究总院有限公司、中冶焊接科技有限公司、大连华锐重工特种备件制造有限公司、常州宝菱重工机械有限公司负责起草。

本标准主要起草人：刘景凤、王清宝、王晖、孔念荣、张迪、段斌。

本标准参与起草单位：北京首钢机电有限公司机械厂、北京工业大学、中冶东方连铸工程有限公司、北京中冶设备研究设计总院有限公司、鞍钢重型机械有限责任公司北部机械厂、中钢集团西安重机有限公司。

本标准参与起草人：朱爱希、刘小青、栗卓新、张元、张富信、高学民、周孝儒、眭向荣、王立志、肖静、赵东、汤春天、宋世旭、沈亚威。

本标准为首次发布。

连铸辊焊接复合制造技术规范

1 范围

本标准规定了连铸辊焊接复合制造的术语和定义、材料、焊接工艺评定、制造、质量检验。

本标准适用的焊接方法包括焊条电弧焊、气体保护电弧焊、自保护电弧焊、埋弧焊及其组合。

其他辊类的焊接复合制造亦可参照本标准。

2 规范性引用文件

下列文件对于本文件的应用是必不可少的。凡是注日期的引用文件，仅所注日期的版本适用于本文件。凡是不注日期的引用文件，其最新版本(包括所有的修改单)适用于本文件。

GB/T 223.3 钢铁及合金化学成分分析方法 二安替比林甲烷磷钼酸重量法测定磷量

GB/T 223.5 钢铁 酸溶硅和全硅含量的测定 还原型硅钼酸盐分光光度法(GB/T 223.5—2008,ISO 4829-1:1986、ISO 4829-2:1988,MOD)

GB/T 223.11 钢铁及合金 铬含量的测定 可视滴定或电位滴定法(GB/T 223.11—2008,ISO 4937:1986,MOD)

GB/T 223.13 钢铁及合金化学分析方法 硫酸亚铁铵滴定法测定钒含量

GB/T 223.14 钢铁及合金化学分析方法 钽试剂萃取光度法测定钒含量

GB/T 223.16 钢铁及合金化学分析方法 变色酸光度法测定钛量

GB/T 223.19 钢铁及合金化学分析方法 新亚铜灵-三氯甲烷萃取光度法测定铜量

GB/T 223.23 钢铁及合金 镍含量的测定 丁二酮肟分光光度法

GB/T 223.25 钢铁及合金化学分析方法 丁二酮肟重量法测定镍量

GB/T 223.26 钢铁及合金 钼含量的测定 硫氰酸盐分光光度法

GB/T 223.36 钢铁及合金化学分析方法 蒸馏分离-中和滴定法测定氮量

GB/T 223.40 钢铁及合金 铌含量的测定 氯磺酚 S 分光光度法

GB/T 223.43 钢铁及合金 钨含量的测定 重量法和分光光度法

GB/T 223.58 钢铁及合金化学分析方法 亚砷酸钠-亚硝酸钠滴定法测定锰量

GB/T 223.65 钢铁及合金化学分析方法 火焰原子吸收光谱法测定钴量

GB/T 223.67 钢铁及合金 硫含量的测定 次甲基蓝分光光度法(GB/T 223.67—2008,ISO 10701:1994,IDT)

GB/T 228.1 金属材料 拉伸试验 第 1 部分:室温试验方法(GB/T 228.1—2010,ISO 6892-1:2009,MOD)

GB/T 229 金属材料 夏比摆锤冲击试验方法(GB/T 229—2007,ISO 148-1:2006,MOD)

GB/T 230.1 金属材料 洛氏硬度试验 第 1 部分:试验方法(A、B、C、D、E、F、G、H、K、N、T 标尺)(GB/T 230.1—2009,ISO 6508-1:2005,MOD)

GB/T 231.1 金属材料 布氏硬度试验 第 1 部分:试验方法(GB/T 231.1—2009, ISO 6506-1:2005,MOD)

GB/T 1598 铂铑 10-铂热电偶丝、铂铑 13-铂热电偶丝、铂铑 30-铂铑 6 热电偶丝

GB/T 1804—2000 一般公差 未注公差的线性和角度尺寸的公差

GB/T 1954 铬镍奥氏体不锈钢焊缝铁素体含量测量方法(GB/T 1954—2008,ISO 8249:2000,

MOD)

GB/T 2654 焊接接头硬度试验方法(GB/T 2654—2008,ISO 9015-1:2001,IDT)

GB/T 3375 焊接术语

GB/T 4336 碳素钢和中低合金钢 火花源原子发射光谱分析方法(常规法)

GB/T 5293 埋弧焊用碳钢焊丝和焊剂

GB/T 12604.1 无损检测 术语 超声检测(GB/T 12604.1—2005,ISO 5577:2000,IDT)

GB/T 12604.3 无损检测 术语 渗透检测(GB/T 12604.3—2005,ISO 12706:2000,IDT)

GB/T 19799.1 无损检测 超声检测 1号校准试块(GB/T 19799.1—2005,ISO 2400:1972,IDT)

GB/T 19799.2 无损检测 超声检测 2号校准试块(GB/T 19799.2—2012,ISO 7963:2006,IDT)

GB/T 20123 钢铁 总碳硫含量的测定 高频感应炉燃烧后红外吸收法(常规方法)(GB/T 20123—2006,ISO 15350:2000,IDT)

GB/T 20124 钢铁 氮含量的测定 惰性气体熔融热导法(常规方法)(GB/T 20124—2006,ISO 15351:1999,IDT)

YB/T 5127 钢的临界点测定方法(膨胀法)

JB/T 5000.15 重型机械通用技术条件 第15部分:锻钢件无损探伤

JB/T 6062 无损检测 焊缝渗透检测

JB/T 10061 A型脉冲反射式超声波探伤仪 通用技术条件

3 术语和定义

GB/T 3375、GB/T 12604.1 和 GB/T 12604.3 界定的以及下列术语和定义适用于本文件。

3.1

焊接层 weld overlay

在辊坯表面进行焊接而获得的具有特殊性能的金属层。

3.2

氮强化焊接材料 nitrogen strengthened welding material

焊接后熔敷金属利用氮化物或氮的其他形式进行强化的焊接材料。

3.3

碳强化焊接材料 carbon strengthened welding material

焊接后熔敷金属利用碳化物或碳的其他形式进行强化的焊接材料。

3.4

热疲劳 thermal fatigue

指材料经受温度变化时,因其自由膨胀、收缩受到约束或受到外力作用而产生循环应力或循环应变,最终导致龟裂而破坏的现象。

3.5

辊面硬度标准差 standard deviation of roll surface hardness

同一根焊接辊上硬度偏离平均硬度值的大小的平均数,它是反映硬度值的离散程度。

3.6

螺旋直道焊 spiral straight welding

进行圆周焊接时,辊坯均匀回转,焊接电弧沿轴向以一定的速度横向移动的焊接方式。

3.7

螺旋摆动焊　spiral weaving welding

进行圆周焊接时，辊坯均匀回转，焊接电弧沿轴向以一定的摆幅做往复运动并以一定的速度横向移动的焊接方式。

3.8

横向直道焊　horizontal straight welding

进行焊接时，沿轴辊坯线水平固定，焊接电弧沿轴向以一定的速度移动的焊接方式。

3.9

工作层　work overlay

为了满足连铸辊使用工况要求而在辊坯上采用焊接方式获得的、直接与连铸坯接触并具有特定性能的焊接层。

3.10

过渡层　transition overlay

为了满足辊坯和工作层的焊接工艺及成分匹配要求，在辊坯和工作层之间采用焊接方式获得的具有特定成分要求的焊接层。

3.11

自保护药芯焊丝　self-shielded flux cored wire

没有其他外加保护措施，仅依靠施焊时焊丝组分的造渣、造气和强还原物质对焊接过程进行保护的药芯焊接材料。

4　材料

4.1　一般规定

4.1.1　连铸辊焊接复合制造用辊坯及焊接材料应符合设计文件的要求，并应具有辊坯制造厂和焊接材料制造厂出具的产品质量证明文件。

4.1.2　采用新的辊坯或焊接材料时，必须进行必要的试验与检验，符合设计技术要求后方可使用。

4.2　辊坯

4.2.1　辊坯的化学成分和力学性能应满足连铸辊使用和焊接复合制造的要求。常用辊坯的化学成分及力学性能要求见表1。

4.2.2　焊接前，制造厂应按下列要求对辊坯进行检验：

a)　辊坯表面质量应按照表2的要求进行检验；

b)　辊坯的化学成分应按照熔炼炉号逐批复验，拉伸、冲击等力学性能应按照热处理炉号进行检验且每个检验批最大数量不应大于50支，检验结果应符合表1的要求。每批的检验结果若任何一项不合格，则应对该项加倍取样进行复验。若复验结果仍不合格，则该批辊坯判定为不合格；

c)　当辊坯有特殊要求时，由供需双方协商确定。

4.3　焊接材料

4.3.1　焊接材料应满足连铸辊表面工作负荷要求，并应具备必要的高温热强性能和抗热疲劳性能。

4.3.2　根据焊接工艺需要，焊接材料可分为过渡层材料和工作层材料，其合金种类可按照表3选取。

4.3.3　当采用电焊条、实心焊丝、实心焊带进行连铸辊焊接复合制造时，所选用的焊接材料成分、性能应满足设计要求和国家现行相关标准的规定。

4.3.4　当采用药芯焊丝进行连铸辊焊接复合制造时，焊接材料应按照主要合金体系进行型号划分，常用铁基药芯焊丝型号及化学成分应符合表4的规定。当有特殊要求时，应由供需双方协商确定。其他类型的焊接材料应按照国内外相关标准执行。

表 1　连铸辊焊接复合制造用辊坯化学成分及力学性能

序号	钢种	化学成分(质量分数)/%												力学性能					
		C	Mn	Si	P	S	V	Nb	Ti	Cu	Cr	Ni	Mo	R_m MPa	R_{eL} MPa	A %	Z %	KV_2	HBW ($F/D^2=30$)
1	42CrMo	0.38～0.45	0.50～0.80	0.17～0.37	≤0.035	≤0.035	—	—	—	—	0.90～1.20	—	0.15～0.25	≥750	≥500	≥14	≥55	≥63	—
2	25CrMo	0.20～0.29	0.50～0.80	0.17～0.37	≤0.035	≤0.035	—	—	—	—	0.90～1.20	—	0.15～0.30	≥640	≥400	≥16	≥60	≥48	—
3	15CrMo	0.12～0.18	0.40～0.70	0.17～0.37	≤0.035	≤0.035	—	—	—	—	0.8～1.10	—	0.40～0.55	≥440	≥275	≥20	—	≥55	116～179
4	45	0.42～0.50	0.50～0.80	0.17～0.37	≤0.035	≤0.035	—	—	—	≤0.25	≤0.25	≤0.35	—	≥590	≥345	≥18	≥35	≥31	197～286
5	35	0.32～0.40	0.50～0.80	0.17～0.37	≤0.035	≤0.035	—	—	—	≤0.25	≤0.25	≤0.30	—	≥530	≥275	≥18	≥40	≥39	156～207
6	Q345B	≤0.2	1.0～1.6	≤0.55	≤0.04	≤0.04	0.02～0.15	0.015～0.06	0.02～0.20	—	—	—	—	470～630	≥275	≥21	≥46	≥34	—

注：除 Q345B 为轧材外，其余均为调质态。

表 2　辊坯检验要求

检验项目	检验方法	技术要求[a]		检验数量
结疤、折叠、夹杂等缺陷	目　测	不允许		全　数
表面粗糙度	粗糙度检查仪	Ra6.3～Ra12.5		10%
尺寸偏差	量具测量	直　径	±0.5mm	全　数
		长　度	5mm～10mm	
硬度检测	便携式硬度计	表 1		10%[b]
内部缺陷	按照 JB/T 5000.15 进行超声波检验	不低于Ⅲ级		10%[c]

[a] 每批的检验结果若任何一项不合格，则应对该项加倍取样进行复验。若复验结果仍不合格，则应对剩余辊坯全数检验；

[b] 按照热处理炉号组批，采用随机抽样方法抽取检验样品；

[c] 组批方式不作规定，采用随机抽样方法抽取检验样品。

表 3　过渡层及工作层的合金种类

项　目	过渡层	工 作 层		
金属种类	铁基 0Cr18NiMo	铁基 00Cr13NiMoN	Ni 基 Co 基	铁基 1Cr13NiMo
推荐应用部位	各部位连铸辊过渡层	各种连铸机足辊、弯曲段、扇形段工作层，也可用于小板坯及方坯水平段工作层	各种连铸机足辊工作层	厚板坯连铸机扇形段、水平段工作层

注：药芯焊丝型号按主要合金体系进行划分，型号编制规则如下：

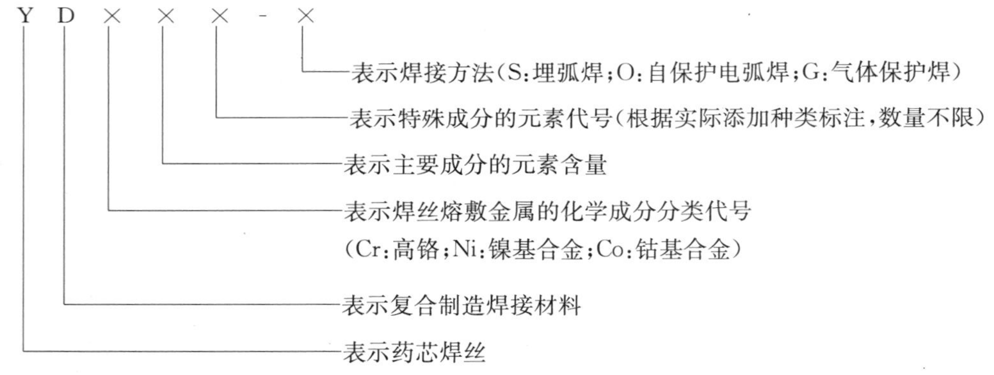

示例：铬含量标称为 13%，含氮、钼，焊接方法为埋弧焊接的药芯焊丝表示为：YDCr13NMo-S

表 4　常用铁基药芯焊丝型号及化学成分

项　目	牌　号	化学成分（质量分数）/%										
		C	N	Cr	Mn	Si	Ni	Mo	V	Nb	S	P
过渡层熔敷金属	YDCr18-S(O)	0.04～0.08	—	17.00～20.00	1.00～2.00	0.30～0.70	—	—	—	—	≤0.03	
工作层金属	YDCr13N-S(O)	0.02～0.06	0.05～0.14	12.0～14.5	0.06～1.5	0.30～1.00	2.50～4.50	0.20～0.60	—	—		

表 4(续)

项　目	牌　号	化学成分(质量分数)/%										
		C	N	Cr	Mn	Si	Ni	Mo	V	Nb	S	P
工作层金属	YDCr13C-S(O)	0.05～0.09	—	12.0～14.5	0.60～1.50	0.30～1.00	2.50～4.00	0.70～1.20	0.10～0.30	—	≤0.03	
	YDCr13CMo-S(O)	0.08～0.16	—	12.0～14.5	0.75～1.35	0.40～0.70	2.50～4.00	1.10～2.00	—	—		
	YDCr13CNbV-S(O)	0.08～0.16	—	12.0～14.5	0.75～1.35	0.40～0.70	2.50～4.00	1.10～2.00	0.10～0.30	0.10～0.30		
	YDCr13CN-S(O)	0.03～0.12	0.05～0.10	12.0～14.5	1.50～2.50	0.20～0.60	1.50～2.00	0.20～0.60	—	—		

4.3.5　焊接材料的检验方法及要求应符合下列规定：

a)　检验方法可由供需双方事先约定，如双方无特殊约定，可按照附录 A 的试验方法进行检验；

b)　实心焊丝应按照冶炼炉号组批检验，药芯焊丝应按照同一制造批号且每批不大于 10t 组批检验，其他焊接材料应按照相应的检验标准进行检验；

c)　当采用药芯焊丝进行连铸辊焊接复合制造时，药芯焊丝的几何尺寸、外观质量要求应符合附录 B 的规定，化学成分应符合表 4 的要求；

d)　当采用新的焊接材料替代原焊接材料时，除应对焊接材料熔敷金属的化学成分、力学性能、金相组织等进行检验外，根据实际使用要求还应进行热疲劳性能检验，其热疲劳性能应能满足连铸辊的使用要求并与所替代的焊接材料相当。热疲劳性能试验方法参见附录 C；

e)　当规定的检验项目任意一项检验不合格时，该项应加倍复验。复验的试样可从原试件或重新焊的试件上制取。若加倍复验的结果仍不符合标准规定，则该批焊接材料判定为不合格。

5　焊接工艺评定

5.1　一般规定

5.1.1　制造商首次采用的辊坯、焊接材料，应在连铸辊焊接复合制造前根据辊坯和焊接材料、焊接方法特点，制定工艺评定方案，进行焊接工艺评定。常用焊接方法及焊接工艺参数可参照附录 D 选取。

5.1.2　焊接工艺评定报告应包括焊接工艺评定指导书、焊接工艺评定记录表、焊接工艺评定检验结果等，其具体格式和内容参见附录 E、附录 F、附录 G。

5.1.3　当焊接工艺评定结果不符合技术要求时，应调整工艺重新进行评定，直至合格为止。

5.1.4　进行焊接工艺评定的操作人员应具备相应焊接方法的操作技能。

5.1.5　焊接工艺评定采用的焊接设备应与实际焊接所用设备一致并应符合相应的管理规定。

5.1.6　焊接前应清除辊坯表面的油污、锈蚀等影响焊接的污物。

5.2　焊接工艺评定替代规则

焊接工艺评定合格后，所适用的辊坯直径范围应符合表 5 的要求。

表 5 评定合格的辊坯直径与实际焊接适用辊坯直径范围

评定合格辊坯直径 mm	适用辊坯直径范围 mm	
	直径最小值	直径最大值
≤150	不 限	150
150＜ t ≤300	150	300
＞300	300	不 限
注:评定辊坯长度应大于 200mm 并可根据检测项目要求具体确定,评定合格后的适应辊坯长度不限。		

5.3 焊接工艺评定试验辊的制备

5.3.1 应按照实际焊接产品和表 5 规定选取工艺评定用辊坯直径,实际焊接层沿轴向宽度不应小于 200mm。

5.3.2 焊接前应将焊接材料和辊坯按要求分别进行烘干和预热。辊坯预热的方法应与实际焊接一致,且应按照不同辊坯直径和加热方法确定其加热保温时间。

5.3.3 预热温度、层间温度的测量可采用接触式测温仪或红外测温仪,测量位置和层间温度测量时间间隔应符合表 6 的要求。

表 6 预热温度、层间温度的测量要求

焊接尺寸 mm	最小轴向 测点数	轴向和周向测量位置示意图	层间温度测量间隔时间 min
L＞1000	6×3=18	B1(C1) B2(C2)…… B6(C6) L＞1000mm A1 A2…… A6 B1……B6 120° C1……C6 120° 120° A1……A6	20
200≤L≤1000	4×3=12	B1(C1) B2(C2)…… B4(C4) 200mm≤L≤1000mm A1 A2…… A4 B1……B4 120° C1……C4 120° 120° A1……A4	20
注:进行层间温度测量时,当测量点与焊接电弧的距离小于 100mm 时,测量点位置改为距焊接电弧 150mm 处;若层间温度超过工艺指导书的要求,则应立即进行升温或降温处理。			

5.4 焊接工艺评定试验辊的检验

5.4.1 无损检验

焊接工艺评定试验辊制造完成后,应在试验辊完全冷却到常温 48h 后进行无损检测,无损检测合格后,方可进行其他项目的检验。

5.4.2 硬度检验

5.4.2.1 试验辊硬度的检验可在焊接工艺评定试验辊的辊面或切取试样上进行,检测表面质量应符合相应检测方法的要求。

5.4.2.2 硬度计的使用及测量要求参见 GB/T 230.1、GB/T 2654 的规定。

5.4.2.3 每个试验辊按图 1 所示三点旋转 120°，再测量 9 点共测 27 点（L 值不大于 500mm 时可测 5 点）。

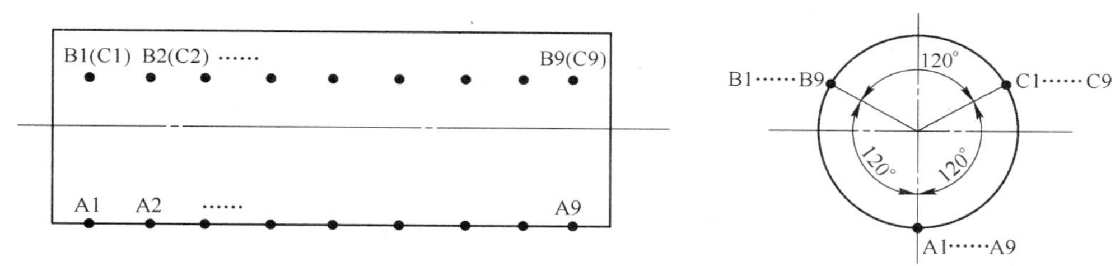

图 1 连铸辊硬度检测范围及位置

a) 采用便携式硬度计测量表面硬度时，若有超过规定材料硬度范围的点，应进行标识；

b) 三次硬度测量完成后，若每次均有两点及其以上或单次有三点或三点以上超过硬度范围，应重新进行焊接；

c) 三次硬度测量完成后，若每次有一点或单次有两点超过硬度范围，应在标识附近 ϕ6mm 范围内至少打三点，若有超过两点仍超出硬度范围说明此点有缺陷；

d) 三次测量的硬度数值取平均值和标准差。若平均值或标准差高于图纸要求，则应重新加倍检验；

e) 当有局部缺陷需进行补焊时，应在补焊部位测量 1 点，补焊周围测量 3 点。

5.4.3 化学成分检验

5.4.3.1 焊接层金属的化学成分检验应在试验辊的辊面或切取试样上取样，取样位置应在连铸辊设计文件要求的工作层厚度范围内制取。

5.4.3.2 熔敷金属化学成分的检验应按照 GB/T 223 相关标准及 GB/T 4336、GB/T 20123、GB/T 20124 的规定进行。

5.4.4 铁素体含量检验

当技术文件对铁素体含量有要求时，宜按照附录 A 的规定或供需双方协商确定的方法进行检验。

5.4.5 力学性能检验

当技术文件对焊接层金属有力学性能要求时，宜按照附录 A 的规定或供需双方协商确定的方法进行检验。

5.5 检验结果要求

5.5.1 试验辊焊接层金属表面宜采用渗透探伤方法按照 JB/T 6062 的规定进行探伤，其结果应符合下列要求：

a) 对独立存在且直径小于 1.6mm 的指示，原则上不进行评判，但当对指示有疑问时必须再次进行检验，以便确定该指示是否需参与评定；

b) 检测结果不允许存在裂纹和直径大于 4mm 的圆形、长度大于 4mm 的线形缺陷指示；

c) 同一直线上，间隔不大于 1.5mm 且直径大于 1.6mm 但不大于 4mm 的圆形指示不得超过 10 个；

d) 每 100mm^2 面积范围内直径或长度大于 1.6mm 但不大于 4mm 的圆形或线形指示不得超过 10 个。

5.5.2 试验辊焊接层金属内部缺陷宜采用超声波探伤方法进行检测，其检测方法和合格标准参见附录 H。

5.5.3 焊接工艺评定试验辊的检测项目及相应合格要求应符合表 7 的规定。焊接层金属其他化学成分和力学性能应符合技术文件或双方约定的要求。

表 7　焊接层金属性能要求

焊接层厚度 mm	要　求				
	自辊焊接表面检测深度 mm	Cr 含量 (质量分数)/%	δ铁素体含量 ϕ (体积分数)/%	硬度 HRC	硬度标准差
4	0～1.5	12～14	≤10	37～47	4
5	0～2.5				
6	0～3.5				

5.5.4　当焊接工艺评定试样检验结果某一项不满足要求时，应在原辊上截取加倍试样进行复验，复验结果应符合 5.5 的要求，否则应重新进行工艺评定。

5.6　重新进行焊接工艺评定的规定

下列条件之一发生变化，应重新进行焊接工艺评定：

a)　焊接方法的变化；

b)　焊接方式的变化；

c)　焊接材料型号或规格的变化；

d)　母材材质或影响其关键性能指标的交货状态的变化；

e)　焊接电流、电压和焊接速度的变化分别超过评定值的 10%、7%和 10%时；

f)　预热温度、层间温度和焊后热处理条件的变化。

6　制造

6.1　安全、防护

连铸辊焊接复合制造必须遵守国家现行安全技术和劳动保护等有关规定。

6.2　焊接前辊坯加工及检测要求

6.2.1　辊身表面粗糙度 Ra 应为 6.3μm～12.5μm，辊身轴向方向两端应预留不小于 5mm 的长度余量，焊接前直径(d)应为成品辊直径(D)与 2 倍单边焊接厚度(T)的差值，即 $d=D-2T$，如图 2 所示。

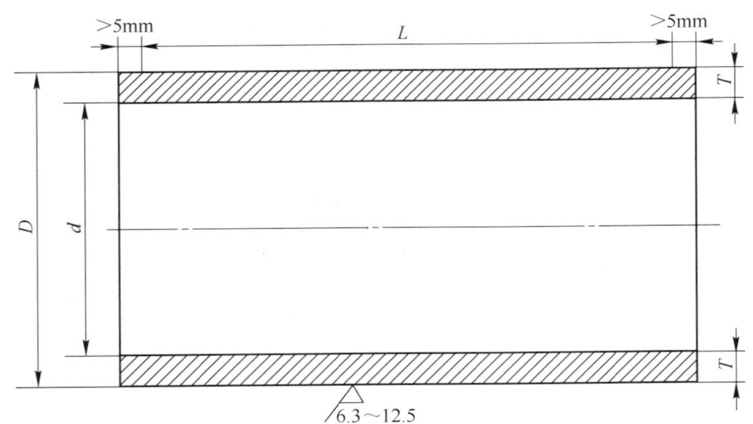

D——直径；

d——焊接前直径；

T——单边焊接厚度；

L——辊身成品长度。

图 2　连铸辊焊接前加工示意图

6.2.2 连铸辊焊接前至少在两个端头和辊坯中间三个部位检测其直径，每个检测部位沿周向垂直位置检测二点，检测位置示意图见图3。

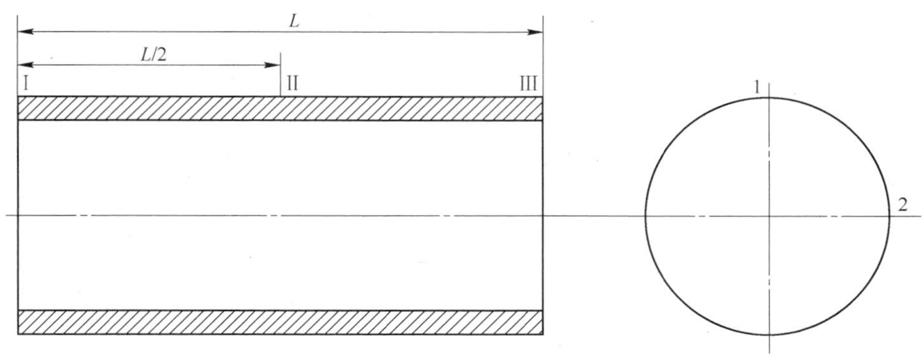

图3 辊坯直径检测示意图

6.2.3 连铸辊加工尺寸合格后应对辊坯表面进行渗透探伤，辊身表面不得有裂纹及其他影响焊接的几何缺陷。

6.3 焊接

6.3.1 连铸辊焊接应按照焊接工艺指导书进行。

6.3.2 连铸辊焊接前应清除辊坯表面的油污、锈蚀等影响焊接的污物。

6.3.3 焊接材料的烘干、使用、保管应符合焊接材料制造厂提供的说明书的要求。

6.3.4 连铸辊直径小于100mm时，宜采用明弧焊或埋弧轴向直道焊焊接；连铸辊直径大于100mm时，宜采用埋弧单道螺旋焊或埋弧摆动螺旋焊焊接。

6.3.5 辊坯宜选用加热炉进行预热。焊接预热温度及层间温度应按照工艺评定结果选取。

6.3.6 过渡层厚度 t 应为1mm～2mm，若技术文件有特殊要求时，应按要求执行。

6.3.7 焊后应将连铸辊保温缓冷至室温。

6.4 焊后回火要求

6.4.1 连铸辊焊接完成并缓冷至50℃以下后，方可进入炉中进行回火。入炉温度不应高于100℃。

6.4.2 回火炉温度应均匀，炉中连铸辊之间应有良好的空气循环。

6.4.3 热处理升、降温速度应可调且不应大于50℃/h。根据焊接工艺评定结果及连铸辊硬度要求，回火温度宜在500℃～600℃范围选取，且回火最高温度不得高于母材调质回火的最高温度。保温时间宜按1.5min/mm～2min/mm选取。

6.4.4 当炉温降低到150℃时，连铸辊可出炉置于专用箱内或用石棉遮盖缓冷。

6.5 焊接修补

连铸辊焊接过程中和加工完成后若出现焊接或其他缺陷时应及时进行修补。

6.5.1 焊接过程中局部缺陷的修补

6.5.1.1 连铸辊焊接过程中局部缺陷超过5mm时，宜采用手砂轮将局部缺陷及周边打磨干净，将修补处局部加热至高于规定的预热温度50℃，并在离缺陷起始端部20mm处起弧，采用原焊接工艺参数补焊。

6.5.1.2 连铸辊焊接过程中，对直径不超过5mm且不触及母材的气孔、夹渣、缺肉等表面局部缺陷，宜采用手砂轮将局部缺陷及周边打磨干净，如果对总体加工尺寸不造成影响，可不进行修补。当缺陷影响总体加工尺寸时，可采用原焊接材料或ER309L焊丝，以钨极氩弧焊或熔化极气体保护电弧焊焊接方法进行修补。补焊应符合下列要求：

a) 补焊前，应对修补处100mm范围内采用火焰加热方式进行局部加热至高于规定的预热温度50℃；

b) 采用钨极氩弧焊焊接时，焊丝直径不应大于1.6mm；Ar气流量应为6L/min～9L/min；焊接电流应为100A～250A；电压应为20V～28V；

c) 采用熔化极气体保护电弧焊焊接时，应采用80%Ar+20%CO_2或100%CO_2气体，气流量应为16L/min～20L/min；焊接电流应为200A～350A；电压应为26V～32V。

6.5.2 热处理及机加工后局部缺陷的修补

6.5.2.1 连铸辊热处理及机加工后，根据缺陷的不同，应采用适当的机械加工方法彻底清除缺陷，并应采用相应的补焊工艺。

6.5.2.2 单个缺陷尺寸不大于1mm×1mm，在整个周向方向上50mm距离内20mm宽区域内的熔合缺陷最多为3个，且每支轧辊出现的缺陷最多为5个。

6.5.2.3 若有触及母材或未触及母材但深度大于5mm的较大缺陷，应将缺陷彻底清除后，按原来的焊接工艺重新进行焊接，并应进行相应的热处理。

6.5.2.4 局部宽度不大于3mm，深度不大于0.8mm的局部缺陷，宜采用钨极氩弧焊焊接方法进行修补，修补工艺可按照6.5.1.2的规定进行。

6.5.2.5 缺陷深度介于0.8mm～5mm时，可根据实际情况，选用6.5.2.3或6.5.2.4中的修补方法和修补工艺。

6.5.2.6 修补区焊后冷却速度不应大于50℃/h。

6.5.2.7 连铸辊修补后应进行超声波探伤和磁粉检查，修复部位的质量应符合第7章的相关要求。

6.6 焊后加工

应按图纸要求和焊接复合层的种类、性能选择相应的机械加工工艺。

7 质量检验

7.1 一般规定

质量检验包括焊前检验、焊中检验（过程检验）和焊后检验。

7.1.1 焊前检验

连铸辊焊接前应确认辊坯、焊材的牌号、材质、规格及质量证明文件，确认操作人员资质及认可范围，确认焊接工艺评定文件、焊接工艺指导书及操作规程。

7.1.2 焊中检验

连铸辊焊接过程中，应对照焊接工艺指导文件要求，对采用的焊接方法、焊接方式、具体的焊接工艺参数以及焊后缓冷、回火参数进行检查、记录，确保焊接过程符合要求。

7.1.3 焊后检验

应在连铸辊冷却至室温后进行外观检测、尺寸测量、无损探伤、硬度测量等检验。

7.1.4 机加工后检验

7.1.4.1 连铸辊的工作表面不允许有裂纹及肉眼可见的凹坑、非金属夹杂、气孔和其他影响使用的表面缺陷。

7.1.4.2 焊接辊表面加工后粗糙度应符合图纸要求。

7.1.4.3 连铸辊加工不得对焊接层造成不利影响。

7.1.4.4 有中心孔的辊套，在通孔表面不允许有可见的尖棱、深的刮伤、裂纹等缺陷。

7.1.4.5 焊接辊的形状和尺寸应符合图样规定，图样上未注公差的应符合表8的规定。

表8 焊接辊未注公差值

项　目	同轴度	圆柱度	全跳动	未注尺寸公差
公差值 mm	0.030	0.035	0.050	GB/T 1804—2000 m级

7.1.5 辊面硬度检测

测量方法参见5.4.2的相关规定。

7.1.6 焊接缺陷的处置方法

处置方法参见6.5的相关规定。

7.2 验收标准

7.2.1 焊接复合制造连铸辊的质量检验项目、检验条件及检验范围应符合表9的规定。

表9 连铸辊质量检验规则

检验条件	检验项目	检验范围	要求
精加工中焊接辊	化学成分	每批次焊接材料检验一次	1. 焊接辊工作层的化学成分应满足表4的要求； 2. 焊接辊铁素体含量不应大于10%
	铁素体含量		
精加工后焊接辊	外观检查	全部辊	1. 辊面无残留、刀痕或其他有害伤痕； 2. 通水孔内无锈蚀、碎屑等污物
	尺寸及公差检验	全部辊	按图纸
	表面粗糙度	大于等于10%的辊	按图纸
	渗透探伤	大于等于10%的辊，若发现超标则将检验范围扩大到20%，仍有超标出现，应逐件检验	参见附录H及5.5.1
	超声波探伤		
	硬度测试	大于等于10%的辊，若发现超标则将检验范围扩大到20%，仍有超标出现，应逐件检验	1. 焊接辊的硬度应满足表7的规定； 2. 补焊区硬度可适当放宽，但熔敷金属性能不低于母材性能

附　录　A
（资料性附录）
焊接材料熔敷金属制备及检验

A.1　范围

A.1.1　本附录适用于复合制造连铸辊的焊接材料化学成分及力学性能的检验。

A.1.2　检验用试板的材质宜与辊坯母材相同，根据供需双方协议，也可使用其他材质。

A.1.3　焊剂烘干和焊接工艺参数（焊接电流、焊接电压、焊接速度、层间温度等）及热处理参数，应按照焊接材料制造厂的规定或推荐的规范确定。如果焊接中断，重新焊接时，需将试件预热到规定的层间温度范围。

A.2　焊接熔敷金属的制备

A.2.1　试板尺寸

熔敷金属化学成分的检测试件应在平焊位置施焊，试件尺寸及取样位置应符合图 A.1 的规定。取样前应清理熔敷金属表面。

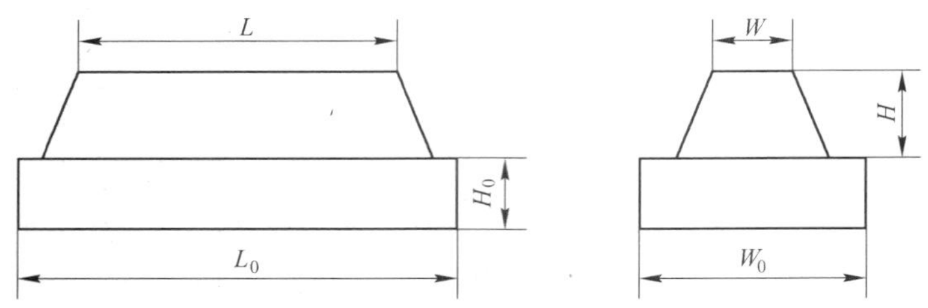

单位为毫米

检验用试板尺寸			焊接试件尺寸			取样位置距母材上表面的距离
L_0	W_0	H_0	L	W	H	10～12
≥250	≥150	≥20	≥220	≥40	≥15	

图 A.1　试件制备

A.2.2　熔敷金属硬度测量要求

A.2.2.1　硬度计的使用及测量要求参见 GB/T 230.1、GB/T 231.1、GB/T 2654 的规定，测定硬度 9 点取平均值。

A.2.2.2　熔敷金属盖面室温硬度的测定区域不得小于 160mm（长）×40mm（宽），在长度方向上测量区域距边缘应大于 30mm，测定平面离熔合线的距离宜为 10mm，焊接熔敷金属表面应测量焊接焊道中间及焊接焊道搭接处两道平行的硬度，如图 A.2 所示。

A.2.2.3　采用便携式硬度计测量表面硬度时，超过规定材料硬度范围的点，应进行标识。

A.2.2.4　两次硬度测量完成后，若每次均有两点及其以上或单次有三点或三点以上硬度超过范围，应重新进行检测。

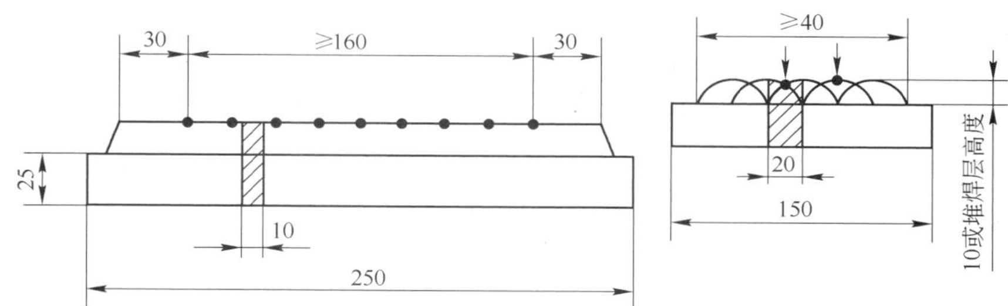

图 A.2 试板硬度检测范围及位置

A.2.2.5 两次测量的硬度值应取平均值及标准差。

A.2.3 熔敷金属渗透探伤检验

熔敷金属的渗透探伤检验应按照 JB/T 6062 的规定进行。

A.2.4 熔敷金属化学成分检验

按 5.4.3.2 执行。

A.2.5 熔敷金属冲击、拉伸性能检测

熔敷金属的拉伸和冲击试样取样位置如图 A.3 所示，试样尺寸及检验标准应分别按 GB/T 228.1、GB/T 229 的规定执行。

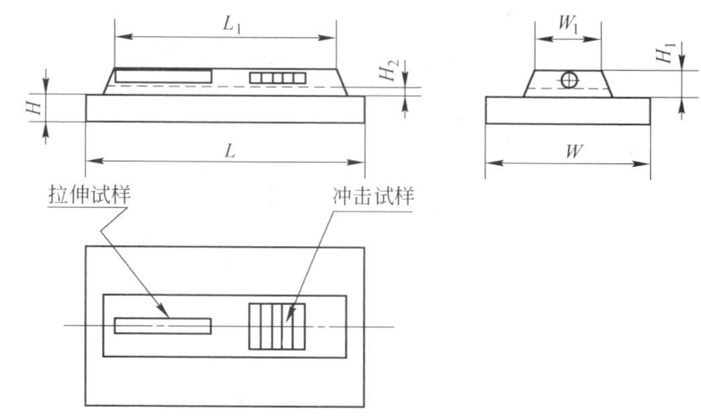

单位为毫米

检验用试板尺寸			焊接试件尺寸			取样位置
L	W	H	L_1	W_1	H_1	H_2
≥250	≥150	≥25	≥200	≥60	≥25	≥10

图 A.3 熔敷金属力学性能试件的制备

A.2.6 熔敷金属铁素体含量检验

熔敷金属铁素体含量的检验应按 GB/T 1954 的规定或供需双方协商确定的方法进行。

A.2.7 熔敷金属马氏体转变温度测试

熔敷金属马氏体转变温度测试试样应按图 A.4 所示从试件上（见图 A.1）制取。取三件检验马氏体转变温度的测试试样，取样位置应至少距母材表面 8mm 以上。应按 YB/T 5127 的规定测定熔敷金属的马氏体转变温度。

A.2.8 熔敷金属热疲劳性能检验

熔敷金属热疲劳性能的检验方法应按附录 C 或供需双方协商确定的方法进行。

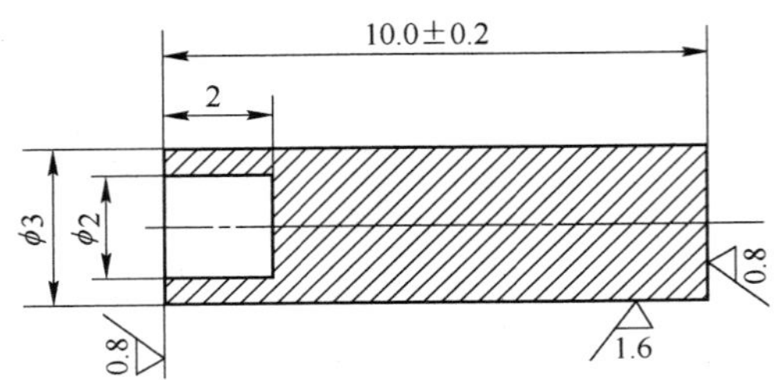

图 A.4　熔敷金属马氏体转变温度的测试试样

A.2.9　熔敷金属耐磨性能检验

熔敷金属耐磨性能的检验方法应由供需双方协商确定。

附　录　B
（资料性附录）
推荐的焊接材料

B.1　范围

本附录适用复合制造连铸辊常用的药芯焊丝及焊剂。

B.2　药芯焊丝要求

B.2.1　外观质量要求

B.2.1.1　药芯焊丝的表面应平滑光洁，严禁有肉眼可见的毛刺、凹坑、划痕、锐弯、打结、锈蚀和油污，以及对焊接性能或焊接设备操作性能有不良影响的杂质及接头。

B.2.1.2　药芯焊丝的直径及偏差应符合表 B.1 的规定。

表 B.1　焊丝直径及偏差　　单位为毫米

焊丝直径	1.6	2.4	2.8	3.0	3.2	4.0
极限偏差	+0 −0.06			+0 −0.10		

B.2.2　药芯焊丝合金成分及力学性能

B.2.2.1　焊接层金属化学成分

a）　辊面精加工后的焊接层金属厚度范围宜为：3mm～6mm，根据客户要求确定最大金属厚度；

b）　Cr 含量及铁素体含量要求参见表 7。

B.2.2.2　焊缝金属的力学性能

如果双方无约定时应按照附录 A 的要求切取试样进行检测，其结果应符合表 B.2 的规定。

表 B.2　焊缝金属力学性能

焊接材料	R_m MPa	A %	Z %	KV_2 J/cm^2
打底层药芯焊丝	≥550	≥20	—	—
工作层氮强化药芯焊丝	≥1150	≥8	≥20	≥6
工作层碳强化药芯焊丝	≥1150	≥8	≥20	≥6

B.3　焊剂要求

B.3.1　焊剂的物理性能参见 GB/T 5293 的规定。

B.3.2　推荐的烧结焊剂主要成分见表 B.3。

表 B.3　推荐的烧结焊剂主要成分（质量百分比）　　（%）

组　分	$CaO+MgO$	Al_2O_3+MnO	SiO_2+TiO_2	CaF_2+FeO	S	P
高碱度含量	30～40	17～25	17～24	18～24	<0.03	<0.03
低碱度含量	25～36	23～30	18～28	15～22	<0.03	<0.03

附　录　C
（资料性附录）
熔敷金属热疲劳性能试验方法

C.1　范围

本附录适用于焊接材料熔敷金属耐热疲劳性能的检测，主要用于新材料的研制、工艺选择、原材料检验及失效分析。

C.2　试样

C.2.1　试样的形状及尺寸如图 C.1 所示。

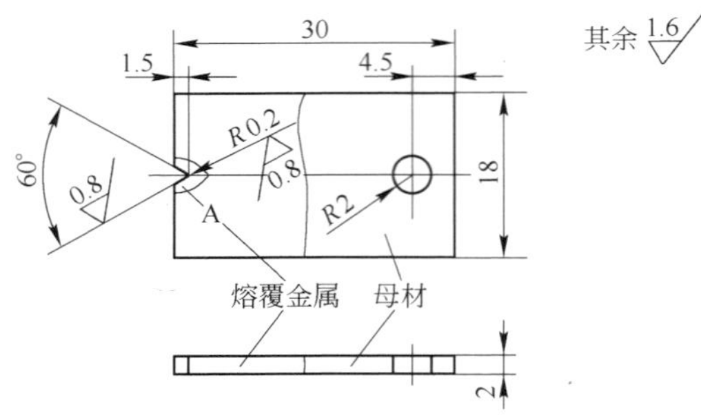

图 C.1　热疲劳试样

C.3　焊接试板热疲劳性能的检测

C.3.1　试板尺寸

试板最小尺寸应为：长×宽×厚度=250mm×150mm×(20mm～30mm)，焊接试板的材质要求应与实际焊接辊坯母材的化学成分一致或相当，特别是含碳量应相当。

C.3.2　焊接熔敷金属的制备

C.3.2.1　焊接试板的电流和电压

焊接试板的电流和电压应按照焊接工艺评定结果确定。

C.3.2.2　焊接层尺寸和搭接量

a）焊接要求：最少应焊接 5 层。其中，打底层应为 5 道，焊道搭接量应为 50%，2～4 层则应每层焊 4 道，焊接厚度最小应为 8mm，宽度宜为 25mm；

b）焊接前应保持试板的干燥度，试板用火焰烘烤 5min～10min，或将试板放到炉中温度控制在 80℃～100℃之间的炉中，保持 5min～10min 后，表面打磨干净，可进行焊接实验。

C.3.2.3　焊接后冷却速度不应高于 50℃/h，冷却至室温。

C.3.3　熔敷金属热疲劳试样的测定区域

应距焊接试样两端大于 30mm，宽度方向上应取中间 20mm 的位置。

C.4　试验设备

C.4.1　试验机

试验可在不同类型的金属热疲劳试验机上进行。

C.4.2 要求

C.4.2.1 加热、冷却及控温系统应保证在规定时间内将试样加热和冷却至规定温度，其温度波动不应大于±3℃。

C.4.2.2 水槽内的水温应保持在(20±5)℃。

C.4.2.3 试样的缺口端淬水深度应保持大于5mm～6mm。

C.4.2.4 在试验过程中，应保证试样在炉膛中升降位置不变，且不摇摆和振动。

C.4.2.5 试样加热时间应为120s，冷却时间应为15s。

C.4.2.6 试验过程中，应有准确的计数和计时系统。

C.5 试验程序

C.5.1 试验方案

根据试验要求，试验方案可从下面三种方案中任选一种：

a) 规定循环次数，测定裂纹长度，一般每组需要3片～5片试样；

b) 规定裂纹长度(一般应为0.4mm)，测定达到规定裂纹长度的循环次数，一般每组需要3片～5片试样；

c) 测定裂纹长度和循环次数的关系曲线。一般试样不应少于15片，按预定的循环次数，分成5组～7组，每组不应少于3片，但第一组的循环次数应使裂纹长度为0.2mm左右，最后一组裂纹长度应为2mm左右。

C.5.2 试样尺寸的测量

试样缺口端的尺寸应采用精度不低于0.01mm的量具测量。

C.5.3 温度的测量和控制

测量温度用的热电偶应按GB/T1598和国家有关检定规程进行矫正。

C.5.4 开始试验

C.5.4.1 试验时，将试样装入炉膛内，待达到试验温度后，保温5min～10min开始试验。在试验过程中，当达到预定循环次数的70%～80%时，取出试样并检测表面裂纹长度。若裂纹尚未达到规定的长度，则重复上述程序，继续试验。

C.5.4.2 当试验达到预定循环次数时，取出试样，测量裂纹。

C.5.5 裂纹长度测量

裂纹长度测量可采用两种方法，一种是从试样断口上测量，一般用于最终测定；另一种是从试样表面测量，一般用于试验过程中的测量。

C.5.5.1 从试样断口上测量裂纹长度

C.5.5.1.1 试样断口的制备

将试样缺口端切下4mm～5mm(视裂纹长度而定)，然后打开断口，断口表面不允许受任何损伤。

C.5.5.1.2 断口裂纹测量

将被测试样断口沿厚度方向分成四等分，测量五个点的裂纹长度，最后取五点裂纹长度平均值。

C.5.5.2 从试样表面测量裂纹长度

在工具显微镜下测量表面裂纹长度，如果不清晰，允许用砂纸打磨。测量裂纹时，应测量缺口底部最长的裂纹。

附 录 D
(资料性附录)
推荐用焊接工艺方法及焊接工艺参数

D.1 概述

连铸辊复合制造方应根据图纸要求，确定技术参数满足所有连铸辊焊接制造技术规范。

D.2 焊接方法及焊接方式

焊接方法包括丝极明弧焊、丝极埋弧焊、带极埋弧焊接。焊接方式包括丝极明弧摆动焊、丝极埋弧摆动焊、丝极埋弧单道焊、丝极埋弧直道焊、带极焊。

D.3 焊接工艺要求

在焊接过程中应检验焊接材料工艺性能，观察电弧燃烧、焊接飞溅情况(明弧焊或气体保护焊)，观察脱渣和焊缝成形情况，应除去熔敷金属表层 1mm～2mm，检查是否有影响使用性能的缺陷。

D.4 预热

根据母材的碳当量确定预热温度，保温应根据辊坯直径、厚度按 1.5min/mm～2min/mm 选取。

D.5 焊接

焊接示意图如图 D.1 所示，焊接材料宜选用的工艺参数见表 D.1～表 D.5。

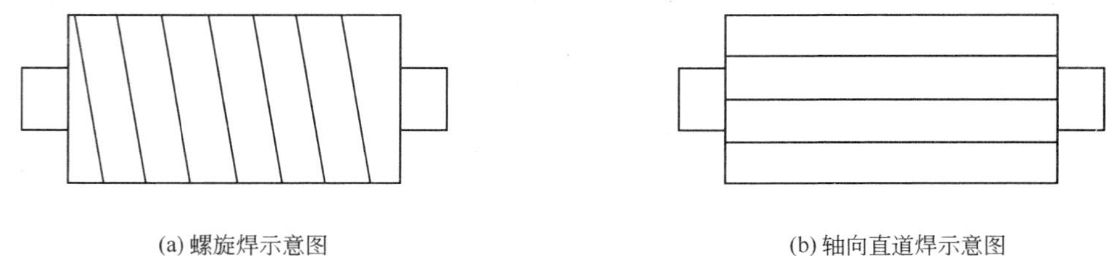

(a) 螺旋焊示意图　　(b) 轴向直道焊示意图

图 D.1 螺旋焊及轴向直道焊示意图

D.5.1 丝极明弧摆动焊接工艺参数见表 D.1。

表 D.1 丝极明弧摆动焊接工艺参数

焊接方法	保护介质	焊丝直径 mm	连铸辊直径 mm	焊接电流 A	焊接电压 V	焊接速度 mm/min	焊丝伸出长度 mm	焊道搭接 %	摆动幅度 mm	层间温度 ℃	焊后热处理
明弧自保护焊接	自保护	2.0 2.4	≤150	240～300	24～28	110～150	25～40	10～40	25～35	200℃以下性能最佳	500℃～600℃回火性能最佳
			150～300	240～320	24～30						
			≥300	240～340	26～32						

表 D.1(续)

焊接方法	保护介质	焊丝直径 mm	连铸辊直径 mm	焊接电流 A	焊接电压 V	焊接速度 mm/min	焊丝伸出长度 mm	焊道搭接 %	摆动幅度 mm	层间温度 ℃	焊后热处理
明弧气保护焊接	CO_2或80%Ar+20%CO_2	1.6	≤150	140～220	20～26	110～150	25～40	10～40	25～35	200℃以下性能最佳	500℃～600℃回火性能最佳
			150～300	160～240	20～30						
			≥300	160～240	20～30						

D.5.2 丝极埋弧摆动焊接工艺参数见表 D.2。

表 D.2 丝极埋弧摆动焊接工艺参数

焊接方法	焊丝直径 mm	连铸辊直径 mm	焊接电流 A	焊接电压 V	焊接速度 mm/min	焊丝伸出长度 mm	焊道搭接 %	摆动幅度 mm	层间温度 ℃	焊后热处理
埋弧焊接(碳强化焊丝)	2.4	≤150	240～300	24～30	140～160	25～40	10～40	25～35	200～300	500℃～600℃回火性能最佳
		150～300	280～360	24～30						
		≥300	300～380	24～32						
	3.2	≤150	280～320	24～30						
		150～300	300～380	24～30						
		≥300	320～380	24～32						
	4.0	≤150	300～340	24～30						
		150～300	340～420	24～30						
		≥300	360～460	24～32						
埋弧焊接(氮强化焊丝)	2.4	≤150	220～280	24～30	140～160	25～40	10～40	25～35	150～250	
		150～300	240～320	24～30						
		≥300	280～360	24～32						
	3.2	≤150	260～300	24～30						
		150～300	280～360	24～30						
		≥300	300～380	24～32						
	4.0	≤150	300～340	24～30						
		150～300	300～380	24～30						
		≥300	320～380	24～32						

D.5.3 丝极埋弧单道焊接工艺参数见表 D.3。

表 D.3　丝极埋弧单道焊接工艺参数

焊接方法	焊丝直径 mm	连铸辊直径 ϕ mm	焊接电流 A	焊接电压 V	焊接速度 mm/min	焊丝伸出长度 mm	焊道搭接 %	层间温度 ℃	焊后热处理
埋弧焊接（氮强化焊丝）	2.4	≤150	220～300	24～30	350～550	20～35	50～60	150～250	500℃～600℃回火性能最佳
		150～300	260～360	26～32					
		≥300	300～400	26～32					
	3.2	≤150	260～320	24～30	350～550	20～35	50～60		
		150～300	280～380	26～32					
		≥300	300～400	28～32					
	4.0	≤150	280～340	24～32	350～550	20～35	50～60		
		150～300	300～400	26～32					
		≥300	300～400	28～32					
埋弧焊接（碳强化焊丝）	2.4	≤150	220～300	24～30	350～550	20～35	50～60	200～350	500℃～600℃回火性能最佳
		150～300	260～360	26～32					
		≥300	300～400	26～32					
	3.2	≤150	260～320	24～30	350～550	20～35	50～60		
		150～300	280～380	26～32					
		≥300	320～400	28～32					
	4.0	≤150	280～340	24～32	350～550	20～35	50～60		
		150～300	300～400	26～32					
		≥300	320～400	28～32					

D.5.4　丝极埋弧直道焊接及其顺序如图 D.2 所示，工艺参数见表 D.4。

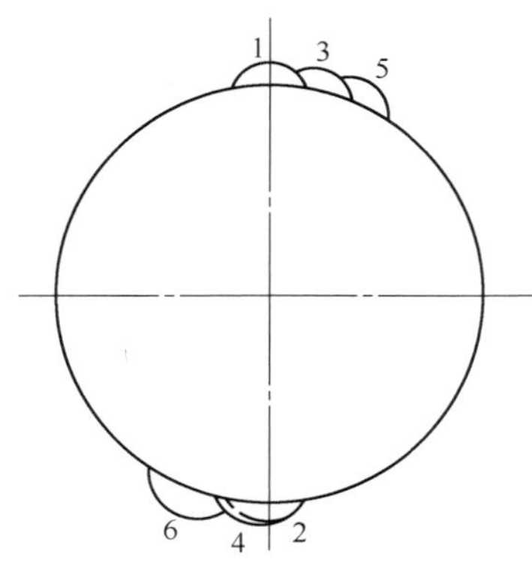

图 D.2　轴向直道焊示意图

表 D.4　丝极埋弧轴向直道焊工艺参数

<table>
<tr><th>焊接方法</th><th>焊丝
直径
mm</th><th>连铸辊
直径
mm</th><th>焊接
电流
A</th><th>焊接
电压
V</th><th>焊接
速度
mm/min</th><th>焊丝伸
出长度
mm</th><th>焊道
搭接
%</th><th>层间
温度
℃</th><th>焊后
热处理</th></tr>
<tr><td rowspan="2">埋弧焊接
（氮强化焊丝）</td><td>2.4</td><td rowspan="2">全</td><td>250～400</td><td>27～32</td><td>350～550</td><td>20～35</td><td>50～60</td><td rowspan="2">250℃以下
性能最佳</td><td rowspan="2">500℃～600℃
回火性能最佳</td></tr>
<tr><td>3.2</td><td>300～450</td><td>27～32</td><td>350～550</td><td>20～35</td><td>50～60</td></tr>
<tr><td rowspan="3">埋弧焊接
（碳强化焊丝）</td><td>2.4</td><td rowspan="3">全</td><td>250～400</td><td>27～32</td><td>350～550</td><td>20～35</td><td>50～60</td><td rowspan="3">250～350</td><td rowspan="3">500℃～600℃
回火性能最佳</td></tr>
<tr><td>3.2</td><td>300～450</td><td>27～32</td><td>350～550</td><td>20～35</td><td>50～60</td></tr>
<tr><td>4.0</td><td>400～550</td><td>27～32</td><td>350～550</td><td>20～35</td><td>50～60</td></tr>
</table>

D.5.5　带极焊焊接工艺参数见表 D.5。

表 D.5　带极焊焊接工艺参数

焊接方法	适用连铸辊尺寸 ϕ mm	焊带的尺寸 T mm	焊接电流 A	焊接电压 V	焊接速度 mm/min	导前距离 mm	焊接方式
带极焊接	＞200	0.4×50 或其他	≥550	≥24	180～300	15～25	螺旋焊、轴向焊

附 录 E
(资料性附录)
焊接工艺评定指导书

产品名称			零(部)件名称		焊丝批号	
焊接方法			焊接部位		辊坯编号	
辊坯材质						
焊接方式						
焊 材 供应商	焊 丝					
	焊 剂					
辊坯焊前整备	外径(mm)	长度(mm)	局部焊补	超声探伤	表面探伤	备 注
辊 身						
辊 颈						
辊坯预热温度及保温时间		工艺规定				
焊接材料烘干温度及保温时间		焊 丝				
		焊 剂				
焊接规范	电流 (A)	电压 (V)	焊接速度 (mm/min)	机头速度 (mm/min)	层间温度 (℃)	焊层厚度 (mm)
第一层						
第二层						
第三层						
补 焊	电流 (A)	电压 (V)	保护气体及流量 (L/min)	预热温度 (℃)	补焊前清理	
第一层补焊						
第二层补焊						
第三层补焊						
焊 后 热处理	回火温度 (℃)	保温时间 (h)	升温速度 (℃/h)	降温速度 (℃/h)	出炉温度 (℃)	
技术措施						
制 表	年 月 日	审 核	年 月 日	批 准	年 月 日	

附　录　F
（资料性附录）
焊接工艺评定记录表

<table>
<tr><td>产品名称</td><td colspan="2"></td><td>零(部)件名称</td><td></td><td>焊丝批号</td><td></td></tr>
<tr><td>焊接方法</td><td colspan="2"></td><td>焊接部位</td><td></td><td>辊坯编号</td><td></td></tr>
<tr><td>辊坯材质</td><td colspan="6"></td></tr>
<tr><td>焊接方式</td><td colspan="6"></td></tr>
<tr><td rowspan="2">焊　材
供应商</td><td>焊　丝</td><td colspan="5"></td></tr>
<tr><td>焊　剂</td><td colspan="5"></td></tr>
<tr><td>辊坯焊前整备</td><td>外径
(mm)</td><td>长度
(mm)</td><td>局部焊补</td><td>超声探伤</td><td>表面探伤</td><td>备　注</td></tr>
<tr><td>辊　身</td><td></td><td></td><td></td><td></td><td></td><td></td></tr>
<tr><td>辊　颈</td><td></td><td></td><td></td><td></td><td></td><td></td></tr>
<tr><td colspan="2">辊坯预热温度及保温时间</td><td>工艺规定</td><td colspan="4"></td></tr>
<tr><td colspan="2" rowspan="2">焊接材料烘干温度及保温时间</td><td>焊　丝</td><td colspan="4"></td></tr>
<tr><td>焊　剂</td><td colspan="4"></td></tr>
<tr><td>焊接规范记录</td><td>电　流
(A)</td><td>电　压
(V)</td><td>焊接速度
(mm/min)</td><td>机头速度
(mm/min)</td><td>层间温度
(℃)</td><td>焊层厚度
(mm)</td></tr>
<tr><td>第一层</td><td></td><td></td><td></td><td></td><td></td><td></td></tr>
<tr><td>第二层</td><td></td><td></td><td></td><td></td><td></td><td></td></tr>
<tr><td>第三层</td><td></td><td></td><td></td><td></td><td></td><td></td></tr>
<tr><td>补　焊</td><td>电流
(A)</td><td>电　压
(V)</td><td>保护气体及流量
(L/min)</td><td>预热温度
(℃)</td><td colspan="2">补焊位置、大小</td></tr>
<tr><td>第一层补焊</td><td></td><td></td><td></td><td></td><td colspan="2"></td></tr>
<tr><td>第二层补焊</td><td></td><td></td><td></td><td></td><td colspan="2"></td></tr>
<tr><td>第三层补焊</td><td></td><td></td><td></td><td></td><td colspan="2"></td></tr>
<tr><td rowspan="2">焊后热处理
记录</td><td>回火温度
(℃)</td><td>保温时间
(h)</td><td>升温速度
(℃/h)</td><td>降温速度
(℃/h)</td><td>出炉温度
(℃)</td><td>备 注</td></tr>
<tr><td></td><td></td><td></td><td></td><td></td><td></td></tr>
<tr><td rowspan="2">焊接质量检验
记 录</td><td>焊接尺寸
(mm)</td><td>表面平整度
(mm)</td><td>无损检测</td><td>表面硬度
(HRC)</td><td>硬度均匀性
(HRC)</td><td>备 注</td></tr>
<tr><td></td><td></td><td></td><td></td><td></td><td></td></tr>
<tr><td colspan="2">焊工姓名及代号</td><td></td><td>班　次</td><td></td><td>焊机号</td><td></td></tr>
<tr><td colspan="2">热处理人员</td><td></td><td>班　次</td><td></td><td>记　录</td><td></td></tr>
<tr><td colspan="2">焊接检验人员</td><td></td><td>班　次</td><td></td><td></td><td></td></tr>
<tr><td colspan="7">年　　月　　日</td></tr>
</table>

附 录 G
（资料性附录）
焊接工艺评定检验结果

<table>
<tr><td colspan="9">非 破 坏 检 验</td></tr>
<tr><td>试验项目</td><td colspan="3">合格标准</td><td colspan="2">评定结果</td><td>报告编号</td><td colspan="2">备 注</td></tr>
<tr><td>外 观</td><td colspan="3"></td><td colspan="2"></td><td></td><td colspan="2"></td></tr>
<tr><td>超声波</td><td colspan="3"></td><td colspan="2"></td><td></td><td colspan="2"></td></tr>
<tr><td>磁 粉</td><td colspan="3"></td><td colspan="2"></td><td></td><td colspan="2"></td></tr>
<tr><td>硬 度</td><td colspan="3"></td><td colspan="2"></td><td></td><td colspan="2"></td></tr>
<tr><td></td><td colspan="3"></td><td colspan="2"></td><td></td><td colspan="2"></td></tr>
<tr><td>拉伸试验</td><td>报告编号</td><td colspan="3"></td><td>相关试验 1</td><td>报告编号</td><td colspan="2"></td></tr>
<tr><td>试样编号</td><td>R_{eH}（R_{eL}）（MPa）</td><td>R_m（MPa）</td><td>断口位置</td><td>评定结果</td><td>试样编号</td><td>试验类型及结果</td><td colspan="2">评定结果</td></tr>
<tr><td></td><td></td><td></td><td></td><td></td><td></td><td></td><td colspan="2"></td></tr>
<tr><td></td><td></td><td></td><td></td><td></td><td></td><td></td><td colspan="2"></td></tr>
<tr><td></td><td></td><td></td><td></td><td></td><td></td><td></td><td colspan="2"></td></tr>
<tr><td></td><td></td><td></td><td></td><td></td><td></td><td></td><td colspan="2"></td></tr>
<tr><td>相关试验 2</td><td>报告编号</td><td colspan="4"></td><td>宏观金相</td><td>报告编号</td><td></td></tr>
<tr><td>试样编号</td><td colspan="5">试验类型及结果</td><td colspan="3" rowspan="8">评定结果：</td></tr>
<tr><td></td><td colspan="5"></td></tr>
<tr><td></td><td colspan="5"></td></tr>
<tr><td></td><td colspan="5"></td></tr>
<tr><td></td><td colspan="5"></td></tr>
<tr><td></td><td colspan="5"></td></tr>
<tr><td></td><td colspan="5"></td></tr>
<tr><td colspan="6">评定结果：</td></tr>
<tr><td colspan="9">评定结果：</td></tr>
</table>

检验		日期	年 月 日	审核		日期	年 月 日

附 录 H
(资料性附录)
超声波检测

H.1 范围

本附录适用于连铸辊焊接层内缺陷、焊接层与母材未熔合缺陷和焊接层下母材再热裂纹的超声波检测以及检测结果的质量分级。

H.2 人员资格

从事连铸辊焊接层超声波检测的人员应经过培训，并应取得权威部门认可的超声探伤专业Ⅰ级及其以上资格证书。签发探伤报告人员应获得权威部门认可的超声探伤专业Ⅱ级及其以上资格证书。

H.3 探伤仪器及设备

H.3.1 探伤仪

连铸辊焊接层超声波检测所用探伤仪的性能应符合 JB/T 10061 的有关规定。

H.3.2 探头

H.3.2.1 双晶直探头和双晶斜探头

两声束间的夹角应能满足有效声场覆盖全部检测区域，使探头对该区域具有最大的灵敏度。探头总面积不得超过 325mm^2，频率应为 2MHz～5MHz。为了达到所需的分辨能力，也可采用其他频率，两晶片间绝缘应保证良好。

H.3.2.2 纵波斜探头

探头频率应为 2MHz～5MHz，折射角应为 45°。

H.3.3 耦合剂

耦合剂应采用机油和化学浆糊。

H.4 试块

H.4.1 标准试块

标准试块的技术要求应符合 GB/T 19799.1 和 GB/T 19799.2 的规定，该试块主要用于测定探伤仪、探头及系统性能。

H.4.2 对比试块

H.4.2.1 A 型对比试块的形状和尺寸见图 H.1。

H.4.2.2 B 型对比试块的形状和尺寸见图 H.2 和表 H.1。

表 H.1 B 型对比试块外径尺寸

序 号	连铸辊外径 R mm	B 型试块外径 R mm
1	$40 \leqslant R < 75$	$R=50$
2	$75 \leqslant R < 125$	$R=100$
3	$R \geqslant 125$	$R=150$

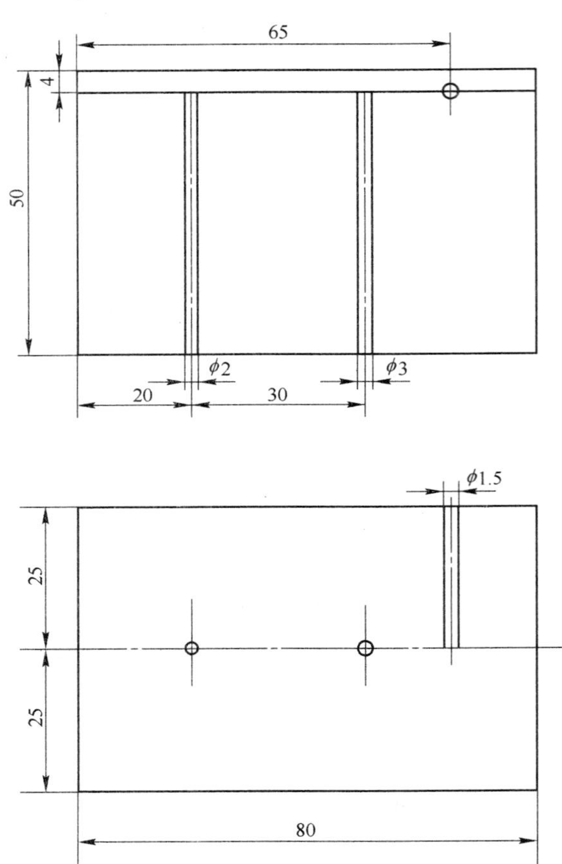

图 H.1 A 型对比试块(单位:mm)

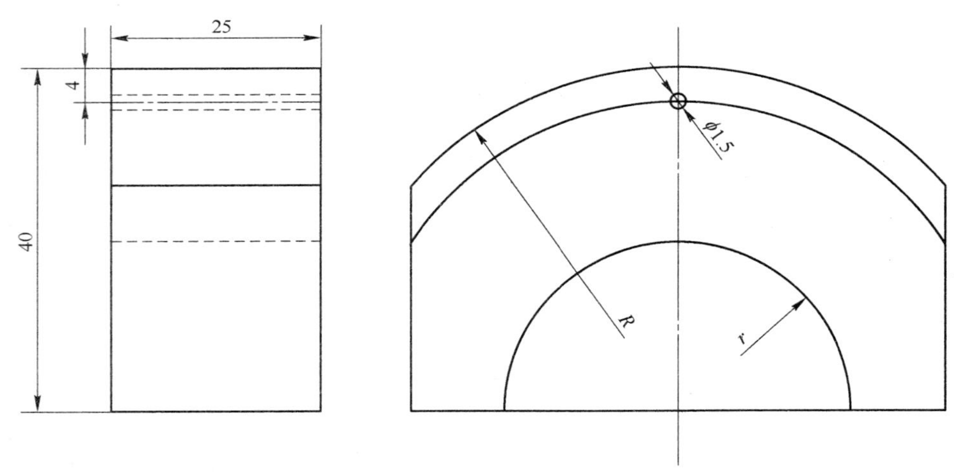

图 H.2 B 型对比试块(单位:mm)

H.4.2.3 对比试块应采用与被检工件材质相同或声学特性相近的材料,并应采用相同的焊接工艺制成。其母材、熔合面和焊接层中均不得有大于 φ2mm 平底孔当量直径的缺陷存在。试块焊接层表面的状态应与工件焊接层相同。

H.5 灵敏度校准

H.5.1 斜探头灵敏度的校准

将探头放在对比试块的焊接层表面上，移动探头，使其从 ϕ1.5mm 长横孔获得最大反射波，调整增益，使回波幅度为荧光屏满幅的 80%±5%，以此作为基准灵敏度。

注：平行轴向扫查时用 A 型对比试块；垂直轴向扫查时用 B 型对比试块。

H.5.2 双晶直探头灵敏度的校准

将探头放在对比试块的焊接层表面上，移动探头，使其从 ϕ3mm 平底孔获得最大反射波，调整增益，使回波幅度为荧光屏满幅的 80%±5%，以此作为基准灵敏度。

H.6 检测时机及检测范围

a) 每批焊接辊坯在进行预热前，随机抽查该批辊数量的 10%，对焊接辊轴向全长度范围内约 25mm 宽的焊接焊缝进行超声波检测，发现超标缺陷，应将检测比例扩大到 20%，若再发现有超标缺陷，则必须对该批辊全数检测。

b) 每批焊接辊精加工后，应对该批辊数量的 10%进行焊接面积 100%的超声波检测，发现超标缺陷，应将检测比例扩大到 20%，若再发现有超标缺陷，则必须对该批辊全数检测。

H.7 检测

H.7.1 检测面

使用双晶直探头和斜探头从焊接层侧对焊接层进行检测。

H.7.2 扫查灵敏度

在基准灵敏度基础上提高 6dB。

H.7.3 扫查方式

a) 采用斜探头检测时应在焊接层表面按 90°方向（平行轴向辊径和垂直轴向辊径）进行两次扫查；

b) 采用双晶直探头检测时应垂直于焊接方向进行扫查。扫查时，应保证分隔压电元件的隔声层平行于焊接方向；

c) 直探头扫描应在沿着连铸辊圆周方向每 50mm 的距离辊子整个长度的轴向进行。

H.7.4 扫查速度

最大不应超过 150mm/s，每次扫查覆盖率应大于探头直径的 15%。

H.7.5 缺陷当量尺寸的确定

采用 6dB 法。

H.8 验收标准

H.8.1 斜探头检测拒收条件

a) 当量大于等于 ϕ1.5-2dB 的缺陷；

b) 当量在 ϕ1.5-2dB 至 ϕ1.5-10dB 长度大于 10mm 的缺陷。

H.8.2 直探头检测拒收条件

a) 单个面积大于 10mm^{2}的缺陷；

b) 缺陷面积小于 10mm^2、与下一个缺陷的最小距离是相邻 2 个缺陷中较大缺陷的 10 倍。总的缺陷面积超过连铸辊表面的 5%。

H.8.3 判定为裂纹的危害性缺陷直接拒收。

H.9 报告

检测报告至少应包括以下内容：

a） 工件名称、材质、焊接材料、编号和委托单位；

b） 仪器型号、探头规格、试块、检测灵敏度、耦合剂和耦合补偿；

c） 检测部位和数据、检测部位草图、检验标准和检验结果；

d） 检测人员及其资格、审核人员及其资格；

e） 检测日期。

ICS 77.180
H 93

中华人民共和国黑色冶金行业标准

YB/T 4327—2013

连铸坯氢氧火焰切割技术规范

Oxyhydrogen flame cutting technical code for continuous casting product

2013-04-25 发布　　2013-09-01 实施

中华人民共和国工业和信息化部　发布

目　次

前　　言

本标准按照 GB/T 1.1—2009 给出的规则起草。

本标准由中国钢铁工业协会提出。

本标准由冶金机电标准化技术委员会归口。

本标准主要起草单位：中冶建筑研究总院有限公司、中冶焊接科技有限公司、福建省三钢(集团)有限责任公司。

本标准参加起草单位：上海重矿连铸技术工程有限公司、中钢集团工程设计研究院有限公司石家庄设计院、河南济源钢铁(集团)有限公司、中冶华天工程技术有限公司、上海新中冶金设备厂、贵阳特殊钢有限责任公司、山东冶金设计院有限责任公司。

本标准主要起草人：聂祯华、陈伯瑜、王勇、任世美、高志杰、陈林权、石正心、李雪兆。

本标准参加起草人：杨军平、翟向前、焉永刚、沈伟民、汪凌松、王颖、王川、许红宣、刘士鹏、任毅。

本标准为首次发布。

连铸坯氢氧火焰切割技术规范

1 范围

本标准规定了连铸坯氢氧火焰切割的术语和定义、基本规定、相关设备选型及安装要求、切割工艺、切割质量要求、切割系统的使用与维护、安全、环保及消防。

本标准适用于以氢氧混合气为燃气介质的连铸坯的手动、半自动及自动火焰切割。

2 规范性引用文件

下列文件对于本文件的应用是必不可少的。凡是注日期的引用文件，仅注日期的版本适用于本文件。凡是不注日期的引用文件，其最新版本(包括所有的修改单)适用于本文件。

GB 2894 安全标志及其使用导则

GB 9448 焊接与切割安全

GB 13495 消防安全标志

GB 15630 消防安全标志设置要求

GB 16912 深度冷冻法生产氧气及相关气体安全技术规程

GB/T 19774 水电解制氢系统技术要求

GB 50029 压缩空气站设计规范

GB 50052 供配电系统设计规范

GB 50058 爆炸和火灾危险环境电力装置设计规范

JB/T 5000.2—2007 重型机械通用技术条件 第2部分：火焰切割件

JB/T 8795 水电解氢氧发生器

3 术语和定义

下列术语和定义适用于本文件。

3.1

水电解氢氧混合气 water electrolysis hydrogen and oxygen mixed gas

水电解氢氧发生装置制取的含有饱和水蒸气的氢气、氧气混合气，其体积比为2∶1。

3.2

水电解氢氧发生器 electrolyzing water oxyhydrogen generator

以水电解法制取氢氧混合气的装置，包括电解电源、电解槽、水气分离器等单元设备。

3.3

电解槽 electrolyzer

水电解氢氧发生器进行电解反应制取氢氧混合气的主体部件。

3.4

安全水封 safe water seal

氢氧混合气输出的湿式防回火安全装置。

3.5

汇流安全柜 flow concentration holder

具有防回火功能的氢氧混合气体汇集装置。

3.6

连铸坯　continuous casting product

炼钢炉炼成的钢水经过连铸机铸造后得到的产品。从外形上主要分为方坯、矩形坯、板坯、圆坯、异型坯。

3.7

能源介质控制装置　medium energy control device

在连铸坯火焰切割过程中对能源介质(氧气、燃气等)的通断、流量、压力等工艺流程参数进行控制调节的专用设备。

4　基本规定

4.1　一般规定

4.1.1　氢氧火焰切割系统包含:氢氧混合气制备装置、电解用水制备装置、氧气供给装置、安全装置、能源介质控制装置、切割装置及管路等。

4.1.2　氢氧火焰用于金属火焰切割的预热过程、切割过程应同时具有满足连铸坯切割条件的氧气。

4.1.3　氢氧混合气工作压力应小于 0.1MPa,且随产随用,不得储存。

4.1.4　氢氧混合气由水电解氢氧发生器制取,并经安全装置,由管道输出至能源介质控制装置或切割装置。

4.2　氢氧发生间

4.2.1　设有水电解氢氧发生器的房间宜布置为独立建(构)筑物或车间内独立建(构)筑物。

4.2.2　氢氧发生间在连铸厂房内布置,应距离连铸机机坑边 3m 以上,并应尽量靠近火焰切割装置。

4.2.3　氢氧发生间附近存在热源时,应有良好的隔离措施。

4.2.4　氢氧混合气管路长度不宜大于 100m。

4.2.5　氢氧发生间宜为砖砌结构或砖混结构,房间隔墙应为非燃烧体。房屋净空不得低于 3.2m,同时应满足设备安装、维修和通风的要求,严禁安装装饰吊顶,其屋顶可以采用轻型材料,作为泄压面积。

4.2.6　氢氧发生间的安全出入口,不应少于两个,但面积不超过 $50m^2$ 的房间,可只设一个出入口。

4.2.7　氢氧发生间室内地面应为干燥、平整的硬质地面,无需预埋地脚螺栓,室内地坪承载能力不应小于 $1.5t/m^2$,门窗均应向外开启。

4.2.8　氢氧发生间内应预置电缆沟或敷设电缆桥架,电缆沟上应加盖盖板。

4.2.9　氢氧发生间内应设置排水管道。

4.3　氢氧发生间辅助设施

4.3.1　电气

4.3.1.1　氢氧发生间的供电,应按照 GB 50052 规定的负荷分类,宜为三级负荷,可采用一路供电。用电总负荷按电解电源额定功率之和的 1.2 倍设计。

4.3.1.2　氢氧发生间的室内照明,宜采用荧光灯等高效光源。灯具宜装在低于屋顶 0.3m 处,并不得装在氢氧发生器和安全水封的正上方,氢氧发生间内宜设置应急照明设备。

4.3.1.3　氢氧发生间应设置配电柜,向每台水电解氢氧发生器单独供电,并应设置紧急断电开关,断电开关应便于操作,配电柜应按相关标准要求接地。

4.3.1.4　氢氧发生间内在设有机械通风后,电器应按 2 区设防,并应符合 GB 50058 的相关规定。

4.3.2　给水排水

4.3.2.1　氢氧发生间的电解用水,可采用一路供水,供水压力宜为 0.15MPa～0.20MPa。

4.3.2.2　氢氧发生间如需冷却水系统,应采用循环水,供水压力宜为 0.15MPa～0.35MPa,并应设断水保护装置。水质应符合 GB/T 19774 的相关规定,排水温度应符合 GB 50029 的相关规定。

4.3.3 采暖通风

4.3.3.1 氢氧发生间内严禁用明火取暖，温度不应低于5℃，不得高于45℃。

4.3.3.2 氢氧发生间内应采用自然通风和机械通风，自然通风换气次数每小时不得少于3次，机械通风换气次数每小时不得少于12次，通风口应设在屋顶或隔墙较高处。

4.4 氢氧混合气管道及附件

4.4.1 氢氧混合气管道宜采用无缝钢管，通径应为DN12～DN20。

4.4.2 氢氧混合气管道阀门宜采用不锈钢球阀、截止阀。

4.4.3 氢氧混合气管道的连接，宜采用焊接。但与设备、阀门的连接，应采用螺纹连接。螺纹连接处，应采用聚四氟乙烯薄膜作为填料。

4.4.4 氢氧混合气管道穿过墙壁或楼板时，应敷设在套管内，套管内的管段不应有焊缝。

4.4.5 氢氧混合气管道与其他管道共架敷设或分层布置时，应布置在外侧并在上层。

4.4.6 输送氢氧混合气的管道，应有不小于2%的坡度，在管道最低点处应设排水装置，排水装置的排水应接至室外。

4.4.7 氢氧发生间内的氢氧混合气管道敷设时，宜沿墙、柱架空敷设，其高度不应妨碍交通并便于检修，与其他管道共架敷设时，应符合表1的规定。

4.4.8 车间内的氢氧混合气管道架空或明沟敷设时，应敷设在非燃烧体的支架上，与其他架空管线之间的最小净距，应按表1的规定执行。

表1 厂区、氢氧发生间及车间架空氢氧混合气管道与其他架空管线之间的最小净距

名　　称	平行净距 m	交叉净距 m
给水管、排水管	0.10	0.10
热力管(蒸汽压力不超过1.3MPa)	0.15	0.15
不燃气体管	0.10	0.10
燃气管、燃油管和氧气管	0.50	0.25
滑触线	3.00	0.50
裸导线	2.00	0.50
绝缘导线和电气线路	0.50	0.25
穿有导线的电线管	0.10	0.10
插接式母线、悬挂式干线	3.00	1.00

注1：氢氧混合气管道与氧气管道上的阀门、法兰及其他机械接头(如焊接点等)，在错开一定距离(0.5m以上)的条件下，其最小平行净距可减小到0.05m。

注2：同一使用目的的氢氧混合气管道和氧气管道并行敷设时，其最小平行净距可减小到0.05m。

4.4.9 氢氧混合气管道设计对施工及验收的要求，应符合下列规定：

a) 接触氢氧混合气的表面，应彻底去除毛刺、焊渣、铁锈和污垢等；

b) 碳钢管的焊接，宜采用氩弧焊打底；不锈钢管的焊接，应采用氩弧焊；

c) 管道、阀门、管件等在安装过程中及安装后，应采取严格措施防止焊渣、铁锈及可燃物等进入或遗留在管内；

d) 管道的试验介质和试验压力，应符合表2的规定；

表 2　氢氧发生间气体输出管道气密性试验介质和试验压力

管道工作压力 MPa	气密性试验	
	试验介质	试验压力 MPa
<0.1	空气、氮气或水	0.12

注 1:试验介质不应含油。

注 2:气密性试验达到规定试验压力后,保压 10min,然后降至工作压力,对焊缝及连接部位进行泄漏检查,以无泄漏为合格。

e）气密性试验合格后,应用不含油的空气或氮气,以不小于 20m/s 的流速进行吹扫,直至出口无铁锈、尘土及其他污物;

f）管道动火检修时,应用不含油的空气或氮气,以不小于 20m/s 的流速进行吹扫。

4.5　供水管道

4.5.1　向氢氧发生间供水的管道应采用镀锌管,主管道通径不小于 DN20,支管道通径不小于 DN15。

4.5.2　供水管道阀门应采用铜质或不锈钢球阀、截止阀。

4.5.3　供水管道之间的连接以及与设备、阀门的连接,应采用螺纹连接。螺纹连接处,应采用聚四氟乙烯薄膜作为填料。

4.5.4　管道穿过墙壁或楼板时,应敷设在套管内,套管内的管段不应有螺纹连接处。

4.5.5　氢氧发生间内的供水管道敷设时,宜沿墙、柱架空敷设,其高度不应妨碍交通并便于检修。

4.5.6　车间内的供水管道架空或明沟敷设时,在寒冷地区,管道应采取防冻措施。

4.5.7　氢氧发生间供水管道设计对施工及验收的要求,应符合下列规定:

a）接触生产用水的管道、阀门、管件,应彻底去除毛刺、铁锈和污垢等;

b）气密性试验合格后,应用不含油的空气或氮气,以不小于 20m/s 的流速进行吹扫,直至出口无铁锈、尘土及其他污物。

5　相关设备选型及安装要求

5.1　连铸坯氢氧火焰切割系统的相关设备及其选型

5.1.1　以氢氧混合气为燃气介质的连铸火焰切割系统一般应具备以下工艺设备:成组的水电解氢氧发生器及其动力配电控制系统,电解用水供应系统,氢氧混合气体输出安全保障装置,制氧站供给的管道高压氧(氧气汇流排),气、液压系统,相关能源介质控制装置,自动火焰切割机,切割割炬及割嘴,自动控制系统。

5.1.2　水电解氢氧发生器的制造应符合 JB/T 8795 的规定。

5.1.3　水电解氢氧发生器的选型及数量,应根据下列要求和因素,经技术经济比较后确定。

5.1.3.1　水电解氢氧发生器应按切割不同厚度钢(板)坯割炬所需氢氧混合气流量进行选型,可参照表 3 的规定。

表 3　切割厚度与氢氧混合气流量对照表

钢(板)坯厚度 mm	氢氧混合气流量 m^3/h
≤60	1～3
60～100	3～6
>100～150	5～8

表 3(续)

钢(板)坯厚度 mm	氢氧混合气流量 m^3/h
150～200	7～12
200～250	10～14
250～300	12～16
300～400	14～20

5.1.3.2　用户对氢氧混合气压力、流量的要求。

5.1.3.3　水电解氢氧发生器的技术参数。

5.1.3.4　氢氧发生间设置2台及以上水电解氢氧发生器时，其型号宜相同。

5.1.3.5　氢氧混合气输出应设置切断阀、回流阀、放空阀、安全阀及防回火装置。

5.1.3.6　水电解氢氧发生器应设置压力调节装置、自动压力控制装置。

5.1.3.7　每套水电解氢氧发生器的出气口应设置放空阀。

5.1.3.8　水电解氢氧发生器数量，应按氢氧混合气昼夜平均小时耗量或班平均小时耗量确定。

5.1.4　电解用水应符合水电解氢氧发生器的用水要求。

5.1.4.1　电解用水的水质宜符合 GB/T 19774 的相关规定。

5.1.4.2　氢氧发生间内制取电解水的离子交换装置或纯水制取装置的容量，不宜小于4小时电解水消耗量。储水箱的容积，不宜小于8小时电解水消耗量。

5.1.4.3　储水箱应采用不污染电解水质和耐腐蚀的材料制作。

5.1.5　电解液的质量宜符合 GB/T 19774 的相关规定。

5.1.6　应配备氢氧混合气体的输出安全保障装置，宜设置两级(含)以上防护。

5.1.7　切割用氧气纯度应为99.5%以上，每支割炬流量不应低于 $60m^3/h$，工作压力不应低于0.8MPa。

5.1.8　采用氧气汇流排供应氧气时，汇流排的设计、安装、使用应符合 GB 16912 的相关规定。

5.1.9　能源介质控制装置中每流氢氧混合气管路应为独立管路进出。

5.1.10　连铸火焰切割设备要求：行走平稳，预热可靠，可实现自动、半自动和手动操作。

5.1.11　切割割炬的各种介质输入口接体与各输入软管接头的配合应能保证互换性和气密性，推荐的接口螺纹尺寸为：切割氧 G1/2″；预热氧 G3/8″；燃气 G1/2″(左)；进出水 G3/8″。氢氧混合气连接软管应采用不锈钢金属软管。

5.1.12　以氢氧混合气为燃气介质的割嘴宜使用氢氧混合气专用割嘴，其接头螺纹与割炬连接体的配合应能保证互换性和气密性。割嘴在使用过程中应保证密封环无损伤、各气道无阻塞。

5.2　水电解氢氧混合气制取及供气系统的工艺布置

5.2.1　水电解氢氧发生器、动力配电柜、电解用水制备装置应布置于氢氧发生间内。

5.2.1.1　水电解氢氧发生器的布置方式可采用双排面对面摆放或单排摆放，氢氧发生间内的主要通道、设备之间及设备与墙之间的净距，不宜小于表4的规定。

表4　氢氧发生器布置要求

名　称	水电解氢氧发生器	
	整体机 m	分体机 m
主要通道	2.5	2.0

表 4(续)

名　称	水电解氢氧发生器	
	整体机 m	分体机 m
氢氧发生器之间	0.5	0.5
氢氧发生器与墙之间	1.5	1.5
注:水电解氢氧发生器与辅助设备及辅助设备与辅助设备之间的净距,应按技术功能确定。		

5.2.1.2　动力配电柜(箱)应在氢氧发生间室内安全出口的附近靠墙放置,并应考虑兼顾足够的操作空间和易于敷设电缆。

5.2.1.3　氢氧发生间电解水制备装置,应包含水泵、储水箱,并应连续或间断的对水电解槽补水。

5.2.2　安全防回火装置应放置在氢氧发生间外,临近氢氧发生间且距火焰切割机较近的一侧外墙布置,或临近能源介质箱附近布置,不宜布置在人员密集处和主要安全通道处。

5.2.3　能源介质控制装置应放置在火焰切割机附近,距连铸机机坑边不小于 3m 处。

5.2.4　在寒冷地区,氢氧发生间、汇流安全柜及管道应采取防冻措施进行保护。

5.3　水、电、气管线安装

5.3.1　氢氧发生间的电控及电缆安装

5.3.1.1　氢氧发生间内应安装动力配电柜(箱),并应保证每台水电解氢氧发生器额定的最大用电容量。

5.3.1.2　每台水电解氢氧发生器应由动力配电柜(箱)内相应的空气开关单独控制,并应将三相四线制电缆敷设到水电解氢氧发生器后部,预留 1.5m。

5.3.1.3　电缆应放置于电缆沟或电缆桥架内,沿氢氧发生间内墙敷设。

5.3.1.4　每台水电解氢氧发生器均应按相关标准要求接地。

5.3.2　氢氧混合气输出管路安装

5.3.2.1　每台水电解氢氧发生器产生的氢氧混合气均应经过输出管道独立进入汇流安全柜,然后由每组安全柜的输出口经过管道进入能源介质箱中相应的燃气支路,或直接经管道进入火焰切割机燃气进口。

5.3.2.2　氢氧混合气输出管路应采用明敷方式,可根据现场实际情况,综合采用沿墙、沿柱或沿设备等架空敷设方式。

5.3.2.3　氢氧发生间内的输出管道应沿墙架空敷设,成列平行于地面,焊接或用管卡固定在管架型钢上,管道轴向中心线距室内地面标高不宜低于 2.5m。

5.3.2.4　氢氧发生间外输出管路(包括汇流安全柜之前以及到能源介质箱的连接管路)应沿墙或沿柱架空敷设,且不得阻碍人员行走或行车起吊重物。

5.3.2.5　放空阀排气管出口应设在氢氧发生器后部。

5.3.2.6　气体管路安装完毕后,应用空气或氮气进行吹扫,确保无阻塞或泄漏。

5.3.3　供水管路安装

5.3.3.1　氢氧发生间内应设置一路供水主管路,分别向氢氧发生间内的每台水电解氢氧发生器和氢氧发生器间外的安全柜供水,管路进水口一端应安装控制阀门。

5.3.3.2　供水管路应采用明敷方式,根据现场实际情况,综合采用沿墙或沿柱等架空敷设。

5.3.3.3　氢氧发生间内的供水管网应沿墙架空敷设,用管卡固定在管架上。

6　切割工艺

6.1　低碳钢和低合金钢连铸坯切割工艺

6.1.1　氢氧火焰切割低碳钢和低合金钢连铸坯的工艺参数要求如表 5 所示。

表5　常用氢氧火焰切割连铸坯工艺参数

切割厚度 mm	切割速度 mm/min	氢氧混合气耗量 m^3/h	氧气压力 MPa	燃气压力 MPa	割嘴喉径 mm
100～150	550～450	5～8	0.8～1.2	0.04～0.09	1.7～2.3
150～200	450～400	7～12			2.1～2.6
200～250	400～300	10～14			2.3～2.9
250～300	300～250	12～16			2.6～3.3
300～400	250～150	14～20			2.9～3.6
注：切割温度在700℃以上。					

6.1.2　切割工艺要点应符合下列规定：

a）　割炬到达预热位置预热2s～5s；

b）　切割氧(高压氧)电磁阀开启1s～3s后开始切割；

c）　切割完毕切割氧(高压氧)电磁阀关闭；

d）　切割机返回初始位置。

6.2　合金钢连铸坯切割工艺

6.2.1　工艺要点

对于火焰切割方法难以切割的材料(如不锈钢等合金钢)，一般应采用氧-熔剂切割法(又称为金属粉末切割法)进行切割。通过向切割区域送入金属粉末(铁粉、铝粉等)，利用它们的燃烧热和除渣作用实现连续切割的目的。

6.2.2　切割设备

应采用氧-熔剂切割设备，在火焰切割机上增加熔剂专用送粉装置。

6.2.3　合金钢连铸坯切割的工艺参数要求如表6所示。

表6　合金钢连铸坯切割的工艺参数(外送粉工艺)要求

工艺参数	厚度/mm			
	≤100	100～150	150～200	>200
氧气压力/MPa	0.7～1.2			
氧气耗量/(m^3/h)	60			
氢氧混合气压力/MPa	0.04～0.09			
氢氧混合气耗量/(m^3/h)	5～8	7～12	10～14	12～18
熔剂耗量/(g/cm^2)	1～3			
切割速度/(mm/min)	360～450	300～380	240～320	180～260
注：切割不锈钢及高铬钢时，熔剂一般为铁粉，粒度为0.05mm～0.1mm。				

7　切割质量要求

7.1　连铸坯氢氧火焰切割的切割表面质量检测要求及检测方法

以氢氧混合气为燃气介质的切割机自动与半自动切割表面质量检测要求及检测方法，应符合JB/T 5000.2的相关规定。

7.2　连铸坯氢氧火焰切割的切割质量要求

以氢氧混合气为燃气介质的自动与半自动切割机的切割表面质量，应符合JB/T 5000.2—2007的

2/B级标准。

8 切割系统的使用与维护

8.1 使用要求

8.1.1 所有设备应按制造厂提供的操作说明书或操作规程使用，且应符合本规范的要求。

8.1.2 安全防回火装置、断水保护装置等所有运行使用中的设备应处于正常的工作状态，出现异常时，应停止使用，并应由专业维修人员进行检查维护。

8.1.3 冷却水应符合4.3.2.2的要求。

8.1.4 采用水电解氢氧发生器制取氢氧混合气，应定期检查设备输出压力情况、电解槽及安全水封水位，严格按操作说明书进行操作。

8.1.5 连铸切割的坯头、坯尾，钢坯摆动或弯曲过大不能正常预热时，不应采用自动切割。

8.1.6 切割完毕，应在关闭燃气阀门后关闭水电解氢氧发生器，同时打开排空管道的排空阀，排空余气。

8.2 维护

8.2.1 各类安全装置应定期检查，确保完好、灵敏、可靠。

8.2.2 切割系统应定期检查维护，保证切割设备及管路处于完好状态。严格执行相关的技术操作、安全使用规程，割嘴应定期更换。

8.2.3 切割过程中应定期进行设备巡检。

8.2.4 切割时若发生回火或返渣现象，应立刻依次关闭切割氧、氢氧混合气输出控制阀，中止切割，及时查明原因并处理后，方可进行下一次切割。

8.2.5 电气部分应定期检查、清理，避免可能影响通风、绝缘的灰尘和纤维物积聚。设备不使用时应保持清洁干燥。

9 安全、环保及消防

9.1 为了防止作业人员或邻近区域的其他人员受到切割飞溅的伤害，必要时应采用不可燃或耐火屏板(或屏罩)加以隔离保护。

9.2 作业人员在近距离切割操作时，应穿戴好必要的防护用品。

9.3 切割作业时除执行本规范外，还应符合GB 9448的相关规定。

9.4 管道、阀门和安全水封装置冻结时，只能用热水或蒸汽加热解冻，严禁使用明火烘烤。动火检修前应用氮气置换。

9.5 设备、管道和阀门等连接点泄漏检查，可采用肥皂水或携带式可燃性气体防爆检测仪，禁止使用明火。

9.6 不得在密闭的室内排放氢氧混合气。

9.7 切割系统氧气管路应进行脱脂处理，并应符合GB 16912的相关规定。

9.8 氧气和氢氧混合气等气体的置换应符合GB 16912的规定。

9.9 连铸切割系统采用水电解氢氧发生器时，其使用、维护应符合JB/T 8795的相关规定。

9.10 切割作业所产生的烟尘、气体、火花及热辐射等可能导致危害的地方，应按照GB 2894、GB 13495、GB 15630的相关规定设置警告标志进行提示。

9.11 氢氧发生间内和设有氧气汇流排、能源介质控制装置的场所应配备相应的灭火器材。

9.12 氢氧火焰维护人员应防止外露皮肤烧伤。

ICS 77.160
H 72

中华人民共和国有色金属行业标准

YS/T 61—2007
代替 YS/T 61—1993

高速线材轧制用硬质合金辊环

Cemented carbide rolls for high-speed wire rods

2007-04-13 发布　　2007-10-01 实施

中华人民共和国国家发展和改革委员会　发布

前　言

本标准是对 YS/T 61—1993《线材轧制用硬质合金辊环》的修订。

本标准与 YS/T 61—1993 相比，主要变化如下：

——本标准的名称修改为《高速线材轧制用硬质合金辊环》；

——修改了型号表示规则；

——补充了外径大于 220mm 大规格的型号；

——修改了尺寸精度等级及其允许偏差；

——修改了形位允许偏差；

——增加了辊环表面质量、尺寸精度、形位精度的检验规则和试验方法。

本标准由全国有色金属标准化技术委员会提出并归口。

本标准由株洲硬质合金集团有限公司负责起草。

本标准主要起草人：龚斌、姚曼萍、彭伟、杨建国。

本标准由全国有色金属标准化技术委员会负责解释。

本标准所代替标准的历次版本发布情况为：

——YS/T 61—1993。

高速线材轧制用硬质合金辊环

1 范围

本标准规定了硬质合金辊环的分类、要求、检验规则与试验方法及标志、包装、运输、贮存等。

本标准适用于高速线材轧制用硬质合金辊环。

2 规范性引用文件

下列文件中的条款通过本标准的引用而成为本标准的条款。凡是注日期的引用文件，其随后所有的修改单（不包括勘误的内容）或修订版均不适用于本标准，然而，鼓励根据本标准达成协议的各方研究是否可使用这些文件的最新版本。凡是不注日期的引用文件，其最新版本适用于本标准。

GB/T 5242 硬质合金制品检验规则与试验方法

GB/T 5243 硬质合金制品的标志、包装、运输和贮存

3 产品分类

3.1 型号表示规则

硬质合金辊环的型号由辊环代号（用大写汉语拼音字母 G 表示）、外径的三位整数及两位小数（不足三位整数时前面加“0”填位）、外径与内径的分隔符、内径的三位整数及两位小数（不足三位整数时前面加“0”填位）、内径与高度的分隔符及高度的三位整数两位小数（不足三位整数时前面加“0”填位）组合而成。小数位若全为“0”可省略。辊环槽型的形状和尺寸，可以由供方在型号后附加说明。

示例：

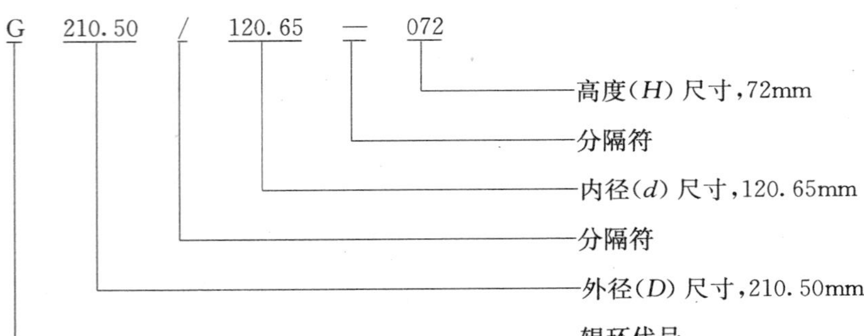

3.2 辊环的常用型号、尺寸及示意图

辊环的常用型号、尺寸见表 1，示意图见图 1。

表 1 单位为毫米

型　号	外径 D	内径 d	高度 H	内角边长 e	外角 $e_1 \times e_2$
G155.60/087.30-070	155.60	87.30	70.00	1.5	1.5×1.5
G156/094-044.50	156.00	94.00	44.50	1.5	1.5×1.5
G156/094-057.30	156.00	94.00	57.30	1.5	1.5×1.5
G156/092-062	156.00	92.00	62.00	1.5	1.5×1.5
G156/094-070	156.00	94.00	70.00	1.5	1.5×1.5

表 1(续)

单位为毫米

型　号	外径 D	内径 d	高度 H	内角边长 e	外角 $e_1 \times e_2$
G158.75/087.31-062	158.75	87.31	62.00	1.5	5.0×8.5
G158.75/087.75-062	158.75	87.75	62.00	1.5	1.0×1.0
G166/095-032	166.00	95.00	32.00	1.5	0.5×0.5
G166/095-062	166.00	95.00	62.00	1.0	1.0×1.0
G170.66/094-057.20	170.66	94.00	57.20	1.5	1.0×1.0
G170.66/094-070	170.66	94.00	70.00	1.5	1.0×1.0
G170/095-069	170.00	95.00	69.00	1.5	1.5×1.5
G170.66/095-070	170.66	95.00	70.00	1.5	1.5×1.5
G178.30/094.70-062.30	178.30	94.70	62.30	1.5	1.5×1.5
G180/087.32-072	180.00	87.32	72.00	1.5	1.0×1.0
G183/087.70-072	183.00	87.70	72.00	1.5	1.5×1.5
G186/092-072	186.00	92.00	72.00	1.5	1.0×1.0
G208/110-072	208.00	110.00	72.00	1.5	1.5×1.5
G208/126-065	208.00	126.00	65.00	1.5	1.5×3.0
G208/126-072	208.00	126.00	72.00	1.5	2.0×10.0
G208/128-072	208.00	128.00	72.00	1.5	1.5×1.5
G210/094-071.70	210.00	94.00	71.70	1.5	1.0×1.0
G210.50/120.65-072	210.50	120.65	72.00	1.5	1.5×1.5
G210/135-072	210.00	135.00	72.00	3.0	2.3×4.0
G212/095-060	212.00	95.00	60.00	1.0	1.0×1.0
G212/095-072	212.00	95.00	72.00	1.0	1.0×1.0
G212/120-060	212.00	120.00	60.00	1.0	1.0×1.0
G212/120-072	212.00	120.00	72.00	1.0	1.0×1.0
G216/160-064	216.00	160.00	64.00	1.5	1.5×3.5
G228.30/126-072	228.30	126.00	72.00	1.5	1.0×1.0
G228.34/130-071.70	228.34	130.00	71.70	1.5	1.0×1.0
G228.34/130-059	228.34	130.00	59.00	1.5	1.5×1.5
G247.37/145-090	247.37	145.00	90.00	1.5	1.0×1.0
G285/160-070	285.00	160.00	70.00	1.5	1.5×1.5
G285/160-095	285.00	160.00	95.00	1.5	1.0×1.0
G318/260-030	318.00	260.00	30.00	1.5	1.5×1.5

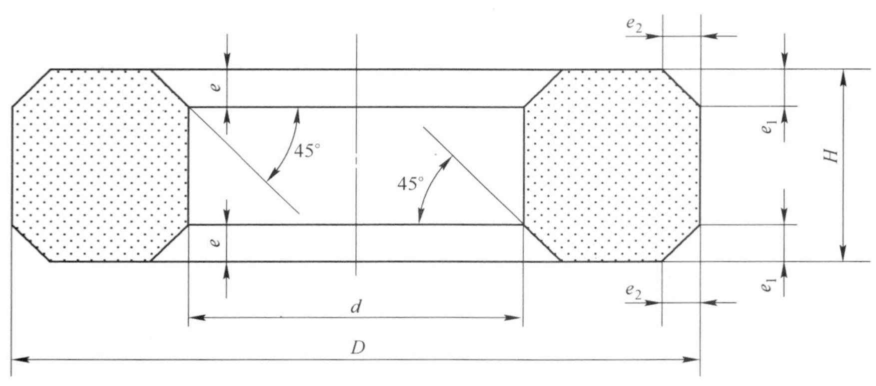

图 1

3.3 辊环的槽型

辊环的槽型示意图见图 2，槽型内圆弧 r_1、r_2，槽型深度 h_1、h_2，槽边距 l_1、l_2 尺寸及允许偏差由供需双方协商确定。

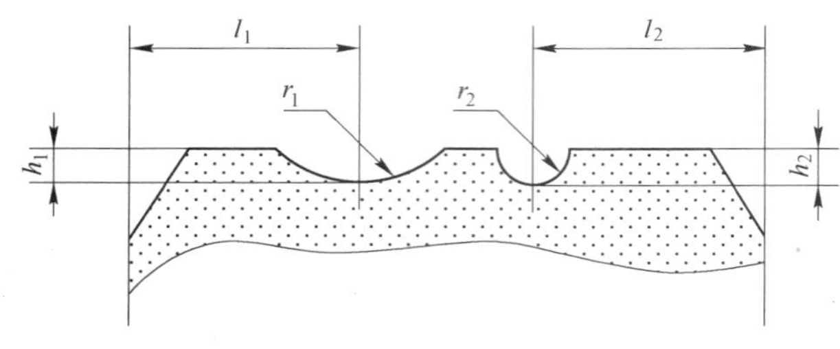

图 2

4 要求

4.1 性能、组织结构

辊环的物理力学性能、金相组织结构应符合相关标准或合同的规定。

4.2 表面质量

辊环表面不允许有影响使用的分层、裂纹、孔洞、掉块等表面缺陷。

4.3 尺寸精度等级及其允许偏差

辊环外径、内径、高度精度等级及其允许偏差见表 2。

表 2

单位为毫米

精度等级	外径≤200		外径>200	
	较高级	普通级	较高级	普通级
外径允许偏差	±0.02	±0.05	±0.03	±0.05
内径允许偏差	+0.020 0	+0.035 0	+0.025 0	+0.050 0
高度允许偏差	±0.025	±0.10	±0.05	±0.10

4.4 形位精度

4.4.1 辊环表面粗糙度要求见表 3。

表 3

单位为微米

项　目	端　面	内　孔	外　圆	轧槽凹面
表面粗糙度 *Ra*	≤0.4	≤0.4	≤0.8	≤0.8

4.4.2　辊环形位允许偏差应符合表 4 的规定。

表 4

单位为毫米

项　目	外径≤200		外径＞200	
	较高级	普通级	较高级	普通级
槽的径向跳动	0.013	0.025	0.020	0.030
外圆径向跳动	0.013	0.025	0.020	0.030
端面跳动	0.010	0.020	0.015	0.025
两端面平行度	0.010	0.025	0.015	0.030
内孔圆柱度	0.008	0.020	0.010	0.025

4.5　需方如对辊环有特殊需要，供需双方协商解决。

5　试验方法

5.1　辊环的物理力学性能、金相组织结构试验方法按 GB/T 5242 规定进行。

5.2　辊环的表面质量采用目视法进行检查。

5.3　辊环的外径、内径、高度采用相应精度的量具进行检验。

5.4　辊环的槽型采用供需双方确认的样板进行检验。

5.5　辊环的表面粗糙度采用样板比较法或粗糙度仪进行检测。

5.6　辊环的形位允许偏差采用百分表进行检测。

6　检验规则

6.1　检查和验收

6.1.1　辊环应由供方质量监督部门进行检验，保证辊环质量符合本标准的规定，并填写质量证明书。

6.1.2　需方应对收到的辊环按本标准的规定进行检验，如检验结果与本标准或订货合同不符时，应在收到辊环之日起三个月内向供方提出，由供需双方协商解决。如需仲裁，仲裁取样在需方共同进行。

6.2　组批

辊环应成批提交验收，每批应由同一牌号、同一混合料生产的辊环组成。

6.3　检验项目

每批辊环应进行物理力学性能、金相组织结构、表面质量、尺寸精度和形位精度的检验。

6.4　取样

产品取样应符合表 5 的规定。

表 5

检验项目	取样与制样方法	要求的章条号	试验方法的章条号
物理力学性能	按 GB/T 5242 规定进行	4.1	5.1
金相组织结构	按 GB/T 5242 规定进行	4.1	5.1
表面质量	逐　件	4.2	5.2

表 5(续)

检验项目	取样与制样方法	要求的章条号	试验方法的章条号
尺寸精度	逐　件	4.2	5.3、5.4
形位精度	逐　件	4.4	5.5、5.6

6.5　检验结果判定

6.5.1　物理力学性能、金相组织结构仲裁分析结果与相关标准或合同不符时，按 GB/T 5242 规定进行重复试验，若仍不合格，则判该批辊环不合格。

6.5.2　表面质量、尺寸精度和形位精度不符合本标准规定时，则判该件辊环不合格。

7　标志、包装、运输、贮存

辊环的标志、包装、运输及贮存按 GB/T 5243 规定进行。

8　订货单(或合同)内容

合同(或订货单)应包括下列内容：

a)　产品名称；

b)　产品牌号、型号；

c)　技术要求；

d)　产品净重(或件数)；

e)　本标准编号。

三、相关方法标准

UDC 669.14:620.181.19
H 24

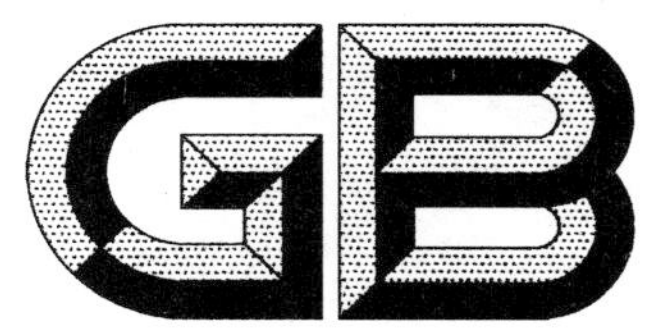

中华人民共和国国家标准

GB 226—1991

钢的低倍组织及缺陷酸蚀检验法

Etch test for macrostructure and defect of steels

1991-06-22 发布　　1992-03-01 实施

国家技术监督局 发布

中华人民共和国国家标准

钢的低倍组织及缺陷酸蚀检验法

Etch test for macrostructure and defect of steels

GB 226—1991

代替 GB 226—1977

本标准参照采用国际标准 ISO 4969—1980《钢　强矿物酸腐蚀下的宏观检验(酸浸低倍检验)》。

1　主题内容与适用范围

本标准规定了检验钢的低倍组织及缺陷的热、冷酸浸蚀法和电腐蚀法。

本标准适用于钢的低倍组织及缺陷的检验。仲裁检验时,若技术条件无特殊规定,以热酸浸法为准。

2　试样

2.1　试样的截取

试样截取的部位、数量和试验状态,按有关标准、技术条件或双方协议的规定进行。若无规定时,可在钢材(坯)上按熔炼(批)号抽取两支试样。生产厂应自缺陷最严重部位取样,一般在相当于第一和最末盘(支)钢锭的头部截取。

连铸坯应按熔炼(批)号、调整连铸拉速正常后的第一支坯上,截取一支试样;另一支试样在浇注中期截取。

2.2　取样方法

取样可用剪、锯、切割等方法。试样加工时,必须除去由取样造成的变形和热影响区以及裂缝等加工缺陷。加工后试面的表面粗糙度应不大于 1.6μm,冷酸浸蚀法不大于 0.8μm,试面不得有油污和加工伤痕,必要时应预先清除。

试面距切割面的参考尺寸为:

a.　热切时不小于 20mm;

b.　冷切时不小于 10mm;

c.　烧割时不小于 40mm。

2.3　试样尺寸

横向试样的厚度一般为 20mm,试面应垂直钢材(坯)的延伸方向。纵向试样的长度一般为边长或直径的 1.5 倍,试面一般应通过钢材(坯)的纵轴,试面最后一次的加工方向应垂直于钢材(坯)的延伸方向。钢板试面的尺寸一般长为 250mm,宽为板厚。

3　试验方法

下列方法,其参数的选择应保证准确显示钢的低倍组织及缺陷。各类酸的比重如下:

盐酸(ρ20 1.19g/mL);硫酸(ρ20 1.84g/mL);

硝酸(ρ20 1.40g/mL)。

3.1　热酸浸蚀法

根据不同钢种选择相应的酸液,其浸蚀时间及温度参照表 1。

国家技术监督局 1991-06-22 批准　　　　1992-03-01 实施

表 1

<table>
<tr><th>分 类</th><th>钢 种</th><th>酸蚀时间,min</th><th>酸液成分</th><th>温度,℃</th></tr>
<tr><td>1</td><td>易切削钢</td><td>5～10</td><td rowspan="5">1∶1(容积比)工业盐酸水溶液</td><td rowspan="5">60～80</td></tr>
<tr><td>2</td><td>碳素结构钢、碳素工具钢、硅锰弹簧钢、铁素体型、马氏体型、复相不锈耐酸、耐热钢</td><td>5～20</td></tr>
<tr><td>3</td><td>合金结构钢、合金工具钢、轴承钢、高速工具钢</td><td>15～20</td></tr>
<tr><td rowspan="2">4</td><td rowspan="2">奥氏体型不锈钢、耐热钢</td><td>20～40</td></tr>
<tr><td>5～25</td></tr>
</table>

<table>
<tr><th>分 类</th><th>钢 种</th><th>酸蚀时间,min</th><th>酸液成分</th><th>温度,℃</th></tr>
<tr><td>4</td><td>奥氏体型不锈钢、耐热钢</td><td>5～25</td><td>盐酸 10 份,硝酸 1 份,水 10 份(容积比)</td><td>60～70</td></tr>
<tr><td>5</td><td>碳素结构钢、合金钢、高速工具钢</td><td>15～25</td><td>盐酸 38 份,硫酸 12 份,水 50 份(容积比)</td><td>60～80</td></tr>
</table>

试样浸蚀时,试面不得与容器或其他试样接触,试面上的腐蚀产物可选用 3%～5%碳酸钠水溶液或 10%～15%(容积比)硝酸水溶液刷除,然后用水洗净吹干;也可用热水直接洗刷吹干。

若浸蚀过深,必须将试面重新加工,除去 1mm 以上再进行浸蚀。

3.2 冷酸浸蚀法

本方法有浸蚀和擦蚀两种,一般用于大试件的低倍检验。常用冷蚀液成分及其适用范围参照表 2。

表 2

<table>
<tr><th>编 号</th><th>冷蚀液成分</th><th>适用范围</th></tr>
<tr><td>1</td><td>盐酸 500mL,硫酸 35mL,硫酸铜 150g</td><td rowspan="3">钢与合金</td></tr>
<tr><td>2</td><td>氯化高铁 200g,硝酸 300mL,水 100mL</td></tr>
<tr><td>3</td><td>盐酸 300mL,氯化高铁 500g 加水至 1000mL</td></tr>
<tr><td>4</td><td>10%～20%过硫酸铵水溶液</td><td rowspan="3">碳素结构钢,合金钢</td></tr>
<tr><td>5</td><td>10%～40%(容积比)硝酸水溶液</td></tr>
<tr><td>6</td><td>氯化高铁饱和水溶液加少量硝酸(每 500mL 溶液加 10mL 硝酸)</td></tr>
<tr><td>7</td><td>硝酸 1 份,盐酸 3 份</td><td rowspan="2">合金钢</td></tr>
<tr><td>8</td><td>硫酸铜 100g,盐酸和水各 500mL</td></tr>
<tr><td>9</td><td>硝酸 60mL,盐酸 200mL,氯化高铁 50g,过硫酸铵 30g,水 50mL</td><td>精密合金,高温合金</td></tr>
<tr><td>10</td><td>100～350g 工业氯化铜氨,水 1000mL</td><td>碳素结构钢,合金钢</td></tr>
</table>

注:①选用第 1、8 号冷蚀液时,可用第 4 号冷蚀液作为冲刷液。

②表 2 中 10 号试剂试验验证时的钢种为 16Mn。

3.3 电腐蚀法

3.3.1 设备装置

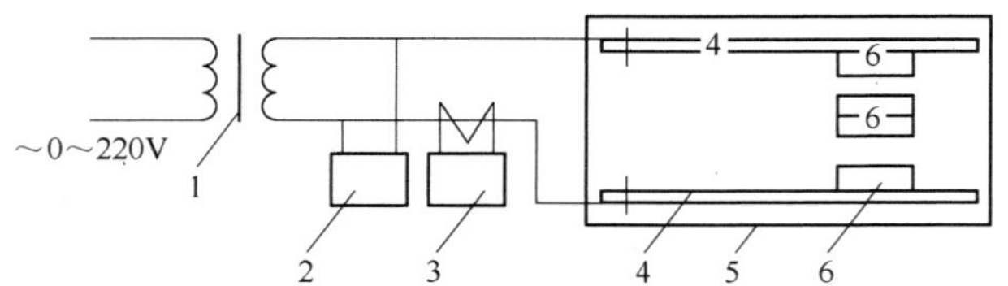

1—变压器(输出电压≤36伏);2—电压表;3—电流表;
4—电极钢板;5—酸槽;6—试样

3.3.2 酸液成分为15%~30%(容积比)工业盐酸水溶液,通常使用电压小于36V,电流强度小于400A,电蚀时间为5~30min。

3.3.3 试样放在两极板之间,必须为酸液所浸没,试面间不能互相接触,并应和电极板平行。

4 结果评定

钢的低倍组织及缺陷的评定,按有关标准或双方协议的技术条件进行。

5 试样的保存

为了将试样保存一定的时间,建议采用下列方法:

a. 中和法:用10%氨水酒精溶液浸泡后,再以热水冲洗刷净,并吹干;

b. 钝化法:短时间地浸入浓硝酸(大约5s);钝化后的试样用热水冲洗刷净并干燥;

c. 涂层保护法:涂清漆、塑料膜等。

6 检验报告

检验报告应包括下列内容:

a. 委托单位;

b. 钢号;

c. 熔炼(批)号;

d. 试样号;

e. 检验表面的位向;

f. 检验结果,缺陷类型及级别,情况;

g. 检验者及检验日期。

附加说明:

本标准由中华人民共和国冶金工业部提出。

本标准由冶金部钢铁研究总院负责起草。

本标准主要起草人王文英、孙维䌷。

本标准水平等级标记 GB 226—91 I

ICS 77.040.10
H 22

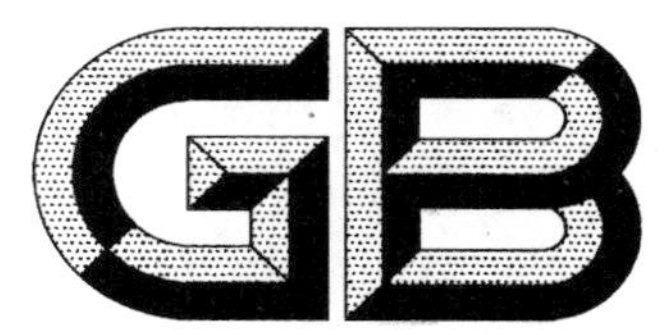

中华人民共和国国家标准

GB/T 228.1—2010
代替 GB/T 228—2002

金属材料　拉伸试验
第1部分:室温试验方法

**Metallic materials—Tensile testing—
Part 1:Method of test at room temperature**

(ISO 6892-1:2009,MOD)

2010-12-23 发布　　2011-12-01 实施

中华人民共和国国家质量监督检验检疫总局
中国国家标准化管理委员会　发布

目　次

前　言

本标准按照 GB/T 1.1—2009 给出的规则起草。

GB/T 228《金属材料　拉伸试验》分为以下四个部分：

——第 1 部分：室温试验方法；

——第 2 部分：高温试验方法；

——第 3 部分：低温试验方法；

——第 4 部分：液氦试验方法。

本部分为 GB/T 228 的第 1 部分。

本部分修改采用国际标准 ISO 6892-1：2009《金属材料　拉伸试验　第 1 部分：室温试验方法》(英文版)。

本部分的整体结构、层次划分、编写方法和技术内容与 ISO 6892-1：2009 基本一致。

本部分对国际标准在以下方面进行了修改和补充，并在正文中它们所涉及的条款的页边空白处用垂直单线标识：

——在规范性引用文件中，本部分直接引用与国际标准相对应的我国国家标准；

——增加了规范性引用文件 GB/T 8170《数值修约规则与极限数值的表示和判定》，GB/T 10623《金属材料　力学性能试验术语》和 GB/T 22066《静力单轴试验机用计算机数据采集系统的评定》；

——将第 7 章中原始横截面积三次测量的最小值改为平均值；

——在第 12 章中增加了对于上、下屈服强度位置判定的基本原则；

——增加了第 22 章“试验结果数值的修约”；

——增加了规范性附录 J 逐步逼近方法测定规定塑性延伸强度(R_p)；

——增加了资料性附录 K 卸力方法测定规定残余延伸强度($R_{r0.2}$)举例；

——对于附录 B、附录 C、附录 D 和附录 E 中比例试样和非比例试样的细节描述进行了相应修改；

——修改了测量不确定度的评定方法，形成附录 L 拉伸试验测量结果不确定度的评定。

为便于使用，本部分还做了下列编辑性修改：

a)　“本部分国际标准”一词改为“本部分”；

b)　用小数点“.”代替作为小数点的逗号“,”；

c)　删除了国际标准前言。

本部分代替 GB/T 228—2002《金属材料　室温拉伸试验方法》，本部分对原标准在以下方面的技术内容进行了较大修改和补充：

——修改了标准名称；

——规范性引用文件；

——增加了试验速率的控制方法：方法 A 应变速率控制方法；

——试验结果数值的修约；

——拉伸试验测量不确定度的评定方法；

——增加了资料性附录 A 计算机控制拉伸试验机使用时的建议；

——增加了资料性附录 F 考虑试验机刚度(或柔度)后估算的横梁位移速率。

本部分的附录 A、附录 F、附录 G、附录 H、附录 I、附录 K、附录 L、附录 M 为资料性附录，本部分的附录 B、附录 C、附录 D、附录 E、附录 J 为规范性附录。

本部分由中国钢铁工业协会提出。

本部分由全国钢标准化技术委员会归口。

本部分起草单位：钢铁研究总院、济南试金集团有限公司、冶金工业信息标准研究院、宝钢股份公司、美特斯工业系统中国有限公司、首钢总公司、上海华龙测试仪器有限公司、上海出入境检验检疫局、大连希望设备有限公司、上海材料研究所、北京有色金属研究院。

本部分主要起草人：高怡斐、梁新帮、董莉、孙善烨、李和平、安建平、朱林茂、王萍、卢长城、殷建军、吴益文、王滨、王福生、吴朝晖。

本部分所代替标准的历次版本发布情况为：

——GB/T 228—1963，GB/T 228—1976，GB/T 228—1987，GB/T 228—2002；

——GB/T 3076—1982；

——GB/T 6397—1986。

引　言

本版标准提供了两种试验速率的控制方法。方法A为应变速率(包括横梁位移速率),方法B为应力速率。方法A旨在减小测定应变速率敏感参数时试验速率的变化和减小试验结果的测量不确定度。本部分将来拟推荐使用应变速率的控制模式进行拉伸试验。

金属材料　拉伸试验
第1部分：室温试验方法

1　范围

GB/T 228的本部分规定了金属材料拉伸试验方法的原理、定义、符号和说明、试样及其尺寸测量、试验设备、试验要求、性能测定、测定结果数值修约和试验报告。

本部分适用于金属材料室温拉伸性能的测定。

注：附录A给出了计算机控制试验机的补充建议。

2　规范性引用文件

下列文件对于本文件的应用是必不可少的。凡是注日期的引用文件，仅注日期的版本适用于本文件。凡是不注日期的引用文件，其最新版本（包括所有的修改单）适用于本文件。

GB/T 2975　钢及钢产品　力学性能试验取样位置和试样制备（GB/T 2975—1998，eqv ISO 377：1997）

GB/T 8170　数值修约规则与极限数值的表示和判定

GB/T 10623　金属材料　力学性能试验术语（GB/T 10623—2008，ISO 23718：2007，MOD）

GB/T 12160　单轴试验用引伸计的标定（GB/T 12160—2002，ISO 9513：1999，IDT）

GB/T 16825.1　静力单轴试验机的检验　第1部分　拉力和（或）压力试验机　测力系统的检验与校准（GB/T 16825.1—2008，ISO 7500-1：2004，IDT）

GB/T 17600.1　钢的伸长率换算　第1部分：碳素钢和低合金钢（GB/T 17600.1—1998，eqv ISO 2566-1：1984）

GB/T 17600.2　钢的伸长率换算　第2部分：奥氏体钢（GB/T 17600.2—1998，eqv ISO 2566-2：1984）

GB/T 22066　静力单轴试验机用计算机数据采集系统的评定

3　术语和定义

GB/T 10623确立的以及下列术语和定义适用于本部分。

3.1

标距　gauge length

L

测量伸长用的试样圆柱或棱柱部分的长度[1]。

3.1.1

原始标距　original gauge length

L_o

室温下施力前的试样标距[1]。

3.1.2

断后标距　final gauge length after fracture

L_u

在室温下将断后的两部分试样紧密地对接在一起，保证两部分的轴线位于同一条直线上，测量试样断裂后的标距[1]。

3.2

平行长度 parallel length

L_c

试样平行缩减部分的长度[1]。

注:对于未经机加工的试样,平行长度的概念被两夹头之间的距离取代。

3.3

伸长 elongation

试验期间任一时刻原始标距的增量[1]。

3.4

伸长率 percentage elongation

原始标距的伸长与原始标距 L_o 之比的百分率[1]。

3.4.1

残余伸长率 percentage permanent elongation

卸除指定的应力后,伸长相对于原始标距 L_o 的百分率[1]。

3.4.2

断后伸长率 percentage elongation after fracture

A

断后标距的残余伸长(L_u-L_o)与原始标距(L_o)之比的百分率[1]。

注:对于比例试样,若原始标距不为 $5.65\sqrt{S_o}$ 1)(S_o 为平行长度的原始横截面积),符号 A 应附以下脚注说明所使用的比例系数,例如,$A_{11.3}$ 表示原始标距为 $11.3\sqrt{S_o}$ 的断后伸长率。对于非比例试样,符号 A 应附以下脚注说明所使用的原始标距,以毫米(mm)表示,例如,A_{80mm} 表示原始标距为 80mm 的断后伸长率。

3.5

引伸计标距 extensometer gauge length

L_e

用引伸计测量试样延伸时所使用引伸计起始标距长度[1]。

注:对于测定屈服强度和规定强度性能,建议 L_e 应尽可能跨越试样平行长度。理想的 L_e 应大于 $L_o/2$ 但小于约 $0.9L_c$。这将保证引伸计检测到发生在试样上的全部屈服。最大力时或在最大力之后的性能,推荐 L_e 等于 L_o 或近似等于 L_o,但测定断后伸长率时 L_e 应等于 L_o。

3.6

延伸 extension

试验期间任一给定时刻引伸计标距 L_e 的增量[1]。

3.6.1

延伸率 percentage extension 或"strain"

用引伸计标距 L_e 表示的延伸百分率。

3.6.2

残余延伸率 percentage permanent extension

试样施加并卸除应力后引伸计标距的增量与引伸计标距 L_e 之比的百分率[1]。

---

1) $5.65\sqrt{S_o}=5\sqrt{\frac{4S_o}{\pi}}$

3.6.3

屈服点延伸率　percentage yield point extension

A_e

呈现明显屈服(不连续屈服)现象的金属材料,屈服开始至均匀加工硬化开始之间引伸计标距的延伸与引伸计标距 L_e 之比的百分率[1]。见图 7。

3.6.4

最大力总延伸率　percentage total extension at maximum force

A_{gt}

最大力时原始标距的总延伸(弹性延伸加塑性延伸)与引伸计标距 L_e 之比的百分率。见图 1。

3.6.5

最大力塑性延伸率　percentage plastic extension at maximum force

A_g

最大力时原始标距的塑性延伸与引伸计标距 L_e 之比的百分率。见图 1。

3.6.6

断裂总延伸率　percentage total extension at fracture

A_t

断裂时刻原始标距的总延伸(弹性延伸加塑性延伸)与引伸计标距 L_e 之比的百分率。见图 1。

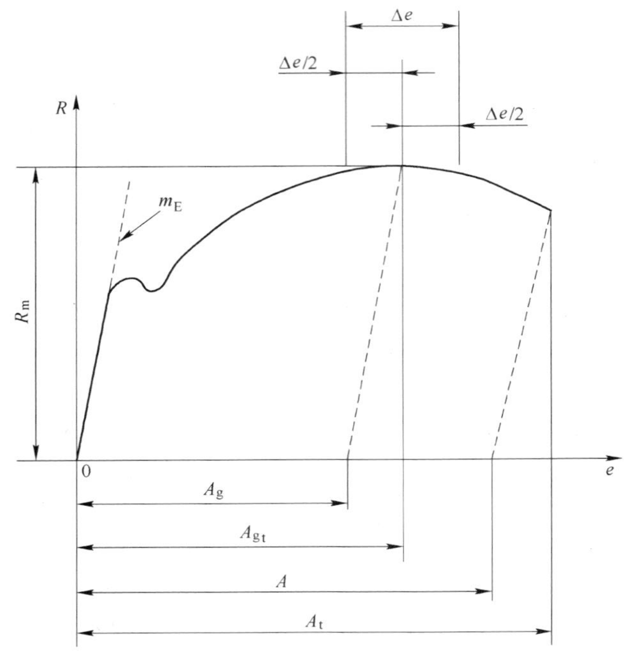

说明:

A——断后伸长率(从引伸计的信号测得的或者直接从试样上测得这一性能,见 20.1);

A_g——最大力塑性延伸率;

A_{gt}——最大力总延伸率;

A_t——断裂总延伸率;

e——延伸率;

m_E——应力-延伸率曲线上弹性部分的斜率;

R——应力;

R_m——抗拉强度;

Δe——平台范围(测定 A_g 见第 17 章;测定 A_{gt} 见第 18 章)。

图 1　延伸的定义

3.7

试验速率

3.7.1

应变速率　strain rate

$\dot{e}_{L_e}$

用引伸计标距 L_e 测量时单位时间的应变增加值。

3.7.2

平行长度应变速率的估计值　estimated strain rate over the parallel length

$\dot{e}_{L_c}$

根据横梁位移速率和试样平行长度 L_c 计算的试样平行长度的应变单位时间内的增加值。

3.7.3

横梁位移速率　crosshead separation rate

v_c

单位时间的横梁位移。

3.7.4

应力速率　stress rate

$\dot{R}$

单位时间应力的增加。

注：应力速度只用于方法 B 试验的弹性阶段。

3.8

断面收缩率　percentage reduction of area

Z

断裂后试样横截面积的最大缩减量(S_o-S_u)与原始横截面积 S_o 之比的百分率：

$$Z=\frac{S_o-S_u}{S_o}\times 100$$

3.9

最大力

注：对于显示不连续屈服的材料，如果没有加工硬化作用，在本部分就不定义 F_m。见图 8c)的脚注。

3.9.1

最大力　maximum force

F_m

对于无明显屈服(不连续屈服)的金属材料，为试验期间的最大力。

3.9.2

最大力　maximum force

F_m

对于有不连续屈服的金属材料，在加工硬化开始之后，试样所承受的最大力。

注：见图 8a)和 8b)。

3.10

应力　stress

R

试验期间任一时刻的力除以试样原始横截面积 S_o 之商[1]。

注 1：GB/T 228 的本部分中的应力是工程应力。

注 2：在后续标准文本中，符号“力”和“应力”或“延伸”，“延伸率”和“应变”分别用于各种情况(如图中的坐标轴符号所示，或用于解释不同力学性能的测定）。然而，对于曲线上一已定义点的总描述和定义，符号“力”和“应力”或“延伸”，“延伸率”和“应变”相互之间是可以互换的。

3.10.1

抗拉强度 tensile strength

$\boldsymbol{R_m}$

相应最大力 F_m 对应的应力[1]。

3.10.2

屈服强度 yield strength

当金属材料呈现屈服现象时，在试验期间达到塑性变形发生而力不增加的应力点。应区分上屈服强度和下屈服强度[1]。

3.10.2.1

上屈服强度 upper yield strength

$\boldsymbol{R_{eH}}$

试样发生屈服而力首次下降前的最大应力[1]。见图 2。

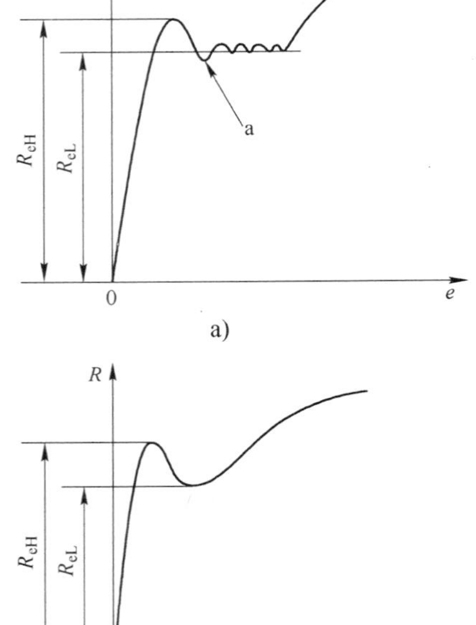

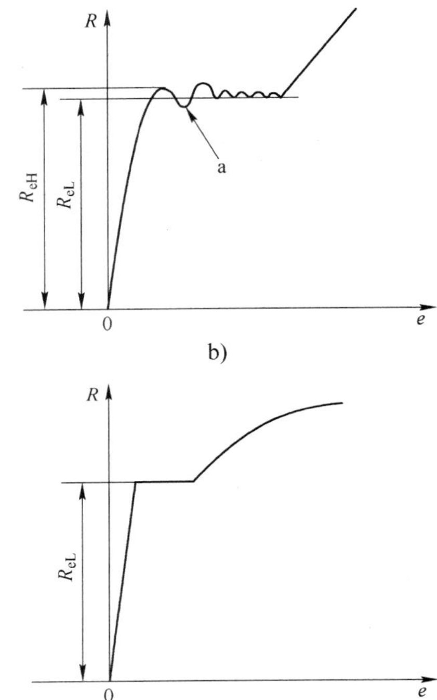

说明：

e——延伸率；

R——应力；

R_{eH}——上屈服强度；

R_{eL}——下屈服强度；

a——初始瞬时效应。

图 2 不同类型曲线的上屈服强度和下屈服强度

3.10.2.2

下屈服强度 lower yield strength

$\boldsymbol{R_{eL}}$

在屈服期间，不计初始瞬时效应时的最小应力[1]。见图 2。

3.10.3

规定塑性延伸强度　proof strength, plastic extension

R_p

塑性延伸率等于规定的引伸计标距 L_e 百分率时对应的应力[1]。见图 3。

注：使用的符号应附下脚标说明所规定的塑性延伸率，例如，$R_{p0.2}$表示规定塑性延伸率为 0.2%时的应力。

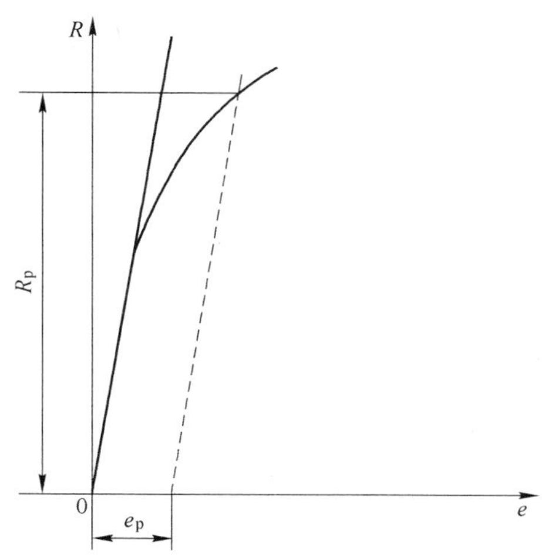

说明：

e——延伸率；

e_p——规定的塑性延伸率；

R——应力；

R_p——规定塑性延伸强度。

图 3　规定塑性延伸强度 R_p(见 13.1)

3.10.4

规定总延伸强度　proof strength, total extension

R_t

总延伸率等于规定的引伸计标距 L_e 百分率时的应力[1]。见图 4。

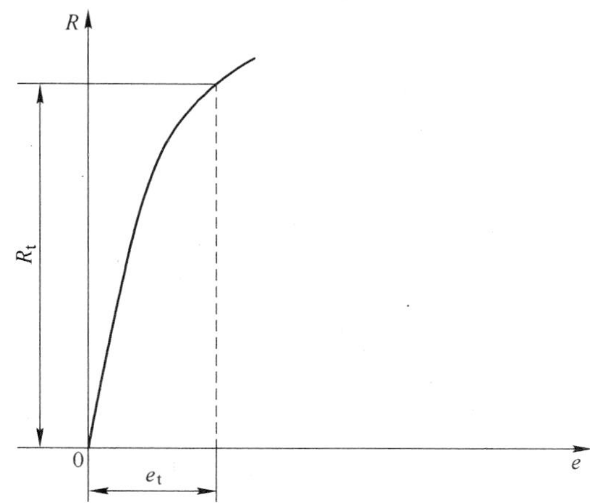

说明：

e——延伸率；

e_t——规定总延伸率；

R——应力；

R_t——规定总延伸强度。

图 4　规定总延伸强度 R_t

注：使用的符号应附下脚标说明所规定的总延伸率，例如，$R_{t0.5}$表示规定总延伸率为0.5%时的应力。

3.10.5

规定残余延伸强度 permanent set strength

R_r

卸除应力后残余延伸率等于规定的原始标距 L_o 或引伸计标距 L_e 百分率时对应的应力[1]。见图5。

注：使用的符号应附下脚标说明所规定的残余延伸率。例如，$R_{r0.2}$，表示规定残余延伸率为0.2%时的应力。

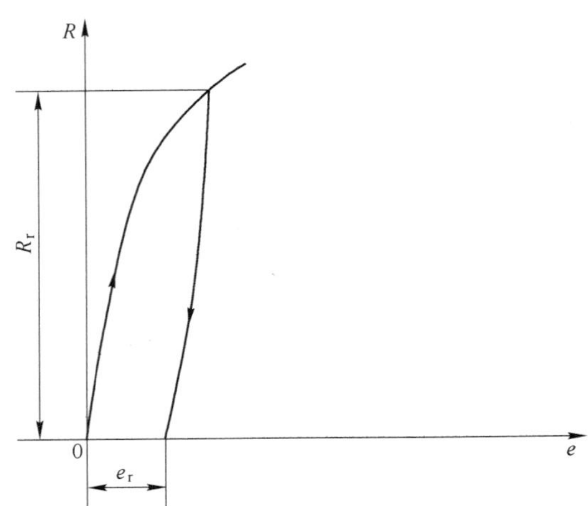

说明：

e——延伸率；

e_r——规定残余延伸率；

R——应力；

R_r——规定残余延伸强度。

图5 规定残余延伸强度 R_r

3.11

断裂 fracture

当试样发生完全分离时的现象。

注：在附录A的图A.2给出了计算机控制试验机用断裂的判据。

4 符号和说明

GB/T 228的本部分使用的符号和相应的说明见表1。

表1 符号和说明

符 号	单 位	说 明
试样		
a_o，T^a	mm	矩形横截面试样原始厚度或原始管壁厚度
b_o	mm	矩形横截面试样平行长度的原始宽度或管的纵向剖条宽度或扁丝原始宽度
d_o	mm	圆形横截面试样平行长度的原始直径或圆丝原始直径或管的原始内径
D_o	mm	管原始外直径
L_o	mm	原始标距
L'_o	mm	测定 A_{wn} 的原始标距(见附录I)
L_c	mm	平行长度
L_e	mm	引伸计标距

表 1(续)

符　号	单　位	说　　明
L_t	mm	试样总长度
d_u	mm	圆形横截面试样断裂后缩颈处最小直径
L_u	mm	断后标距
L'_u	mm	测量 A_{wn} 的断后标距(见附录 I)
S_o	mm^2	原始横截面积
S_u	mm^2	断后最小横截面积
k	—	比例系数(见 6.1.1)
Z	%	断面收缩率
		伸长率
A	%	断后伸长率(见 3.4.2)
A_{wn}	%	无缩颈塑性伸长率(见附录 I)
		延伸率
A_e	%	屈服点延伸率
A_g	%	最大力 F_m 塑性延伸率
A_{gt}	%	最大力 F_m 总延伸率
A_t	%	断裂总延伸率
ΔL_m	mm	最大力总延伸
ΔL_f	mm	断裂总延伸
		速率
$\dot{e}_{L_e}$	s^{-1}	应变速率
$\dot{e}_{L_c}$	s^{-1}	平行长度估计的应变速率
ν_c	$mm \cdot s^{-1}$	横梁位移速率
$\dot{R}$	$MPa \cdot s^{-1}$	应力速率
		力
F_m	N	最大力
		屈服强度、规定强度、抗拉强度
E	MPa[b]	弹性模量
m	MPa	应力-延伸率曲线在给定试验时刻的斜率
m_E	MPa	应力-延伸率曲线弹性部分的斜率[c]
R_{eH}	MPa[b]	上屈服强度
R_{eL}	MPa	下屈服强度
R_m	MPa	抗拉强度
R_p	MPa	规定塑性延伸强度
R_r	MPa	规定残余延伸强度
R_t	MPa	规定总延伸强度

a　钢管产品标准中使用的符号。

b　$1MPa = 1N \cdot mm^{-2}$。

c　应力-延伸率曲线的弹性部分的斜率值并不一定代表弹性模量。在最佳条件下(高分辨率,双侧平均引伸计,试样的同轴度很好等),弹性部分的斜率值与弹性模量值非常接近。

5 原理

试验系用拉力拉伸试样，一般拉至断裂，测定第 3 章定义的一项或几项力学性能。

除非另有规定，试验一般在室温 10℃～35℃范围内进行。对温度要求严格的试验，试验温度应为 23℃±5℃。

6 试样

6.1 形状与尺寸

6.1.1 一般要求

试样的形状与尺寸取决于要被试验的金属产品的形状与尺寸。

通常从产品、压制坯或铸件切取样坯经机加工制成试样。但具有恒定横截面的产品（型材、棒材、线材等）和铸造试样（铸铁和铸造非铁合金）可以不经机加工而进行试验。

试样横截面可以为圆形、矩形、多边形、环形，特殊情况下可以为某些其他形状。

原始标距与横截面积有 $L_o = k\sqrt{S_o}$ 关系的试样称为比例试样。国际上使用的比例系数 k 的值为 5.65。原始标距应不小于 15mm。当试样横截面积太小，以致采用比例系数 k 为 5.65 的值不能符合这一最小标距要求时，可以采用较高的值（优先采用 11.3 的值）或采用非比例试样。

注：选用小于 20mm 标距的试样，测量不确定度可能增加。

非比例试样其原始标距 L_o 与原始横截面积 S_o 无关。

试样的尺寸公差应符合附录 B～附录 E 的相应规定（见 6.2）。

6.1.2 机加工的试样

如试样的夹持端与平行长度的尺寸不相同，他们之间应以过渡弧连接。此弧的过渡半径的尺寸可能很重要，如相应的附录（见 6.2）中对过渡半径未作规定时，建议应在相关产品标准中规定。

试样夹持端的形状应适合试验机的夹头。试样轴线应与力的作用线重合。

试样平行长度 L_c 或试样不具有过渡弧时夹头间的自由长度应大于原始标距 L_o。

6.1.3 不经机加工的试样

如试样为未经机加工的产品或试棒的一段长度，两夹头间的自由长度应足够，以使原始标距的标记与夹头有合理的距离（见附录 B～附录 E）。

铸造试样应在其夹持端和平行长度之间以过渡弧连接。此弧的过渡半径的尺寸可能很重要，建议在相关产品标准中规定。试样夹持端的形状应适合于试验机的夹头。平行长度 L_c 应大于原始标距 L_o。

6.2 试样类型

附录 B～附录 E 中按产品的形状规定了试样的主要类型，见表 2。相关产品标准也可规定其他试样类型。

表 2 试样的主要类型

单位为毫米

产品类型		相应的附录
薄板-板材-扁材 厚度 a	线材——棒材——型材 直径或边长	
$0.1 \leqslant a < 3$	—	B
—	<4	C
$a \geqslant 3$	$\geqslant 4$	D
管材		E

6.3 试样的制备

应按照相关产品标准或 GB/T 2975 的要求切取样坯和制备试样。

7 原始横截面积的测定

宜在试样平行长度中心区域以足够的点数测量试样的相关尺寸。

原始横截面积 S_o 是平均横截面积，应根据测量的尺寸计算。

原始横截面积的计算准确度依赖于试样本身特性和类型。附录 B～附录 E 给出了不同类型试样原始横截面积 S_o 的评估方法，并提供了测量准确度的详细说明。

8 原始标距的标记

应用小标记、细划线或细墨线标记原始标距，但不得用引起过早断裂的缺口作标记。

对于比例试样，如果原始标距的计算值与其标记值之差小于 $10\% L_o$，可将原始标距的计算值按 GB/T 8170 修约至最接近 5mm 的倍数。原始标距的标记应准确到±1%。如平行长度 L_c 比原始标距长许多，例如不经机加工的试样，可以标记一系列套叠的原始标距。有时，可以在试样表面划一条平行于试样纵轴的线，并在此线上标记原始标距。

9 试验设备的准确度

试验机的测力系统应按照 GB/T 16825.1 进行校准，并且其准确度应为 1 级或优于 1 级。

引伸计的准确度级别应符合 GB/T 12160 的要求。测定上屈服强度、下屈服强度、屈服点延伸率、规定塑性延伸强度、规定总延伸强度、规定残余延伸强度，以及规定残余延伸强度的验证试验，应使用不劣于 1 级准确度的引伸计；测定其他具有较大延伸率的性能，例如抗拉强度、最大力总延伸率和最大力塑性延伸率、断裂总延伸率，以及断后伸长率，应使用不劣于 2 级准确度的引伸计。

计算机控制拉伸试验机应满足 GB/T 22066 并参见附录 A。

10 试验要求

10.1 设定试验力零点

在试验加载链装配完成后，试样两端被夹持之前，应设定力测量系统的零点。一旦设定了力值零点，在试验期间力测量系统不能再发生变化。

注：上述方法一方面是为了确保夹持系统的重量在测力时得到补偿，另一方面是为了保证夹持过程中产生的力不影响力值的测量。

10.2 试样的夹持方法

应使用例如楔形夹头、螺纹夹头、平推夹头、套环夹具等合适的夹具夹持试样。

应尽最大努力确保夹持的试样受轴向拉力的作用，尽量减小弯曲（例如更多的信息在 ASTM E1012 中给出[2]）。这对试验脆性材料或测定规定塑性延伸强度、规定总延伸强度、规定残余延伸强度或屈服强度时尤为重要。

为了得到直的试样和确保试样与夹头对中，可以施加不超过规定强度或预期屈服强度的 5%相应的预拉力。宜对预拉力的延伸影响进行修正。

10.3 应变速率控制的试验速率（方法 A）

10.3.1 总则

方法 A 是为了减小测定应变速率敏感参数（性能）时的试验速率变化和试验结果的测量不确定度。

本部分阐述了两种不同类型的应变速率控制模式。第一种应变速率 $\dot{e}_{L_e}$ 是基于引伸计的反馈而得到。第二种是根据平行长度估计的应变速率 $\dot{e}_{L_c}$，即通过控制平行长度与需要的应变速率相乘得到的横梁位移速率来实现。

如果材料显示出均匀变形能力，力值能保持名义的恒定，应变速率$\dot{e}_{L_e}$和根据平行长度估计的应变速率$\dot{e}_{L_c}$大致相等。如果材料展示出不连续屈服或锯齿状屈服（如某些钢和 AlMg 合金在屈服阶段或如某些材料呈现出的 Portevin-LeChatelier 锯齿屈服效应）或发生缩颈时，两种速率之间会存在不同。随着力值的增加，试验机的柔度可能会导致实际的应变速率明显低于应变速率的设定值。

试验速率应满足下列要求：

a) 在直至测定 R_{eH}、R_p 或 R_t 的范围，应按照规定的应变速率$\dot{e}_{L_e}$，见 3.7.1。这一范围需要在试样上装夹引伸计，消除拉伸试验机柔度的影响，以准确控制应变速率（对于不能进行应变速率控制的试验机，根据平行长度部分估计的应变速率$\dot{e}_{L_c}$可也用）；

b) 对于不连续屈服的材料，应选用根据平行长度部分估计的应变速率$\dot{e}_{L_c}$，见 3.7.2。这种情况下是不可能用装夹在试样上的引伸计来控制应变速率的，因为局部的塑性变形可能发生在引伸计标距以外。在平行长度范围利用恒定的横梁位移速率 ν_c 根据式(1)计算得到的应变速率具有足够的准确度。

$$\nu_c = L_c \times \dot{e}_{L_c} \quad \cdots\cdots (1)$$

式中：

$\dot{e}_{L_c}$——平行长度估计的应变速率；

L_c——平行长度。

c) 在测定 R_p、R_r 或屈服结束之后，应该使用$\dot{e}_{L_e}$或$\dot{e}_{L_c}$。为了避免由于缩颈发生在引伸计标距以外控制出现问题，推荐使用$\dot{e}_{L_c}$。

在测定相关材料性能时，应保持 10.3.2 至 10.3.4 规定的应变速率（见图 9）。

在进行应变速率或控制模式转换时，不应在应力-延伸率曲线上引入不连续性，而歪曲 R_m、A_g 或 A_{gt} 值（见图 10）。这种不连续效应可以通过降低转换速率得以减轻。

应力-延伸率曲线在加工硬化阶段的形状可能受应变速率的影响。采用的试验速率应通过文件来规定（见 10.6）。

10.3.2 上屈服强度 R_{eH} 或规定延伸强度 R_p、R_t 和 R_r 的测定

在测定 R_{eH}、R_p、R_t 和 R_r 时，应变速率$\dot{e}_{L_e}$应尽可能保持恒定。在测定这些性能时，$\dot{e}_{L_e}$应选用下面两个范围之一（见图 9）：

——范围 1：$\dot{e}_{L_e}=0.00007\text{s}^{-1}$，相对误差±20%；

——范围 2：$\dot{e}_{L_e}=0.00025\text{s}^{-1}$，相对误差±20%（如果没有其他规定，推荐选取该速率）。

如果试验机不能直接进行应变速率控制，应该采用通过平行长度估计的应变速率$\dot{e}_{L_c}$即恒定的横梁位移速率，该速率应用 10.3.1 中的式(1)进行计算。如考虑试验机系统的柔度，参见附录 F。

10.3.3 下屈服强度 R_{eL} 和屈服点延伸率 A_e 的测定

上屈服强度之后，在测定下屈服强度和屈服点延伸率时，应当保持下列两种范围之一的平行长度估计的应变速率$\dot{e}_{L_c}$（见图 9），直到不连续屈服结束：

——范围 2：$\dot{e}_{L_c}=0.00025\text{s}^{-1}$，相对误差±20%（测定 R_{eL} 时推荐该速率）；

——范围 3：$\dot{e}_{L_c}=0.002\text{s}^{-1}$，相对误差±20%。

10.3.4 抗拉强度 R_m，断后伸长率 A，最大力下的总延伸率 A_{gt}，最大力下的塑性延伸率 A_g 和断面收缩率 Z 的测定

在屈服强度或塑性延伸强度测定后，根据试样平行长度估计的应变速率$\dot{e}_{L_c}$应转换成下述规定范围之一的应变速率（见图 9）：

——范围 2：$\dot{e}_{L_c}=0.00025\text{s}^{-1}$，相对误差±20%；

——范围 3：$\dot{e}_{L_c}=0.002\text{s}^{-1}$，相对误差±20%；

——范围 4：$\dot{e}_{L_c}=0.0067\text{s}^{-1}$，相对误差±20%（$0.4\text{min}^{-1}$，相对误差±20%）（如果没有其他规定，推

荐选取该速率)。

如果拉伸试验仅仅是为了测定抗拉强度,根据范围3或范围4得到的平行长度估计的应变速率适用于整个试验。

10.4 应力速率控制的试验速率(方法B)

10.4.1 总则

试验速率取决于材料特性并应符合下列要求。如果没有其他规定,在应力达到规定屈服强度的一半之前,可以采用任意的试验速率。超过这点以后的试验速率应满足下述规定。

10.4.2 测定屈服强度和规定强度的试验速率

10.4.2.1 上屈服强度 R_{eH}

在弹性范围和直至上屈服强度,试验机夹头的分离速率应尽可能保持恒定并在表3规定的应力速率范围内。

注:弹性模量小于150000MPa的典型材料包括锰、铝合金、铜和钛。弹性模量大于150000MPa的典型材料包括铁、钢、钨和镍基合金。

表3 应力速率

材料弹性模量 E/MPa	应力速率 $\dot{R}$/(MPa·s^{-1})	
	最小	最大
<150000	2	20
≥150000	6	60

10.4.2.2 下屈服强度 R_{eL}

如仅测定下屈服强度,在试样平行长度的屈服期间应变速率应在0.00025s^{-1}～0.0025s^{-1}之间。平行长度内的应变速率应尽可能保持恒定。如不能直接调节这一应变速率,应通过调节屈服即将开始前的应力速率来调整,在屈服完成之前不再调节试验机的控制。

任何情况下,弹性范围内的应力速率不得超过表3规定的最大速率。

10.4.2.3 上屈服强度 R_{eH} 和下屈服强度 R_{eL}

如在同一试验中测定上屈服强度和下屈服强度,测定下屈服强度的条件应符合10.4.2.2的要求。

10.4.2.4 规定塑性延伸强度 R_p、规定总延伸强度 R_t 和规定残余延伸强度 R_r

在弹性范围试验机的横梁位移速率应在表3规定的应力速率范围内,并尽可能保持恒定。

在塑性范围和直至规定强度(规定塑性延伸强度、规定总延伸强度和规定残余延伸强度)应变速率不应超过0.0025s^{-1}。

10.4.2.5 横梁位移速率

如试验机无能力测量或控制应变速率,应采用等效于表3规定的应力速率的试验机横梁位移速率,直至屈服完成。

10.4.2.6 抗拉强度 R_m、断后伸长率 A、最大力总延伸率 A_{gt}、最大力塑性延伸率 A_g 和断面收缩率 Z

测定屈服强度或塑性延伸强度后,试验速率可以增加到不大于0.008s^{-1}的应变速率(或等效的横梁分离速率)。

如果仅仅需要测定材料的抗拉强度,在整个试验过程中可以选取不超过0.008s^{-1}的单一试验速率。

10.5 试验方法和速率的选择

除非另有规定,只要能满足GB/T 228的本部分的要求,实验室可以自行选择方法A或方法B和试验速率。

10.6 试验条件的表示

为了用缩略的形式报告试验控制模式和试验速率,可以使用下列缩写的表示形式:

GB/T 228Annn 或 GB/T 228Bn

这里“A”定义为使用方法 A(应变速率控制),“B”定义为使用方法 B(应力速率控制)。三个字母的符号“nnn”是指每个试验阶段所用速率,如图 9 中定义的,方法 B 中的符号“n”是指在弹性阶段所选取的应力速率。

示例 1:GB/T 228A224 表示试验为应变速率控制,不同阶段的试验速率范围分别为 2,2 和 4。

示例 2:GB/T 228B30 表示试验为应力速率控制,试验的名义应力速率为 30MPa·s^{-1}。

示例 3:GB/T 228B 表示试验为应力速率控制,试验的名义应力速率符合表 3。

11 上屈服强度的测定

上屈服强度 R_{eH} 可以从力-延伸曲线图或峰值力显示器上测得,定义为力首次下降前的最大力值对应的应力(见图 2)。

12 下屈服强度的测定

下屈服强度 R_{eL} 可以从力-延伸曲线上测得,定义为不计初始瞬时效应时屈服阶段中的最小力所对应的应力(见图 2)。

对于上、下屈服强度位置判定的基本原则如下:

a) 屈服前的第 1 个峰值应力(第 1 个极大值应力)判为上屈服强度,不管其后的峰值应力比它大或比它小;

b) 屈服阶段中如呈现两个或两个以上的谷值应力,舍去第 1 个谷值应力(第 1 个极小值应力)不计,取其余谷值应力中之最小者判为下屈服强度。如只呈现 1 个下降谷,此谷值应力判为下屈服强度;

c) 屈服阶段中呈现屈服平台,平台应力判为下屈服强度;如呈现多个而且后者高于前者的屈服平台,判第 1 个平台应力为下屈服强度;

d) 正确的判定结果应是下屈服强度一定低于上屈服强度。

为提高试验效率,可以报告在上屈服强度之后延伸率为 0.25%范围以内的最低应力为下屈服强度,不考虑任何初始瞬时效应。用此方法测定下屈服强度后,试验速率可以按照 10.3.4 增加。试验报告应注明使用了此简捷方法。

注:此规定仅仅适用于呈现明显屈服的材料和不测定屈服点延伸率情况。

13 规定塑性延伸强度的测定

13.1 根据力-延伸曲线图测定规定塑性延伸强度 R_p。在曲线图上,作一条与曲线的弹性直线段部分平行,且在延伸轴上与此直线段的距离等效于规定塑性延伸率,例如 0.2%的直线。此平行线与曲线的交截点给出相应于所求规定塑性延伸强度的力。此力除以试样原始横截面积 S_o 得到规定塑性延伸强度(见图 3。)

如力-延伸曲线图的弹性直线部分不能明确地确定,以致不能以足够的准确度作出这一平行线,推荐采用如下方法(见图 6)。

试验时,当已超过预期的规定塑性延伸强度后,将力降至约为已达到的力的 10%。然后再施加力直至超过原已达到的力。为了测定规定塑性延伸强度,过滞后环两端点画一直线。然后经过横轴上与曲线原点的距离等效于所规定的塑性延伸率的点,作平行于此直线的平行线。平行线与曲线的交截点给出相应于规定塑性延伸强度的力。此力除以试样原始横截面积得到规定塑性延伸强度(见图 6)。

注 1:可以用各种方法修正曲线的原点。作一条平行于滞后环所确定的直线的平行线并使其与力-延伸曲线相切,此平行线与延伸轴的交截点即为曲线的修正原点(见图 6)。

注 2:在力降低开始点的塑性应变只略微高于规定的塑性延伸强度 R_p。较高应变的开始点将会降低通过滞后环获得直线的斜率。

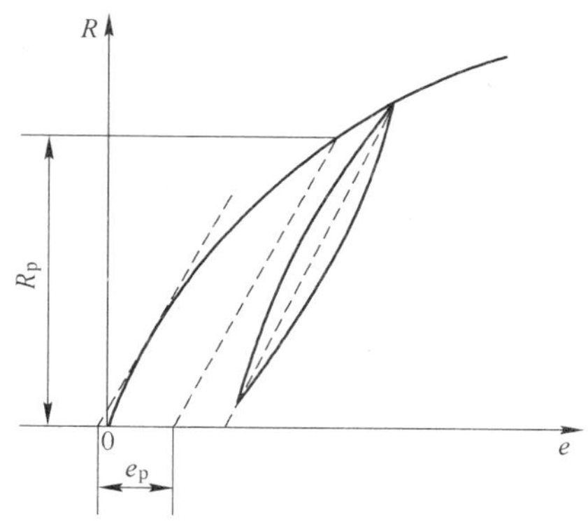

说明：

e——延伸率；

e_p——规定的塑性延伸率；

R——应力；

R_p——规定塑性延伸强度。

图6 规定塑性延伸强度 R_p(见13.1)

注3:如果在产品标准中没有规定或得到客户的同意,在不连续屈服期间或之后测定规定塑性延伸强度是不合适的。

13.2 可以使用自动处理装置(例如微处理机等)或自动测试系统测定规定塑性延伸强度,可以不绘制力-延伸曲线图(参见附录A)。

13.3 可以采用附录J提供的逐步逼近方法测定规定塑性延伸强度。

14 规定总延伸强度的测定

14.1 在力-延伸曲线图上,作一条平行于力轴并与该轴的距离等效于规定总延伸率的平行线,此平行线与曲线的交截点给出相应于规定总延伸强度的力,此力除以试样原始横截面积 S_o 得到规定总延伸强度 R_t(见图4)。

14.2 可以使用自动处理装置(例如微处理机等)或自动测试系统测定规定总延伸强度,可以不绘制力-延伸曲线图(参见附录A)。

15 规定残余延伸强度的验证和测定

试样施加相应于规定残余延伸强度的力,保持力10s～12s,卸除力后验证残余延伸率未超过规定百分率(见图5)。

注:这是检查通过或未通过的试验,通常不作为标准拉伸试验的一部分。对试样施加应力,允许的残余延伸由相关产品标准(或试验委托方)来规定。例如:报告"$R_{r0.5}$=750MPa 通过"意思是对试样施加750MPa的应力,产生的残余延伸小于等于0.5%。

如为了得到规定残余延伸强度的具体数值,应进行测定,附录K提供了测规定残余延伸强度的例子。

16 屈服点延伸率的测定

对于不连续屈服的材料,从力-延伸图上均匀加工硬化开始点的延伸减去上屈服强度 R_{eH} 对应的延伸得到屈服点延伸 A_e。均匀加工硬化开始点的延伸通过在曲线图上,经过不连续屈服阶段最后的最小值点作一条水平线或经过均匀加工硬化前屈服范围的回归线,与均匀加工硬化开始处曲线的最高斜率线相交点确定。屈服点延伸除以引伸计标距 L_e 得到屈服点延伸率(见图7)。

试验报告应注明确定均匀加工硬化开始点的方法[见图7a)或7b)]。

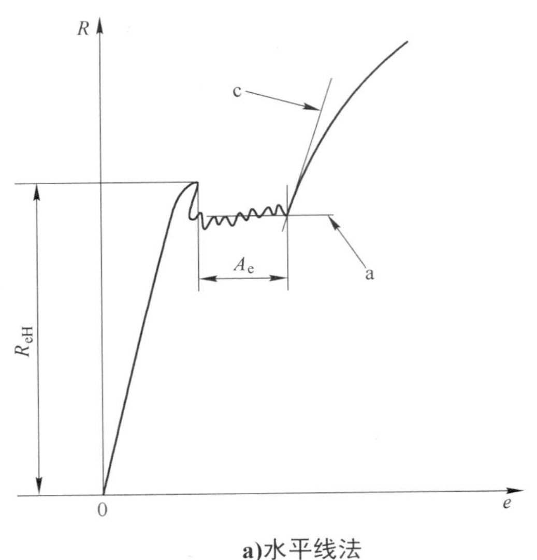

a)水平线法

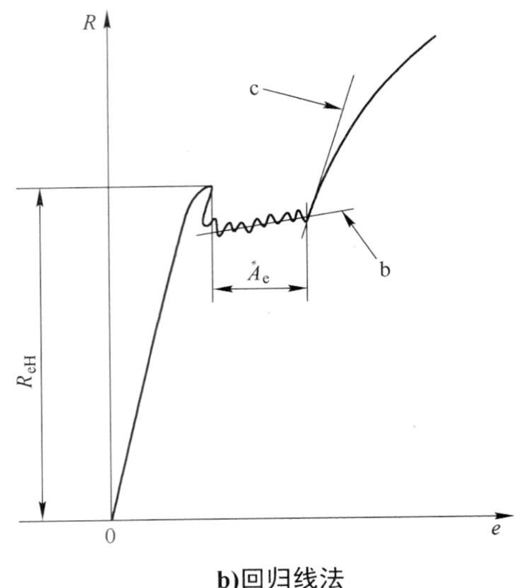

b)回归线法

说明：

A_e——屈服点延伸率；

e——延伸率；

R——应力；

R_{eH}——上屈服强度；

a 经过均匀加工硬化前最后最小值点的水平线。

b 经过均匀加工硬化前屈服范围的回归线。

c 均匀加工硬化开始处曲线的最高斜率线。

图 7　屈服点延伸率 A_e 的不同评估方法

17　最大力塑性延伸率的测定

在用引伸计得到的力-延伸曲线图上从最大力时的总延伸中扣除弹性延伸部分即得到最大力时的塑性延伸，将其除以引伸计标距得到最大力塑性延伸率。

最大力塑性延伸率 A_g 按照式(2)进行计算：

$$A_g = \left(\frac{\Delta L_m}{L_e} - \frac{R_m}{m_E}\right) \times 100 \qquad (2)$$

式中：

L_e——引伸计标距；

m_E——应力-延伸率曲线弹性部分的斜率；

R_m——抗拉强度；

ΔL_m——最大力下的延伸。

注：有些材料在最大力时呈现一平台。当出现这种情况，取平台中点的最大力对应的塑性延伸率(见图 1)。

有些材料其最大力塑性延伸率不等于无缩颈塑性延伸率，对于棒材、线材和条材等长产品，可以采用附录 I 的方法测定无缩颈塑性延伸率 A_{wn}。

18　最大力总延伸率的测定

在用引伸计得到的力-延伸曲线图上测定最大力总延伸。最大力总延伸率 A_{gt} 按照式(3)计算：

$$A_{gt} = \frac{\Delta L_m}{L_e} \times 100 \quad \cdots\cdots (3)$$

式中：

L_e——引伸计标距；

ΔL_m——最大力下的延伸。

注：有些材料在最大力时呈现一平台。当出现这种情况，取平台中点的最大力对应的总延伸率(见图1)。

19 断裂总延伸率的测定

在用引伸计得到的力-延伸曲线图上测定断裂总延伸。断裂总延伸率 A_t 按照式(4)计算：

$$A_t = \frac{\Delta L_f}{L_e} \times 100 \quad \cdots\cdots (4)$$

式中：

L_e——引伸计标距；

ΔL_f——断裂总延伸。

20 断后伸长率的测定

20.1 应按照3.4.2的定义测定断后伸长率。

为了测定断后伸长率，应将试样断裂的部分仔细地配接在一起使其轴线处于同一直线上，并采取特别措施确保试样断裂部分适当接触后测量试样断后标距。这对小横截面试样和低伸长率试样尤为重要。

按式(5)计算断后伸长率 A：

$$A = \frac{L_u - L_o}{L_o} \times 100 \quad \cdots\cdots (5)$$

式中：

L_o——原始标距；

L_u——断后标距。

应使用分辨力足够的量具或测量装置测定断后伸长量($L_u - L_o$)，并准确到±0.25mm。

如规定的最小断后伸长率小于5%，建议采取特殊方法进行测定(参见附录G)。原则上只有断裂处与最接近的标距标记的距离不小于原始标距的三分之一情况方为有效。但断后伸长率大于或等于规定值，不管断裂位置处于何处测量均为有效。如断裂处与最接近的标距标记的距离小于原始标距的三分之一时，可采用附录H规定的移位法测定断后伸长率。

20.2 能用引伸计测定断裂延伸的试验机，引伸计标距应等于试样原始标距，无需标出试样原始标距的标记。以断裂时的总延伸作为伸长测量时，为了得到断后伸长率，应从总延伸中扣除弹性延伸部分。为了得到与手工方法可比的结果，有一些额外的要求(例如：引伸计高的动态响应和频带宽度，见A.3.2)。

原则上，断裂发生在引伸计标距 L_e 以内方为有效，但断后伸长率等于或大于规定值，不管断裂位置处于何处测量均为有效。

如产品标准规定用一固定标距测定断后伸长率，引伸计标距应等于这一标距。

20.3 试验前通过协议，可以在一固定标距上测定断后伸长率，然后使用换算公式或换算表将其换算成比例标距的断后伸长率(例如可以使用GB/T 17600.1和GB/T 17600.2的换算方法)。

注：仅当标距或引伸计标距、横截面的形状和面积均为相同时，或当比例系数(k)相同时，断后伸长率才具有可比性。

21 断面收缩率的测定

按照定义3.8测定断面收缩率。

将试样断裂部分仔细地配接在一起，使其轴线处于同一直线上。断裂后最小横截面积的测定应准确到±2%（见图13）。原始横截面积与断后最小横截面积之差除以原始横截面积的百分率得到断面收缩率，按照式(6)计算。

$$Z=\frac{S_o-S_u}{S_o}\times 100 \quad \cdots\cdots (6)$$

式中：

S_o——平行长度部分的原始横截面积；

S_u——断后最小横截面积。

注：对于小直径的圆试样或其他横截面形状的试样，断后横截面积的测量准确度达到±2%很困难。

22 试验结果数值的修约

试验测定的性能结果数值应按照相关产品标准的要求进行修约。如未规定具体要求，应按照如下要求进行修约：

——强度性能值修约至1MPa；

——屈服点延伸率修约至0.1%，其他延伸率和断后伸长率修约至0.5%；

——断面收缩率修约至1%。

23 试验报告

试验报告应至少包括以下信息，除非双方另有约定：

a) 本部分国家标准编号；

b) 注明试验条件信息（如10.6的要求）；

c) 试样标识；

d) 材料名称、牌号（如已知）；

e) 试样类型；

f) 试样的取样方向和位置（如已知）；

g) 试验控制模式和试验速率或试验速率范围（见10.6），如果与10.3和10.4推荐的方法不同；

h) 试验结果。

24 测量不确定度

24.1 总则

测量不确定度分析对于辨识测量结果不一致性的主要来源是很有用的。

基于GB/T 228的本部分得到的产品标准和材料性能的数据库以及较早版本的GB/T 228对测量不确定度都有内在的贡献。因此根据测量不确定度进行调整是不恰当的，为了顺从失效产品而冒险也是不恰当的。正因为此，按照以下步骤推导出来的不确定度的估计值也仅仅是个参考值，除非客户特别指明。

24.2 试验条件

GB/T 228的本部分规定的试验条件和极限不应考虑测量不确定度而进行调整，除非客户特别指明。

24.3 试验结果

估计的测量不确定度不应与测量结果组合起来评判是否满足产品标准要求，除非客户特别指明。

有关不确定度参见附录L和附录M，附录L提供了拉伸试验结果不确定度的评定范例，附录M提供了一组钢和铝合金实验室间的比对结果来测定不确定度的指南。还有利用准拉伸标样来评定不确定度的，参见文献[3]。

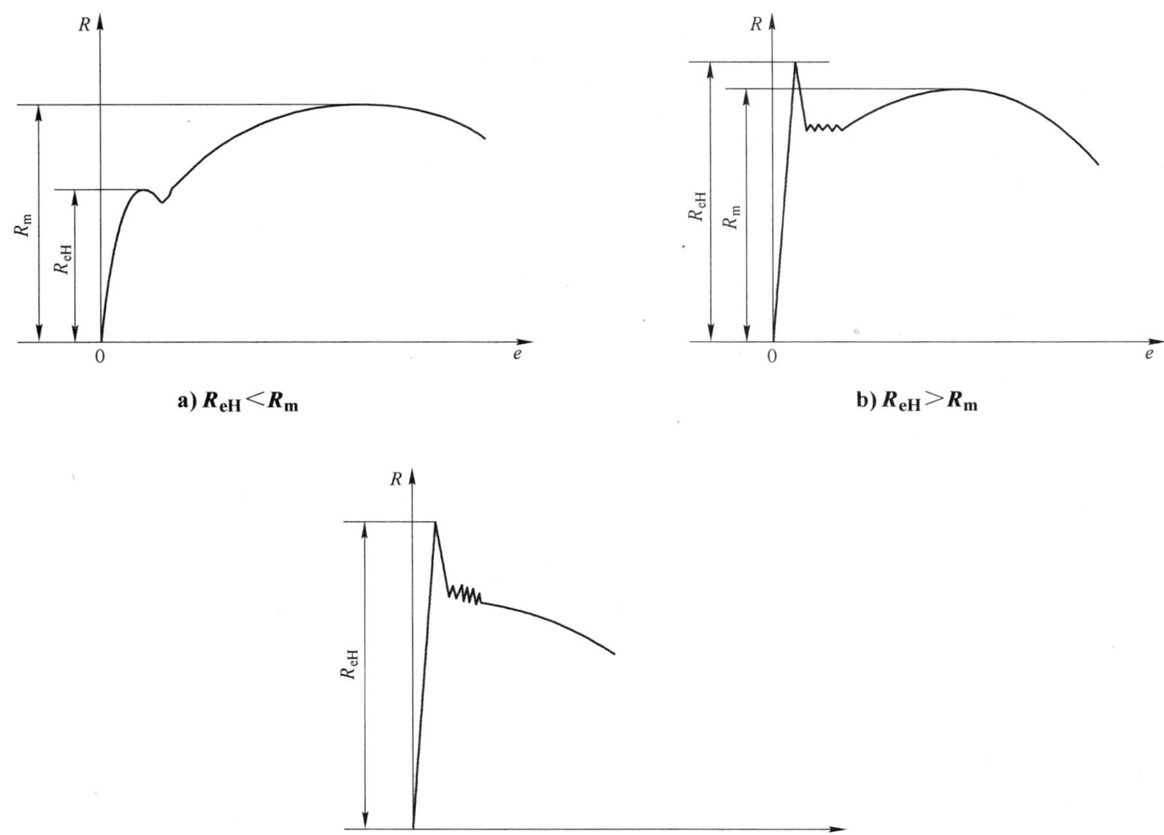

a) $R_{eH} < R_m$

b) $R_{eH} > R_m$

c)应力-延伸率状态的特殊情况[a]

说明：

e——延伸率；

R——应力；

R_{eH}——上屈服强度；

R_m——抗拉强度。

[a] 呈现图 8c)应力-延伸率状态的材料，按照本标准无确定的抗拉强度。双方可以另做协议。

图 8　从应力-延伸率曲线测定抗拉强度 R_m 的几种不同类型

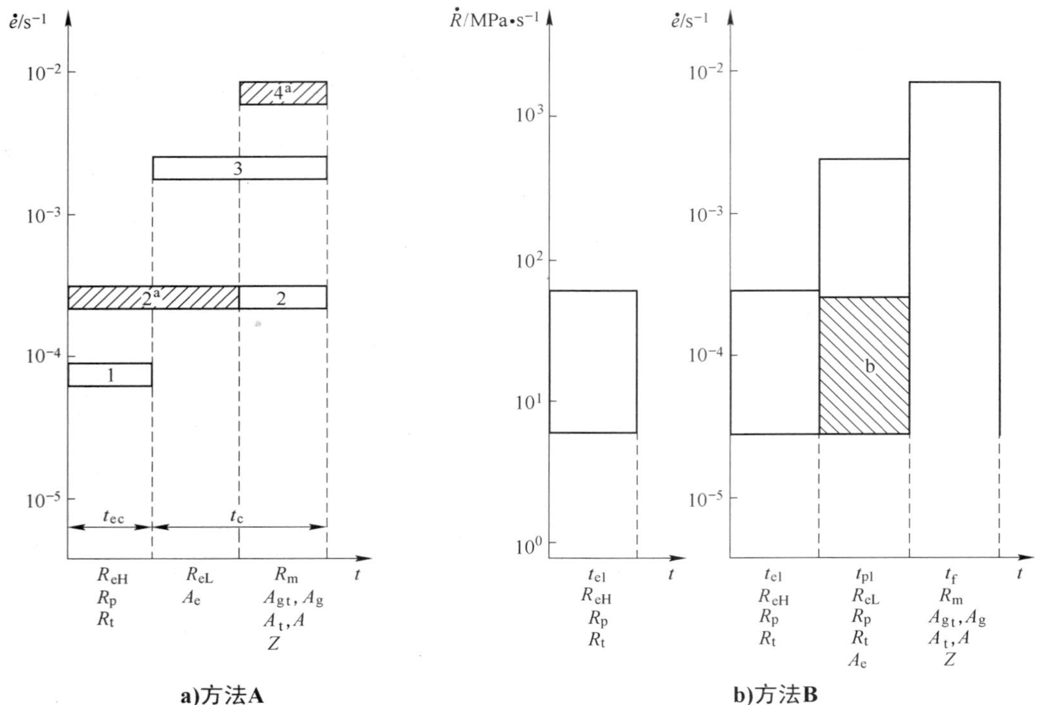

a)方法A　　　　**b)方法B**

说明：

$\dot{e}$——应变速率；

$\dot{R}$——应力速率；

t——拉伸试验时间进程；

t_c——横梁控制时间；

t_{ec}——引伸计控制时间或横梁控制时间；

t_{el}——测定表1列举的弹性性能参数的时间范围；

t_f——测定表1列举的通常到断裂的性能参数的时间范围；

t_{pl}——测定表1列举的塑性性能参数的时间范围；

1——范围1：$\dot{e}=0.00007s^{-1}$，相对误差±20%；

2——范围2：$\dot{e}=0.00025s^{-1}$，相对误差±20%；

3——范围3：$\dot{e}=0.0025s^{-1}$，相对误差±20%；

4——范围4：$\dot{e}=0.0067s^{-1}$，相对误差±20%（$0.4min^{-1}$，相对误差±20%）；

5——引伸计控制或横梁控制；

6——横梁控制。

[a] 推荐的。

[b] 如果试验机不能测量或控制应变速率，可扩展至较低速率的范围（见10.4.2.5）。

图9　拉伸试验中测定R_{eH}、R_{eL}、A_e、R_p、R_t、R_m、A_g、A_{gt}、A、A_t和Z时应选用的应变速率范围

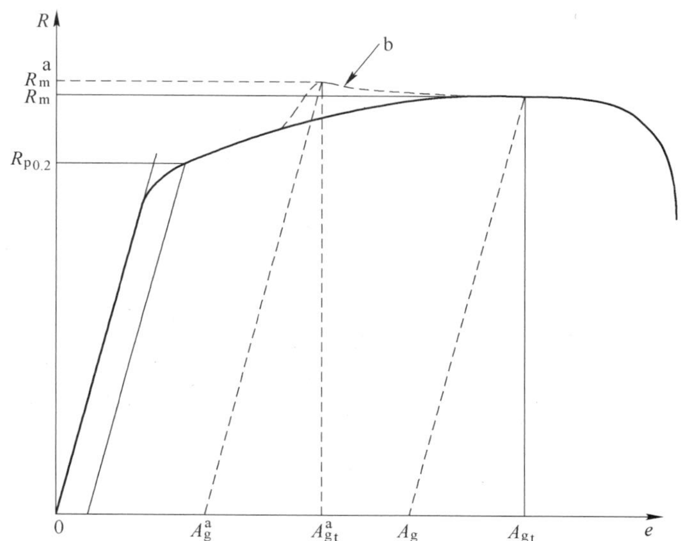

说明：

e——延伸率；

R——应力。

[a] 非真实值，产生了突然的应变速率增加。

[b] 应变速率突然增加时的应力-应变行为。

注：参数定义见表1。

图10　在应力-应变曲线上不允许的不连续性示例

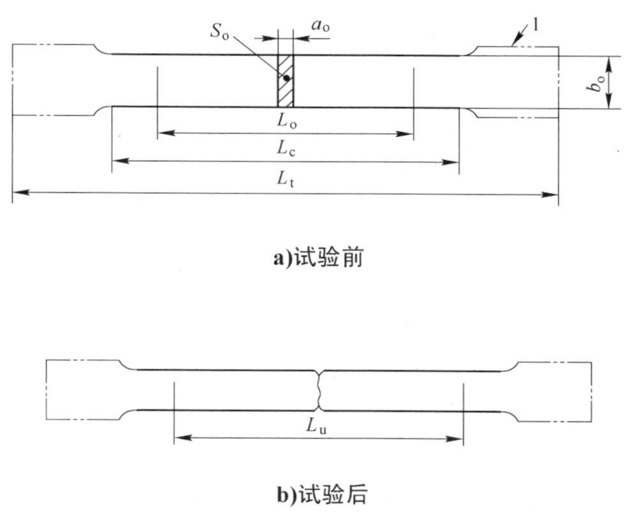

a)试验前

b)试验后

说明：

a_o——板试样原始厚度或管壁原始厚度；

b_o——板试样平行长度的原始宽度；

L_o——原始标距；

L_c——平行长度；

L_t——试样总长度；

L_u——断后标距；

S_o——平行长度的原始横截面积；

1——夹持头部。

注：试样头部形状仅为示意性。

图11　机加工的矩形横截面试样(见附录B和附录D)

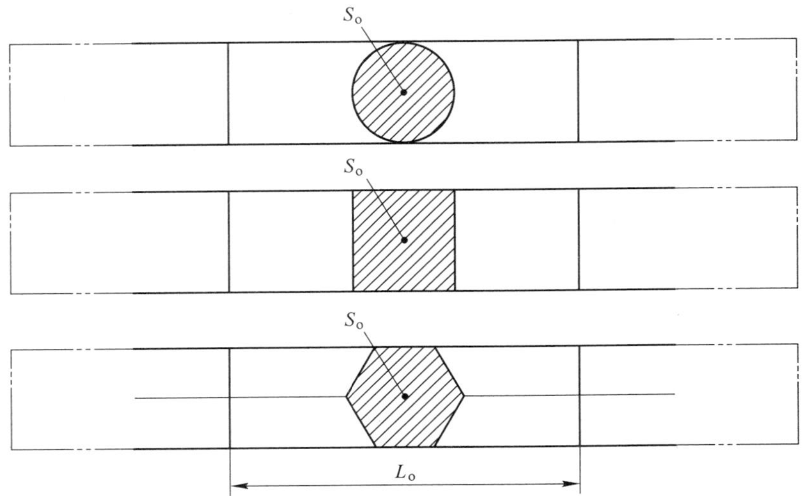

说明：

L_o——原始标距；

S_o——平行长度的原始横截面积。

图 12　为产品一部分的不经机加工试样(见附录 C)

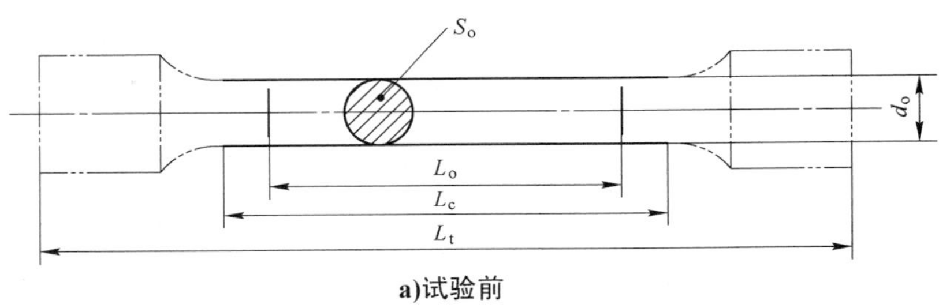

a)试验前

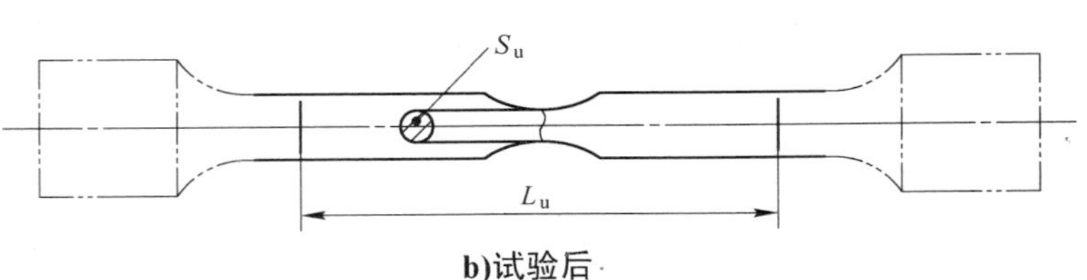

b)试验后

说明：

d_o——圆试样平行长度的原始直径；

L_o——原始标距；

L_c——平行长度；

L_t——试样总长度；

L_u——断后标距；

S_o——平行长度的原始横截面积；

S_u——断后最小横截面积。

注：试样头部形状仅为示意性。

图 13　圆形横截面机加工试样(见附录 D)

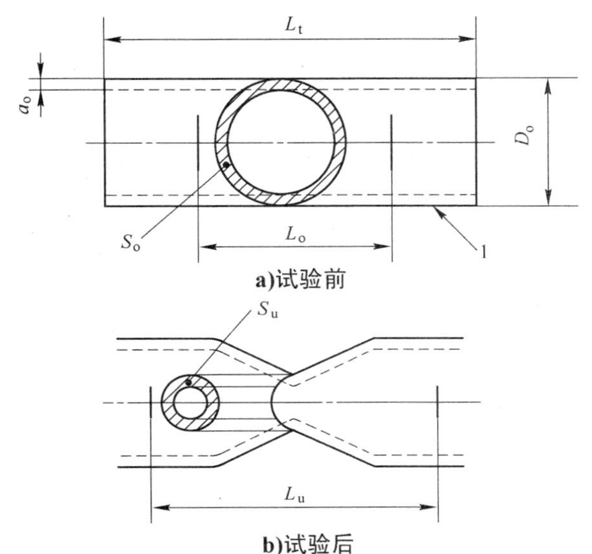

a)试验前

b)试验后

说明：

a_o——原始管壁厚度；	L_u——断后标距；
D_o——原始管外直径；	S_o——平行长度的原始横截面积；
L_o——原始标距；	S_u——断后最小横截面积；
L_t——试样总长度；	1——夹持头部。

图 14　圆管管段试样(见附录 E)

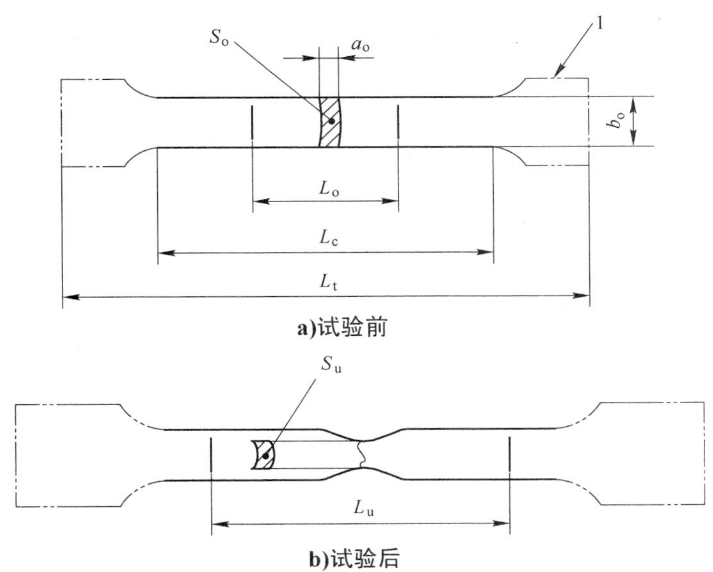

a)试验前

b)试验后

说明：

a_o——原始管壁厚度；	L_u——断后标距；
b_o——圆管纵向弧形试样原始宽度；	S_o——平行长度的原始横截面积；
L_o——原始标距；	S_u——断后最小横截面积；
L_c——平行长度；	1——夹持头部。
L_t——试样总长度；	

注：试样头部形状仅为示意性。

图 15　圆管的纵向弧形试样(见附录 E)

附　录　A
（资料性附录）
计算机控制拉伸试验机使用的建议

A.1　总则

本附录包含了利用计算机控制的拉伸试验机测定力学性能的附加建议。尤其是提出了应考虑软件和试验条件的建议。

这些建议与设计试验机的软件、软件的有效性和拉伸试验的条件相关。

A.2　术语和定义

下列术语和定义适用于本附录。

A.2.1

计算机控制的拉伸试验机　computer-controlled tensile testing machine

用于监控试验的机器，由计算机进行数据采集和处理。

A.3　拉伸试验机

A.3.1　设计

试验机在设计时应考虑能够通过软件提供不加处理的模拟信号的输出。如果不能提供这种输出，机器的制造商应该给出原始数据是如何通过软件获取和处理的。应该以基本的SI单位给出力、延伸、时间和试样尺寸。如果机器被升级，这些数据应该被修正。图A.1给出了适合的数据文献格式的例子。

A.3.2　数据采样频率

对于每一个测量通道的机械和电子元件的频带宽度和采样频率应足够高，以便记录被测材料特性。例如为了测 R_{eH}，根据式(A.1)测定最小采样频率 f_{min}：

$$f_{min}=\frac{\dot{e}\times E}{R_{eH}\times q}\times 100 \qquad (A.1)$$

式中：

f_{min}——最小采样频率，单位为每秒(s^{-1})；

$\dot{e}$ ——应变速率，单位为每秒(s^{-1})；

E ——弹性模量，单位为兆帕(MPa)；

R_{eH}——上屈服强度，单位为兆帕(MPa)；

q ——试验机测力系统的准确度级别。

式(A.1)中选用 R_{eH}，是由于在试验过程中的瞬时效应决定的。如果被测材料没有屈服现象，将选用规定塑性延伸强度 $R_{p0.2}$ 而且要求的最小采样频率可以减半。

如果用应力速率控制的方法B，利用式(A.2)计算最小采样频率 f_{min}：

$$f_{min}=\frac{\dot{R}}{R_{eH}\times q}\times 100 \qquad (A.2)$$

式中：

$\dot{R}$——应力速率，单位为兆帕每秒($MPa\cdot s^{-1}$)。

```
"Reference";"ISO 6892"
"Identification";"TENSTAND"
"Material";"DC 04 Steel"
"Extensometer to crosshead transition";0.00;"%"
"Specimen geometry";"flat"
"Specimen thickness = ao"
"Specimen width = bo"
"Cross-sectional area = So"
"Extensometer gauge length = Le"
"Extensometer output in mm"
"Parallel length = Lc"
"Data acquisition rate 50Hz"
"Data row for start force reduction (Hysteresis) = Hs"
"Data row for end force reduction (Hysteresis) = He"
"Data row for switch to crosshead = Cs"
"File length N data rows"
"File width M data columns"
.
.
"ao";0.711;"mm"
"bo";19.93;"mm"
"So";14.17;"mm2"
"Le";80.00;"mm"
"Lc";120.00;"mm"
"N";2912
"M";4
"Hs";0
"He";0
"Cs";0
.
.
"time";"crosshead";"extensometer";"force"
"s";"mm";"mm";"kN"
.
.
0.40;0.0012;0.0000;0.12694
0.42;0.0016;0.0000;0.12992
0.44;0.0020;0.0001;0.13334
0.46;0.0024;0.0002;0.13699
0.48;0.0029;0.0003;0.14114
0.50;0.0035;0.0004;0.14620
0.52;0.0041;0.0006;0.15124
0.54;0.0047;0.0007;0.15669
0.56;0.0054;0.0008;0.16247
0.58;0.0060;0.0009;0.16794
0.60;0.0067;0.0012;0.17370
0.62;0.0074;0.0013;0.17980
0.64;0.0082;0.0014;0.18628
.
.
```

（A：第1–19行；B：第20–31行；C：其余各行）

说明：

A——程序开始；

B——试验参数和试样尺寸；

C——数据。

图 A.1 适合的数据文件格式范例

A.4 力学性能的测定

A.4.1 总则

试验机的软件应考虑下列要求：

A.4.2 上屈服强度和下屈服强度

A.4.2.1 上屈服强度

在 3.10.2.1 中定义的 R_{eH} 应该被认为是力值在下降至少 0.5%之前最高力对应的应力值，并且在其随后应变范围不小于 0.05%的区域，力没有超过先前的最大值。

A.4.2.2　下屈服强度

在 3.10.2.2 中定义的 R_{eL} 应满足第 12 章中下屈服强度位置判定的基本原则。

A.4.3　规定塑性延伸强度和规定总延伸强度

3.10.3 和 3.10.4 定义的 R_p 和 R_t 这两种性能可以通过曲线上相邻点的内插来确定。

A.4.4　最大力总延伸率

在 3.6.4 定义的 A_{gt}(见图 1)被认为是屈服点之后的应力-延伸率曲线上最大力对应的总延伸。

对于某些材料是有必要推荐用多项式回归的方法进行应力-应变曲线的光滑处理。光滑处理的范围对试验结果可能会产生影响。光滑处理后的曲线应该合理地表征原始应力-延伸率曲线的相关部分的特征。

A.4.5　最大力塑性延伸率

在 3.6.5 定义的 A_g(见图 1)被认为是屈服点之后的应力-延伸率曲线上最大力对应的塑性延伸。

对于某些材料有必要对应力-延伸率曲线进行光滑处理，推荐用多项式回归方法。光滑处理的范围可能会对试验结果产生影响。光滑处理后的曲线应合理表征原始应力-延伸率曲线的相关部分。

A.4.6　断裂总延伸率

A.4.6.1　应参照图 A.2 中断裂的定义测定 A_t。

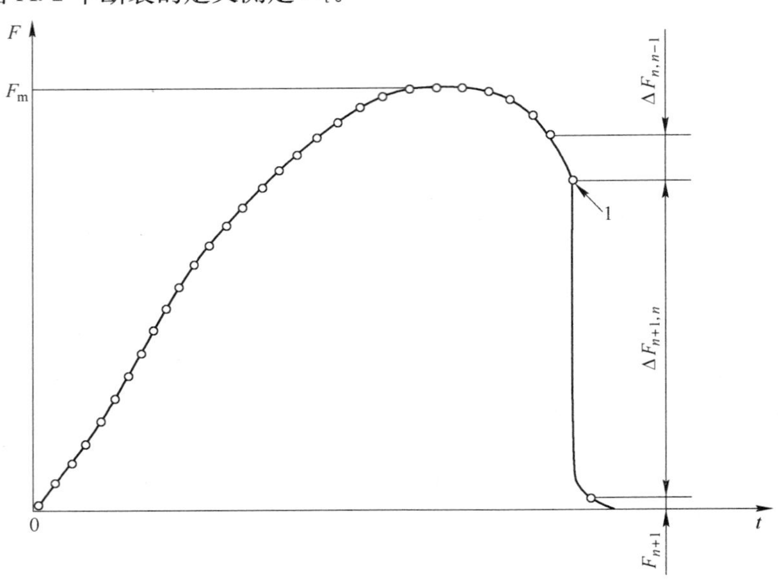

说明：

F——力；

F_m——最大力；

F_{n+1}——$n+1$ 测量点的力值；

$\Delta F_{n,n-1}$——n 和 $n-1$ 测量点之间力值差；

$\Delta F_{n+1,n}$——$n+1$ 和 n 测量点之间力值差；

t——时间；

1——断裂；

○——数据点。

断裂判定标准：$|\Delta F_{n+1,n}|>5|\Delta F_{n,n-1}|$ 和/或 $F_{n+1}<0.02F_m$

图 A.2　试样断裂点的定义原理图

当两个相邻力值点衰减满足下面两个条件之一时，断裂被认为有效。

a)　如果两相邻点间的力的衰减量大于前两点间力的衰减量的 5 倍，而随后一点的力值小于最大力的 2%；

b) 低于最大力值的 2%(软材料)。

另外还有一种测定试样断裂点的方法是监测试样上的电压或电流,把试样上的电流中断前的测量值看作断裂值。

A.4.6.2 如果引伸计一直保持到试样断裂,按图 A.2 记录 1 点的值。

A.4.6.3 如果在最大力(F_m)之后断裂之前摘除了引伸计,那么就允许用横梁位移测定摘除引伸计之后和断裂之间的附加的延伸。该方法应该被证实可行后方可使用。

A.4.7 弹性范围曲线斜率的测定

为了保证试样未知特性的有效性,使用的方法不应依赖于任何预先定义的应力极限,除非在产品标准中或试验双方的协议中有规定。

最简单的方法就是基于可变化部分的特性进行计算。参数如下:

a) 可变化部分的长度(使用的点数);

b) 选择按照定义确定曲线斜率的方程。

注:如果力-延伸曲线图的直线部分不能清晰地确定,参见 13.1 和附录 J。

曲线弹性范围的斜率对应于满足下列条件范围的平均斜率:

c) 可变化部分的斜率恒定;

d) 被选择的范围有代表性。

总之,应当建议用户选取合适的极限范围,避免曲线弹性范围斜率数值不具有代表性值。

其他可接受的方法见文献[4],[5],[6],[7]。

一种测定弹性线斜率评估 $R_{p0.2}$ 的方法如下:

——线性范围的线性回归;

——下极限:≈10%的 $R_{p0.2}$;

——上极限:≈50%的 $R_{p0.2}$;

——为了获得更准确的 $R_{p0.2}$ 数据,必须检查弹性线,如果必要,用其他极限重新计算。

A.5 试验机软件的有效性

测定不同材料特性试验系统所用方法的有效性,应通过与传统方式模拟图或数字数据测定的结果相比较进行检查确定。直接从试验机传感器或放大器获取的数据,应使用具有一定频带宽度、取样频率和不确定度的设备进行采集和处理,且至少应与提供给试验机计算机计算的结果相等。

如果计算机计算结果与试样上模拟信号的测定结果相差很小,就可以认为计算机的处理具有一定的准确度。为了评估差异的可接受程度,应测试 5 支相似试样,每一相关性能的差异应在表 A.1 所示的范围之内。

注:这一方法仅仅证实,试验机对于特定试样形状、试验材料和所使用的条件找到了材料的性能,但没有给出被试材料的性能是正确或适用的置信度。

如使用其他方法,例如一组已知材料质量水平的预定数据正确处理的方法,这些都应符合表 A.1 的要求。

表 A.1 计算机导出和手工处理的结果的最大允许差

参 数	D[a]		s[b]	
	相对[c]	绝对[c]	相对[c]	绝对[c]
$R_{p0.2}$	≤0.5%	2MPa	≤0.35%	2MPa
R_{p1}	≤0.5%	2MPa	≤0.35%	2MPa
R_{eH}	≤1%	4MPa	≤0.35%	2MPa

表 A.1(续)

参　数	D[a]		s[b]	
	相对[c]	绝对[c]	相对[c]	绝对[c]
R_{eL}	≤0.5%	2MPa	≤0.35%	2MPa
R_m	≤0.5%	2MPa	≤0.35%	2MPa
A		≤2%		≤2%

a　$D=\frac{1}{n}\sum_{i=1}^{n}D_i$。

b　$s=\sqrt{\frac{1}{n-1}\sum_{i=1}^{n}(D_i-D)^2}$。

式中：

D_i——试样手工评估结果(H_i)与计算机评估结果(R_i)之差($D_i=H_i-R_i$)；

n——同一样品上的相同试样数(≥5)。

c　应当考虑相对值和绝对值的最高值。

附　录　B
（规范性附录）
厚度 0.1mm～<3mm 薄板和薄带使用的试样类型

注：对于厚度小于 0.5mm 的产品，有必要采取特殊措施。

B.1　试样的形状

试样的夹持头部一般比其平行长度部分宽（见图 11a）。试样头部与平行长度之间应有过渡半径至少为 20mm 的过渡弧相连接。头部宽度应$\geqslant 1.2b_o$，b_o 为原始宽度。

通过协议，也可以使用不带头试样。对于宽度等于或小于 20mm 的产品，试样宽度可以相同于产品宽度。

B.2　试样的尺寸

比例试样尺寸见表 B.1。

表 B.1　矩形横截面比例试样

b_o/mm	r/mm	$k=5.65$			$k=11.3$		
		L_o/mm	L_c/mm	试样编号	L_o/mm	L_c/mm	试样编号
10	$\geqslant 20$	$5.65\sqrt{S_o}\geqslant 15$	$\geqslant L_o+b_o/2$ 仲裁试验：L_o+2b_o	P1	$11.3\sqrt{S_o}\geqslant 15$	$\geqslant L_o+b_o/2$ 仲裁试验：L_o+2b_o	P01
12.5				P2			P02
15				P3			P03
20				P4			P04

注 1：优先采用比例系数 $k=5.65$ 的比例试样。如比例标距小于 15mm，建议采用表 B.2 的非比例试样。

注 2：如需要，厚度小于 0.5mm 的试样在其平行长度上可带小凸耳以便装夹引伸计。上下两凸耳宽度中心线间的距离为原始标距。

较广泛使用的三种非比例试样尺寸见表 B.2。

表 B.2　矩形横截面非比例试样

b_o/mm	r/mm	L_o/mm	L_c/mm		试样编号
			带　头	不带头	
12.5	$\geqslant 20$	50	75	87.5	P5
20		80	120	140	P6
25		50[a]	100[a]	120[a]	P7

[a] 宽度 25mm 的试样其 L_c/b_o 和 L_o/b_o 与宽度 12.5mm 和 20mm 的试样相比非常低。这类试样得到的性能，尤其是断后伸长率（绝对值和分散范围），与其他两种类型试样不同。

平行长度不应小于 $L_o+\frac{b_o}{2}$。

有争议时，平行长度应为 L_o+2b_o，除非材料尺寸不足够。

对于宽度等于或小于 20mm 的不带头试样，除非产品标准中另有规定，原始标距 L_o 应等于 50mm。对于这类试样，两夹头间的自由长度应等于 L_o+3b_o。

当对每支试样测量尺寸时,应满足表 B.3 给出的形状公差。

表 B.3 试样宽度公差

单位为毫米

试样的名义宽度	尺寸公差[a]	形状公差[b]
12.5	±0.05	0.06
20	±0.10	0.12
25	±0.10	0.12

[a] 如果试样的宽度公差满足表 B.3,原始横截面积可以用名义值,而不必通过实际测量再计算。

[b] 试样整个平行长度 L_c 范围,宽度测量值的最大最小之差。

如果试样的宽度与产品宽度相同,应该按照实际测量的尺寸计算原始横截面积 S_o。

B.3 试样的制备

制备试样应不影响其力学性能,应通过机加工方法去除由于剪切或冲切而产生的加工硬化部分材料。

这些试样优先从板材或带材上制备。如果可能,应保留原轧制面。

注:通过冲切制备的试样,在材料性能方面会产生明显变化。尤其是屈服强度或规定延伸强度,会由于加工硬化而发生明显变化。对于呈现明显加工硬化的材料,通常通过铣和磨削等手段加工。

对于十分薄的材料,建议将其切割成等宽度薄片并叠成一叠,薄片之间用油纸隔开,每叠两侧夹以较厚薄片,然后将整叠机加工至试样尺寸。

机加工试样的尺寸公差和形状公差应符合表 B.3 的要求。例如对于名义宽度 12.5mm 的试样,尺寸公差为±0.05mm,表示试样的宽度不应超过下面两个值之间的尺寸范围:

12.5mm+0.05mm=12.55mm　　12.5mm−0.05mm=12.45mm

B.4 原始横截面积的测定

原始横截面积应根据试样的尺寸测量值计算得到。

原始横截面积的测定应准确到±2%。当误差的主要部分是由于试样厚度的测量所引起的,宽度的测量误差不应超过±0.2%。

为了减小试验结果的测量不确定度,建议原始横截面积应准确至或优于±1%。对于薄片材料,需要采用特殊的测量技术。

附 录 C
(规范性附录)
直径或厚度小于4mm线材、棒材和型材使用的试样类型

C.1 试样的形状

试样通常为产品的一部分,不经机加工(见图12)。

C.2 试样的尺寸

原始标距 L_o 应取 200mm±2mm 或 100mm±1mm。试验机两夹头之间的试样长度应至少等于 L_o+3b_o,或 L_o+3d_o,最小值为 L_o+20mm。见表C.1。

表 C.1 非比例试样

d_o 或 a_o/mm	L_o/mm	L_c/mm	试样编号
≤4	100	≥120	R9
	200	≥220	R10

如果不测定断后伸长率,两夹头间的最小自由长度可以为50mm。

C.3 试样的制备

如以盘卷交货的产品,可进行矫直。

C.4 原始横截面积的测定

原始横截面积的测定应准确到±1%。

对于圆形横截面的产品,应在两个相互垂直方向测量试样的直径,取其算术平均值计算横截面积。

可以根据测量的试样长度、试样质量和材料密度,按照公式(C.1)确定其原始横截面积:

$$S_o=\frac{1000\cdot m}{\rho\cdot L_t} \qquad \text{(C.1)}$$

式中:

m——试样质量,单位为克(g);

L_t——试样的总长度,单位为毫米(mm);

ρ——试样材料密度,单位为克每立方厘米($g\cdot cm^{-3}$)。

附 录 D
（规范性附录）
厚度等于或大于3mm板材和扁材以及直径或厚度等于或大于4mm线材、棒材和型材使用的试样类型

D.1 试样的形状

通常，试样进行机加工。平行长度和夹持头部之间应以过渡弧连接，试样头部形状应适合于试验机夹头的夹持（见图13）。夹持端和平行长度之间的过渡弧的最小半径应为：

a) 圆形横截面试样≥$0.75d_o$；

b) 其他试样≥12mm。

如相关产品标准有规定，型材、棒材等可以采用不经机加工的试样进行试验。

试样原始横截面积可以为圆形、方形、矩形或特殊情况时为其他形状。矩形横截面试样，推荐其宽度比不超过8∶1。

一般机加工的圆形横截面试样其平行长度的直径一般不应小于3mm。

D.2 试样的尺寸

D.2.1 机加工试样的平行长度

平行长度 L_c 应至少等于：

a) $L_o+\frac{d_o}{2}$ 对于圆形横截面试样；

b) $L_o+1.5\sqrt{S_o}$ 对于其他形状试样。

对于仲裁试验，平行长度应为 L_o+2d_o 或 $L_o+2\sqrt{S_o}$，除非材料尺寸不足够。

D.2.2 不经机加工试样的平行长度

试验机两夹头间的自由长度应足够，以使试样原始标距的标记与最接近夹头间的距离不小于 $\sqrt{S_o}$。

D.2.3 原始标距

D.2.3.1 比例试样

通常，使用比例试样时原始标距 L_o 与原始横截面积 S_o 有以下关系：

$$L_o=k\sqrt{S_o}$$

其中比例系数 k 通常取值5.65，也可以取11.3。

圆形横截面比例试样和矩形横截面比例试样应优先采用表D.1和表D.2推荐的尺寸。

表 D.1 圆形横截面比例试样

d_o/mm	r/mm	$k=5.65$			$k=11.3$		
		L_o/mm	L_c/mm	试样编号	L_o/mm	L_c/mm	试样类型编号
25	≥$0.75d_o$	$5d_o$	≥$L_o+d_o/2$ 仲裁试验：L_o+2d	R1	$10d_o$	≥$L_o+d_o/2$ 仲裁试验：L_o+2d_o	R01
20				R2			R02
15				R3			R03
10				R4			R04

表 D.1(续)

d_o/mm	r/mm	k=5.65			k=11.3		
		L_o/mm	L_c/mm	试样编号	L_o/mm	L_c/mm	试样类型编号
8	≥0.75d_o	5d_o	≥L_o+d_o/2 仲裁试验： L_o+2d	R5	10d_o	≥L_o+d_o/2 仲裁试验： L_o+2d_o	R05
6				R6			R06
5				R7			R07
3				R8			R08

注1：如相关产品标准无具体规定，优先采用R2、R4或R7试样。

注2：试样总长度取决于夹持方法，原则上 $L_t > L_c + 4d_o$。

表 D.2　矩形横截面比例试样

b_o/mm	r/mm	k=5.65			k=11.3		
		L_o/mm	L_c/mm	试样编号	L_o/mm	L_c/mm	试样类型编号
12.5	≥12	$5.65\sqrt{S_o}$	$\geq L_o+1.5\sqrt{S_o}$ 仲裁试验： $L_o+2\sqrt{S_o}$	P7	$11.3\sqrt{S_o}$	$\geq L_o+1.5\sqrt{S_o}$ 仲裁试验： $L_o+2\sqrt{S_o}$	P07
15				P8			P08
20				P9			P09
25				P10			P010
30				P11			P011

注：如相关产品标准无具体规定，优先采用比例系数 k=5.65 的比例试样。

D.2.3.2　非比例试样

矩形横截面非比例试样尺寸见表D.3。如果相关的产品标准有规定，允许使用非比例试样。

平行长度不应小于 $L_o+b_o/2$。对于仲裁试验，平行长度应为 $L_c = L_o + 2b_o$，除非材料尺寸不足够。

表 D.3　矩形横截面非比例试样

b_o/mm	r/mm	L_o/mm	L_c/mm	试样类型编号
12.5	≥20	50	$\geq L_o+1.5\sqrt{S_o}$ 仲裁试验： $L_o+2\sqrt{S_o}$	P12
20		80		P13
25		50		P14
38		50		P15
40		200		P16

D.3　试样的制备

D.3.1　表D.4给出了机加工试样的横向尺寸公差。

D.3.2和D.3.3给出了应用这些公差的例子：

D.3.2　尺寸公差

表D.4给出的值，例如对于名义直径10mm的试样，尺寸公差为±0.03mm，表示试样的直径不应超出下面两个值之间的尺寸范围。

10mm+0.03mm=10.03mm　　　　10mm−0.03mm=9.97mm

D.3.3 形状公差

表 D.4 中规定的值表示，例如对于满足上述机加工条件的名义直径 10mm 的试样，沿其平行长度最大直径与最小直径之差不应超过 0.04mm。

因此，如试样的最小直径为 0.99mm，它的最大直径不应超过：9.99mm＋0.04mm＝10.03mm。

表 D.4 试样横向尺寸公差

单位为毫米

名　称	名义横向尺寸	尺寸公差[a]	形状公差[b]
机加工的圆形横截面直径和四面机加工的矩形横截面试样横向尺寸	≥3 ≤6	±0.02	0.03
	>6 ≤10	±0.03	0.04
	>10 ≤18	±0.05	0.04
	>18 ≤30	±0.10	0.05
相对两面机加工的矩形横截面试样横向尺寸	≥3 ≤6	±0.02	0.03
	>6 ≤10	±0.03	0.04
	>10 ≤18	±0.05	0.06
	>18 ≤30	±0.10	0.12
	>30 ≤50	±0.15	0.15

[a] 如果试样的公差满足表 D.4，原始横截面积可以用名义值，而不必通过实际测量再计算。如果试样的公差不满足表 D.4，就很有必要对每个试样的尺寸进行实际测量。

[b] 沿着试样整个平行长度，规定横向尺寸测量值的最大最小之差。

D.4 原始横截面积的测定

对于圆形横截面和四面机加工的矩形横截面试样，如果试样的尺寸公差和形状公差均满足表 D.4 的要求，可以用名义尺寸计算原始横截面积。对于所有其他类型的试样，应根据测量的原始试样尺寸计算原始横截面积 S_o，测量每个尺寸应准确到±0.05%。

附　录　E
(规范性附录)
管材使用的试样类型

E.1　试样的形状

试样可以为全壁厚纵向弧形试样，管段试样，全壁厚横向试样，或从管壁厚度机加工的圆形横截面试样(见图14和图15)。

对于管壁厚度小于3mm的机加工横向，纵向和圆形横截面试样已在附录B描述了，对于管壁厚度大于3mm的机加工横向，纵向和圆形横截面试样已在附录D描述了。

E.2　试样的尺寸

E.2.1　纵向弧形试样

纵向弧形试样尺寸见表E.1。相关产品标准可以规定不同于表E.1的试样。纵向弧形试样一般适用于管壁厚度大于0.5mm的管材。

为了在试验机上夹持，可以压平纵向弧形试样的两头部，但不应将平行长度部分压平。

不带头的试样，两夹头间的自由长度应足够，以使试样原始标距的标记与最接近的夹头间的距离不少于$1.5\sqrt{S_o}$。

表E.1　纵向弧形试样

<table>
<tr><th rowspan="2">D_o/mm</th><th rowspan="2">b_o/mm</th><th rowspan="2">a_o/mm</th><th rowspan="2">r/mm</th><th colspan="3">$k=5.65$</th><th colspan="3">$k=11.3$</th></tr>
<tr><th>L_o/mm</th><th>L_c/mm</th><th>试样编号</th><th>L_o/mm</th><th>L_c/mm</th><th>试样类型编号</th></tr>
<tr><td>30～50</td><td>10</td><td rowspan="5">原壁厚</td><td rowspan="5">≥12</td><td rowspan="5">$5.65\sqrt{S_o}$</td><td rowspan="5">$\geq L_o+1.5\sqrt{S_o}$
仲裁试验：
$L_o+2\sqrt{S_o}$</td><td>S1</td><td rowspan="5">$11.3\sqrt{S_o}$</td><td rowspan="5">$\geq L_o+1.5\sqrt{S_o}$
仲裁试验：
$L_o+2\sqrt{S_o}$</td><td>S01</td></tr>
<tr><td>>50～70</td><td>15</td><td>S2</td><td>S02</td></tr>
<tr><td>>70～100</td><td>20/19</td><td>S3/S4</td><td>S03</td></tr>
<tr><td>>100～200</td><td>25</td><td>S5</td><td rowspan="2"></td></tr>
<tr><td>>200</td><td>38</td><td>S6</td></tr>
<tr><td colspan="10">注：如相关产品标准无具体规定，优先采用比例系数$k=5.65$的比例试样。</td></tr>
</table>

E.2.2　管段试样

管段试样尺寸见表E.2。应在试样两端加以塞头。塞头至最接近的标距标记的距离不应小于$D_o/4$，只要材料足够，仲裁试验时此距离为D_o。塞头相对于试验机夹头在标距方向伸出的长度不应超过D_o，而其形状应不妨碍标距内的变形。

表E.2　管段试样

L_o/mm	L_c/mm	试样类型编号
$5.65\sqrt{S_o}$	$\geq L_o+D_o/2$ 仲裁试验：L_o+2D_o	S7
50	≥100	S8

允许压扁管段试样两夹持头部，加或不加扁块塞头后进行试验。仲裁试验不压扁，应加配塞头。

E.2.3 机加工的横向试样

机加工的横向矩形横截面试样，管壁厚度小于 3mm 时，采用表 B.1 或表 B.2 的试样；管壁厚度大于或等于 3mm 时，采用表 D.2 或表 D.3 的试样。

不带头的试样，两夹头间的自由长度应足够，以使试样原始标距的标记与最接近的夹头间的距离不少于 1.5b_o。

应采用特别措施校直横向试样。

E.2.4 管壁厚度加工的纵向圆形横截面试样

机加工的纵向圆形横截面试样应采用表 D.1 的试样。相关产品标准应根据管壁厚度规定圆形横截面尺寸，如无具体规定，按表 E.3 选定。

表 E.3 管壁厚度机加工的纵向圆形横截面试样

a_o/mm	采用试样
8～13	R7
＞13～16	R5
＞16	R4

E.3 原始横截面积的测定

试样原始横截面积的测定应准确到±1%。

管段试样、不带头的纵向或横向试样的原始横截面积可以根据测量的试样长度、试样质量和材料密度，按照式(E.1)计算：

$$S_o = \frac{1000 \cdot m}{\rho \cdot L_t} \qquad \text{(E.1)}$$

式中：

m——试样的质量，单位为克(g)；

L_t——试样的总长度，单位为毫米(mm)；

ρ——试样的材料密度，单位为克每立方厘米(g · cm^{-3})。

对于圆管纵向弧形试样，按照式(E.2)计算原始横截面积：

$$S_o = \frac{b_o}{4}(D_o^2 - b_o^2)^{1/2} + \frac{D_o^2}{4}\arcsin\left(\frac{b_o}{D_o}\right) - \frac{b_o}{4}[(D_o - 2a_o)^2 - b_o^2]^{1/2} - \left(\frac{D_o - 2a_o}{2}\right)^2 \arcsin\left(\frac{b_o}{D_o - 2a_o}\right) \qquad \text{(E.2)}$$

式中：

a_o——管的壁厚；

b_o——纵向弧形试样的平均宽度，$b_o < (D_o - 2a_o)$；

D_o——管的外径。

式(E.3)和式(E.4)为简化的公式，适用于纵向弧形试样：

当 $\frac{b_o}{D_o} < 0.25$ 时

$$S_o = a_o b_o \left[1 + \frac{b_o^2}{6D_o(D_o - 2a_o)}\right] \quad \text{(E.3)}$$

当 $\frac{b_o}{D_o} < 0.1$ 时

$$S_o = a_o b_o \quad \text{(E.4)}$$

对于管段试样，按照式(E.5)计算原始横截面积：

$$S_o = \pi a_o (D_o - a_o) \quad \text{(E.5)}$$

附 录 F
（资料性附录）
考虑试验机刚度（或柔度）后估算的横梁位移速率

10.3.1中的式（1）没有考虑试验装置（机架、力传感器、夹具等）的弹性变形。这意味着应将变形分为试验装置的弹性变形和试样的弹性变形。横梁位移速率只有一部分转移到了试样上。试样上产生的应变速率$\dot{e}_m$由式（F.1）给定：

$$\dot{e}_m = \nu_c \Big/ \left(\frac{m \times S_o}{C_M} + L_c \right) \qquad \text{(F.1)}$$

式中：

C_M——试验装置的刚度，mm · N^{-1}（在试验装置的刚度不是线性的情况下，比如楔形夹头，应取相关参数点例如$R_{p0.2}$附近的刚度值）；

$\dot{e}_m$——试样上产生的应变速率，单位为每秒（s^{-1}）；

L_c——试样的平行长度，单位为毫米（mm）；

m——给定时刻应力-延伸曲线的斜率（例如$R_{p0.2}$附近点），单位为兆帕（MPa）；

S_o——原始横截面积，单位为平方毫米（mm^2）；

ν_c——横梁位移速率，单位为毫米每秒（mm · s^{-1}）。

注：从应力-应变曲线弹性部分得到的m和C_M不能用。

10.3.1中的式（1）不能补偿柔度效应。试样上产生应变速率$\dot{e}_m$所需近似横梁位移速率可以根据式（F.2）计算得到，单位为毫米每秒（mm · s^{-1}）：

$$\nu_c = \dot{e}_m \left(\frac{m \times S_o}{C_M} + L_c \right) \qquad \text{(F.2)}$$

附 录 G
(资料性附录)
断后伸长率低于5%的测定方法

在测定小于5%的断后伸长率时应加倍小心。

推荐的方法如下：

试验前在平行长度的两端处做一很小的标记。使用调节到标距的分规，分别以标记为圆心划一圆弧。拉断后，将断裂的试样置于一装置上，最好借助螺丝施加轴向力，以使其在测量时牢固地对接在一起。以最接近断裂的原圆心为圆心，以相同的半径划第二个圆弧。用工具显微镜或其他合适的仪器测量两个圆弧之间的距离即为断后伸长，准确到±0.02mm。为使划线清晰可见，试验前涂上一层染料。

注：另一种方法，可以采用20.2规定的引伸计方法。

附　录　H
（资料性附录）
移位法测定断后伸长率

为了避免由于试样断裂位置不符合20.1所规定的条件而报废试样，可以使用如下方法：

a） 试验前将试样原始标距细分为5mm（推荐）到10mm的N等份；

b） 试验后，以符号X表示断裂后试样短段的标距标记，以符号Y表示断裂试样长段的等分标记，此标记与断裂处的距离最接近于断裂处至标距标记X的距离。

如X与Y之间的分格数为n，按如下测定断后伸长率：

1） 如$N-n$为偶数［见图H.1a）］，测量X与Y之间的距离l_{XY}和测量从Y至距离为$\frac{N-n}{2}$个分格的Z标记之间的距离l_{YZ}。按照式（H.1）计算断后伸长率：

$$A=\frac{l_{XY}+2l_{YZ}-L_o}{L_o}\times 100 \qquad \text{(H.1)}$$

2） 如$N-n$为奇数［见图H.1b）］，测量X与Y之间的距离，以及从Y至距离分别为$\frac{1}{2}(N-n-1)$和$\frac{1}{2}(N-n+1)$个分格的Z′和Z″标记之间的距离$l_{YZ'}$和$l_{YZ''}$。按照式（H.2）计算断后伸长率：

$$A=\frac{l_{XY}+l_{YZ'}+l_{YZ''}-L_o}{L_o}\times 100 \qquad \text{(H.2)}$$

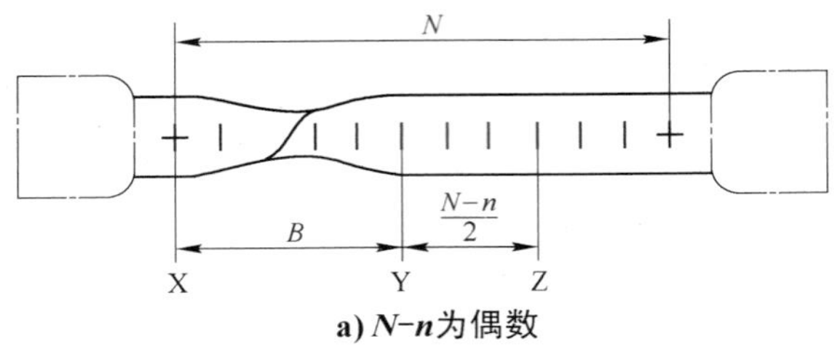

a) $N-n$为偶数

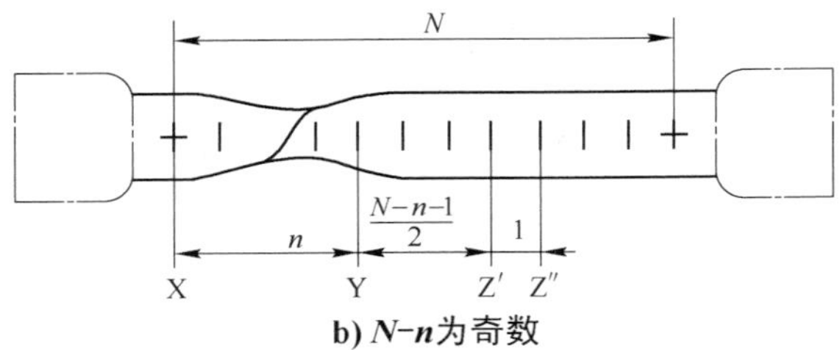

b) $N-n$为奇数

说明：

n——X与Y之间的分格数；

N——等分的份数；

X——试样较短部分的标距标记；

Y——试样较长部分的标距标记；

Z，Z′，Z″——分度标记。

注：试样头部形状仅为示意性。

图H.1　移位方法的图示说明

附 录 I
(资料性附录)
棒材、线材和条材等长产品的无缩颈塑性伸长率 A_{wn} 的测定方法

本方法是测量已拉伸试验过的试样最长部分。

试验前,在标距上标出等分格标记,连续两个等分格标记之间的距离等于原始标距 L'_o 的约数。原始标距 L'_o 的标记应准确到 ±0.5mm 以内。断裂后,在试样的最长部分上测量断后标距 L'_u,准确到 ±0.5mm。

为使测量有效,应满足以下条件:

a) 测量区的范围应处于距离断裂处至少 $5d_o$ 和距离夹头至少为 $2.5d_o$;

注:如果试样横截面为不规则图形,d_o 为不规则截面外接圆的直径。

b) 测量用的原始标距应至少等于产品标准中规定的值。

无缩颈塑性伸长率按下列式(I.1)计算:

$$A_{wn}=\frac{L'_u-L'_o}{L'_o}\times 100 \qquad \text{(I.1)}$$

注:对于许多材料,最大力发生在缩颈开始的范围。这意味着对于这些材料 A_g 和 A_{wn} 基本相等。但是,对于很大冷变形的材料诸如双面减薄的锡板、辐照过的结构钢或在高温下的试验 A_g 和 A_{wn} 之间有很大不同。

附　录　J
（规范性附录）
逐步逼近方法测定规定塑性延伸强度（R_p）

J.1　范围

逐步逼近方法适用于具有无明显弹性直线段金属材料的塑性延伸强度的测定。对于力-延伸曲线图具有弹性直线段高度不低于 $0.5F_m$ 的金属材料，其塑性延伸强度的测定亦适用。逐步逼近方法可应用于这种性能的拉伸试验自动化测试。

J.2　方法

根据力-延伸曲线图测定塑性延伸强度。

试验时，记录力-延伸曲线图，至少直至超过预期的塑性延伸强度的范围。在力-延伸曲线上任意估取 A_0 点拟为塑性延伸率等于 0.2%时的力 $F^0_{p0.2}$，在曲线上分别确定力为 $0.1F^0_{p0.2}$ 和 $0.5F^0_{p0.2}$ 的 B_1 和 D_1 两点，作直线 B_1D_1。从曲线原点 O（必要时进行原点修正）起截取 OC 段（$OC=0.2\%*L_e*n$，式中 n 为延伸放大倍数），过 C 点作平行于 B_1D_1 的平行线 CA_1 交曲线于 A_1 点。如果 A_1 与 A_0 重合，$F^0_{p0.2}$ 即为相应于塑性延伸率为 0.2%时的力。

如 A_1 点未与 A_0 点重合，需要按照上述步骤进行进一步逼近。此时，取 A_1 点的力 $F^1_{p0.2}$，在曲线上分别确定力为 $0.1F^1_{p0.2}$ 和 $0.5F^1_{p0.2}$ 的 B_2 和 D_2 两点，作直线 B_2D_2。过 C 点作平行于直线 B_2D_2 的平行线 CA_2 交曲线于 A_2 点，如此逐步逼近，直至最后一次得到的交点 A_n 与前一次的交点 A_{n-1} 重合（见图 J.1）。A_n 的力即为塑性延伸率达 0.2%时的力。此力除以试样原始横截面积得到测定的塑性延伸强度 $R_{p0.2}$。

最终得到的直线 B_nD_n 的斜率，一般可以作为确定其他塑性延伸强度的基准斜率。

注：逐步逼近方法测定软铝等强度很低的材料的塑性延伸强度（R_p）时显示出不适合性。

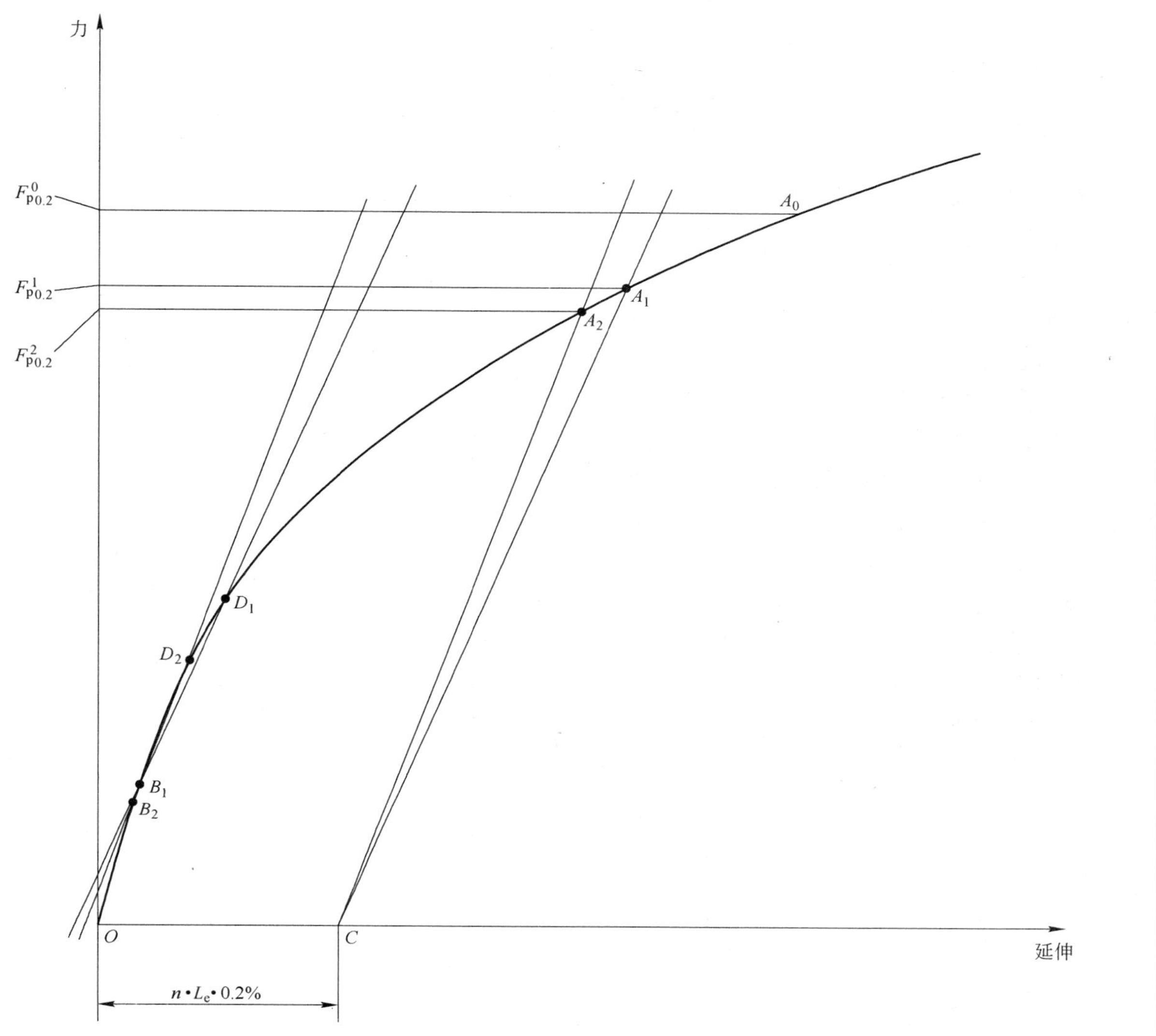

图 J.1　逐步逼近法测定塑性延伸强度

附 录 K
(资料性附录)
卸力方法测定规定残余延伸强度($R_{r0.2}$)举例

试验材料:钢,预期的规定残余延伸强度 $R_{r0.2}\approx$800MPa;

试样尺寸:d=10.00mm,S_o=78.54mm^2;

引伸计:表式引伸计,1 级准确度,L_e=50mm,每一分度值为 0.01mm;

试验机:最大量程 200kN,选用度盘为 100kN;

试验速率:按照 10.3.2 的规定要求。

按照预期的规定残余延伸强度计算相应于应力值 5%的预拉力为:

$F_o=R_{r0.2}\times S_o\times 5\%$=6283.2N,化整后取 6000N。此时,引伸计的条件零点为 1 分度。

使用的引伸计标距为 50mm,测定规定残余延伸强度 $R_{r0.2}$ 所要达到的残余延伸应为:50×0.2%=0.1mm。将其折合成引伸计的分度数为:0.1÷0.01=10 分度。

从 F_o 起第一次施加力直至试样在引伸计标距的长度上产生总延伸(相应于引伸计的分度数)应为:10+(1～2)=11 分度～12 分度,由于条件零点为 1 分度,总计为 13 分度,保持力 10s～12s 后,将力降至 F_o,引伸计读数为 2.3 分度,即残余延伸为 1.3 分度。

第二次施加力直至引伸计达到读数应为:在上一次读数 13 分度的基础上,加上规定残余延伸 10 分度与已得残余延伸 1.3 分度之差,再加上 1 分度～2 分度,即 13+(10−1.3)+2=23.7 分度。保持力 10s～12s,将力降至 F_o 后得到 7.3 分度的残余延伸读数。

第三次施加力直至引伸计达到的读数应为:23.7+(10−7.3)+1=27.4 分度。

试验直至残余延伸读数达到或稍微超过 10 分度为止,试验记录见表 K.1。

规定残余延伸强度 $R_{r0.2}$ 计算如下:

由表 K.1 查出残余延伸读数最接近 10 分度的力值读数为 61000N,亦即测定的规定残余延伸力应在 61000N 和 62000N 之间。用线性内插法求得规定残余延伸力为:

$$F_{r0.2}=\frac{(10.5-10)\times 61000+(10-9.7)\times 62000}{10.5-9.7}=61375\text{N}$$

得到:

$$R_{r0.2}=\frac{61375}{78.54}=781.4\text{MPa}$$

按照第 22 章要求,修约后结果为:$R_{r0.2}$=781MPa。

表 K.1 力-残余延伸数据记录

力/N	施加力引伸计读数/分度	预拉力引伸计读数/分度	残余延伸/分度
6000	1.0	—	—
41000	13.0	2.3	1.3
57000	23.7	8.3	7.3
61000	27.4	10.7	9.7
62000	28.7	11.5	10.5

附 录 L
(资料性附录)
拉伸试验测量结果不确定度的评定

L.1 拉伸试验测量结果不确定度的评定范例

评定低碳低合金钢以三个试样平均结果的抗拉强度和塑性指标的不确定度。

使用10个试样,得到测量列,测量得到的结果见表L.1。

实验标准偏差按贝塞尔公式计算:

$$s_i = \sqrt{\frac{\sum_{i=1}^{n}(X_i - \overline{X})^2}{n-1}} \quad \cdots\cdots (L.1)$$

式中:

$\overline{X} = \frac{1}{n}\sum_{i=1}^{n} X_i$

表 L.1 重复性试验测量结果

序 号	试样直径 d mm	抗拉强度 R_m MPa	下屈服强度 R_{eL} MPa	规定塑性延伸强度 $R_{p0.2}$ MPa	断后伸长率 A %	断面收缩率 Z %
1-1	10.00	767	450	450	22.5	50
1-2	10.00	767	448	449	21.0	50
1-3	10.00	771	452	453	22.0	50
1-4	10.00	769	452	452	22.0	50
1-5	10.01	763	448	450	22.5	52
1-6	10.00	770	444	447	22.5	53
1-7	9.99	767	447	451	21.5	50
1-8	9.99	766	445	445	22.0	51
1-9	9.99	760	444	446	21.5	50
1-10	10.00	770	446	447	22.0	48
平均值		767	447.6	449	21.95	50.4
标准偏差 s_i		3.399	2.989	2.667	0.497	1.350
相对标准偏差		0.443%	0.668%	0.594%	2.264%	2.679%

L.2 抗拉强度不确定度的评定

数学模型

$$R_m = \frac{F_m}{S_o} \quad \cdots\cdots (L.2)$$

$$u_{crel}(R_m) = \sqrt{u_{rel}^2(F_m) + u_{rel}^2(S_o) + u_{rel}^2(rep) + u_{rel}^2(R_{mV})} \quad \cdots\cdots (L.3)$$

式中：

R_m——抗拉强度；

F_m——最大力；

S_o——原始横截面积；

rep——重复性；

R_{mV}——拉伸速率对抗拉强度的影响。

L.2.1 A类相对标准不确定度分项 u_{rel}(rep)的评定

本例评定三个试样测量平均值的不确定度，故应除以$\sqrt{3}$。

$$u_{rel}(rep) = \frac{s}{\sqrt{3}} = \frac{0.443\%}{\sqrt{3}} = 0.256\% \quad \cdots\cdots (L.4)$$

L.2.2 最大力 F_m 的B类相对标准不确定度分项 $u_{rel}(F_m)$的评定

(1)试验机测力系统示值误差带来的相对标准不确定度 $u_{rel}(F_1)$

1.0 级的拉力试验机示值误差为±1.0%，按均匀分布考虑 $k=\sqrt{3}$，则：

$$u_{rel}(F_1) = \frac{1.0\%}{\sqrt{3}} = 0.577\% \quad \cdots\cdots (L.5)$$

(2)标准测力仪的相对标准不确定度 $u_{rel}(F_2)$

使用0.3级的标准测力仪对试验机进行检定。重复性 R=0.3%。可以看成重复性极限。则其相对标准不确定度为：

$$u_{rel}(F_2) = \frac{R}{2.83} = \frac{0.3\%}{2.83} = 0.106\% \quad \cdots\cdots (L.6)$$

(3)计算机数据采集系统带来的相对标准不确定度 $u_{rel}(F_3)$

计算机数据采集系统所引入的B类相对标准不确定度为 0.2×10^{-2}：

$$u_{rel}(F_3) = 0.2\% \quad \cdots\cdots (L.7)$$

(4)最大力的相对标准不确定度分项 $u_{rel}(F_m)$

$$u_{rel}(F_m) = \sqrt{u_{rel}^2(F_1) + u_{rel}^2(F_2) + u_{rel}^2(F_3)}$$
$$= \sqrt{(0.577\%)^2 + (0.106\%)^2 + (0.2\%)^2} = 0.620\% \quad \cdots\cdots (L.8)$$

L.2.3 原始横截面积 S_o 的B类相对标准不确定度分项 $u_{rel}(S_o)$的评定

测定原始横截面积时，测量每个尺寸应准确到±0.5%。

$$S_o = \frac{1}{4}\pi d^2$$

$$u_{rel}(d) = \frac{0.5\%}{\sqrt{3}} = 0.289\%$$

$$u_{rel}(S_o) = 2 \cdot u_{rel}(d) = 2 \times 0.289\% = 0.578\%$$

L.2.4 拉伸速率影响带来的相对标准不确定度分项 $u_{rel}(R_{mV})$

试验得出，在拉伸速率变化范围内抗拉强度最大相差10MPa，所以拉伸速率对抗拉强度的影响为±5MPa，按均匀分布考虑：

$$u(R_{mV}) = \frac{5}{\sqrt{3}} = 2.887 \quad \cdots\cdots (L.9)$$

$$u_{rel}(R_{mV}) = \frac{2.887}{767} = 0.376\% \quad \cdots\cdots (L.10)$$

L.2.5 抗拉强度的相对合成不确定度(表 L.2)

表 L.2 抗拉强度的相对标准不确定度分项汇总

标准不确定度分项	不确定度来源	相对标准不确定度
$u_{rel}(rep)$	测量重复性	0.256%
$u_{rel}(F_m)$	最大力	0.620%
$u_{rel}(S_o)$	试样原始横截面积	0.578%
$u_{rel}(R_{mV})$	拉伸速率	0.376%

$$u_{crel}(R_m)=\sqrt{u_{rel}^2(rep)+u_{rel}^2(F_m)+u_{rel}^2(S_o)+u_{rel}^2(R_{mV})}$$

$$=\sqrt{(0.256\%)^2+(0.620\%)^2+(0.578\%)^2+(0.376\%)^2}=0.962\% \quad\cdots\cdots\quad (L.11)$$

L.2.6 抗拉强度的相对扩展不确定度

取包含概率 $p=95\%$,按 $k=2$

$$U_{rel}(R_m)=k\cdot u_{crel}(R_m) \quad\cdots\cdots\quad (L.12)$$

$$U_{rel}(R_m)=2\times0.962\%=1.9\% \quad\cdots\cdots\quad (L.13)$$

L.3 下屈服强度不确定度的评定

数学模型 $$R_{eL}=\frac{F_{eL}}{S_o}$$

$$u_{crel}(R_{eL})=\sqrt{u_{rel}^2(F_{eL})+u_{rel}^2(S_o)+u_{rel}^2(rep)+u_{rel}^2(R_{eLV})} \quad\cdots\cdots\quad (L.14)$$

式中:

R_{eL}——下屈服强度;

F_{eL}——下屈服力;

S_o——原始横截面积;

rep——重复性;

R_{eLV}——拉伸速率对下屈服强度的影响。

L.3.1 A类相对标准不确定度分项 $u_{rel}(rep)$ 的评定

本例评定三个试样测量平均值的不确定度,故应除以$\sqrt{3}$。

$$u_{rel}(rep)=\frac{s}{\sqrt{3}}=\frac{0.668\%}{\sqrt{3}}=0.386\% \quad\cdots\cdots\quad (L.15)$$

L.3.2 下屈服力 F_{eL} 的B类相对标准不确定度分项 $u_{rel}(F_{eL})$ 的评定

下屈服力 F_{eL} 的相对标准不确定度分项 $u_{rel}(F_{eL})$ 的评定与最大力 F_m 的相对标准不确定度分项 $u_{rel}(F_m)$ 的评定步骤相同(评定过程见 L.2.2)。

$$u_{rel}(F_{eL}) = \sqrt{u_{rel}^2(F_1) + u_{rel}^2(F_2) + u_{rel}^2(F_3)} = 0.620\% \qquad \text{(L.16)}$$

L.3.3 原始横截面积 S_o 的 B 类相对标准不确定度分项 $u_{rel}(S_o)$ 的评定

原始横截面积相对不确定度与 L.2.3 相同：

$$u_{rel}(S_o) = 0.578\% \qquad \text{(L.17)}$$

L.3.4 拉伸速率影响带来的相对标准不确定度分项 $u_{rel}(R_{eLV})$ 的评定

试验得出，在拉伸速率变化范围内下屈服强度最大相差 10MPa，所以拉伸速率对下屈服强度的影响为±5MPa，按均匀分布考虑：

$$u(R_{eLV}) = \frac{5}{\sqrt{3}} = 2.887 \qquad \text{(L.18)}$$

$$u_{rel}(R_{eLV}) = \frac{2.887}{447.6} = 0.645\% \qquad \text{(L.19)}$$

L.3.5 下屈服强度的相对合成不确定度

下屈服强度的相对标准不确定度分项汇总见表 L.3。

表 L.3 下屈服强度的相对标准不确定度分项汇总

标准不确定度分项	不确定度来源	相对标准不确定度
$u_{rel}(rep)$	测量重复性	0.386%
$u_{rel}(F_{eL})$	下屈服力	0.620%
$u_{rel}(S_o)$	试样原始横截面积	0.578%
$u_{rel}(R_{eLV})$	拉伸速率	0.645%

$$u_{crel}(R_{eL}) = \sqrt{u_{rel}^2(rep) + u_{rel}^2(F_{eL}) + u_{rel}^2(S_o) + u_{rel}^2(R_{eLV})}$$

$$= \sqrt{(0.386\%)^2 + (0.620\%)^2 + (0.578\%)^2 + (0.645\%)^2} = 1.133\% \qquad \text{(L.20)}$$

L.3.6 下屈服强度的相对扩展不确定度

取包含概率 $p=95\%$，按 $k=2$

相对扩展不确定度

$$U_{rel}(R_{eL}) = k \times u_{crel}(R_{eL}) \qquad \text{(L.21)}$$

$$U_{rel}(R_{eL}) = 2 \times 1.133\% = 2.3\% \qquad \text{(L.22)}$$

L.4 规定塑性延伸强度不确定度的评定

数学模型

$$R_p = \frac{F_p}{S_o}$$

$$u_{crel}(R_p) = \sqrt{u_{rel}^2(F_p) + u_{rel}^2(S_o) + u_{rel}^2(rep) + u_{rel}^2(R_{pV})} \qquad \text{(L.23)}$$

式中：

R_p——规定塑性延伸强度；

F_p——规定塑性延伸力；

S_o——原始横截面积；

rep——重复性；

R_{pV}——拉伸速率对规定塑性延伸强度的影响。

L.4.1 A类相对标准不确定度分项 $u_{rel}(rep)$ 的评定

本例评定三个试样测量平均值的不确定度，故应除以$\sqrt{3}$。

$$u_{rel}(rep)=\frac{s}{\sqrt{3}}=\frac{0.594\%}{\sqrt{3}}=0.343\% \quad \cdots\cdots (L.24)$$

L.4.2 规定塑性延伸力 F_p 的B类相对标准不确定度分项 $u_{rel}(F_p)$ 的评定

规定塑性延伸力是按如下方法得到的：在力-延伸曲线图上，划一条与曲线的弹性直线段部分平行，且在延伸轴上与此直线的距离等效于规定塑性延伸率0.2%的直线。此平行线与曲线的交截点给出相应于所求规定塑性延伸强度的力。

由于无法得到力-延伸曲线的数学表达式，我们不能准确地得到引伸计测量应变的相对标准不确定度 $u_{rel}(\Delta L_e)$ 与力值的相对标准不确定度 $u_{rel}(F_e)$ 之间的关系。为得到两者之间的近似关系，通过交截点与曲线作切线，与延伸轴的交角为 α。则引伸计测量应变的相对标准不确定度 $u_{rel}(\Delta L_e)$ 与引伸计对力值带来的相对标准不确定度 $u_{rel}(F_e)$ 近似符合下式：

$$u_{rel}(F_e)=\tan\alpha\cdot u_{rel}(\Delta L_e) \quad \cdots\cdots (L.25)$$

1级引伸计的相对误差为±1%，按均匀分布考虑。

则
$$u_{rel}(\Delta L_e)=\frac{1\%}{\sqrt{3}}=0.577\% \quad \cdots\cdots (L.26)$$

在实际操作中 α 角与坐标轴的比例有关，$\tan\alpha=\frac{\Delta F}{\Delta L}$，本例中在交截点$\frac{\Delta F}{\Delta L}\approx 0$。

则 $u_{rel}(F_e)=\frac{\Delta F}{\Delta L}\cdot u_{rel}(\Delta L_e)\approx 0$

$$u_{rel}(F_p)=\sqrt{u_{rel}^2(F_1)+u_{rel}^2(F_2)+u_{rel}^2(F_3)+u_{rel}^2(F_e)}=0.620\% \quad \cdots\cdots (L.27)$$

L.4.3 原始横截面积 S_o 的B类相对标准不确定度分项 $u_{rel}(S_o)$ 的评定

原始横截面积相对不确定度与L.2.3相同：

$$u_{rel}(S_o)=0.578\% \quad \cdots\cdots (L.28)$$

L.4.4 拉伸速率影响带来的相对标准不确定度分项 $u_{rel}(R_{pV})$ 的评定

试验得出，在拉伸速率变化范围内规定塑性延伸强度最大相差10MPa，所以拉伸速率对规定塑性延伸强度的影响为±5MPa，按均匀分布考虑：

$$u(R_{pV})=\frac{5}{\sqrt{3}}=2.887 \quad \cdots\cdots (L.29)$$

$$u_{rel}(R_{pV})=\frac{2.887}{449}=0.643\% \quad \cdots\cdots (L.30)$$

L.4.5 规定塑性延伸强度的相对合成不确定度(表L.4)

表L.4 规定塑性延伸强度的相对标准不确定度分项汇总

标准不确定度分项	不确定度来源	相对标准不确定度
$u_{rel}(rep)$	测量重复性	0.343%

表 L.4(续)

标准不确定度分项	不确定度来源	相对标准不确定度
$u_{rel}(F_p)$	规定塑性延伸力	0.620%
$u_{rel}(S_o)$	试样原始横截面积	0.578%
$u_{rel}(R_{pV})$	拉伸速率	0.643%

相对合成不确定度：

$$u_{crel}(R_p)=\sqrt{u_{rel}^2(F_p)+u_{rel}^2(S_o)+u_{rel}^2(\text{rep})+u_{rel}^2(R_{pV})}$$

$$=\sqrt{(0.343\%)^2+(0.620\%)^2+(0.578\%)^2+(0.643\%)^2}=1.12\% \quad\cdots\cdots\cdots(\text{L.31})$$

L.4.6 规定塑性延伸强度的相对扩展不确定度

取包含概率 $p=95\%$，按 $k=2$

相对扩展不确定度 $U_{rel}(R_p)=k\times u_{crel}(R_p)=2\times1.12\%=2.2\%$ ……………………(L.32)

L.5 断后伸长率不确定度的评定

数学模型

$$A=\frac{L_u-L_o}{L_o} \quad\cdots\cdots\cdots(\text{L.33})$$

式中：

A——断后伸长率；

L_o——原始标距；

L_u——断后标距。

断后伸长(L_u-L_o)的测量应准确到±0.25mm。在评定测量不确定度时公式应表达为：

$$A=\frac{L_u-L_o}{L_o}=\frac{\Delta L}{L_o} \quad\cdots\cdots\cdots(\text{L.34})$$

ΔL 与 L_o 彼此不相关，则：

$$u_{crel}(A)=\sqrt{u_{rel}^2(L_o)+u_{rel}^2(\Delta L)+u_{rel}^2(\text{rep})+u_{rel}^2(\text{off})} \quad\cdots\cdots\cdots(\text{L.35})$$

L.5.1 A 类相对标准不确定度分项 $u_{rel}(\text{rep})$ 的评定

本例评定三个试样测量平均值的不确定度，故应除以$\sqrt{3}$。

$$u_{rel}(\text{rep})=\frac{s}{\sqrt{3}}=\frac{2.264\%}{\sqrt{3}}=1.307\% \quad\cdots\cdots\cdots(\text{L.36})$$

L.5.2 原始标距的 B 类相对标准不确定度分项 $u_{rel}(L_o)$ 的评定

根据标准规定，原始标距的标记 L_o 应准确到$\pm1\%$。按均匀分布考虑 $k=\sqrt{3}$，则：

$$u_{rel}(L_o)=\frac{1\%}{\sqrt{3}}=0.577\% \quad\cdots\cdots\cdots(\text{L.37})$$

L.5.3 断后伸长的 B 类相对标准不确定度分项 $u_{rel}(\Delta L)$ 的评定

(L_u-L_o)的测量应准确到±0.25mm。本试验的平均伸长为 10.975mm，按均匀分布考虑 $k=\sqrt{3}$，则：

$$u_{rel}(\Delta L)=\frac{0.25}{10.975\times\sqrt{3}}=1.315\% \quad \cdots\cdots \text{(L.38)}$$

L.5.4 修约带来的相对标准不确定度分项 $u_{rel}(off)$

断后伸长率的修约间隔为0.5%。按均匀分布考虑,修约带来的相对标准不确定度分项:

$$u_{rel}(off)=\frac{0.5\%}{2\cdot\sqrt{3}\cdot 21.95\%}=0.658\% \quad \cdots\cdots \text{(L.39)}$$

L.5.5 断后伸长率的相对合成不确定度(表 L.5)

表 L.5 断后伸长率的标准不确定度分项汇总

标准不确定度分项	不确定度来源	相对标准不确定度	平均值
$u_{rel}(rep)$	测量重复性	1.307%	21.95%
$u_{rel}(L_o)$	试样原始标距	0.577%	$\overline{L_o}$=50mm
$u_{rel}(\Delta L)$	断后伸长	1.315%	$\overline{\Delta L}$=10.975mm
$u_{rel}(off)$	修　约	0.658%	

相对合成不确定度:

$$\begin{aligned}u_{crel}(A)&=\sqrt{u_{rel}^2(L_o)+u_{rel}^2(\Delta L)+u_{rel}^2(rep)+u_{rel}^2(off)}\\&=\sqrt{(0.577\%)^2+(1.315\%)^2+(1.307\%)^2+(0.658\%)^2}\\&=2.05\% \quad \cdots\cdots \text{(L.40)}\end{aligned}$$

L.5.6 断后伸长率的相对扩展不确定度

取包含概率 $p=95\%$,按 $k=2$

$$U_{rel}(A)=k\times u_{crel}(A)=2\times 2.05\%=4.1\% \quad \cdots\cdots \text{(L.41)}$$

L.6 断面收缩率不确定度的评定

数学模型

$$Z=\frac{S_o-S_u}{S_o} \quad \cdots\cdots \text{(L.42)}$$

式中:

Z——断面收缩率;

S_o——原始横截面积;

S_u——断后最小横截面积。

公式中 S_u 不独立,与 S_o 相关性显著。近似按 S_o 与 S_u 相关系数为1考虑。符合下式关系:

$$u_c^2(y)=\left[\sum_{i=1}^{N}c_i u(x_i)\right]^2=\left[\sum_{i=1}^{N}\frac{\partial f}{\partial x_i}u(x_i)\right]^2 \quad \cdots\cdots \text{(L.43)}$$

$$u_c(S_o,S_u)=\left|\frac{S_u}{S_o^2}\cdot u(S_o)-\frac{1}{S_o}\cdot u(S_u)\right|$$

$$u_c(Z) = \sqrt{u_c^2(S_o,S_u) + u^2(\text{rep}) + u^2(\text{off})}$$

L.6.1 A类标准不确定度分项 u(rep)的评定

本例评定三个试样测量平均值的不确定度，故应除以$\sqrt{3}$。

$$u(\text{rep}) = \frac{s}{\sqrt{3}} = \frac{1.350\%}{\sqrt{3}} = 0.779\% \quad \cdots\cdots\cdots\cdots\cdots\cdots (\text{L}.44)$$

L.6.2 原始横截面积的标准不确定度分项 $u(S_o)$的评定

测量每个尺寸应准确到±0.5%。

试样公称直径 d=10mm，$S_o = \frac{1}{4}\pi d^2 = 78.54\text{mm}^2$。

$$u_{\text{rel}}(d) = \frac{0.5\%}{\sqrt{3}} = 0.289\%$$

$$u_{\text{rel}}(S_o) = 2 \cdot u_{\text{rel}}(d) = 0.578\%$$

$$u(S_o) = 78.54 \times 0.578\% = 0.454\text{mm}^2$$

L.6.3 断裂后横截面积的标准不确定度分项 $u(S_u)$的评定

标准中规定断裂后最小横截面积的测定应准确到±2%，按均匀分布考虑：

$$u_{\text{rel}}(S_u) = \frac{2\%}{\sqrt{3}} = 1.155\% \cdots\cdots\cdots\cdots\cdots\cdots (\text{L}.45)$$

根据计算断后缩径处最小直径处横截面积平均为 S_u=38.96mm^2

$$u(S_u) = 38.96 \times 1.155\% = 0.450\text{mm}^2 \cdots\cdots\cdots\cdots\cdots\cdots (\text{L}.46)$$

L.6.4 修约带来的相对标准不确定度分项

根据本部分第22条中的规定，断面收缩率的修约间隔1%，按均匀分布考虑，修约带来的标准不确定度分项：

$$u(\text{off}) = \frac{1\%}{2 \cdot \sqrt{3}} = 0.289\% \quad \cdots\cdots\cdots\cdots\cdots\cdots (\text{L}.47)$$

L.6.5 断面收缩率的相对合成不确定度

断面收缩率的标准不确定度分项汇总见表L.6。

表L.6 断面收缩率的标准不确定度分项汇总

标准不确定度分项	不确定度来源	标准不确定度	平均值
u(rep)	测量重复性	0.758%	$\overline{Z}$=50.4%
$u(S_u)$	断裂后横截面积	0.457mm^2	$\overline{S_u}$=38.96mm^2
$u(S_o)$	试样原始横截面积	0.454mm^2	$\overline{S_o}$=78.54mm^2
u(off)	修　约	0.289%	

$$u_c(S_o,S_u)=\left|\frac{S_u}{S_o^2}\cdot u(S_o)-\frac{1}{S_o}\cdot u(S_u)\right|$$

$$=\left|\frac{38.96}{78.54^2}\times 0.450-\frac{0.457}{78.54}\right|=0.298\% \quad (L.48)$$

$$u_c(Z)=\sqrt{u_c^2(S_o,S_u)+u^2(\text{rep})+u^2(\text{off})}$$

$$=\sqrt{(0.298\%)^2+(0.758\%)^2+(0.289\%)^2}=0.861\% \quad (L.49)$$

L.6.6 断面收缩率的相对扩展不确定度

取包含概率 $p=95\%$，按 $k=2$

相对扩展不确定度 $U(Z)=k\times u_c(Z)=2\times 0.861\%=1.7\%$ (L.50)

$$U_{rel}(Z)=3.4\%$$

L.7 相对扩展不确定度结果汇总

相对扩展不确定度结果见表 L.7。

表 L.7 相对扩展不确定度结果汇总

抗拉强度 $U_{rel}(R_m)$	下屈服强度 $U_{rel}(R_{eL})$	规定塑性延伸强度 $U_{rel}(R_p)$	断后伸长率 $U_{rel}(A)$	断面收缩率 $U_{rel}(Z)$
1.9%	2.3%	2.2%	4.1%	3.4%

附 录 M
（资料性附录）
拉伸试验的精密度——根据实验室间试验方案的结果

M.1 实验室间的分散

在实验室间的比对实验中有迹象表明拉伸试验结果的分散性包括材料的分散和测量的不确定度，见表 M.1～表 M.4。图 M.1～图 M.4 给出了表 M.1～表 M.4 中数值的图形表达。试验结果的再现性用 2 倍各自参数，例如 R_p，R_m，Z 和 A 等参数的标准偏差除以各自的平均值得到。因此给出的这些参数结果的置信度按照 GUM 为 95%，可以直接与用其他方法得到的扩展不确定度相比较。

表 M.1 屈服强度(0.2%塑性延伸强度或上屈服强度)——实验室间比对试验的再现性

材 料	牌 号	屈服强度 MPa	再现性 %	参考文献
铝板	AA5754	105.7	3.2	[4]
	AA5182-O	126.4	1.9	[5]
	AA6016-T4	127.2	2.2	[5]
	EC-H 19	158.4	4.1	[6]
	2024 T 351	362.9	3.0	[6]
钢				
薄板	DX56	162.0	4.6	[4]
低碳钢板	HR3	228.6	8.2	[7]
薄板	ZStE 180	267.1	9.9	[4]
AISI 105	P245GH	367.4	5.0	[7]
	C22	402.4	4.9	[6]
中厚板	S355	427.6	6.1	[4]
奥氏体不锈钢	SS316L	230.7	6.9	[4]
	X2CrNi18-10	303.8	6.5	[7]
	X2CrNiMo18-10	353.3	7.8	[7]
AISI 316	X5CrNiMo17-12-2	480.1	8.1	[6]
马氏体不锈钢	X12Cr13	967.5	3.2	[6]
高强钢	30NiCrMo16	1039.6	2.0	[7]
镍基合金				
INCONEL 600	NiCr15Fe8	268.3	4.4	[6]
Nimonic 75	(BCR-661)	298.1	4.0	[8]
Nimonic 75	(BCR-661)	302.1	3.6	[4]

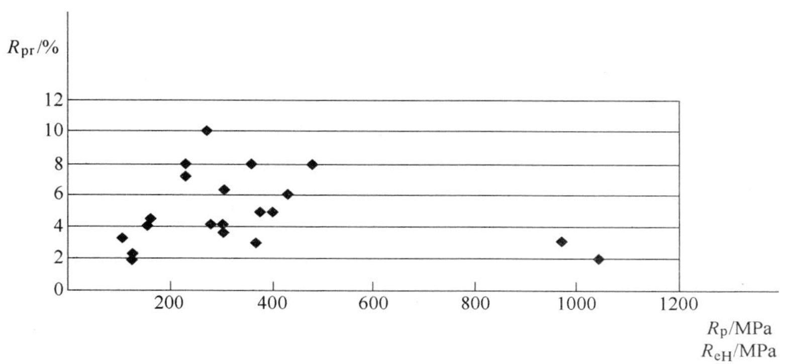

说明：

R_{eH}——上屈服强度；

R_p ——塑性延伸强度；

R_{pr} ——再现性。

图 M.1　表 M.1 给出数据的图形表达

表 M.2　抗拉强度 R_m——实验室间比对试验的再现性

材　料	牌　号	抗拉强度 MPa	再现性 %	参考文献
铝板	AA5754	212.3	4.7	[4]
	AA5182-0	275.2	1.4	[5]
	AA6016-T4	228.3	1.8	[5]
	EC-H 19	176.9	4.9	[6]
	2024-T 351	491.3	2.7	[6]
钢				
薄板	DX56	301.1	5.0	[4]
低碳钢板	HR3	335.2	5.0	[7]
薄板	ZStE 180	315.3	4.2	[4]
AISI 105	Fe510C	552.4	2.0	[7]
	C22	596.9	2.8	[6]
中厚板	S355	564.9	2.4	[4]
奥氏体不锈钢	SS316L	568.7	4.1	[4]
	X2CrNi18-10	594.0	3.0	[7]
	X2CrNiMo18-10	622.5	3.0	[7]
AISI 316	X7CrNiMo17-12-2	694.6	2.4	[6]
马氏体不锈钢	X12Cr13	1253.0	1.3	[6]
高强钢	30NiCrMo16	1167.8	1.5	[7]
镍基合金				
INCONEL 600	NiCr15Fe8	695.9	1.4	[6]
Nimonic 75	(BCR-661)	749.6	1.9	[8]
Nimonic 75	(BCR-661)	754.2	1.3	[4]

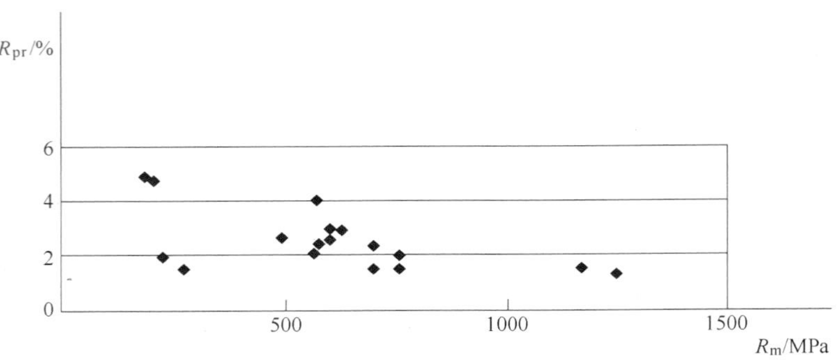

说明：

R_m——抗拉强度；

R_{pr}——再现性。

图 M.2 表 M.2 给出数据的图形表达

表 M.3 断后伸长率——实验室间比对试验的再现性

材 料	牌 号	断后伸长率 A %	再现性[a] %	参考文献
铝板	AA5754	27.9	13.3	[4]
	AA5182-0	26.6(A_{80mm})	10.6	[5]
	AA6016-T4	25.9(A_{80mm})	8.4	[5]
	EC-H 19	14.6	9.1	[6]
	2024-T 351	18.0	18.9	[6]
钢				
薄板	DX56	45.2	12.4	[4]
低碳钢板	HR3	38.4	13.8	[7]
薄板	ZstE 180	40.5	12.7	[4]
AISI 105	Fe510C	31.4	14.0	[7]
	C22	25.6	10.1	[6]
中厚板	S355	28.5	17.7	[4]
奥氏体不锈钢	SS316L	60.1	27.6	[4]
奥氏体不锈钢	X2CrNi18-10	52.5	12.6	[7]
奥氏体不锈钢	X2CrNiMo18-10	51.9	12.7	[7]
AISI 316	X5CrNiMo17-12-2	35.9	14.9	[6]
马氏体不锈钢	X12Cr13	12.4	15.5	[6]
高强钢	30NiCrMo16	16.7	13.3	[7]
镍基合金				
INCONEL 600	NiCr15Fe8	41.6	7.7	[6]
Nimonic 75	(BCR-661)	41.0	3.3	[8]
Nimonic 75	(BCR-661)	41.0	5.9	[4]

[a] 再现性用给定材料各自的平均值 A 的百分数来表达；对于 2024-T351 铝合金 A 的绝对值是(18.0±3.4)%。

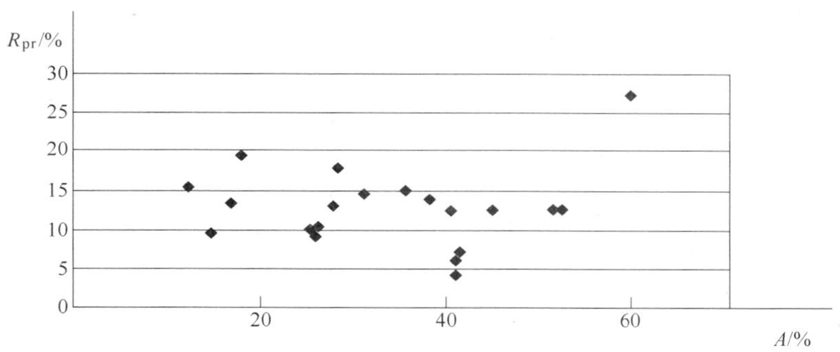

说明：

A——断后伸长率；

R_{pr}——再现性。

图 M.3 表 M.3 给出数据的图形表达

表 M.4 断面收缩率 Z——实验室间比对试验的再现性

材　料	牌　号	断后收缩率 Z %	再现性[a] %	参考文献
铝	EC-H 19	79.1	5.1	[6]
	2024-T 351	30.3	23.7[b]	[6]
钢				
低碳钢板	HR3			
AISI 105	Fe510C	71.4	2.7	[7]
	C22	65.6	3.8	[6]
奥氏体不锈钢	X2CrNi18-10			
奥氏体不锈钢	X2CrNiMo18-10	77.9	5.6	[7]
AISI 316	X5CrNiMo17-12-2	71.5	4.5	[6]
马氏体不锈钢	X12Cr13	50.5	15.6[b]	[6]
高强钢	30NiCrMo16	65.6	3.2	[7]
镍基合金				
INCONEL 600	NiCr15Fe8	59.3	2.4	[6]
Nimonic 75	(BCR-661)	59.0	8.8	[8]

a 再现性用给定材料各自的平均值 Z 的百分数来表达；对于 2024-T351 铝合金 Z 的绝对值是(30.3±7.2)%。

b 某些再现性值似乎相当高；这可能是因为对于断裂的缩颈区准确地测量试样尺寸有相当的难度。对于薄板试样厚度的测量不确定度可能会很大。同样对于试样缩颈区域的直径或厚度高度地依赖于操作者的经验和试验技巧。

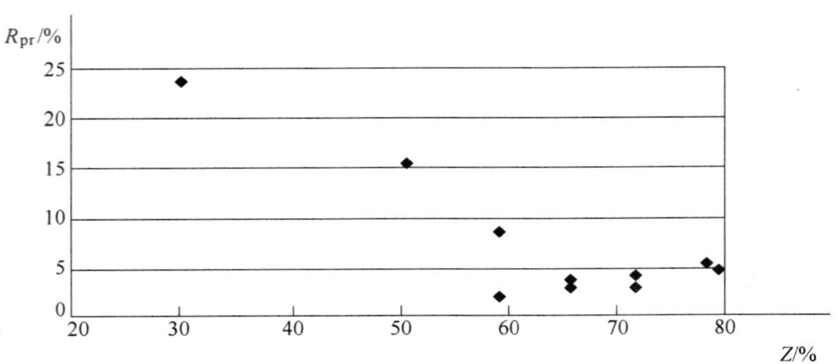

说明：

R_{pr}——再现性；

Z ——断面收缩率。

图 M.4　表 M.4 给出数据的图形表达

参考文献

［1］GB/T 24182—2009 金属力学性能试验 出版标准中的符号和定义.

［2］ASTM E1012,Standard practice for verification of test frame and specimen alignment under tensile and compressive axial force application.

［3］李和平,周星.借助准标样测算拉伸试验测量不确定度的方法[J].理化检验-物理分册,2005,41(6):289-300.

［4］KLINGELHÖFFER,H.,LEDWORUSKI,S.,BROOKES,S.,MAY,T.*Computer controlled tensile testing according to EN 10002-1—Results of a comparison test programme to validate a proposal for an amendment of the standard—Final report of the European project TENSTAND—Work Package* 4. Bundesanstalt für Materialforschung und-prüfung (BAM),Berlin,2005. 44 p. (*Forschungsbericht* [Technical report]268.) Available (2008-07-01) at:http://www.bam.de/de/service/publikationen/publikationen_medien/fb268_vt.pdf.

［5］AEGERTER,J.,KELLER,S.,WIESER,D. Prüfvorschrift zur Durchführung und Auswertung des Zugversuches für Al-Werkstoffe [Test procedure for the accomplishment and evaluation of the tensile test for aluminium and aluminium alloys],In:Proceedings of *Werkstoffprüfung* [Materials testing] *2003*,pp. 139-150. Stahleisen,Düsseldorf.

［6］ASTM Research Report E 28 1004:1994,Round robin results of interlaboratory tensile tests

［7］ROESCH,L.,COUE,N.,VITALI,J.,DI FANT,M. Results of an interlaboratory test programme on room temperature tensile properties—Standard deviation of the measured values. (IRSID Report,NDT 93310.)

［8］INGELBRECHT,C. D.,LOVEDAY,M. S. The certification of ambient temperature tensile properties of a reference material for tensile testing according to EN 10002-1:CRM 661. EC,Brussels,2000. (BCR Report EUR 19589 EN.)

ICS 77.040.10
H 22

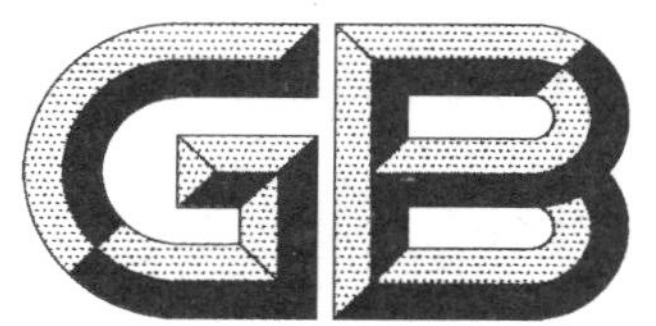

中华人民共和国国家标准

GB/T 229—2007
代替 GB/T 229—1994

金属材料　夏比摆锤冲击试验方法

Metallic materials—Charpy pendulum impact test method

(ISO 148-1:2006,Metallic materials—Charpy pendulum impact test—Part 1:Test method,MOD)

2007-11-23 发布　　　　2008-06-01 实施

中华人民共和国国家质量监督检验检疫总局
中国国家标准化管理委员会　发布

前　　言

本标准修改采用国际标准 ISO 148-1:2006《金属材料　夏比摆锤冲击试验　第1部分:试验方法》(英文版)。本标准对国际标准在以下内容进行了修改:

——在规范性引用文件中,增加了 GB/T 2975 钢及钢产品力学性能试验取样位置及试样制备、GB/T 8170 数值修约规则和 JJG 145 摆锤式冲击试验机检定规程;删去了 ISO 286-1 标准;

——在6.2中增加了深度2mm的U型缺口试样,并在表2中增加了宽度为7.5mm和5mm的U型缺口试样;

——在7.2增加了 JJG 145 标准;

——在8.1中增加了"试验前应检查摆锤空打时的回零差或空载能耗。试验前应检查砧座跨距,砧座跨距应保证在 $40^{+0.2}$mm 以内";

——在8.2.2中增加了"当使用气体介质冷却试样时,试样距低温装置内表面以及试样与试样之间应保持足够的距离,试样应在规定温度下保持至少20min";

——在8.4中增加了试验机的能力下限;

——在8.5中增加了"由于试验机打击能量不足,试样未完全断开,吸收能量不能确定,试验报告应注明用×J的试验机试验,试样未断开";

——增加了8.8试验结果;

——删去了附录B中的图B.3;

——增加了附录E。

本标准代替 GB/T 229—1994《金属夏比缺口冲击试验方法》。

本标准此次修订对下列技术内容进行了较大修改和补充:

——引用标准;

——试样类型;

——对心夹钳;

——侧膨胀值;

——断口形貌;

——冲击吸收能量-温度曲线及转变温度;

——性能测定结果数值修约;

——高低温环境下的冲击试验。

本标准的附录A、附录B、附录C、附录D和附录E为资料性附录。

本标准由中国钢铁工业协会提出。

本标准由全国钢标准化技术委员会归口。

本标准起草单位:钢铁研究总院、首钢总公司、时代试金集团公司、大连希望设备公司、深圳市新三思材料检测有限公司、北京纳克分析仪器有限公司、冶金工业信息标准研究院、上海材料所、武昌造船厂。

本标准起草人:朱林茂、高怡斐、刘卫平、刘娟、殷建军、安建平、张庄、王萍、董莉、王滨、杨小敏。

本标准所代替标准的历次版本发布情况为:

——GB/T 229—1984,GB/T 229—1994。

金属材料　夏比摆锤冲击试验方法

1　范围

本标准规定了测定金属材料在夏比冲击试验中吸收能量的方法(V 型和 U 型缺口试样)。

本标准不包括仪器化冲击试验方法,这部分内容在 GB/T 19748—2005《金属材料仪器化夏比冲击试验方法》中规定。

2　规范性引用文件

下列文件中的条款通过本标准的引用而成为本标准的条款。凡是注日期的引用文件,其随后所有的修改单(不包括勘误的内容)或修订版均不适用于本标准,然而,鼓励根据本标准达成协议的各方研究是否可使用这些文件的最新版本。凡是不注日期的引用文件,其最新版本适用于本标准。

GB/T 3808　摆锤式冲击试验机的检验(GB/T 3808—2002,ISO 148-2:1998,MOD)

GB/T 2975　钢及钢产品力学性能试验取样位置及试样制备(GB/T 2975—1998,eqv ISO 377:1997)

GB/T 8170　数值修约规则

JJG 145　摆锤式冲击试验机检定规程

3　术语和定义

下列术语和定义适用于本标准。

3.1　能量

3.1.1

实际初始势能(势能)　actual initial potential energy (potential energy)

K_p

对试验机直接检验测定的值。

3.1.2

吸收能量　absorbed energy

K

由指针或其他指示装置示出的能量值。

注:用字母 V 和 U 表示缺口几何形状,用下标数字 2 或 8 表示摆锤刀刃半径,例如 KV_2。

3.2　试样

根据试样在试验机支座上的试验位置,使用下列的术语(见图 1):

3.2.1

高度　height

h

开缺口面与其相对面之间的距离。

3.2.2

宽度　width

w

与缺口轴线平行且垂直于高度方向的尺寸。

3.2.3

长度　length

l

与缺口方向垂直的最大尺寸。

注：缺口方向即缺口深度方向。

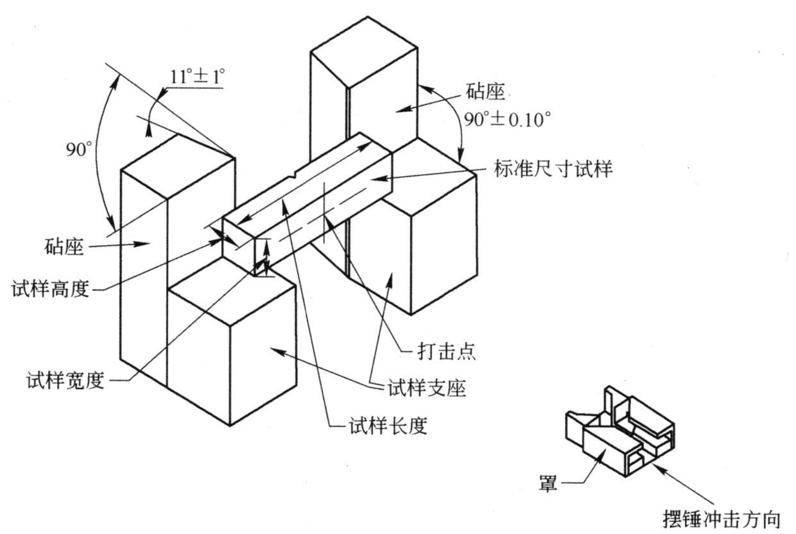

图1　试样与摆锤冲击试验机支座及砧座相对位置示意图

4　符号

本标准使用的符号见表1及图2。

表1　符号、名称及单位

符　号	单　位	名　称
K_p	J	实际初始势能(势能)
FA	%	剪切断面率
h	mm	试样高度
KU_2	J	U型缺口试样在2mm摆锤刀刃下的冲击吸收能量
KU_8	J	U型缺口试样在8mm摆锤刀刃下的冲击吸收能量
KV_2	J	V型缺口试样在2mm摆锤刀刃下的冲击吸收能量
KV_8	J	V型缺口试样在8mm摆锤刀刃下的冲击吸收能量
LE	mm	侧膨胀值
l	mm	试样长度
T_t	℃	转变温度
w	mm	试样宽度

5　原理

将规定几何形状的缺口试样置于试验机两支座之间，缺口背向打击面放置，用摆锤一次打击试样，测定试样的吸收能量。

由于大多数材料冲击值随温度变化，因此试验应在规定温度下进行。当不在室温下试验时，试样必须在规定条件下加热或冷却，以保持规定的温度。

6 试样

6.1 一般要求

标准尺寸冲击试样长度为55mm，横截面为10mm×10mm方形截面。在试样长度中间有V型或U型缺口，见6.2.1和6.2.2规定。

如试料不够制备标准尺寸试样，可使用宽度7.5mm、5mm或2.5mm的小尺寸试样(见图2和表2)。

注：对于低能量的冲击试验，因为摆锤要吸收额外能量，因此垫片的使用非常重要。对于高能量的冲击试验并不十分重要。应在支座上放置适当厚度的垫片，以使试样打击中心的高度为5mm(相当于宽度10mm标准试样打击中心的高度)。

试样表面粗糙度 Ra 应优于 5μm，端部除外。

对于需热处理的试验材料，应在最后精加工前进行热处理，除非已知两者顺序改变不导致性能的差别。

6.2 缺口几何形状

对缺口的制备应仔细，以保证缺口根部处没有影响吸收能的加工痕迹。

缺口对称面应垂直于试样纵向轴线(见图2)。

6.2.1 V型缺口

V型缺口应有45°夹角，其深度为2mm，底部曲率半径为0.25mm[见图2a)和表2]。

6.2.2 U型缺口

U型缺口深度应为2mm或5mm(除非另有规定)，底部曲率半径为1mm[见图2b)和表2]。

6.3 试样尺寸及偏差

规定的试样及缺口尺寸与偏差在图2和表2中示出。

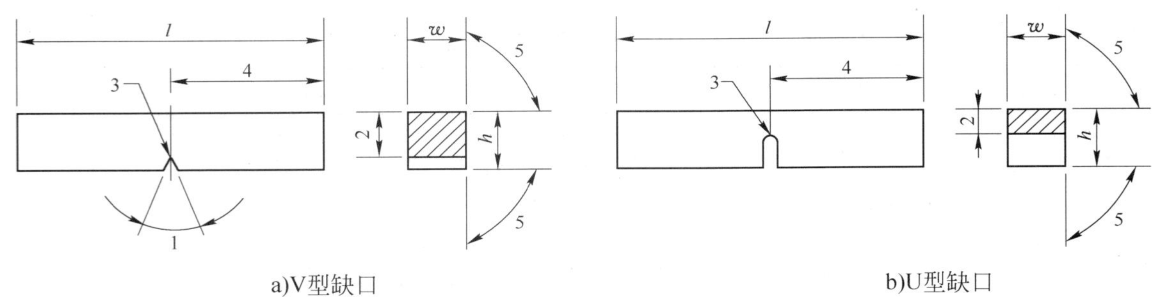

a)V型缺口　　b)U型缺口

注：符号 l、h、w 和数字1~5的尺寸见表2。

图2　夏比冲击试样

表2　试样的尺寸与偏差

名　称	符号及序号	V型缺口试样		U型缺口试样	
		公称尺寸	机加工偏差	公称尺寸	机加工偏差
长度	l	55mm	±0.60mm	55mm	±0.60mm
高度[a]	h	10mm	±0.075mm	10mm	±0.11mm
宽度[a]	w				
——标准试样		10mm	±0.11mm	10mm	±0.11mm
——小试样		7.5mm	±0.11mm	7.5mm	±0.11mm

表 2(续)

名　称	符号及序号	V 型缺口试样		U 型缺口试样	
		公称尺寸	机加工偏差	公称尺寸	机加工偏差
——小试样 ——小试样		5mm 2.5mm	±0.06mm ±0.04mm	5mm —	±0.06mm —
缺口角度	1	45°	±2°	—	—
缺口底部高度	2	8mm	±0.075mm	8mm[b] 5mm[b]	±0.09mm ±0.09mm
缺口根部半径	3	0.25mm	±0.025mm	1mm	±0.07mm
缺口对称面-端部距离[a]	4	27.5mm	±0.42mm[c]	27.5mm	±0.42mm[c]
缺口对称面-试样纵轴角度	—	90°	±2°	90°	±2°
试样纵向面间夹角	5	90°	±2°	90°	±2°

a　除端部外，试样表面粗糙度应优于 $Ra5\mu m$。

b　如规定其他高度，应规定相应偏差。

c　对自动定位试样的试验机，建议偏差用±0.165mm 代替±0.42mm。

6.4　试样的制备

试样样坯的切取应按相关产品标准或 GB/T 2975 的规定执行，试样制备过程应使由于过热或冷加工硬化而改变材料冲击性能的影响减至最小。

6.5　试样的标记

试样标记应远离缺口，不应标在与支座、砧座或摆锤刀刃接触的面上。试样标记应避免塑性变形和表面不连续性对冲击吸收能量的影响。

7　试验设备

7.1　一般要求

所有测量仪器均应溯源至国家或国际标准。这些仪器应在合适的周期内进行校准。

7.2　安装及检验

试验机应按 GB/T 3808 或 JJG 145 进行安装及检验。

7.3　摆锤刀刃

摆锤刀刃半径应为 2mm 和 8mm 两种。用符号的下标数字表示：KV_2 或 KV_8。摆锤刀刃半径的选择应参考相关产品标准。

注：对于低能量的冲击试验，一些材料用 2mm 和 8mm 摆锤刀刃试验测定的结果有明显不同，2mm 摆锤刀刃的结果可能高于 8mm 摆锤刀刃的结果。

8　试验程序

8.1　一般要求

试样应紧贴试验机砧座，锤刃沿缺口对称面打击试样缺口的背面，试样缺口对称面偏离两砧座间的中点应不大于 0.5mm(见图 1)。

试验前应检查摆锤空打时的回零差或空载能耗。

试验前应检查砧座跨距，砧座跨距应保持在 $40^{+0.2}$mm 以内。

8.2 试验温度

8.2.1 对于试验温度有规定的，应在规定温度±2℃范围内进行。如果没有规定，室温冲击试验应在23℃±5℃范围进行。

8.2.2 当使用液体介质冷却试样时，试样应放置于一容器中的网栅上，网栅至少高于容器底部25mm，液体浸过试样的高度至少25mm，试样距容器侧壁至少10mm。应连续均匀搅拌介质以使温度均匀。测定介质温度的仪器推荐置于一组试样中间处。介质温度应在规定温度±1℃以内，保持至少5min。当使用气体介质冷却试样时，试样距低温装置内表面以及试样与试样之间应保持足够的距离，试样应在规定温度下保持至少20min。

注：当液体介质接近其沸点时，从液体介质中移出试样至打击的时间间隔中，介质蒸发冷却会明显降低试样温度。

8.2.3 对于试验温度不超过200℃的高温试验，试样应在规定温度±2℃的液池中保持至少10min。对于试验温度超过200℃的试验，试样应在规定温度±5℃以内的高温装置内保持至少20min。

8.3 试样的转移

当试验不在室温进行时，试样从高温或低温装置中移出至打断的时间应不大于5s。

转移装置的设计和使用应能使试样温度保持在允许的温度范围内。转移装置与试样接触部分应与试样一起加热或冷却。应采取措施确保试样对中装置不引起低能量高强度试样断裂后回弹到摆锤上而引起不正确的能量偏高指示。现已表明，试样端部和对中装置的间隙或定位部件的间隙应大于13mm，否则，在断裂过程中，试样端部可能回弹至摆锤上。

注1：对于试样从高温或低温装置中移出至打击时间在3s～5s的试验，可考虑采用过冷或过热试样的方法补偿温度损失，过冷度或过热度参见附录E。对于高温试样应充分考虑过热对材料性能的影响。

注2：类似于附录A示出的V型缺口自动对中夹钳一般用于将试样从控温介质中移至适当的试验位置。此类夹钳消除了由于断样和固定的对中装置之间相互影响带来的潜在间隙问题。

8.4 试验机能力范围

试样吸收能量K不应超过实际初始势能K_p的80%，如果试样吸收能超过此值，在试验报告中应报告为近似值并注明超过试验机能力的80%。建议试样吸收能量K的下限应不低于试验机最小分辨力的25倍。

注：理想的冲击试验应在恒定的冲击速度下进行。在摆锤式冲击试验中，冲击速度随断裂进程降低，对于冲击吸收能量接近摆锤打击能力的试样，打击期间摆锤速度已下降至不再能准确获得冲击能量。

8.5 试样未完全断裂

对于试样试验后没有完全断裂，可以报出冲击吸收能量，或与完全断裂试样结果平均后报出。

由于试验机打击能量不足，试样未完全断开，吸收能量不能确定，试验报告应注明用×J的试验机试验，试样未断开。

8.6 试样卡锤

如果试样卡在试验机上，试验结果无效，应彻底检查试验机，否则试验机的损伤会影响测量的准确性。

8.7 断口检查

如断裂后检查显示出试样标记是在明显的变形部位，试验结果可能不代表材料的性能，应在试验报告中注明。

8.8 试验结果

读取每个试样的冲击吸收能量，应至少估读到0.5J或0.5个标度单位（取两者之间较小值）。试验结果至少应保留两位有效数字，修约方法按GB/T 8170执行。

9 试验报告

试验报告应包括以下内容：

9.1 必要的内容

a) 本国家标准编号；

b) 试样相关资料(例如钢种、炉号等)；

c) 缺口类型(缺口深度)；

d) 与标准尺寸不同的试样尺寸；

e) 试验温度；

f) 吸收能量 KV_2、KV_8、KU_2、KU_8；

g) 可能影响试验的异常情况。

9.2 可选的内容

a) 试样的取向；

b) 试验机的标称能量，J；

c) 侧膨胀值 LE(见附录 B)；

d) 断口形貌与剪切断面率(见附录 C)；

e) 吸收能量-温度曲线(见附录 D 中 D.1)；

f) 转变温度，判定标准(见附录 D 中 D.2)；

g) 没有完全断裂的试样数。

附　录　A
（资料性附录）
对中夹钳

图 A.1 所示的夹钳一般用于从介质中取出试样放置于试验机上。

单位为毫米

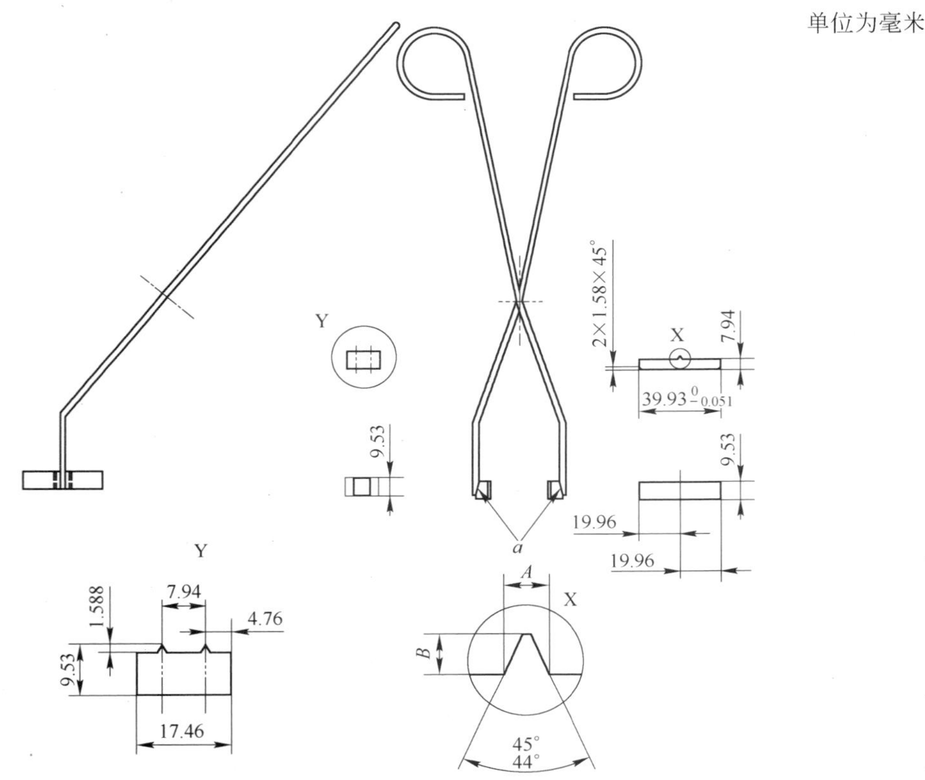

试样宽度/mm	缺口宽度 A/mm	高度 B/mm
10	1.60～1.70	1.52～1.65
5	0.74～0.80	0.69～0.81
3	0.45～0.51	0.36～0.48

图 A.1　V 型缺口夏比冲击试样对中夹钳

附　录　B
(资料性附录)
侧膨胀值

B.1　一般要求

用根部开缺口的夏比试样测量材料抵抗三轴应力断裂的能力要考虑此位置产生的变形量。此处的变形是压缩变形。由于测量变形较困难，即使断裂以后也是如此，因此用断面相对侧的膨胀量代表压缩量。

B.2　测定方法

测量侧膨胀值的方法要考虑到试样断面上两侧最大膨胀值，一半试样可能包括两侧最大膨胀量，也可能出现在一侧，或者均在另一半试样断面上。测量技术要保证测出的侧膨胀值是两个断面两侧最大膨胀量之和。为此，在测量两半试样断面的膨胀量时要以试样原尺寸为准，见图 B.1。可采用类似于图 B.2 示出的仪器、游标卡尺或图像分析仪测量两半试样的膨胀量。首先检查试样侧边是否出现毛刺，如果有毛刺要用毛刷或砂布去除。当磨毛刺时不应磨掉试样断面侧面的突出部分，然后放置两半断样使其原始侧面对齐，分别以原始侧面为基础测量两半断样(图 B.1 中的 X 和 Y)，两侧的突出量，取两侧最大值。例如 $A_1>A_2$，$A_3=A_4$ 时，$LE=A_1+(A_3$ 或 $A_4)$，如果 $A_1>A_2$，$A_3>A_4$，$LE=A_1+A_3$。

如果试样侧面上出现一个或多个突出部分由于与试验机砧座接触或测量安装时已被损坏，则不能测量并应在报告中注明。

侧膨胀值要测量各个试样。

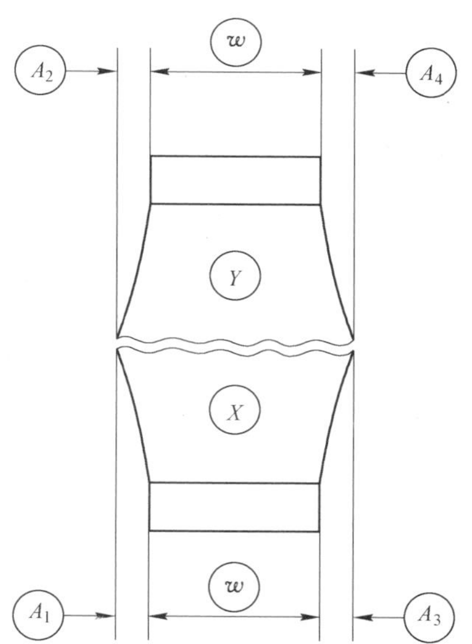

图 B.1　夏比冲击试样断后两截试样的侧膨胀值 A_1、A_2、A_3、A_4 和原始宽度 w

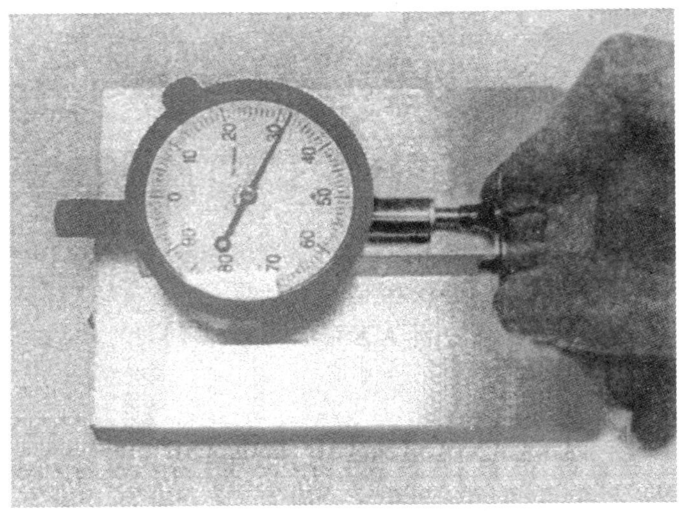

图 B.2　测量夏比冲击试样侧膨胀值用的装置

附　录　C
(资料性附录)
断口形貌

C.1　概述

夏比冲击试样的断口表面常用剪切断面率评定。剪切断面率越高，材料韧性越好。大多数夏比冲击试样的断口形貌为剪切和解理断裂的混合状态。由于对断口评定带有很高的主观性，因此建议不作为技术规范使用。

注：剪切断口常称为纤维断口，解理断口或晶状断口往往针对剪切断口反向评定。0%剪切断口就是100%解理断口。

C.2　测定方法

通常使用以下方法测定剪切断面率：

a)　测量断口解理断裂部分(即“闪亮”部分)的长度和宽度，如图C.1，按表C.1计算剪切断面率；

b)　使用图C.2所示的标准断口形貌图与试样断口的形貌进行比较；

c)　将断口放大，并与预先制好的对比图进行比较，或用求积仪测量剪切断面率(用100%减去解理断面率)；

d)　断口拍成放大照片用求积仪测量剪切断面率(100%－解理断面率)；

e)　用图像分析技术测量剪切断面率。

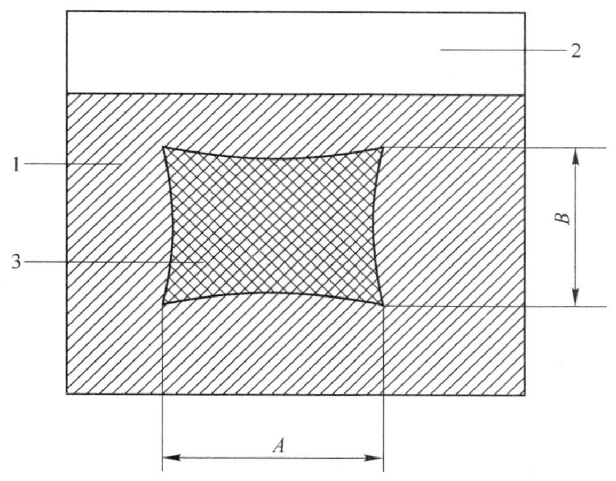

1——剪切面积；

2——缺口；

3——解理面积。

注1：测量A和B的平均尺寸应准确至0.5mm。

注2：用表C.1确定剪切断面率。

图C.1　剪切断面率百分比的尺寸

表 C.1 剪切断面率百分比

B/mm	A/mm																		
	1.0	1.5	2.0	2.5	3.0	3.5	4.0	4.5	5.0	5.5	6.0	6.5	7.0	7.5	8.0	8.5	9.0	9.5	10
1.0	99	98	98	97	96	96	95	94	94	93	92	92	91	91	90	89	89	88	88
1.5	98	97	96	95	94	93	92	92	91	90	89	88	87	86	85	84	83	82	81
2.0	98	96	95	94	92	91	90	89	88	86	85	84	82	81	80	79	77	76	75
2.5	97	95	94	92	91	89	88	86	84	83	81	80	78	77	75	73	72	70	69
3.0	96	94	92	91	89	87	85	83	81	79	77	76	74	72	70	68	66	64	62
3.5	96	93	91	89	87	85	82	80	78	76	74	72	69	67	65	63	61	58	56
4.0	95	92	90	88	85	82	80	77	75	72	70	67	65	62	60	57	55	52	50
4.5	94	92	89	86	83	80	77	75	72	69	66	63	61	58	55	52	49	46	44
5.0	94	91	88	85	81	78	75	72	69	66	62	59	56	53	50	47	44	41	37
5.5	93	90	86	83	79	76	72	69	66	62	59	55	52	48	45	42	38	35	31
6.0	92	89	85	81	77	74	70	65	62	59	55	51	47	44	40	36	33	29	25
6.5	92	88	84	80	76	72	67	63	59	55	51	47	43	39	35	31	27	23	19
7.0	91	87	82	78	74	69	65	61	56	52	47	43	39	34	30	26	21	17	12
7.5	91	86	81	77	72	67	62	58	53	48	44	39	34	30	25	20	16	11	6
8.0	90	85	80	75	70	65	60	55	50	45	40	35	30	25	20	15	10	5	0
注:当 A 或 B 是零时,为 100%剪切外观。																			

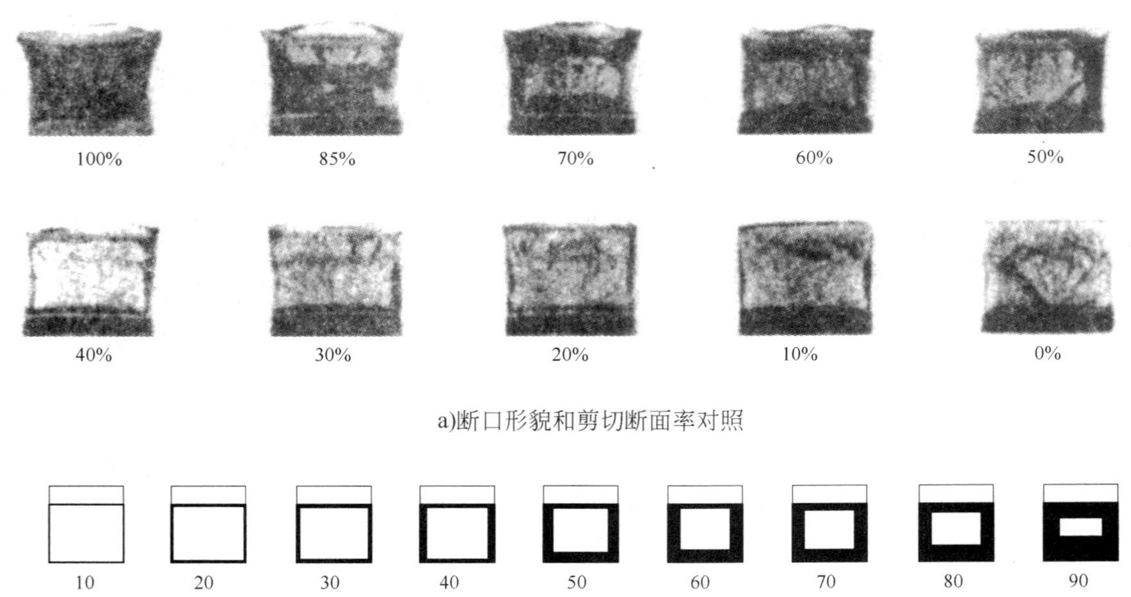

a)断口形貌和剪切断面率对照

b)估计断口形貌用指南

图 C.2 断口外观

附　录　D
（资料性附录）
冲击吸收能量-温度曲线和转变温度

D.1　冲击吸收能量与温度曲线

冲击吸收能量-温度曲线（K-T 曲线）表明，对于给定形状的试样，冲击吸收能量是试验温度的函数，如图 D.1 所示。通常曲线是通过拟合单独的试验点得到的。曲线的形状和试验结果的分散程度依赖于材料、试样形状和冲击速度。出现转变区的曲线，具有上平台(1)、转变区(2)和下平台(3)。

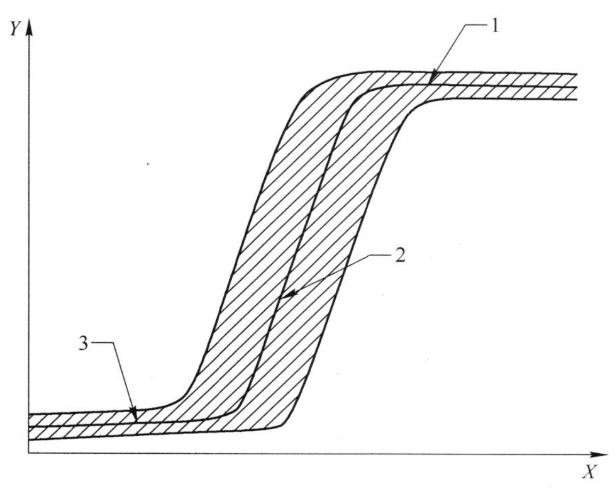

X——温度；
Y——冲击吸收能量；
1——上平台区；
2——转变区；
3——下平台区。

图 D.1　冲击吸收能量-温度曲线示意图

D.2　转变温度

转变温度 T_t 表征冲击吸收能量-温度曲线陡峭上升的位置。因为陡峭上升区通常覆盖较宽的温度范围，因此不能明确定义为一个温度。可用如下几种判据规定转变温度：

a）冲击吸收能量达到某一特定值时，例如 $KV_8=27$J；
b）冲击吸收能量达到上平台某一百分数，例如 50%；
c）剪切断面率达到某一百分数，例如 50%；
d）侧膨胀值达到某一个量，例如 0.9mm。

用以确定转变温度的方法应在相关产品标准规定，或通过协议规定。

附　录　E
（资料性附录）
试样从高温或低温装置中移出在 3s～5s 内打断的温度补偿值

表 E.1　过冷温度补偿值

试验温度/℃	过冷温度补偿值/℃
－192～＜－100	3～＜4
－100～＜－60	2～＜3
－60～＜0	1～＜2

表 E.2　过热温度补偿值

试验温度/℃	过冷温度补偿值/℃
35～＜200	1～＜5
200～＜400	5～＜10
400～＜500	10～＜15
500～＜600	15～＜20
600～＜700	20～＜25
700～＜800	25～＜30
800～＜900	30～＜40
900～＜1000	40～＜50

ICS 77.040.10
H 22

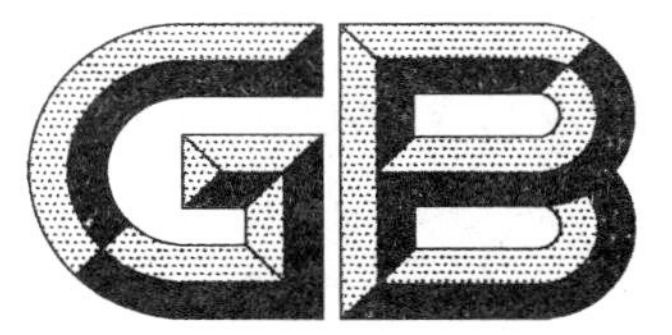

中华人民共和国国家标准

GB/T 230.1—2009
代替 GB/T 230.1—2004

金属材料　洛氏硬度试验 第1部分:试验方法(A、B、C、D、E F、G、H、K、N、T标尺)

Metallic materials—Rockwell hardness test— Part 1:Test method (scales A、B、C、D、E、F、G、H、K、N、T)

(ISO 6508-1:2005,MOD)

2009-06-25 发布　　2010-04-01 实施

中华人民共和国国家质量监督检验检疫总局
中国国家标准化管理委员会　发布

目　次

前 言

GB/T 230《金属材料 洛氏硬度试验》分为如下三部分：

——第1部分：试验方法；

——第2部分：硬度计的检验与校准；

——第3部分：标准硬度块的标定。

本部分为GB/T 230的第1部分。

本部分修改采用国际标准ISO 6508-1：2005《金属材料 洛氏硬度试验 第1部分：试验方法（A、B、C、D、E、F、G、H、K、N、T标尺）》（英文版）。

本部分根据ISO 6508-1：2005重新起草，根据我国的实际情况，本标准在采用国际标准时进行了修改和补充。这些技术性差异用垂直单线标识在它们所涉及的条款的页边空白处。

本部分结构和技术内容与ISO 6508-1：2005基本一致，根据我国情况在以下几方面进行了修改：

——删去了国际标准的前言；

——删除了引言；

——“本国际标准”一词改为“本部分”；

——用小数点“.”代替作为小数点的“，”；

——增加了对试样表面粗糙度的建议；

——增加了试验结果有效位数的规定；

——修改了附录G洛氏硬度测量值的不确定度分析方法。

本部分代替GB/T 230.1—2004《金属洛氏硬度试验 第1部分：试验方法（A、B、C、D、E、F、G、H、K、N、T标尺）》，与原标准相比对下列内容进行了修改：

——增加了试验范围的解释和说明；

——增加对活性金属的硬度试样的规定；

——对可能产生过度塑性变形的试样进行试验时的加荷时间做出规定；

——增加了对结果不确定度的说明；

——增加了资料性附录G（硬度测量值的不确定度评定）。

本部分的附录A、附录B、附录C、附录D为规范性附录，附录E、附录F、附录G为资料性附录。

本部分由中国钢铁工业协会提出。

本部分由全国钢标准化技术委员会归口。

本部分起草单位：钢铁研究总院、首钢总公司、冶金工业信息标准研究院、上海出入境检验检疫局、上海材料研究所、攀钢钢研院。

本部分起草人：朱林茂、高怡斐、刘卫平、董莉、华沂、王滨、张晓华。

本部分所代替标准的历次版本发布情况为：

——GB/T 230—1983、GB/T 230—1991、GB/T 230.1—2004；

——GB/T 1818—1979、GB/T 1818—1994。

金属材料　洛氏硬度试验 第1部分:试验方法(A、B、C、D、E、F、G、H、K、N、T标尺)

1　范围

GB/T 230的本部分规定了金属材料洛氏硬度和表面洛氏硬度试验的原理、符号及说明、试验设备、试样、试验程序、结果的不确定度及试验报告。

值得注意的是硬质合金球形压头为标准型洛氏硬度压头。如果在产品标准或协议中有规定时,允许使用钢球压头。

注1:需要指出的是使用两种类型的球进行硬度测试会得出不同的结果。对于特殊的材料或产品适用其他标准。

注2:对于某些材料,适用范围可能比所规定的要窄。

2　规范性引用文件

下列文件中的条款通过GB/T 230的本部分的引用而成为本部分的条款。凡是注日期的引用文件,其随后所有的修改单或修订版均不适用于本部分,然而,鼓励根据本部分达成协议的各方研究是否可使用这些文件的最新版本。凡是不注日期的引用文件,其最新版本适用于本部分。

GB/T 230.2　金属洛氏硬度试验　第2部分:硬度计(A、B、C、D、E、F、G、H、K、N、T标尺)的检验与校准(GB/T 230.2—2002,ISO 6508-2:1999,MOD)

GB/T 230.3　金属洛氏硬度试验　第3部分:标准硬度块(A、B、C、D、E、F、G、H、K、N、T标尺)的标定(GB/T 230.3—2002,ISO 6508-3:1999,MOD)

JJF 1059　测量不确定度评定与表示

3　原理

将压头(金刚石圆锥、硬质合金球)按图1分两个步骤压入试样表面,经规定保持时间后,卸除主试验力,测量在初试验力下的残余压痕深度h。

根据h值及常数N和S(见表2),用式(1)计算洛氏硬度(见图1):

$$洛氏硬度 = N - \frac{h}{S} \qquad (1)$$

4　符号及说明

4.1　符号及说明见图1、表1及表2。

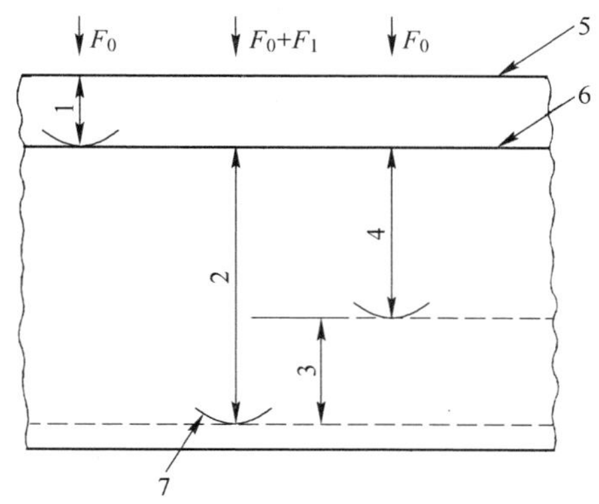

1——在初试验力 F_0 下的压入深度；
2——由主试验力 F_1 引起的压入深度；
3——卸除主试验力 F_1 后的弹性回复深度；
4——残余压入深度 h；
5——试样表面；
6——测量基准面；
7——压头位置。

图1 洛氏硬度试验原理图

表1 洛氏硬度标尺

洛氏硬度标尺	硬度符号[d]	压头类型	初试验力 F_0/N	主试验力 F_1/N	总试验力 F/N	适用范围
A[a]	HRA	金刚石圆锥	98.07	490.3	588.4	20HRA～88HRA
B[b]	HRB	直径 1.5875mm 球	98.07	882.6	980.7	20HRB～100HRB
C[c]	HRC	金刚石圆锥	98.07	1373	1471	20HRC～70HRC
D	HRD	金刚石圆锥	98.07	882.6	980.7	40HRD～77HRD
E	HRE	直径 3.175mm 球	98.07	882.6	980.7	70HRE～100HRE
F	HRF	直径 1.5875mm 球	98.07	490.3	588.4	60HRF～100HRF
G	HRG	直径 1.5875mm 球	98.07	1373	1471	30HRG～94HRG
H	HRH	直径 3.175mm 球	98.07	490.3	588.4	80HRH～100HRH
K	HRK	直径 3.175mm 球	98.07	1373	1471	40HRK～100HRK
15N	HR15N	金刚石圆锥	29.42	117.7	147.1	70HR15N～94HR15N
30N	HR30N	金刚石圆锥	29.42	264.8	294.2	42HR30N～86HR30N
45N	HR45N	金刚石圆锥	29.42	411.9	441.3	20HR45N～77HR45N
15T	HR15T	直径 1.5875mm 球	29.42	117.7	147.1	67HR15T～93HR15T
30T	HR30T	直径 1.5875mm 球	29.42	264.8	294.2	29HR30T～82HR30T
45T	HR45T	直径 1.5875mm 球	29.42	411.9	441.3	10HR45T～72HR45T
如果在产品标准或协议中有规定时，可以使用直径为 6.350mm 和 12.70mm 的球形压头。						

[a] 试验允许范围可延伸至 94HRA。

[b] 如果在产品标准或协议中有规定时，试验允许范围可延伸至 10HRBW。

[c] 如果压痕具有合适的尺寸，试验允许范围可延伸至 10HRC。

[d] 使用硬质合金球压头的标尺，硬度符号后面加“W”。使用钢球压头的标尺，硬度符号后面加“S”。

4.2 洛氏硬度的表示方法如下例。

例如：

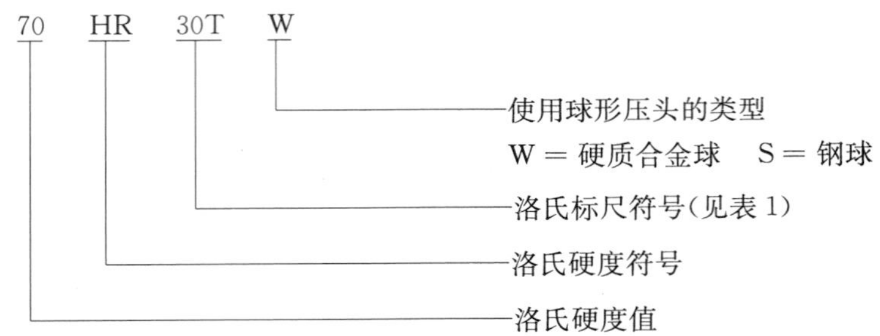

表2 符号及名称

符 号	说 明	单 位
F_0	初试验力	N
F_1	主试验力	N
F	总试验力	N
S	给定标尺的单位	mm
N	给定标尺的硬度数	
h	卸除主试验力，在初试验力下压痕残留的深度 (残余压痕深度)	mm
HRA HRC HRD	洛氏硬度 $= 100 - \frac{h}{0.002}$	
HRB HRE HRF HRG HRH HRK	洛氏硬度 $= 130 - \frac{h}{0.002}$	
HRN HRT	表面洛氏硬度 $= 100 - \frac{h}{0.001}$	

5 试验设备

5.1 硬度计

硬度计应能按表1施加预定的试验力，并符合GB/T 230.2的要求。

5.2 压头

金刚石圆锥压头锥角为120°，顶部曲率半径为0.2mm，并符合GB/T 230.2的要求。

硬质合金球压头的直径为1.5875mm或3.175mm，并符合GB/T 230.2的要求。

5.3 测量系统

测量系统应符合GB/T 230.2的规定。

注：附录E给出了使用者对硬度计进行期间核查的方法。附录F也给出了关于金刚石压头的说明。

6 试样

6.1 除非产品或材料标准另有规定，试样表面应平坦光滑，并且不应有氧化皮及外来污物，尤其不应有油脂，试样的表面应能保证压痕深度的精确测量，建议试样表面粗糙度 Ra 不大于 1.6μm。在做可能会与压头粘结的活性金属的硬度试验时，例如钛，可以使用某种合适的油性介质(例如煤油)。使用的介质应在试验报告中注明。

6.2 试样的制备应使受热或冷加工等因素对试样表面硬度的影响减至最小。尤其对于残余压痕深度浅的试样应特别注意。

6.3 除了 HR30Tm，试验后试样背面不应出现可见变形。HR30Tm 的试验应按附录 A 进行。

附录 B 给出了洛氏硬度-试样最小厚度关系图。对于用金刚石圆锥压头进行的试验，试样或试验层厚度应不小于残余压痕深度的 10 倍；对于用球压头进行的试验，试样或试验层的厚度应不小于残余压痕深度的 15 倍。除非可以证明使用较薄的试样对试验结果没有影响。

6.4 表 C.1、表 C.2、表 C.3、表 C.4 和表 D.1 给出了在凸圆柱面和凸球面上试验时的洛氏硬度修正值。

未规定在凹面上试验的修正值，在凹面上试验时，应专门协商。

7 试验程序

7.1 试验一般在 10℃～35℃室温下进行。洛氏硬度试验应选择在较小的温度变化范围内进行，因为温度的变化可能会对试验结果有影响。

注：试样和硬度计的温度也可能会影响试验结果，因此试验人员应该确保试验温度不会影响试验结果。

7.2 试样应平稳地放在刚性支承物上，并使压头轴线与试样表面垂直，避免试样产生位移。如果使用固定装置，应与 GB/T 230.2 的规定一致。

在大量试验前或距上次试验超过 24h，以及移动和更换压头或载物台之后，应确定硬度计的压头和载物台安装正确。上述调整后的前两次试验结果应舍弃。

应对圆柱形试样作适当支承，例如放置在洛氏硬度值不低于 60HRC 的带有 V 型槽的试台上。尤其应注意使压头、试样、V 型槽与硬度计支座中心对中。

7.3 使压头与试样表面接触，无冲击和振动地施加初试验力 F_0，初试验力保持时间不应超过 3s。

注：对于电子控制的硬度计，施加初始试验力的时间(T_a)和初始试验力保持时间(T_{pm})之和满足公式(2)：

$$T_p = T_a/2 + T_{pm} \leqslant 3s \quad \cdots\cdots (2)$$

式中：

T_p——初始试验力施加总时间；

T_a——初始试验力施加时间；

T_{pm}——初始试验力保持时间。

7.4 无冲击和无振动或无摆动地将测量装置调整至基准位置，从初试验力 F_0 施加至总试验力 F 的时间应不小于 1s 且不大于 8s。

注：一般情况下，对于约为 60HRC 的试样从 F_0 至 F 的时间为 2s～3s。对于 N 和 T 标尺的硬度，约为 78HR30N 的试样建议加力时间为 1s～1.5s。

7.5 总试验力 F 保持时间为 4s±2s。然后卸除主试验力 F_1，保持初试验力 F_0，经短时间稳定后，进行读数。

对于压头持续压入而呈现过度塑性流变(压痕蠕变)的试样，应保持施加全部试验力。当产品标准中另有规定时，施加全部试验力的时间可以超过 6s。这种情况下，实际施加试验力的时间应在试验结果中注明(例如，65HRFW，10s)。

7.6　洛氏硬度值用表2中给出的公式由残余压痕深度 h 计算出，通常从测量装置中直接读数，图1中说明了洛氏硬度值的求出过程。

7.7　试验过程中，硬度计应避免受到冲击或振动。

7.8　两相邻压痕中心之间的距离至少应为压痕直径的4倍，并且不应小于2mm。

任一压痕中心距试样边缘的距离至少应为压痕直径的2.5倍，并且不应小于1mm。

8　结果的不确定度

如需要，一次完整的不确定度评估宜依照测量不确定度表示指南JJF 1059进行。

对于硬度试验，可能有以下两种评定测量不确定度的方法：

——基于在直接校准中对所有出现的相关不确定度分量的评估。

——基于用标准硬度块(有证标准物质)进行间接校准，测定指导参见附录G。

9　试验报告

试验报告应包括以下内容：

a)　GB/T 230的本部分编号；

b)　与试样有关的详细资料；

c)　不在10℃～35℃的试验温度；

d)　试验结果，洛氏硬度值应至少精确至0.5HR；

e)　不在本部分规定之内的操作；

f)　影响试验结果的各种细节；

g)　如果施加全部试验力的时间超过6s，应注明准确施加试验力的时间。

没有普遍适用的方法将洛氏硬度值精确地换成其他硬度或抗拉强度，因此应避免这种换算，除非通过对比试验得到可比较的换算方法。

注：资料表明，某些材料可能对应变速率较敏感，应变速率的改变可能引起屈服应力值轻微变化，压痕形成的时间对硬度值的改变有相应影响。

附　录　A
（规范性附录）
薄产品 HR30Tm 和 HR15Tm 试验规范

A.1　一般要求

本试验与 GB/T 230.1 中规定的 HR30T 或 HR15T 试验条件相似，但经协议允许在试样背面出现变形痕迹（这在 HRT 试验中不允许）。

本试验可用于厚度小于 0.6mm 至产品标准中给出的最小厚度的产品。可对硬度在 80HR30T（相当于 90HR15T）以下的薄件进行试验。产品标准规定 HR30Tm 或 HR15Tm 硬度时，可按此方法试验。

除按 GB/T 230.1 试验外，还应满足 A.2～A.4 要求。

A.2　试样支座

试样支座应使用直径为 4.5mm 的金刚石平板。支座面应与压头轴线垂直，支座轴线应与主轴同轴，并能稳固精确地安装于硬度计试台上。

A.3　试样制备

如有必要减薄试样，要对试样上下两面进行加工，加工中应避免如发热或冷变形等对金属基体性能的影响。基体金属不应薄于最小允许厚度。

A.4　压痕距离

如无其他规定，两相邻压痕中心间距离或任一压痕中心距试样边缘距离不小于 5mm。

附　录　B
（规范性附录）
洛氏硬度-试样最小厚度关系图

图 B.1、图 B.2 和图 B.3 给出了试样或试验层最小厚度。

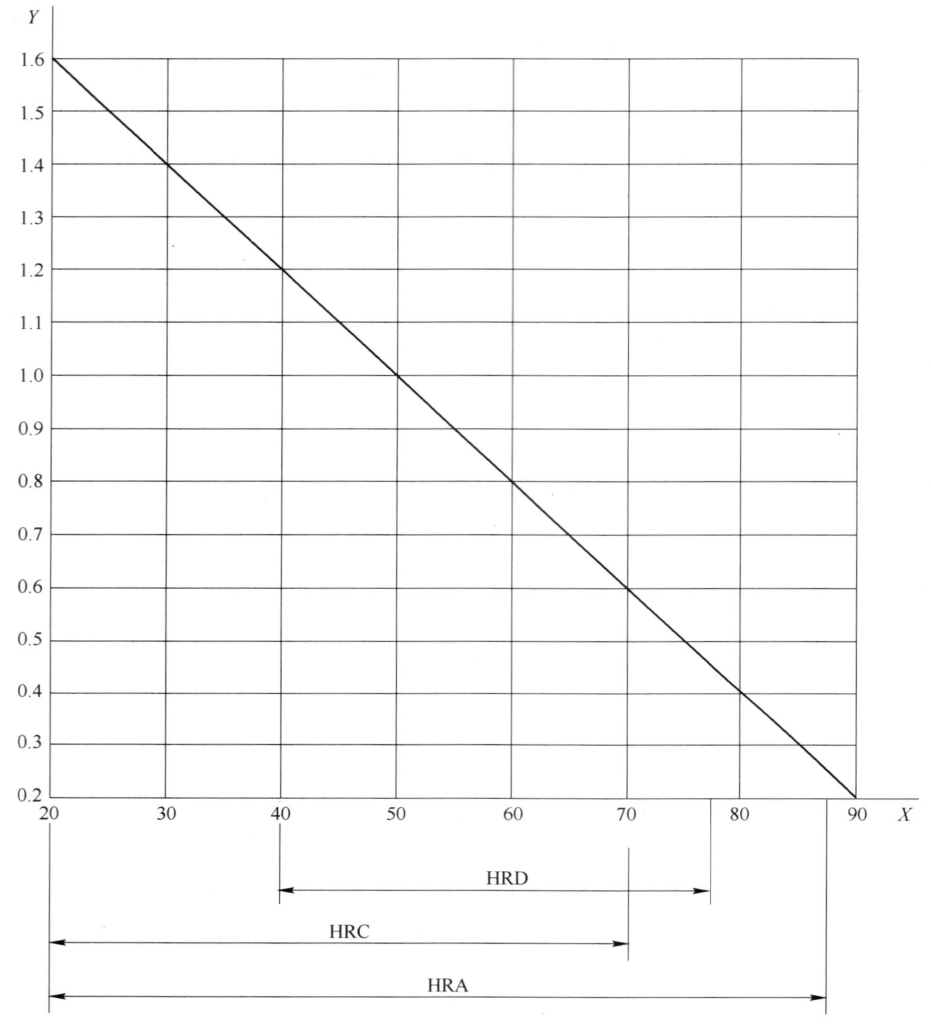

X——洛氏硬度；

Y——试样最小厚度，单位为毫米（mm）。

图 B.1　用金刚石圆锥压头试验（A、C 和 D 标尺）

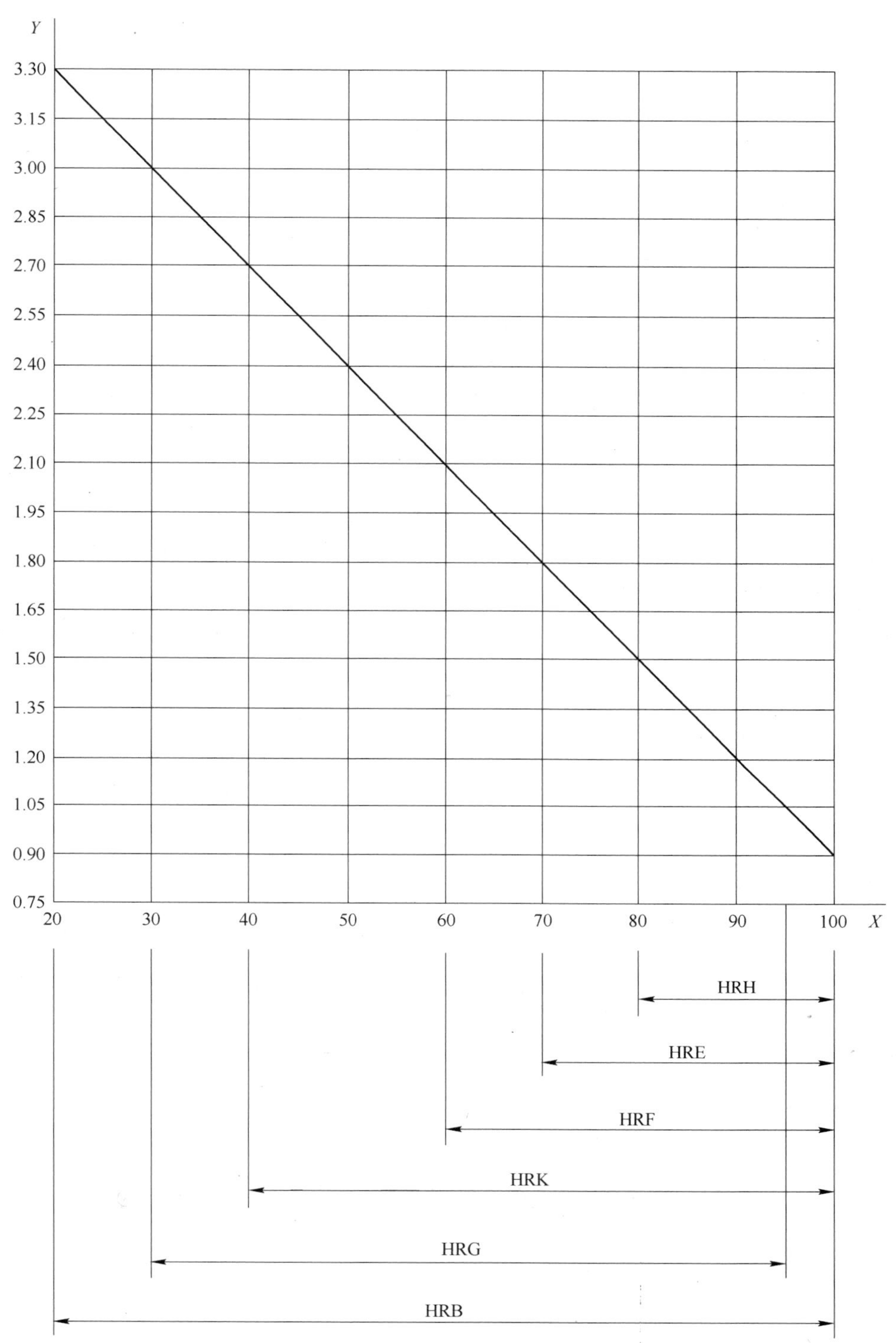

X——洛氏硬度；

Y——试样最小厚度，单位为毫米(mm)。

图 B.2　用球压头试验(B、E、F、G、H 和 K 标尺)

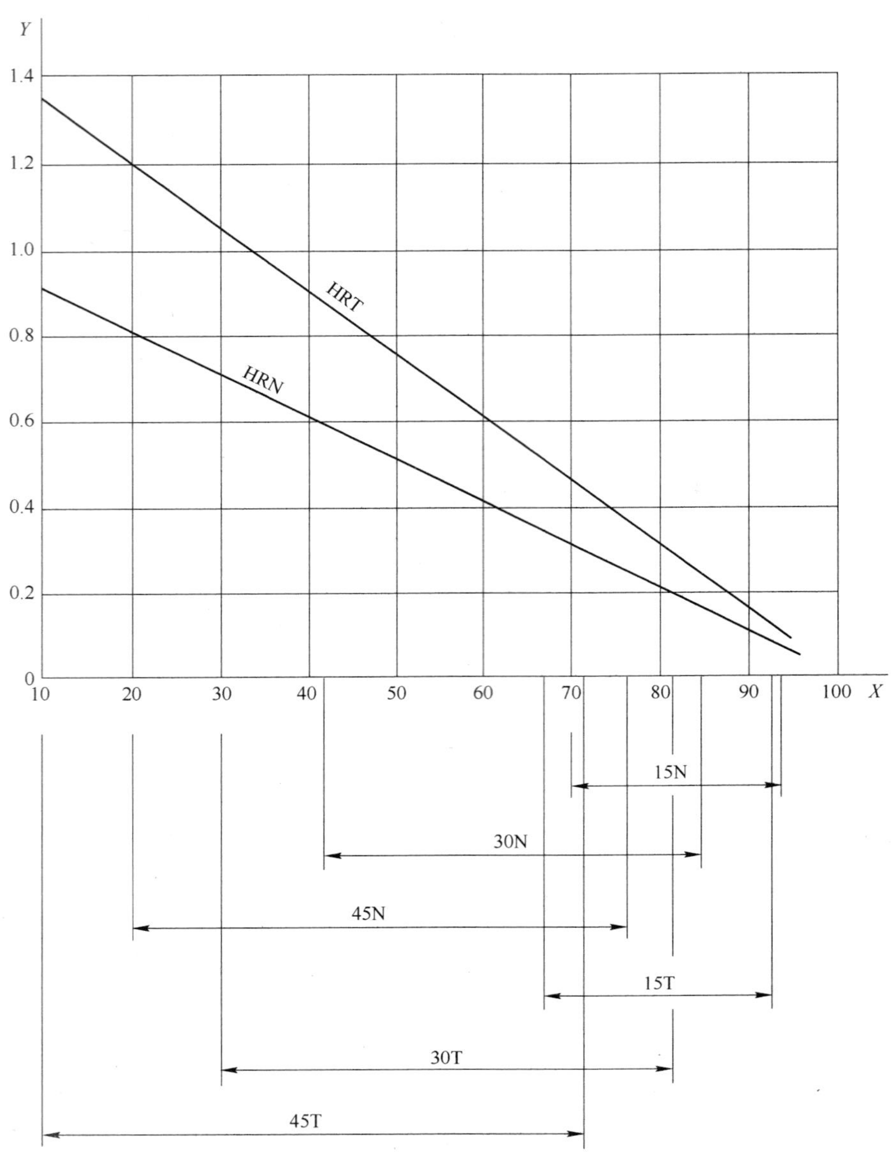

X——洛氏硬度；

Y——试样最小厚度，单位为毫米(mm)。

图 B.3　表面洛氏硬度试验(N和T标尺)

附 录 C
（规范性附录）
在凸圆柱面上试验的洛氏硬度修正值

表 C.1、表 C.2、表 C.3 和表 C.4 给出了在凸圆柱面上试验的洛氏硬度修正值。

表 C.1 用金刚石圆锥压头试验（A、C 和 D 标尺）

洛氏硬度读数	洛氏硬度修正值								
	曲率半径/mm								
	3	5	6.5	8	9.5	11	12.5	16	19
20				2.5	2.0	1.5	1.5	1.0	1.0
25			3.0	2.5	2.0	1.5	1.0	1.0	1.0
30			2.5	2.0	1.5	1.5	1.0	1.0	0.5
35		3.0	2.0	1.5	1.5	1.0	1.0	0.5	0.5
40		2.5	2.0	1.5	1.0	1.0	1.0	0.5	0.5
45	3.0	2.0	1.5	1.0	1.0	1.0	0.5	0.5	0.5
50	2.5	2.0	1.5	1.0	1.0	0.5	0.5	0.5	0.5
55	2.0	1.5	1.0	1.0	0.5	0.5	0.5	0.5	0
60	1.5	1.0	1.0	0.5	0.5	0.5	0.5	0	0
65	1.5	1.0	1.0	0.5	0.5	0.5	0.5	0	0
70	1.0	1.0	0.5	0.5	0.5	0.5	0.5	0	0
75	1.0	0.5	0.5	0.5	0.5	0.5	0	0	0
80	0.5	0.5	0.5	0.5	0.5	0	0	0	0
85	0.5	0.5	0.5	0	0	0	0	0	0
90	0.5	0	0	0	0	0	0	0	0
注：大于 3HRA、3HRC 和 3HRD 的修正值太大，不在表中规定。									

表 C.2 用 1.5875mm 球压头试验（B、F 和 G 标尺）

洛氏硬度读数	洛氏硬度修正值						
	曲率半径/mm						
	3	5	6.5	8	9.5	11	12.5
20				4.5	4.0	3.5	3.0
30			5.0	4.5	3.5	3.0	2.5
40			4.5	4.0	3.0	2.5	2.5
50			4.0	3.5	3.0	2.5	2.0
60		5.0	3.5	3.0	2.5	2.0	2.0
70		4.0	3.0	2.5	2.0	2.0	1.5
80	5.0	3.5	2.5	2.0	1.5	1.5	1.5
90	4.0	3.0	2.0	1.5	1.5	1.5	1.0
100	3.5	2.5	1.5	1.5	1.0	1.0	0.5
注：大于 5HRB、5HRF 和 5HRG 的修正值太大，不在表中规定。							

表 C.3　表面洛氏硬度试验(N 标尺)[a,b]

表面洛氏硬度读数	表面洛氏硬度修正值					
	曲率半径[c]/mm					
	1.6	3.2	5	6.5	9.5	12.5
20	(6.0)[d]	3.0	2.0	1.5	1.5	1.5
25	(5.5)[d]	3.0	2.0	1.5	1.5	1.0
30	(5.5)[d]	3.0	2.0	1.5	1.0	1.0
35	(5.0)[d]	2.5	2.0	1.5	1.0	1.0
40	(4.5)[d]	2.5	1.5	1.5	1.0	1.0
45	(4.0)[d]	2.0	1.5	1.0	1.0	1.0
50	(3.5)[d]	2.0	1.5	1.0	1.0	1.0
55	(3.5)[d]	2.0	1.5	1.0	0.5	0.5
60	3.0	1.5	1.0	1.0	0.5	0.5
65	2.5	1.5	1.0	0.5	0.5	0.5
70	3.0	1.0	1.0	0.5	0.5	0.5
75	1.5	1.0	0.5	0.5	0.5	0
80	1.0	0.5	0.5	0.5	0	0
85	0.5	0.5	0.5	0.5	0	0
90	0	0	0	0	0	0

[a] 修正值仅为近似值,代表从表中给出曲面上实测平均值。精确至 0.5 个表面洛氏硬度单位。

[b] 圆柱面的试验结果受主轴及 V 型试台与压头同轴度、试样表面粗糙度及圆柱面平直度综合影响。

[c] 对表中其他半径的修正值,可用线性内插法求得。

[d] 括号中的修正值,经协商后方可使用。

表 C.4　表面洛氏硬度试验(T 标尺)[a,b]

表面洛氏硬度读数	表面洛氏硬度修正值						
	曲率半径[c]/mm						
	1.6	3.2	5	6.5	8	9.5	12.5
20	(13)[d]	(9.0)[d]	(6.0)[d]	(4.5)[d]	(3.5)[d]	3.0	2.0
30	(11.5)[d]	(7.5)[d]	(5.0)[d]	(4.0)[d]	(3.5)[d]	2.5	2.0
40	(10.0)[d]	(6.5)[d]	(4.5)[d]	(3.5)[d]	3.0	2.5	2.0
50	(8.5)[d]	(5.5)[d]	(4.0)[d]	3.0	2.5	2.0	1.5
60	(6.5)[d]	(4.5)[d]	3.0	2.5	2.0	1.5	1.5
70	(5.0)[d]	(3.5)[d]	2.5	2.0	1.5	1.0	1.0
80	3.0	2.0	1.5	1.5	1.0	1.0	0.5
90	1.5	1.0	1.0	0.5	0.5	0.5	0.5

[a] 修正值仅为近似值,代表从表中给出曲面上实测平均值。精确至 0.5 个表面洛氏硬度单位。

[b] 圆柱面的试验结果受主轴及 V 型试台与压头同轴度、试样表面粗糙度及圆柱面平直度综合影响。

[c] 对表中其他半径的修正值,可用线性内插法求得。

[d] 括号中的修正值,经协商后方可使用。

附　录　D
(规范性附录)
在凸球面上试验C标尺洛氏硬度修正表

表D.1中给出了在凸球面上试验的洛氏硬度修正值。

表D.1　凸球面上C标尺洛氏硬度修正值

洛氏硬度读数	洛氏硬度修正值								
	凸球面直径 d/mm								
	4	6.5	8	9.5	11	12.5	15	20	25
55HRC	6.4	3.9	3.2	2.7	2.3	2.0	1.7	1.3	1.0
60HRC	5.8	3.6	2.9	2.4	2.1	1.8	1.5	1.2	0.9
65HRC	5.2	3.2	2.6	2.2	1.9	1.7	1.4	1.0	0.8

在表D.1中给出的加于洛氏硬度C标尺的修正值 ΔH 由下式计算出：

$$\Delta H = 59 \times \frac{\left(1 - \frac{H}{160}\right)^2}{d} \qquad \text{(D.1)}$$

式中：

H——洛氏硬度值；

d——球直径，单位为毫米(mm)。

附 录 E
（资料性附录）
操作者对硬度计期间检查的方法

使用者应在当天使用硬度计之前，对其使用的硬度标尺或范围进行检查。

日常检查之前，（对于每个范围/标尺和硬度水平）应使用依照 GB/T 230.3 标定过的标准硬度块上的标准压痕进行测量装置的间接检验。测量值应与标准硬度块证书上的标准值相差应在 GB/T 230.2 中给出的最大允许误差以内。如果测量装置不能满足上述要求，应采取相应措施。

日常检查应在按照 GB/T 230.3 标定的标准硬度块上至少打一个压痕。如果测量的硬度（平均）值与标准硬度块标准值的差值在 GB/T 230.2 中给出的允许误差之内，则硬度计被认为是满意的。如果超出，应立即进行间接检验。

所测数据应当保存一段时间，以便监测硬度计的再现性和测量设备的稳定性。

附 录 F
（资料性附录）
金刚石压头的说明

经验表明，许多良好的压头在试验一段时间以后出现缺陷，这是由于表面的小裂纹、斑痕或缺陷所致。如果能及时检查出这些缺陷并修复，许多压头仍能继续使用，否则任何小缺陷都会很快恶化，导致压头报废。

因此：

——对压头的表面在首次使用和以后的使用中要用光学装置（显微镜、放大镜等）经常检查；

——当发现压头表面有缺陷后则认为压头失效；

——应按 GB/T 230.2 中要求对重新研磨或修复的压头再校验。

附　录　G
（资料性附录）
硬度测量值的不确定度评定

G.1　通常要求

本附录定义的不确定度只考虑硬度计与标准硬度块(CRM)相关测量的不确定度。这些不确定度反映了所有分量不确定度的组合影响(间接检定)。由于本方法要求硬度计的各个独立部件均在其允许偏差范围内正常工作,故强烈建议在硬度计通过直接检定一年内采用本方法计算。

图 G.1 显示用于定义和区分各硬度标尺的四级的计量朔源链的结构图。朔源链起始于用于定义国际比对的各硬度标尺的国际基准。一定数量的国家基准——基础标准硬度计"定值"校准实验室用基础参考硬度块。当然,基础标准硬度计应当在尽可能高的准确度下进行直接标定和校准。

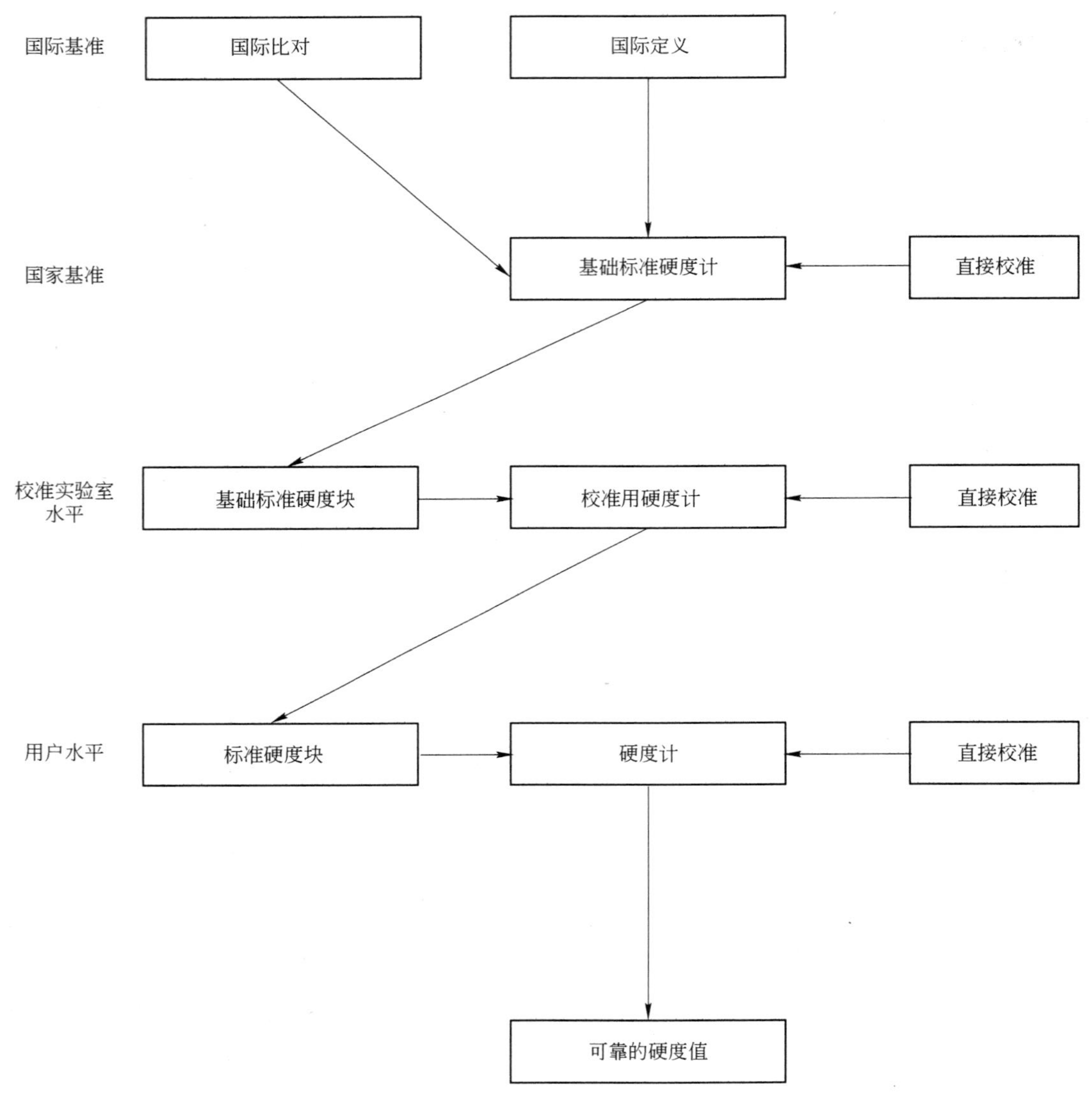

图 G.1　硬度标尺的定义和量值传递图

G.2 通常程序

本程序用平方根求和的方法(RSS)合成 u_1(各不确定度分项见表 G.1)。扩展不确定度 U 是 u_1 和包含因子 $k(k=2)$的乘积。表 G.1 给出了全部的符号和定义。

G.3 硬度计的偏差

硬度计的偏差 b 起源于下面两部分之间的差异:

——校准硬度计的五个硬度压痕的平均值。

——标准硬度块的校准值。

可以用不同的方法测定不确定度。

G.4 计算不确定度的步骤:硬度测量值

注:CRM(Certified Reference Material)是由标准硬度计定义的标准硬度块。

G.4.1 考虑硬度计最大允许误差的方法(方法 1)

方法 1 是一种简单的方法,它不考虑硬度计的系统误差,即是一种按照硬度计最大允许误差考虑的方法。

测定扩展不确定度 U(见表 D.1)

$$U = k \cdot \sqrt{u_E^2 + u_{CRM}^2 + u_{\overline{H}}^2 + u_x^2 + u_{ms}^2} \qquad (G.1)$$

测量结果:

$$X = \overline{x} \pm U \qquad (G.2)$$

G.4.2 考虑硬度计系统误差的方法(方法 2)

除去方法 1,也可以选择方法 2。方法 2 是与控制流程相关的方法,可以获得较小的不确定度。

$$U = k \cdot \sqrt{u_x^2 + u_{\overline{H}}^2 + u_{CRM}^2 + u_{ms}^2 + u_b^2} \qquad (G.3)$$

测量结果:

$$X = \overline{x} \pm U \qquad (G.4)$$

G.5 硬度测量结果的表示

表示测量结果时应注明使用哪种方法。通常用方法 1(G.4.1)测量(见表 G.1,第 11 步)。

表 G.1 扩展不确定度的说明

方法步骤	不确定度分项	符号	公 式	出 处	例：[…]=HRC
1 方法 1	测量试样的平均值及其标准偏差	$\overline{x}$ s_x	$\overline{x}=\frac{\sum_{i=1}^{n}x_i}{n}$ $s_x=\frac{R}{C}$	测量结果的标准偏差 采用极差法计算 当 $n=5$ 时极差系数 $C=2.33$	单次测量值 60.9，61.0，61.1，61.1，60.7 $\overline{x}=60.96$ $s_x=\frac{0.4}{2.33}=0.17$
2 方法 1 方法 2	对试样测量重复性的标准不确定度	u_x	$u_x=s_x$	评定单次测量的 标准不确定度	$u_x=0.17$
3 方法 1 方法 2	标准硬度块的平均值及其标准偏差	$\overline{H}$ s_H	$\overline{H}=\frac{\sum_{i=1}^{n}H_i}{n}$ $s_H=\frac{R}{C}$	测量结果的标准偏差 采用极差法计算 当 $n=5$ 时极差系数 $C=2.33$	60.7，60.8，61.1，61.0，60.8 $\overline{H}=60.88$ $s_H=\frac{0.4}{2.33}=0.17$
4 方法 1 方法 2	测量标准物质时硬度试验机的标准不确定度	$u_{\overline{H}}$	$u_{\overline{H}}=\frac{s_H}{\sqrt{n}}$	评定 5 次平均值的标准 不确定度 $n=5$	$u_{\overline{H}}=\frac{0.17}{\sqrt{5}}=0.08$
5 方法 1 方法 2	标准硬度块的标准不确定度	u_{CRM}	$u_{CRM}=\frac{r_{rel}\cdot H_{CRM}}{2.83}$	标准硬度块不均匀性 最大允许值见 GB/T 230.3 $r_{rel}=1.0\%$	$u_{CRM}=60.82\times\frac{1\%}{2.83}=0.21$
6 方法 1 方法 2	最大允许误差下的标准不确定度	u_E	$u_E=\frac{E}{\sqrt{3}}$	允许误差 $E=\pm1.5$HRC 见 GB/T 230.2	$u_E=\frac{1.5}{\sqrt{3}}=0.87$

表 G.1(续)

方法 步骤	不确定度分项	符号	公式	出处	例:[…]=HRC
7 方法 1 方法 2	压痕测量系统分辨力引起的标准不确定度	u_{ms}	$u_{ms}=\frac{\delta_{ms}}{2\sqrt{3}}$	$\delta_{ms}=0.1$HRC	$u_{ms}=\frac{0.1}{2\sqrt{3}}=0.03$
8 方法 2	硬度计校准值与硬度块标准值差	b	$b=\overline{H}-H_{CRM}$	第 3 步	$b=60.88-60.82=0.06$
9 方法 2	硬度计偏差带来的不确定度	u_b	$u_b=\lvert b\rvert$	第 8 步	$u_b=0.06$
10 方法 1	扩展不确定度的测定	U	$U=k\cdot\sqrt{u_E^2+u_{CRM}^2+u_H^2+u_x^2+u_{ms}^2}$	第 1 步到第 7 步 $k=2$	$U=2\times\sqrt{0.87^2+0.21^2+0.08^2+0.17^2+0.03^2}$ $U=1.83$HRC
11 方法 1	测量结果	X	$X=\bar{x}\pm U$	第 1 步和第 10 步	$X=(60.9\pm1.8)$HRC(方法 1)
12 方法 2	扩展不确定度的测定	U	$U=k\cdot\sqrt{u_b^2+u_{CRM}^2+u_H^2+u_x^2+u_{ms}^2}$	第 1 步到第 5 步 第 7 步到第 9 步	$U=2\times\sqrt{0.06^2+0.21^2+0.08^2+0.17^2+0.03^2}$ $U=0.58$HRC
13 方法 2	测量结果	X	$X=\bar{x}\pm U$	第 1 步和第 12 步	$X=(60.9\pm0.6)$HRC(方法 2)

ICS 77.040.10
H 22

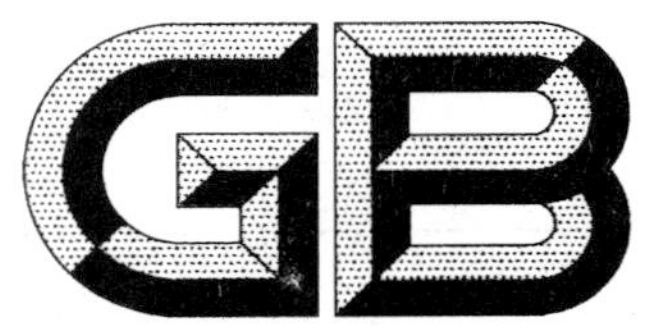

中华人民共和国国家标准

GB/T 231.1—2009
代替 GB/T 231.1—2002

金属材料　布氏硬度试验
第1部分:试验方法

Metallic materials—Brinell hardness test—
Part 1:Test method

(ISO 6506-1:2005,MOD)

2009-06-25 发布　　2010-04-01 实施

中华人民共和国国家质量监督检验检疫总局
中国国家标准化管理委员会　发布

目　次

前　言

GB/T 231《金属材料　布氏硬度试验》分为如下四部分：

——第1部分：试验方法；

——第2部分：硬度计的检验与校准；

——第3部分：标准硬度块的标定；

——第4部分：硬度值表。

本部分为GB/T 231的第1部分。

本部分修改采用国际标准ISO 6506-1:2005《金属材料　布氏硬度试验　第1部分：试验方法》(英文版)。

本部分根据ISO 6506-1:2005重新起草，根据我国的实际情况，本部分在采用国际标准时进行了修改和补充。这些技术性差异用垂直单线标识在它们所涉及的条款的页边空白处。

本部分结构和技术内容与ISO 6506-1:2005基本一致，根据我国情况在以下几方面进行了修改：

——删去了国际标准的前言；

——"本国际标准"一词改为"本标准"；

——用小数点"."代替作为小数点的","；

——在规范性引用文件中删去了标准ISO 4498-1；

——在第6章中的6.1增加了试样表面粗糙度的建议；

——对原ISO 6506-1:2005标准的附录C硬度值的测量不确定度进行了修改。

本部分代替GB/T 231.1—2002《金属布氏硬度试验　第1部分：试验方法》，与原标准相比对下列内容进行了修改：

——增加了引言；

——在7.3中增加了"尽可能选取大的试样区域的相关内容"；

——在7.4中增加了"试样在试验过程中不应发生位移的说明"；

——增加了7.9条；

——增加了第8章"试验结果的不确定度"；

——增加了资料性附录A使用者对硬度计的日常核查；

——增加了资料性附录C硬度值测量不确定度。

本部分的附录B为规范性附录，附录A和附录C为资料性附录。

本部分由中国钢铁工业协会提出。

本部分由全国钢标准化技术委员会归口。

本部分起草单位：钢铁研究总院、冶金工业信息标准研究院、首钢总公司、上海出入境检验检疫局、武钢研究院、大连希望设备公司、上海材料所。

本部分起草人：高怡斐、董莉、王萍、吴益文、殷建军、李荣峰、王滨。

本部分所代替标准的历次版本发布情况为：

——GB/T 231—1962，GB/T 231—1984，GB/T 231.1—2002。

引　　言

本版标准只允许使用硬质合金球压头。布氏硬度符号为 HBW，不应与以前的符号 HB 和用钢球头时使用的符号 HBS 相混淆。

金属材料　布氏硬度试验
第1部分:试验方法

1　范围

GB/T 231的本部分规定了金属布氏硬度试验的原理、符号及说明、试验设备、试样、试验程序、结果的不确定度及试验报告。

本部分规定的布氏硬度试验范围上限为650HBW。

特殊材料或产品布氏硬度试验,应在相关标准中规定。

2　规范性引用文件

下列文件中的条款通过GB/T 231的本部分的引用而成为本部分的条款。凡是注日期的引用文件,其随后所有的修改单(不包括勘误的内容)或修订版均不适用于本部分,然而,鼓励根据本部分达成协议的各方研究是否可使用这些文件的最新版本。凡是不注日期的引用文件,其最新版本适用于本部分。

GB/T 231.2　金属布氏硬度试验　第2部分:硬度计的检验与校准(GB/T 231.2—2002,ISO 6506-2:1999,MOD)

GB/T 231.3　金属布氏硬度试验　第3部分:标准硬度块的标定(GB/T 231.3—2002,ISO 6506-3:1999,MOD)

GB/T 231.4　金属材料　布氏硬度试验　第4部分:硬度值表(GB/T 231.4—2009,ISO 6506-4:2005,IDT)

JJF 1059　测量不确定度评定与表示

3　原理

对一定直径的硬质合金球施加试验力压入试样表面,经规定保持时间后,卸除试验力,测量试样表面压痕的直径(见图1)。

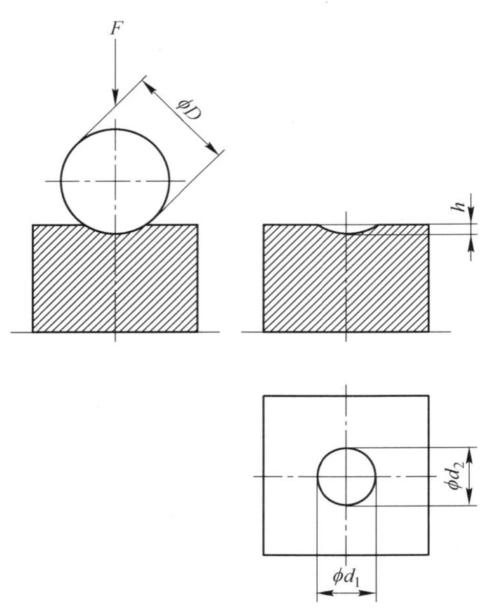

图1　试验原理

布氏硬度与试验力除以压痕表面积的商成正比。压痕被看作是具有一定半径的球形，压痕的表面积通过压痕的平均直径和压头直径计算得到。

4 符号及说明

4.1 符号及说明见表1及图1。

表1 符号及说明

符 号	说 明	单 位
D	硬质合金球直径	mm
F	试验力	N
d	压痕平均直径 $d=\frac{d_1+d_2}{2}$	mm
d_1, d_2	在两相互垂直方向测量的压痕直径	mm
h	压痕深度 $=\frac{D-\sqrt{D^2-d^2}}{2}$	mm
HBW	布氏硬度 $=$ 常数 $\times \frac{\text{试验力}}{\text{压痕表面积}}$ $=0.102\times\frac{2F}{\pi D(D-\sqrt{D^2-d^2})}$	
$0.102\times F/D^2$	试验力-球直径平方的比率	N/mm²
注：常数 $=\frac{1}{g_n}=\frac{1}{9.80665}\approx 0.102$。 g_n——标准重力加速度。		

4.2 布氏硬度HBW表达方法举例

示例：

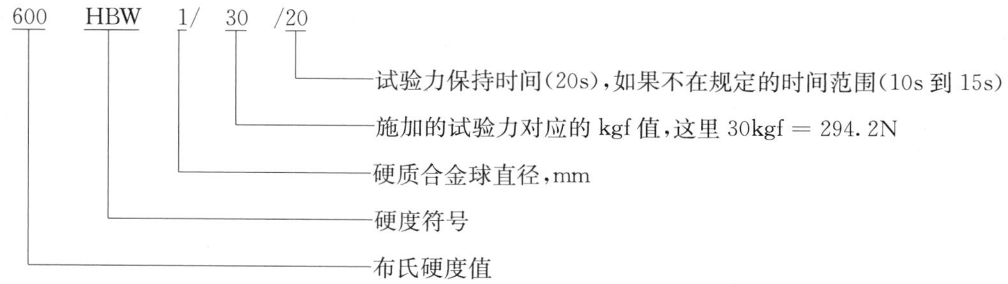

5 试验设备

5.1 硬度计

硬度计应符合GB/T 231.2的规定，能施加预定试验力或9.807N～29.42kN范围内的试验力。

5.2 压头

硬质合金压头应符合GB/T 231.2的要求。

5.3 压痕测量装置

压痕测量装置应符合GB/T 231.2的规定。

注：附录A给出了使用者对硬度计进行日常检查的方法。

6 试样

6.1 试样表面应平坦光滑，并且不应有氧化皮及外界污物，尤其不应有油脂。试样表面应能保证压痕直径的精确测量，建议表面粗糙度参数 Ra 不大于 1.6μm。

6.2 制备试样时，应使过热或冷加工等因素对试样表面性能的影响减至最小。

6.3 试样厚度至少应为压痕深度的 8 倍。试样最小厚度与压痕平均直径的关系见附录 B。试验后，试样背部如出现可见变形，则表明试样太薄。

7 试验程序

7.1 试验一般在 10℃～35℃室温下进行，对于温度要求严格的试验，温度为 23℃±5℃。

7.2 本部分使用表 2 中各级试验力。

注：如果有特殊协议，其他试验力-球直径平方的比率也可以用。

表 2 不同条件下的试验力

硬度符号	硬质合金球直径 D/mm	试验力-球直径平方的比率 $0.102\times F/D^2$/(N/mm²)	试验力的标称值 F
HBW 10/3000	10	30	29.42kN
HBW 10/1500	10	15	14.71kN
HBW 10/1000	10	10	9.807kN
HBW 10/500	10	5	4.903kN
HBW 10/250	10	2.5	2.452kN
HBW 10/100	10	1	980.7kN
HBW 5/750	5	30	7.355kN
HBW 5/250	5	10	2.452kN
HBW 5/125	5	5	1.226kN
HBW 5/62.5	5	2.5	612.9kN
HBW 5/25	5	1	245.2kN
HBW 2.5/187.5	2.5	30	1.839kN
HBW 2.5/62.5	2.5	10	612.9N
HBW 2.5/31.25	2.5	5	306.5N
HBW 2.5/15.625	2.5	2.5	153.2N
HBW 2.5/6.25	2.5	1	61.29N
HBW 1/30	1	30	294.2N
HBW 1/10	1	10	98.07N
HBW 1/5	1	5	49.03N
HBW 1/2.5	1	2.5	24.52N
HBW 1/1	1	1	9.807N

7.3 试验力的选择应保证压痕直径在 0.24D～0.6D 之间。

试验力-压头球直径平方的比率(0.102F/D^2 比值)应根据材料和硬度值选择，见表 3。

为了保证在尽可能大的有代表性的试样区域试验，应尽可能地选取大直径压头。

当试样尺寸允许时，应优先选用直径 10mm 的球压头进行试验。

表 3　不同材料的试验力-压头球直径平方的比率

材　料	布氏硬度 HBW	试验力-球直径平方的比率 $0.102 \times F/D^2$/(N/mm²)
钢、镍基合金、钛合金		30
铸铁[a]	<140	10
	≥140	30
铜和铜合金	<35	5
	35～200	10
	>200	30
轻金属及其合金	<35	2.5
	35～80	5
		10
		15
	>80	10
		15
铅、锡		1
[a] 对于铸铁试验，压头的名义直径应为 2.5mm、5mm 或 10mm。		

7.4　试样应稳固地放置于试台上。试样背面和试台之间应清洁和无外界污物（氧化皮、油、灰尘等）。将试样牢固地放置在试台上，保证在试验过程中不发生位移是非常重要的。

7.5　使压头与试样表面接触，无冲击和振动地垂直于试验面施加试验力，直至达到规定试验力值。从加力开始至全部试验力施加完毕的时间应在 2s～8s 之间。试验力保持时间为 10s～15s。对于要求试验力保持时间较长的材料，试验力保持时间允许误差应在±2s 以内。

7.6　在整个试验期间，硬度计不应受到影响试验结果的冲击和振动。

7.7　任一压痕中心距试样边缘距离至少应为压痕平均直径的 2.5 倍；两相邻压痕中心间距离至少应为压痕平均直径的 3 倍。

7.8　应在两相互垂直方向测量压痕直径。用两个读数的平均值计算布氏硬度，或按 GB/T 231.4 查得布氏硬度值。

注：对于自动测量装置，可采用如下方式计算：

——等间隔多次测量的平均值；

——材料表面压痕投影面积数值。

7.9　GB/T 231.4 包含了平面布氏硬度值的计算表，用于测定平面试样的硬度值。

8　结果的不确定度

如需要，一次完整的不确定度评估宜依照测量不确定度表示指南 JJF 1059 进行。

对于硬度试验，可能有以下两种评定测量不确定度的方法。

——基于在直接校准中对所有出现的相关不确定度分量的评估。

——基于用标准硬度块（有证标准物质）进行间接校准，测定指导参见附录 C。

9　试验报告

试验报告应包括以下内容：

a） GB/T 231 的本部分编号；

b） 有关试样的详细描述；

c） 如果试验温度不在 10℃～35℃，应注明试验温度；

d） 试验结果；

e） 不在本部分规定之内的操作；

f） 影响试验结果的各种细节。

注 1：没有普遍适用的精确方法将布氏硬度值换算成其他硬度或抗拉强度。除非通过对比试验得到相关的换算依据，或产品标准另有规定，否则应避免这些换算。

注 2：应注意材料的各项异性，例如经过大变形量冷加工，这样压痕直径在不同方向可能有较大差异。产品技术条件应规定这个差异的极限。

附 录 A
(资料性附录)
使用者对硬度计的日常检查

使用者应在当天使用硬度计之前,对其使用的硬度标尺或范围进行检查。

日常检查之前,(对于每个范围/标尺和硬度水平)应使用依照 GB/T 231.3 标定过的标准硬度块上的标准压痕进行压痕测量装置的间接检验。压痕测量值应与标准硬度块证书上的标准值相差在 0.5% 以内。如果测量装置不能满足上述要求,应采取相应措施。

日常检查应在按照 GB/T 231.3 标定的标准硬度块上至少打一个压痕。如果测量的硬度(平均)值与标准硬度块标准值的差值在 GB/T 231.2 中给出的允许误差之内,则硬度计被认为是满意的。如果超出,应立即进行间接检验。

所测数据应当保存一段时间,以便监测硬度计的再现性和测量设备的稳定性。

附 录 B
(规范性附录)
压痕平均直径与试样最小厚度关系表

表 B.1 压痕平均直径与试样最小厚度关系 单位为毫米

压痕的平均直径 d	试样的最小厚度			
	D=1	D=2.5	D=5	D=10
0.2	0.08			
0.3	0.18			
0.4	0.33			
0.5	0.54			
0.6	0.80	0.29		
0.7		0.40		
0.8		0.53		
0.9		0.67		
1.0		0.83		
1.1		1.02		
1.2		1.23	0.58	
1.3		1.46	0.69	
1.4		1.72	0.80	
1.5		2.00	0.92	
1.6			1.05	
1.7			1.19	
1.8			1.34	
1.9			1.50	
2.0			1.67	
2.2			2.04	
2.4			2.46	1.17
2.6			2.92	1.38
2.8			3.43	1.60
3.0			4.00	1.84
3.2				2.10
3.4				2.38
3.6				2.68
3.8				3.00
4.0				3.34
4.2				3.70

表 B.1(续)

压痕的平均直径 d	试样的最小厚度			
	D=1	D=2.5	D=5	D=10
4.4				4.08
4.6				4.48
4.8				4.91
5.0				5.36
5.2				5.83
5.4				6.33
5.6				6.86
5.8				7.42
6.0				8.00

附　录　C
（资料性附录）
硬度值测量的不确定度

C.1　通常要求

本附录定义的不确定度只考虑硬度计与标准硬度块(CRM)相关测量的不确定度。这些不确定度反映了所有分量不确定度的组合影响(间接检定)。由于本方法要求硬度计的各个独立部件均在其允许偏差范围内正常工作,故强烈建议在硬度计通过直接检定一年内采用本方法计算。

图C.1显示用于定义和区分各硬度标尺的四级的计量溯源链的结构图。溯源链起始于用于定义国际比对的各硬度标尺的国际基准。一定数量的国家基准——基础标准硬度计"定值"校准实验室用基础参考硬度块。当然,基础标准硬度计应当在尽可能高的准确度下进行直接标定和校准。

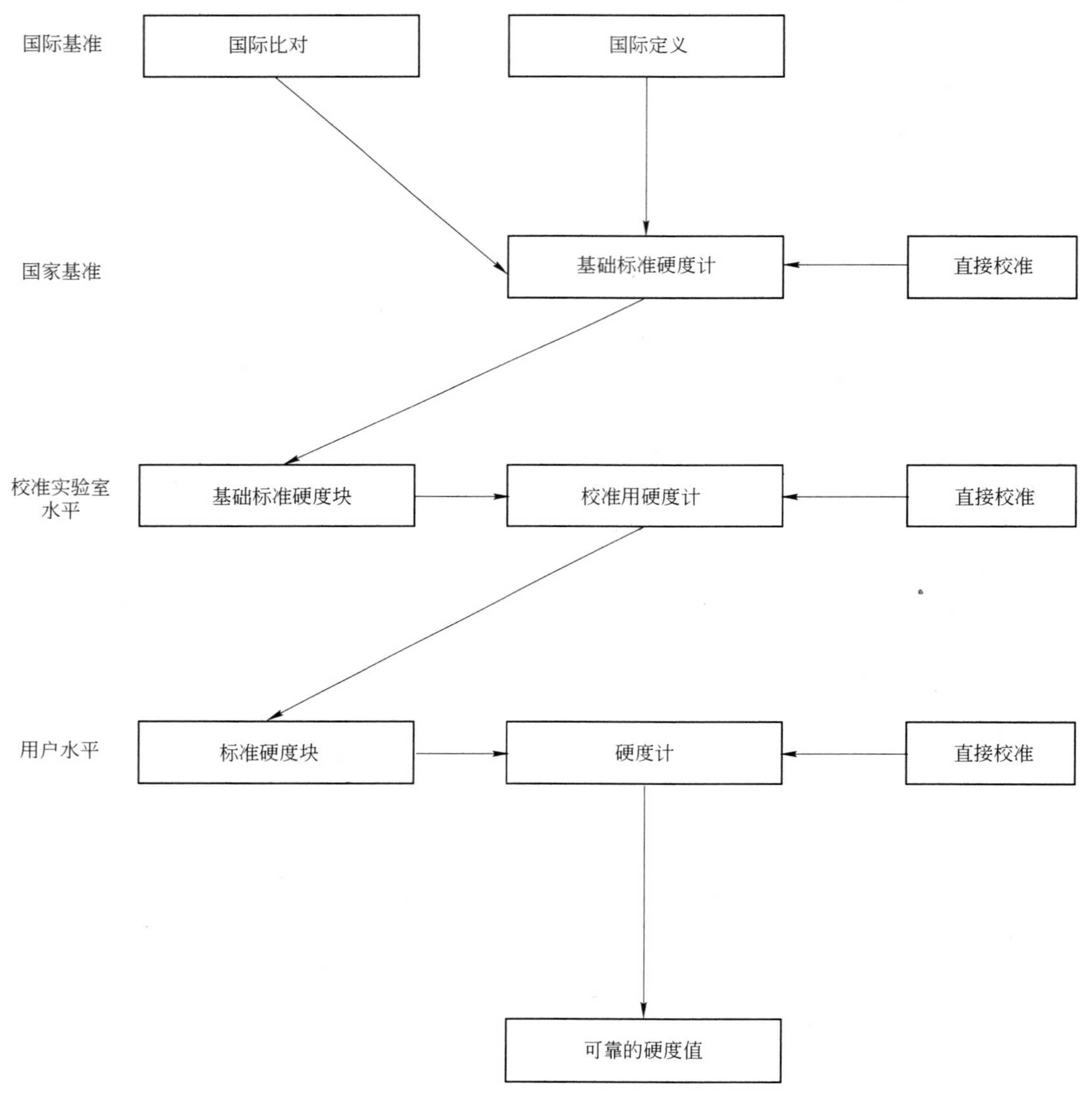

图C.1　硬度标尺的定义和量值传递图

C.2 通常程序

本程序用平方根求和的方法(RSS)合成 u_1(各不确定度分项见表 C.1)。扩展不确定度 U 是 u_1 和包含因子 $k(k=2)$的乘积。表 C.1 给出了全部的符号和定义。

C.3 硬度计的偏差

硬度计的偏差 b 起源于下面两部分之间的差异:

——校准硬度计的五个硬度压痕的平均值。

——标准硬度块的标准值。

可以用不同的方法确定不确定度。

C.4 计算不确定度的步骤:硬度测量值

注:CRM(Certified Reference Material)是由标准硬度计标定的标准硬度块。

C.4.1 考虑硬度计最大允许误差的方法(方法 1)

方法 1 是一种简单的方法,它不考虑硬度计的系统误差,即是一种按照硬度计最大允许误差考虑的方法。

测定扩展不确定度 U(见表 C.1)

$$U = k \cdot \sqrt{u_E^2 + u_{CRM}^2 + u_{\overline{H}}^2 + u_x^2 + u_{ms}^2} \qquad \text{(C.1)}$$

测量结果:

$$X = \overline{x} \pm U \qquad \text{(C.2)}$$

C.4.2 考虑硬度计系统误差的方法(方法 2)

除去方法 1,也可以选择方法 2。方法 2 是与控制流程相关的方法,可能获得较小的不确定度。

$$U = k \cdot \sqrt{u_x^2 + u_{\overline{H}}^2 + u_{CRM}^2 + u_{ms}^2 + u_b^2} \qquad \text{(C.3)}$$

测量结果:

$$X = \overline{x} \pm U \qquad \text{(C.4)}$$

C.5 硬度测量结果的表示

表示测量结果时应注明不确定度的表示方法。通常用方法 1 表达测量不确定度(见表 C.1,第 10 步)。

表 C.1 扩展不确定度评定的两种方法

方法步骤	不确定度来源	符号	公式	依据	例：[…]=HBW 2.5/187.5
1 方法 1 方法 2	测量试样的平均值及其标准偏差	$\overline{x}$ s_x	$\overline{x}=\frac{\sum_{i=1}^{n}x_i}{n}$ $s_x=\frac{R}{C}$	测量结果的标准偏差 采用极差法计算 当 $n=5$ 时 极差系数 $C=2.33$	单次测量值 246,245,246,246,246 $\overline{x}=245.8$ $s_x=\frac{1.0}{2.33}=0.43$
2 方法 1 方法 2	对试样测量重复性的标准不确定度	u_x	$u_x=s_x$	评定单次测量的标准不确定度	$u_x=0.43$
3 方法 1 方法 2	用标准硬度块检定的平均值和标准偏差	$\overline{H}$ s_H	$\overline{H}=\frac{\sum_{i=1}^{n}H_i}{n}$ $s_H=\frac{R}{C}$	检定结果的标准偏差 采用极差法计算 当 $n=5$ 时 极差系数 $C=2.33$	245,246,247,246,247 $\overline{H}=246.2$ $s_H=\frac{2.0}{2.33}=0.86$
4 方法 1 方法 2	用标准硬度块检定的平均值的标准不确定度	$u_{\overline{H}}$	$u_{\overline{H}}=s_H/\sqrt{5}$	评定 5 次平均值的标准不确定度 $n=5$	$u_H=\frac{0.86}{\sqrt{5}}=0.38$
5 方法 1 方法 2	标准硬度块的标准不确定度	u_{CRM}	$\text{HBW}=0.102\times\frac{2F}{\pi D^2(1-\sqrt{1-d^2/D^2})}$ $u_{CRM}=H_{CRM}\cdot u_{dCRM}\cdot\left(\frac{D+\sqrt{D^2-d^2}}{\sqrt{D^2-d^2}}\right)$ $u_{dCRM}=\frac{r_{rel}}{2.83}$	标准硬度块不均匀性最大允许值见 GB/T 231.3	$u_{CRM}=246.8\times\frac{1.5\%}{2.83}\times\frac{2.5+\sqrt{2.5^2+0.9655^2}}{\sqrt{2.5^2+0.9655^2}}=2.53$
6 方法 1	最大允许误差下的标准不确定度	u_E	$u_E=\frac{E_{rel}\cdot\overline{x}}{\sqrt{3}}$	GB/T 231.2 压痕最大允许误差 $E_{rel}=\pm2\%$	$u_E=\frac{0.02\times245.8}{\sqrt{3}}=2.84$

表 C.1(续)

方法 步骤	不确定度来源	符号	公　式	依　据	例： […]=HBW 2.5/187.5
7 方法 1 方法 2	压痕测量分辨力的标准不确定度	u_{ms}	$\text{HBW}=0.102\times\frac{2F}{\pi D^2(1-\sqrt{1-d^2/D^2})}$ $u_{rel}(\text{HBW})=2u_{rel}(d)$ $u_{rel(d)}=\frac{\delta_{ms}}{2\sqrt{3}}$	GB/T 231.2 中压痕测量装置能分辨直径的 0.5%	$u_{ms}=245.8\times u_{rel}(\text{HBW})$ $=245.8\times2\times\frac{0.5\%}{2\sqrt{3}}=0.71$
8 方法 2	硬度计校准值与硬度块标准值差	b	$b=\overline{H}-H_{CRM}$	第 3 步和第 5 步	$b=246.2-246.8=-0.6$
9 方法 2	硬度计系统误差带来的不确定度	u_b	$u_b=\|b\|$	两点分布	$u_b=0.6$
10 方法 1	扩展不确定度的评定	U	$U=k\cdot\sqrt{u_x^2+u_{\overline{H}}^2+u_{CRM}^2+u_E^2+u_{ms}^2}$	第 1 步到第 7 步 $k=2$	$U=2\times\sqrt{0.43^2+0.38^2+2.53^2+2.84^2+0.71^2}$ $U=7.8\text{HBW}$
11 方法 1	测量结果	X	$X=\overline{x}\pm U$	第 1 步和第 10 步	$X=(245.8\pm7.8)$HBW(方法 1)
12 方法 2	扩展不确定度的评定	U	$U=k\cdot\sqrt{u_x^2+u_{\overline{H}}^2+u_{CRM}^2+u_{ms}^2+u_b^2}$	第 1 步到第 5 步 第 7 步到第 9 步	$U=2\times\sqrt{0.43^2+0.38^2+2.53^2+0.71^2+(-0.6)^2}$ $U=5.5\text{HBW}$
13 方法 2	测量结果	X	$X=\overline{x}\pm U$	第 1 步和第 12 步	$X=(245.8\pm5.5)$HBW(方法 2)

ICS 77.040.01
H 24

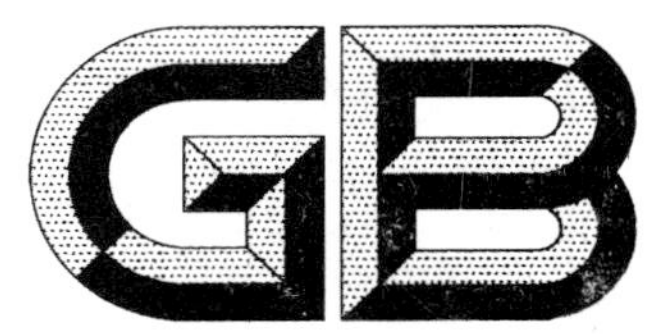

中华人民共和国国家标准

GB/T 1979—2001
代替 GB/T 1979—1980

结构钢低倍组织缺陷评级图

Standard diagrams for macrostructure and defect of structural steels

2001-12-17 发布　　2002-05-01 实施

中华人民共和国
国家质量监督检验检疫总局 发布

前　言

本标准此次修订对下列条文(图片)进行了修改：

——原点状偏析文字改为斑点状偏析；

——原锭型偏析、皮下气泡的评定原则作了部分修改和补充；

——原翻皮的特征、评定原则作了部分修改和补充；

——原白点的产生原因作了部分修改；

——原轴心晶间裂缝的特征及评定原则作了修改和补充；

——原评级图一：一般疏松第 4 级别图片作了适当修改；

——原评级图二：锭型偏析第 4 级别图片作了适当修改；

——原评级图三：取消了翻皮评定级别，保留原图片作为代表性图片。

本标准此次修订增设的内容主要如下：

——“2　规范性引用文件”、“3　试样的截取及显示方法”、“7　检验报告”条款；

——白亮带、中心偏析缺陷名称、特征、产生原因、评定原则和图片；

——帽口偏析缺陷名称、特征、产生原因及评定原则；

——小于 40mm 锭型偏析分级图片 4 张；

——大于 250mm 一般疏松、中心疏松、锭型偏析分级图片各 4 张，共 12 张。

本附录的附录 A 为规范性附录。

本标准自实施之日起，代替 GB/T 1979—1980《结构钢低倍组织缺陷评级图》。

本标准由原国家冶金工业局提出。

本标准由全国钢标准化技术委员会归口。

本标准起草单位：宝钢集团上海五钢有限公司、太原钢铁(集团)公司、冶金工业信息标准研究院、抚顺特殊钢有限公司、重庆钢铁集团特殊钢有限公司。

本标准主要起草人：袁辛芳、张升科、栾燕、曾文涛、华文杰、黎玉春、孙时秋。

本标准于 1980 年 8 月首次发布。

结构钢低倍组织缺陷评级图

1 范围

本标准规定和描述了结构钢酸浸低倍组织缺陷的分类、特征、产生原因及评定原则、评级图分类及适用范围、评定方法和检验报告。

本标准适用于评定碳素结构钢、合金结构钢、弹簧钢钢材(锻、轧坯)横截面酸浸低倍组织中允许及不允许的缺陷。根据供需双方协议,也可用作评定其他钢类低倍组织的缺陷。

2 规范性引用文件

下列文件中的条款通过本标准的引用而成为本标准的条款。凡是注日期的引用文件,其随后所有的修改单(不包括勘误的内容)或修订版均不适用于本标准,然而,鼓励根据本标准达成协议的各方研究是否可使用这些文件的最新版本。凡是不注日期的引用文件,其最新版本适用于本标准。

GB/T 226 钢的低倍组织及缺陷酸浸检验法

3 试样的截取及显示方法

试样的截取及显示方法按GB/T 226规定执行。经供需双方协议也可用其他的试样显示方法。

4 缺陷的分类、特征、产生原因及评定原则

4.1 一般疏松

特征:在酸浸试片上表现为组织不致密,呈分散在整个截面上的暗点和空隙。暗点多呈圆形或椭圆形。空隙在放大镜下观察多为不规则的空洞或圆形针孔。这些暗点和空隙一般出现在粗大的树枝状晶主轴和各次轴之间,疏松区发暗而轴部发亮,当亮区和暗区的腐蚀程度差别不大时则不产生凹坑。

产生原因:钢液在凝固时,各结晶核心以树枝状晶形式长大。在树枝状晶主轴和各次轴之间存在着钢液凝固时产生的微空隙和析集一些低熔点组元、气体和非金属夹杂物。这些微空隙和析集的物质经酸腐蚀后呈现组织疏松。

评定原则:根据分散在整个截面上的暗点和空隙的数量、大小及它们的分布状态,并考虑树枝状晶的粗细程度而定。

4.2 中心疏松

特征:在酸浸试片的中心部位呈集中分布的空隙和暗点。它和一般疏松的主要区别是空隙和暗点仅存在于试样的中心部位,而不是分散在整个截面上。

产生原因:钢液凝固时体积收缩引起的组织疏松及钢锭中心部位因最后凝固使气体析集和夹杂物聚集较为严重所致。

评定原则:以暗点和空隙的数量、大小及密集程度而定。

4.3 锭型偏析

特征:在酸浸试片上呈腐蚀较深的,并由暗点和空隙组成的,与原锭型横截面形状相似的框带,一般为方形。

产生原因:在钢锭结晶过程中由于结晶规律的影响,柱状晶区与中心等轴晶区交界处的成分偏析和杂质聚集所致。

评定原则:根据框形区域的组织疏松程度和框带的宽度加以评定。必要时可测量偏析框边距试片表面的最近距离。

4.4 斑点状偏析

特征:在酸浸试片上呈不同形状和大小的暗色斑点。不论暗色斑点与气泡是否同时存在,这种暗色斑点统称斑点状偏析。当斑点分散分布在整个截面上时称为一般斑点状偏析;当斑点存在于试片边缘时称为边缘斑点状偏析。

产生原因:一般认为结晶条件不良,钢液在结晶过程中冷却较慢产生的成分偏析。当气体和夹杂物大量存在时,使斑点状偏析加重。

评定原则:以斑点的数量、大小和分布状况而定。

4.5 白亮带

特征:在酸浸试片上呈现抗腐蚀能力较强、组织致密的亮白色或浅白色框带。

产生原因:连铸坯在凝固过程中由于电磁搅拌不当,钢液凝固前沿温度梯度减小,凝固前沿富集溶质的钢液流出而形成白亮带。它是一种负偏析框带,连铸坯成材后仍有可能保留。

需要评定时可记录白亮带框边距试片表面的最近距离及框带的宽度。

4.6 中心偏析

特征:在酸浸试片上的中心部位呈现腐蚀较深的暗斑,有时暗斑周围有灰白色带及疏松。

产生原因:钢液在凝固过程中,由于选分结晶的影响及连铸坯中心部位冷却较慢而造成的成分偏析。这一缺陷成材后仍保留。

评定原则:根据中心暗斑的面积大小及数量来评定。

4.7 帽口偏析

特征:在酸浸试片的中心部位呈现发暗的、易被腐蚀的金属区域。

产生原因:由于靠近帽口部位含碳的保温填料对金属的增碳作用所致。

评定原则:根据发暗区域的面积大小来评定(参照附录A评级图五的中心偏析图片评定)。

4.8 皮下气泡

特征:在酸浸试片上,于钢材(坯)的皮下呈分散或成簇分布的细长裂缝或椭圆形气孔。细长裂缝多数垂直于钢材(坯)的表面。

产生原因:由于钢锭模内壁清理不良和保护渣不干燥等原因造成。

评定原则:测量气泡离钢材(坯)表面的最远距离。

4.9 残余缩孔

特征:在酸浸试片的中心区域(多数情况)呈不规则的折皱裂缝或空洞,在其上或附近常伴有严重的疏松、夹杂物(夹渣)和成分偏析等。

产生原因:由于钢液在凝固时发生体积集中收缩而产生的缩孔并在热加工时因切除不尽而部分残留,有时也出现二次缩孔。

评定原则:以裂缝或空洞大小而定。

4.10 翻皮

特征:在酸浸试片上有的呈亮白色弯曲条带或不规则的暗黑线条,并在其上或周围有气孔和夹杂物;有的是由密集的空隙和夹杂物组成的条带。

产生原因:在浇注过程中表面氧化膜翻入钢液中,凝固前未能浮出所造成。

评定原则:测量翻皮离钢材(坯)表面的最远距离及翻皮长度。

4.11 白点

特征:一般是在酸浸试片除边缘区域外的部分表现为锯齿形的细小发纹,呈放射状、同心圆形或不规则形态分布。在纵向断口上依其位向不同呈圆形或椭圆形亮点或细小裂缝。

产生原因：钢中氢含量高，经热加工变形后在冷却过程中由于应力而产生的裂缝。

评定原则：以裂缝长短、条数而定。

4.12 轴心晶间裂缝

特征：此种缺陷一般出现于高合金不锈耐热钢（如 Cr5Mo、1Cr13、Cr25……）中。有时高合金结构钢如 18Cr2Ni4WA 也常出现。在酸浸试片上呈三岔或多岔的、曲折、细小，由坯料轴心向各方取向的蜘蛛网形的条纹。

评定原则：级别随裂纹的数量与尺寸（长度及其宽度）的增大而升高。由于组织的不均匀性也可能产生“蜘蛛网”的金属酸蚀痕，这不能作为判废的标志。在这种情况下，建议在热处理后（对试样进行正火或退火），重新进行检验。

4.13 内部气泡

特征：在酸浸试片上呈直线或弯曲状的长度不等的裂缝，其内壁较为光滑，有的伴有微小可见夹杂物。

产生原因：由于钢中含有较多气体所致。

4.14 非金属夹杂物（目视可见的）及夹渣

特征：在酸浸试片上呈不同形状和颜色的颗粒。

产生原因：冶炼或浇注系统的耐火材料或脏物进入并留在钢液中所致。

评定原则：有时出现许多空隙或空洞，如目视这些空隙或空洞未发现夹杂物或夹渣，应不评为非金属夹杂物或夹渣。但对质量要求较高的钢种（指有高倍非金属夹杂物合格级别规定者），建议进行高倍补充检验。

4.15 异金属夹杂物

特征：在酸浸试片上颜色与基体组织不同，无一定形状的金属块。有的与基体组织有明显界限，有的界限不清。

产生原因：由于冶炼操作不当，合金料未完全熔化或浇注系统中掉入异金属所致。

5 评级图分类及适用范围

5.1 根据钢材（锻、轧坯）尺寸及缺陷性质，评级图分类及适用范围规定见表 1。

表 1

评级图序号	适用的钢材尺寸范围	适用的低倍组织缺陷及图片	评级图片实际尺寸
评级图一	直径或边长小于 40mm	锭型偏析划分四级，共 4 张图片	直径为 20mm
评级图二	直径或边长为 40mm～150mm	一般疏松、中心疏松、锭型偏析、一般斑点状偏析、边缘斑点状偏析各划分四级，共 20 张图片	直径或边长为 100mm
评级图三	直径或边长大于 150mm～250mm	一般疏松、中心疏松、锭型偏析、一般斑点状偏析、边缘斑点状偏析各划分四级，共 20 张图片	直径或边长为 150mm
评级图四	直径或边长大于 250mm	一般疏松、中心疏松、锭型偏析各划分四级，共 12 张图片	直径为 200mm
评级图五	连铸圆、方钢材	白亮带列代表型图片一张，中心偏析划分为四级，共 5 张图片	直径为 50mm
评级图六	所有规格、尺寸的钢材	皮下气泡、内部气泡、非金属夹杂物（肉眼可见的）及夹渣、异金属夹杂物各只列典型图片一张，翻皮列代表性图片 3 张，残余缩孔、白点、轴心晶间裂缝各划分为三级，共 16 张图片	直径为 100mm

5.2 直径或边长小于 40mm 的圆钢或方钢的低倍组织缺陷，除“锭型偏析”按评级图一评定外，其他低倍组织缺陷参照表 1 中相应的评级图片缩小评定。

根据供需双方协议，扁钢的低倍组织缺陷可参照表 1 相应的评级图进行评定。

6 评定方法

6.1 评定各类缺陷时，以附录 A 中所列图片为准。评定时各类缺陷以目视可见为限，为了确定缺陷的类别，允许使用不大于 10 倍的放大镜，根据缺陷轻重程度按照第 4 章所述的评定原则与评级图进行比较，分别评定级别。当其轻重程度介于相邻两级之间时，可评半级。对于不要求评定级别的缺陷，只判定缺陷类别。

6.2 在进行比较评定其他尺寸的钢材(坯)的缺陷级别时，根据各缺陷评级图，按缺陷存在的严重程度缩小或放大。

6.3 钢材低倍组织缺陷允许与否及合格级别应在相应的产品标准中规定。

6.4 根据供需双方协议，钢的低倍组织缺陷也可采用 ANSI/ASTM E381 或 ANSI/ASTM A604 标准中相应的图片评定。

7 检验报告

检验报告应包括以下各项内容：

a) 本标准号；

b) 牌号、熔炼炉号、规格及试样号；

c) 检验结果；

d) 检验报告编号、日期、检验者及审核者。

附　录　A
（规范性附录）
低倍组织缺陷评级图

A.1　评级图一

直径或边长小于 40mm 的钢材(锻、轧坯)。

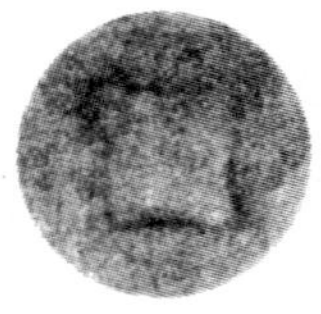
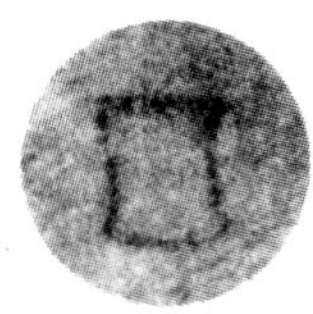
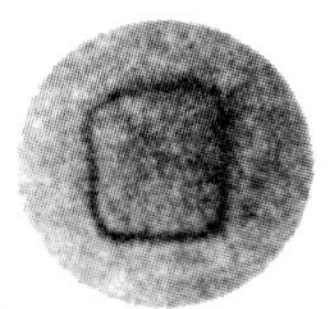
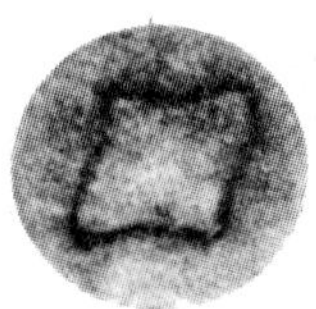

A.2　评级图二

直径或边长为 40mm～150mm 的钢材(锻、轧坯)。

一般疏松

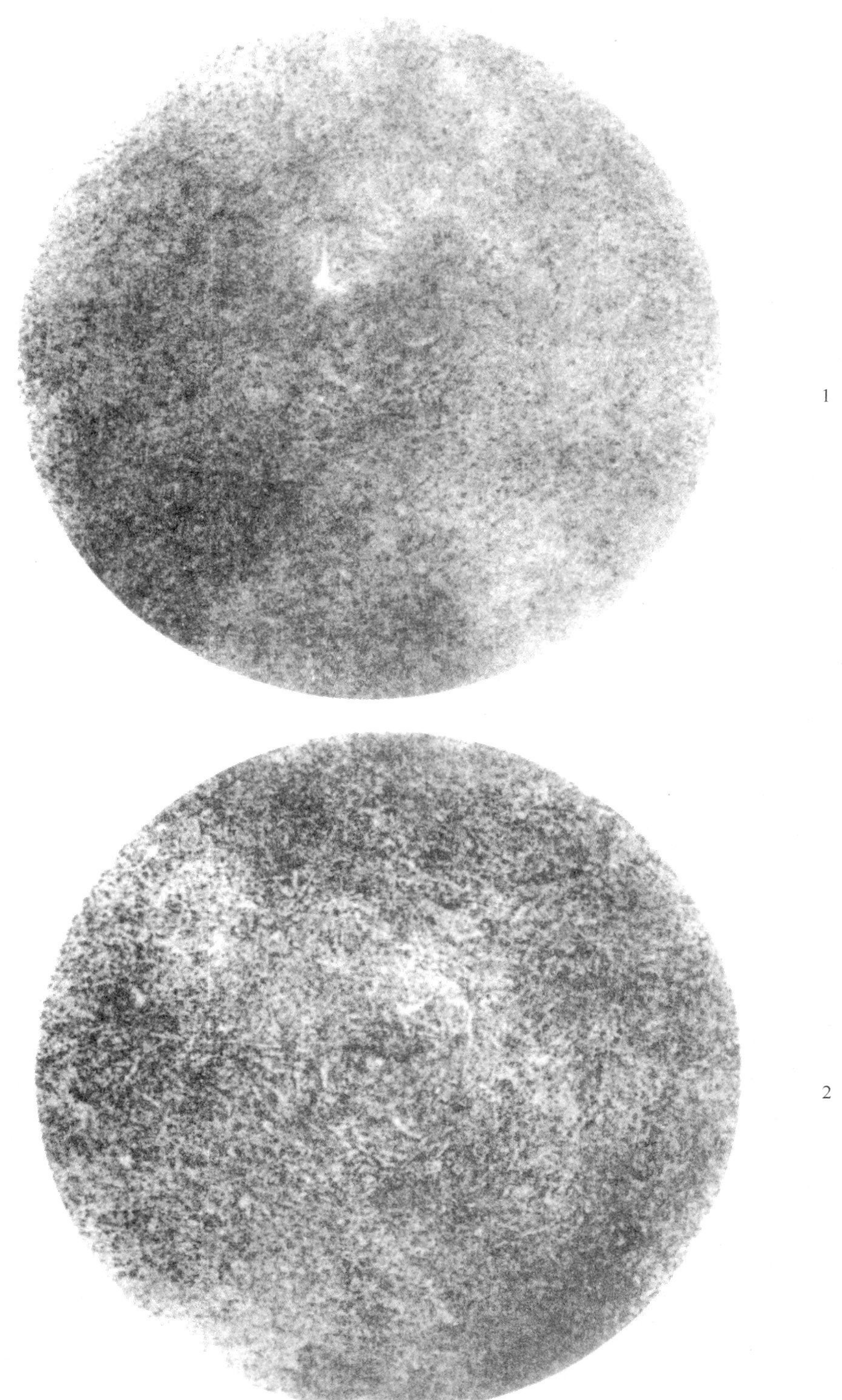

1

2

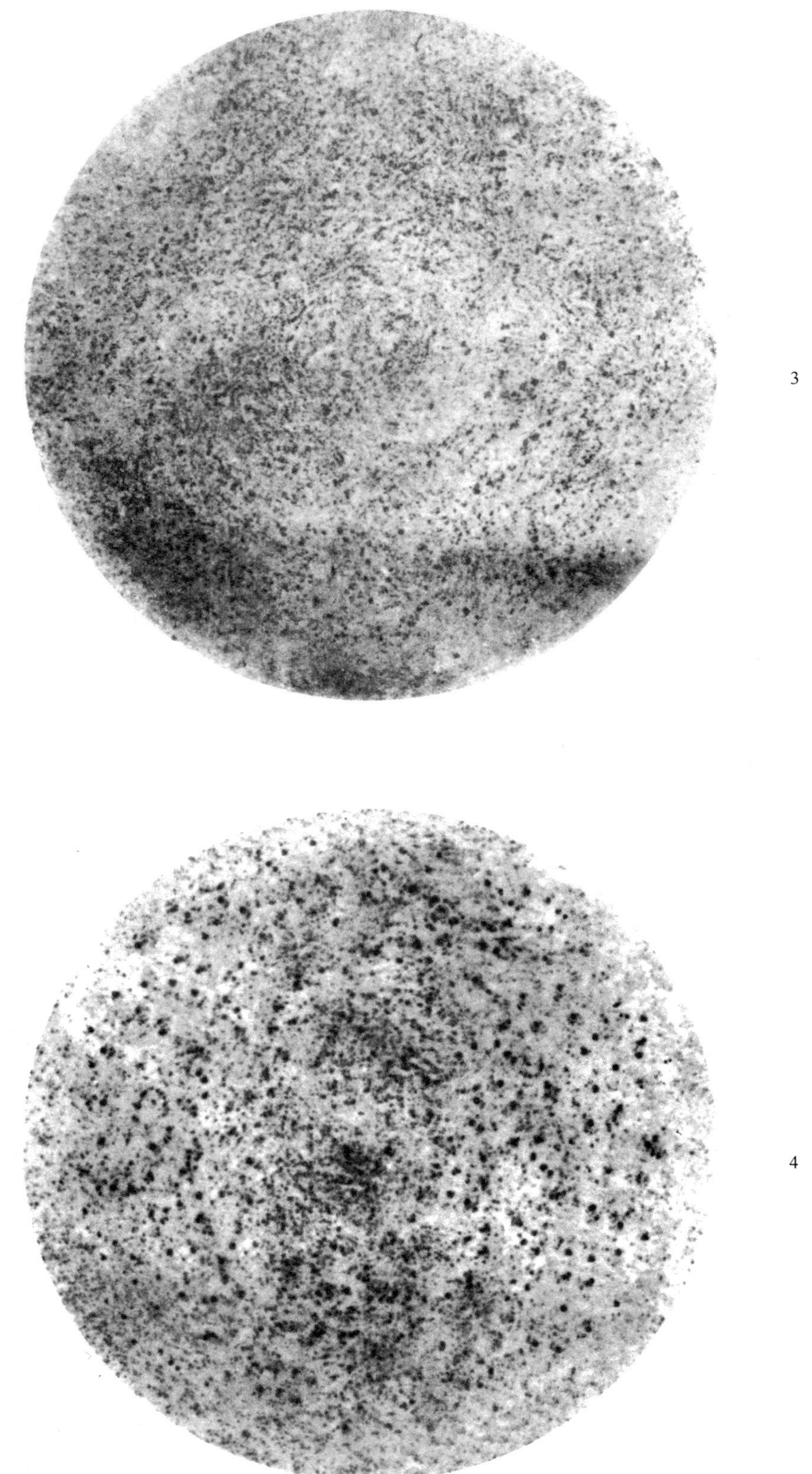
3
4

中心疏松

1

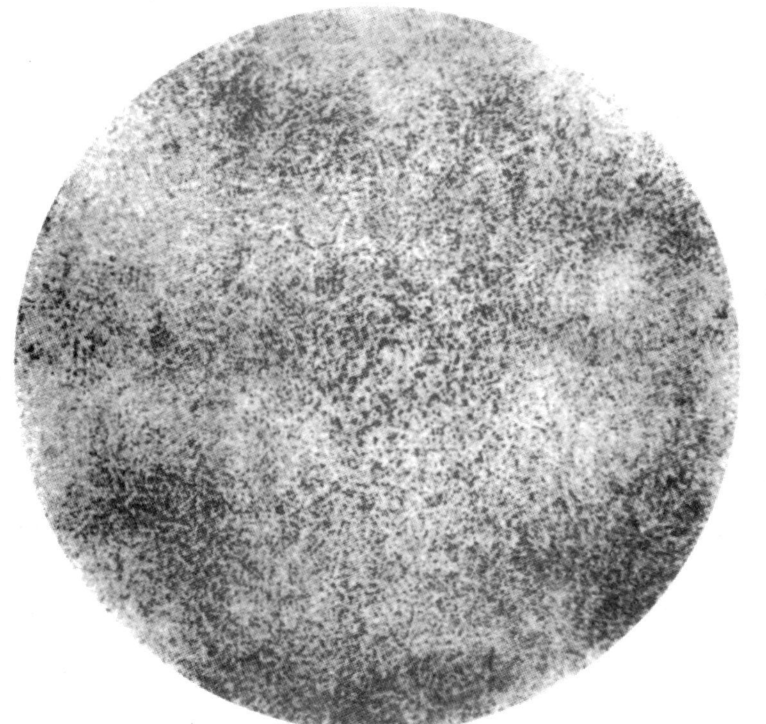

2

3

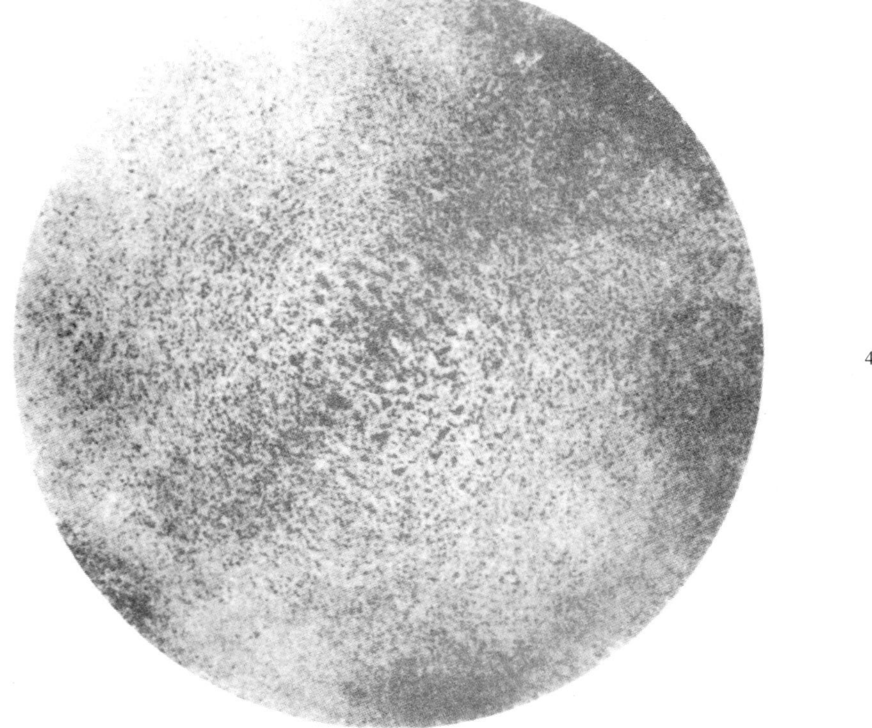

4

锭型偏析

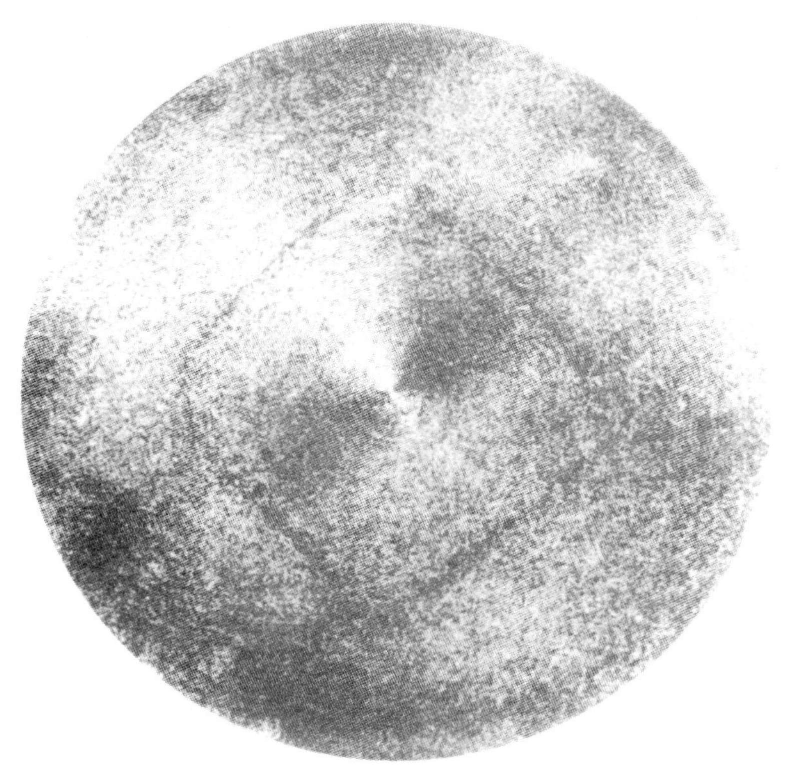

1

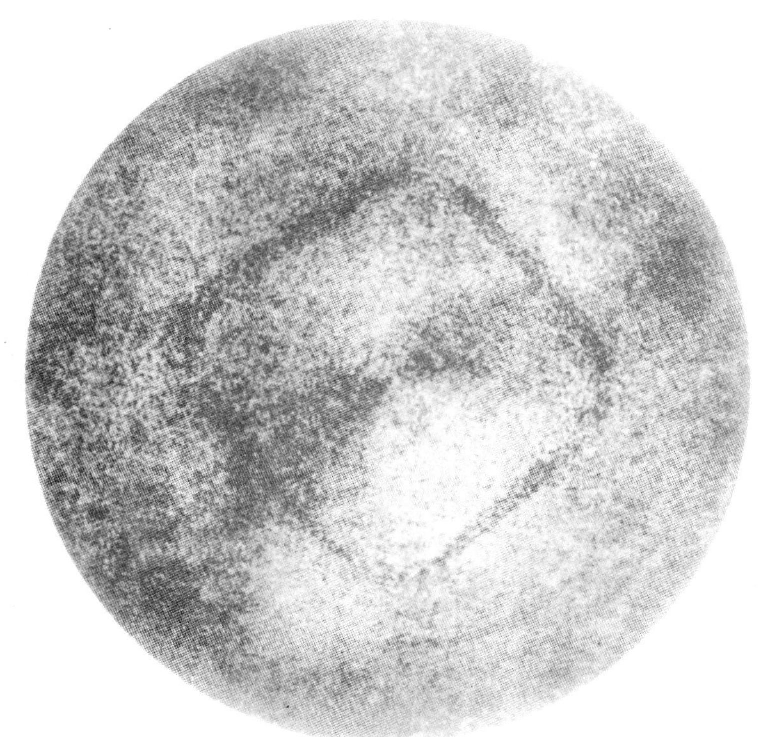

2

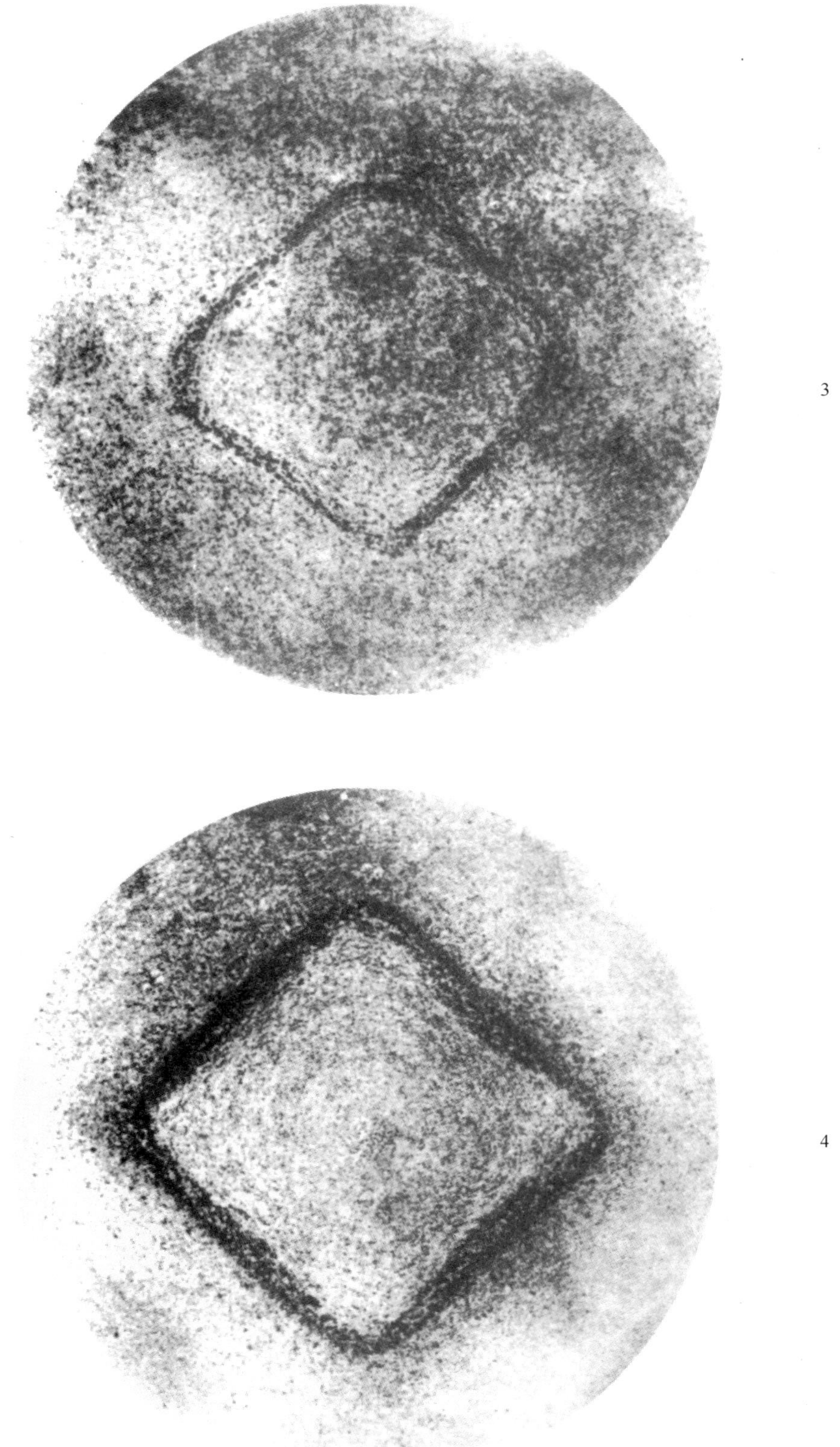
3
4

一般斑点状偏析

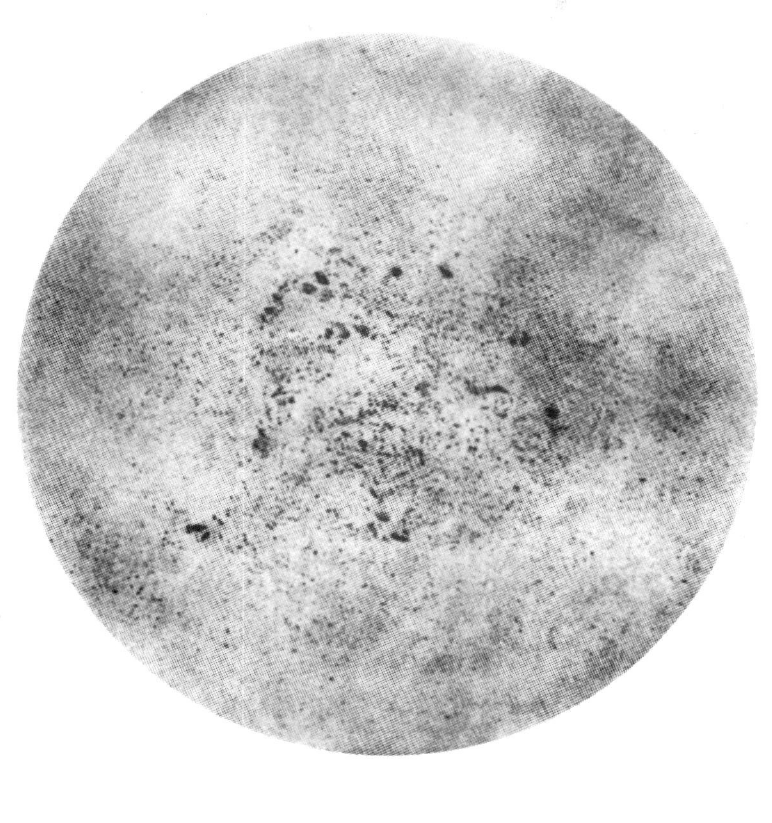

1

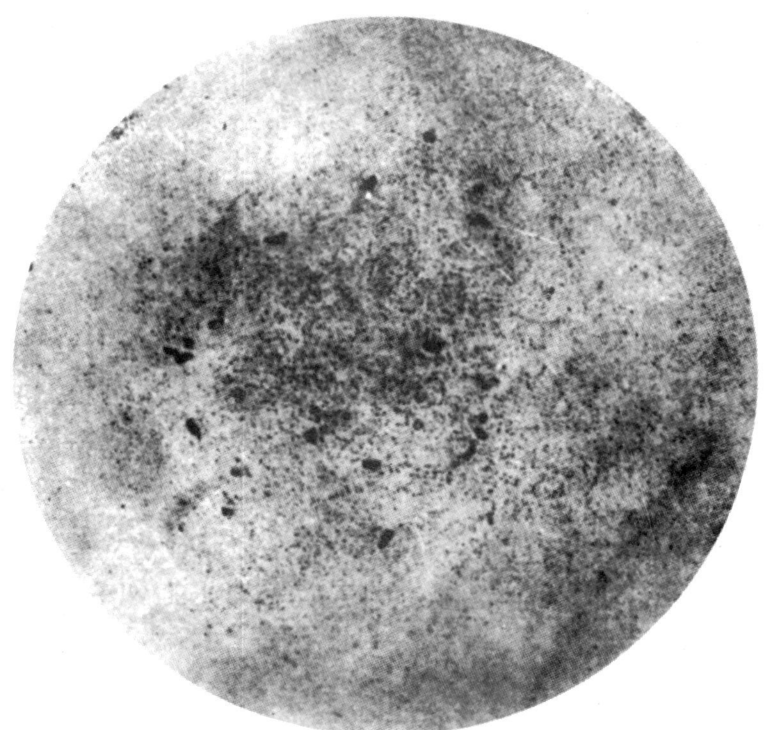

2

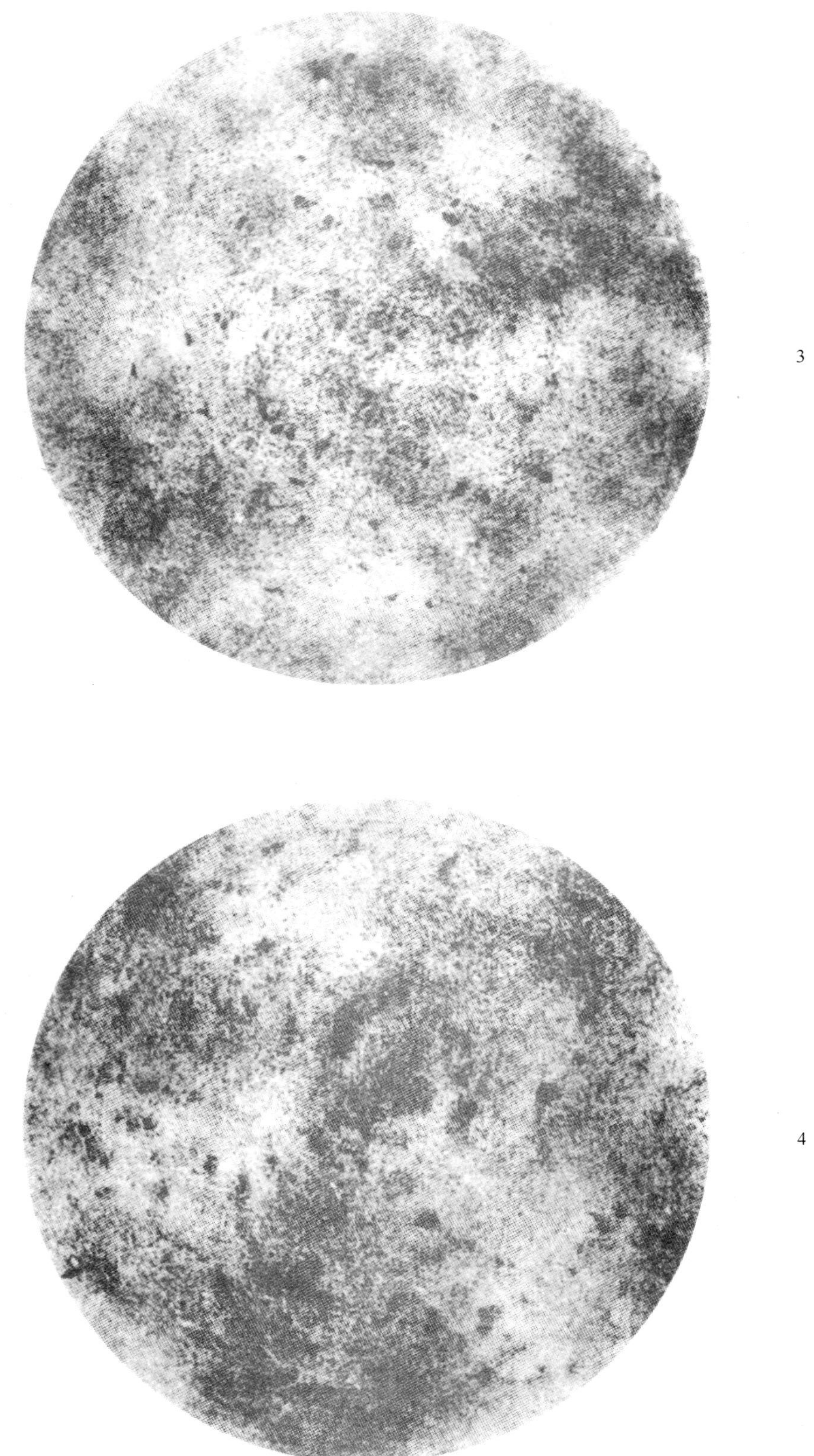
3
4

边缘斑点状偏析

1

2

3

4

A.3 评级图三

直径或边长大于 150mm～250mm 的钢材(锻、轧坯)。

一 般 疏 松

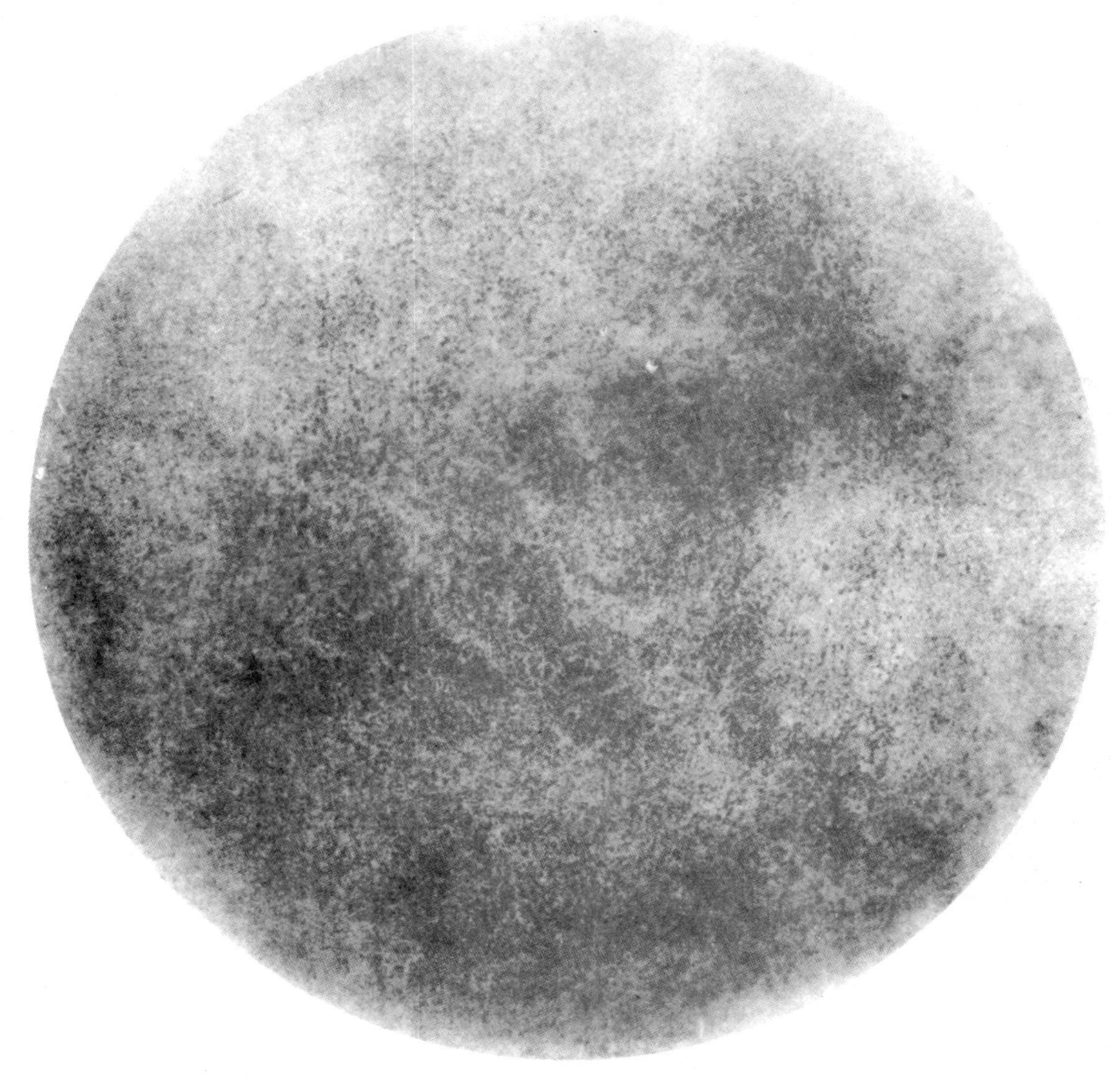

1

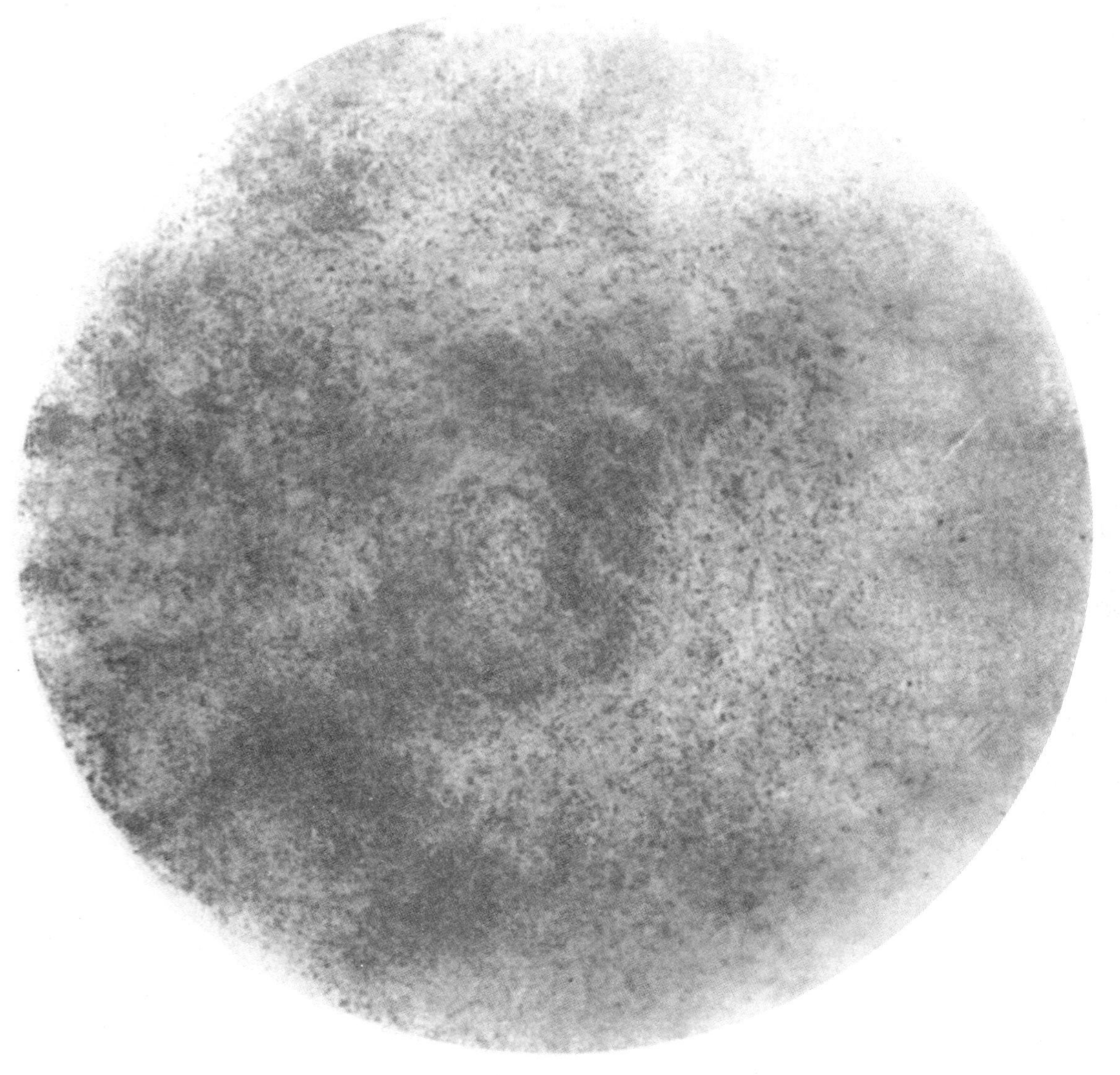

2

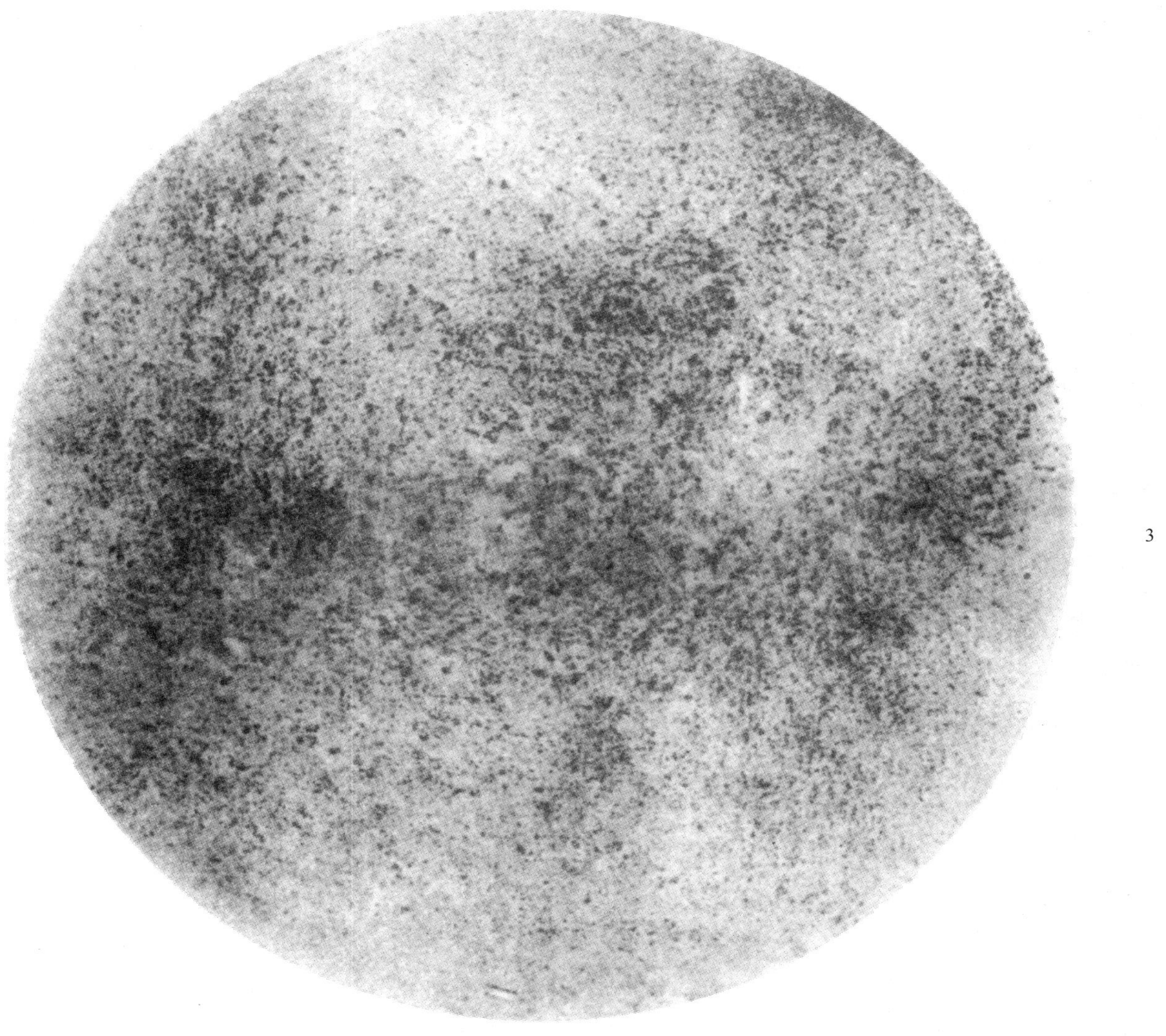

3

4

中心疏松

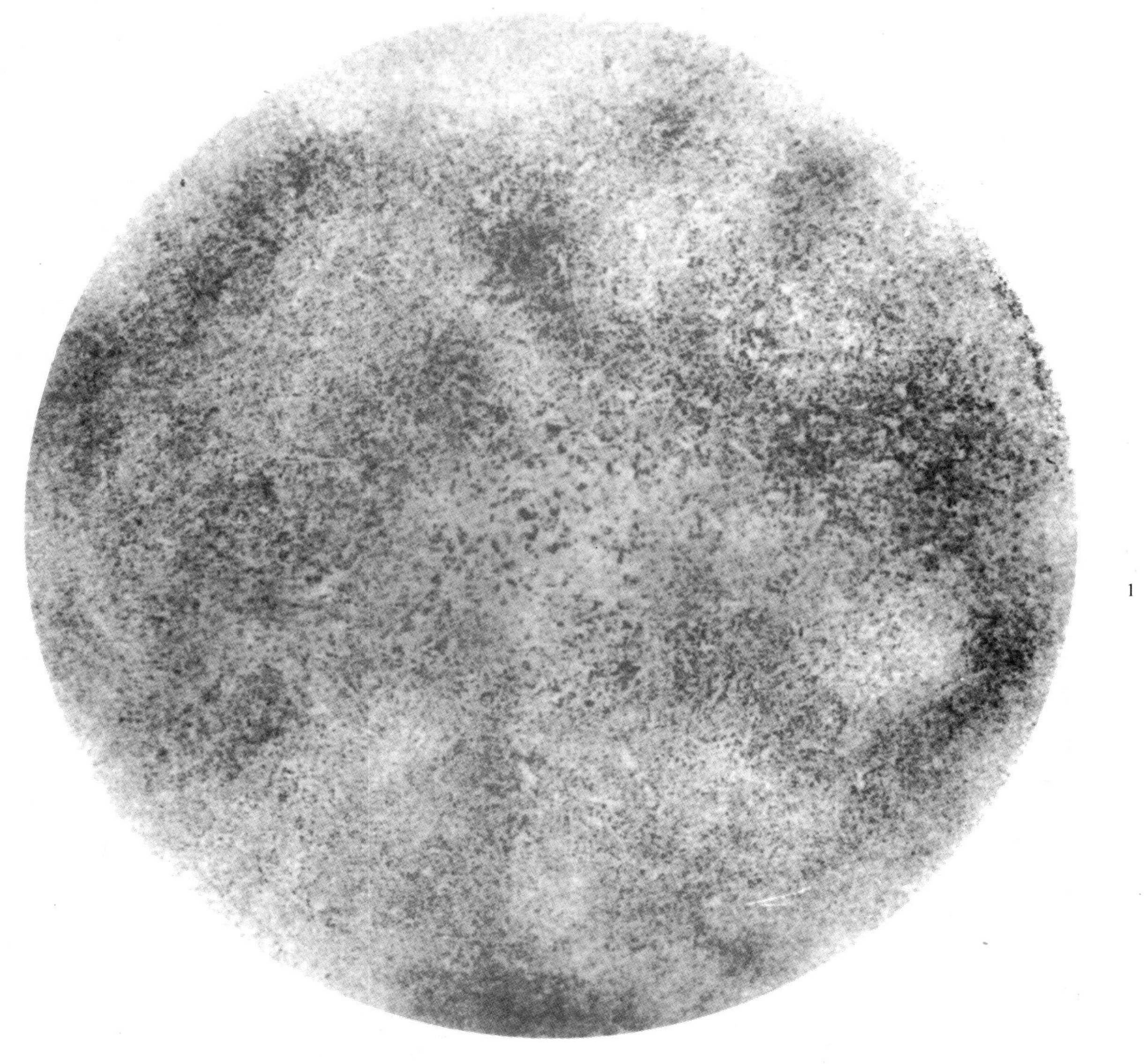

1

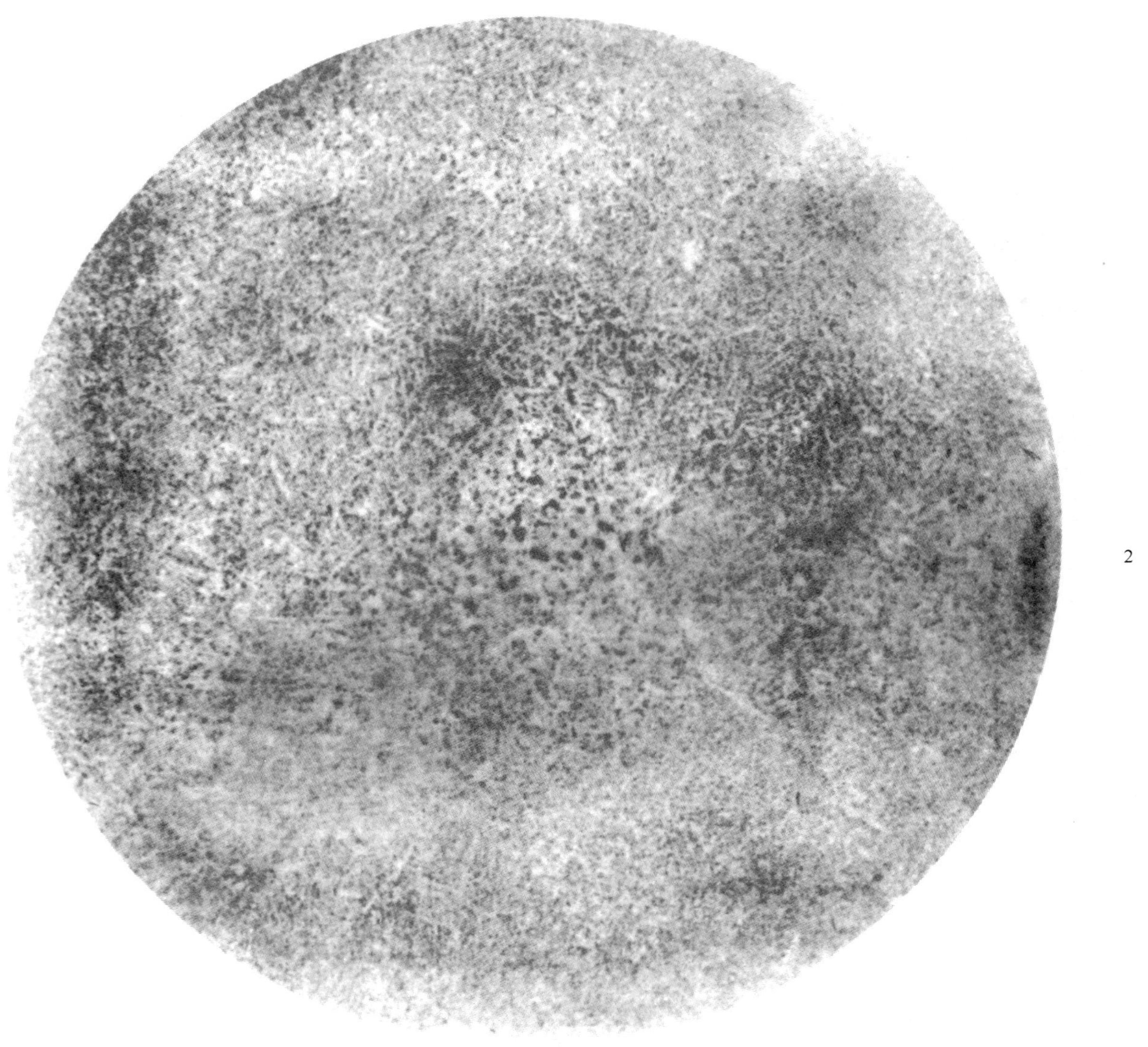
2

3

4

锭型偏析

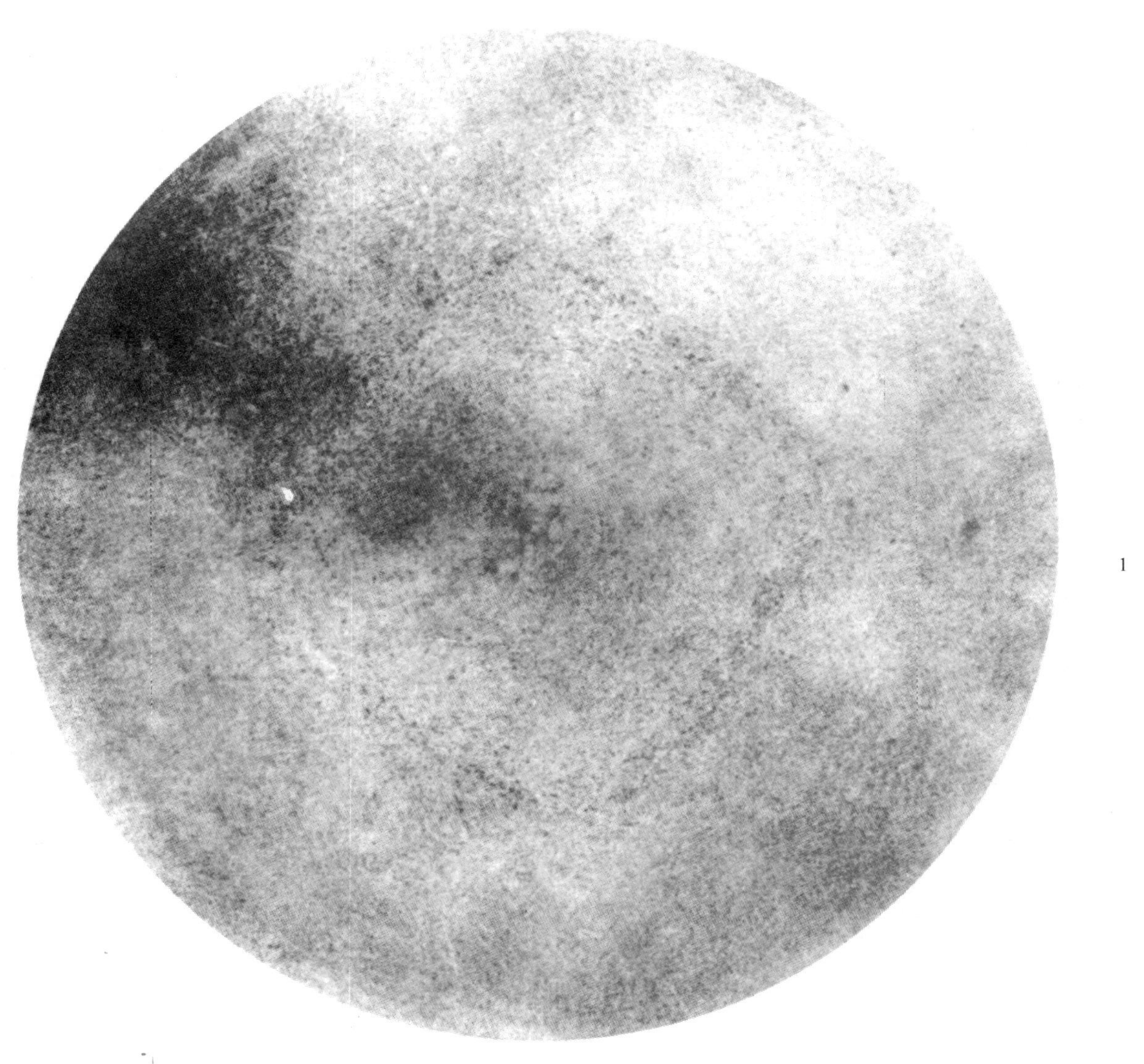

1

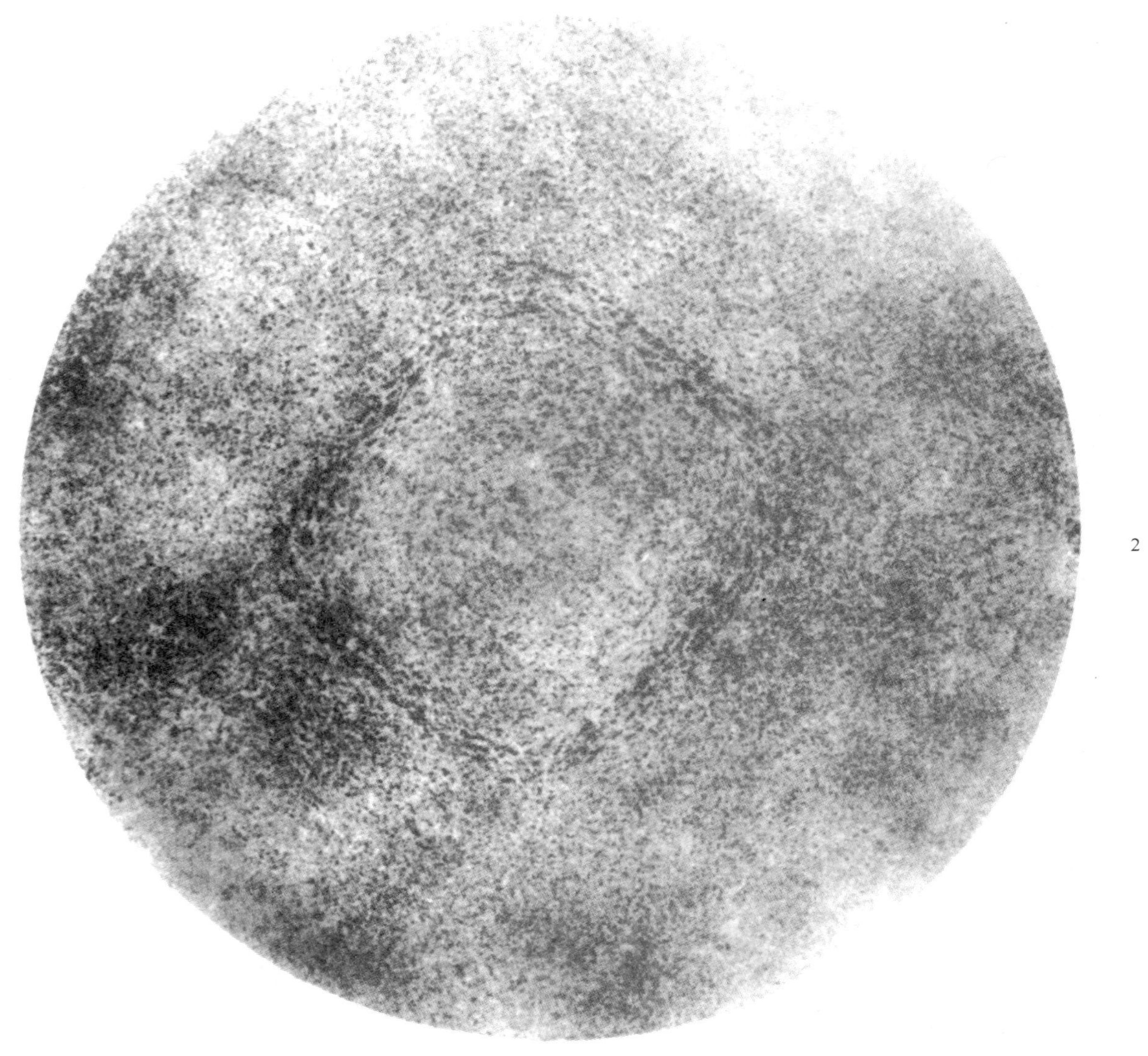
2

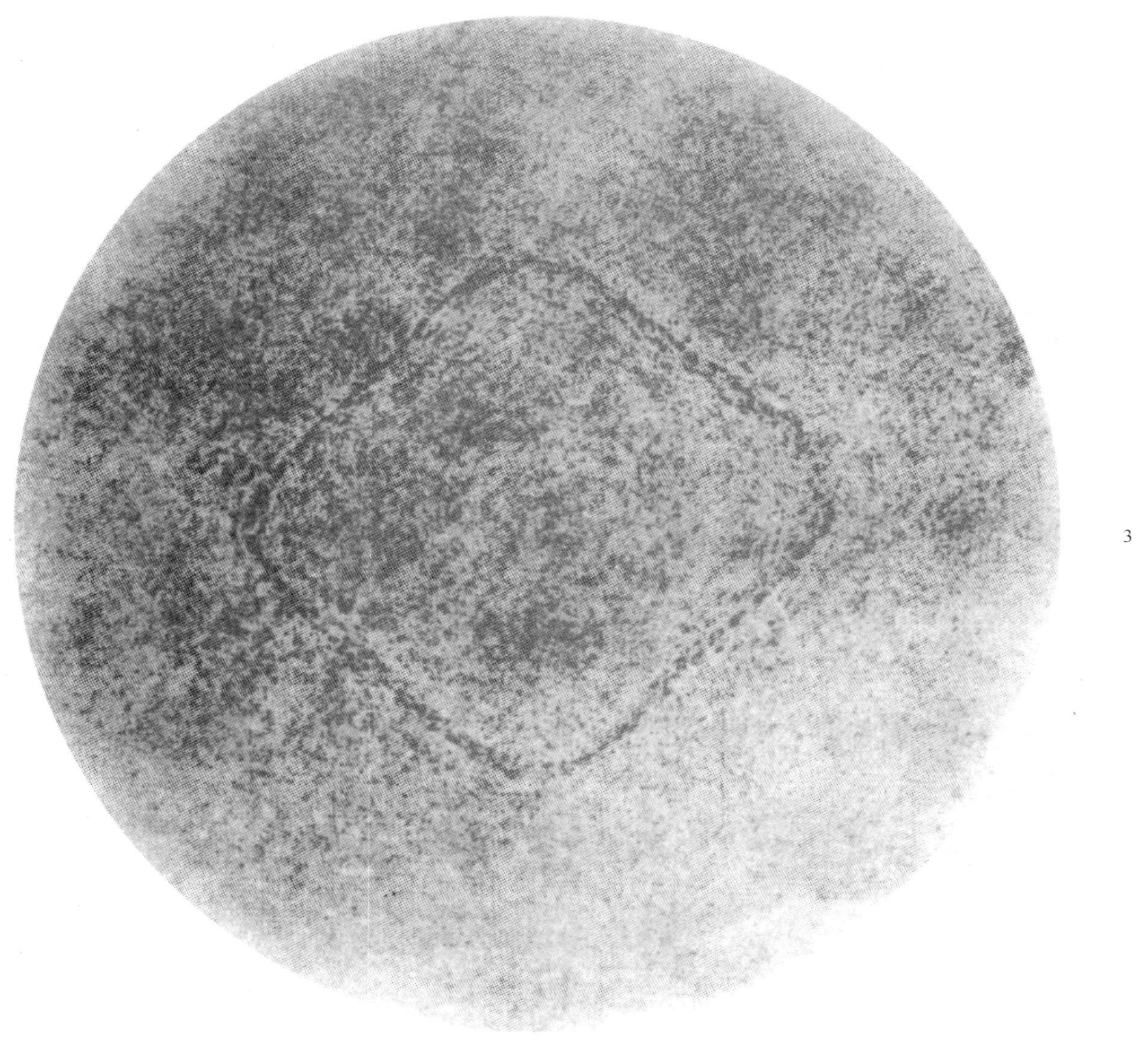
3

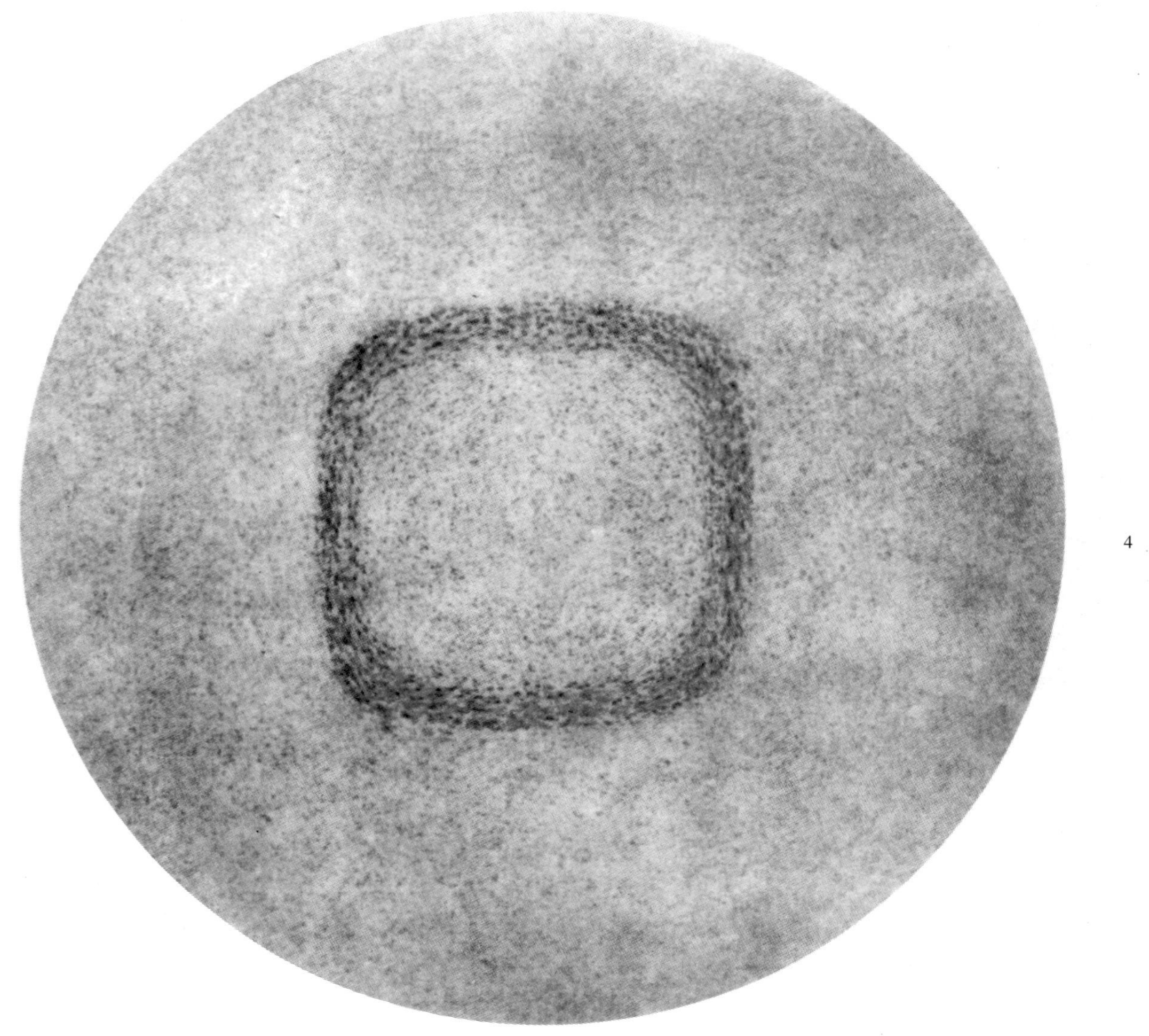

4

一般斑点状偏析

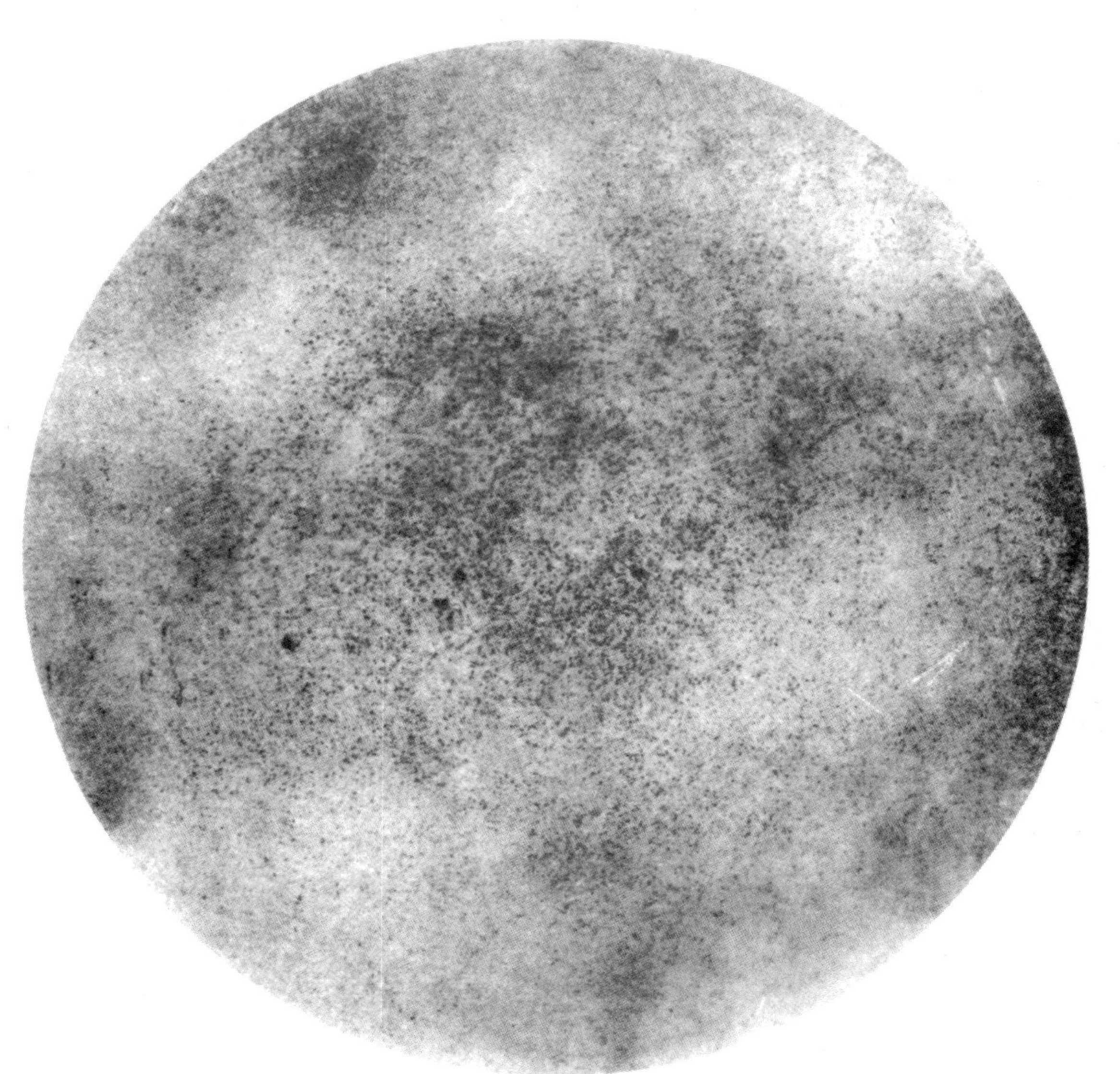

1

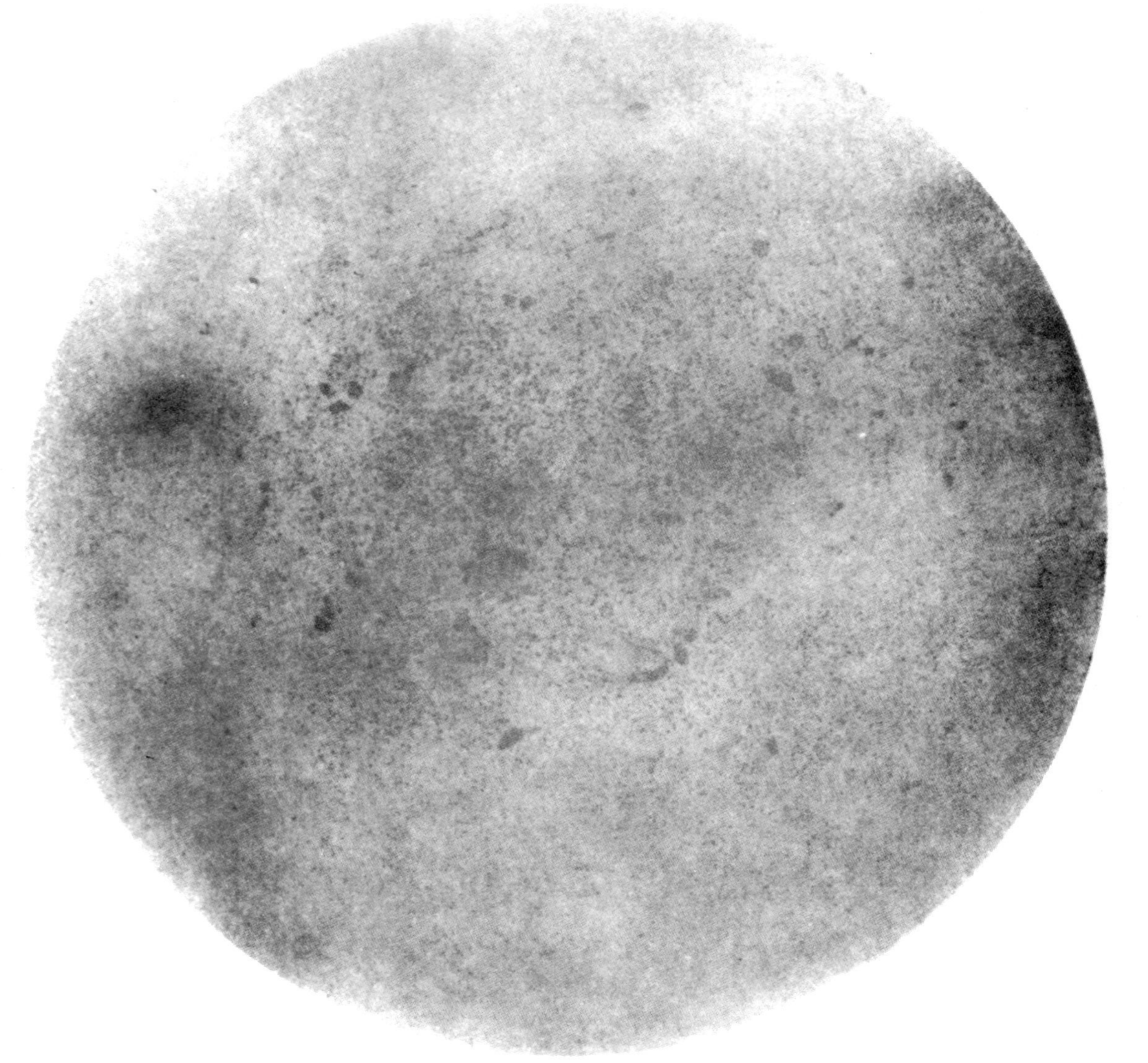

2

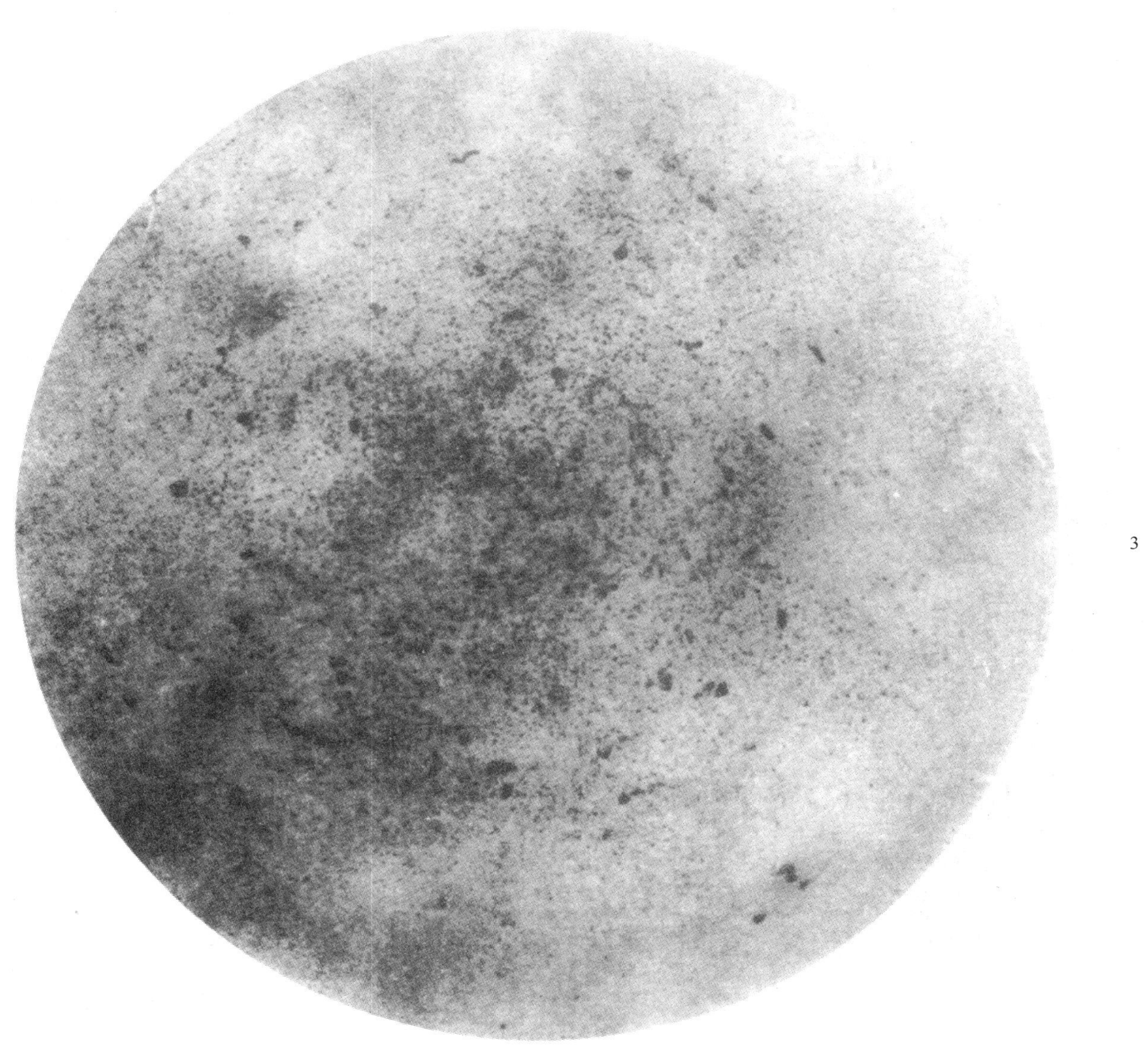

3

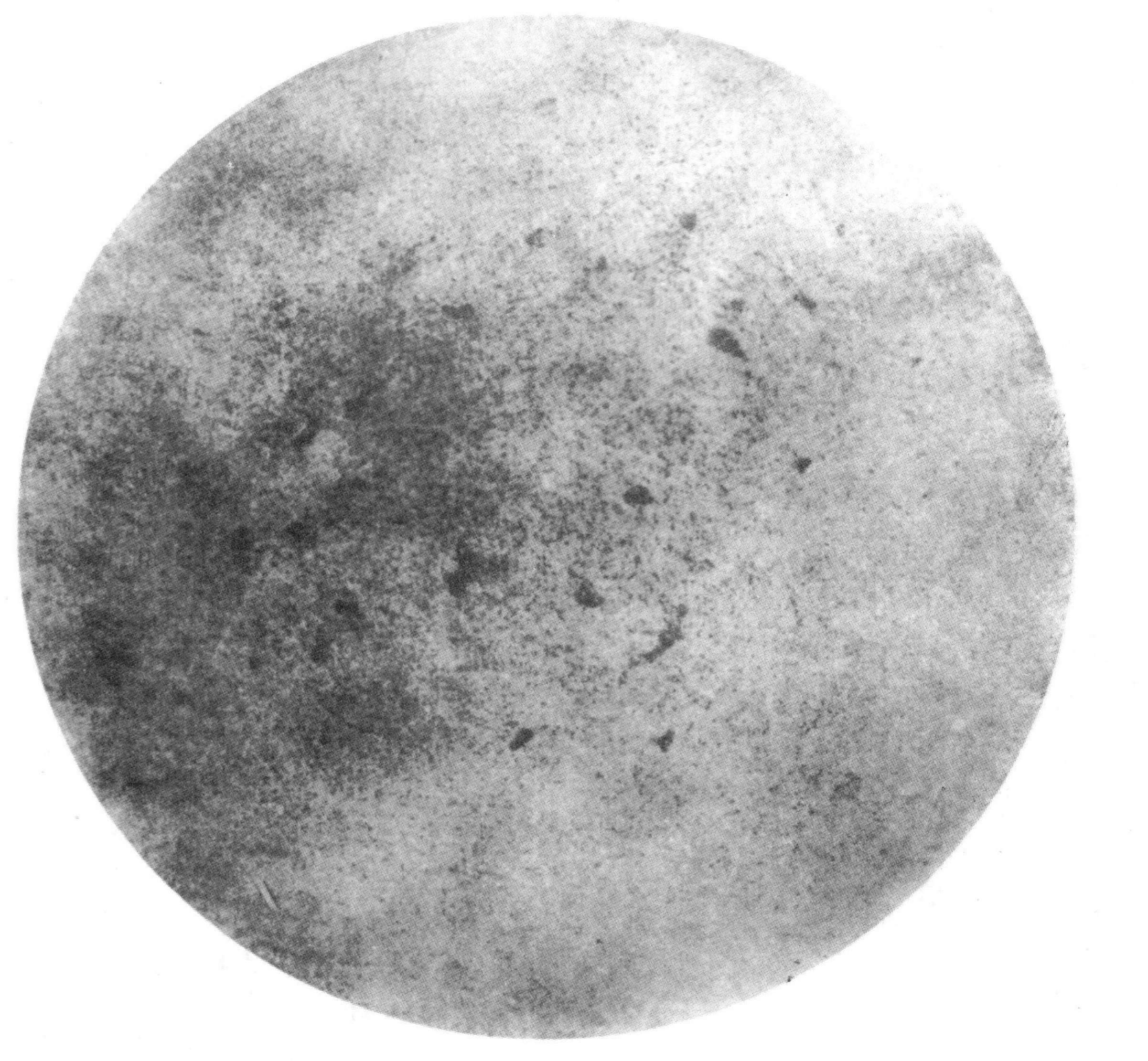

4

边缘点状偏析

1

2

3

4

A.4 评级图四

直径或边长大于250mm的钢材(锻、轧坯)。

一 般 疏 松

1

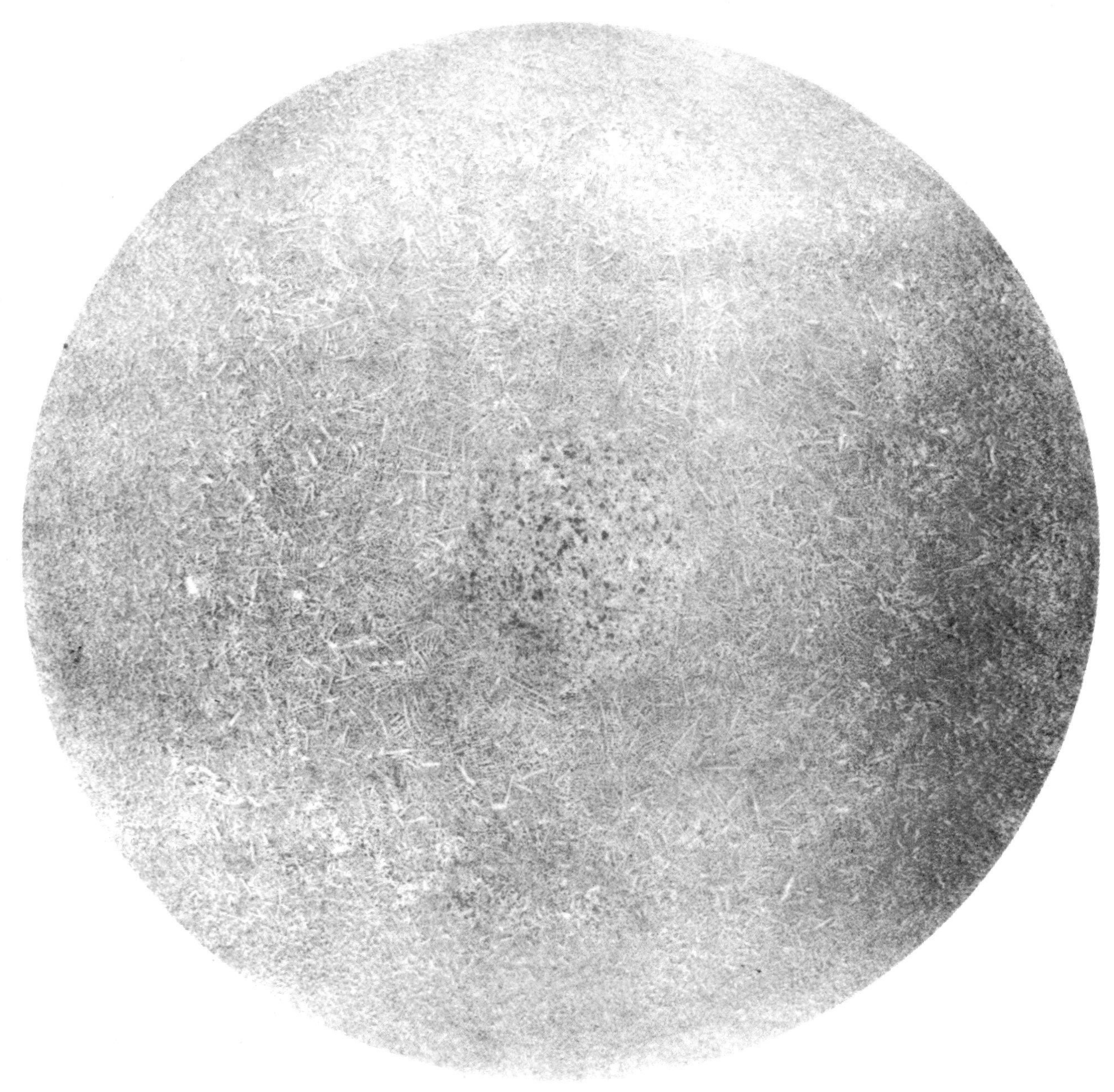

2

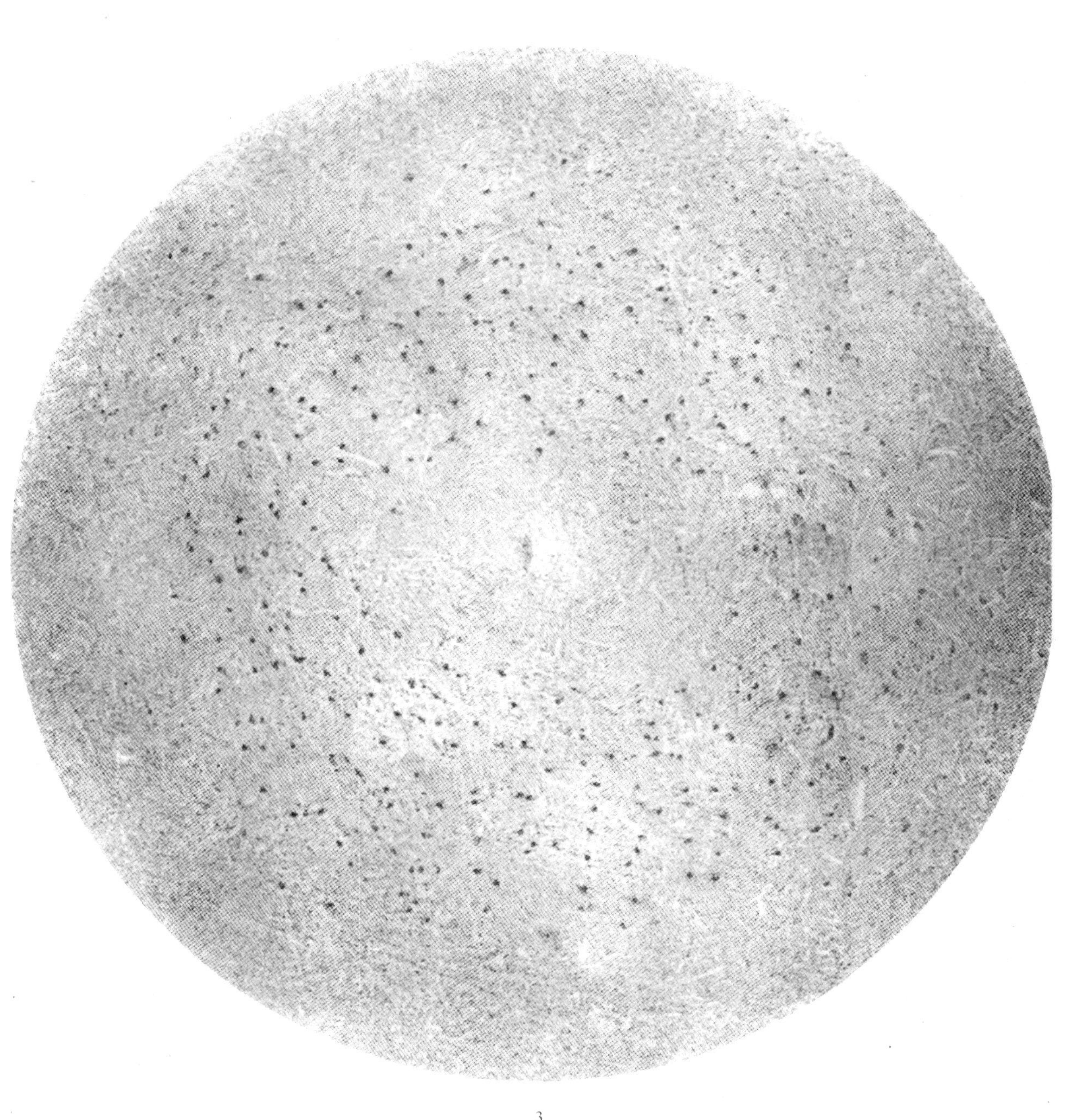

3

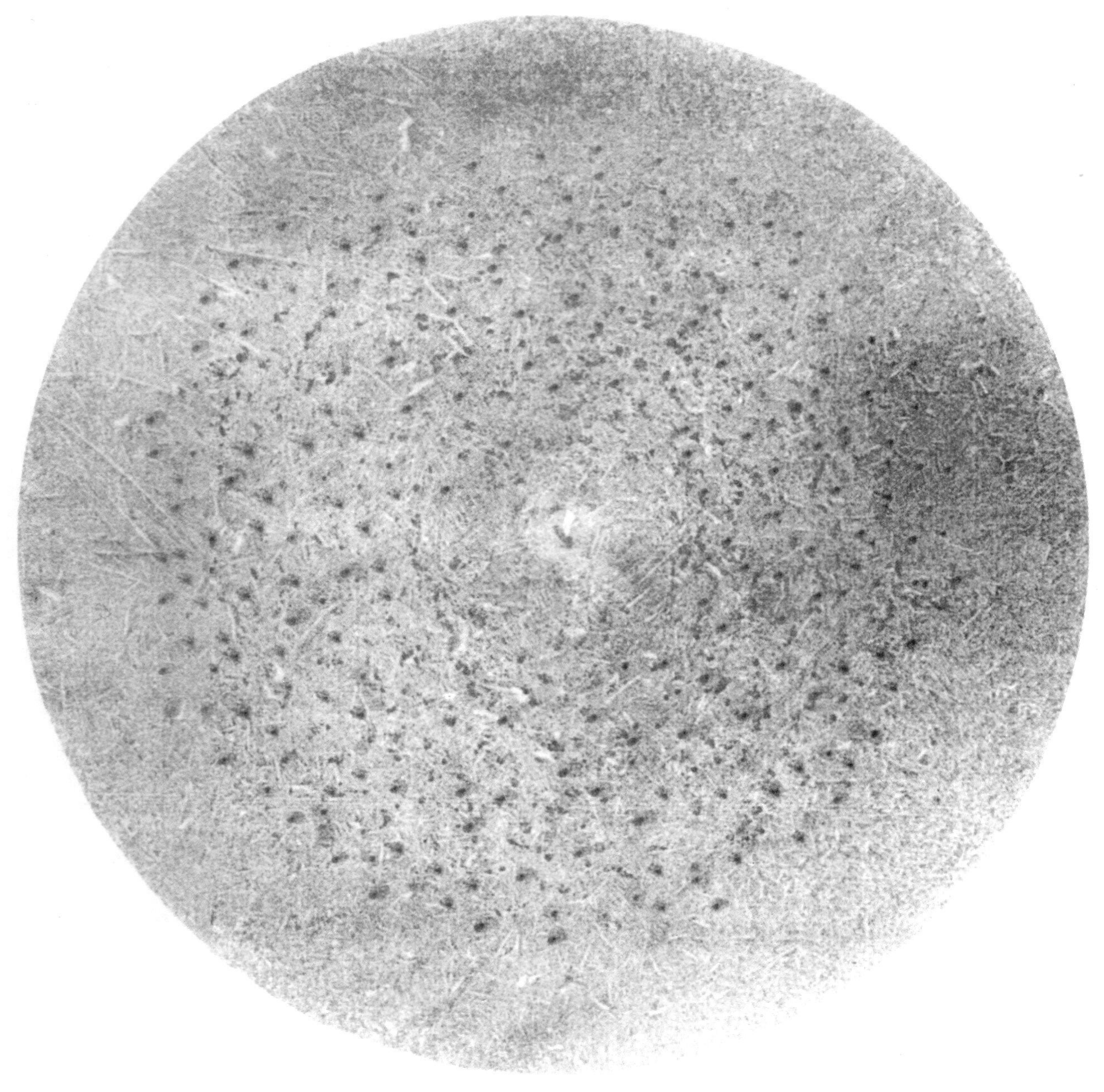

4

中心疏松

1

2

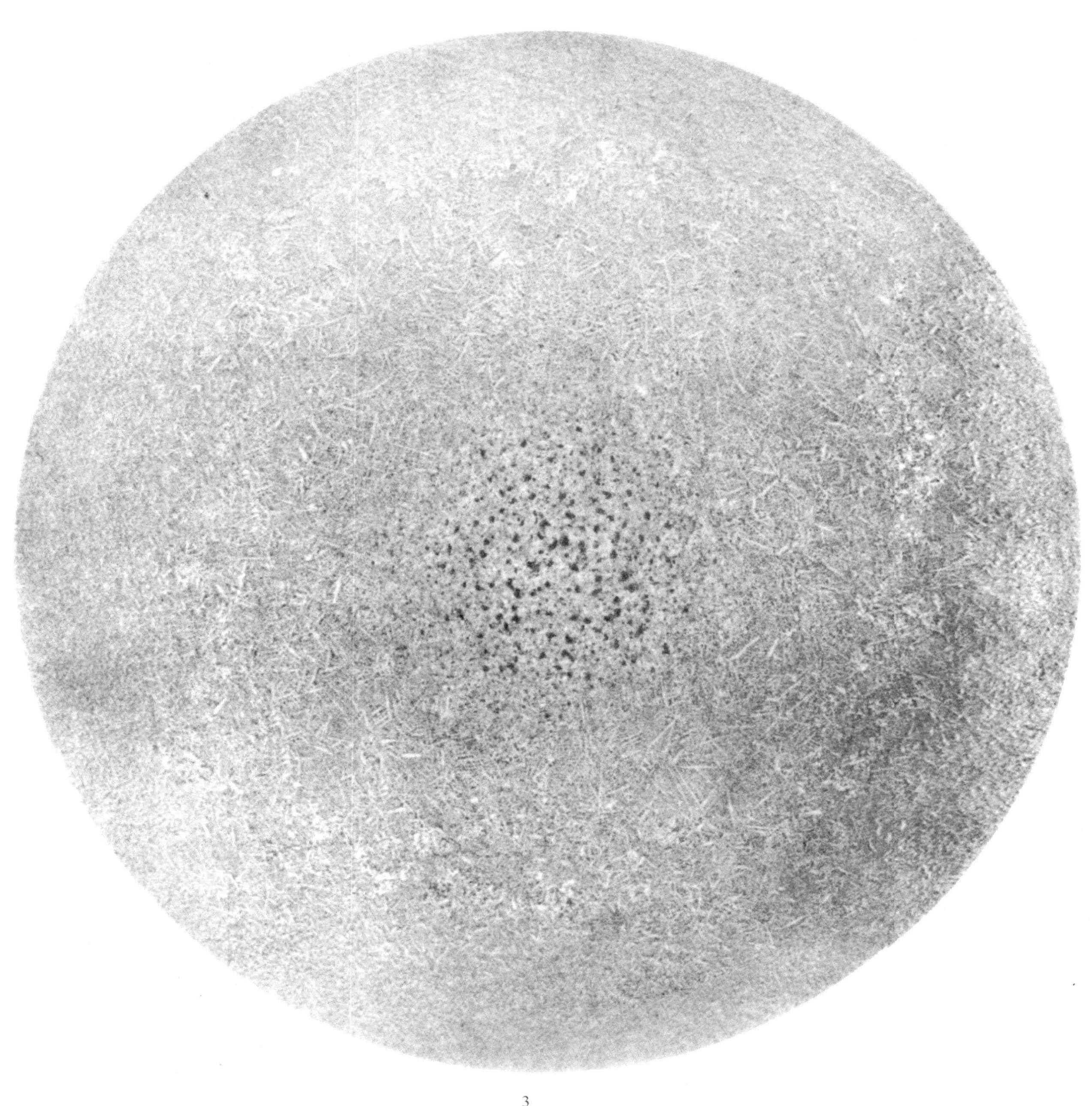

3

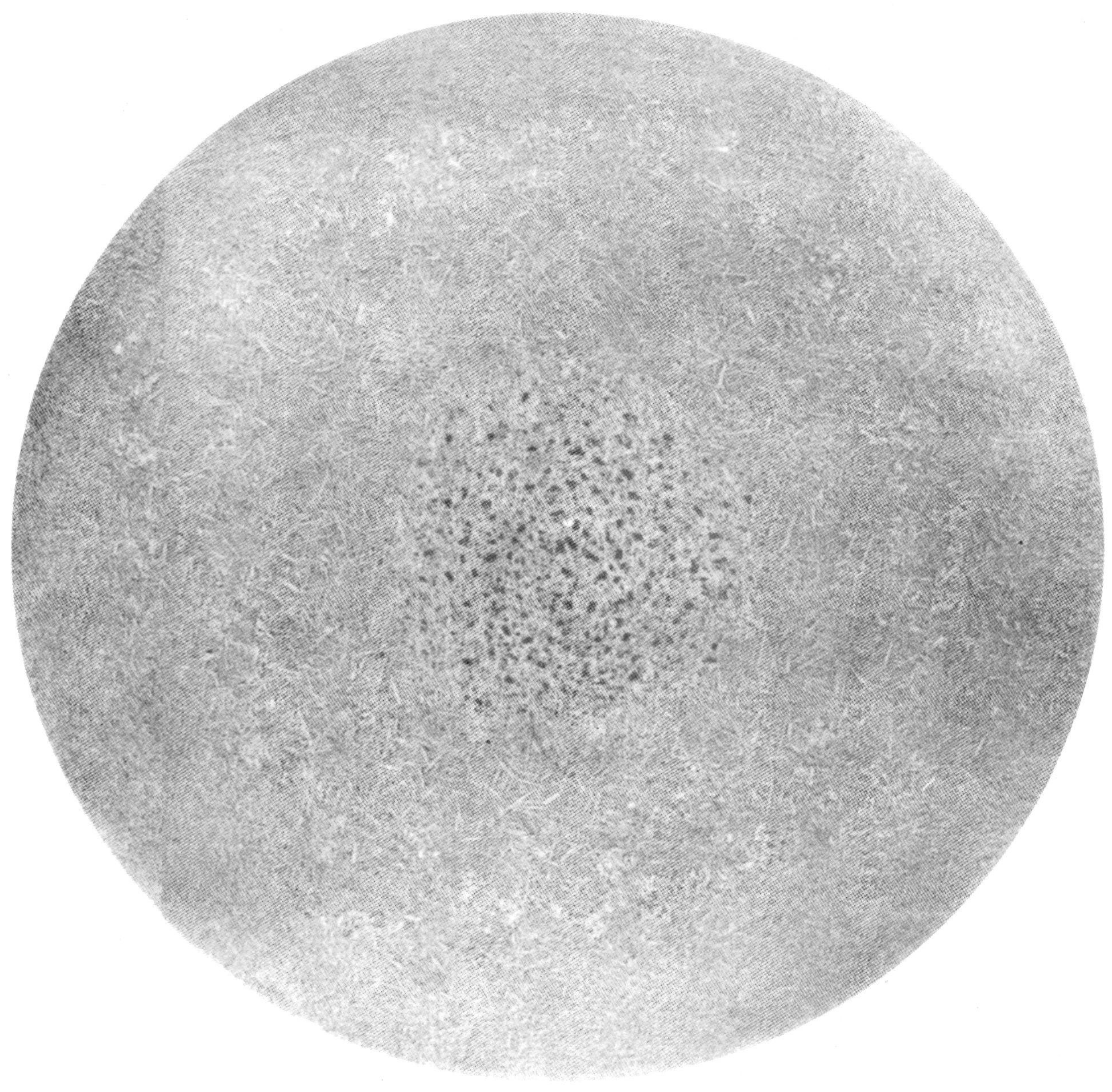

4

锭 型 偏 析

1

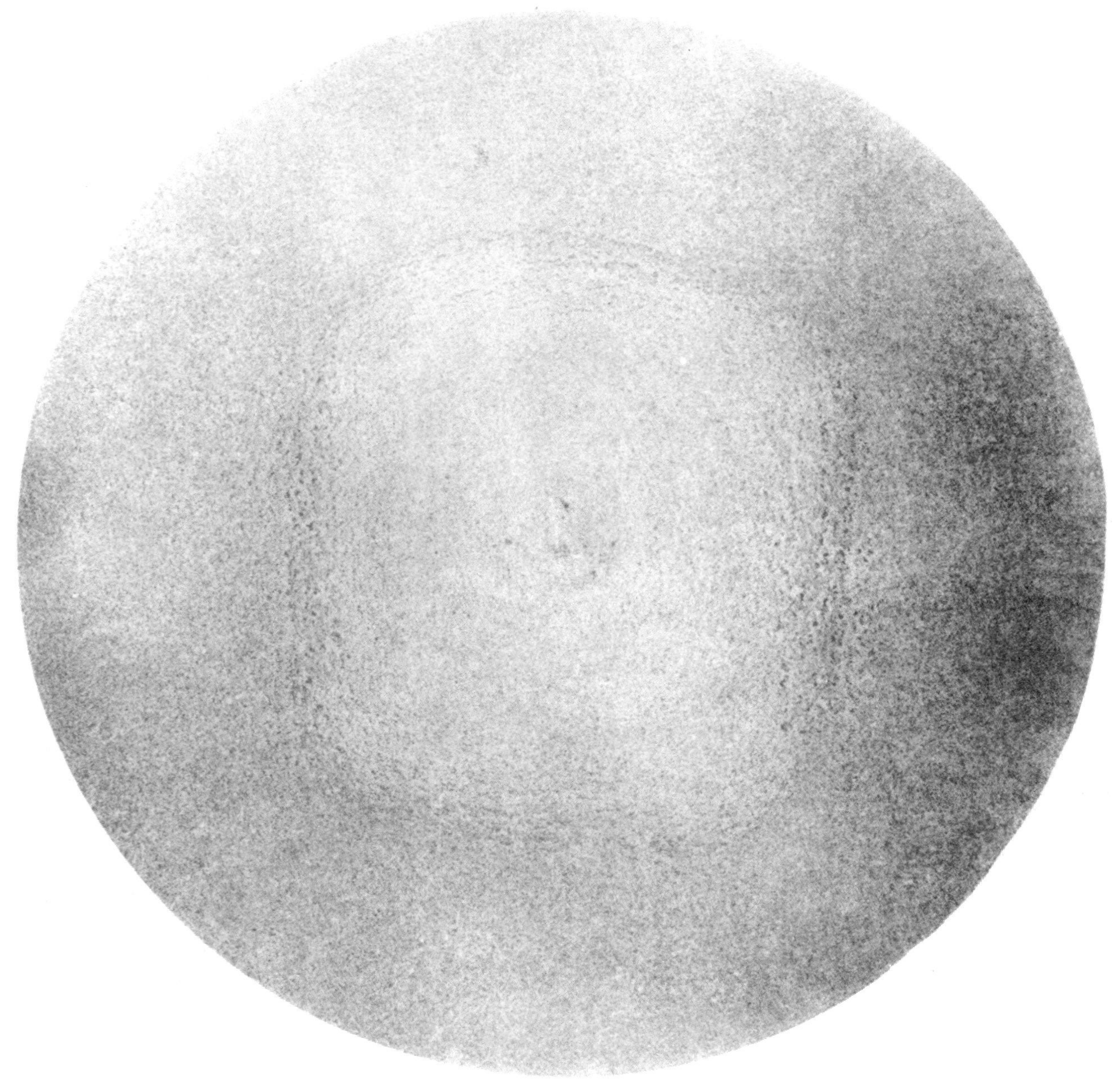

2

3

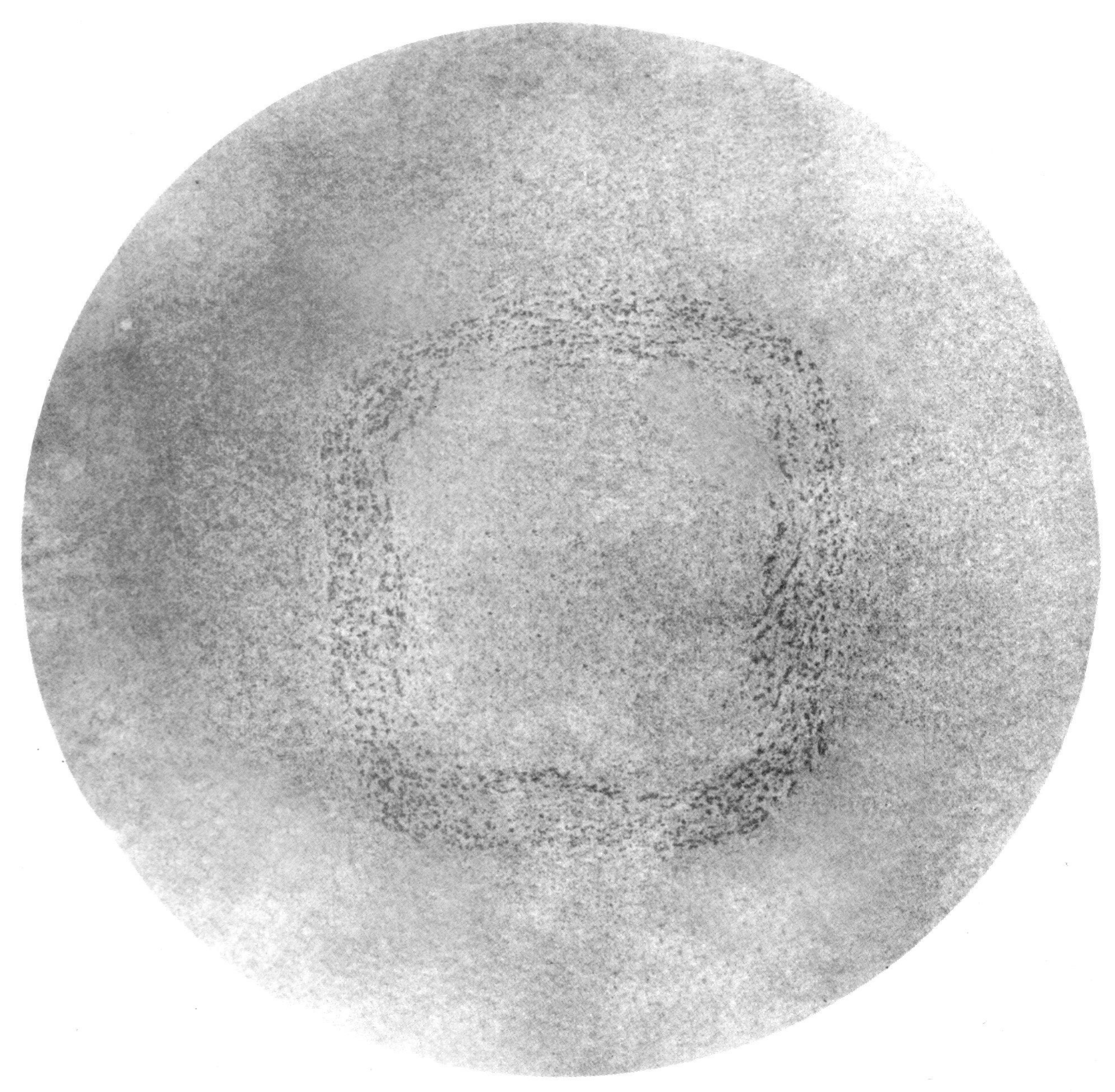

4

A.5 评级图五

连铸圆、方钢材(锻、轧坯)。

中 心 偏 析

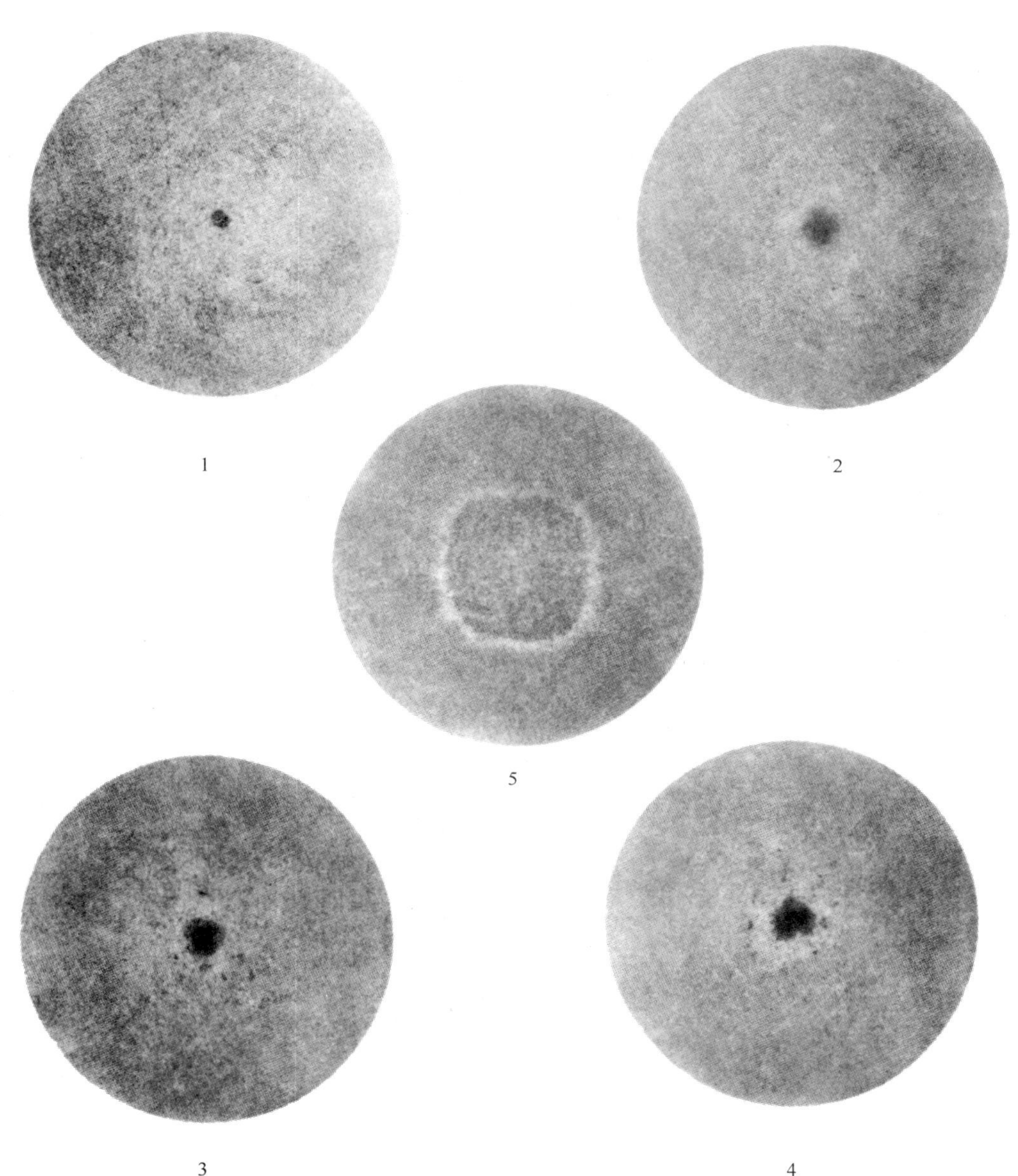

A.6 评级图六

所有规格、尺寸的钢材(锻、轧坯)。

皮下气泡

内部气泡

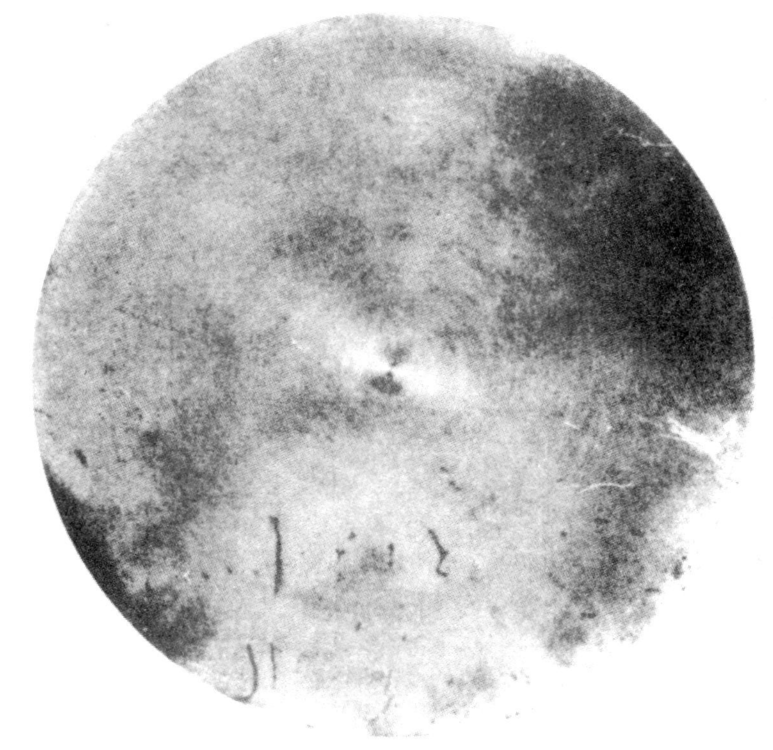

残余缩孔

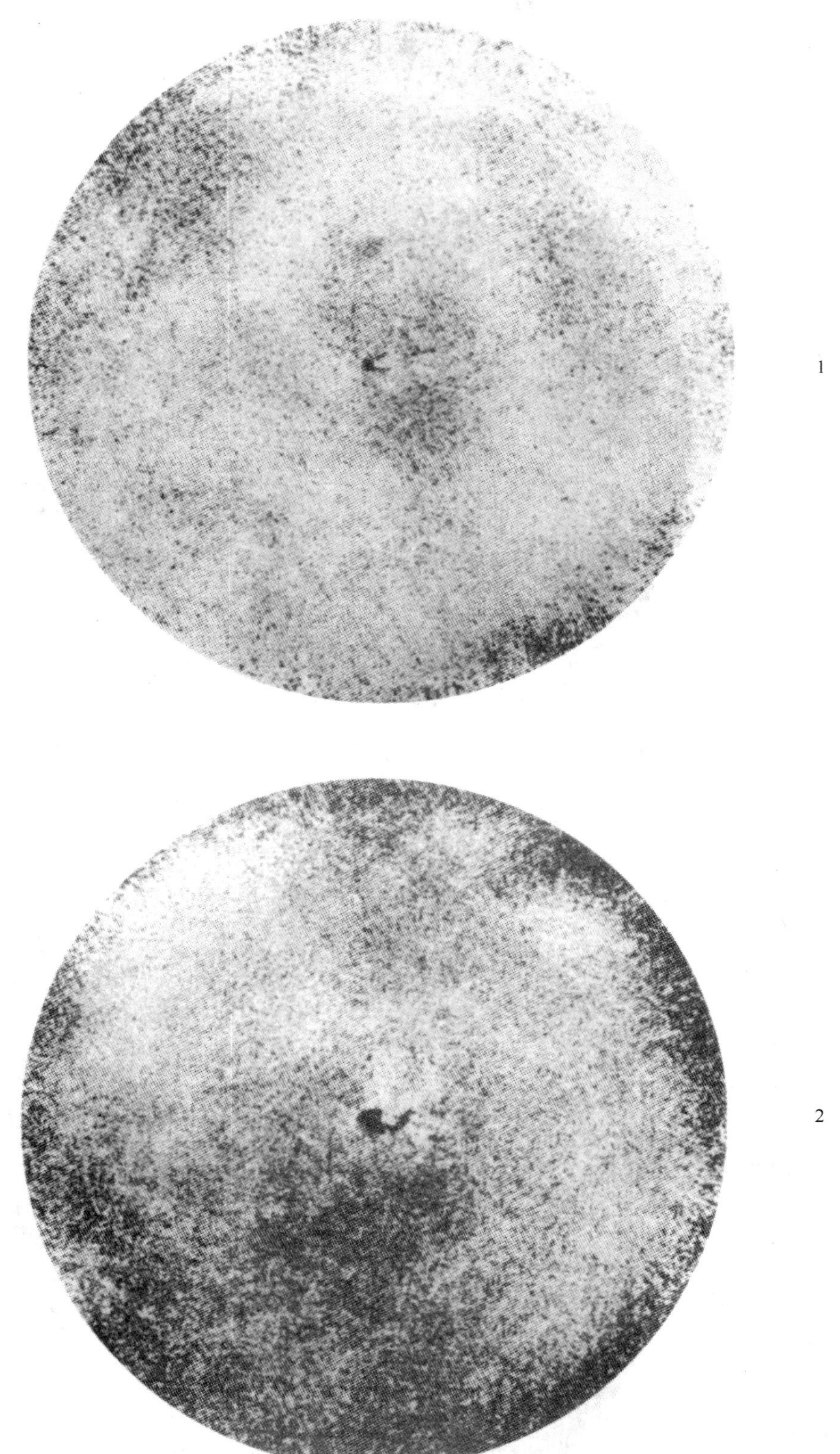

残余缩孔

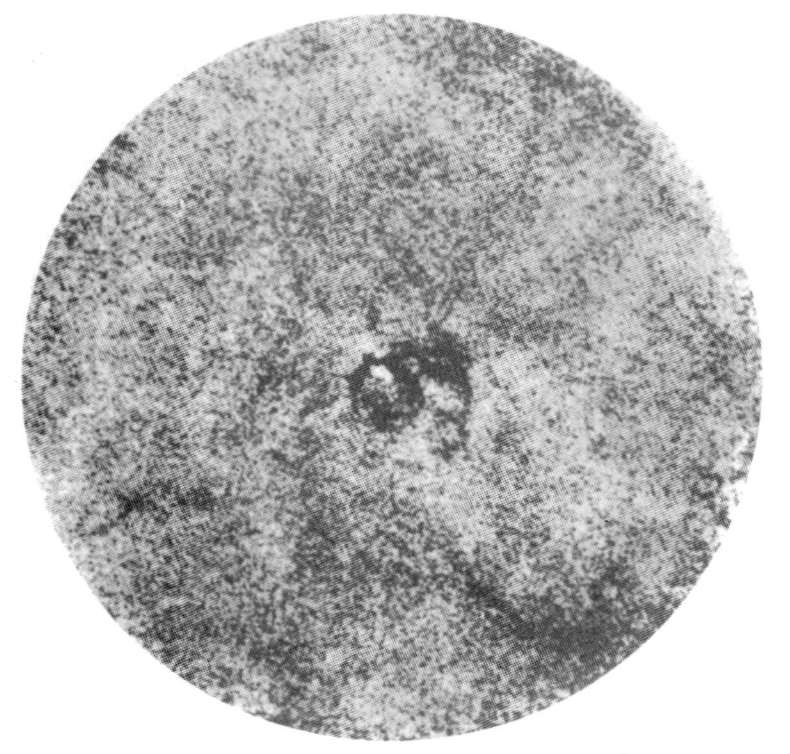

3

翻　皮

翻　皮

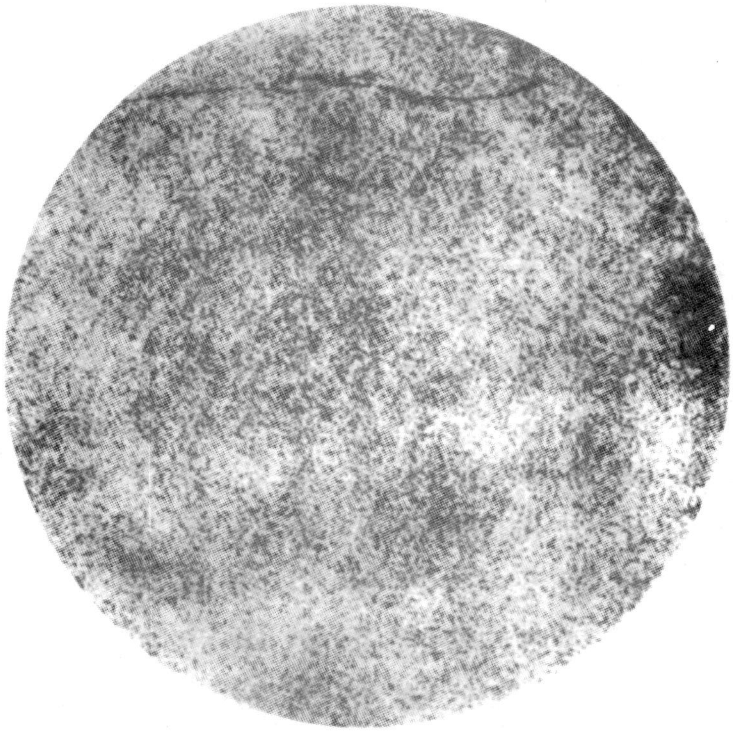

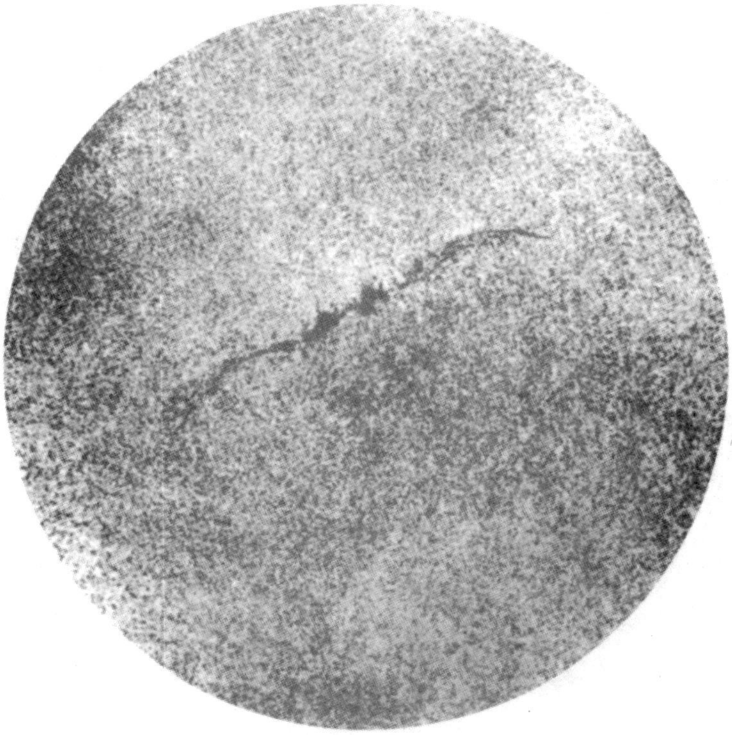

白　点

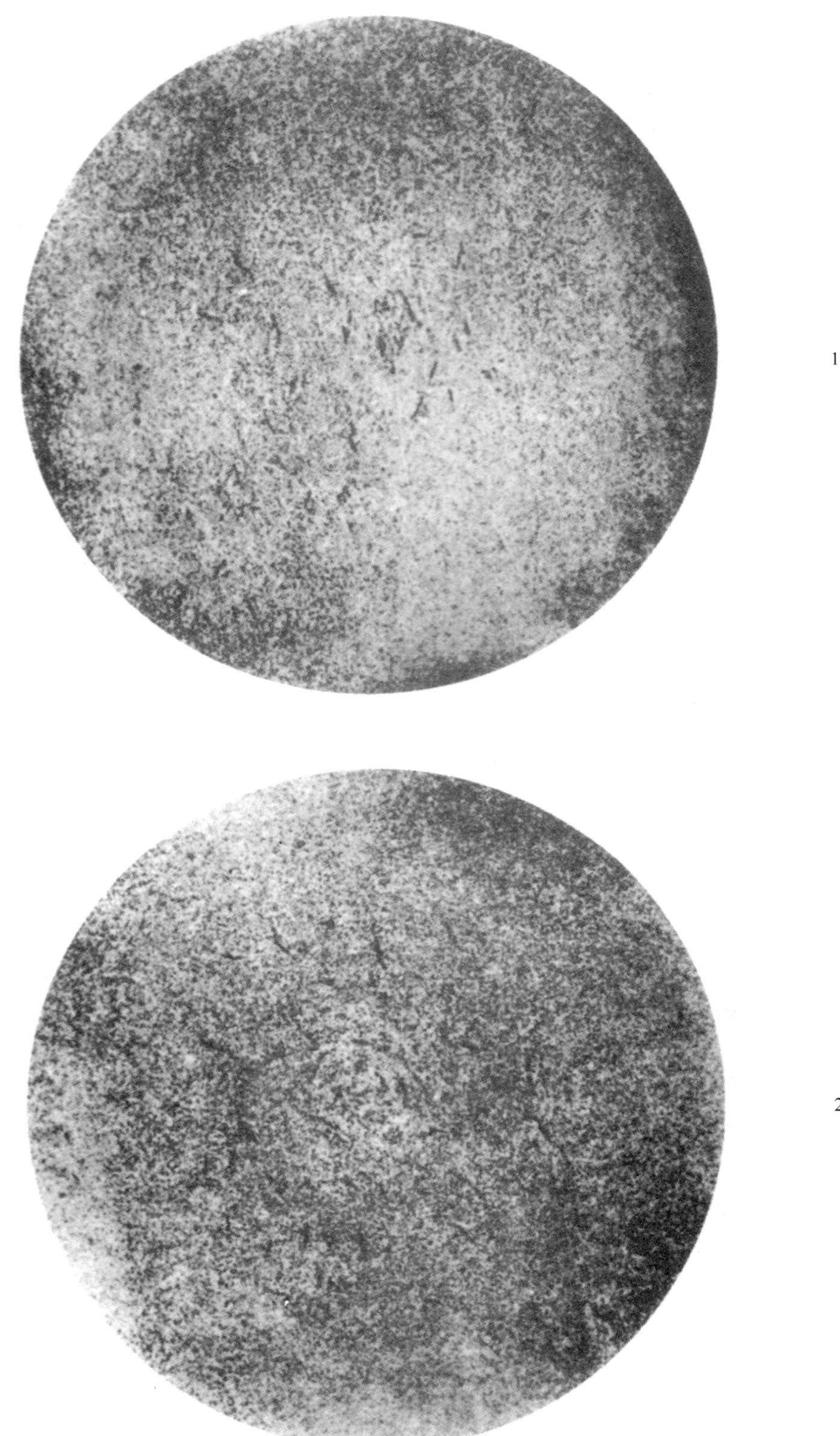

1

2

白　点

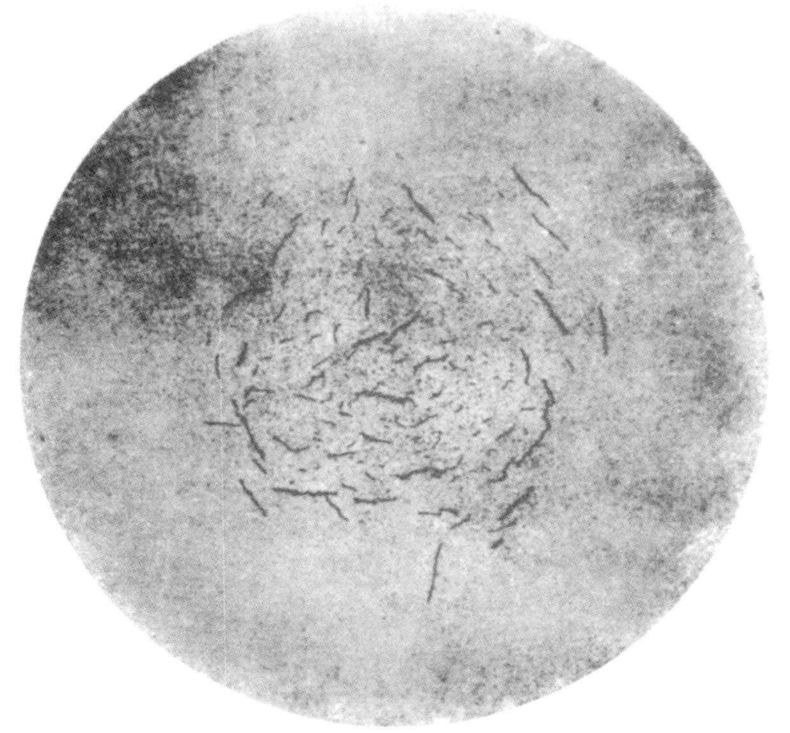

3

轴心晶间裂缝

1

轴心晶间裂缝

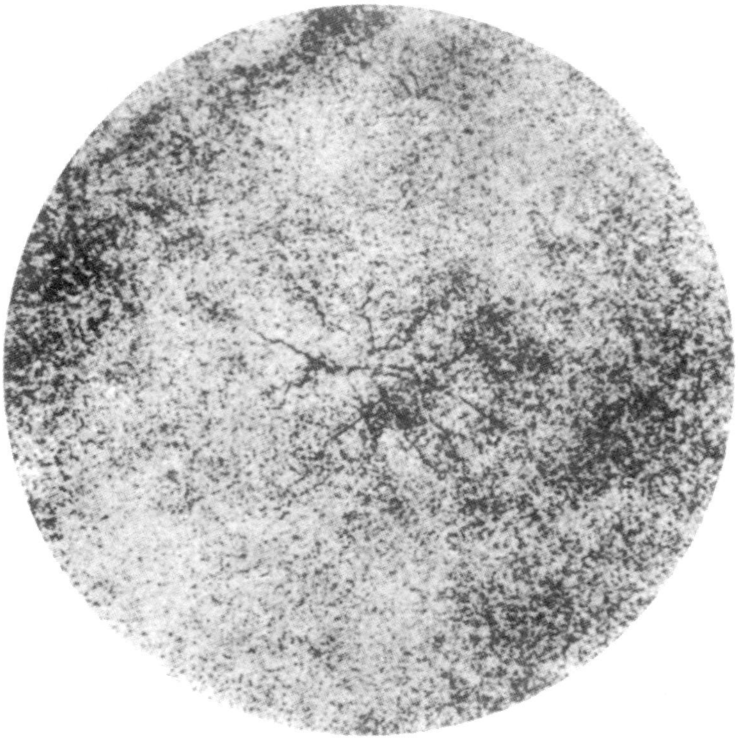

2

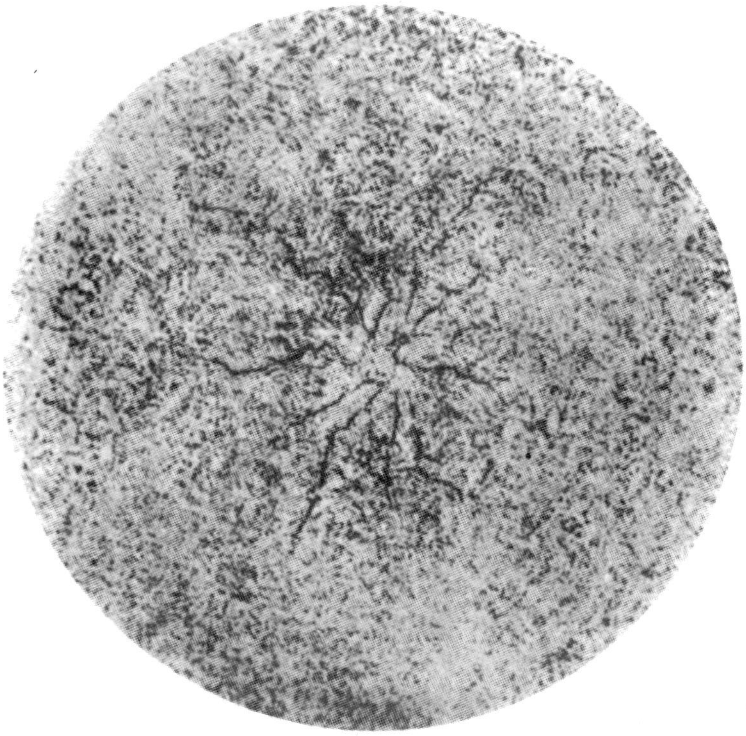

3

非金属夹杂

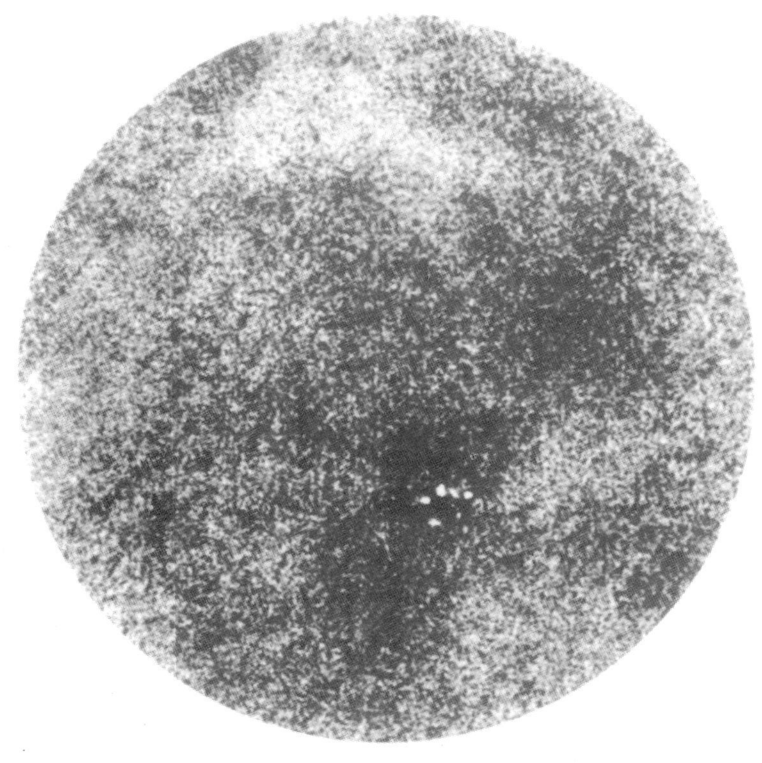

异金属夹杂

参 考 文 献

[1] ANSI/ASTM E381 钢棒、钢坯、初轧坯和锻件的宏观浸蚀检验方法
[2] ANSI/ASTM A604 自耗电极重熔的钢棒和钢坯宏观浸蚀检验方法

ICS 77.040.10
H 22

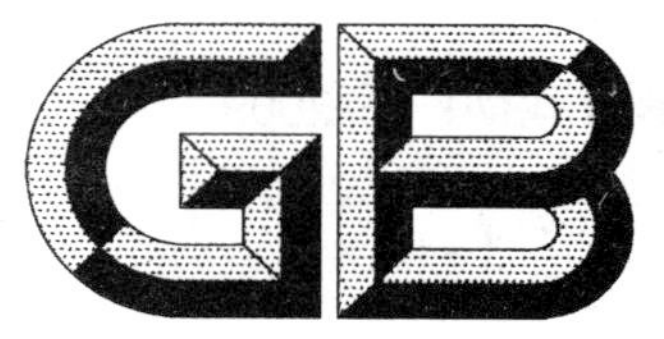

中华人民共和国国家标准

GB/T 4340.1—2009
代替 GB/T 4340.1—1999

金属材料　维氏硬度试验
第1部分:试验方法

Metallic materials—Vickers hardness test—
Part 1:Test method

(ISO 6507-1:2005,MOD)

2009-06-25 发布　　2010-04-01 实施

中华人民共和国国家质量监督检验检疫总局
中国国家标准化管理委员会　发布

目　次

前　言

GB/T 4340《金属材料　维氏硬度试验》分为如下四部分：

——第1部分：试验方法；

——第2部分：硬度计的检验与校准；

——第3部分：标准硬度块的标定；

——第4部分：维氏硬度值表。

本部分为GB/T 4340的第1部分。

本部分修改采用国际标准ISO 6507-1:2005《金属材料　维氏硬度试验　第1部分：试验方法》(英文版)。

本部分根据ISO 6507-1:2005重新起草，根据我国的实际情况，本部分在采用国际标准时进行了修改和补充。这些技术性差异用垂直单线标识在它们所涉及的条款的页边空白处。

本部分结构和技术内容与ISO 6507-1:2005基本一致，根据我国情况在以下几方面进行了修改：

——删去了国际标准的前言；

——"本国际标准"一词改为"本部分"；

——用小数点"."代替作为小数点的"，"；

——增加了对显微维氏硬度试验力的说明；

——增加了对特殊材料试验力保持时间误差的说明；

——对原ISO 6507-1:2005标准的附录D硬度值的测量不确定度进行了修改。

本部分代替GB/T 4340.1—1999《金属维氏硬度试验　第1部分：试验方法》，与原标准相比对下列内容进行了修改：

——增加了对角线在透镜下视野的要求；

——独立GB/T 4340.1—1999《金属材料　维氏硬度试验　第1部分：试验方法》中的平面维氏硬度表为《金属材料　维氏硬度试验　第4部分：硬度值表》；

——增加了对结果不确定度的说明；

——增加了资料性附录D(硬度值测量的不确定度)。

本部分的附录A、附录B为规范性附录，附录C、附录D为资料性附录。

本部分由中国钢铁工业协会提出。

本部分由全国钢标准化技术委员会归口。

本部分起草单位：钢铁研究总院、首钢总公司技术研究院、冶金工业信息标准研究院、上海材料所。

本部分起草人：李颖、石金钢、高怡斐、刘卫平、董莉、王滨。

本部分所代替标准的历次版本发布情况为：

——GB/T 4340—1984，GB/T 4340.1—1999。

金属材料　维氏硬度试验 第1部分：试验方法

1　范围

GB/T 4340的本部分规定了金属维氏硬度试验的原理、符号及说明、试验设备、试样、试验程序、结果的不确定度及试验报告。

本部分按三个试验力范围规定了测定金属维氏硬度的方法（见表1）。

表1　试验力范围

试验力范围/N	硬度符号	试验名称
$F \geqslant 49.03$	≥HV5	维氏硬度试验
$1.961 \leqslant F < 49.03$	HV0.2～<HV5	小力值维氏硬度试验
$0.09807 \leqslant F < 1.961$	HV0.01～<HV0.2	显微维氏硬度

本部分规定维氏硬度压痕对角线的长度范围为0.020mm～1.400mm。

注1：当压痕对角线小于0.020mm时，必须考虑不确定度的增加。

注2：通常试验力越小，测试结果的分散性越大，对于小力值维氏硬度和显微维氏硬度尤为明显。该分散性主要是由压痕对角线长度的测量而引起的。对于显微维氏硬度来说，对角线的测量不太可能优于±0.001mm。

特殊材料或产品的维氏硬度试验应在相关标准中规定。

2　规范性引用文件

下列文件中所包含的条款，通过在GB/T 4340本部分的引用而构成本部分的条款。凡是注日期的引用文件，其随后的修改单（不包括勘误的内容）修订版均不适用于本部分，然而，鼓励根据本部分达成协议的各方研究是否可使用这些文件的最新版本。凡是不注日期的引用文件，其最新版本适用于本部分。

GB/T 4340.2　金属维氏硬度试验　第2部分：硬度计的检验（GB/T 4340.2—1999，ISO 6507-2：1997，IDT）

GB/T 4340.3　金属维氏硬度试验　第3部分：标准硬度块的标定（GB/T 4340.3—1999，ISO 6507-3：1997，IDT）

GB/T 4340.4　金属材料　维氏硬度试验　第4部分：硬度值表（GB/T 4340.4—2009，ISO 6507-4：2005，IDT）

JJF 1059　测量不确定度评定与表示

3　原理

将顶部两相对面具有规定角度的正四棱锥体金刚石压头用一定的试验力压入试样表面，保持规定时间后，卸除试验力，测量试样表面压痕对角线长度（见图1）。

维氏硬度值与试验力除以压痕表面积的商成正比，压痕被视为具有正方形基面并与压头角度相同的理想形状。

4　符号和说明

4.1　符号及说明见表2及图1。

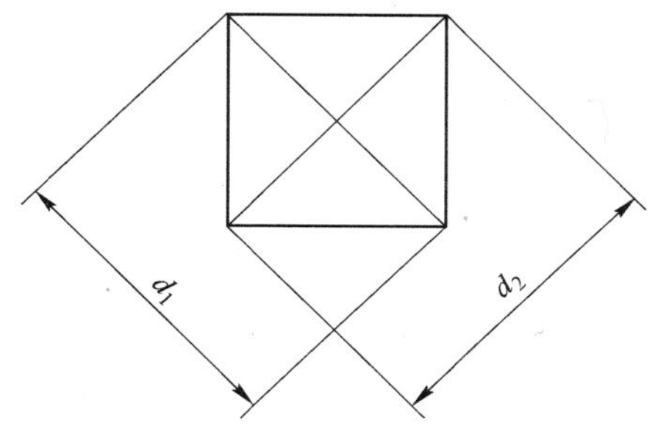

a) 维氏硬度压痕

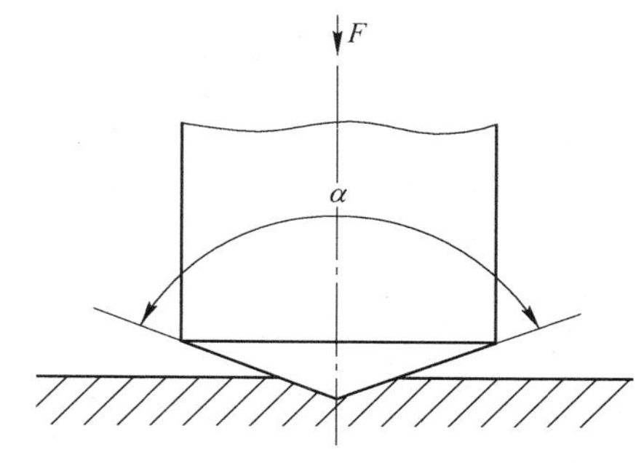

b) 压头(金刚石锥体)

图 1　试验原理

表 2　符号和说明

符　号	说　明	单　位
α	金刚石压头顶部两相对面夹角(136°)	(°)
F	试验力	N
d	两压痕对角线长度 d_1 和 d_2 的算术平均值	mm
HV	维氏硬度＝常数×$\frac{试验力}{压痕表面积}$ $=0.102\frac{2F\sin\frac{136°}{2}}{d^2}\approx0.1891\frac{F}{d^2}$	
注:常数＝$\frac{1}{g_n}=\frac{1}{9.80665}\approx0.102$		

4.2　维氏硬度用 HV 表示,符号之前为硬度值,符号之后按如下顺序排列:

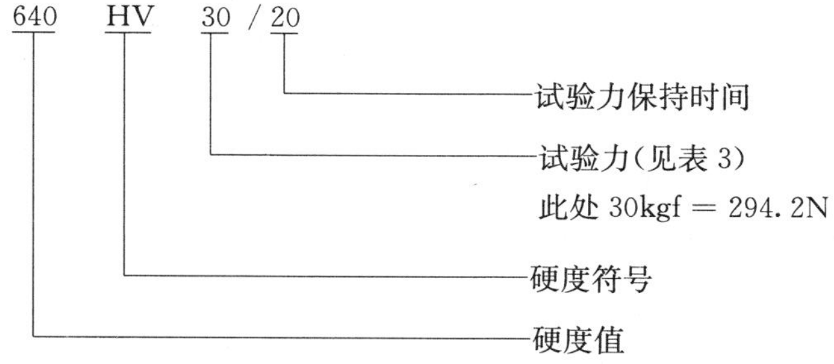

5　试验设备

5.1　硬度计

硬度计应符合 GB/T 4340.2 规定,在要求的试验力范围内施加规定的试验力。

5.2　压头

压头应是具有正方形基面的金刚石锥体,并符合 GB/T 4340.2 的规定。

5.3　维氏硬度计压痕测量装置

维氏硬度计压痕测量装置应符合 GB/T 4340.2 相应要求。

注:附录 C 给出了使用者对硬度计进行日常检查的方法。

6　试样

6.1　试样表面应平坦光滑,试验面上应无氧化皮及外来污物,尤其不应有油脂,除非在产品标准中另有规定。试样表面的质量应保证压痕对角线长度的测量精度，建议试样表面进行表面抛光处理。

6.2 制备试样时应使由于过热或冷加工等因素对试样表面硬度的影响减至最小。

6.3 由于显微维氏硬度压痕很浅，加工试样时建议根据材料特性采用抛光/电解抛光工艺。

6.4 试样或试验层厚度至少应为压痕对角线长度的 1.5 倍，见附录 A。试验后试样背面不应出现可见变形压痕。

6.5 对于在曲线试样上试验的结果，应使用附录 B 表 B.1～表 B.6 进行修正。

6.6 对于小截面或外形不规则的试样，可将试样镶嵌或使用专用试台进行试验。

7 试验程序

7.1 试验一般在 10℃～35℃室温下进行，对于温度要求严格的试验，室温应为 23℃±5℃。

7.2 应选用表 3 中示出的试验力进行试验。

注：其他的试验力也可以使用，如 HV2.5(24.52N)。

表 3 试验力

维氏硬度试验		小力值维氏硬度试验		显微维氏硬度试验	
硬度符号	试验力标称值/N	硬度符号	试验力标称值/N	硬度符号	试验力标称值/N
HV5	49.03	HV0.2	1.961	HV0.01	0.09807
HV10	98.07	HV0.3	2.942	HV0.015	0.1471
HV20	196.1	HV0.5	4.903	HV0.02	0.1961
HV30	294.2	HV1	9.807	HV0.025	0.2452
HV50	490.3	HV2	19.61	HV0.05	0.4903
HV100	980.7	HV3	29.42	HV0.1	0.9807
注：维氏硬度试验可使用大于 980.7N 的试验力。 显微维氏硬度试验的试验力为推荐值。					

7.3 试台应清洁且无其他污物(氧化皮、油脂、灰尘等)。试样应稳固地放置于钢性试台上以保证试验过程中试样不产生位移。

7.4 使压头与试样表面接触，垂直于试验面施加试验力，加力过程中不应有冲击和振动，直至将试验力施加至规定值。从加力开始至全部试验力施加完毕的时间应在 2s～8s 之间。对于小力值维氏硬度试验和显微维氏硬度试验，加力过程不能超过 10s 且压头下降速度应不大于 0.2mm/s。

对于显微维氏硬度试验，压头下降速度应在 15μm/s～70μm/s 之间。

试验力保持时间为 10s～15s。对于特殊材料试样，试验力保持时间可以延长，直至试样不再发生塑性变形，但应在硬度试验结果中注明(见 4.2 示例)且误差应在 2s 以内。在整个试验期间，硬度计应避免受到冲击和振动。

7.5 任一压痕中心到试样边缘距离，对于钢、铜及铜合金至少应为压痕对角线长度的 2.5 倍；对于轻金属、铅、锡及其合金至少应为压痕对角线长度的 3 倍。

两相邻压痕中心之间的距离，对于钢、铜及铜合金至少应为压痕对角线长度的 3 倍；对于轻金属、铅、锡及其合金至少应为压痕对角线长度的 6 倍。如果相邻压痕大小不同，应以较大压痕确定压痕间距。

7.6 应测量压痕两条对角线的长度，用其算术平均值按表 2 计算维氏硬度值，也可按 GB/T 4340.4 查出维氏硬度值。

在平面上压痕两对角线长度之差，应不超过对角线长度平均值的 5%，如果超过 5%，则应在试验报告中注明。

放大系统应能将对角线放大到视场的25%～75%。

8 结果的不确定度

如需要，一次完整的不确定度评估宜依照测量不确定度表示指南JJF 1059进行评估。对于硬度试验，可能有以下两种评定测量不确定度的方法：

——基于在直接校准中对所有出现的相关不确定度分项的评估。

——基于用标准硬度块(有证标准物质)进行间接校准。测定指导参见附录D。

9 试验报告

试验报告应包括以下内容：

a) GB/T 4340的本部分编号；

b) 与试样有关的详细描述；

c) 试验结果；

d) 不在本部分规定之内的各种操作；

e) 影响试验结果的各种细节；

f) 如果试验温度不在7.1规定范围时，应注明试验温度。

注1：仅在试验力相同的情况下，才可以对硬度值作精确比较。

注2：尚无普遍通用的方法将维氏硬度精确的换算成其他硬度和抗拉强度。因此应避免这种换算，除非通过对比试验建立换算基础。

注3：应注意材料的各向异性，例如经过严重冷加工变形的材料，在这些材料上压出的压痕，两条对角线的长度会明显不同。如有可能，应使压痕对角线方向与冷加工变形方向成45°角，应在材料产品技术条件中对压痕两对角线长度差进行限定。

注4：有迹象表明，一些材料对变形速度比较敏感，它会改变材料的屈服强度，因此压痕变形的速度对硬度值也会产生相应的影响。

附　录　A
（规范性附录）
试样最小厚度-试验力-硬度关系

如图 A.1 所示。

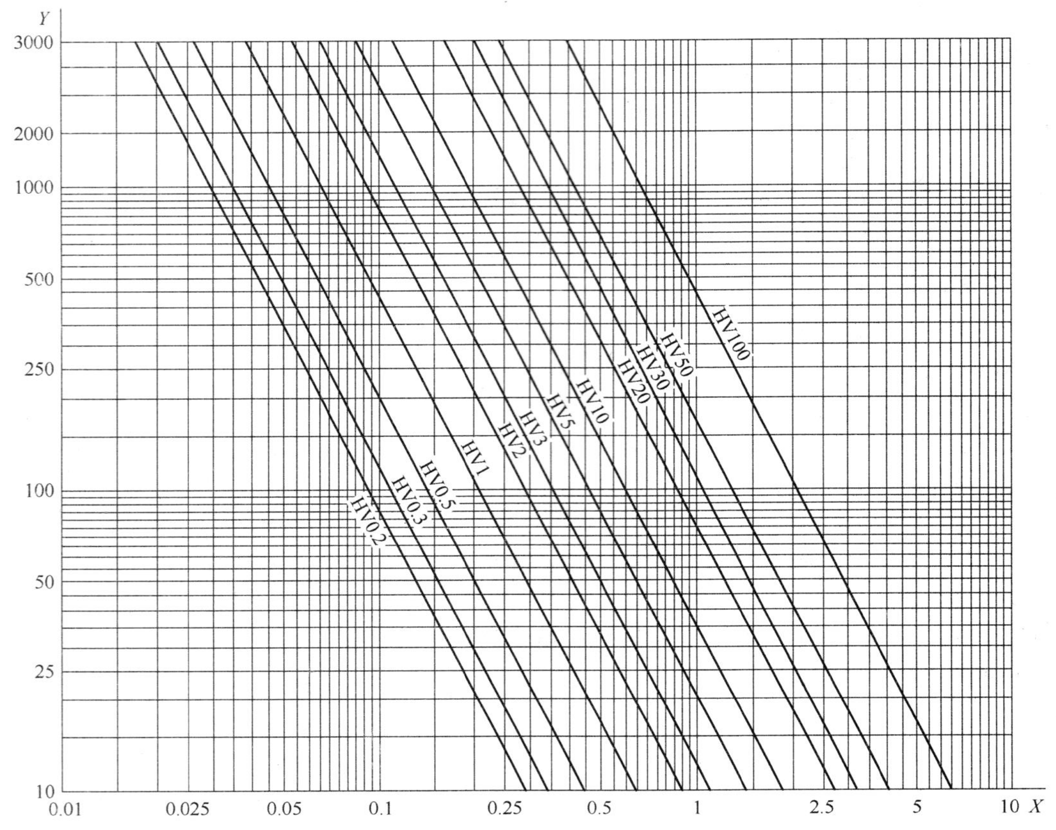

X——试样厚度，单位为毫米（mm）；
Y——硬度值，HV。

图 A.1　试样最小厚度-试验力-硬度关系图（HV0.2～HV100）

图 A.2 用于确定试样最小厚度，本图按试样最小厚度为压痕对角线长度的 1.5 倍设计。将右边标尺选定的试验力和左边标尺硬度值作一连接线，此连接线与中间标尺的交点所示的值为该条件下的试样最小厚度。

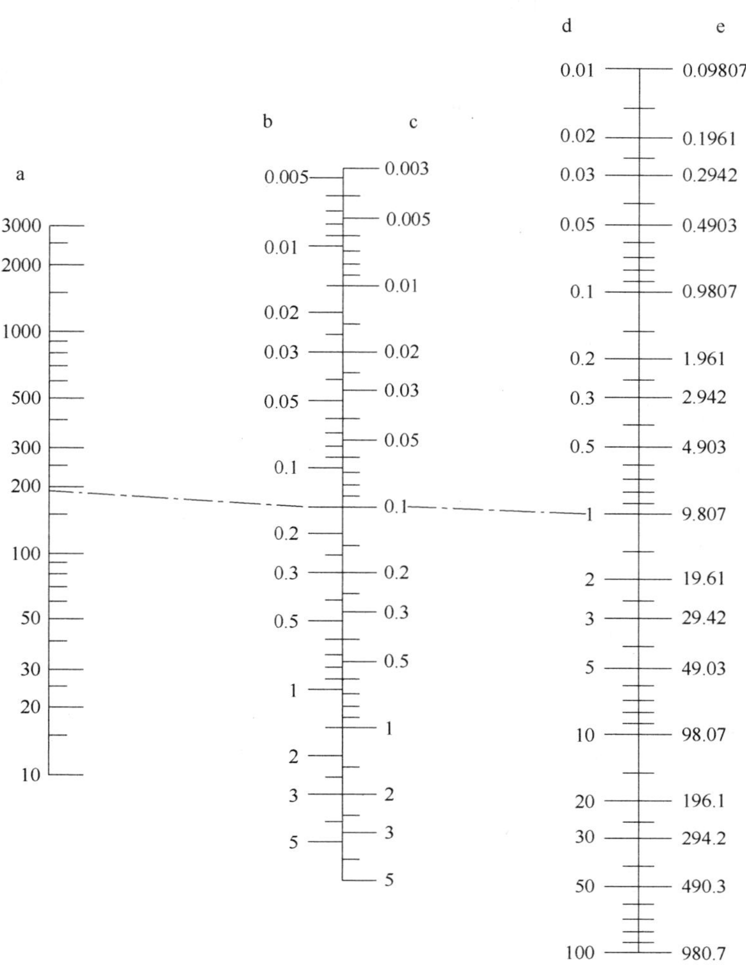

a——硬度值；

b——最小厚度，单位为毫米(mm)；

c——对角线长度 d，单位为毫米(mm)；

d——硬度符号，HV；

e——试验力 F，单位为牛顿(N)。

图 A.2　试样最小厚度图(HV0.01～HV100)

附 录 B
（规范性附录）
在曲面上进行试验时使用的修正系数表

B.1 球面

表 B.1 和表 B.2 给出了在球面上进行试验时的修正系数。

修正系数根据压痕对角线 d 的平均值与球直径 D 的比率列表。

示例：

凸球面　　$D=10\text{mm}$

试验力　　$F=98.07\text{N}$

压痕对角线平均值　$d=0.150\text{mm}$

$$\frac{d}{D}=\frac{0.150}{10}=0.015$$

维氏硬度$=0.1891\times\frac{98.07}{(0.15)^2}=824\text{HV}10$

用表 B.1 通过内插法求得修正系数＝0.983

球体硬度＝824×0.983＝810HV10

表 B.1 凸球面

d/D	修正系数	d/D	修正系数
0.004	0.995	0.086	0.920
0.009	0.990	0.093	0.915
0.013	0.985	0.100	0.910
0.018	0.980	0.107	0.905
0.023	0.975	0.114	0.900
0.028	0.970	0.122	0.895
0.033	0.965	0.130	0.890
0.038	0.960	0.139	0.885
0.043	0.955	0.147	0.880
0.049	0.950	0.156	0.875
0.055	0.945	0.165	0.870
0.061	0.940	0.175	0.865
0.067	0.935	0.185	0.860
0.073	0.930	0.195	0.855
0.079	0.925	0.206	0.850

表 B.2 凹球面

d/D	修正系数	d/D	修正系数
0.004	1.005	0.057	1.080
0.008	1.010	0.060	1.085
0.012	1.015	0.063	1.090
0.016	1.020	0.066	1.095
0.020	1.025	0.069	1.100
0.024	1.030	0.071	1.105
0.028	1.035	0.074	1.110
0.031	1.040	0.077	1.115
0.035	1.045	0.079	1.120
0.038	1.050	0.082	1.125
0.041	1.055	0.084	1.130
0.045	1.060	0.087	1.135
0.048	1.065	0.089	1.140
0.051	1.070	0.091	1.145
0.054	1.075	0.094	1.150

B.2 圆柱面

表 B.3～表 B.6 给出了在圆柱表面上进行试验时的修正系数。

修正系数根据压痕对角线 d 的平均值与圆柱直径 D 的比率列表。

示例：

凹面圆柱，压痕-对角线平行于轴线　$D=5\text{mm}$

试验力　$F=294.2\text{N}$

压痕对角线平均值　$d=0.415\text{mm}$

$$\frac{d}{D}=\frac{0.415}{5}=0.083$$

维氏硬度 $=0.1891\times\dfrac{294.2}{(0.415)^2}=323\text{HV30}$

用表 B.6 中得出修正系数＝1.075

柱面硬度＝323×1.075＝347HV30

表 B.3 凸圆柱面(一对角线与圆柱轴线呈 45°)

d/D	修正系数	d/D	修正系数
0.009	0.995	0.109	0.940
0.017	0.990	0.119	0.935
0.026	0.985	0.129	0.930
0.035	0.980	0.139	0.925
0.044	0.975	0.149	0.920
0.053	0.970	0.159	0.915
0.062	0.965	0.169	0.910
0.071	0.960	0.179	0.905
0.081	0.955	0.189	0.900
0.090	0.950	0.200	0.895
0.100	0.945		

表 B.4 凹圆柱面(一对角线与圆柱轴线呈45°)

d/D	修正系数	d/D	修正系数
0.009	1.005	0.127	1.080
0.017	1.010	0.134	1.085
0.025	1.015	0.141	1.090
0.034	1.020	0.148	1.095
0.042	1.025	0.155	1.100
0.050	1.030	0.162	1.105
0.058	1.035	0.169	1.110
0.066	1.040	0.176	1.115
0.074	1.045	0.183	1.120
0.082	1.050	0.189	1.125
0.089	1.055	0.196	1.130
0.097	1.060	0.203	1.135
0.104	1.065	0.209	1.140
0.112	1.070	0.216	1.145
0.119	1.075	0.222	1.150

表 B.5 凸圆柱面(一对角线平行于圆柱轴线)

d/D	修正系数	d/D	修正系数
0.009	0.995	0.085	0.965
0.019	0.990	0.104	0.960
0.029	0.985	0.126	0.955
0.041	0.980	0.153	0.950
0.054	0.975	0.189	0.945
0.068	0.970	0.243	0.940

表 B.6 凹圆柱面(一对角线平行于圆柱轴线)

d/D	修正系数	d/D	修正系数
0.008	1.005	0.087	1.080
0.016	1.010	0.090	1.085
0.023	1.105	0.093	1.090
0.030	1.020	0.097	1.095
0.036	1.025	0.100	1.100
0.042	1.030	0.103	1.105
0.048	1.035	0.105	1.110
0.053	1.040	0.108	1.115
0.058	1.045	0.111	1.120
0.063	1.050	0.113	1.125
0.067	1.055	0.116	1.130
0.071	1.060	0.118	1.135
0.076	1.065	0.120	1.140
0.079	1.070	0.123	1.145
0.083	1.075	0.125	1.150

附　录　C
（资料性附录）
使用者对硬度计的日常检查

使用者应在当天使用硬度计之前，对其使用的硬度标尺或范围进行检查。

日常检查之前，（对于每个范围/标尺和硬度水平）应使用依照 GB/T 4340.3 标定过的标准硬度块上的标准压痕进行压痕测量装置的间接检验。压痕测量值应与标准硬度块证书上的标准值相差在 GB/T 4340.2 给出的最大允许误差以内。如果测量装置不能满足上述要求，应采取相应措施。

日常检查应在按照 GB/T 4340.3 标定的标准硬度块上至少打一个压痕。如果测量的硬度（平均）值与标准硬度块标准值的差值在 GB/T 4340.2 中给出的允许误差之内，则硬度计被认为是满意的。如果超出，应立即进行间接检验。

所测数据应当保存一段时间，以便监测硬度计的再现性和测量设备的稳定性。

附　录　D
（资料性附录）
硬度值测量的不确定度

D.1　通常要求

本附录定义的不确定度只考虑硬度计与标准硬度块(CRM)相关测量的不确定度。这些不确定度反映了所有分量不确定度的组合影响(间接检定)。由于本方法要求硬度计的各个独立部件均在其允许偏差范围内正常工作,故强烈建议在硬度计通过直接检定一年内采用本方法计算。

图 D.1 显示用于定义和区分各硬度标尺的四级的计量朔源链的结构图。朔源链起始于用于定义国际比对的各硬度标尺的国际基准。一定数量的国家基准——基础标准硬度计“定值”校准实验室用基础参考硬度块。当然,基础标准硬度计应当在尽可能高的准确度下进行直接标定和校准。

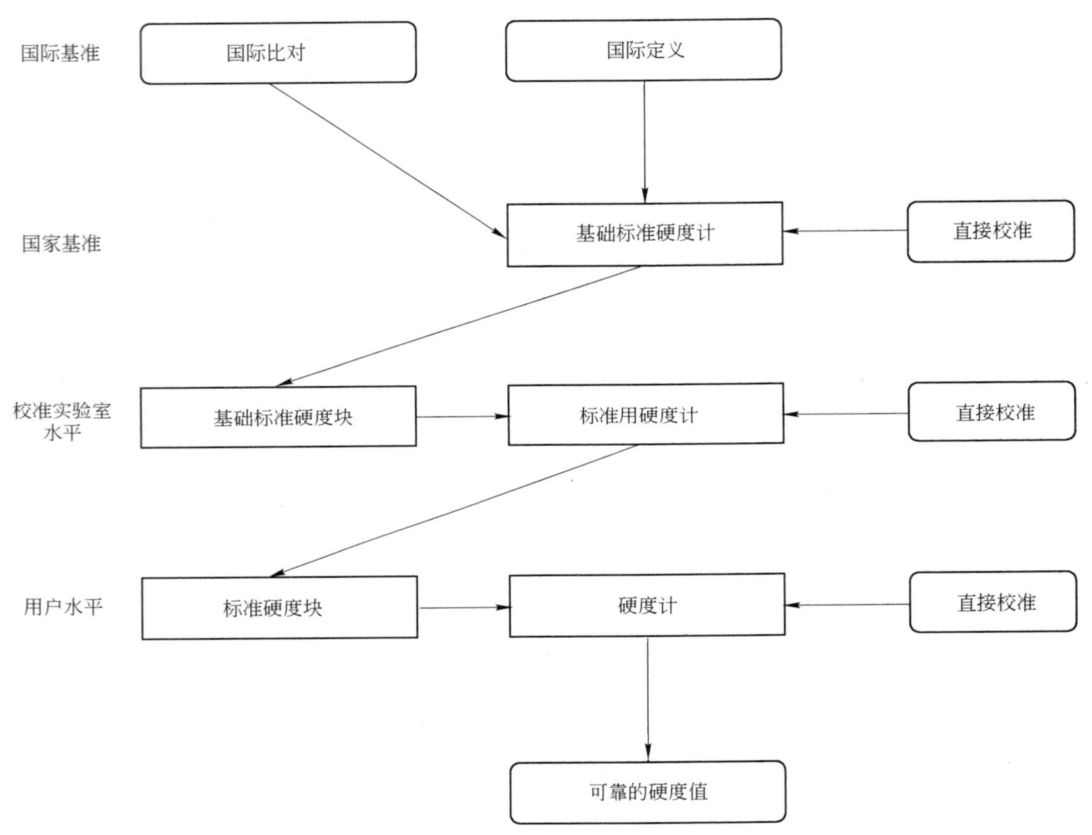

图 D.1　硬度标尺的定义和量值传递图

D.2　通常程序

本程序用平方根求和的方法(RSS)合成 u_1(各不确定度分项见表 D.1)。扩展不确定度 U 是 u_1 和包含因子 $k(k=2)$的乘积。表 D.1 给出了全部的符号和定义。

D.3　硬度计的偏差

硬度计的偏差 b 起源于下面两部分之间的差异:

——校准硬度计的五个硬度压痕的平均值；

——标准硬度块的标准值。

可以用不同的方法确定不确定度。

D.4 计算不确定度的步骤:硬度测量值

注:CRM(Certified Reference Material)是由标准硬度计标定的标准硬度块。

D.4.1 考虑硬度计最大允许误差的方法(方法 1)

方法 1 是一种简单的方法,它不考虑硬度计的系统误差,即是一种按照硬度计最大允许误差考虑的方法。

测定扩展不确定度 U(见表 D.1)

$$U = k \cdot \sqrt{u_E^2 + u_{CRM}^2 + u_{\overline{H}}^2 + u_x^2 + u_{ms}^2} \qquad \text{(D.1)}$$

测量结果:

$$X = \overline{x} \pm U \qquad \text{(D.2)}$$

D.4.2 考虑硬度计系统误差的方法(方法 2)

除去方法 1,也可以选择方法 2。方法 2 是与控制流程相关的方法,可以获得较小的不确定度。

$$U = k \cdot \sqrt{u_x^2 + u_{\overline{H}}^2 + u_{CRM}^2 + u_{ms}^2 + u_b^2} \qquad \text{(D.3)}$$

测量结果:

$$X = \overline{x} \pm U \qquad \text{(D.4)}$$

D.5 硬度测量结果的表示

表示测量结果时应注明使用的是哪种方法。通常用方法 1(D.4.1)测量不确定度(见表 D.1,第 11 步)。

表示测量结果时应注明不确定度的表示方法。通常用方法 1 表达测量不确定度。

表 D.1　扩展不确定度的说明

方法步骤	不确定度来源	符号	公　式	依　据	例：[…]=HV1
1 方法 1 方法 2	测量一个试样的平均值及其标准偏差	$\overline{x}$ s_x	$\overline{x}=\frac{\sum_{i=1}^{n}x_i}{n}$ $s_x=\frac{R}{C}$	测量结果的标准偏差 采用极差法计算 当 $n=5$ 时极差系数 $C=2.33$	测量值 376,377,376,378,376 $\overline{x}=376.6$ $s_x=\frac{2.0}{2.33}=0.86$
2 方法 1 方法 2	对试样测量重复性的标准不确定度	u_x	$u_x=s_x$	评定单次测量的标准不确定度	$u_x=0.86$
3 方法 1 方法 2	用标准硬度块检定的平均值和标准偏差	$\overline{H}$ s_H	$\overline{H}=\frac{\sum_{i=1}^{n}H_i}{n}$ $s_H=\frac{R}{C}$	检定结果的标准偏差 采用极差法计算 当 $n=5$ 时极差系数 $C=2.33$	377,376,377,377,377 $\overline{H}=376.8$ $s_H=\frac{1.0}{2.33}=0.43$
4 方法 1 方法 2	用标准硬度块检定的平均值的标准不确定度	$u_{\overline{H}}$	$u_{\overline{H}}=s_H/\sqrt{n}$	评定 5 次平均值的标准不确定度 $n=5$	$u_H=\frac{0.43}{\sqrt{5}}=0.19$
5 方法 1 方法 2	标准硬度块的标准不确定度	u_{CRM}	$HV=0.102\times\frac{2F\sin\left(\frac{136^\circ}{2}\right)}{d^2}$ $u_{rel}(HV)=2\cdot u_{rel}(\overline{d})$ $u_{CRM(\overline{d})}=\frac{r_{rel}}{2.83}$	标准硬度块不均匀性最大允许值见 GB/T 4340.3HV>225 时，压痕 $r_{rel}=2.0\%$	$u_{CRM}=\left\vert 376\times\frac{2.0\%}{2.83}\times 2\right\vert=5.31$
6 方法 1	最大允许误差下的标准不确定度	u_E	$u_E=\frac{E_{rel}}{\sqrt{3}}\cdot\overline{x}$	允许误差 E_{rel} 见 GB/T 4340.2 376HV1 硬度下 $E_{rel}=\pm 4\%$	$u_E=\frac{0.04}{\sqrt{3}}\cdot 376.6=8.70$

表 D.1(续)

方法步骤	不确定度来源	符号	公式	依据	例：[…]=HV1
7 方法 1 方法 2	压痕测量分辨力的标准不确定度	u_{ms}	$\mathrm{HV}=0.102\times\frac{2F\sin\left(\frac{136^\circ}{2}\right)}{d^2}$ $u_{rel}(\mathrm{HV})=2\cdot u_{rel}(d)$ $u_{rel(d)}=\frac{\delta_{ms}}{2\sqrt{3}}$	根据 GB/T 4340.2 压痕 0.040mm<d≤0.200mm 时，测量装置分辨力±0.5%d	$u_{ms}=2\times376.6\times\frac{0.5\%}{2\sqrt{3}}=1.08$
8 方法 2	硬度计校准值与硬度块标准值差	b	$b=\overline{H}-H_{CRM}$	第 2 步和第 3 步	b=376.8−376=0.8
9 方法 2	硬度计系统误差带来的不确定度	u_b	$u_b=\lvert b\rvert$	第 8 步	$u_b=0.8$
10 方法 1	扩展不确定度的评定	U	$U=k\cdot\sqrt{u_E^2+u_{CRM}^2+u_H^2+u_x^2+u_{ms}^2}$	第 1 步到第 7 步 k=2	$U=2\cdot\sqrt{8.70^2+5.31^2+0.19^2+0.86^2+1.08^2}$ $U=20.6HV$
11 方法 1	测量结果	X	$X=\overline{x}\pm U$	第 1 步和第 10 步	$X=(376.6\pm20.6)HV$(方法 1)
12 方法 2	扩展不确定度的评定	U	$U=k\cdot\sqrt{u_x^2+u_H^2+u_{CRM}^2+u_{ms}^2+u_b^2}$	第 1 步到第 5 步 第 7 步到第 9 步	$U=2\times\sqrt{0.86^2+0.19^2+5.31^2+1.08^2+0.8^2}$ $U=11.1HV$
13 方法 2	测量结果	X	$X=\overline{x}\pm U$	第 1 步和第 12 步	$X=(376.6\pm11.1)HV$(方法 2)

ICS 77.040.10
H 22

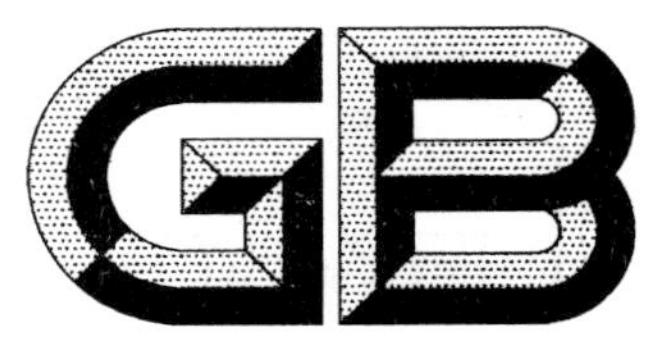

中华人民共和国国家标准

GB/T 4341—2001

金属肖氏硬度试验方法

Metallic materials—Shore hardness test

2001-12-17 发布　　　　2002-05-01 实施

中华人民共和国国家质量监督检验检疫总局　发布

前　言

本标准是在 GB/T 4341—1984《金属肖氏硬度试验方法》的基础上修订的。本标准等效采用日本标准 JIS Z 2246—1992《金属肖氏硬度试验方法》。

本标准在适用范围、原理、符号、试样、试验方法内容上均与 JIS Z 2246 相同，其中仅在对试样规定方面有两点较 JIS 2246 详细：

——对于曲面试样，规定曲率半径不应小于 32mm；

——对于试样的厚度，规定一般应在 10mm 以上。

修订的标准与原标准比较有如下变化：

——增加了第 2 条引用标准；

——试样表面光洁度改为用表面粗糙度参数 Ra 表示；

——将原标准中“试样两相邻压痕中心距离应不小于 2mm”改为“试样两相邻压痕中心距离应不小于 1mm”；

——增加了第 8 条：试验报告。

本标准自实施之日起，代替 GB/T 4341—1984《金属肖氏硬度试验方法》。

本标准由原国家冶金工业局提出。

本标准由全国钢标准化技术委员会归口。

本标准起草单位：钢铁研究总院。

本标准起草人：李久林、梁新邦。

本标准于 1984 年 4 月 9 日首次发布。

中华人民共和国国家标准

金属肖氏硬度试验方法

Metallic materials—Shore hardness test

GB/T 4341—2001

代替 GB/T 4341—1984

1 范围

本标准规定了金属肖氏硬度试验方法的原理、符号及说明、硬度计、试样、试验方法和试验报告。

本标准规定的肖氏硬度试验范围为 5HS～105HS。

2 引用标准

下列标准所包含的条文，通过在本标准中引用而构成为本标准的条文。本标准出版时，所示版本均为有效。所有标准都会被修订，使用本标准的各方应探讨使用下列标准最新版本的可能性。

GB/T 8170—1987 数值修约规则

JJG 346—91 肖氏硬度计检定规程

JB/T 8284—1999 D 型肖氏硬度计 技术条件

3 原理

将规定形状的金刚石冲头从固定的高度 h_0 落在试样表面上，冲头弹起一定高度 h，用 h 与 h_0 的比值计算肖氏硬度值。

$$\mathrm{HS} = K\frac{h}{h_0}$$

式中：HS——肖氏硬度；

K——肖氏硬度系数。

4 符号及说明

肖氏硬度符号为 HS，HS 后面的符号表示硬度计类型。

例 1：25HSC 表示用 C 型(目测型)肖氏硬度计测定的肖氏硬度值为 25。

例 2：51HSD 表示用 D 型(指示型)肖氏硬度计测定的肖氏硬度值为 51。

5 硬度计

5.1 肖氏硬度计的主要技术参数见表 1。

表 1 肖氏硬度计的主要技术参数

项 目	C 型	D 型
冲头的质量/g	2.5	36.2
冲头的落下高度/mm	254	19
冲头顶端球面半径/mm	1	1
冲头的反弹比和肖氏硬度值的关系	$\mathrm{HSC} = \frac{10^4}{65} \times \frac{h}{h_0}$	$\mathrm{HSD} = 140 \times \frac{h}{h_0}$

中华人民共和国国家质量监督检验检疫总局 2001-12-17 批准 2002-05-01 实施

5.2 肖氏硬度计的其他技术指标应符合 JB/T 8284 的规定。

6 试样

6.1 试样的试验面一般为平面，对于曲面试样，其试验面的曲率半径不应小于 32mm。

6.2 试样的质量应至少在 0.1kg 以上。

6.3 试样应有足够的厚度，以保证测量的硬度值不受试台硬度的影响。试样的厚度一般应在 10mm 以上。

6.4 试样的试验面积应尽可能大，并应符合 7.7 条的要求。

6.5 对于肖氏硬度小于 50HS 的试样，表面粗糙度参数 *Ra* 应不大于 1.6μm；肖氏硬度大于 50HS 时，表面粗糙度参数 *Ra* 应不大于 0.8μm。

6.6 试样的表面应无氧化皮及外来污物，尤其不应有油脂。

6.7 试样不应带有磁性。

7 试验方法

7.1 试验一般在 10℃～35℃温度下进行，对温度要求严格的试验，应在 23℃±5℃之内进行。对于温度变化敏感的材料，应在材料标准中规定试验温度。

7.2 试验前，应使用与试样硬度值接近的肖氏硬度标准块按 JJG 346 对硬度计进行检验。

7.3 试验时，试样应稳固地放置在机架的试台上。由于试样的形状、尺寸、质量等关系，需将测量筒从机架上取下，以手持或安放在特殊形状的支架上使用。试验结果应注明手持测量或支架测量。

7.4 硬度计应安置在稳固的基础上，试验时测量筒应保持垂直状态。试验面应与冲头作用方向垂直。按 7.3 条手持测量筒时，要特别注意保持垂直状态。

7.5 测量硬度时，试样在试台上受到的压力约为 200N(20kgf)。试样质量在 20kg 以上，手持测量筒或在特殊形状的支架上进行试验时，对测量筒的压力应以测量筒在试样上保持稳定为宜。

7.6 对于 D 型肖氏硬度计，操作鼓轮的回转时间约为 1s，复位时的操作以手动缓慢进行。对于 C 型肖氏硬度计，读取冲头反弹最高位置时的瞬间读数，要求操作者熟练。

7.7 试样两相邻压痕中心距离不应小于 1mm，压痕中心距试样边缘的距离不应小于 4mm。

7.8 严禁硬度计的冲头对试台冲击。

7.9 肖氏硬度值的读数应精确至 0.5HS；以连续 5 次有效读数的平均值作为一个肖氏硬度测量值，其平均值按 GB/T 8170 修约至整数。

8 试验报告

试验报告应包括如下内容：

a) 本国家标准编号；

b) 与试验有关的详细资料；

c) 试验结果；

d) 影响试验结果的各种细节。

ICS 25.200
J 36

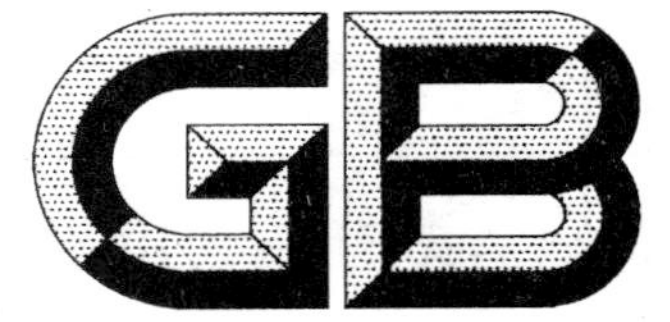

中华人民共和国国家标准

GB/T 5617—2005
代替 GB/T 5617—1985

钢的感应淬火或火焰淬火后有效硬化层深度的测定

Determination of effective depth of hardening after induction or flame hardening of steel

(ISO 3754:1976,NEQ)

2005-07-21 发布　　2006-01-01 实施

中华人民共和国国家质量监督检验检疫总局
中国国家标准化管理委员会　发布

前　言

本标准与ISO 3754:1976《钢　火焰淬火或感应淬火后有效硬化层深度的测定》的一致性程度为非等效。

本标准根据ISO 3754:1976重新起草。

本标准是对GB/T 5617—1985《钢的感应淬火或火焰淬火后有效硬化层深度的测定》的修订。

根据GB/T 1.1—2000《标准化工作导则　第1部分:标准的结构和编号规则》的要求,本标准在结构、编排格式、文字表述作了相应修改。如:

——封面上添加了采用国际标准的代号及采用程度;

——增加了前言;

——将不应在“范围”、“术语和定义”中出现的内容调整到“一般规定”中;

——将“主题内容和适用范围”改为“范围”,增加了“规范性引用文件”、“术语”及“英文词条”;

——对部分条款作了文字性修改。

鉴于在贯彻执行GB/T 5617—1985《钢的感应淬火或火焰淬火后有效硬化层深度的测定》的实践中,许多企业运用校核法。该方法不仅简便、实用,而且有利于提高有效硬化层深度测定的准确性,为此这次修订增加了有关校核的条款。

本标准由中国机械工业联合会提出。

本标准由全国热处理标准化技术委员会归口。

本标准主要起草单位:上海材料研究所、上海乾通汽车附件有限公司。

本标准主要起草人:高余顺、董蕙明。

本标准所代替标准的历次版本发布情况为:

——GB/T 5617—1985。

钢的感应淬火或火焰淬火后有效硬化层深度的测定

1 范围

本标准规定了钢制零件经过感应淬火或火焰淬火后有效硬化层深度的(DS)的含义及其测定方法。

本标准适用于感应淬火或火焰淬火后有效硬化层深度大于0.3mm的零件。

2 规范性引用文件

下列文件中的条款通过本标准的引用而成为本标准的条款。凡是注日期的引用文件,其随后所有的修改单(不包括勘误的内容)或修订版均不适用于本标准,然而,鼓励根据本标准达成协议的各方研究是否可使用这些文件的最新版本。凡是不注日期的引用文件,其最新版本适用于本标准。

GB/T 230.1—2004 金属洛氏硬度试验 第1部分:试验方法(A、B、C、D、E、F、G、H、K、N、T标尺)(ISO 6508-1:1999,MOD)

GB/T 4340.1—1999 金属维氏硬度试验 第1部分:试验方法

GB/T 7232—1999 金属热处理工艺术语

GB/T 9450—2005 钢件渗碳淬火硬化层深度的测定和校核(ISO 2639:2002,MOD)

GB/T 18449.1—2001 金属努氏硬度试验 第1部分:试验方法

3 术语和定义

GB/T 7232确立的以及下列术语和定义适用于本标准。

极限硬度 limiting hardness

一般为零件表面所需求的最低硬度(HV)的0.8倍。如下式所示:

$$HV_{HL} = 0.8 \times HV_{MS} \quad (1)$$

式中:

HV_{HL}——极限硬度;

HV_{MS}——零件表面所要求的最低硬度。

注:经有关各方协议,可采用其他极限硬度值,也可按GB/T 230.1—2004规定测定(前提是要规定极限硬度值)。

4 一般规定

4.1 感应淬火或火焰淬火后有效硬化层深度用“DS”表示,单位为mm。表达方式见示例。

示例:有效硬化层为0.5mm,可写成DS=0.5mm。

4.2 感应淬火或火焰淬火后的零件,在距离表面三倍于有效硬化层深度(DS)处的硬度,应低于极限硬度HV_{HL}减去100。有争议时,经各方协议,可采用较高的极限硬度值测定有效硬化层深度。

4.3 感应淬火或火焰淬火后有效硬化层的硬度测定采用负荷为9.8N(1kgf)。按有关各方协议,也可采用4.9N(0.5kgf)~49N(5kgf)的负荷和其他极限硬度值,应在字母后面标注(见示例)。

示例:选定负荷为4.9N(0.5kgf),极限硬度值采用零件所要求的最低表面硬度值的0.9倍,测得有效硬化层深度为0.6mm,可写成DS4.9/0.9=0.6mm。

4.4 在有争议的情况下,本标准所规定的测定感应淬火或火焰淬火后有效硬化层深度的方法是唯一的仲裁方法。

5 测量

测量应在规定表面的一个或多个区域内进行，并应在图纸上标明，同时应符合 GB/T 4340.1、GB/T 18449.1 的有关规定。

5.1 测量原理

用图解法在垂直表面横截面上根据硬度变化曲线来确定有效硬化层深度。该硬度曲线图显示零件横截面上的硬度值随着表面的距离增大而发生的变化。

5.2 测量方法

一般规定在淬火状态的零件横截面上进行测量。经各方协议也可用与零件硬化部位同一形状、尺寸、材料及热处理条件的试样上进行测量。

5.2.1 测量面的制备

垂直淬硬面切断零件，切断面作为检验面，检验面应抛光到能够准确测量硬度压痕尺寸。在切断和抛光过程中注意不能影响检验面的硬度，并不可使边沿形成圆角。

5.2.2 硬度的测定

硬度应在垂直于表面的一条或多条平行线（宽度为 1.5mm 的区域内）上测定（见图 1）。

最靠近表面的压痕中心与表面的距离（d_1）≥0.15mm，从表面到各逐次压痕中心之间的距离应每次增加≥0.1mm（例如 d_2-d_1 应≥0.1mm）。表面硬化层深度大时，压痕中心之间的距离可增大，在接近极限硬度区附近，应保持压痕中心之间的距离≥0.1mm。

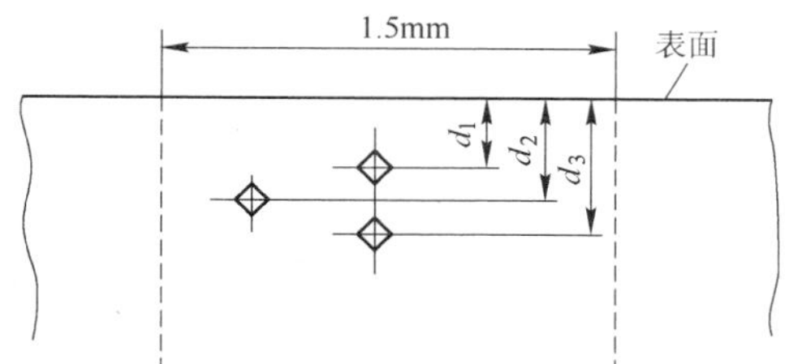

图 1 硬度压痕的位置

5.3 测量结果的表述

5.3.1 由绘制的硬度变化曲线，确定零件表面到硬度值等于极限硬度的距离，为有效硬化层深度。

5.3.2 一个区域测定多条硬度变化曲线时，应取各曲线测得的有效硬化层深度的算术平均值作为有效硬化层深度。

6 校核

当有效硬化层深度已大致确定时，按 GB/T 9450 规定可采用内插法校核有效硬化层深度（见示例）。

示例：在某深度的范围内设定 d_1 和 d_2，d_1 和 d_2 分别小于和大于已设定的有效硬化层深度。（d_2-d_1）值不超过 0.3mm。在距表面 d_1 和 d_2 的距离处，同表面平行方向至少各测五个点。

有效硬化层深度（DS）由下式给出：

$$\mathrm{DS}=d_1+\frac{(d_2-d_1)(\overline{H}_1-\mathrm{HV_{HL}})}{\overline{H}_1-\overline{H}_2} \qquad (2)$$

式中：

$\overline{H}_1$——d_1 处硬度测定值的算术平均值；

$\overline{H}_2$——d_2 处硬度测定值的算术平均值。

7 试验报告

试验报告应包括以下：

a） 零件名称、材料及热处理状态；

b） 检验部位；

c） 有效硬化层深度的测定结果；

d） 检验时发现的异常情况。

ICS 77.040.20
H 26

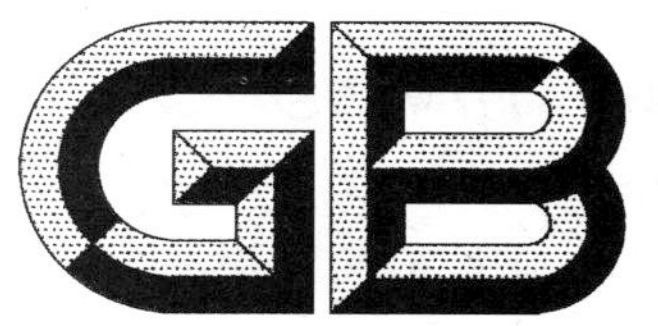

中华人民共和国国家标准

GB/T 6402—2008
代替 GB/T 6402—1991

钢锻件超声检测方法

Steel forgings—Method for ultrasonic testing

2008-05-13 发布　　2008-11-01 实施

中华人民共和国国家质量监督检验检疫总局
中国国家标准化管理委员会　发布

前 言

本标准修改采用 EN 10228-3:1998《铁素体或马氏体钢锻件超声检测》及 EN 10228-4:1999《奥氏体和奥氏体-铁素体不锈钢锻件超声检测》(英文版)。

本标准根据 EN 10228-3:1998 及 EN 10228-4:1999 重新起草。为了方便比较,在资料性附录 A 中列出了本标准和 EN 标准条款的对照一览表。

本标准在采用 EN 标准时进行了修改,这些技术性差异用垂直单线标识在它们所涉及的条款的页边空白处。在附录 B 中给出了技术性差异及其原因一览表。

为了方便使用,本标准还做了下列编辑性和技术性的修改:

——删除了两个 EN 标准的前言;

——将 EN 10228-3 条款 1 范围及 EN 10228-4 条款 1 范围进行合并,增加了:其他组织的锻件也可参照使用;

——人员资格和鉴定改为:应按 GB/T 9445 或相应的标准进行资格培训,并取得资格证书;

——将 EN 10228 中引用 EN 583-2 探头靴要求的具体内容增加到本标准 7.2.2 中;

——将 EN 10228 中第 3 部分与第 4 部分的记录水平与验收标准合并、简化形成本标准的记录水平和验收标准的质量等级表;

——本标准删除 EN 10228 该两部分中的 11.2.2 的 DGS 方法及所有与 DGS 相关的内容。用底波反射法代替并增加相应的附录 E;

——删除 EN 10228-4 的附录 Z;

——EN 10228 中的规范性引用文件中的欧盟标准在本标准中一律采用相应的国家标准代替。

本标准代替 GB/T 6402—1991《钢锻件超声波检验方法》。

本标准与原 GB/T 6402—1991 相比:

——检测方法与原标准一致,但在编排结构上完全采用欧盟标准方式。

——锻件的分类与质量等级与原标准相比更为详细。

本标准中的附录 A、附录 B、附录 C、附录 D、附录 E 是资料性附录。

本标准由中国钢铁工业协会提出。

本标准由全国钢标准化技术委员会归口。

本标准主要起草单位:宝山钢铁股份有限公司特殊钢分公司、冶金工业信息标准研究院。

本标准主要起草人:倪秀美、王勇灵、周卫东、赵春、黄颖。

本标准所代替标准的历次版本发布情况为:

——GB/T 6402—1986、GB/T 6402—1991。

钢锻件超声检测方法

1 范围

本标准规定了钢锻件超声检测的协议条款、操作规程的编制、人员资格、设备和附件、校准和检查、检测时机、表面状态、灵敏度、扫查、分类、记录水平和验收标准。

本标准适用于铁素体-马氏体钢锻件、奥氏体和奥氏体-铁素体不锈钢锻件超声脉冲反射式手工检测方法。供需双方协商后也可使用液浸法检测的机械化扫查方法。其他组织的锻件也可参照使用。

本标准按形状和生产方法将锻件分为4类。1、2、3类为简单外形的锻件，4类为复杂形状的锻件。

本标准不适用于：致密的模锻件、汽轮机转子和发动机锻件。

2 规范性引用文件

下列文件中的条款通过本标准的引用而成为本标准的条款。凡是注日期的引用文件，其随后所有的修改单(不包括勘误的内容)或修订版均不适用于本标准，然而，鼓励根据本标准达成协议的各方研究是否可使用这些文件的最新版本。凡是不注日期的引用文件，其最新版本适用于本标准。

GB/T 9445 无损检测 人员资格鉴定与认证(GB/T 9445—2005,ISO 9712:1999,IDT)

GB 11343 接触式超声斜射探伤方法

GB/T 12604.1 无损检测 术语 超声检测

GB/T 18694 无损检测 超声检验 探头及其声场的表征(GB/T 18694—2002,eqv ISO 10375:1997(E))

GB/T 19799.1 无损检测 超声检测 1号校准试块(GB/T 19799.1—2005,eqv ISO 2400:1972)

JB/T 4009 接触式超声纵波直射探伤方法

JB/T 9214 A型脉冲反射式超声探伤系统工作性能测试方法

JB/T 10061 A型脉冲反射式超声波探伤仪器通用方法条件

3 术语和定义

GB/T 12604.1确定的术语和定义适用于本标准。

4 协议条款

供需双方应在订货时，对下面相关的超声检测达成共识(供需方若未注明，供方有权选择检测方法)：

——在哪个生产阶段进行无损检测(见第9章)；

——所要检测的范围，是进行栅格扫查还是100%扫查(见第12章)；

——是否要求近表面检查(见7.2.6)；

——所要求的某个质量等级或多个质量等级和区域(见第14章)；

——除了第7章和第12章中详列出的外，是否要求特殊的设备、耦合剂、扫查范围；

——不用手工检测的扫查方法；

——长条形不连续的定量方法(见第15章)；

——灵敏度的设置方法(见第11章)；

——检测时是否需要需方或其代理在场；

——是否要求采用横波探头检测(见11.3)；

——是否需要提交得到需方认可的一份书面的操作规程；

——对于第 4 类复杂锻件的其他检测要求(见 12.2)。

5　操作规程的编制

超声检测应按操作规程执行。当合同中有规定时，操作规程在检测之前应提交需方以获批准。

操作规程形成：

——产品技术规范；或

——为应用而特别编制的规程；或

——本标准特别应用时的那部分检测资料。

该规程至少包含下列详细信息：

——被检测锻件的描述；

——参考文献；

——检测人员的资质和证书；

——实施检测的生产阶段；

——在适用的质量等级中规定的检测区域；

——扫查表面的准备；

——耦合剂；

——检测设备的描述；

——校准和设定；

——扫查计划；

——检测操作的描述和顺序；

——记录/评定等级；

——不连续的特征；

——验收标准；

——检测报告。

6　人员资格

人员资格和鉴定应按 GB/T 9445 或相应的标准进行培训，并取得资格证书。

7　设备和附件

7.1　探伤仪器

应以 A 型显示为主的探伤仪，并符合 JB/T 10061 的要求。

7.2　探头

7.2.1　一般要求

直探头和横波探头应符合 GB/T 18694 的要求。如果需要进一步的信息，其他探头也可使用。但其他探头不能用于初始的不连续检测，该探头也应符合 GB/T 18694 的要求。

7.2.2　探头靴的仿形

为避免探头摇动，以保证与工件良好的、均匀的声耦合和恒定的声束角度，在需要时，可安装仿形的探头靴(见图 1)。

探头靴需要在被检材料外形相似的参考试块上设定探测范围和灵敏度。

在凸表面上纵向扫查时，探头靴的宽度 W_{ps} 应大于被检材料直径 D_{obj} 的 1/10。

横向扫查时，探头靴的长度 l_{ps} 也应大于被检材料直径 D_{obj} 的 1/10。

在凹表面上扫查时，也需安装仿形探头靴，除非是凹面直径非常大，能获得合适的耦合。

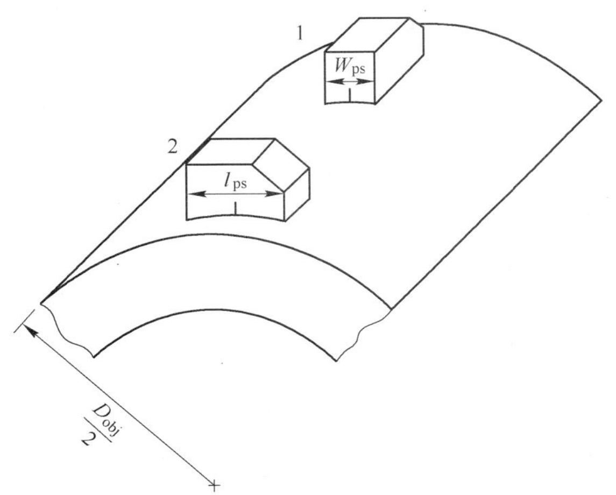

1——横向弯曲；

2——纵向弯曲。

图1　探头靴在圆棒纵横方向上的长度 l_{ps}、宽度 W_{ps} 示意图

7.2.3　标称频率

探头标称频率在 1.0MHz～6.0MHz 范围之内。

7.2.4　直探头

晶片的有效直径应在 10mm～40mm 之间。

7.2.5　横波探头

横波探头声束折射角度应在 35°～70°范围之内。

晶片的有效面积应在 $20mm^2$～$625mm^2$ 之间。

7.2.6　双晶探头

如果需要近表面检测(见第 4 章)可使用双晶探头。

7.3　校准试块

校准试块应符合 GB/T 19799.1 的要求。

7.4　对比试块

当灵敏度是由距离波幅曲线(DAC)方法设定和/或根据 DAC 方法按参考反射体的幅度进行不连续定量时，应制作对比试块。对比试块的表面状况应能代表被检材料的表面状况。除非另有规定，对比试块应至少包含能覆盖整个检测深度的三个反射体。

对比试块的形式将根据实际情况，可由下列中的某一种材料制成：

——被检材料的多余长度部分，或

——与被检材料同钢种、同热处理状态的部分材料，或

——与被检材料具有相似的声学特性的材料。

注：对比试块反射体尺寸规定如下，铁素体-马氏体锻钢按表 4；奥氏体和奥氏体-铁素体不锈钢锻件按表 5 和表 6 中的尺寸。不同尺寸反射体用于提供检测灵敏度的校验。

7.5　耦合剂

耦合剂应正确使用。在校验、设定灵敏度，扫查和不连续评定时，应使用相同型号的耦合剂。检测结束后，如果耦合剂的存在会影响后道生产、检测工序或成品的完整性，则应清除干净。

注：可使用合适的耦合剂：如水(有或没有防腐蚀剂或软化剂)、油脂、油、甘油和水质浆糊。

8　常规校准和检查

组合设备(探伤仪和探头)应按照 JB/T 9214 的规定进行校准和检查。

9 检测时机

超声检测应在最终热处理之后进行，除非在订货时另有协议规定，在最终热处理之后不能进行检测的锻件，应在之前的某个合适阶段进行。

注：对于即将钻孔的圆柱形和矩形锻件，建议应在钻孔前进行超声检测。

10 表面状况

10.1 一般要求

扫查表面应无油漆、无氧化皮及干结的耦合剂、表面无凹凸不平，或任何其他引起耦合失效，阻碍探头自由移动及引起判断错误的物质。

10.2 与质量等级相关的表面粗糙度

对于质量等级1、2其表面对应的粗糙度 $Ra \leqslant 12.5\mu m$；质量等级3或更高要求的，其表面相应的粗糙度 $Ra \leqslant 6.3\mu m$。

10.3 锻造表面状态

若锻造表面状况能满足指定的质量等级，则可进行检测。

注：在锻造表面进行全面的检测有困难时，可使用喷丸、喷砂或表面研磨，以确保声耦合。通常只适用于质量等级1。

11 灵敏度

11.1 一般要求

11.1.1 灵敏度应足以保证检测到指定质量等级中记录水平所要求的最小不连续的尺寸。

11.1.2 应使用11.2和/或11.3的方法。用特定的探头来确定扫查灵敏度（见第4章）。每种情况所使用的程度应符合JB/T 4009的要求。

11.2 直探头

可用下列中的一种方法来确定扫查灵敏度。

11.2.1 以平底孔为基础的距离波幅曲线（DAC）方法。

11.2.2 当检测面与底面平行，或圆柱形表面且厚度或直径大于探头近场区的3倍时，可使用底波反射法（见附录E）。

11.3 横波探头

DAC方法使用3mm直径的横孔。

11.4 重复检测

如果进行重复检测，确定灵敏度的方法应和最初时一样。

12 扫查

12.1 一般要求

应使用脉冲反射式进行手工接触法扫查，所要求的最小扫查范围应取决于锻件的类型，采用栅格扫查还是100%扫查应在合同中具体指明。

表1根据锻件的外形和生产的方法将锻件分为4类。

表2给出了1、2、3类锻件用直探头的扫查区域。

表3给出了3a和3b种类锻件的横波探头扫查范围的详细要求，横波周向扫查的有效深度受到探头角度和锻件直径的限制，其锻件的外径和内径比小于1.6（见附录C）。

12.2 复杂锻件

对于复杂形状的锻件或锻件的复杂部件（4类）和小直径的锻件，供需双方在订货时应协商扫查要求，内容至少包括：探头角度、扫查方向、扫查范围（栅格或100%）（见第4章）。

12.3 栅格扫查

进行栅格扫查应使用一个或多个探头顺着表 2 和表 3 中规定的栅格线往复移动。

当栅格扫查显示出可记录的指示时，应在该指示周围进行附加的扫查，以确定其延伸情况。

12.4 100%扫查覆盖

100%扫查区域应按表 2 和表 3 中规定的表面上执行，相邻探头移动覆盖区至少为有效探头直径的 10%。

12.5 扫查速度

手工扫查速度不应超过 150mm/s。

表 1 按锻件外形和生产方法进行分类

类型	外　　形	生产方法
1a[a]	圆形或近似圆形截面的长形件，如：型材、棒材、圆柱、轴、轴颈、从棒上切割下来的圆盘	直接锻造
1b[a]	矩形或近似于矩形截面的长形件，如：型材、棒材、坯料，或从型材上切下来的截面	
2[b]	锤平的，如：圆盘、金属板、飞轮	镦　锻
3a	空心的圆柱形，如：瓶子、压缩气体罐	芯棒锻造
3b	空心的圆柱形，如：环、法兰盘、轮胎箍	扩　孔
3c		环形薄片
4	有复杂外形锻件或锻件的复杂部位。	根据生产厂的说明

[a] 1 类锻件：大直径的锻件可能含有小直径的穿孔。

[b] 2 类锻件：可以最终钻孔（如：紧固圈）。

表 2　直探头的扫查范围

类型	栅格扫查[a]			100%扫查[a,b]
1	1a 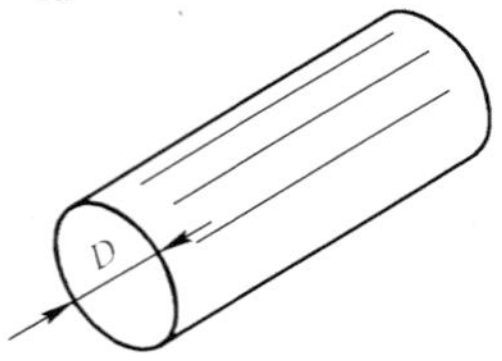 D	直径 D/mm	扫查线[c]	至少环绕圆柱表面 180°进行 100%扫查
		$D\leqslant 200$ $200<D\leqslant 500$ $500<D\leqslant 1000$ $1000<D$	2 条;间隔 90° 3 条;间隔 60° 4 条;间隔 45° 6 条;间隔 30°	
	1b 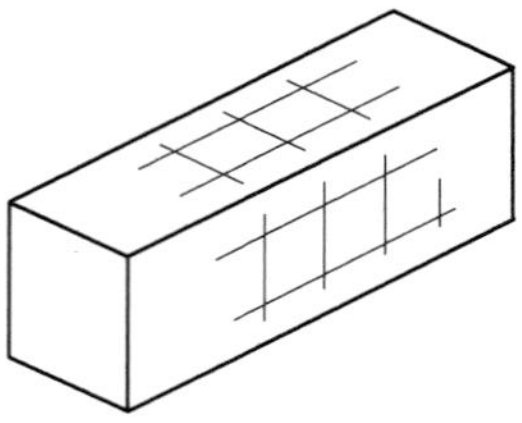	在两个垂直表面沿着栅格线扫查[c,d]		在两个垂直表面进行 100%扫查
2	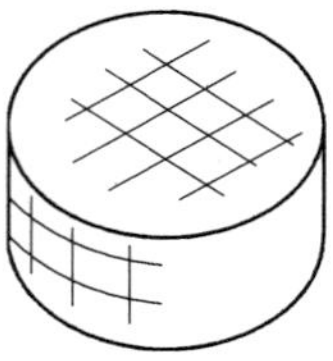	沿着圆柱形表面 360°的栅格线和一个水平面的栅格线进行扫查[d]		至少环绕圆柱表面 180°或一个水平面进行 100%扫查
3	3a 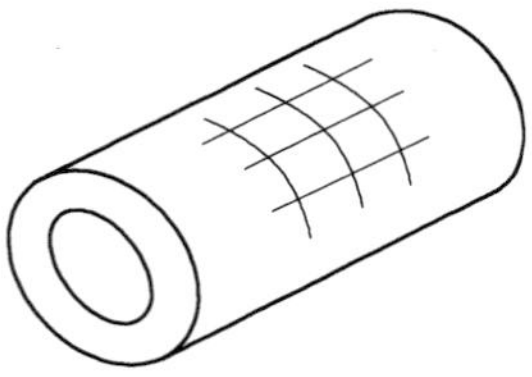	环绕圆柱体外表面 360°进行栅格线扫查[d]		环绕圆柱体外表面 360°进行 100%扫查
	3b和3c 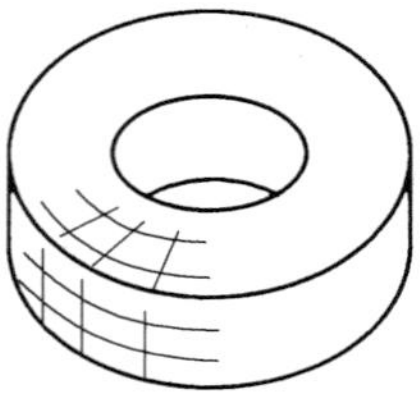	环绕圆柱体外表面和一个水平面进行 360°栅格线扫查[d]		环绕圆柱体外表面和一个水平面 360°进行 100%扫查
4	扫查区域应在合同中明确说明。			

a　如在合同中规定,那么附加的扫查(如对 3a 类的两个轴向)可以进行。

b　100%意味着相邻探头移动覆盖区至少为有效探头直径的 10%。

c　对 1a 或 1b,如果孔的存在阻碍了声束到达相对表面,则扫查线的数量应均匀地加倍。

d　栅格线应均分,间隙最大为 200mm。

表 3　横波探头的扫查范围

类型	栅格扫查[a]		100%扫查[a,b]
3	3a 3b	从两个方向以 360°圆周栅格扫查，栅格线的间距与径向的厚度相等，最大为 200mm	在圆柱形外表面两个方向进行 100%扫查[b]
4	扫查区域应在询价或订货时规定。		

a　如在订货时明确指明，那么附加的扫查可以进行。

b　100%意味着相邻探头之间至少有 10%的覆盖。

13　分类

13.1　指示的分类

指示的分类应根据其至少两个相互垂直方向的扫查做出的动态回波图进行。

13.1.1　Ⅰ型图

当探头移动时，A 扫查显示器显示出单个清晰的平滑地上升到最大振幅的指示，然后平滑地下降到 0(见图 2)。

图 2 是用横孔所绘制的声束轮廓动态回波图，对应于小于或等于－6dB 声束轮廓不连续的尺寸回波图。

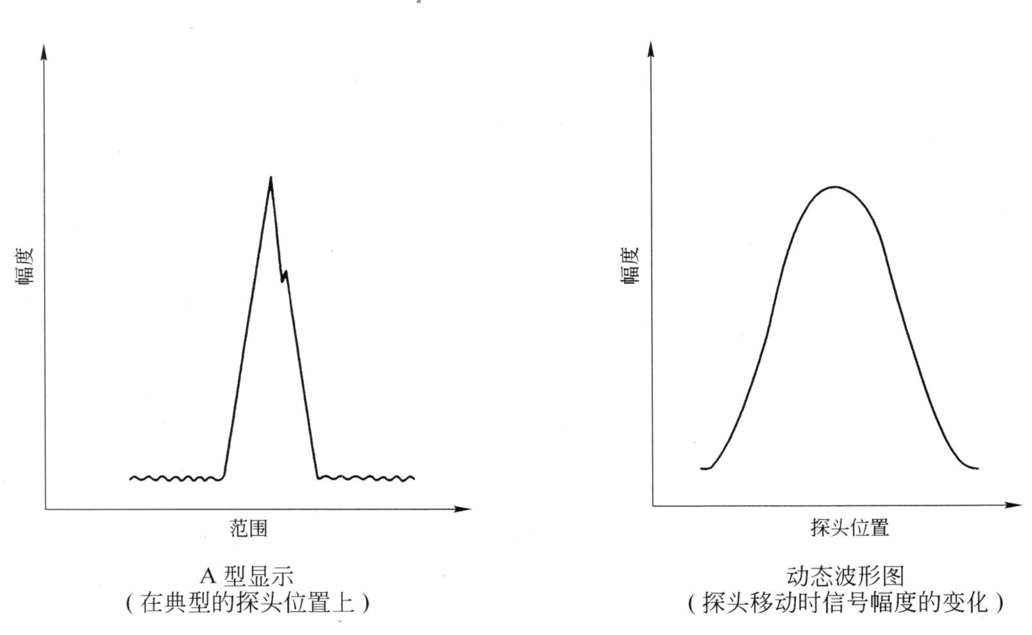

图 2　Ⅰ型图 A 型显示和回波包络显示

13.1.2 Ⅱ型图

当探头移动时,A 型显示器显示单个清晰平滑上升至最大幅度的指示,该幅度维持或没有振幅变化,然后平滑地下降到 0(见图 3)。

该图形表示大于－6dB 声束轮廓不连续的回波图。

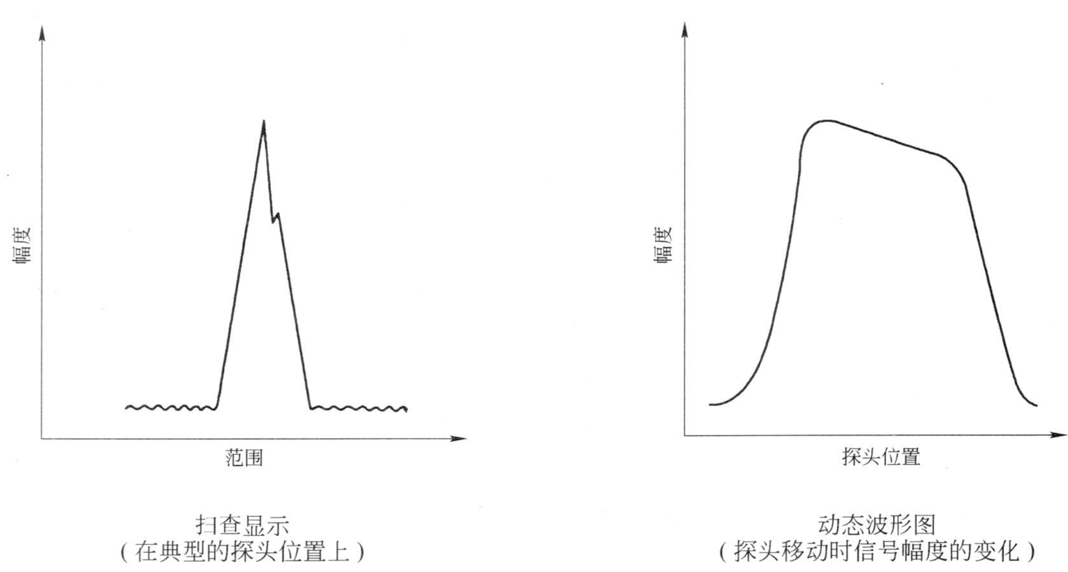

图 3 Ⅱ型图 A 型显示和回波包络显示

13.2 不连续的分类

根据其动态波形图,不连续的分类如下:

——点状的不连续:是指Ⅰ型动态波形图和/或直径小于或等于－6dB 声束宽度的不连续(见图 4)。

——长条形的不连续:是指Ⅱ型动态波形图和/或直径大于－6dB 声束宽度的不连续(见图 5)。

——单个的不连续:是指点与点之间的距离 d 超过 40mm 的不连续(见图 6)。

——密集形的不连续:是指点与点之间的距离 d 小于或等于 40mm 的不连续(见图 7)。

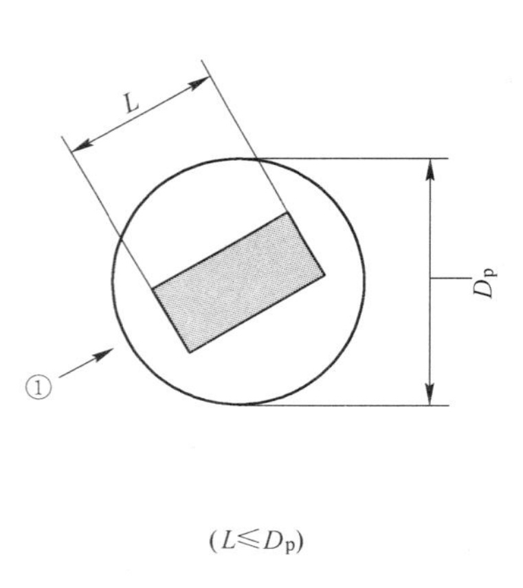

图 4 点状的不连续

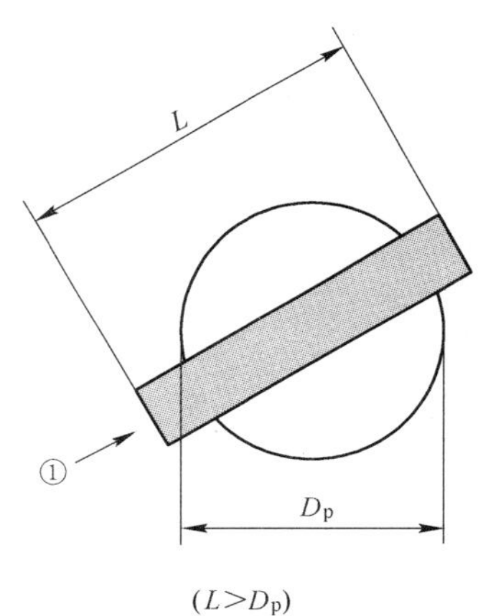

图 5 长条形的不连续

14 记录水平和验收标准

所要求的质量等级应由供需双方协商(见第 4 章)。表 4、表 5、表 6 分别列出了铁素体-马氏体钢锻件

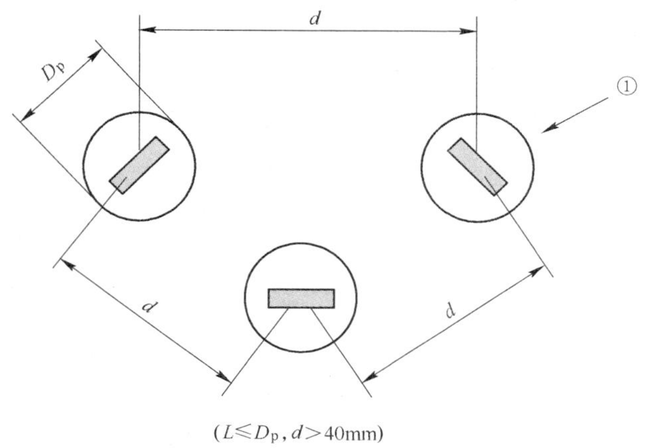

($L \leqslant D_p$, $d>40$mm)

图6 单个的不连续

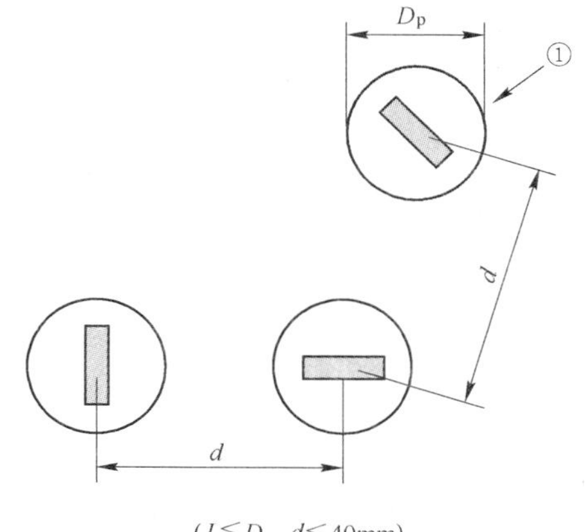

($L \leqslant D_p$, $d \leqslant 40$mm)

图7 密集形的不连续

①——常规的－6dB不连续的轮廓线；

D_p——在不连续的深度上的声束宽度；

d——两个不连续之间的距离；

L——常用的－6dB不连续的长度。

和奥氏体和奥氏体-铁素体不锈钢锻件的四个质量等级的记录水平和验收标准。

注：几个质量等级可能应用于一个锻件的多个部位；等级4是最严格的，规定了最小的记录水平和验收标准。

表4 质量等级、记录水平和验收标准
（用于铁素体-马氏体钢锻件）

直探头

参数		质量等级 1	2	3	4
记录水平	当量平底孔直径/mm	>8	>5	>3	>2
	底波降低系数 R	≤0.1	≤0.3	≤0.5	≤0.6
验收标准	单个点状不连续的当量平底孔直径/mm	≤12	≤8	≤5	≤3
	长条或密集形点状不连续的当量平底孔直径/mm	≤8	≤5	≤3	≤2

注：底波降低系数 $R=F_n/F_{0,n}$。
式中：
当 $t \geqslant 60$mm 时 $n=1$。
当 $t<60$mm 时 $n=2$。
F_n——不连续处的第 n 次底波幅度。
$F_{0,n}$——与 F_n 同样的范围内，距不连续处最近的正常区域的第 n 次底波幅度。
如果底波衰减超过记录水平，应进行进一步检测。
R——仅用于由于不连续的存在引起的底波快速衰减。

斜探头（DAC方法）

参数		质量等级 1	2		3		4	
标称频率/MHz[c]			1	2	2	4	2	4
记录水平(DAC)/%		b	>50	>100	>50	>100	>30	>50
验收标准[a,d]	单个的不连续(DAC)/%		≤100	≤200	≤100	≤200	≤60	≤100
	长条或密集形的不连续(DAC)/%		≤50	≤100	≤50	≤100	≤30	≤50

a 以直径3mm的横孔为基础。
b 横波扫查不能应用于质量等级1。
c 每个探头应建立直径3mm横孔的DAC。
d 与DAC相关的指示幅度dB值在附录D中给出。

表5　用直探头时的质量等级、记录水平和验收标准
（用于奥氏体和奥氏体-铁素体不锈钢锻件）

锻件厚度 直径 t/mm	记录水平 （当量平底孔直径）/mm	验收标准	
		单个的不连续 （当量平底孔直径）/mm	长条或密集形的不连续 （当量平底孔直径）/mm
质量等级1			
$t \leqslant 75$	>5	≤8	≤5
$75 < t \leqslant 250$	>8	≤11	≤8
$250 < t \leqslant 400$	>14	≤19	≤14
$t > 400$	使底波损失80%的指示	使底波完全损失的指示，底波完全损失指的是底波小于正常底波幅度的5%或底波小于等于草状回波	
质量等级2			
$t \leqslant 75$	>3	≤5	≤3
$75 < t \leqslant 250$	>5	≤8	≤5
$250 < t \leqslant 400$	>8	≤11	≤8
$400 < t \leqslant 600$	>11	≤15	≤11
$t > 600$	使底波损失80%的指示	使底波完全损失的指示，底波完全损失指的是底波小于正常底波幅度的5%或底波小于等于草状回波	
质量等级3			
$t \leqslant 75$	>2	≤3	≤2
$75 < t \leqslant 250$	>3	≤5	≤3
$250 < t \leqslant 400$	>5	≤8	≤5
$400 < t \leqslant 600$	>8	≤11	≤8
$t > 600$	使底波损失80%的指示	使底波完全损失的指示，底波完全损失指的是底波小于正常底波幅度的5%或底波小于等于草状回波	

表6　横波探头应用DAC方法时的记录水平和验收标准[a,b,c]
（用于奥氏体和奥氏体-铁素体不锈钢锻件）

锻件厚度 直径 t/mm	标称频率 /MHz	记录水平 /%	验收标准	
			单个的不连续 /%	长条或密集形的不连续 /%
$t \leqslant 75$	1	>30	≤60	≤30
	2	>50	≤100	≤50
$75 < t \leqslant 250$	1	>50	≤100	≤50
	2	>100	≤200	≤100
$250 < t \leqslant 400$	1	>100	≤200	≤100
	2	>200	≤400	≤200
注：大于400mm厚度应供需双方协商。				

a　以直径3mm的横孔为基础。

b　每个频率的探头应建立直径3mm横孔的DAC。

c　与DAC相关的指示幅度的dB值在附录D中给出。

15 测长

对一个长条形的不连续评估时，应使用下列供需之间协商的一个或多个方法，执行这些方法应符合JB/T 4009 的要求。

——6dB 法；

——20dB 法；

——端点峰值法。

16 报告

检测报告应包括下列信息：

——供货方的名称；

——被检材料的标识；

——检测范围、检测区域和质量等级；

——超声检测时机；

——表面状况；

——使用的设备(探伤仪、探头、校准和参考试块)；

——灵敏度的设定方法；

——使用的标准或编制的规程；

——检测结果：不连续的定位、分类和定量(按平底孔当量直径，或横孔百分数表示)；

——扫查范围的详细信息，及是否适用近表面区域；

——检测日期；

——操作人员的姓名、资格以及签名。

附 录 A
（资料性附录）
本标准章条编号与 EN 10228-3：1998、EN 10228-4：1999 章条编号对照

表 A.1 给出了本标准章条编号与 EN 10228-3：1998、EN 10228-4：1999 章条编号对照一览表。

表 A.1 本标准章条编号与 EN 10228-3：1998、EN 10228-4：1999 章条编号对照表

本标准章条编号	对应的 EN 标准章条编号
5	5.1、5.2、5.3
11.1.1	EN 10228-3 11.1 的第一段
11.1.2	EN 10228-3 11.1 的第二段
11.2.1	EN 10228-3 11.2a)的第一段
11.2.2	—
—	EN 10228-3、4 的 11.2b)、11.3b)
图 2	EN 10228-4 图 1
图 3	EN 10228-4 图 2
图 4	EN 10228-4 图 3a
图 5	EN 10228-4 图 3b
图 6	EN 10228-4 图 3c
图 7	EN 10228-4 图 3d
—	EN 10228-3 表 6、EN 10228-4 表 5
表 4	EN 10228-3 表 5 和表 7
表 5	EN 10228-4 的表 4
表 6	EN 10228-4 的表 6
附录 A	—
附录 B	—
附录 C	EN 10228-4 的附录 A
附录 D	EN 10228-4 的附录 B
—	EN 10228-4 的附录 E
注：表中的章条以外的本标准其他章条编号与该 EN 标准其他章条编号均相同且内容相对应。	

附 录 B
（资料性附录）
本标准与 EN 10228-3:1998、EN 10228-4:1999 技术性差异及其原因

表 B.1 给出了本标准与 EN 10228-3 和 EN 10228-4 的技术性差异及其原因一览表。

表 B.1 本标准与 EN 10228-3:1998、EN 10228-4:1999 技术性差异及其原因表

本标准的章条编号	技术性差异	原 因
1	将 EN 10228-3 和 EN 10228-4 的范围合并。 增加了"其他组织的锻件也可参照使用"	检验方法程序都相同，只是所要求的质量等级及验收标准不同
2	引用与 EN 标准内容相当的国内标准。 删除 EN 583 标准	以适合国情
6	按 GB/T 9445 或相应的标准进行资格培训。 删除应符合 EN 473 要求	以适合国情
7.2.2	将 EN 10228-3 和 EN 10228-4 引用 EN 583 的要求内容具体化。 删除应符合 EN 583 的要求	目前这方面的内容国内无相关标准可参照。 为方便使用，将 EN 583 相关内容编入正文
11	删除 DGS 方法及所有与 DGS 相关的内容。 增加 11.2.2 底波反射法	国内不使用 DGS 方法。 用底波反射法代替并增加相应的内容
附录 E	增加	为 11.2.2 而增加的资料性附录

附　录　C
（资料性附录）
圆周横波扫查的最大可检测深度

图 C.1 表示表 C.1 给出的周向横波扫查最大可检测深度。

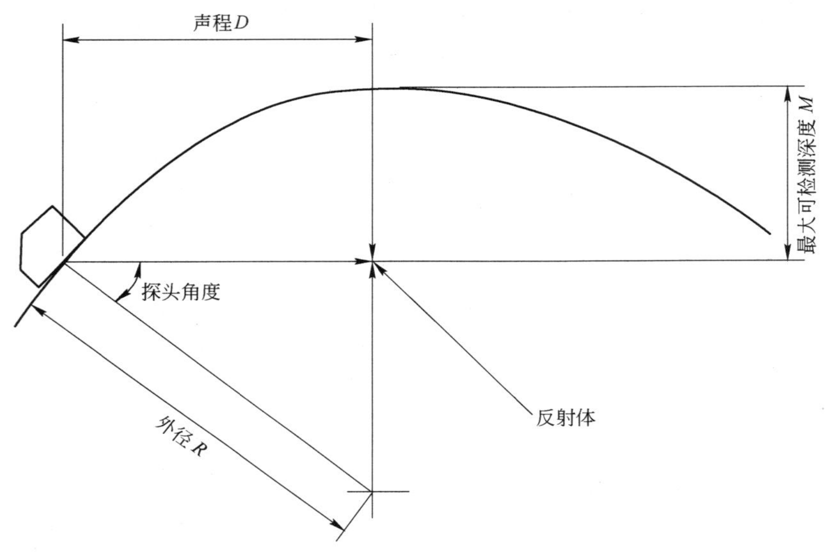

图 C.1　周向横波扫查最大可检测深度

在图 C.1 中：

——D 是入射点到径向反射体的声程；

——M 是特定的探头角度和外径 R 的最大可检测深度。

表 C.1　周向横波扫查最大可检测深度

探头角度 X	最大检测深度 M	声程范围 D
70°	0.06R	0.34R
60°	0.13R	0.50R
50°	0.24R	0.64R
45°	0.30R	0.70R
35°	0.42R	0.82R
注：径向反射体的最大可检测深度和最大可检测深度的声程范围可用锻件的外径 R 表示，有效的声程范围为 2D。		

附 录 D
(资料性附录)
DAC(%)波幅与 dB 值的对应关系

可用 3mm 直径的横孔绘制一条 DAC 曲线(100%DAC),所要求的记录/验收标准可由所绘制 3mm 的 DAC 曲线(100%DAC),并按表 D.1 的幅度调整来获得。

表 D.1 DAC(%)波幅与 dB 值的关系

DAC/%	相对于 DAC 的指示幅度/dB
30	−10
50	−6
60	−4
100	0
200	+6

附 录 E
（资料性附录）
采用工件底波调整灵敏度的方法

E.1 在锻件上找出可以代表完好锻件材质状态的位置，把第1次底面回波高度调整到满幅度的40%～80%，作为评定回波信号的基准。

E.2 根据被检锻件的需要，按E.3或E.4调整，作为检测灵敏度。

E.3 在检测实心锻件时，需要提高的增益数值，按式(E.1)计算：

$$A = 20\lg \frac{2\lambda T}{\pi d^2} \qquad (E.1)$$

式中：

A——需要提高的增益值，单位为分贝(dB)；

T——被检部位的厚度或直径，单位为毫米(mm)；

d——平底孔直径，单位为毫米(mm)；

λ——波长，单位为毫米(mm)；

π——圆周率。

E.4 在检测有中心孔的锻件时，需要提高的增益数值，按式(E.2)计算：

$$A = 20\lg \frac{2\lambda T}{\pi d^2} - 10\lg \frac{R}{r} \qquad (E.2)$$

式中：

R——被检部位的外径，单位为毫米(mm)；

r——被检部位的内径，单位为毫米(mm)。

ICS 77.080.10
J 31

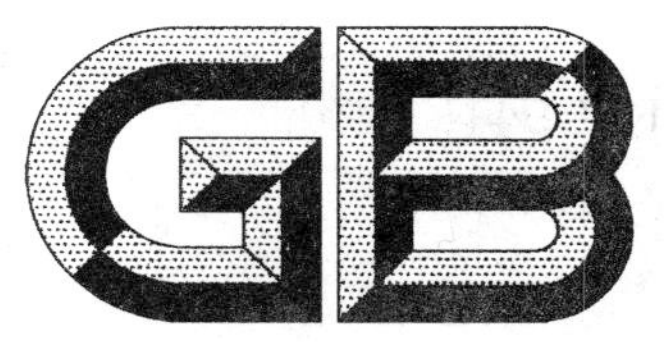

中华人民共和国国家标准

GB/T 9441—2009
代替 GB/T 9441—1988

球墨铸铁金相检验

Metallographic test for spheroidal graphite cast iron

(ISO 945-1:2008,Microstructure of cast irons—
Part 1:Graphite classification by visual analysis,MOD)

2009-10-30 发布　　　　2010-04-01 实施

中华人民共和国国家质量监督检验检疫总局
中国国家标准化管理委员会　发布

前　言

本标准修改采用 ISO 945-1:2008《铸铁金相组织　第 1 部分:石墨分类　目测法》(英文版)。

本标准与 ISO 945-1:2008 相比,其主要技术性差异如下:

——修改采用了 ISO 945-1:2008 中的Ⅳ～Ⅵ型石墨部分,并在结构上作了编辑性修改;

——修改采用了 ISO 945-1:2008 中的Ⅳ～Ⅵ型石墨尺寸和Ⅵ型、Ⅴ型石墨球数计算部分;

——将石墨形态分类示意图及附录 A、附录 C 内容合并作为资料性附录 A;

——增加了珠光体数量、分散分布铁素体数量、碳化物数量、磷共晶数量的评定方法及相应评级图。

本标准代替 GB/T 9441—1988《球墨铸铁金相检验》。

本标准与 GB/T 9441—1988 相比,主要技术内容变化如下:

——修改了原标准 4.1 球化分级与评定部分,采用 ISO 945 石墨为球状(Ⅵ型)和团状(Ⅴ型)石墨颗数所占石墨数量的比例作为球化率,更换了原标准的球化分级图;

——将原附录 A 中计算规则作为 4.1.2 的内容;

——增加了球化率的图像分析方法;

——增加了第 5 章结果表示,第 6 章试验报告;

——删除了“检验规则”项目,检验规则的内容全部并入相应的检验项目中;

——删除了“珠光体粗细”检验项目;

——将渗碳体改为碳化物;

——修改了附录 A 内容,将 ISO 945 中石墨分类及典型图片作为附录 A。

本标准的附录 A 为资料性附录。

本标准由中国机械工业联合会提出。

本标准由全国铸造标准化技术委员会(SAC/TC54)归口。

本标准负责起草单位:上海材料研究所。

本标准参加起草单位:东南大学、佛山市顺德区中天创展球铁有限公司、无锡一汽铸造有限公司、沈阳铸造研究所、东风汽车有限公司工艺研究所、一汽铸造有限公司、安徽神剑科技股份有限公司。

本标准主要起草人:杨力、孙国雄、陈永成、俞旭如、张寅、洪晓先、王成刚、王春亮、魏传颖。

本标准所代替标准的历次版本发布情况为:

——GB/T 9441—1988。

球墨铸铁金相检验

1 范围

本标准规定了在光学显微镜下球墨铸铁显微组织的评定方法。

本标准对球化分级、石墨大小、石墨球数、珠光体数量、分散分布的铁素体数量、磷共晶数量和碳化物数量的评定方法作了规定，列出了相应评级图。

本标准适用于评定普通和低合金球墨铸铁铸态、正火态、退火态的金相组织。

2 规范性引用文件

下列文件中的条款通过本标准的引用而成为本标准的条款。凡是注日期的引用文件，其随后所有的修改单（不包括勘误的内容）或修订版均不适用于本标准，然而，鼓励根据本标准达成协议的各方研究是否可使用这些文件的最新版本。凡是不注日期的引用文件，其最新版本适用于本标准。

GB/T 13298　金属显微组织检验方法

3 试样的制备

3.1　金相试样应在与铸件同时浇注、同炉热处理的试块或铸件上截取。

3.2　金相试样的制备按 GB/T 13298 的规定执行，截取和制备金相试样过程中应防止组织发生变化、石墨剥落及石墨曳尾，试样表面应光洁，不允许有粗大的划痕。

4 检验项目和评级图

4.1 球化分级和评定

4.1.1　根据附录 A 中石墨为球状（Ⅵ型）和团状（Ⅴ型）石墨个数所占石墨总数的百分比作为球化率，将球化率分为六级。见表 1 和图 1～图 6。

4.1.2　球化率计算时，视场直径为 70mm，被视场周界切割的石墨不计数，放大 100 倍时，少量小于 2mm 的石墨不计数。若石墨大多数小于 2mm 或大于 12mm 时，则可适当放大或缩小倍数，视场内的石墨数一般不少于 20 颗。

4.1.3　在抛光态下检验石墨的球化分级，首先观察整个受检面，选三个球化差的视场的多数对照评级图目视评定，放大倍数为 100 倍。

4.1.4　采用图像分析仪进行评定时，在抛光态下直接进行阈值分割提取石墨球，按 4.1.1 计算球化率及评定级别。首先观察整个受检面，选三个球化差的视场进行测量，取平均值。

表 1　球化分级

球化级别	球化率	图号
1 级	≥95%	1
2 级	90%	2
3 级	80%	3
4 级	70%	4
5 级	60%	5
6 级	50%	6

球化分级图(100×)

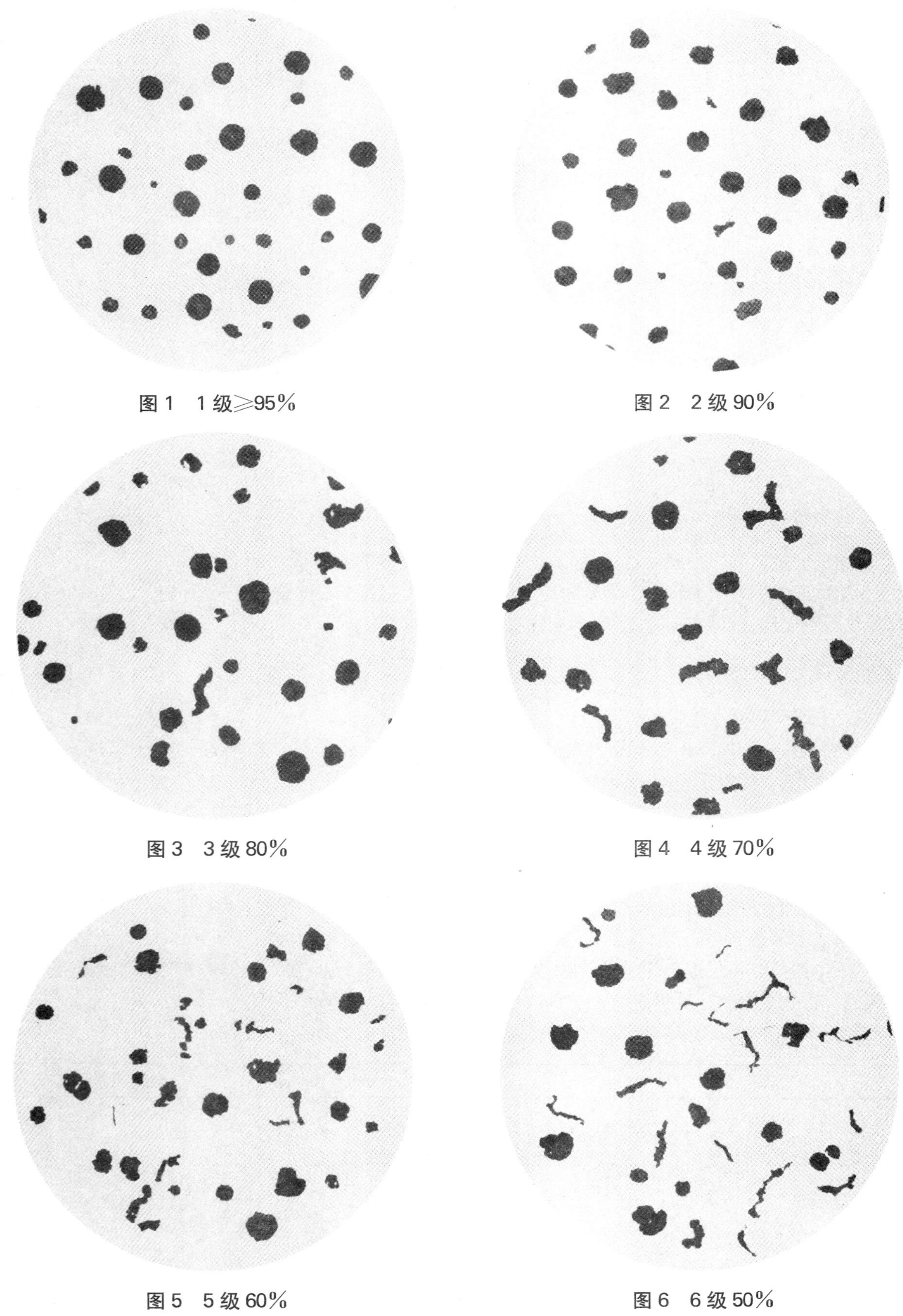

图1　1级≥95%

图2　2级90%

图3　3级80%

图4　4级70%

图5　5级60%

图6　6级50%

4.2 石墨大小和评定

4.2.1 抛光态下检验石墨大小，放大倍数100倍。首先观察整个受检面，选取有代表性视场，计算直径大于最大石墨球半径的石墨球直径的平均值，对照相应的评级图评定。

4.2.2 采用图像分析仪，在抛光态下直接进行阈值分割提取石墨球，选取有代表性视场，计算直径大于最大石墨球半径的石墨球直径的平均值。

4.2.3 石墨大小分为6级，见表2和图7～图12。

表2 石墨大小分级

级　别	在100×下观察，石墨长度/mm	实际石墨长度/mm	图　号
3	>25～50	>0.25～0.5	7
4	>12～25	>0.12～0.25	8
5	>6～12	>0.06～0.12	9
6	>3～6	>0.03～0.06	10
7	>1.5～3	>0.015～0.03	11
8	≤1.5	≤0.015	12
注：石墨大小在6级～8级时，可使用200×或500×放大倍数。			

石墨大小分级图(100×)

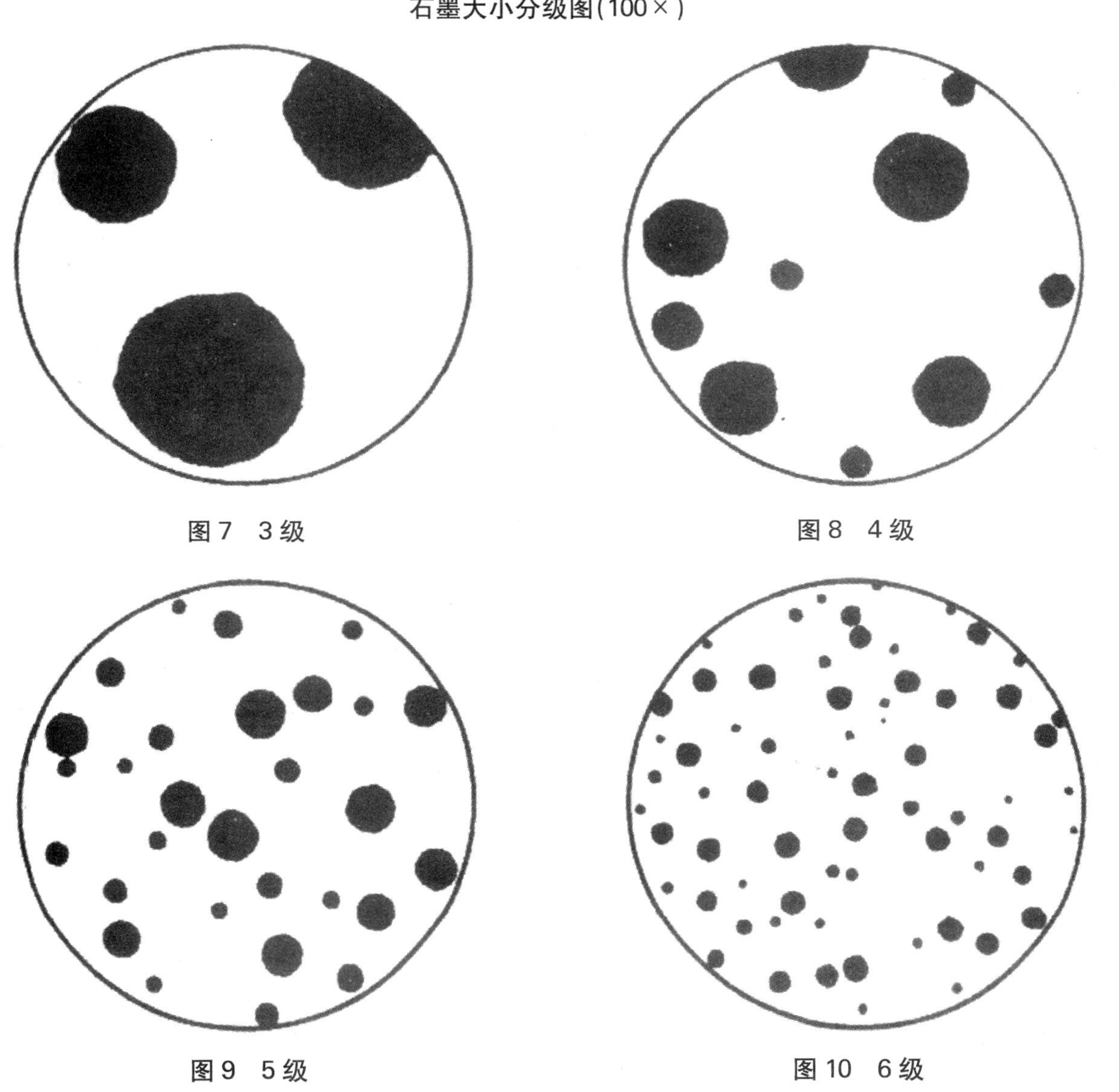

图7　3级

图8　4级

图9　5级

图10　6级

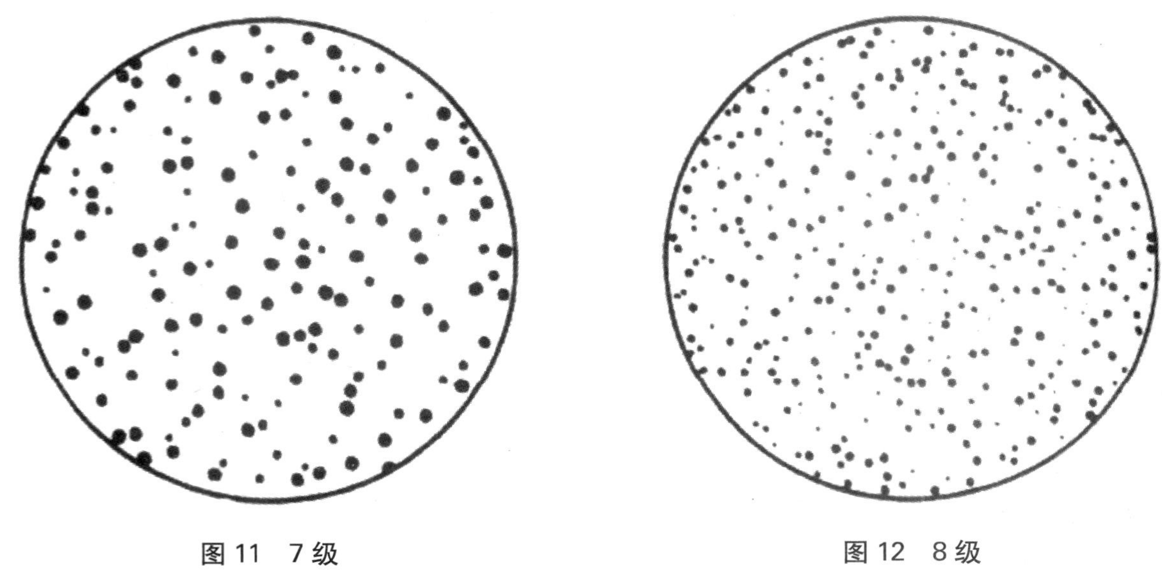

图 11　7 级　　　　图 12　8 级

4.3　珠光体数量

4.3.1　抛光态试样经 2%～5%硝酸酒精溶液侵蚀后，检验珠光体数量（铁素体＋珠光体＝100%），放大倍数 100 倍。选取有代表性的视场对照相应的评级图评定。

4.3.2　珠光体数量按石墨大小分列 A、B 两组图片，见表 3 和图 13～图 24。

表 3　珠光体数量分级

级别名称	珠光体数量/%	图　号
珠 95	＞90	13A、13B
珠 85	＞80～90	14A、14B
珠 75	＞70～80	15A、15B
珠 65	＞60～70	16A、16B
珠 55	＞50～60	17A、17B
珠 45	＞40～50	18A、18B
珠 35	＞30～40	19A、19B
珠 25	≈25	20A、20B
珠 20	≈20	21A、21B
珠 15	≈15	22A、22B
珠 10	≈10	23A、23B
珠 5	≈5	24A、24B

珠光体数量分级图(100×)

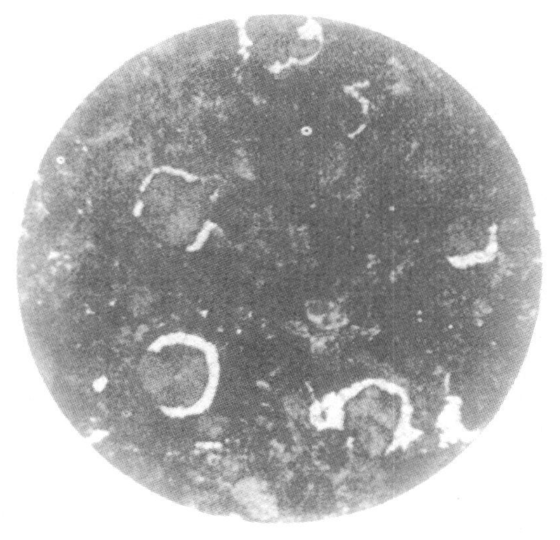
图 13A　珠 95

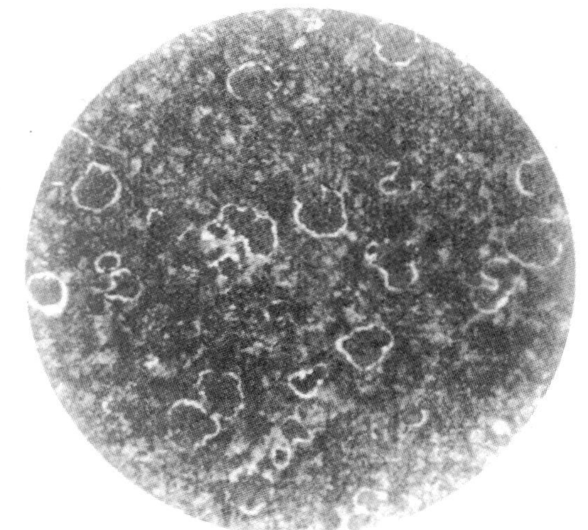
图 13B　珠 95

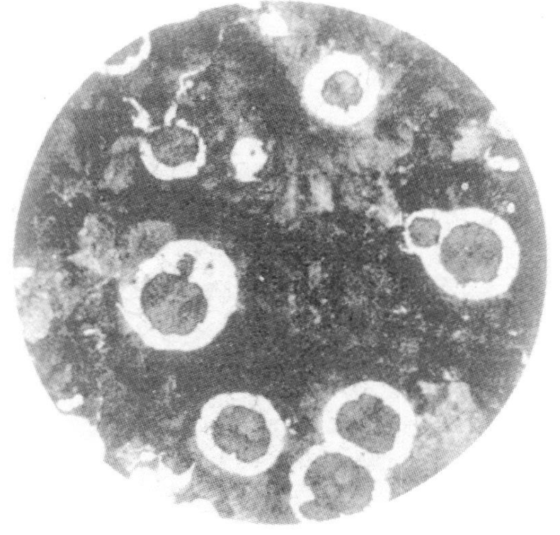
图 14A　珠 85

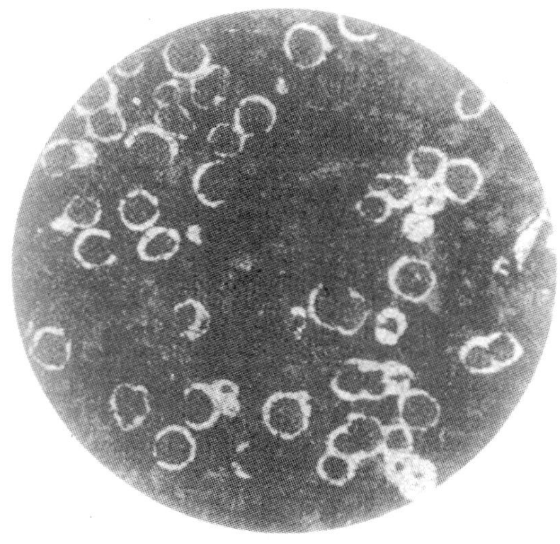
图 14B　珠 85

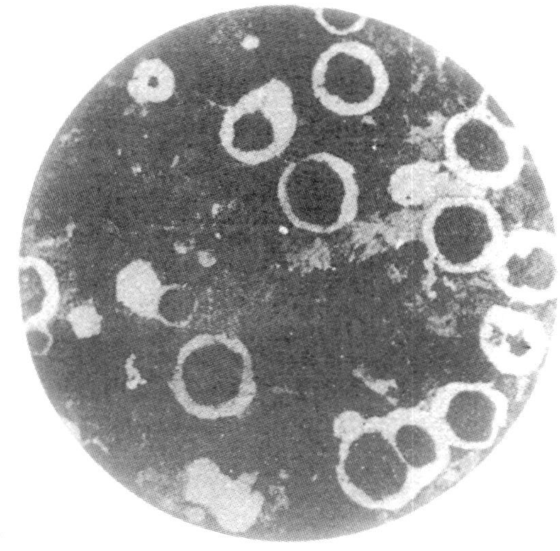
图 15A　珠 75

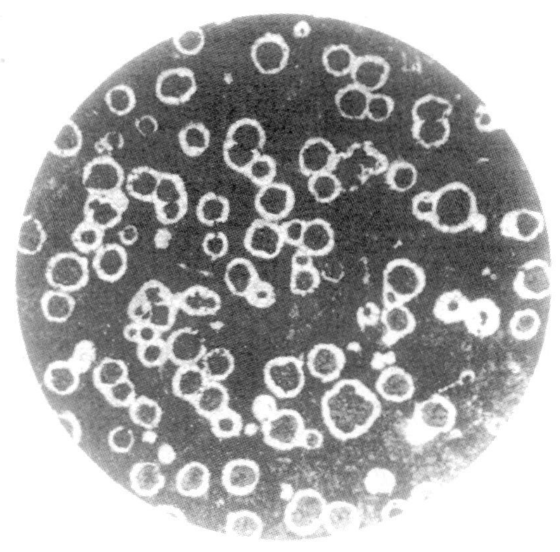
图 15B　珠 75

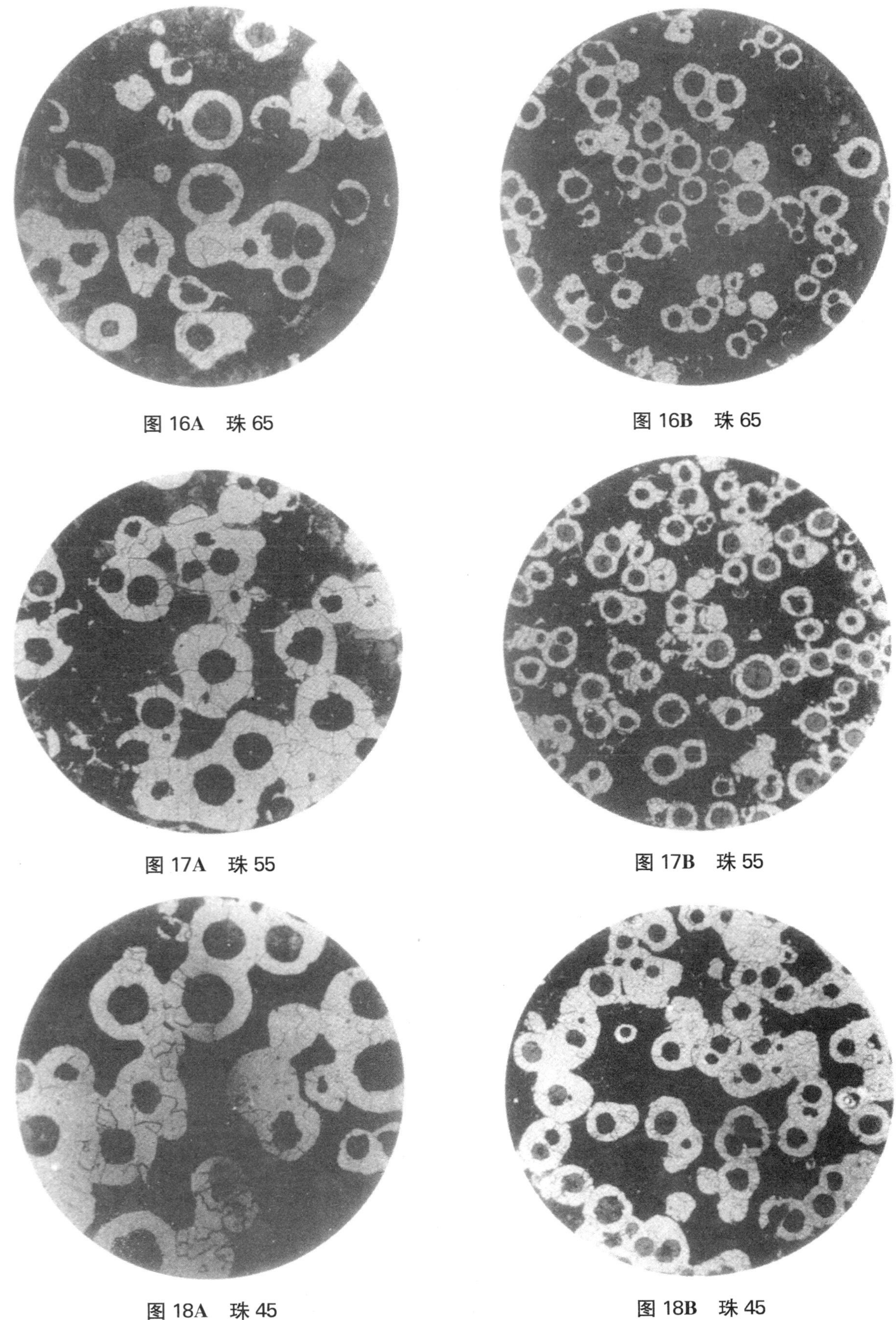

图 16A　珠 65

图 16B　珠 65

图 17A　珠 55

图 17B　珠 55

图 18A　珠 45

图 18B　珠 45

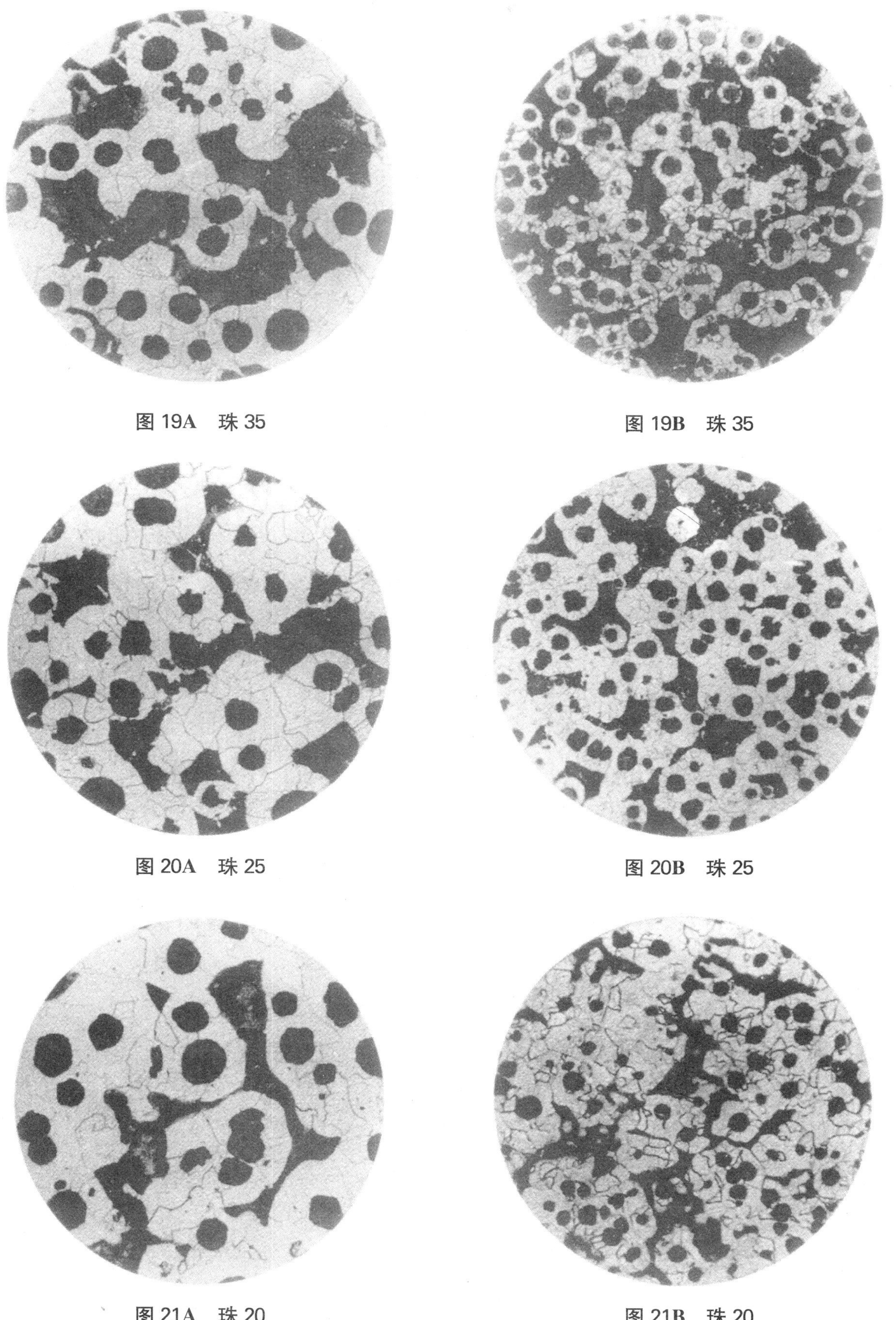

图 19A 珠 35

图 19B 珠 35

图 20A 珠 25

图 20B 珠 25

图 21A 珠 20

图 21B 珠 20

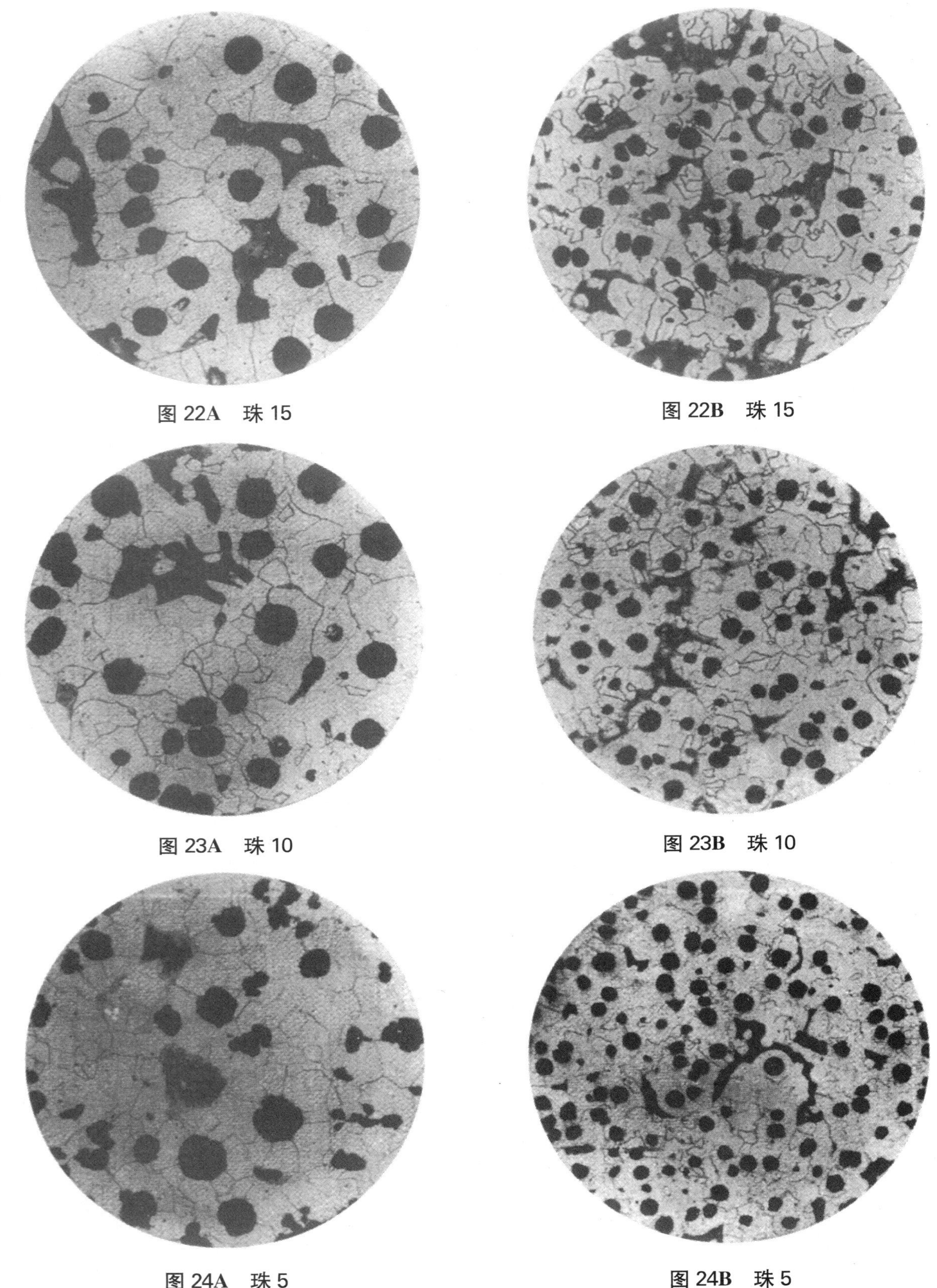

图 22A　珠 15

图 22B　珠 15

图 23A　珠 10

图 23B　珠 10

图 24A　珠 5

图 24B　珠 5

4.4　分散分布的铁素体数量

4.4.1　抛光态试样经 2%～5%硝酸酒精溶液侵蚀后，检验分散分布的铁素体数量，放大倍数 100 倍。

选取有代表性的视场对照相应的评级图评定。

4.4.2 分散分布的铁素体数量，分块状 A 和网状 B 两组图片，见表 4 和图 25～图 30。

表 4 分散分布的铁素体数量分级

级别名称	块状或网状铁素体数量/%	图 号
铁 5	≈5	25A、25B
铁 10	≈10	26A、26B
铁 15	≈15	27A、27B
铁 20	≈20	28A、28B
铁 25	≈25	29A、29B
铁 30	≈30	30A、30B

分散分布的铁素体数量分级图(100×)

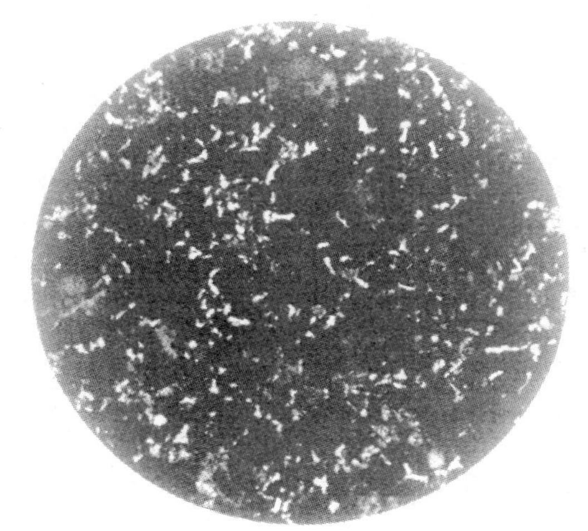

图 25A 铁 5

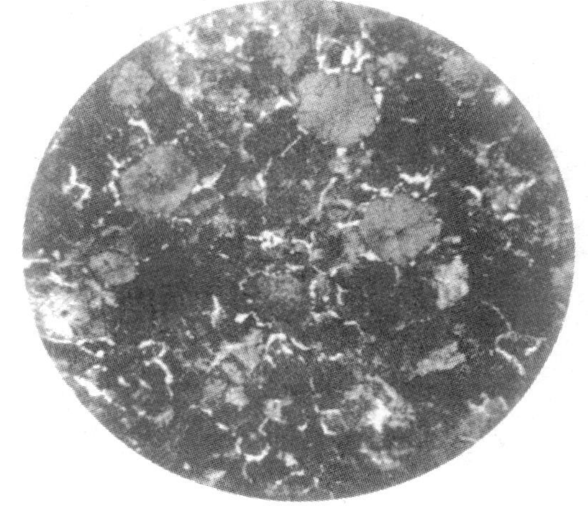

图 25B 铁 5

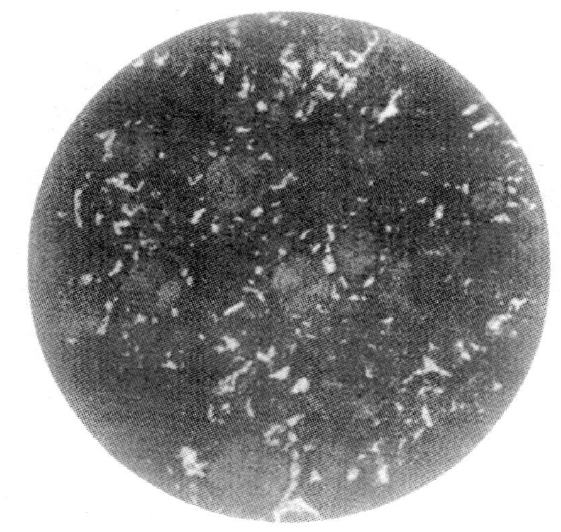

图 26A 铁 10

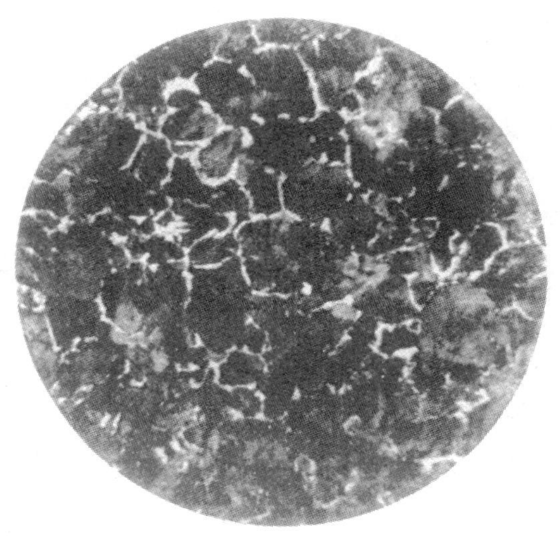

图 26B 铁 10

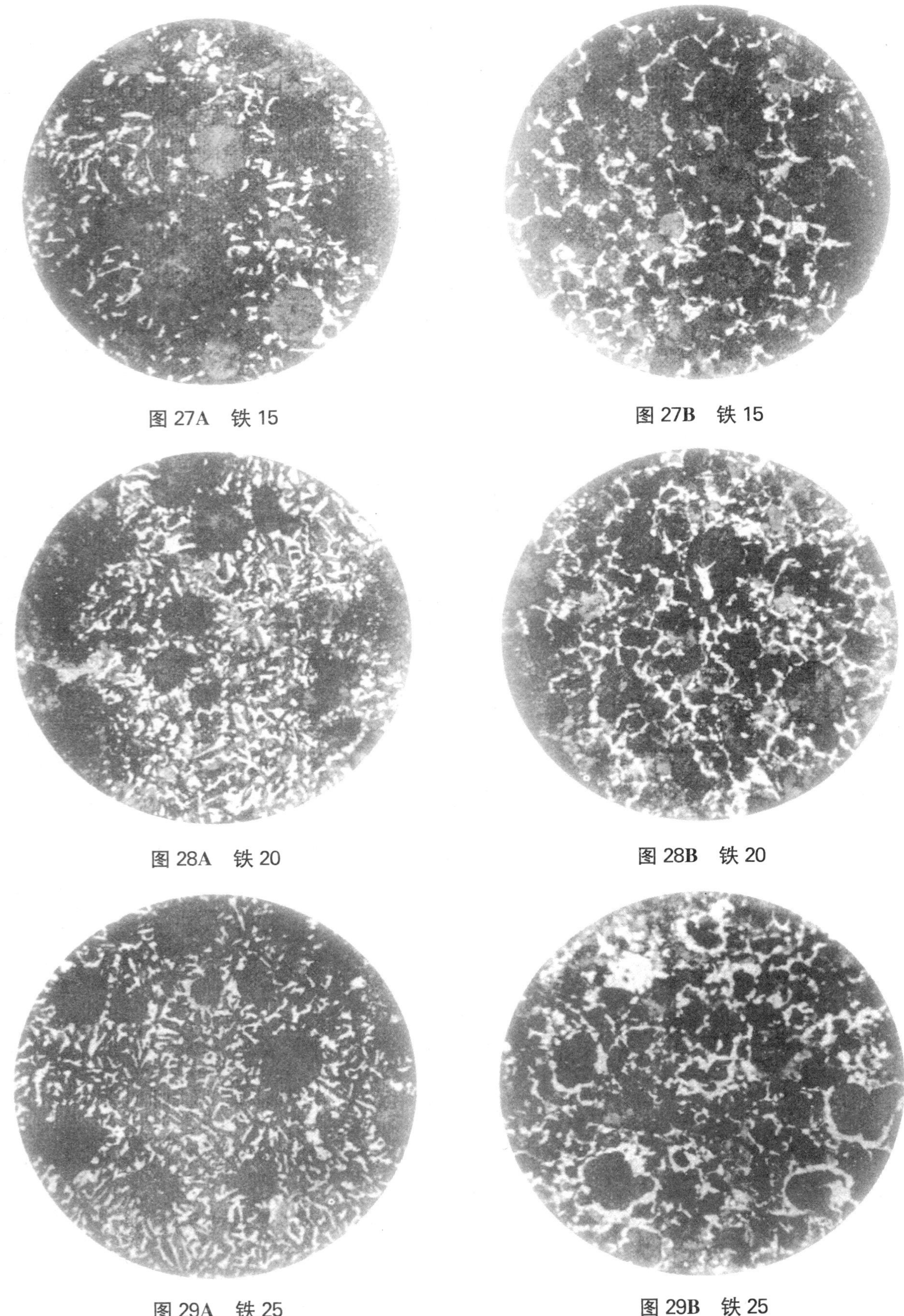

图 27A 铁 15

图 27B 铁 15

图 28A 铁 20

图 28B 铁 20

图 29A 铁 25

图 29B 铁 25

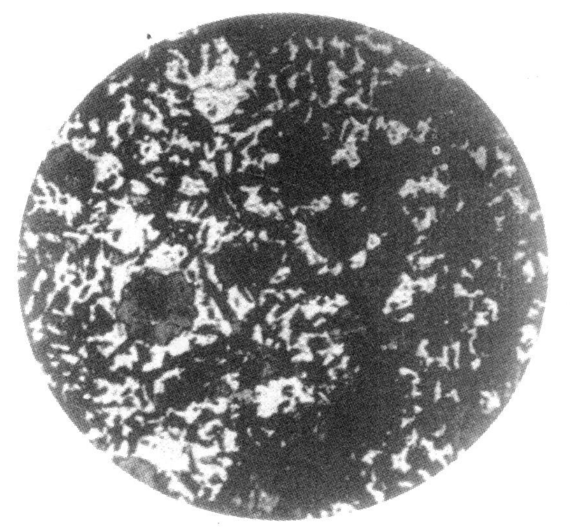
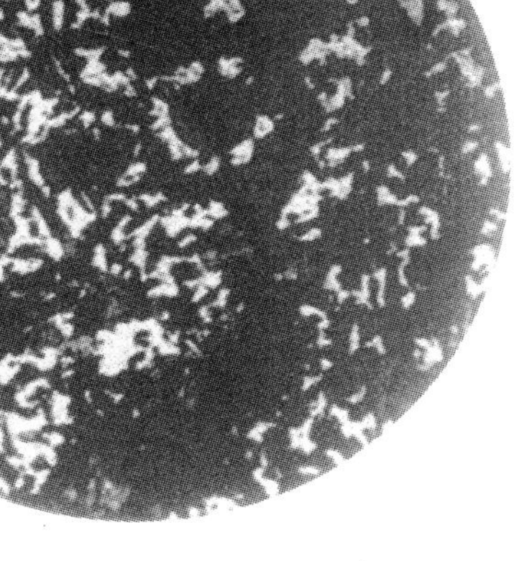

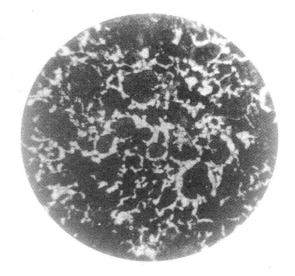

图 30A　铁 30

图 30B　铁 30

4.5　磷共晶数量

4.5.1　抛光态试样经 2%～5%硝酸酒精溶液侵蚀后，检验磷共晶数量，放大倍数 100 倍。首先观察整个受检面，以数量最多的视场对照相应的评级图评定。

4.5.2　磷共晶数量分级见表 5 和图 31～图 35。

表 5　磷共晶数量分级

级别名称	磷共晶数量/%	图　号
磷 0.5	≈0.5	31
磷 1	≈1	32
磷 1.5	≈1.5	33
磷 2	≈2	34
磷 3	≈2.5	35

磷共晶数量分级图(100×)

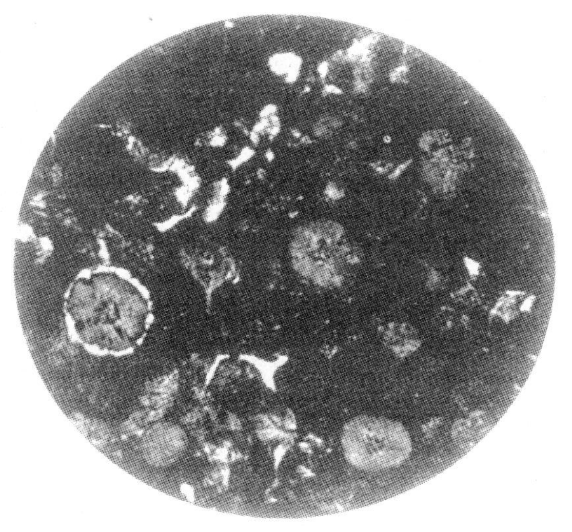

图 31　磷 0.5

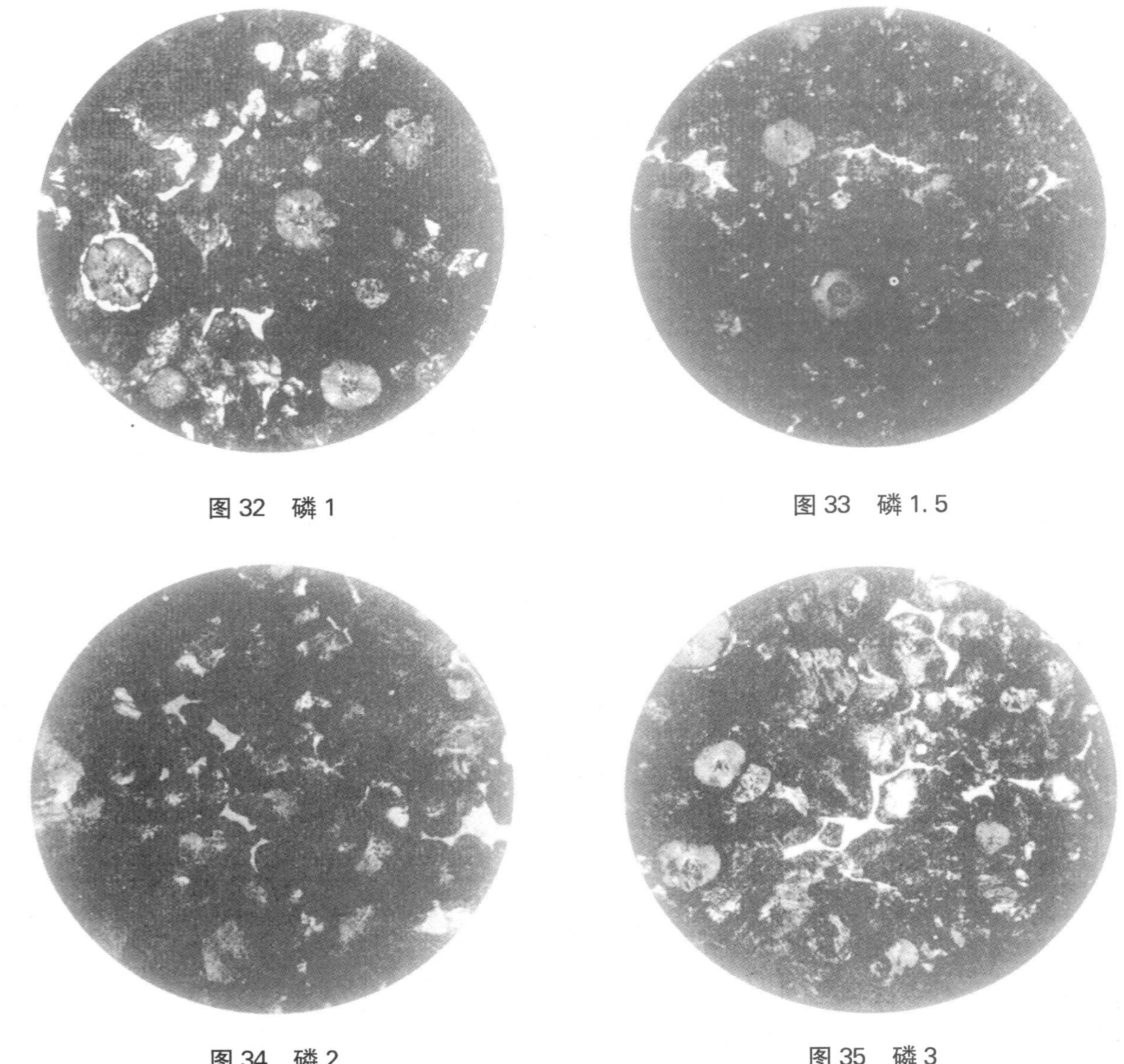

图 32 磷 1

图 33 磷 1.5

图 34 磷 2

图 35 磷 3

4.6 碳化物数量

4.6.1 抛光态试样经 2%～5%硝酸酒精溶液侵蚀后，检验碳化物数量，放大倍数 100 倍。首先观察整个受检面，以数量最多的视场对照相应的评级图评定。

4.6.2 碳化物数量分级见表 6 和图 36～图 40。

表 6 碳化物数量分级

级别名称	碳化物数量/%	图 号
碳 1	≈1	36
碳 2	≈2	37
碳 3	≈3	38
碳 5	≈5	39
碳 10	≈10	40

碳化物数量分级图(100×)

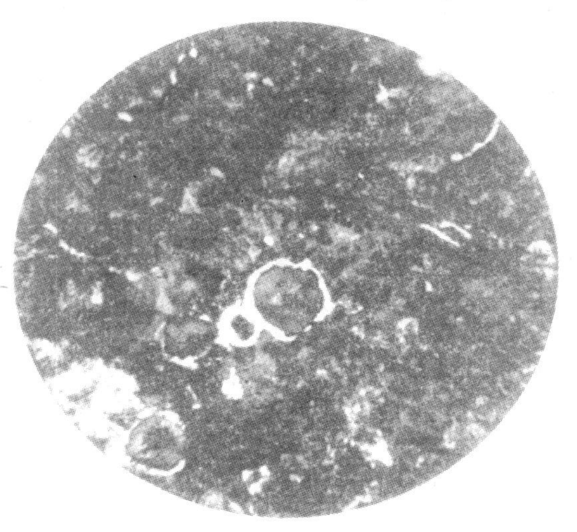

图 36　碳 1

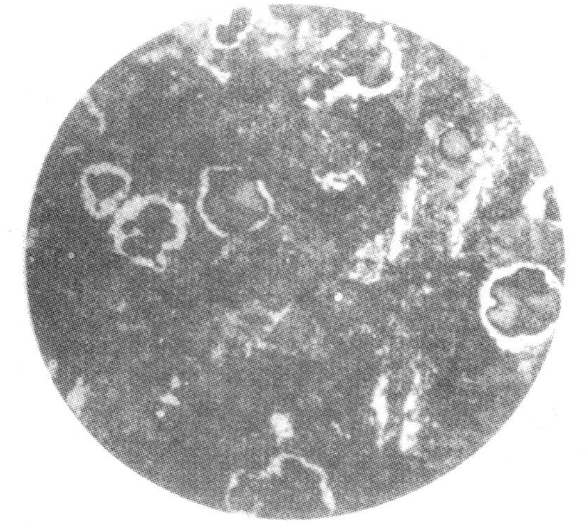

图 37　碳 2

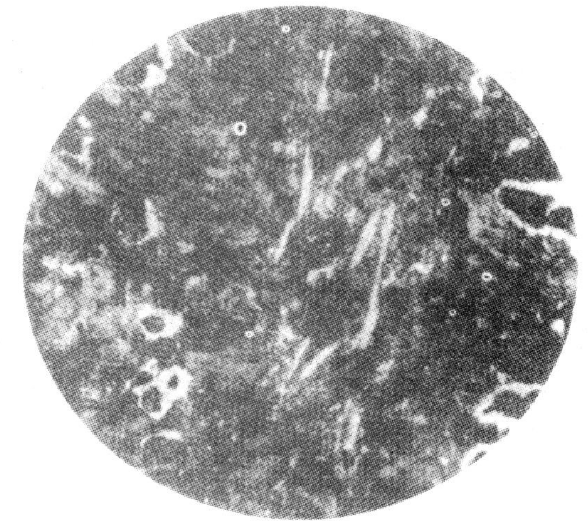

图 38　碳 3

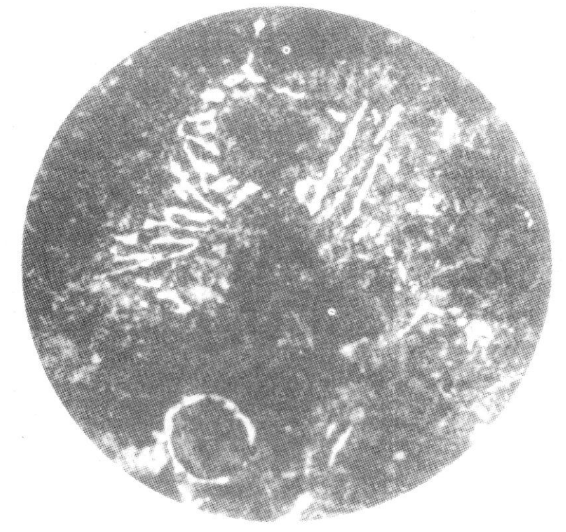

图 39　碳 5

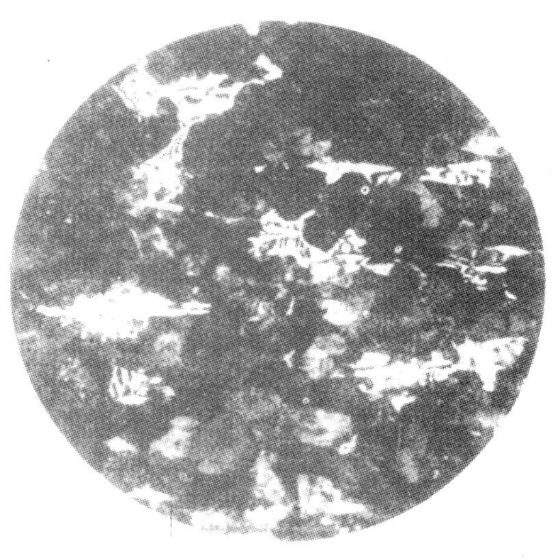

图 40　碳 10

4.7 石墨球数

在抛光态下检验石墨球数，首先观察整个受检面，选取有代表性视场的石墨球数计算，通过计算一定面积内的石墨球数 n 来测定单位平方毫米内的石墨球数。

4.7.1 石墨球数的计算

将已知面积 A(通常使用直径为 79.8mm，面积 5000mm^2 的圆形)的测量网格置于石墨图形上，选用测量面积内至少有 50 个石墨球的放大倍数 F。计算完全落在测量网格内的石墨球数 n_1 和被测量网格所切割的石墨球数 n_2。于是，该面积范围内的总的石墨球数 n 为：

$$n = n_1 + \frac{n_2}{2} \qquad (1)$$

4.7.2 试样每平方毫米内石墨球数的计算

通过已知面积圆内的石墨球数 n 和观测用的放大倍数 F，可计算出实际试样面上单位平方毫米内石墨球数 n_F。

$$n_F = \frac{n}{A} \times F^2 \qquad (2)$$

式中：

A——所使用的测量网格面积，单位为平方毫米(mm^2)。

4.7.3 图像分析法

采用图像分析仪，在抛光态下直接进行阈值分割提取石墨球，首先观察整个受检面，选取有代表性视场，测量单位平方毫米的石墨球数。

5 结果表示

5.1 球化分级以球化级别和/或球化率表示(不允许跨级评定)。

5.2 石墨大小以级别表示。

5.3 石墨球数以单位平方毫米石墨球个数取整数表示。

5.4 珠光体数量、分散分布铁素体数量、磷共晶数量以及碳化物数量用相应的级别名称或百分数来表示。如果碳化物和磷共晶总含量不超过 5%时，二者可以合并评定。

6 试验报告

试验报告包括以下部分：

a) 标准号；

b) 样品的名称及特征描述；

c) 测定方法；

d) 检验结果；

e) 试验报告编号和检测日期；

f) 试验员。

附　录　A
（资料性附录）
ISO 945 石墨分类

A.1　ISO 945 按石墨形态分为六类，具体分类见表 A.1，及图 A.1、图 A.2 所示。

表 A.1　石墨的分类

石墨类型	名　称	存在的铸铁类型
Ⅰ	片状石墨	灰铸铁，及其他类型铸铁材料的边缘区域
Ⅱ	聚集的片状石墨，蟹状石墨	快速冷却的过共晶灰铸铁
Ⅲ	蠕虫石墨	蠕墨铸铁、球墨铸铁
Ⅳ	团絮状石墨	可锻铸铁、球墨铸铁
Ⅴ	团状石墨	球墨铸铁、蠕墨铸铁、可锻铸铁
Ⅵ	球状石墨	球墨铸铁，蠕墨铸铁

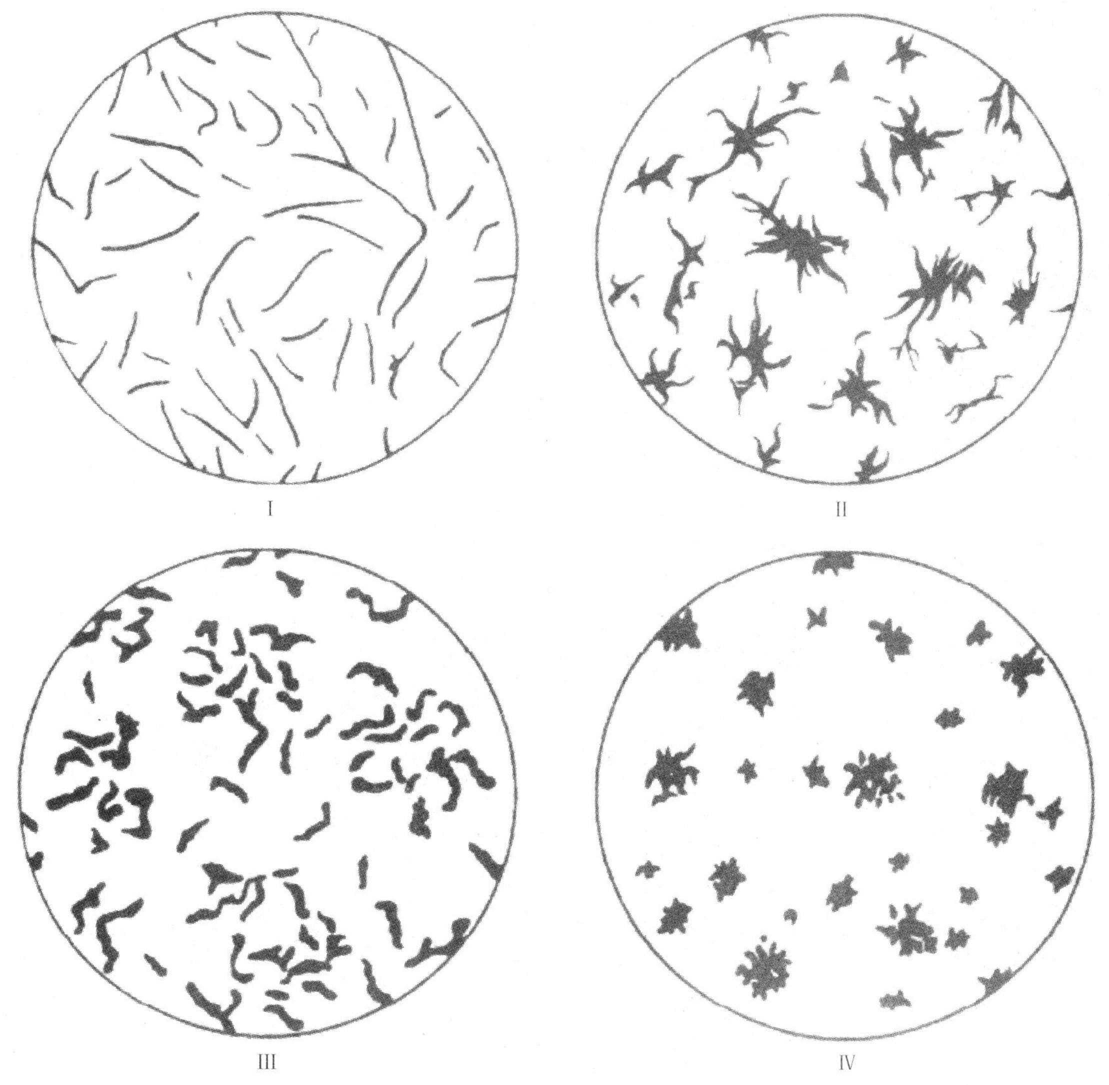

图 A.1　石墨分类示意图

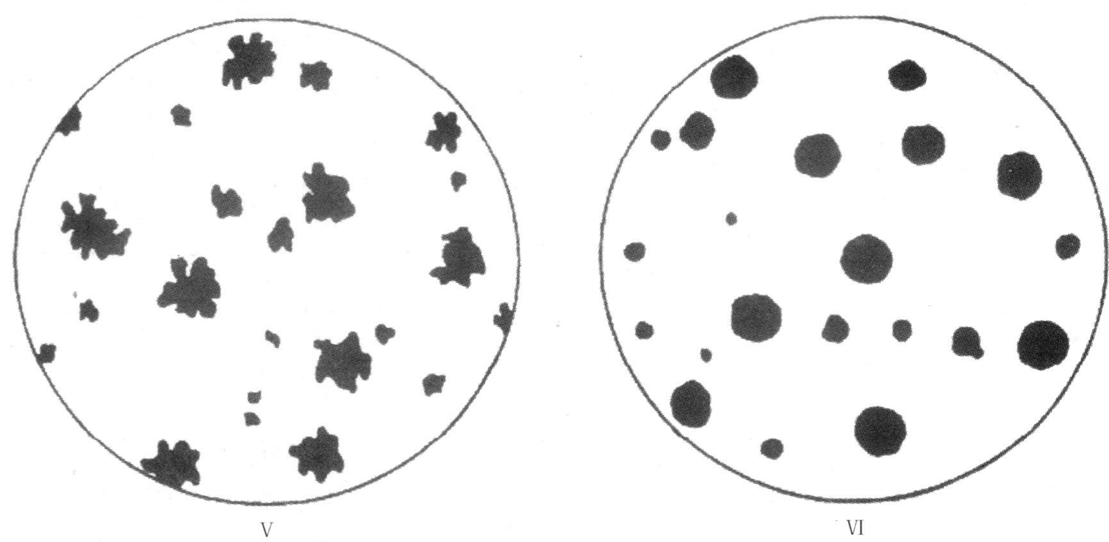

图 A.1(续)

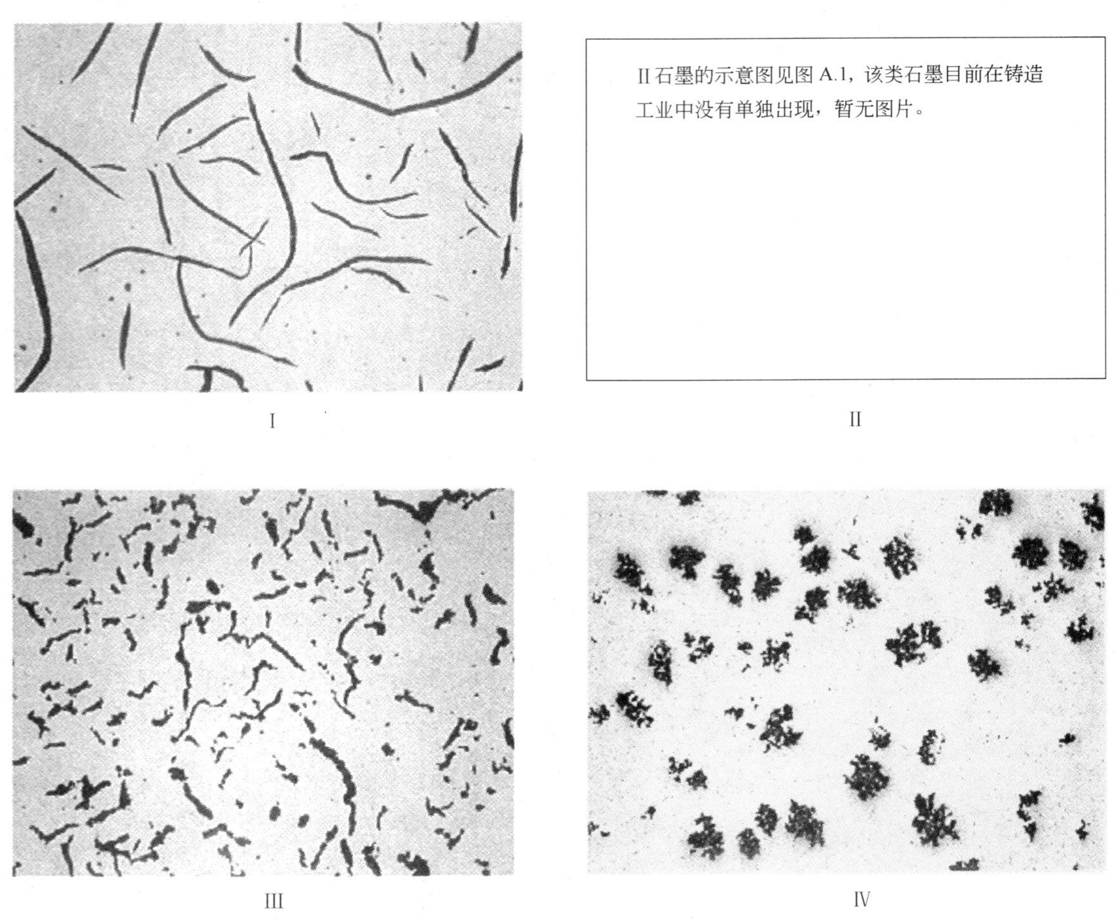

图 A.2　典型石墨分类图片

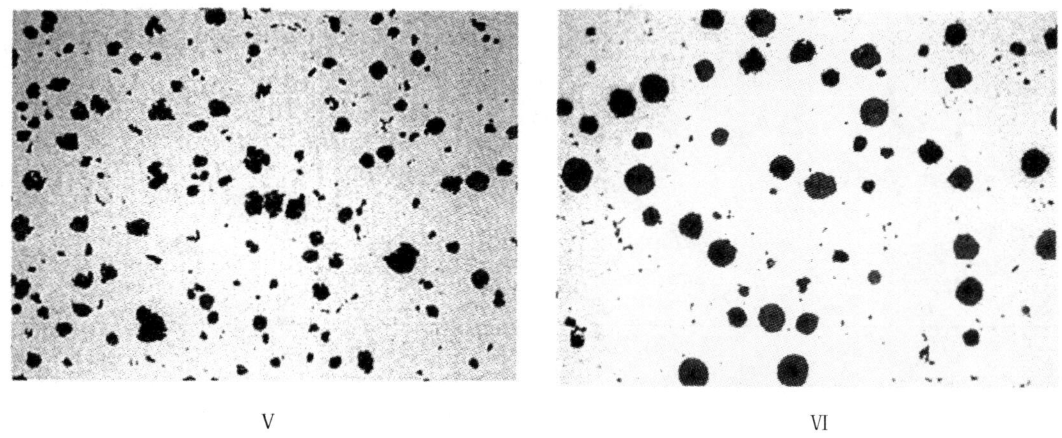

Ⅴ　　　　　　　　Ⅵ

图 A.2（续）

ICS 03.100.30；19.100
J 04

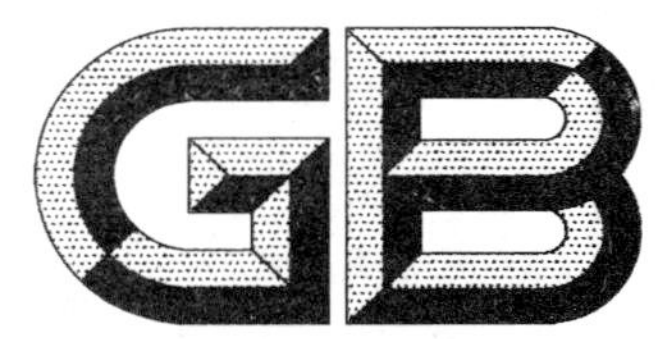

中华人民共和国国家标准

GB/T 9445—2008/ISO 9712：2005
代替 GB/T 9445—2005

无损检测　人员资格鉴定与认证

Non-destructive testing—Qualification and certification of personnel

（ISO 9712：2005，IDT）

2008-05-13 发布　　2008-11-01 实施

中华人民共和国国家质量监督检验检疫总局
中国国家标准化管理委员会　发布

目　次

前　言

本标准等同采用ISO 9712:2005《无损检测　人员资格鉴定与认证》(英文版)。

本标准等同翻译ISO 9712:2005。

为便于使用,本标准做了下列编辑性修改:

——“本国际标准”一词改为“本标准”;

——用小数点“.”代替作为小数点的逗号“,”;

——删除国际标准的前言。

本标准代替GB/T 9445—2005《无损检测　人员资格鉴定与认证》。

本标准与GB/T 9445—2005相比主要变化如下:

——修改了部分术语和定义(见第3章);

——修改和调整了职责(2005年版的第6章,本版的第5章);

——调整了资格鉴定的等级(2005年版的第5章,本版的第6章);

——修改了合格条件(见第7章);

——修改了资格鉴定考试的实施(2005年版的8.3、8.4和8.5,本版的第9章);

——调整了认证(2005年版的第9章和第10章,本版的第10章);

——增加了NDT新方法或门类的介绍(见第12章);

——增加了试样的标准检测报告(见附录B);

——增加了1级和2级试样(见附录C);

——调整了1级和2级实际操作考试的权重(2005年版的表6,本版的附录D);

——增加了3级NDT工艺规程考试的权重(见附录E);

——修改了3级重新认证的信用体系(2005年版的附录C,本版的附录F)。

本标准的附录B、附录C和附录F为规范性附录,附录A、附录D和附录E为资料性附录。

本标准由中国机械工业联合会提出。

本标准由全国无损检测标准化技术委员会(SAC/TC 56)归口。

本标准起草单位:上海材料研究所、中国机械工程学会无损检测分会。

本标准主要起草人:朱亚青、马铭刚、金宇飞。

本标准所代替标准的历次版本发布情况为:

——GB 9445—1988、GB/T 9445—1999、GB/T 9445—2005。

无损检测　人员资格鉴定与认证

1　范围

本标准规定了无损检测(NDT)人员资格鉴定与认证。本标准适用于下列一种或多种方法：

a)　声发射检测；

b)　涡流检测；

c)　红外热成像检测；

d)　泄漏检测(不包括水压试验)；

e)　磁粉检测；

f)　渗透检测；

g)　射线照相检测；

h)　应变检测；

i)　超声检测；

j)　目视检测(不包括直接目视检测以及应用其他无损检测方法时所采用的目视检测)。

本标准的认证，提供了NDT操作人员通用能力的证明。但这并不代表操作授权，因为那是雇主的责任——经认证的雇员可能需要补充雇主方面的诸如设备、NDT工艺规程、原材料和产品等特性的专门知识。当法规和规范有要求时，操作授权由雇主根据质量工艺规程签发，该质量工艺规程规定了雇主必需的职位专业培训和考试，以验证持证人员了解被检产品所涉及的工业规范、标准、NDT工艺规程、设备和验收准则等相关知识。

本标准规定的体系也适用于具有独立认证程序的其他NDT方法。

2　规范性引用文件

下列文件中的条款通过本标准的引用而成为本标准的条款。凡是注日期的引用文件，其随后所有的修改单(不包括勘误的内容)或修订版均不适用于本标准，然而，鼓励根据本标准达成协议的各方研究是否可使用这些文件的最新版本。凡是不注日期的引用文件，其最新版本适用于本标准。

GB/T 27024　合格评定　人员认证机构通用要求(GB/T 27024—2004，ISO/IEC 17024:2003，IDT)

3　术语和定义

下列术语和定义适用于本标准。

3.1

授权的资格鉴定机构　authorized qualifying body

独立于雇主的、经认证机构授权的负责准备和管理资格鉴定考试的机构。

3.2

报考人　candidate

提出申请资格鉴定与认证、并在有适当资格人员监督下取得工业经历的个人。

3.3

证书　certificate

由认证机构按本标准规定颁发的书面证明，证书上表明了持证人员所具有的能力。

3.4

认证机构 certification body

按本标准的要求,对认证过程进行管理的机构。

3.5

认证 certification

认证机构所实施的确认达到相关方法、等级、门类等资格鉴定要求以及颁发证书的过程。

注:颁发证书并不是授权操作,授权操作的权力只能由雇主授予。

3.6

雇主 employer

报考人的工作单位。

3.7

考试中心 examination centre

经认证机构认可的执行资格鉴定考试的中心。

3.8

监考人 invigilator

经认证机构授权实施监督考试的人员。

3.9

基础考试 basic examination

3级书面考试之一,以考核报考人对材料科学与加工工艺、不连续类型、本标准的资格鉴定与认证体系、与2级要求相当的NDT各方法的基本原理等方面所具有的知识。

注:有关资格鉴定三个等级的说明见第6章。

3.10

通用考试 general examination

1级或2级书面考试之一,涉及某种NDT方法的原理。

注:有关资格鉴定三个等级的说明见第6章。

3.11

主要方法考试 main-method examination

3级书面考试之一,以考核报考人在其所申请认证的工业或产品门类中应用NDT方法所具有的通用和专业知识,以及编写NDT工艺规程的能力。

注:有关资格鉴定三个等级的说明见第6章。

3.12

实际操作考试 practical examination

实际操作技能的评价,以考核报考人完成检测任务的熟练程度和能力。

3.13

资格鉴定考试 qualification examination

由认证机构或授权的资格鉴定机构管理的考试,以评定报考人在通用、专业和实际操作等方面的知识和技能。

3.14

专业考试 specific examination

1级和2级书面考试之一,涉及有关应用于某一特定门类的检测技术,包括被检产品及其规范、标准、技术条件、工艺规程和验收准则等方面的知识。

注:有关资格鉴定三个等级的说明见第6章。

3.15

主考人 examiner

持有产品或工业门类以及该方法3级证书、经认证机构授权负责指挥、监督资格鉴定考试和评分的人员。

注:有关资格鉴定三个等级的说明见第6章。

3.16

工业经历 industrial experience

在有效监督下所积累的、被认证机构所接受的经历,即资格鉴定所规定的在相关门类应用NDT方法所需获得的技能和知识。

3.17

选择题 multiple-choice examination question

一种题目,给出四个可能的答案,其中仅一项是正确的,其余三项为不正确或不完全正确。

3.18

职位专业培训 job-specific training

由雇主(或其代理)提供给持证人员的,与无损检测专业相关的雇主的产品、NDT设备、NDT工艺规程,以及适用的规范、标准、技术条件和工艺规程等的作业指导,使之授予操作授权。

3.19

NDT作业指导书 NDT instruction

依据标准、规范、技术条件或NDT工艺规程编写的书面文件,记述有检测时的精确步骤。

3.20

NDT方法 NDT method

无损检测中应用某种物理原理的学科。

例如:超声检测。

3.21

NDT工艺规程 NDT procedure

按标准、规范或技术条件应用无损检测产品的书面文件,记述有全部的基本参数和警示。

3.22

NDT技术 NDT technique

NDT方法的一种特定的应用方式。

例如:液浸超声检测。

3.23

NDT培训 NDT training

按认证机构认可的培训大纲制定的培训课程,对所申请认证的NDT方法的理论和实际操作进行作业指导的过程,但不包括使用资格鉴定考试用的试样。

3.24

操作授权 operating authorization

雇主根据认证范围授权个人进行指定任务而颁发的书面文件。

注:这种授权依据所提供的职位专业培训而定。

3.25

资格鉴定 qualification

适当完成NDT任务所必需的体格、知识、技能、培训和经历等方面的实证。

3.26

门类 sector

工业或加工工艺中,有关产品的知识、技能、设备或培训等具有特定要求,而需应用特定的NDT操作方法的特定领域。

注:一个门类能被解释为一个产品(焊接件、铸件)或一个工业(航天工业、在役检测)(见附录 A)。

3.27

重大中断　significant interruption

持证人员在与其等级相对应的所认证的方法和门类的实际工作方面,发生连续时间超过 1 年或累积时间超过 2 年的脱离或变动。

注:法定假期或不超过 30 天的病假,不计入中断时间。

3.28

技术条件　specification

规定要求的文件。

3.29

试样　specimen

实际操作考试所用的样件,可能还包括射线照相底片和数据记录,并且在所适用门类的典型被检产品中最好具有代表性。

注:能包含一个以上的被检区域或体积。

3.30

试样的标准检测报告　specimen master report

体现最佳结果的标准答案,是在与实际操作考试所规定的同等条件(设备类型、设置、技术、试样等等)下事先得到的,据此对报考人的检测报告进行评分。

3.31

有效监督　qualified supervision

对报考人积累经历的监督。监督人是按本标准认证的 NDT 人员,或者是虽未经认证,但经认证机构评定已具备适当完成这种监督所需的知识、技能、培训和经历的人员。

3.32

监督　supervision

对由其他 NDT 人员进行 NDT 工作时进行监控的行为,包括对检测准备、检测实施和结果报告等的监控。

3.33

验证　validate

论证某一需核实的实际操作所用的工艺规程以及达到其预期作用的行为,通常采用实况目击、实证、现场或实验室检测或选择性试验等方式来实现。

4　符号和缩略语

声发射检测	AT
涡流检测	ET
红外热成像检测	TT
泄漏检测	LT
磁粉检测	MT
无损检测	NDT
渗透检测	PT
射线照相检测	RT
应变检测	ST
超声检测	UT
目视检测	VT

5 职责

5.1 概述

认证体系应由认证机构(必要时,授权的鉴定机构作为协助)来监控和管理。认证体系包括验证申请人(报考人)执行特定 NDT 方法、产品或工业门类的资格,使其能力得以证明的整个过程。

5.2 认证机构

5.2.1 认证机构应符合 GB/T 27024 的要求,不宜直接参与 NDT 人员的培训,宜得到 NDT 团体或国家的 ISO 成员团体的公认。

5.2.2 认证机构应得到一个由诸如 NDT 学会、委员会、用户、供应商和政府有关部门等相关各方的代表所组成的技术委员会的支撑。该委员会应负责制定和修订考试的技术标准,其成员应具有 NDT 认证和(或)经历等方面的适当资格。

5.2.3 认证机构:

a) 应按本标准创建、推动、维护和管理认证方案;

b) 应批准由其监控的具有适合工作人员和设备的考试中心;

c) 在直接负责的情况下,可将资格鉴定的具体管理工作委托给授权的资格鉴定机构,认证机构则负责发布有关装置、人员、设备、考试材料、记录等方面的技术条件;

d) 应对资格鉴定机构进行初审,以及随后的定期监视审计,以确保其符合技术条件;

e) 应颁发所有证书;

f) 应负责所有考试资料(试样、标准检测报告、题库、试卷等等)的安全;

g) 应确保考试用试样未用于培训;

h) 应负责门类的确定(见附录 A)。

5.3 授权的资格鉴定机构

5.3.1 已建立的授权的资格鉴定机构,应:

a) 在认证机构的监控下工作;

b) 确保对每位申请资格鉴定的报考人的尊重和公平,出现或潜在的不公将导致认证机构的警告;

c) 符合认证机构发布的技术条件[见 5.2.3c)];

d) 执行经认证机构认可的质量管理体系文件;

e) 具有建立、监视和控制考试中心(包括考试和设备的校准和操纵)所必需的资源和专业人员;

f) 在认证机构授权的主考人的负责下,准备和监督考试;

g) 按认证机构的要求保管有效记录。

5.3.2 如果未有授权的资格鉴定机构,认证机构应达到资格鉴定机构的要求。

5.4 考试中心

5.4.1 考试中心应:

a) 在认证机构或授权的资格鉴定机构的监控下工作;

b) 执行经认证机构认可的质量管理体系文件;

c) 具有实施考试(包括设备的校准和操纵)所必需的资源;

d) 在认证机构授权的主考人的负责下,准备和执行考试;

e) 具有足够数量和相应资格的工作人员、场地和设备,以确保满足相关等级、方法和门类的资格鉴定考试;

f) 仅使用由认证机构建立和认可的文件和试题;

g) 在执行实际操作考试时,仅使用由认证机构准备或认可的试样,若存在有多个考试中心时,每个中心应配备有含有类似不连续的检测难度相当的试样;

h） 按认证机构的要求保管有效记录。

5.4.2 考试中心可设在雇主的场所。但在这种情况下，认证机构应增加监控力度以保证其公正性，考试应在认证机构授权的代表在场并且在其监督下才能举行。

5.5 雇主

5.5.1 雇主应确认报考人提供给认证机构或授权的资格鉴定机构的个人资料是有效的。这些表明报考人是符合报考条件的资料应包括学历、培训和经历等必要证明。如果报考人是失业者或个体经营者，其学历、培训和经历等证明应经一个或多个非相关方（单位或个人）的确认。

5.5.2 无论是雇主还是其员工，不应直接参与资格鉴定考试工作。

5.5.3 在有持证人员监控的情况下，雇主应：

a） 对所有的操作授权和职位专业培训负全责；

b） 对 NDT 操作结果负责；

c） 确保员工的年检视力符合 7.2.1 的要求；

d） 核实所申请 NDT 方法的工作是连续而无重大中断的。

5.5.4 个体经营者个人应承担属于雇主的全部责任。

6 资格鉴定的等级

6.1 概述

按本标准认证的个人，应分为如下三个等级。

6.2 1级

6.2.1 1级持证人员应已证实具有在2级或3级人员监督下，按 NDT 作业指导书实施 NDT 的能力。在证书所明确的能力范围内，经雇主授权后，1级人员可按 NDT 作业指导书执行下列任务：

a） 调整 NDT 设备；

b） 执行检测；

c） 记录和分类检测结果；

d） 报告检测结果。

6.2.2 1级持证人员不应负责选择检测方法或技术，也不对检测结果作评价。

6.3 2级

6.3.1 2级持证人员应已证实具有按已制定的工艺规程执行 NDT 的能力。在证书所明确的能力范围内，经雇主授权后，2级人员可：

a） 选择所用检测方法的 NDT 技术；

b） 限定检测方法的应用范围；

c） 根据实际工作条件，把 NDT 规范、标准、技术条件和工艺规程转化为 NDT 作业指导书；

d） 调整和验证设备设置；

e） 执行和监督检测；

f） 按适用的规范、标准、技术条件或工艺规程解释和评价检测结果；

g） 准备 NDT 作业指导书；

h） 实施和监督属于2级或低于2级的全部工作；

i） 为2级或低于2级的人员提供指导；

j） 编写 NDT 结果报告。

6.4 3级

6.4.1 3级持证人员应已证实具有其认证内容执行和指挥 NDT 操作的能力。在证书所明确的能力范围内，经雇主授权后，3级人员可：

a) 对检测设施或考试中心和员工负全部责任；

b) 制定和验证 NDT 作业指导书和工艺规程，审核其在编辑和技术上没有差错；

c) 解释规范、标准、技术条件和工艺规程；

d) 确定所采用的特定的检测方法、工艺规程和 NDT 作业指导书；

e) 实施和监督各个等级的全部工作；

f) 为各个等级的 NDT 人员提供指导。

6.4.2 3 级人员应已证实具有：

a) 用现行规范、标准、技术条件和工艺规程来评定和解释结果的能力；

b) 在选择 NDT 方法、确定 NDT 技术以及协助制定验收准则(在没有现成可用的情况)时所需的有关原材料、制成品和加工工艺等方面的丰富实际知识；

c) 一般地熟悉其他 NDT 方法。

7 合格条件

7.1 概述

报考人在资格鉴定前应先达到视力和培训的最低要求，在认证前应先达到工业经历的最低要求。

7.2 视力要求(各个等级)

7.2.1 报考人应提供符合下列要求的视力合格书面证明：

a) 无论是否经过矫正，在不小于 30cm 距离处，一只眼睛或两只眼睛的近视力应能读出 Times New Roman 4.5 或等同大小的字母(Times New Roman 4.5 点的垂直高度，每 1 点为 1/72 in 或 0.3528mm)；

b) 报考人的色觉应能足以辨别雇主规定的 NDT 相关方法所涉及的颜色间的对比。

7.2.2 认证后，视力应由雇主或责任单位负责每年进行一次检查和验证[见 5.5.3c)]。

7.3 培训

7.3.1 申请 1 级和 2 级认证的报考人，应按认证机构所接受的格式，提供有关按认证机构要求已圆满完成所申请认证方法和等级培训的书面证明。

7.3.2 考虑到 3 级报考人在科学和技术方面的潜力，资格鉴定前的准备可采取不同方式：参加培训班、学术会议或研讨会，研读图书、期刊杂志和其他印刷版或电子版的专业文章。无论这种准备的方式如何，3 级报考人应按认证机构所接受的格式，递交适当的培训书面证明。

7.3.3 申请认证的报考人参加培训的最少连续时间应符合表 1 要求。有关培训课程内容的指南参见参考文献[1]和[2]。

表 1 最低培训要求

单位为小时

NDT 方法		1 级	2 级(含 1 级)	3 级(含 2 级)
AT		40	104	150
ET		40	104	150
TT		40	120	160
LT	A 基础知识	8	24	36
	B 压力法	14	45	66
	C 示踪气体法	18	54	78
MT		16	40	60
PT		16	40	60
RT		40	120	160
ST		16	40	60

表 1(续)　　单位为小时

NDT 方法	1 级	2 级(含 1 级)	3 级(含 2 级)
UT	40	120	160
VT	16	40	64

注:培训时间取决于报考人所拥有的基本数学技能和材料加工的知识。如果这些都较差,认证机构可要求增加培训时间。培训时间中包含理论和实际操作两个部分。如果申请认证在方法应用上范围是有限的,培训时间可最多减少 50%。报考人如果是技术类学院或大学毕业,或在学院或大学里至少完成 2 年的工程或科学学习,则认证机构可接受的缩减时间为所要求的总培训时间的 50%。

7.4　工业经历

7.4.1　工业经历可在资格鉴定考试通过之前或之后获得。工业经历的书面证明应由雇主负责证实,并提供给认证机构或授权的资格鉴定机构。如果工业经历是在考试通过之后获得的,则考试结果应给予 5 年的有效期。

7.4.2　每一种 NDT 方法所需工业经历的连续时间应符合表 2 要求。但是,认证机构在考虑到下列情况后,可做出允许缩减工业经历时间的决定。

a)　取得工业经历的效果不尽相同,在与申请认证方法高度相关且经验(知识)密集的环境中工作,可快而多地获得技能。

b)　当同时在两个或多个表面 NDT 方法上获得工业经历,如 MT、PT 和 VT,则在一个 NDT 方法应用中获得的工业经历,可补充在其他一个或多个表面 NDT 方法中获得的工业经历。

c)　已认证的一个 NDT 方法的一个门类的工业经历,可补充于同一 NDT 方法的其他门类的工业经历。

d)　报考人的学历水平也宜考虑。这对 3 级报考人尤为重要,但也适用于其他等级。技术类学院或大学毕业,或在学院或大学里至少完成 2 年的工程或科学学习,可作为减少工业经历的理由。

表 2　工业经历

NDT 方法	以月为单位(总数累计)[a,b,c]		
	1 级[d,e]	2 级[d,e,f](含 1 级)	3 级[g](含 2 级)
AT、ET、TT、LT、RT、UT	3	12	30
MT、PT、ST、VT	1	4	16

a　以月为单位计算的工业经历是基于 40 小时为一周或法定的工作周。若有人每周的工作时间超过 40h,也可按累计的总小时数来计算,但应出示这一工业经历的证明。

b　若报考人同时从事本标准涉及的两个或多个 NDT 方法时,可按如下方法减少所要求工业经历总时间:
——两种检测方法,减少总时间的 25%;
——三种检测方法,减少总时间的 33%;
——四种或更多检测方法,减少总时间的 50%。
任何情况都应要求报考人出示证明:其所申请认证的那种检测方法,至少达到表 1 所要求的一半时间。

c　任何情况都应要求报考人出示证明:其所申请认证的那种 NDT 方法/门类,至少达到工业经历所要求的一半时间,且持续时间不应少于一个月。

d　如果申请认证在应用上范围是有限的(如超声测厚),工业经历最多可减少 50%(但不应少于一个月)。

e　实际操作课上获得的工业经历最多可达 50%,这样,加权因子最多可达 7。该课程应致力于在经常发生检测问题方面的实际解决能力,包括针对性地检测带有已知缺陷的试样,该课程应得到认证机构的认可。

f　对于 2 级认证,本标准指的是执行 1 级工作获得的工业经历。

g　对于 3 级认证,本标准指的是执行 2 级工作获得的工业经历。如果报考人无 2 级而直接申请 3 级的资格鉴定,则上述规定的工业经历时间不应允许减少。

8 资格鉴定考试(内容和评分)

8.1 概述

资格鉴定考试应包括将一个给定的NDT方法应用于一个工业门类,或一个或多个产品门类。认证机构应规定和告知报考人完成每一项考试可用的最大时间量,时间量的大小应视试题的数量和难易程度而定。作为指导性意见,每一道选择题允许的平均答题时间不大于3min。问答题的平均答题时间,应由认证机构决定。

8.2 1级和2级通用考试的内容

8.2.1 通用考试的试题应仅从认证机构或授权资格鉴定机构最新的通用考试题库中随机抽取。报考人应至少要回答表3中规定数量的题目。

8.2.2 在射线照相检测考试中应增加辐射安全方面的内容,除非国家法规不强调。

8.2.3 射线照相检测考试中应包括X射线或γ射线的内容或两者都包括,主要根据认证机构的工艺规程。

表3 1级和2级通用考试试题的最低数量

NDT方法	试题数量
AT、ET、TT、RT、UT	40
LT、MT、PT、ST、VT	30

8.3 1级和2级专业考试的内容

8.3.1 专业考试应全是选择题,由认证机构或授权资格鉴定机构从现行的与门类有关的专业考试题库中随机抽取。专业考试可包括计算,规范、标准、技术条件和工艺规程等内容的试题。报考人应至少要回答20道选择题,也可包含附加短文或简答题。

8.3.2 如果专业考试内容涵盖两个或多个门类,试题数量应至少为30题,并均匀覆盖所涉及的门类。

8.4 1级和2级实际操作考试的内容

8.4.1 实际操作考试应包括:在指定的试样上应用所考的NDT方法,记录(2级报考人为解释)结果信息,并按规定格式编制检测报告。

8.4.2 认证机构应确保每件试样具有唯一标识,并附有试样的标准检测报告,其内容包括检测出试样中指定不连续时的设备参数。试样的标准检测报告的要求见附录B。

8.4.3 认证机构应确保每份试样的标准检测报告的编制至少是经过了2次独立检测,并经过主考人的验证。

8.4.4 认证机构应确保每件试样是专属于某门类,模拟产品的几何形状,并且含有能代表在制造过程或在役时经常出现的不连续(固有、加工和在役不连续)。不连续可以是自然的、人工的和移植的。RT用试样,不必含有不连续,因为已反映在供2级考试评片用的射线照相底片上。同样,AT、TT和ST的试样中也不必含有不连续,因为已反映在供2级考试解释用的数据中。更多的试样信息见附录C。

8.4.5 认证机构应确保被检区域或体积的数目,以满足相关的等级、NDT方法和门类,并且这些区域或体积含有可供报告的不连续。1级2级实际操作考试被检区域或体积的数目见附录C。

8.4.6 1级报考人应按主考人提供的NDT作业指导书进行操作。

8.4.7 2级报考人应根据相关的规范、标准、技术条件或工艺规程选择适当的NDT技术并确定操作条件。

8.4.8 考试时间取决于试样的数量及其复杂程度。每个被检区域或体积的最长时间宜为:

a) 1级2h;

b) 2级3h。

8.4.9 2级报考人应至少起草一份适合1级人员用的NDT作业指导书。这一考试允许的最长时间是2h。

8.5 1级和2级资格鉴定考试的评分

8.5.1 主考人应负责考试评分。通用考试、专业考试和实际操作考试应分别评分。

8.5.2 书面考试的合格线:报考人应至少在每部分考试中获得70%的评分。

8.5.3 实际操作考试的合格线:报考人应至少在每件被检试样上达到70%。实际操作考试权重百分比的指南见附录D。

8.6 3级考试的内容

基础考试和主要方法考试应分别评分。作为一个合格的认证通过者,报考人应通过基础考试和主要方法考试。

8.7 3级基础考试的内容

8.7.1 基础考试的试题应仅从认证机构或授权资格鉴定机构现行的基础考试题库中随机抽取。报考人应至少要回答表4中规定数量的选择题。

表4 基础考试试题数量的最低要求

部分	科目	题量
A	材料科学、加工工艺和不连续类型等技术知识	25
B	有关本标准对认证机构的资格鉴定与认证体系的知识,可开卷考	10
C	至少四种方法的相当于2级要求的通用知识,由报考人在本标准所列方法的范围中选择,但这4种方法中应至少包括一种体积方法(UT或RT)	每种方法15题(总数60题)

8.7.2 基础考试宜首先通过,如果第一个主要方法考试是在基础考试通过后5年内通过的,则基础考试的成绩仍然有效。

8.7.3 本考试的合格线:报考人应至少在三个部分(A、B和C)考试中都达到70%。

8.8 3级主要方法考试的内容

8.8.1 主要方法考试的试题应仅从认证机构或授权资格鉴定机构现行的主要方法考试题库中随机抽取。报考人应至少要回答表5中规定数量的选择题。

8.8.2 所有3级主要方法考试,报考人应达到按8.5.3评分的相应方法和门类的2级实际操作考试合格,包括编写1级实际操作用的作业指导书(见8.4.9)。

8.8.3 主要方法考试的合格线:报考人应至少在三个部分(D、E和F)考试中都获得70%。

表5 主要方法考试试题数量的最低要求

部分	科目	题量
D	与所申请检测方法有关的3级知识	30
E	NDT方法在相关门类中的应用,包括应用规范、标准、技术条件和工艺流程。与规范、标准、技术条件和工艺规程有关的内容可开卷考	20
F	起草一份或多份有关门类的NDT工艺规程。应向报考人提供适用的法规、标准、技术条件和工艺规程。工艺规程考试权重百分比的指南见附录E。 报考人在3级考试中起草了一份NDT的工艺规程,认证机构可将它与一个相同方法和门类中已有的NDT工艺规程相比较,进行严密的分析与评分	—

9 资格鉴定考试的实施

9.1 概述

9.1.1 所有考试应在考试中心进行,考试中心是由认证机构直接或通过授权的资格鉴定机构建立、认可和监控的。

9.1.2　考试开始前,报考人应向主考人或监考人出示本人的有效身份证明。

9.1.3　任何报考人在考试过程中不遵守考场纪律或参与作弊,应取消其一年内继续考试的资格。

9.1.4　考试应得到主考人的认可。考试应由主考人,或由其任命的一个或几个监考人负责监考和评议。

9.1.5　主考人应按认证机构制定或认可的程序负责对考试进行评分。主考人不应参与报考人的考前培训,也不能与报考人属同一个雇主。

9.1.6　经认证机构认可,报考人在实际操作考试时可使用自己的 NDT 器械。

9.2　补考

9.2.1　报考人未能获得认证所要求的评分,该考试部分可补考两次,但不得在上一次考试后 30 天内进行,也不迟于最初考试后的 5 年。如果后续培训是认证机构所接受的,认证机构可酌情考虑允许提前补考。

注:此处所提及的考试部分是指:通用考试、专业考试和实际操作考试,基础考试的 A、B、C 三个部分,以及主要方法考试的 D、E、F 三个部分。

9.2.2　若报考人补考两次仍未通过,则应按新报考人的程序重新申请参加考试。

9.3　考试豁免

9.3.1　1 级和 2 级持证人员在同一 NDT 方法内调换门类或增加其他门类,应只需要参加该方法所涉及的新门类的专业考试和实际操作考试。

9.3.2　3 级持证人员在同一 NDT 方法内调换门类或增加其他门类,不需要参加基础考试,也不需要参加 3 级的与该方法有关的主要方法考试(表 5 的 D 部分)。

10　认证

10.1　管理

报考人满足所有认证条件,认证机构应颁发证书和(或)相应的卡片。

10.2　证书和(或)卡片

证书和(或)相应的卡片应至少包括:

a)　被认证人员的全名;

b)　认证日期;

c)　证书失效日期;

d)　证书等级;

e)　认证机构名称;

f)　NDT 方法;

g)　适用的门类;

h)　唯一的人员身份号码;

i)　持证人的签名;

j)　卡片上粘贴持证人的照片;

k)　卡片上的防伪图案,例如钢印、塑封等;

l)　认证机构任命的代表在证书上的签名。

证书和卡片的一边或两边可留有专用空间,供雇主签名和盖章,以及做局限性声明,以授权持证人员实施操作并对检测结果负责。

10.3　有效性

10.3.1　从证书和(或)卡片上指明的认证日期始,证书有效期不应超过 5 年。

10.3.2　下列情况之一时认证无效:

a)　经认证机构授权查实具有不道德行为;

b)　如果此人的视力未达到 7.2.1a)的要求;

c) 如果此人在证书所指明范围的工作出现重大中断，其无效时间要直至此人符合重新认证的要求；

d) 如果此人未通过重新认证，其无效时间要直至此人符合这些要求包括重新认证或首次认证。

10.4 延期

10.4.1 在第一个有效期满前，如果持证人员提供下列证明文件，可向认证机构重新申请延长一个新的相同年限的有效期：

a) 在有效期止之前的12个月内，视力达到7.2.1a)的要求；

b) 连续从事与认证相应的工作，未有重大中断。

10.4.2 如果不能满足10.4.1b)的规定，则此人应进行重新认证(见10.5)。

10.5 重新认证

10.5.1 概述

在第二个有效期满以前或至少每隔10年，如果持证人员符合10.4.1a)和下列情况，认证机构可予以同样年限的重新认证。

10.5.2 1级和2级

1级和2级人员的重新认证应经过实际操作考试，根据下列内容评价持证人员证书上指明范围内的检测能力：

a) 附录D给出了实际操作考试中项目的权重百分比指南。如果此人考试成绩未能达到每一试样的检测成绩在70%以上，可允许两次补考，但应在第一次复证考试日期以后的12个月内进行。

b) 如果两次考试都未通过，此人不应再重新认证，若要恢复相应方法、等级和门类的认证，应申请新的认证。如果持证人员持有同样方法不同门类的有效证书，通用考试允许免除。

10.5.3 3级

10.5.3.1 持证人员应提供下列经证实的资格证明文件：

a) 满足10.5.2实际操作考试2级要求和10.5.3.2(3级)书面考试要求；

b) 满足10.5.3.3信用体系要求(如果认证方案中已有这种体系)。

参加重新认证的个人可选择考试或信用体系。如果选择信用体系，需提供雇主的证明文件或实例证明，此人还应向认证机构提供经雇主同意的书面声明。

10.5.3.2 成功完成认证机构管理的书面考试：

a) 3级人员的笔试，包括应用有关的检测方法及门类的试题，以及与目前采用的规范、标准、技术条件和技术有关的题目至少20题。如果持证人员在重新认证考试中未能得到至少70%的分数，12个月内最多允许两次重新认证考试，除非认证机构在其第一次重新认证考试时已认可。

b) 如果两次考试都未通过，此人不应再重新认证，若要恢复相应门类和方法的认证，应要求通过适当的主要方法考试。

10.5.3.3 按附录F的规定，由认证机构提供成功地完成结构信用体系的要求。持证人员若采用结构信用体系，但未能符合该评分制的要求，他必须根据10.5.3.1a)重新认证。如第一次以考试形式重新认证失败后，自申请结构信用体系日期起，12个月内只能有一次重新认证考试的机会。

11 档案

11.1 认证机构或其授权的资格鉴定机构应负责保管：

a) 所有已认证人员按等级、NDT方法和门类等分类排列并随时更新；

b) 对每一位未能通过认证人员的名单要分别立档，至少存放自申请日期起5年；

c) 为每一位已认证人员和认证中止的人员分别建档：

1) 申请表；

2） 考试文件，例如：试题、答案、试样说明、记录、检测结果、书面的工艺规程和评分单等；

3） 延期和重新认证文件，包括视力证明和连续工作证明；

4） 终止认证的理由。

11.2 档案应保存在合适、安全和保密的环境中，保管时间为至证书有效期结束后，至少是一个完整有效周期。

12 NDT 新方法或门类的介绍

12.1 对一个新的认证方案，或在现有的认证方案中增加新的检测方法或新的门类，认证机构可临时任命正式有资格的人员作为执行、监督和评分的资格鉴定考试的主考人，其任命时间不超过新方案或新方法新门类实施之日起的 3 年，这 3 年的执行期不能被认证机构用以认证那些不符合本标准的所有资格鉴定和认证要求的报考人。

12.2 有资格的人员应：

a） 具有该 NDT 原理和该专业与工业门类相关的知识；

b） 具有应用该 NDT 方法的工业经历；

c） 具有指挥考试的能力；

d） 能正确解释试题和考试结果。

12.3 这些被临时任命的主考人在被任命之日起的 2 年内，应按 10.5.2 重新认证的要求取得认证。

附　录　A
（资料性附录）
门　　类

设立一个门类时，认证机构可根据下表使之规范化。但不排除为满足国家发展需要而开展新的门类。

a)　产品门类

包含下列内容：

1)　铸件（铁和非铁材料）；

2)　锻件（所有类型的锻件：铁和非铁材料）；

3)　焊缝（所有类型的焊缝，包括钎焊、铁和非铁材料）；

4)　管子和管道（无缝、焊接、铁和非铁材料，包括焊接管用的平板产品）；

5)　除锻件外的型材（板材、棒材、条材）。

b)　工业门类

是一些产品门类的结合体，包括所有和若干产品或某些特定材料（如：铁和非铁材料，非金属材料如：陶瓷、塑料和复合材料）。

1)　制造的；

2)　役前检测和在役检测，包括制造的；

3)　铁路维护；

4)　航空。

在设立一个门类时，认证认构应在他的公开文件中，针对其产品涉及范围予以精确定义。

获得某个门类认证的个人，也可能被认为他持有的是个别产品的认证，但门类就是由这些个别产品组成。

门类的认证可用于所有 NDT 方法的三个等级，或可限于特定的方法或等级。但无论如何安排，应在证书上注明认证的范围。

附 录 B
（规范性附录）
试样的标准检测报告

每一份试样的标准检测报告应由主考人根据至少二份以上分别检测的检测报告汇编审阅后认可。检测应由对用该试样的 NDT 方法至少有 2 年以上工业经历的 2 级或 3 级人员来承担。

作为标准检测报告的独立检测试验报告应汇编后存档。

独立检测报告的撰写者不必在报告上签名，因为报告将会予以保存，但主考人应在试样的标准检测报告上签名，并署上日期。

试样的标准检测报告应至少包含下列内容：

a） 认证机构的名称和标记；

b） 试样标识号；

c） 产品种类；

d） 材料；

e） 尺寸；

f） 采用何种专用 NDT 方法/技术；

g） NDT 工艺规程（仪器、校准/调整、操作条件）；

h） 含有的不连续；

i） 报考人应报告的不连续（强制性）；

j） 完成独立检测的人员（注明两位人员的身份）；

k） 主考人确认（姓名、签名、认证机构颁发的唯一的人员身份号码、日期）。

附　录　C
（规范性附录）
1 级和 2 级试样

表 C.1　1 级和 2 级人员实际操作考试用试块的最少数量

产品门类	方法/等级																			
	UT1	UT2	RT1	RT2	ET1	ET2	MT1	MT2	PT1	PT2	LT1	LT2	VT1	VT2	AT1	AT2	ST1	ST2	TT1	TT2
铸件	2	2	2	2+12rs	2	2	2	2	2	2	2	2	2	2	1	1+2ds	1	2	1+2ds	1+2ds
锻件	2	2	—	—	2	2	2	2	2	2	2	2	2	2	1	1+2ds	1	2	1+2ds	1+2ds
焊缝	2	2	2	2+12rs	2	2	2	2	2	2	2	2	2	2	1	1+2ds	1	2	1+2ds	1+2ds
管材	2	2	2	2+12rs	2	2	2	2	2	2	2	2	2	2	1	1+2ds	1	2	1+2ds	1+2ds
可锻产品	2	2	—	—	2	2	2	2	2	2	2	2	2	2	1	1+2ds	1	2	1+2ds	1+2ds

注 1：如考试要求检测一个以上区域或体积，第二个检测区域或体积应具有与第一个检测区域或体积不同的特性，如：产品形式、材料技术条件、形状、尺寸、不连续种类。

注 2：射线照相检测考试的 1 级、2 级报考人，至少拍摄两张以上照片，若获有 1 级证书的 2 级人员，至少拍摄一张照片。

泄漏检测考试包括压力试验和示踪气体试验，至少要达到每一试验检测一个区域。

声发射检测考试，可用人工缺陷试块取代自然不连续试块。1 级报考人应能自行安装设备，核实灵敏度和记录测试数据；2 级报考人应能解释和评价两组先前记录的测试数据。

注 3：门类（包含两个或更多的产品）

实际操作考试应包括不少于三个分开的区域或体积的检测。

被测试样应能代表所有产品种类，或从形成门类的产品范围中由主考人随机抽取。

对于射线照片的评判，代表每一个门类包含的产品门类的照片不得少于八个。

注 4：试样指导性意见见参考文献[3]。

注 5：rs——射线照相底片；ds——数据组。

附 录 D
(资料性附录)
1级和2级实际操作考试的权重

表 D.1 权重百分比的指导性意见

科 目	1级/%	2级/%
第1部分:NDT设备的知识		
a) 系统控制和功能校核;	10	5
b) 设施的调整。	10	5
总分	20	10
第2部分:NDT方法的应用		
a) 试样准备(表面条件),包括目视检测;	5	2
b) 2级人员NDT技术的选择和操作条件的确定;	N/A	7
c) NDT设备的调整;	15	5
d) 检测的进行;	10	5
e) 检测后工作(退磁,清洁,维护)。	5	1
总分	35	20
第3部分:不连续的检测和报告[a]		
a) 应报告的缺陷的检测;	20	15
b) 特性(种类、位置、取向、视在尺寸等);	15	15
c) 2级人员根据规范,标准,技术条件或工艺规程进行的评价;	N/A	15
d) 检测报告的编制。	10	10
总分	45	55
第4部分:作业指导书的编制(2级人员)[b]	—	
a) 前言(范围、参考文件),状况和授权;		1
b) 人员;		1
c) 将使用的设备,包括调整;		3
d) 产品(介绍或图纸,感兴趣的范围和检测目的);		2
e) 检测条件,包括检测前的准备;		2
f) 实施检测的详尽作业指导书;		3
g) 测试结果的记录和分类;		2
h) 结果报告。		1
总分[c]		15
实际操作考试总分	100	100

[a] 报考人在试样的标准检测报告中规定的条件下,未能检测出试样的标准检测报告中指明应检出的缺陷,则关于此试块的实际操作考试的成绩为"零"。

[b] 2级人员应为1级人员编写合适的NDT作业指导书。当2级人员检测没有NDT作业指导书的试块时,其评分可为剩余分数的85%。

[c] 若想通过作业指导书编写这一项目,报考人必须获得70%的分数,如:15分中必须得到10.5分。

附 录 E
(资料性附录)
3 级 NDT 工艺规程考试的权重

表 E.1 权重百分比的指导性意见

项 目	最大/%
第 1 部分:通用	
a) 范围(应用领域、产品);	2
b) 文件控制;	2
c) 规范性参考资料和补充资料。	4
局部总分	8
第 2 部分:NDT 人员	2
第 3 部分:实施检测所需材料	
a) NDT 主要设备(包括解释校准情况和试前服役能力的校验);	10
b) 辅助设备(参考和校准试块、易耗品、测量设备、目测附件等)。	10
局部总分	20
第 4 部分:被测件	
a) 物理条件和表面准备(温度、评价、保护层的去除、粗糙度等);	1
b) 被测区域和体积的描绘,包括参考数据;	1
c) 拟测出的缺陷。	3
局部总分	5
第 5 部分:检测的实施	
a) 应用的 NDT 方法和技术;	10
b) 设备的调整;	10
c) 检测的实施(包括 NDT 作业指导书的参照);	10
d) 缺陷的特性。	10
局部总分	40
第 6 部分:验收准则	7
第 7 部分:检测后的工艺规程	
a) 不合格产品处(插标签,隔离);	2
b) 加涂防护层(如有要求)。	1
局部总分	3
第 8 部分:检测报告的编制	5
第 9 部分:综合表现	10
总分	100

附 录 F
(规范性附录)
3 级重新认证的信用体系

根据本体系进行重新认证的 3 级人员，在申请重新认证前的 5 年里，参加表 F.1 所列的各项 NDT 活动，每年能获得的最高分数，为保证参加的活动均匀分布，5 年中的每一年的得分都是有限定的。

表 F.1

序号	活　动	每项活动的分数	1 年中每项活动的最高分数	5 年中每项活动的最低分数	每 5 年每项活动的最高分数
1	NDT 学会成员，参加学会的研讨会、交流会、大会和有关 NDT 科学和技术的课程	1	3	—	10
2.1	参加或向 NDT 相关工作组或委员会的会议投稿	1	8	—	20
2.2	NDT 会议工作组或委员会主持者	1	8	—	20
3	在 NDT 科学和技术出版物上发表有贡献的研究或技术成果	3	6	—	30
4	讲授 NDT 培训课(每 2h)和(或)监考 NDT 考试(每场)	1	10	—	30
5	负责 NDT 培训中心或考试中心的设备(每一整年)	10	10	—	50
6	对考试的组成部分有专业性的开发	10	20	20[a]	30

注：作为一个合格的重新认证者，必须每年最低获得 25 分，证书的 5 年有效期内最低获得 70 分。

除上述重新认证的打分外，申请者还必须提供下列令人信服的证据：

——提供 NDT 学会成员证书或参加第一项所述会议的证明。

——提供参加 2.1 和 2.2 项所述会议的会议议程表和名单。

——提供第 3 项所述 NDT 科学和技术出版物的内容介绍和(或)文本复印件。如果有多位作者，第一位作者将为后面的作者打分。

——对于第 4 项，申请人须提供培训和(或)监考的总结。

——对于第 5 项，每一证件应有每年工作活动的证明。

——对于第 6 项，每一证件应有成功地完成实际操作考试的证明文件。“考试组成部分”指在认证机构认可的考试中心成功地实际操作一个相关的试块。成功地检测每一件试块，可评为 10 分。

[a] 如 3 级证书持有者目前还持有同样范围的 2 级证书，该项对他不适用。

参 考 文 献

[1] ANSI/ASNT CP-189:2001,American National Standard for Qualification and Certification of Non-destructive Testing Personnel,Appendix B,Training Outlines and References. American Society for Non-destructive Testing Inc. ,P. O. Box 28518,Columbus,OH 43228-0518 USA,Tel:(+1)614-274-6003,Fax:(+1)614-274-6899.

[2] IAEA, TECDOC-628/Rev. 1: 2202, Training Guidelines in Non-destructive Testing Techniques. INIS Clearinghouse, International Atomic Energy Agency, P. O. Box 100, Wagramer Strasse 5, A-1400 Vienna, Austria, Tel: (+43) 1 2600 22880 or 222866, Fax: (+43) 1 2600 29882; e-mail: chouse@iaea. org.

[3] EFNDT/S/02, Specification for Practical Examination Specimens. European Certification Process (ECP) document, issue 1 rev. E 23, September 2001. European Federation for Non-Destructive Testing(EFNDT) Secretariat at BINDT, 1 Spencer Parade, NN1 5AA Northampton (United Kingdom). e-mail: enquiries@bindt. org; web: http://www. bindt. org.

ICS 77.040.30
H 24

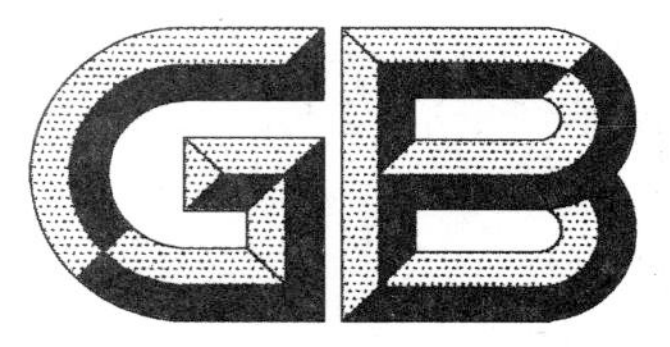

中华人民共和国国家标准

GB/T 10561—2005/ISO 4967:1998
代替 GB/T 10561—1989

钢中非金属夹杂物含量的测定 标准评级图显微检验法

Steel—Determination of content of nonmetallic inclusions—Micrographic method using standards diagrams

(ISO 4967:1998,IDT)

2005-05-13 发布　　　　2005-10-01 实施

中华人民共和国国家质量监督检验检疫总局
中国国家标准化管理委员会　发布

前　　言

本标准等同采用 ISO 4967:1998《钢中非金属夹杂物含量的测定——标准评级图显微检验法》。

本标准代替 GB/T 10561—1989《钢中非金属夹杂物的显微评定方法》。

本标准等同翻译 ISO 4967:1998。

为了便于使用，本标准对 ISO 4967:1998 做了下列编辑性修改：

a) “本国际标准”一词改为“本标准”；

b) 用小数点“.”代替作为小数点的逗号“,”；

c) 删除国际标准的前言；

d) 增加了附录 NA。

本标准与 GB/T 10561—1989 相比主要变化如下：

a) 标准名称由《钢中非金属夹杂物的显微评定方法》改为《钢中非金属夹杂物含量的测定——标准评级图显微检验法》；

b) 扩大了标准的适用范围（见 1）；

c) 增加了原理一章（见 2）；

d) 增加图像分析法（见附录 D）；

e) 对夹杂物的评级界限、宽度系数、取样尺寸、评级原则、视场的形状和尺寸进行了修改（见表 1、表 2,3,5.1,5.2.3）；

f) 标准评级图谱由 JK 图和 ASTM 图 2 套评级图谱改设 1 套 ISO 评级图谱（见附录 A）；

g) 将制取样注意方法和其他产品取样方法改为资料性附录（1993 版的 2.1.5 和图 5，本版的附录 NA）。

本标准对 ISO 4967:1998 有误之处进行了更正，主要如下：

a) 表 1 中的 B 类 2 级夹杂物的总长度由“342μm”改为“343μm”；

b) 表 2 中粗系的“最小宽度”栏目下的各行数字前均加上“>”符号；

c) 对图 1、图 2、图 3、图 6 进行了重新制作；

d) 第 6.2 A 法的示例中，原“B 2s”改为“B 2.5s”；

e) 附录 A 的 DS 夹杂物的图片上方，原直径“>13μm～76μm”改为“13μm～76μm”；

f) 附录 C 表 C.1 中，视场序号为 8 的 A 类粗系“1”级夹杂物改为“—”；

g) 附录 C 表 C.1 中，视场序号为 12 的 D 类粗系“—”改为“1s”；

h) 附录 C 表 C.2 中，视场级别数为 1 级的 D 类粗系夹杂物的“1”改为“2”；

i) 附录 C C3.1 中，原“（见 6.2）”改为“（见 6.3）”；

j) 附录 C C.4 公式中，原“$C_i = [\sum_{i=0.5}^{3.5} f_i \times n_i] \frac{1000}{S}$”改为“$C_i = [\sum_{i=0.5}^{3.0} f_i \times n_i] \frac{1000}{S}$”。

本标准的附录 A 为规范性附录，附录 B、附录 C、附录 D、附录 NA 为资料性附录。

本标准由中国钢铁工业协会提出。

本标准由全国钢标准化技术委员会归口。

本标准起草单位：宝钢集团上海五钢有限公司、冶金工业信息标准研究院、抚顺特殊钢（集团）股份有限公司、大连金牛股份有限公司。

本标准主要起草人：何群雄、栾燕、邹莲娣、曾文涛、真娟、孙时秋。

本标准 1989 年 3 月首次发布。

钢中非金属夹杂物含量的测定
标准评级图显微检验法

1 范围

本标准规定了用标准图谱评定压缩比大于或等于3的轧制或锻制钢材中的非金属夹杂物的显微评定方法。这种方法广泛用于对给定用途钢适应性的评估。但是，由于受试验人员的影响，即使采用大量试样也很难再现试验结果，因此，使用本方法时应十分慎重。

注：本标准图谱可能不适用于评定某些类型钢（例如：易切削钢）。

本标准还提供了测定非金属夹杂物的图像分析法（见附录D）。

2 原理

将所观察的视场与本标准图谱进行对比，并分别对每类夹杂物进行评级。当采用图像分析法时，各视场应按附录D给出的关系曲线评定。

这些评级图片相当于100倍下纵向抛光平面上面积为0.50mm^{2}的正方形视场。

根据夹杂物的形态和分布，标准图谱分为A、B、C、D和DS五大类。

这五大类夹杂物代表最常观察到的夹杂物的类型和形态：

——A类（硫化物类）：具有高的延展性，有较宽范围形态比（长度/宽度）的单个灰色夹杂物，一般端部呈圆角；

——B类（氧化铝类）：大多数没有变形，带角的，形态比小（一般<3），黑色或带蓝色的颗粒，沿轧制方向排成一行（至少有3个颗粒）；

——C类（硅酸盐类）：具有高的延展性，有较宽范围形态比（一般≥3）的单个呈黑色或深灰色夹杂物，一般端部呈锐角；

——D类（球状氧化物类）：不变形，带角或圆形的，形态比小（一般<3），黑色或带蓝色的，无规则分布的颗粒；

——DS类（单颗粒球状类）：圆形或近似圆形，直径≥13μm的单颗粒夹杂物。

非传统类型夹杂物的评定也可通过将其形状与上述五类夹杂物进行比较，并注明其化学特征。例如：球状硫化物可作为D类夹杂物评定，但在试验报告中应加注一个下标（如：D_{sulf}表示）。D_{cas}表示球状硫化钙；D_{RES}表示球状稀土硫化物；D_{Dup}表示球状复相夹杂物，如硫化钙包裹着氧化铝。

沉淀相类如硼化物、碳化物、碳氮化合物或氮化物的评定，也可以根据它们的形态与上述五类夹杂物进行比较，并按上述的方法表示它们的化学特征。

注：在进行试验之前，可采用大于100倍的放大倍率对非传统类型夹杂物进行检验，以确定其化学特征。

每类夹杂物又根据非金属夹杂物颗粒宽度的不同分成两个系列，每个系列由表示夹杂物含量递增的六级图片组成。

附录A列出了每类夹杂物的评级图谱。

评级图片级别i从0.5级到3级，这些级别随着夹杂物的长度或串（条）状夹杂物的长度（A，B，C类），或夹杂物的数量（D类），或夹杂物的直径（DS类）的增加而递增，具体划分界限见表1。各类夹杂物的宽度划分界限见表2。例如：图谱A类$i=2$表示在显微镜下观察的夹杂物的形态属于A类，而分布和数量属于第2级图片。

表1 评级界限(最小值)

评级图级别 i	夹杂物类别				
	A 总长度 μm	B 总长度 μm	C 总长度 μm	D 数量 个	DS 直径 μm
0.5	37	17	18	1	13
1	127	77	76	4	19
1.5	261	184	176	9	27
2	436	343	320	16	38
2.5	649	555	510	25	53
3	898 (<1181)	822 (<1147)	746 (<1029)	36 (<49)	76 (<107)
注:以上A、B和C类夹杂物的总长度是按附录D给出的公式计算的,并取最接近的整数。					

表2 夹杂物宽度

类 别	细 系		粗 系	
	最小宽度 μm	最大宽度 μm	最小宽度 μm	最大宽度 μm
A	2	4	>4	12
B	2	9	>9	15
C	2	5	>5	12
D	3	8	>8	13
注:D类夹杂物的最大尺寸定义为直径。				

3 取样

夹杂物的形态在很大程度上取决于钢材压缩变形程度,因此,只有在经过相似程度变形的试样坯制备的截面上才可能进行测量结果的比较。

用于测量夹杂物含量试样的抛光面面积应约为200mm^2(20mm×10mm),并平行于钢材纵轴,位于钢材外表面到中心的中间位置。

取样方法应在产品标准或专门协议中规定。对于板材,检验面应近似位于其宽度的四分之一处。

如果产品标准没有规定,取样方法如下:

——直径或边长大于40mm的钢棒或钢坯:检验面为钢材外表面到中心的中间位置的部分径向截面(图1);

——直径或边长大于25mm、小于或等于40mm的钢棒或钢坯:检验面为通过直径的截面的一半(由试样中心到边缘,图2);

——直径或边长小于或等于25mm的钢棒:检验面为通过直径的整个截面,其长度应保证得到约200mm^{2}的检验面积(图3);

——厚度小于或等于25mm的钢板:检验面位于宽度1/4处的全厚度截面(见图4);

——厚度大于25mm、小于或等于50mm的钢板:检验面为位于宽度的1/4和从钢板表面到中心的位置,检验面为钢板厚度的1/2截面(见图5);

——厚度大于 50mm 的钢板:检验面为位于宽度的 1/4 和从钢板表面到中心之间的中间位置,检验面为钢板厚度的 1/4 截面(见图 6)。

取样数量应在具体产品标准或专门协议中规定。

其他钢材取样方法,应按供需双方协议规定(若无协议,可按附录 NA 进行)。

单位为毫米

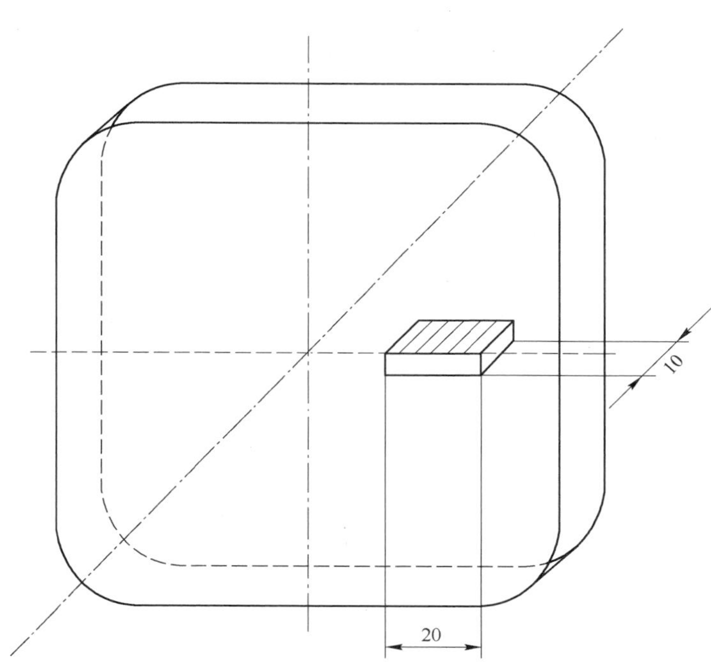

图 1　直径或边长大于 40mm 的钢棒或钢坯的取样

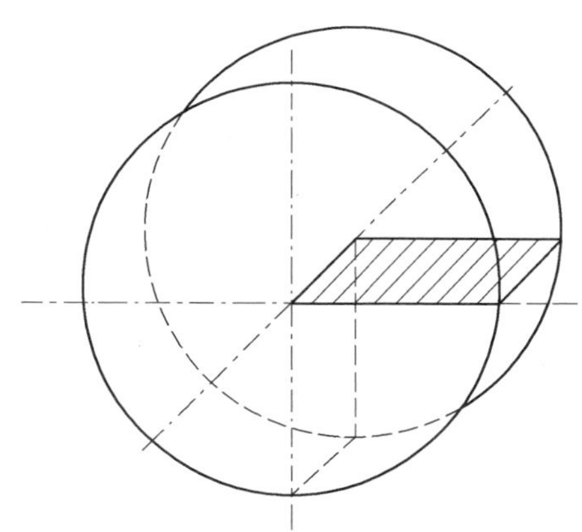

图 2　直径或边长>25mm～40mm 钢棒或钢坯的取样

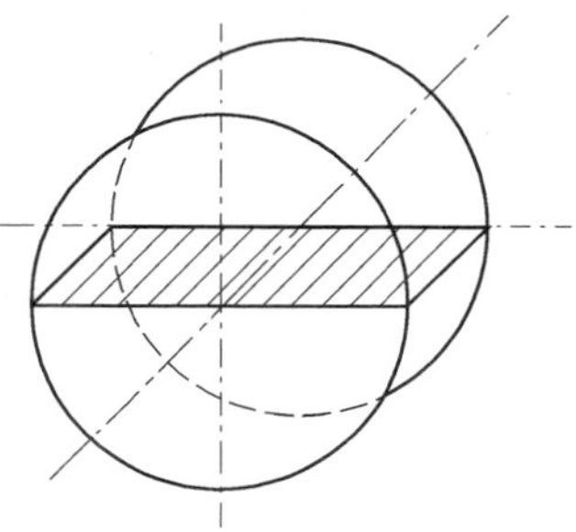

图 3　直径或边长≤25mm 钢棒的取样

单位为毫米

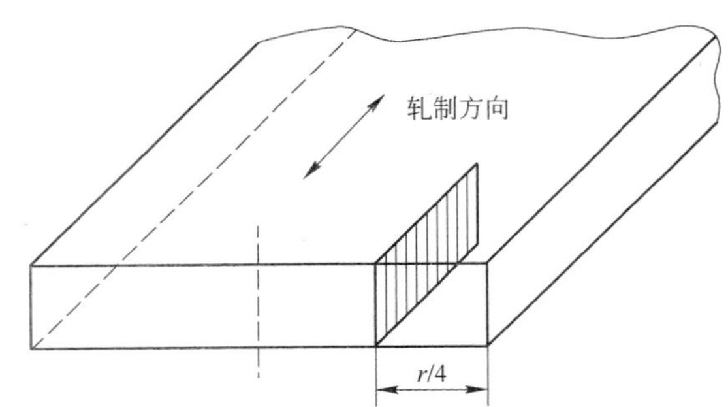

图 4　厚度≤25mm 钢板的取样

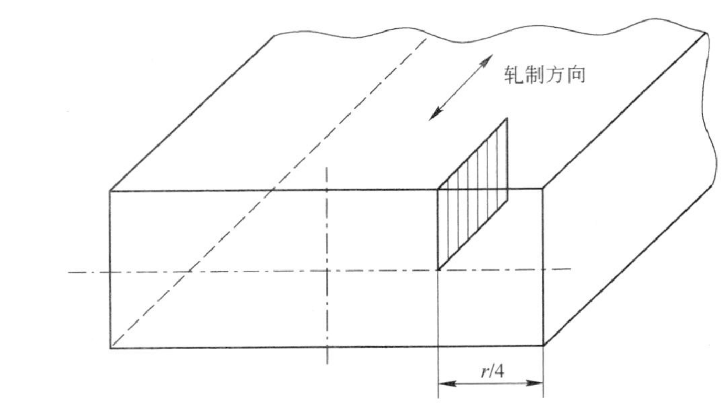

图 5　厚度>25mm～50mm 钢板的取样

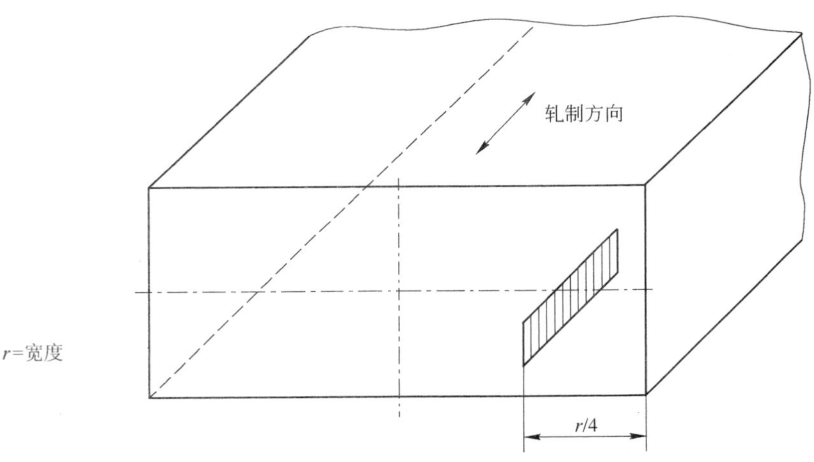

图 6　厚度>50mm 钢板的取样

4　试样制备

试样应切割加工，以便获得检验面。为了使检验面平整、避免抛光时试样边缘磨成圆角，试样可用夹具或镶嵌的方法加以固定。

试样抛光时，最重要是要避免夹杂物的剥落、变形或抛光表面被污染，以便检验面尽可能干净和夹杂物的形态不受影响。当夹杂物细小时，上述操作要点尤其重要。用金刚石磨料抛光是适宜的。在某些情况下，为了使试样得到尽可能高的硬度，在抛光前试样可进行热处理。

5 夹杂物含量的测定

5.1 观察方法

在显微镜下可用下列两种方法之一检验：

——投影到毛玻璃上；

——用目镜直接观察。

在检验过程中应始终保持所选用的观察方法。

如果图像被投影到毛玻璃或类似装置上，必须保证放大 100×±2×（在毛玻璃上）。在毛玻璃投影屏上面或背后放一个清晰的边长为 71mm 的正方形（实际面积为 0.50mm^2）塑料轮廓线，然后用正方形内的图像与标准图片（附录 A）进行比较；

如果用目镜检验夹杂物，则应在显微镜的适当位置上放置如图 7 所示试验网格，以使在图像上试验框内的面积是 0.50mm^2。

注：在特殊情况下，可采用大于 100 倍的放大倍率，但对标准图谱应采用同一放大倍率，并在试验报告中注明。

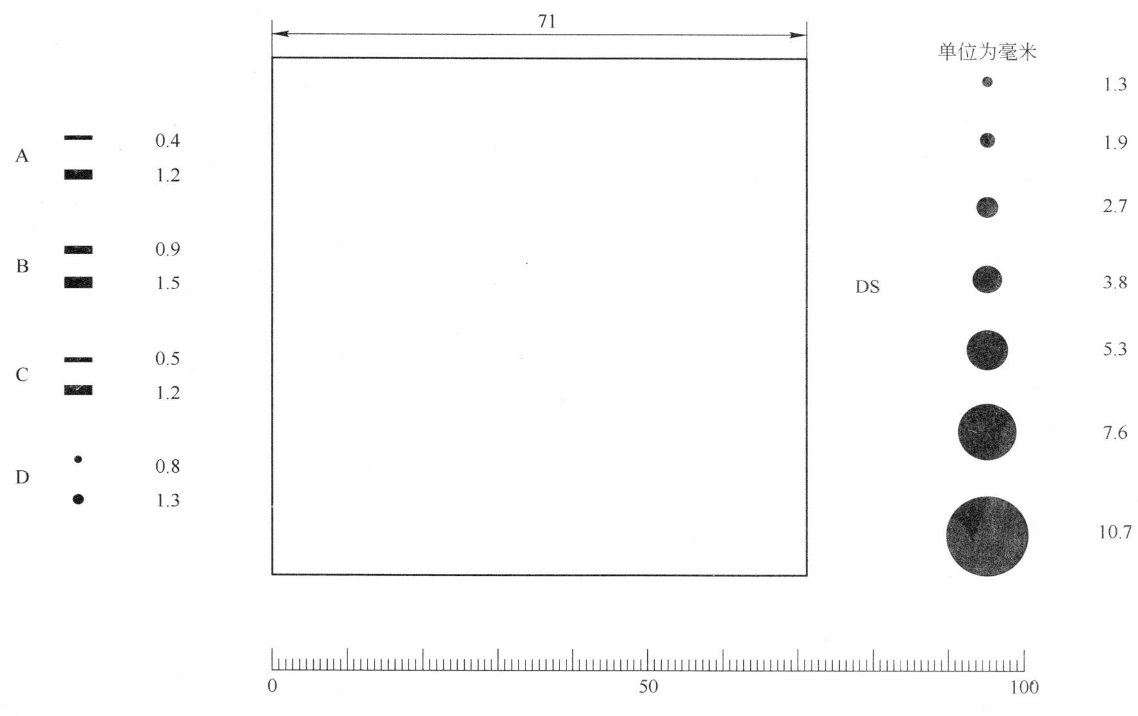

图 7 格子轮廓线或标线的测量网

5.2 实际检验

可采用下列两种方法。

5.2.1 A 法

应检验整个抛光面。对于每一类夹杂物，按细系和粗系记下与所检验面上最恶劣视场相符合的标准图片的级别数。

5.2.2 B 法

应检验整个抛光面。试样每一视场同标准图片相对比，每类夹杂物按细系或粗系记下与检验视场最符合的级别数（标准图片旁边所示的级别数）。

为了使检验费用降到最低，可以通过研究，减少检验视场数，并使之分布符合一定的方案，然后对试样做局部检验。但无论是视场数，还是这些视场的分布，均应事前协议商定。

5.2.3 A法和B法的通则

将每一个观察的视场与标准评级图谱进行对比。如果一个视场处于两相邻标准图片之间时，应记录较低的一级。

对于个别的夹杂物和串(条)状夹杂物，如果其长度超过视场的边长(0.710mm)，或宽度或直径大于粗系最大值(见表2)，则应当作超尺寸(长度、宽度或直径)夹杂物进行评定，并分别记录。但是，这些夹杂物仍应纳入该视场的评级。

为了提高实际测量(A、B、C类夹杂物的长度，DS类夹杂物的直径)及计数(D类夹杂物)的再现性，可采用图7所示的透明网格或轮廓线，并使用表1和表2规定的评级界限以及第2章有关评级图夹杂物形态的描述作为评级图片的说明。

非传统类型夹杂物按与其形态最接近的A、B、C、D、DS类夹杂物评定。将非传统类别夹杂物的长度、数量、宽度或直径与评级图片上每类夹杂物进行对比，或测量非传统类型夹杂物的总长度、数量、宽度或直径，使用表1和表2选择与夹杂物含量相应的级别或宽度系列(细、粗或超尺寸)，然后在表示该类夹杂物的符号后加注下标，以表示非传统类型夹杂物的特征，并在试验报告中注明下标的含义。

对于A、B和C类夹杂物，用l_1和l_2分别表示两个在或者不在一条直线上的夹杂物或串(条)状夹杂物的长度，如果两夹杂物之间的纵向距离d小于或等于40μm且沿轧制方向的横向距离s(夹杂物中心之间的距离)小于或等于10μm时，则应视为一条夹杂物或串(条)状夹杂物(见图8和图9)。

如果一个串(条)状夹杂物内夹杂物的宽度不同，则应将该夹杂物的最大宽度视为该串(条)状夹杂物的宽度。

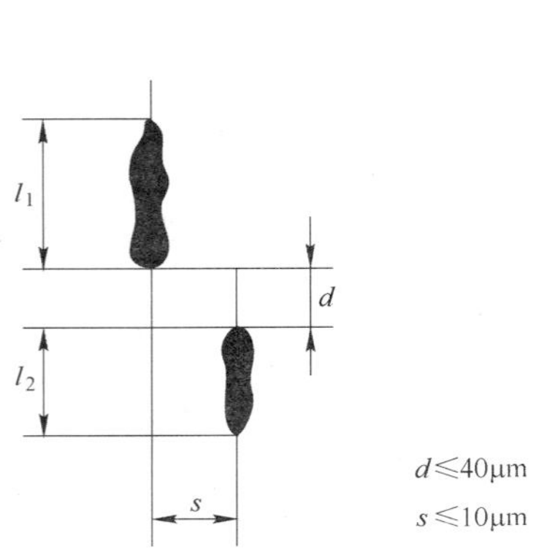

图8　A类和C类夹杂物

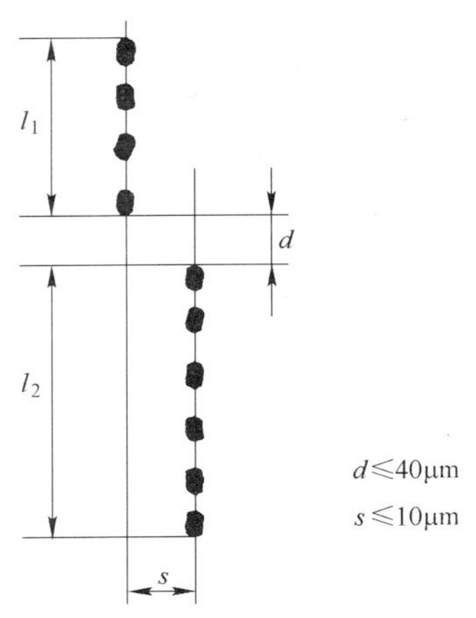

图9　B类夹杂物

6 结果表示

6.1 通则

除非在产品标准中已指明，检验结果可按下述方法表示。

用每个试样的级别以及在此基础上所得的每炉钢每类和每个宽度系列夹杂物的级别算术平均值来表示结果。这种方法与5.2.1所述的方法结合使用。

6.2 A法

表示与每类夹杂物和每个宽度系列夹杂物最恶劣视场相符合的级别(见附录B)。

在每类夹杂物代号后再加上最恶劣视场的级别，用字母e表示出现粗系的夹杂物，s表示出现超尺寸夹杂物(见5.2.3)。

例如：A 2，B 1e，C 3，D 1，B 2.5s，DS 0.5。

用于表示非传统类型的夹杂物下标应注明其含义。

6.3 B法

表示给定观察视场数(N)中每类夹杂物及每个宽度系列夹杂物在给定级别上的视场总数。

对于所给定的各类夹杂物的级别,可用所有视场的全套数据,按专门的方法来表示其结果,如根据双方协议规定总级别(i_{tot})或平均级别(i_{moy})。

例如:A类夹杂物

级别为0.5的视场数为n_1;

级别为1的视场数为n_2;

级别为1.5的视场数为n_3;

级别为2的视场数为n_4;

级别为2.5的视场数为n_5;

级别为3的视场数为n_6;

则

$$i_{tot} = (n_1 \times 0.5) + (n_2 \times 1) + (n_3 \times 1.5) + (n_4 \times 2) + (n_5 \times 2.5) + (n_6 \times 3)$$

$$i_{moy} = i_{tot}/N$$

式中:N为所观察视场的总数。

典型夹杂物结果列于附录C。

7 试验报告

试验报告应包括如下各项:

a) 本标准号;

b) 钢的牌号和炉号;

c) 产品类型和尺寸;

d) 取样方法及检验面位置;

e) 选用的方法(观察方法、检验方法、结果表示方法);

f) 放大倍率(如果大于100倍时);

g) 观察的视场数或总检验面积;

h) 各项检验结果(夹杂物或串(条)状夹杂物的尺寸超过标准评级图者应予以注明);

i) 对非传统类型夹杂物所采用的下标的说明;

j) 试验报告编号和日期;

k) 试验员姓名。

附 录 A
（规范性附录）
A、B、C、D和DS夹杂物的ISO评级图

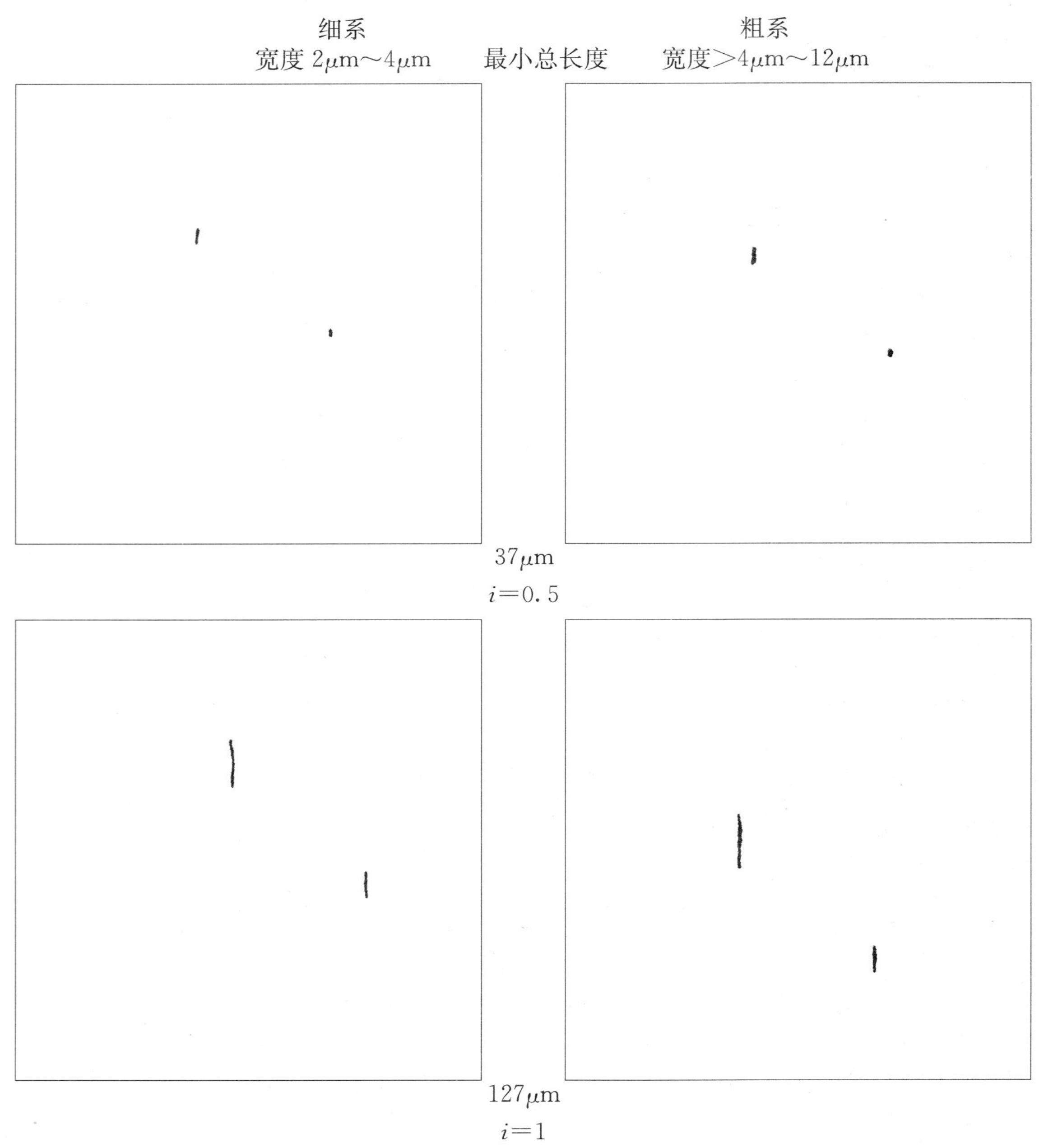

放大倍率=100×

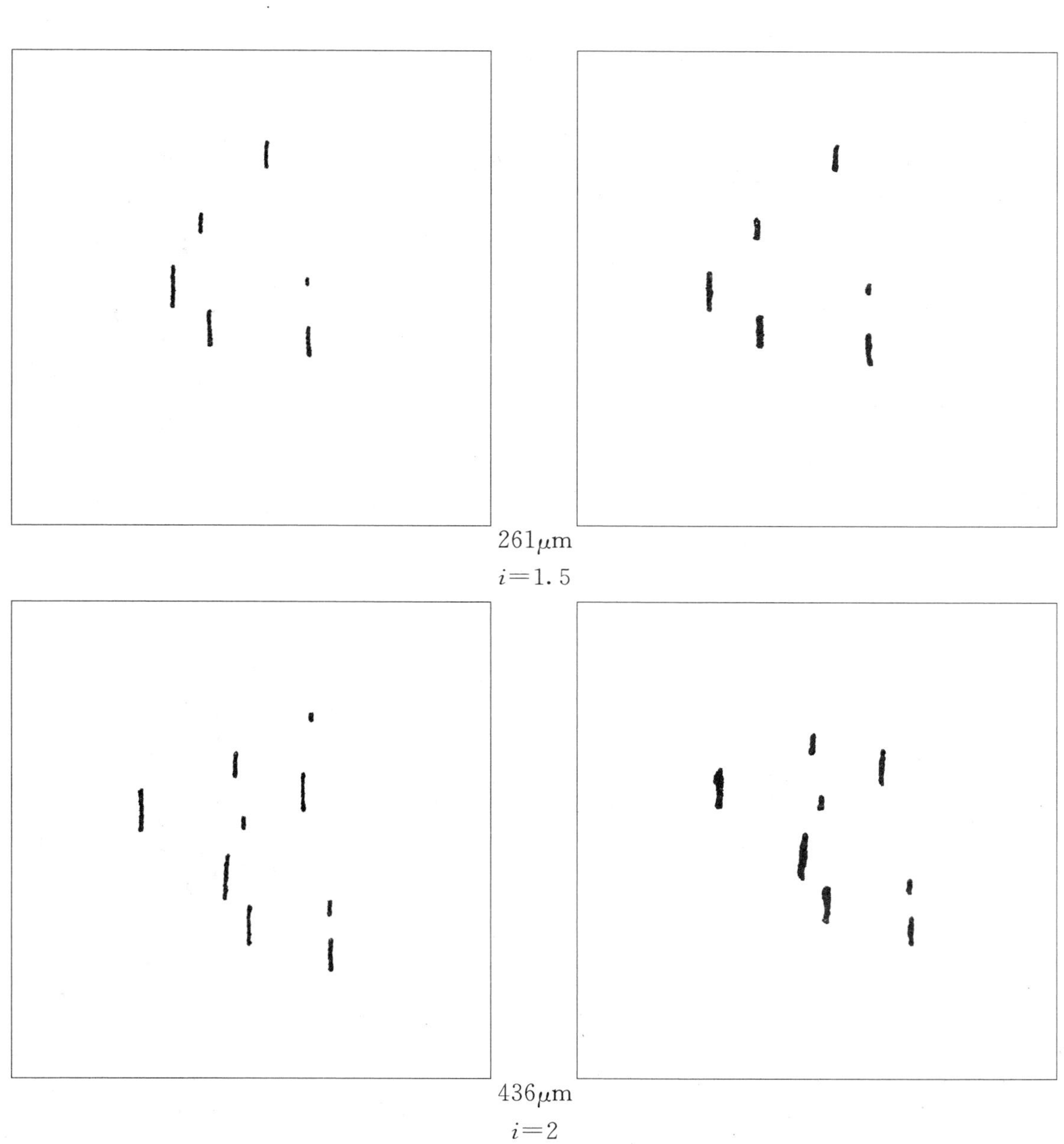

放大倍率=100×

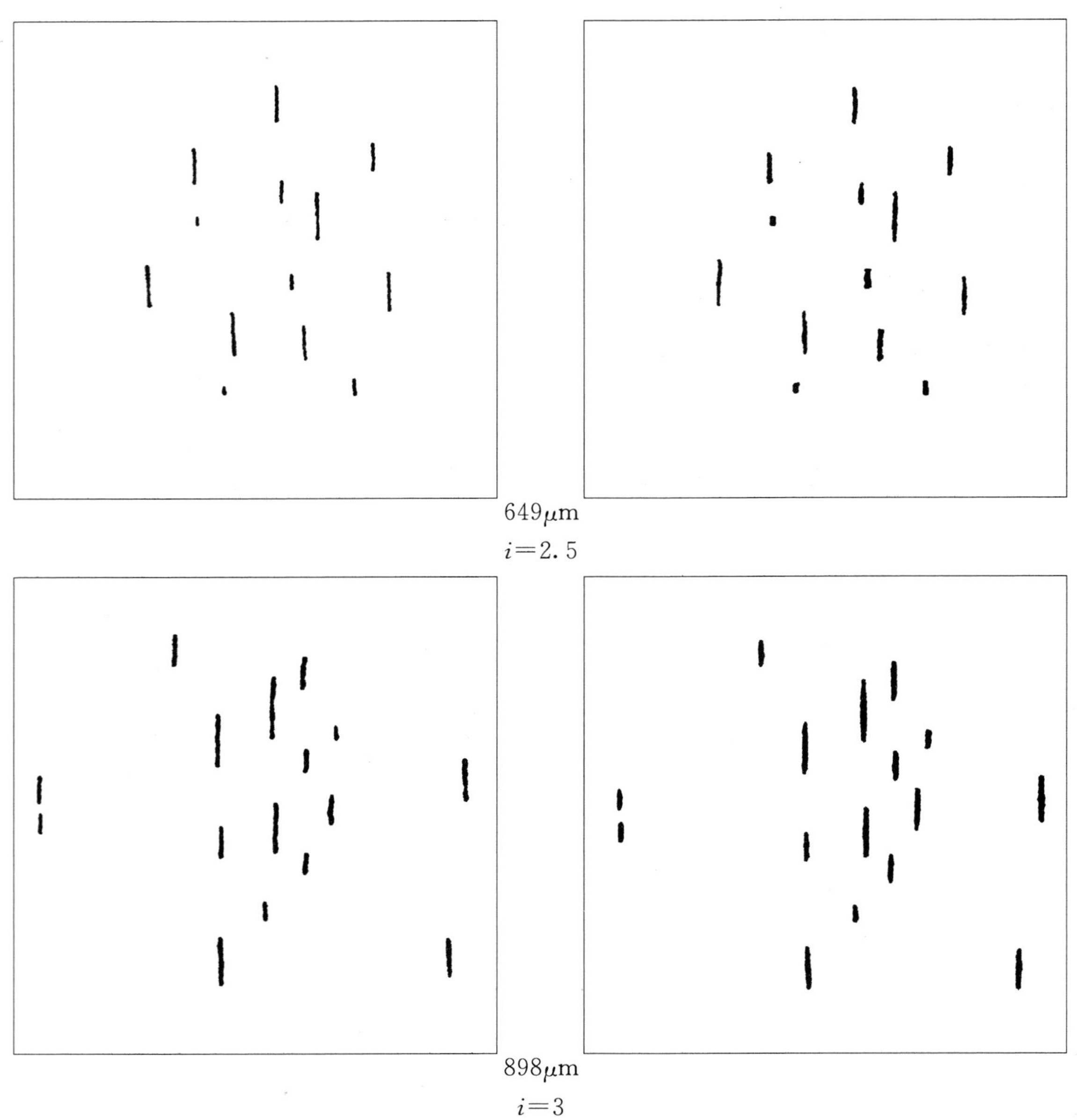

放大倍率=100×

B

（氧化铝类）

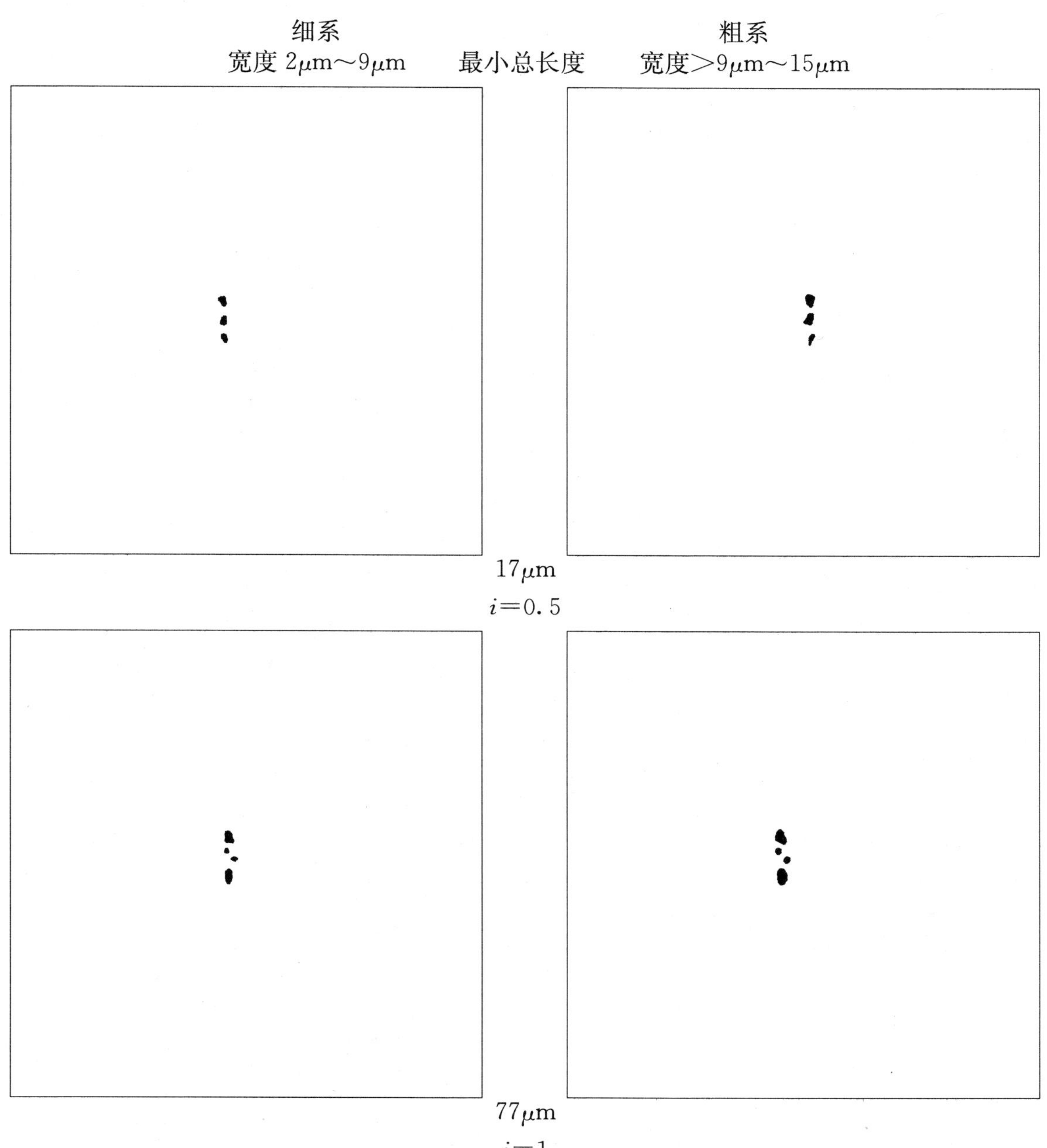

放大倍率=100×

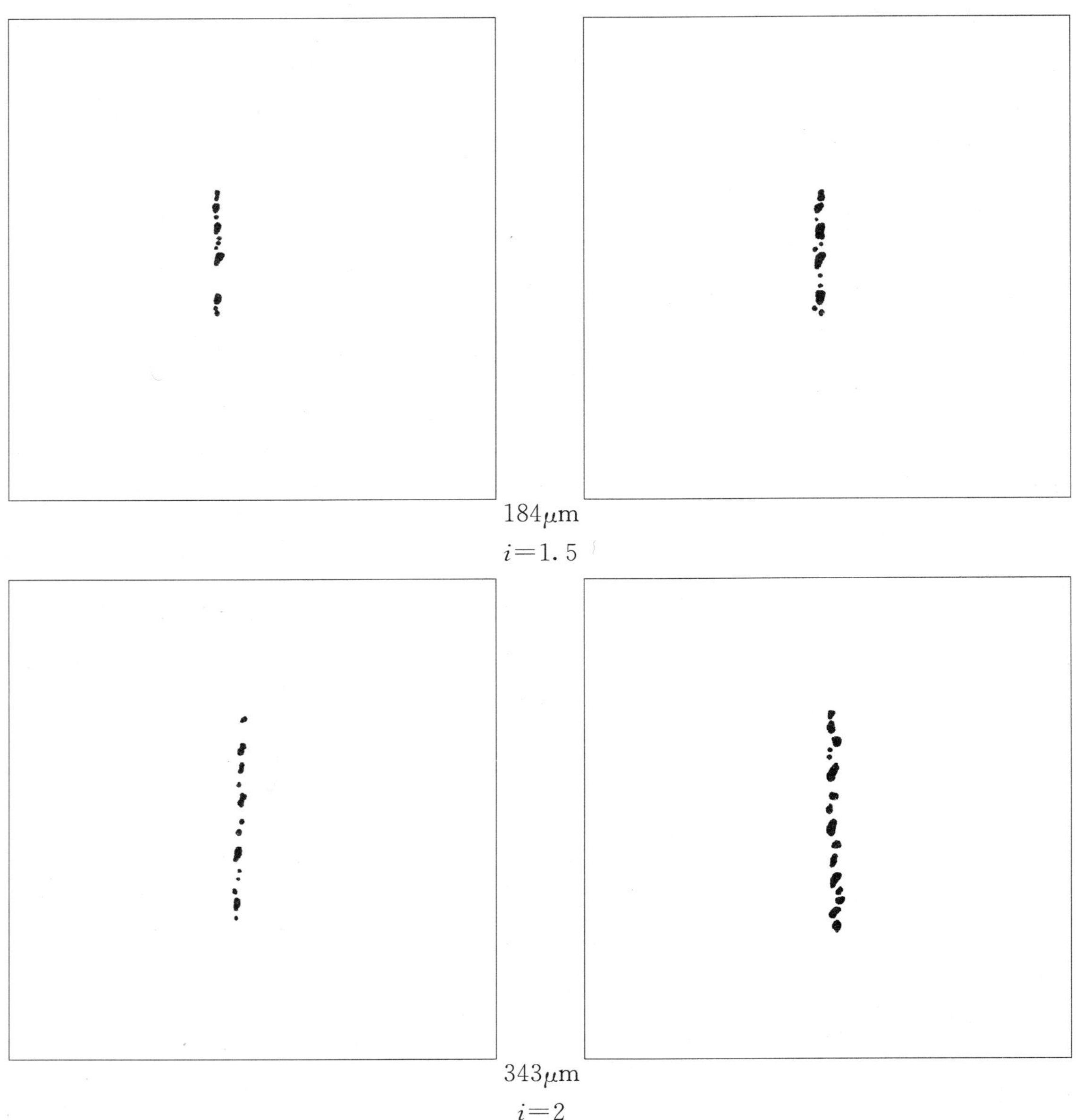

184μm

i=1.5

343μm

i=2

放大倍率=100×

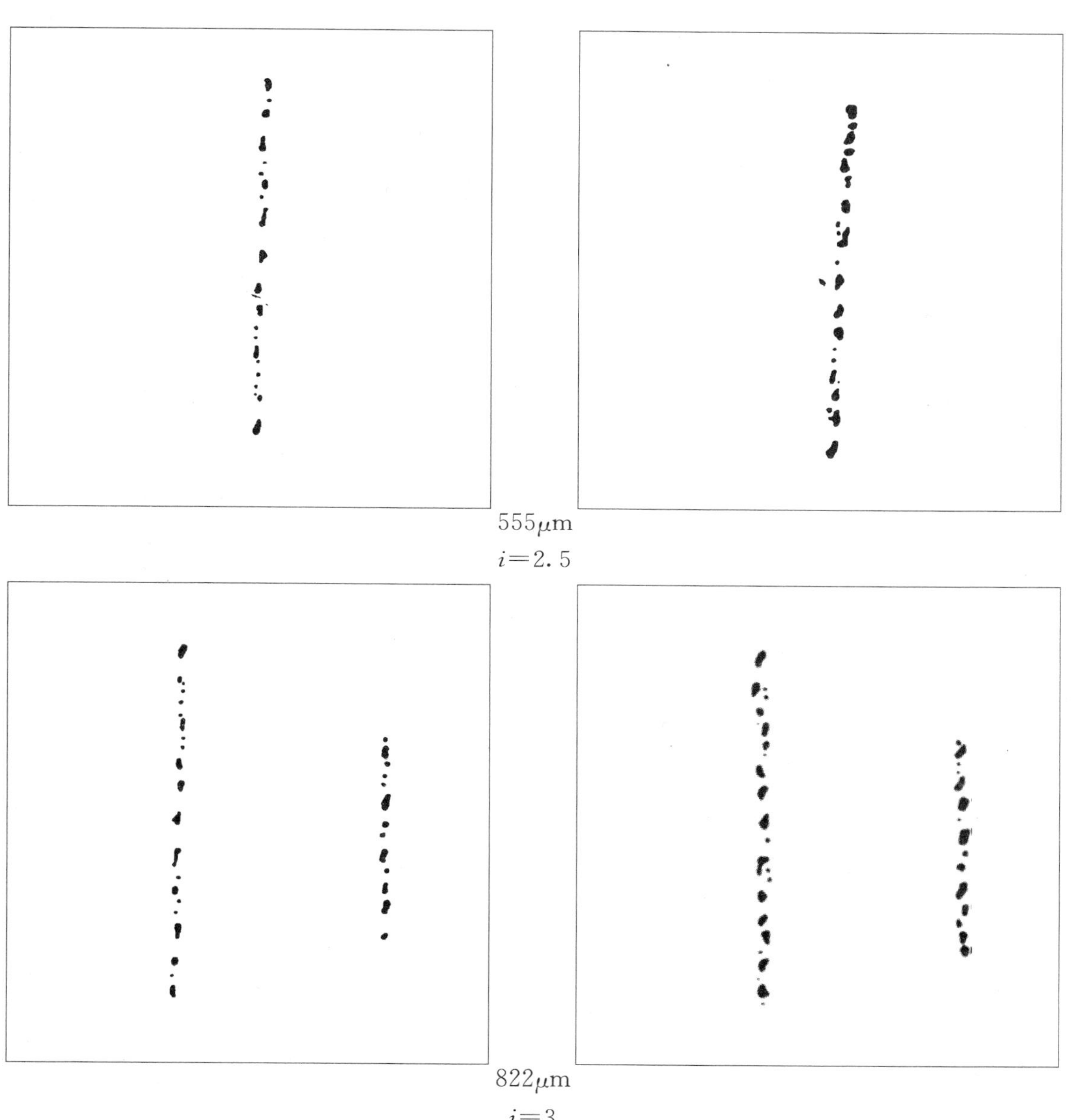

放大倍率=100×

C

（硅酸盐类）

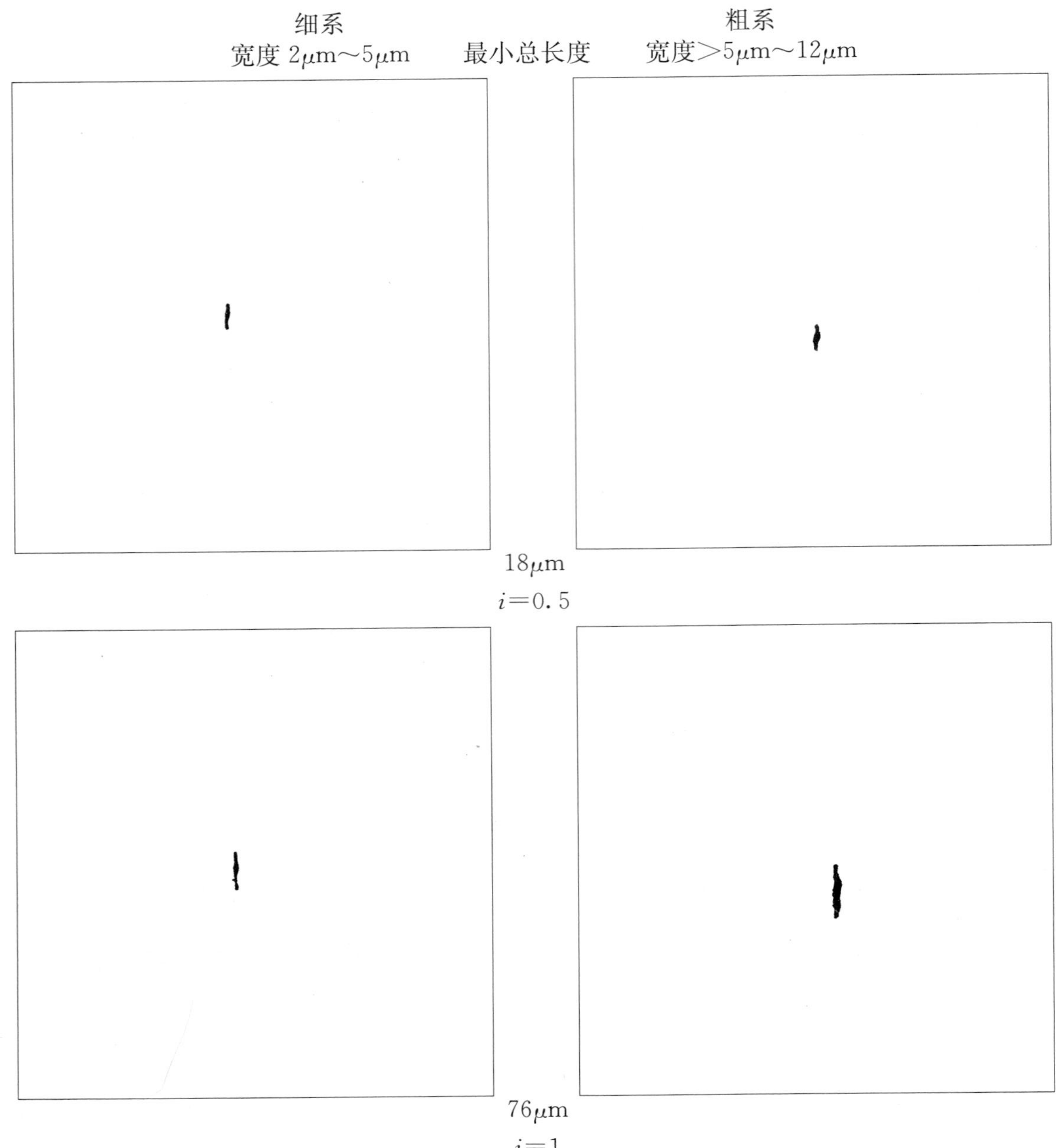

放大倍率＝100×

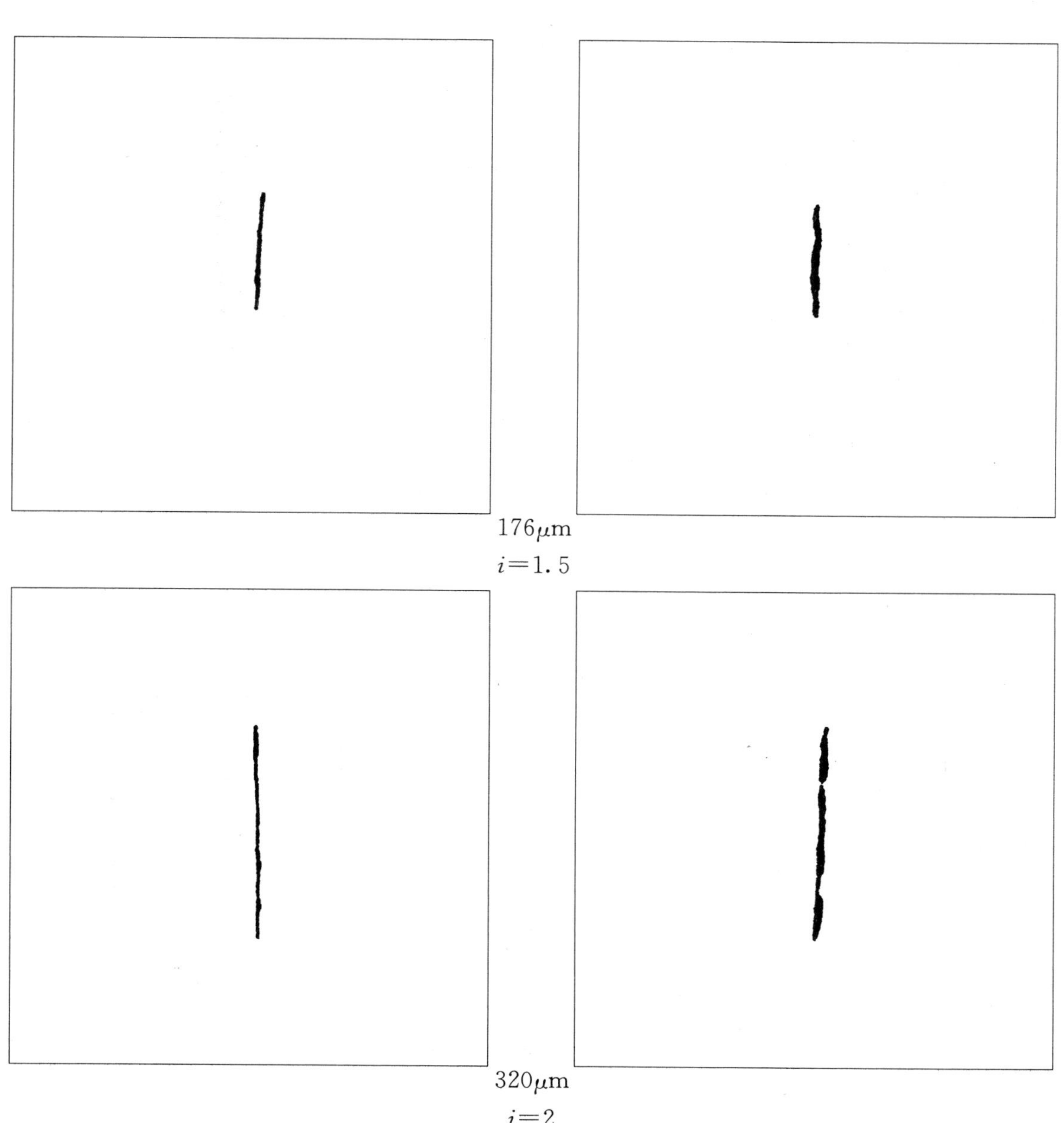

放大倍率＝100×

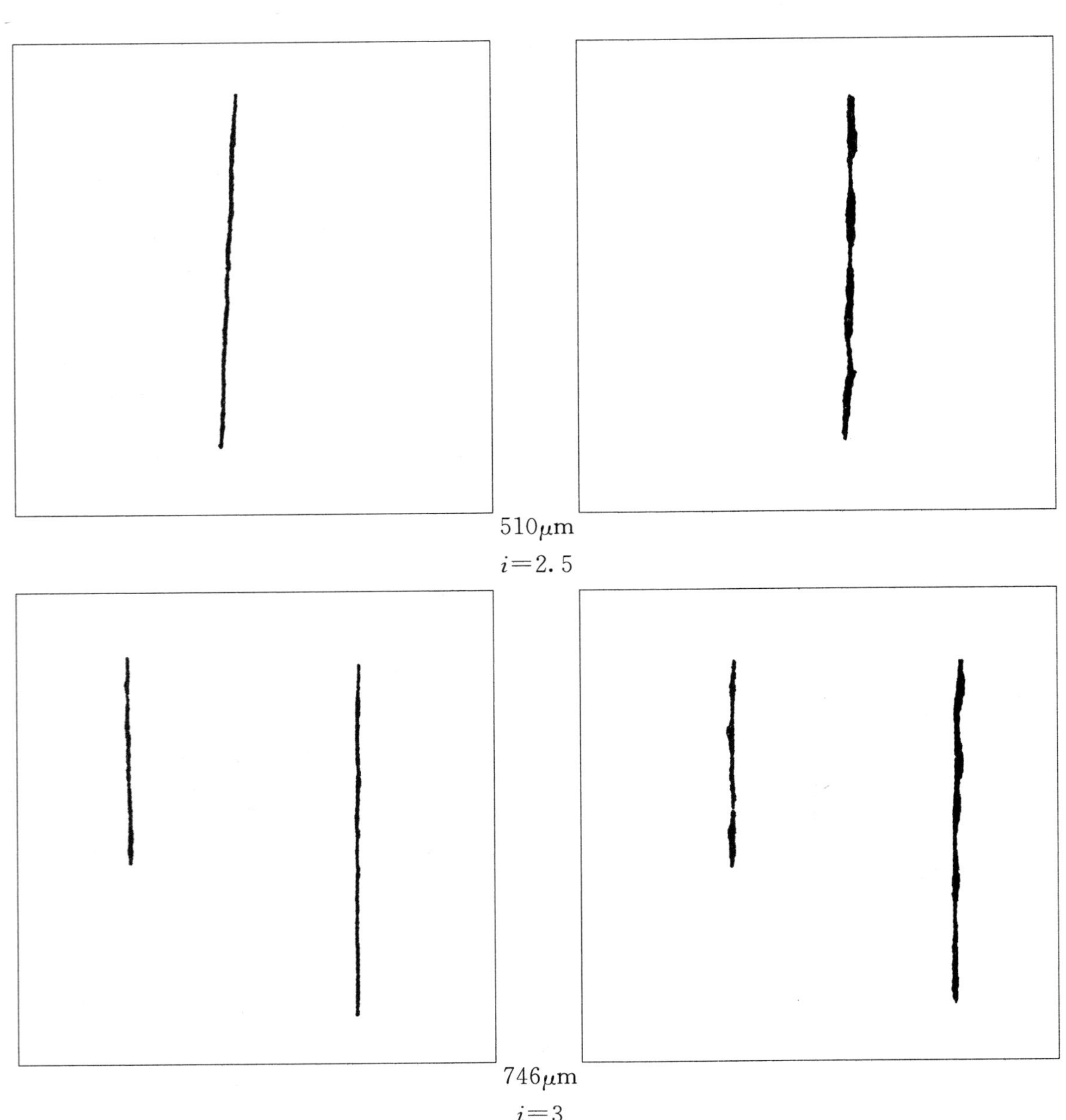

放大倍率=100×

D

（球状氧化物类）

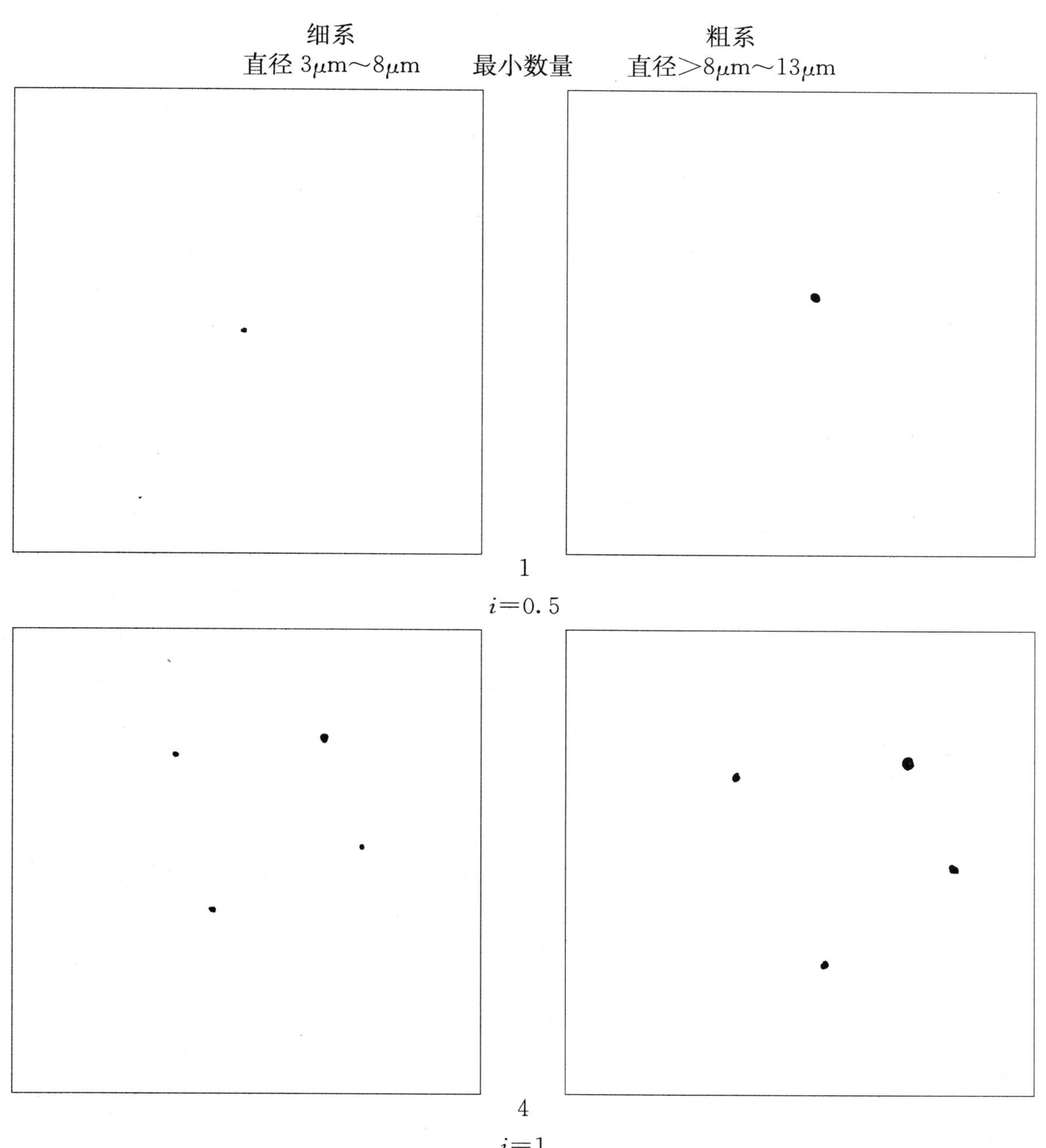

放大倍率＝100×

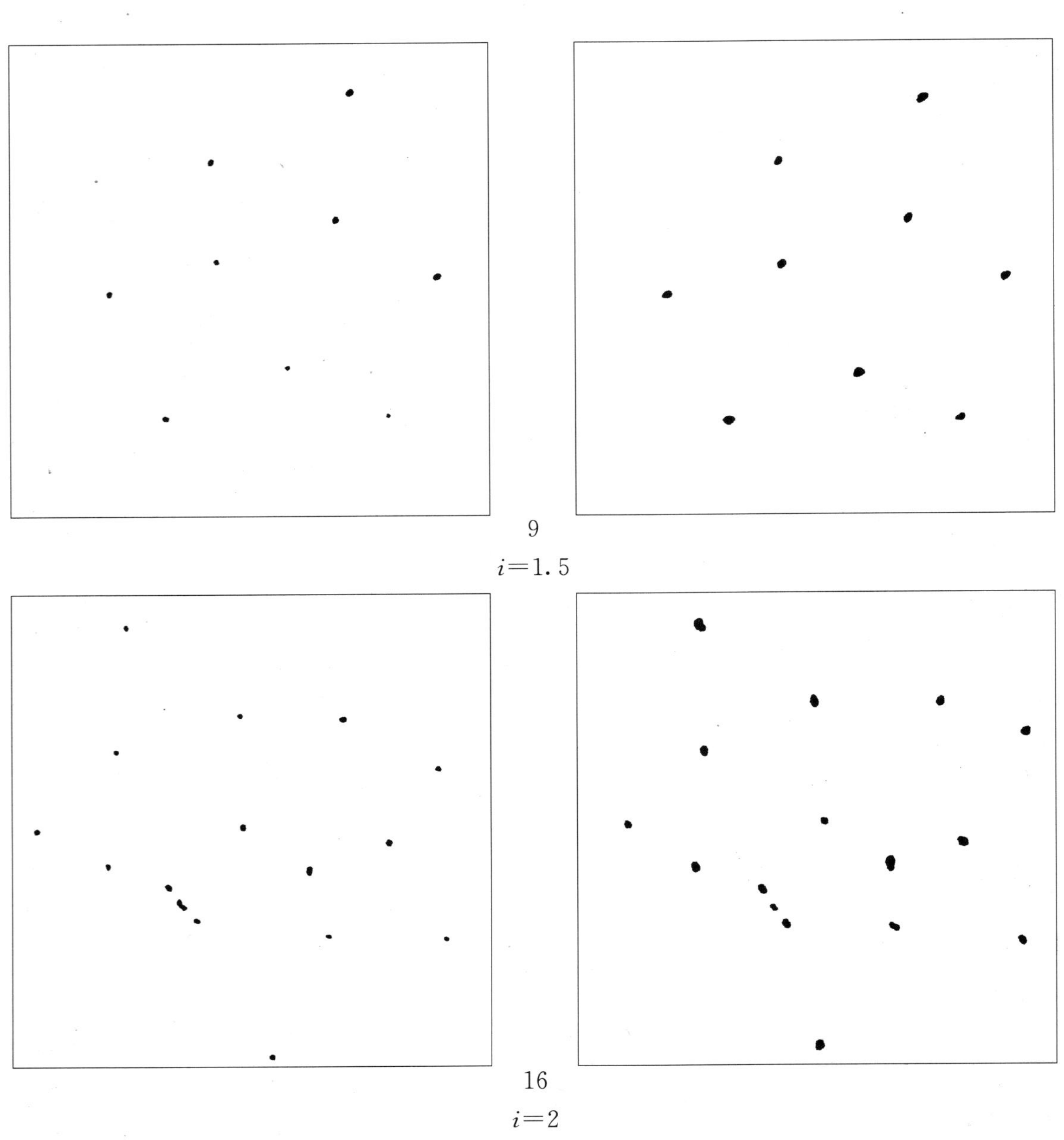

9

$i=1.5$

16

$i=2$

放大倍率＝100×

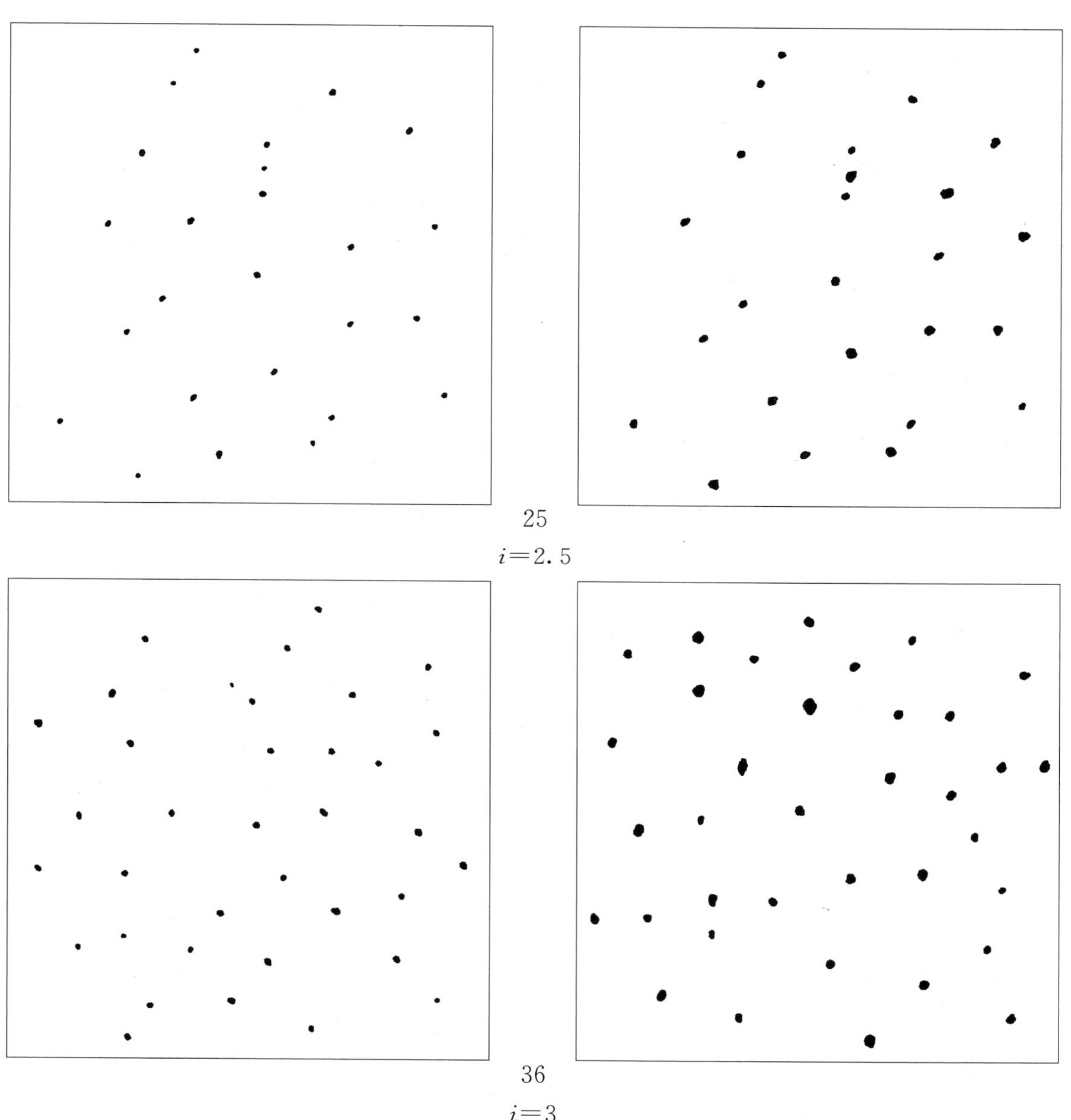

25

$i=2.5$

36

$i=3$

放大倍率＝100×

DS
（单颗粒球状类）

直径 13μm～76μm　　最小直径

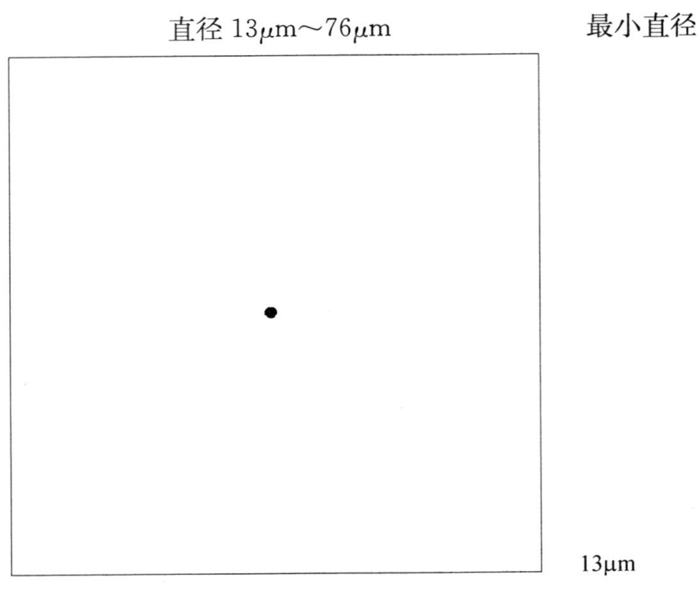

13μm

i=0.5

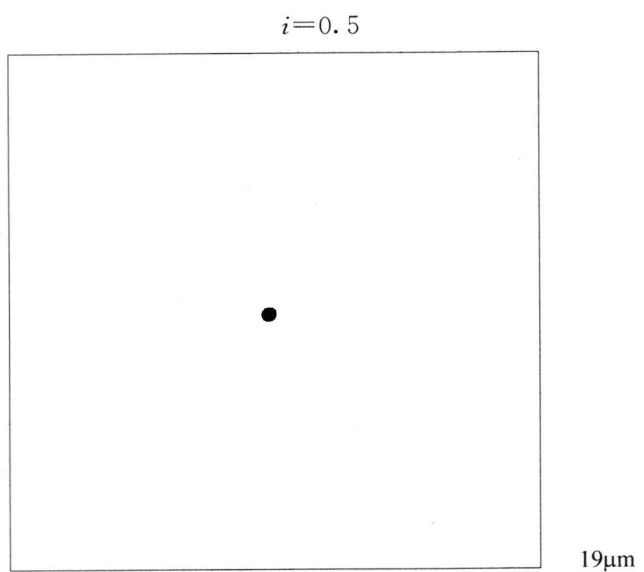

19μm

i=1

放大倍率＝100×

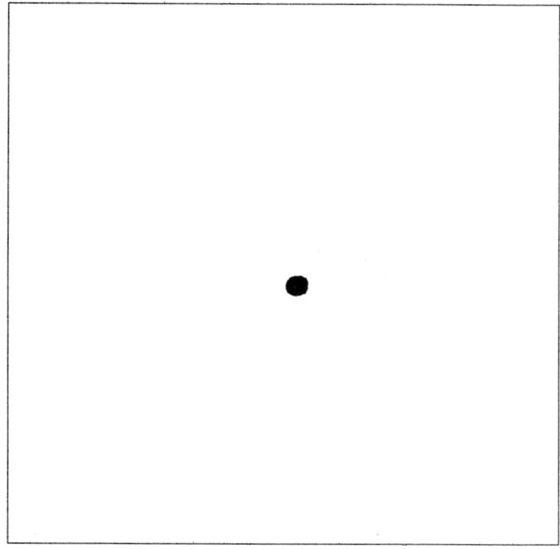

27μm

$i=1.5$

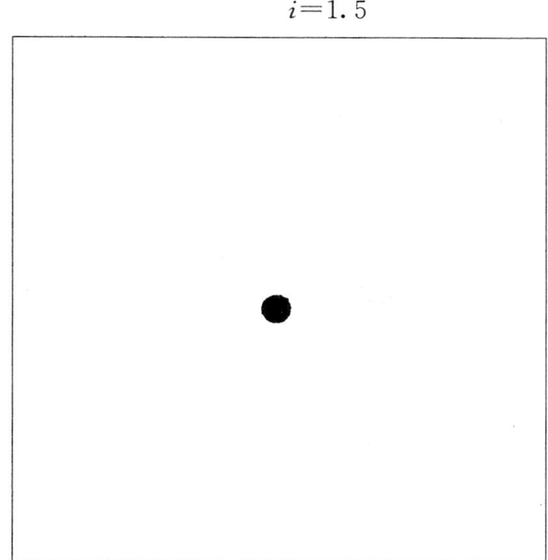

38μm

$i=2$

放大倍率＝100×

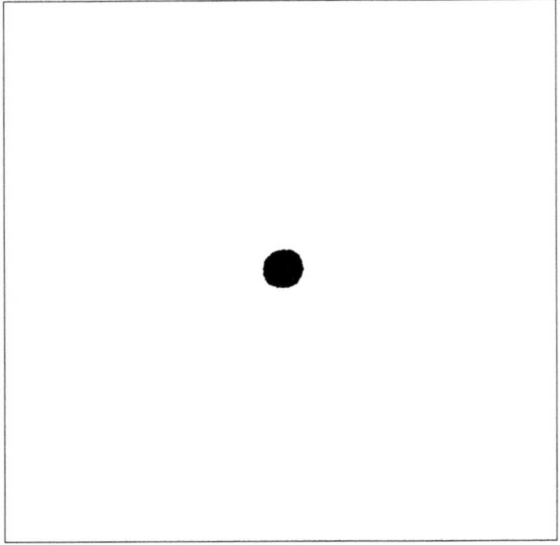

$i=2.5$

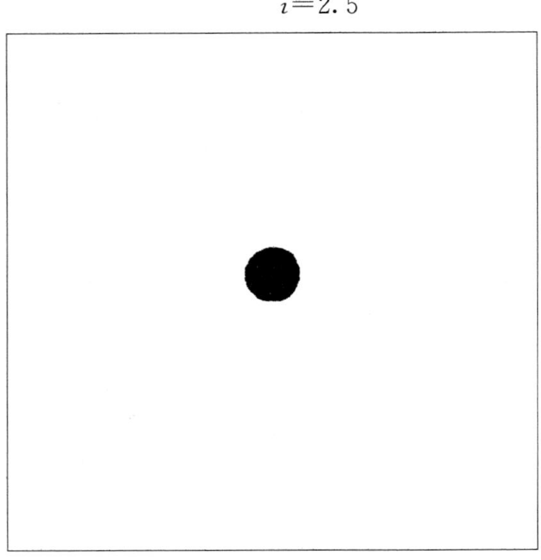

$i=3$

放大倍率＝100×

附 录 B
(资料性附录)
某一个视场的评定和超尺寸夹杂物或串(条)状夹杂物的评定

B.1 评定某一视场的示例:

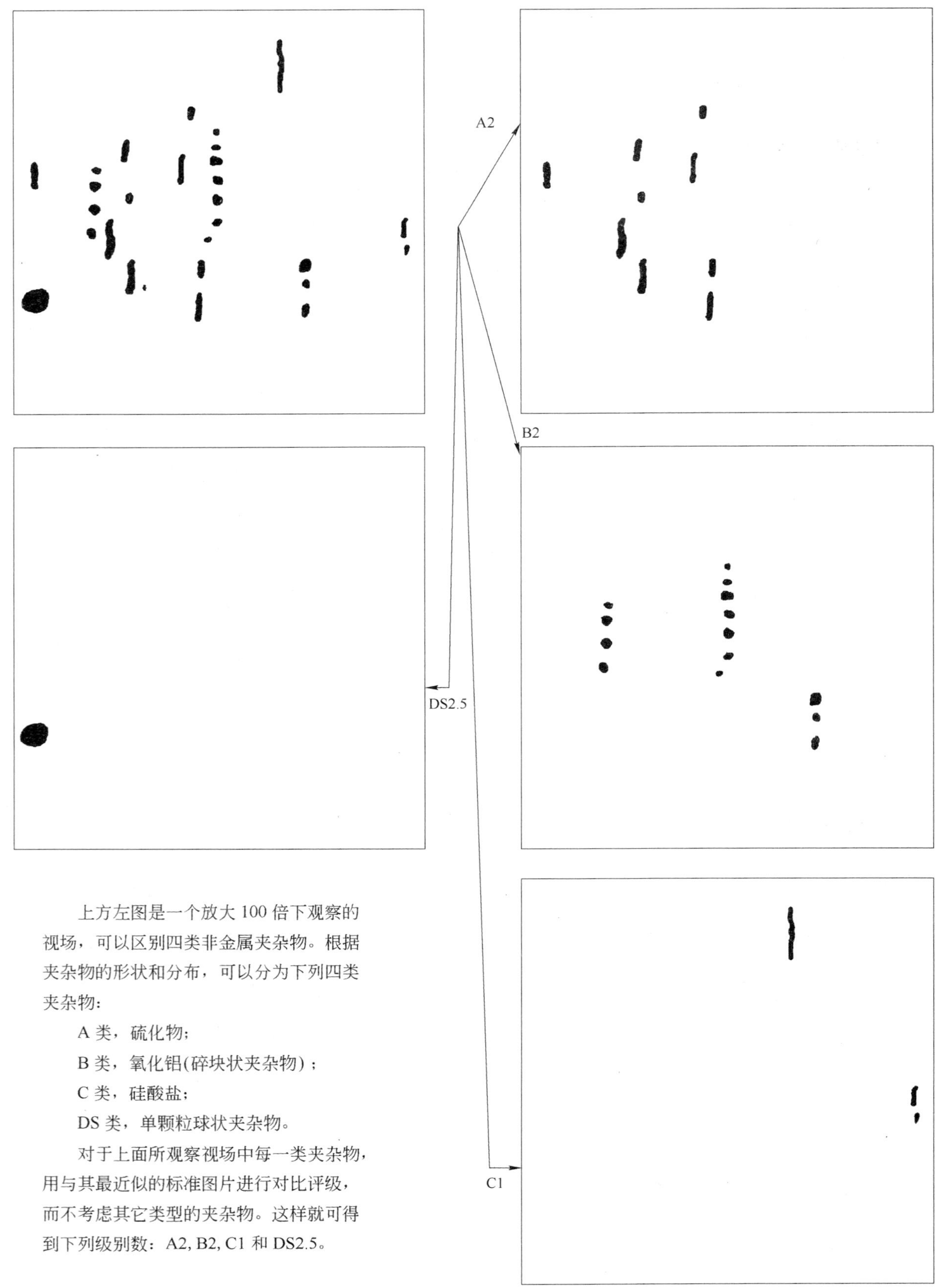

上方左图是一个放大100倍下观察的视场，可以区别四类非金属夹杂物。根据夹杂物的形状和分布，可以分为下列四类夹杂物：

A类，硫化物；

B类，氧化铝(碎块状夹杂物)；

C类，硅酸盐；

DS类，单颗粒球状夹杂物。

对于上面所观察视场中每一类夹杂物，用与其最近似的标准图片进行对比评级，而不考虑其它类型的夹杂物。这样就可得到下列级别数：A2, B2, C1和DS2.5。

图B.1　视场评定

B.2 超大尺寸夹杂物或串(条)状夹杂物的评定实例

如果夹杂物或串(条)状夹杂物仅长度超长,则对于方法B,将位于视场内夹杂物或串(条)状夹杂物,或对方法A,按0.710mm计入同一视场中同类及同一宽度夹杂物的长度(见图B.2a)。

如果夹杂物或串(条)状夹杂物的宽度或直径(D类夹杂物)超尺寸,则应计入该视场中粗系夹杂物评定结果(见图B.2b)。

对于D类夹杂物,如果颗粒数大于49,级别数可按附录D的公式计算。

对于直径大于0.107mm的DS类夹杂物,级别数可按附录D的公式计算。

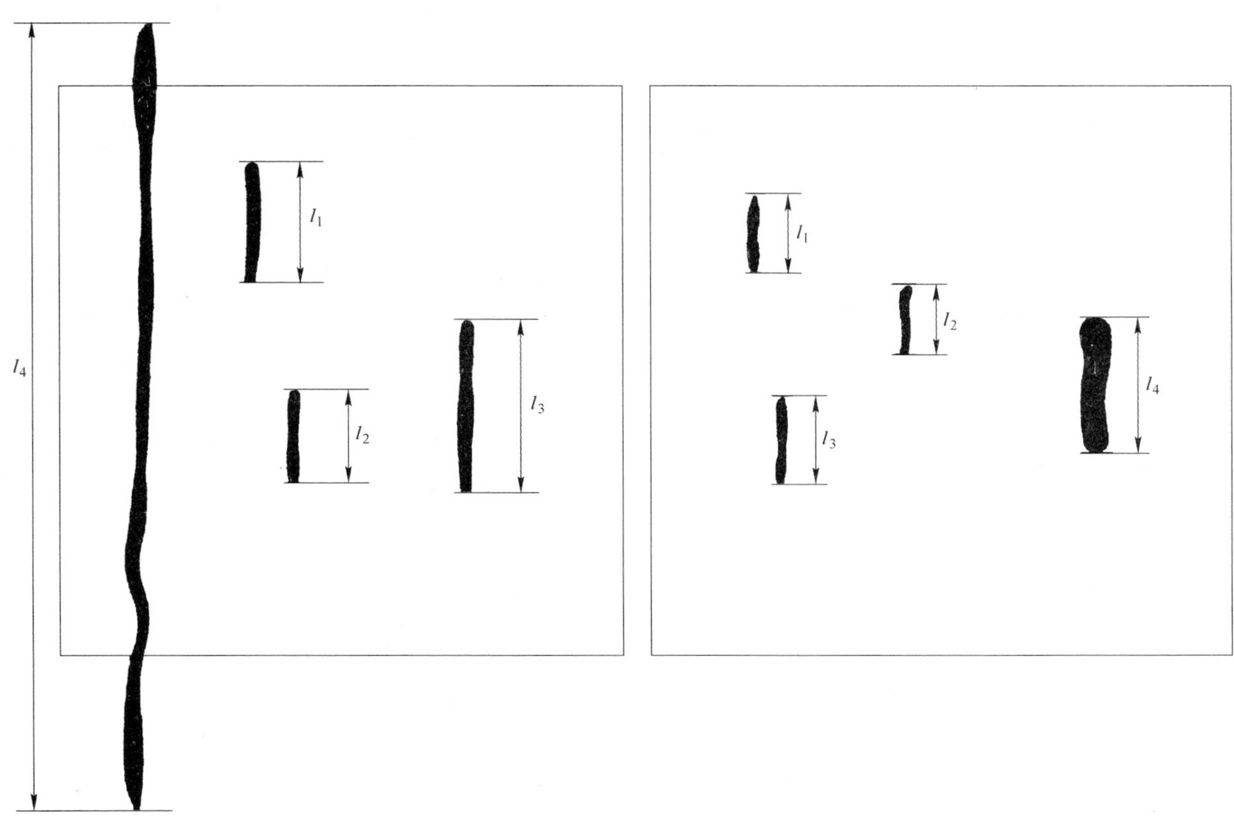

视场级别数是按夹杂物总长度 L 评定,
$L=0.71+l_1+l_2+l_3$
并单独指明夹杂物 l_4 超长

a)超长串(条)状夹杂物

视场级别数是根据夹杂物总长度 L
$L=l_1+l_2+l_3+l_4$
并单独指明夹杂物 l_4 超宽

b)宽度或直径超尺寸的夹杂物或串(条)状夹杂物

图B.2 超尺寸夹杂物或串(条)状夹杂物的视场评定

附　录　C
（资料性附录）
检验结果典型举例
（对一个所给定的观察视场数，按夹杂物类型，表示不同级别的视场总数）

C.1　按照视场和夹杂物类型表示

表 C.1 给出这类评定结果的实例。为了使这种编排简化起见，这里仅取观察视场总数为 20 个，而通常最少检验 100 个视场。

表 C.1　级别数

视场序号	各类夹杂物级别								
	A		B		C		D		DS
	细	粗	细	粗	细	粗	细	粗	
1	—	0.5	1	—	0.5	—	—	—	—
2	0.5	—	—	—	0.5	—	—	—	—
3	0.5	—	0.5	—	—	0.5	—	—	0.5
4	1	—	—	0.5	1.5	—	—	0.5	—
5	—	—	—	1.5	—	1	—	—	—
6	1.5	—	—	—	—	—	0.5	—	1
7	—	1s	1.5	—	—	0.5	—	—	—
8	—	—	—	1	1	—	—	1	—
9	0.5	—	0.5	—	0.5	—	—	—	—
10	—	0.5	1	—	0.5	—	—	—	—
11	1	—	0.5	—	—	0.5	—	—	1
12	0.5	—	—	—	—	—	—	1s	—
13	—	—	—	0.5	—	1.5	1	—	—
14	2	—	—	1	—	—	—	—	—
15	—	—	—	—	0.5	—	—	—	—
16	0.5	—	1	—	—	1	—	—	—
17	0.5	—	0.5	—	—	—	—	0.5	1.5
18	—	—	—	1.5	1	—	—	—	—
19	—	2	—	3	0.5	—	0.5	—	—
20	—	—	0.5	—	—	0.5	—	—	—

C.2　按夹杂物类型的每一级别视场的总数

根据这些检验结果，就能确定不同级别数和各类夹杂物的视场总数。表 C.2 列出了视场总数的数值。

表 C.2 视场总数

视场级别	各类夹杂物的视场数								
	A		B		C		D		DS
	细	粗	细	粗	细	粗	细	粗	
0.5	6	2	5	2	6	4	2	2	1
1	2	1	3	2	2	2	1	2	2
1.5	1	0	1	2	1	1	0	0	1
2	1	1	0	0	0	0	0	0	0
2.5	0	0	0	0	0	0	0	0	0
3	0	0	0	1	0	0	0	0	0

注:对于长度大于视场直径,或宽度或直径大于表 2 所规定值的夹杂物,应按标准评级图进行评级,并在试验报告中单独注明。

C.3 计算总级别数 i_{tot} 和平均级别数 i_{moy}

利用表 C.2 给出的视场总数,就能计算出每类夹杂物和每个系列夹杂物相应的总级别数和平均级别数。

C.3.1 A 类夹杂物

a) 细系

$$i_{tot} = (6 \times 0.5) + (2 \times 1) + (1 \times 1.5) + (1 \times 2) = 8.5$$

$$i_{moy} = \frac{i_{tot}}{N} = \frac{8.5}{20} = 0.425$$

N 表示观察视场总数(见 6.3)

b) 粗系

$$i_{tot} = (2 \times 0.5) + (1 \times 1) + (1 \times 2) = 4$$

$$i_{moy} = \frac{4}{20} = 0.20(\text{标注 1s})$$

C.3.2 B 类夹杂物

a) 细系

$$i_{tot} = (5 \times 0.5) + (3 \times 1) + (1 \times 1.5) = 7$$

$$i_{moy} = \frac{7}{20} = 0.35$$

b) 粗系

$$i_{tot} = (2 \times 0.5) + (2 \times 1) + (2 \times 1.5) + (1 \times 3) = 9$$

$$i_{moy} = \frac{9}{20} = 0.45$$

C.3.3 C 类夹杂物

a) 细系

$$i_{tot} = (6 \times 0.5) + (2 \times 1) + (1 \times 1.5) = 6.5$$

$$i_{moy} = \frac{6.5}{20} = 0.325$$

b) 粗系

$$i_{tot} = (4 \times 0.5) + (2 \times 1) + (1 \times 1.5) = 5.5$$

$$i_{moy} = \frac{5.5}{20} = 0.275$$

C.3.4　D 类夹杂物

a）细系

$$i_{tot} = (2 \times 0.5) + (1 \times 1) = 2$$

$$i_{moy} = \frac{2}{20} = 0.10$$

b）粗系

$$i_{tot} = (2 \times 0.5) + (2 \times 1) = 3$$

$$i_{moy} = \frac{3}{20} = 0.15\text{(标注 1s)}$$

C.3.5　DS 类夹杂物

$$i_{tot} = (1 \times 0.5) + (2 \times 1) + (1 \times 1.5) = 4$$

$$i_{moy} = \frac{4.0}{20} = 0.20$$

C.4　权重因数

采用每个级别的权重因数，以使按夹杂物的数量计算出总的纯洁度级别是可行的。

可以采用表 C.3 给出的权重因数。

表 C.3　权重因数

级别 i	权重因数 f_i
0.5	0.05
1	0.1
1.5	0.2
2	0.5
2.5	1
3	2

下列公式计算纯洁度级别 C_i：

$$C_i = \left[\sum_{i=0.5}^{3.0} f_i \times n_i\right] \frac{1000}{S}$$

式中：

f_i——权重因数；

n_i——i 级别的视场数；

S——试样的总检验面积，单位为平方毫米（mm^2）。

附 录 D
（资料性附录）
评级图片级别与夹杂物测定值的关系

下列各图所示是A、B、C、D和DS类夹杂物的评级图片级别与夹杂物测定值的关系（长度或直径用μm表示，或用每个视场的数量表示）。下列公式可用于由夹杂物的测量值计算出夹杂物的级别数，或由夹杂物的级别数计算出夹杂物的测量值，例如：要测量评级图片级别在3以上夹杂物。

D.1 由夹杂物的测量值计算评级图片级别

A类硫化物，长度(L)用μm表示：

$\lg(i)=[0.5605\lg(L)]-1.179$

B类氧化铝，长度(L)用μm表示：

$\lg(i)=[0.4626\lg(L)]-0.871$

C类硅酸盐，长度(L)用μm表示：

$\lg(i)=[0.4807\lg(L)]-0.904$

D类球状氧化物，每个视场中的数量(n)：

$\lg(i)=[0.5\lg(n)]-0.301$

DS类单颗粒球状氧化物，直径(d)用μm表示：

$i=[3.311\lg(d)]-3.22$

除DS类夹杂物以外，由反对数可获得i值。

D.2 由评级图片级别计算夹杂物的测量值

A类硫化物，长度(L)用μm表示：

$\lg(L)=[1.784\lg(i)]+2.104$

B类氧化铝，长度(L)用μm表示：

$\lg(L)=[2.1616\lg(i)]+1.884$

C类硅酸盐，长度(L)用μm表示：

$\lg(L)=[2.08\lg(i)]+1.88$

D类球状氧化物，每个视场中的数量(n)：

$\lg(n)=[2\lg(i)]+0.602$

DS类单颗粒球状氧化物，直径(d)用μm表示：

$\lg(d)=[0.302i]+0.972$

测量值可由反对数获得。

以上线性回归公式，R^2值均在0.9999以上。

A 类(硫化物类)

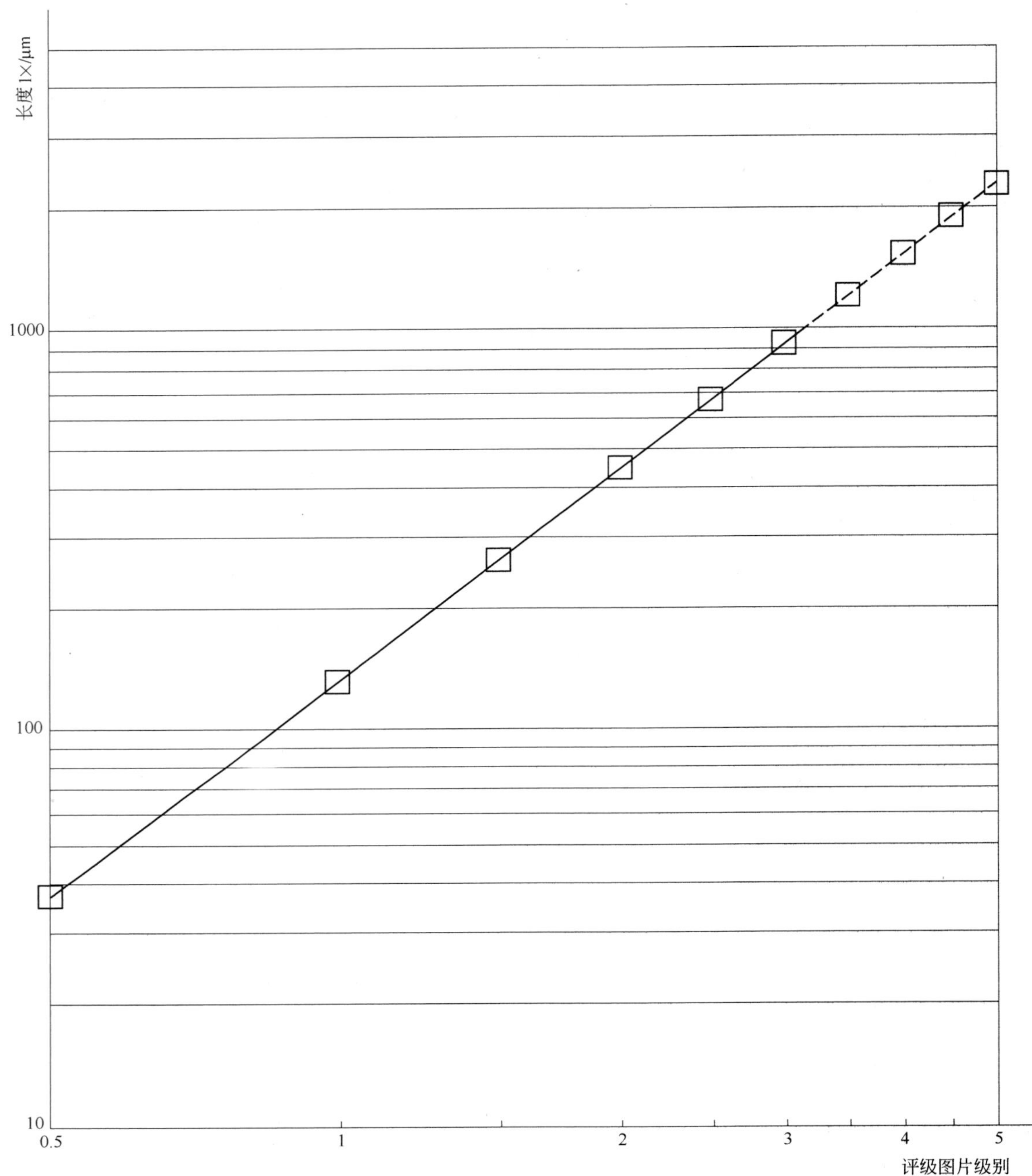

B类(氧化铝类)

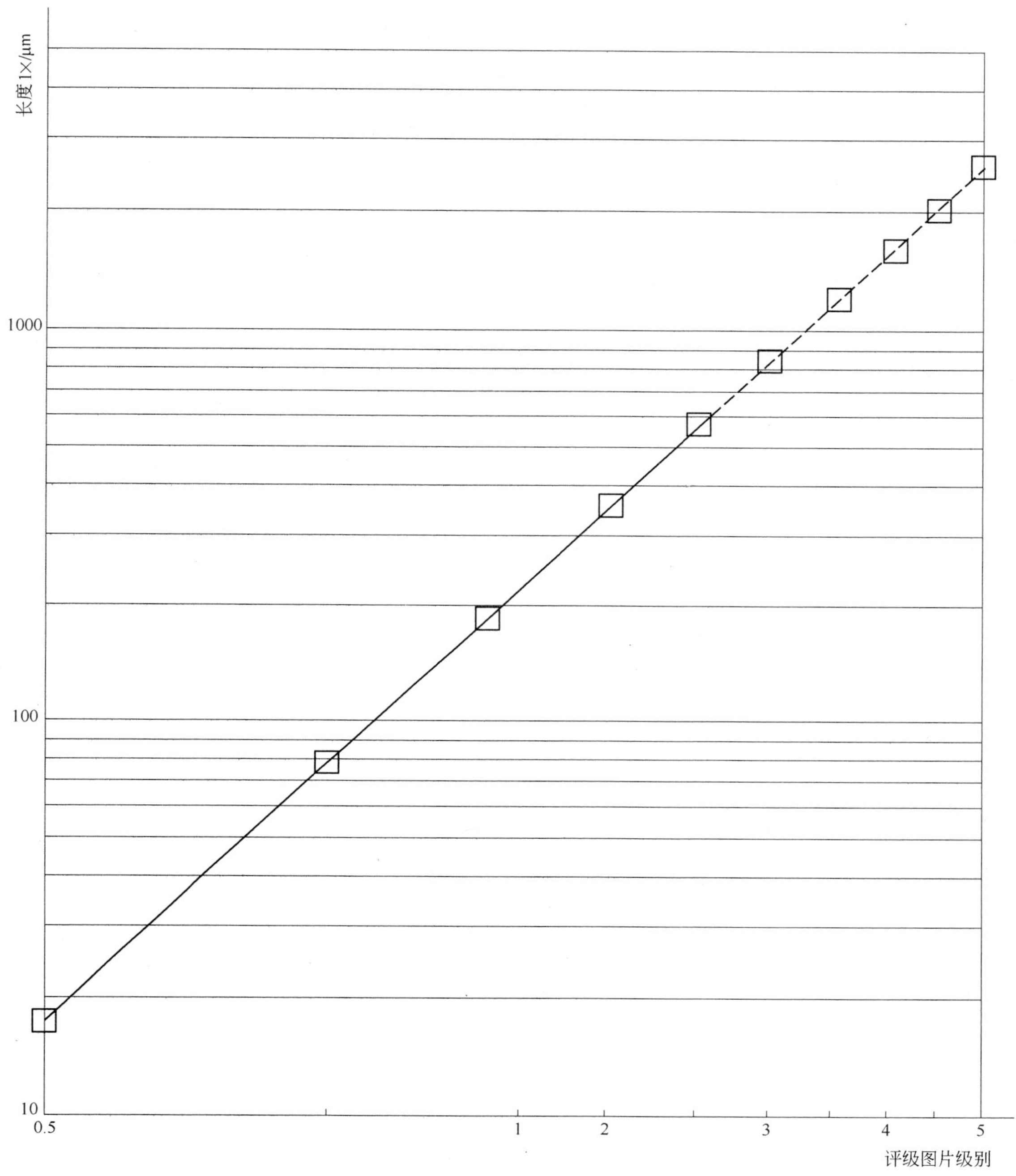

C 类(硅酸盐类)

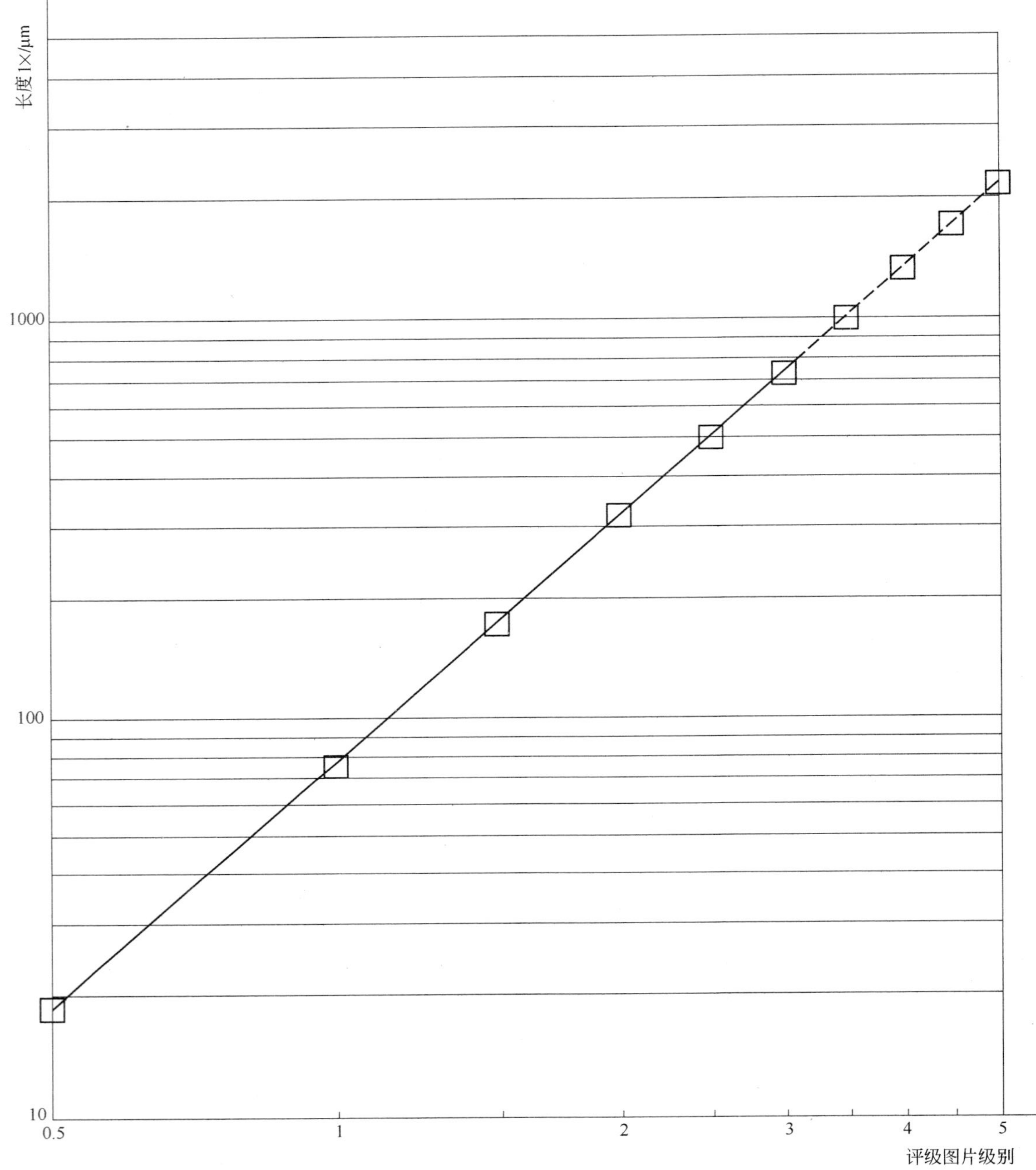

D类(球状氧化物类)

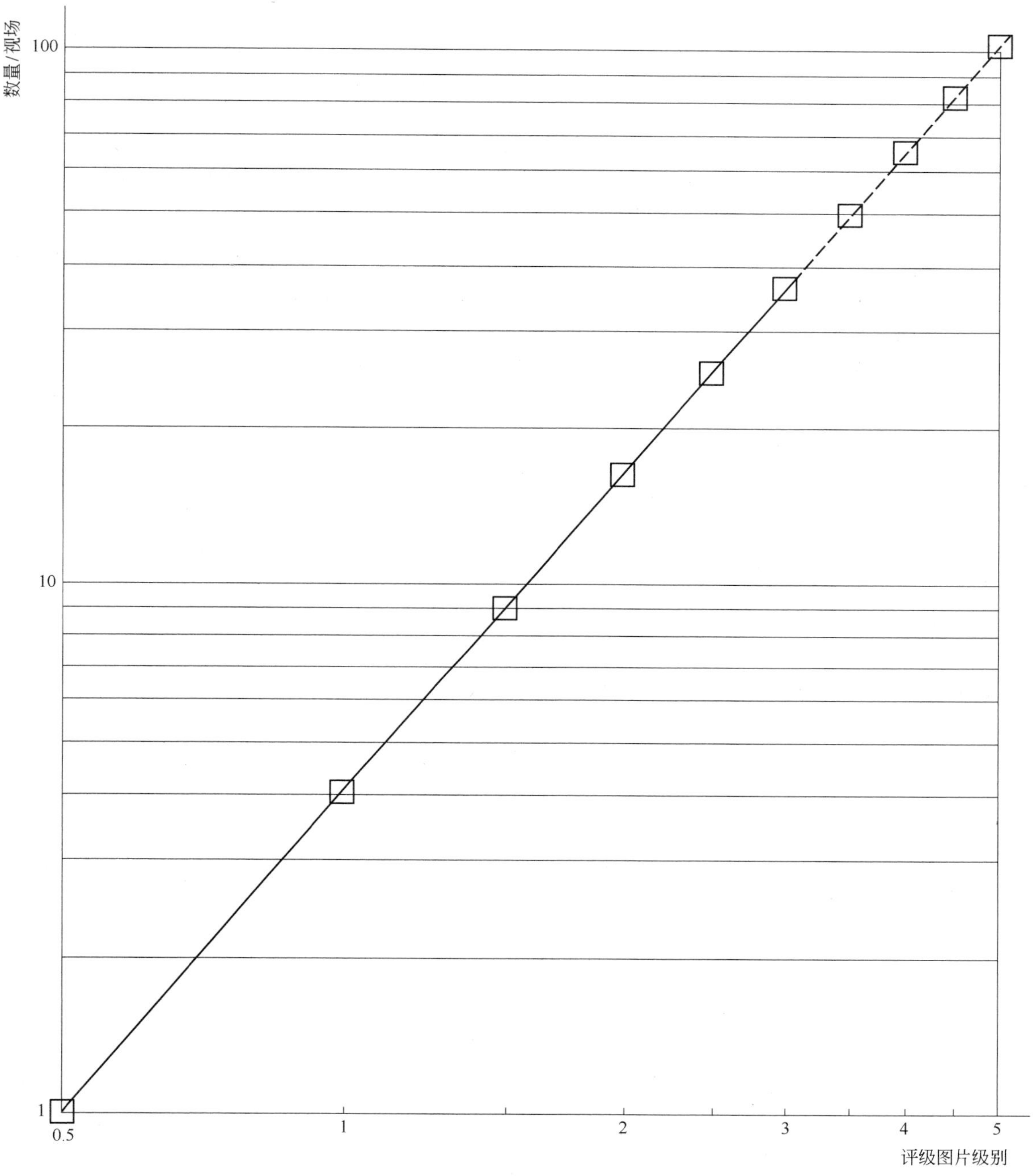

DS 类(单颗粒球状类)

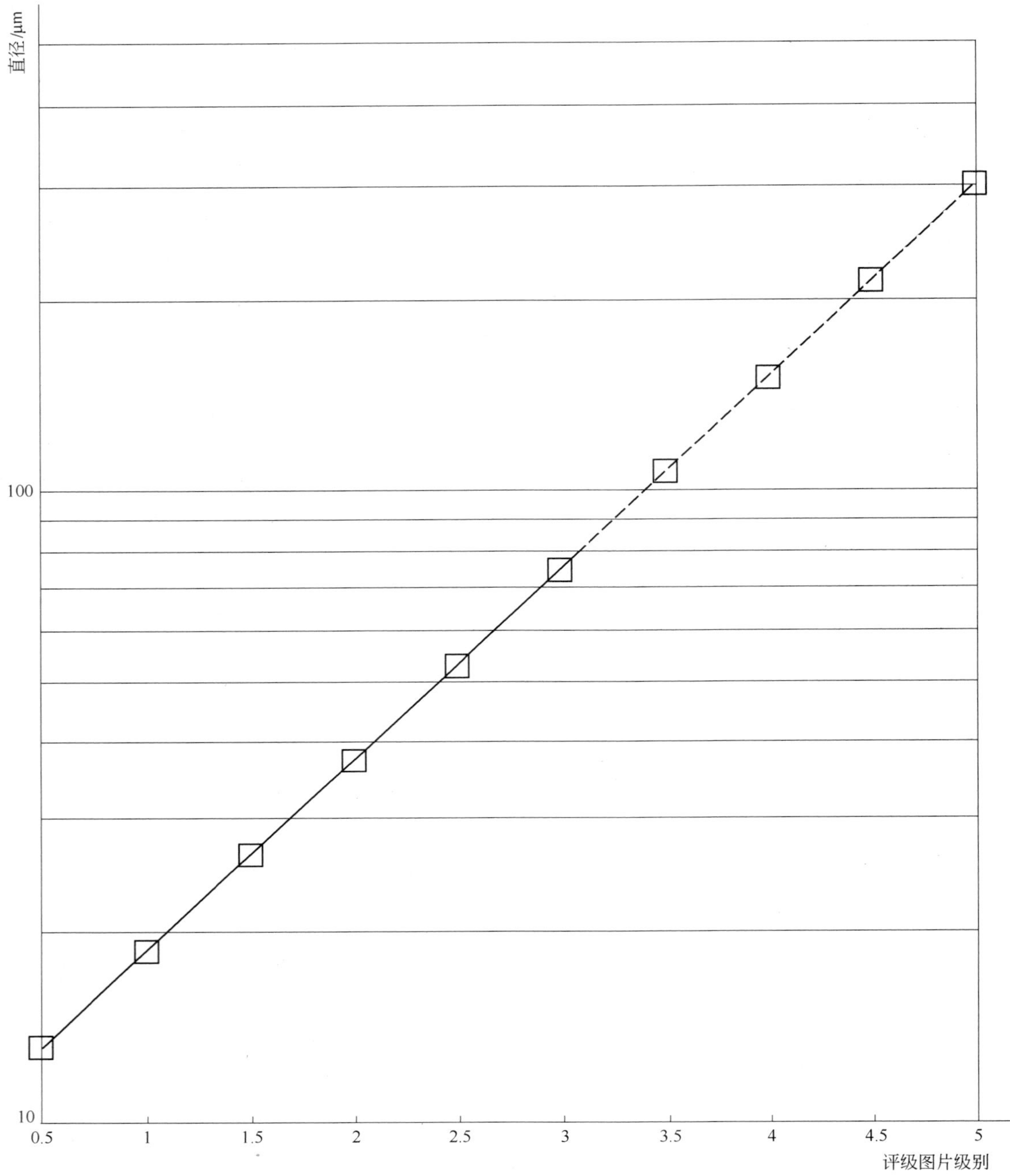

附　录　NA
（资料性附录）
制取样注意方法和其他产品取样

NA.1　制取样注意方法

试样应在冷状态下，用机械方法切取。若用气割或热切割等方法切取时，必须将金属融化区、塑性变形区完全去除。

淬火后的试样不应有淬火裂纹，以免影响正确评定。

NA.2　取样部位和取样面积

当产品厚度、直径或壁厚较小时，则应从同一试样上截取足够数量的试样，以保证检验面积为 200mm²，并将试样视为一支试样；当取样数达 10 个长 10mm 的试样作为一支试样时，检验面不足 200mm² 是允许的。

钢管的取样方法如图 NA.1 所示。

单位为毫米

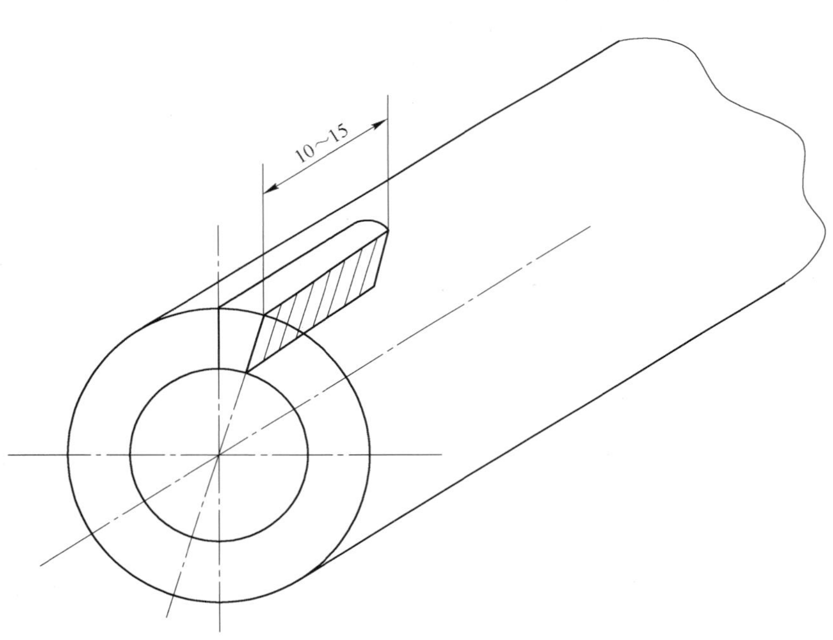

图 NA.1　钢管取样

ICS 19.100
J 04

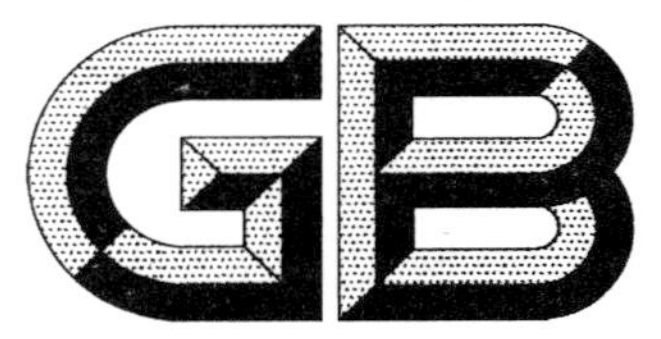

中华人民共和国国家标准

GB/T 12604.1—2005/ISO 5577:2000
代替 GB/T 12604.1—1990

无损检测　术语　超声检测

**Non-destructive testing—Terminology—
Terms used in ultrasonic testing**

(ISO 5577:2000, Non-destructive testing—
Ultrasonic inspection—Vocabulary, IDT)

2005-06-08 发布　　　　2005-12-01 实施

中华人民共和国国家质量监督检验检疫总局
中国国家标准化管理委员会　发布

目　次

前　言

本标准等同采用 ISO 5577:2000《无损检测　超声检测　词汇》(英文版)。

本标准等同翻译 ISO 5577:2000。

为便于使用,本标准还做了下列编辑性修改:

a) “本国际标准”一词改为“本标准”;

b) 删除国际标准的前言;

c) 增加了“中文索引”以指导使用;

d) 原国际标准的章条编号格式改为 GB/T 1.1—2000 规定的章条编号格式。

本标准代替 GB/T 12604.1—1990《无损检测术语　超声检测》。

本标准与 GB/T 12604.1—1990 相比主要变化如下:

——修改了一般术语(见第 2 章);

——修改了与“波”相关的术语(1990 年版的第 2 章;本版的第 3 章);

——修改了与“角”相关的术语(1990 年版的第 2 章;本版的第 4 章);

——修改了与“脉冲和回波”相关的术语(1990 年版的第 2 章;本版的第 5 章);

——修改了与“探头”相关的术语(1990 年版的第 3 章;本版的第 6 章);

——修改了与“超声检测仪器”相关的术语(1990 年版的第 3 章;本版的第 7 章);

——修改了与“试块”相关的术语(1990 年版的第 3 章;本版的第 8 章);

——修改了与“检测技术(方法)”相关的术语(1990 年版的第 4 章;本版的第 9 章);

——修改了与“受检件”相关的术语(1990 年版的第 4 章;本版的第 10 章);

——修改了与“耦合”相关的术语(1990 年版的第 4 章;本版的第 11 章);

——修改了与“定位”相关的术语(1990 年版的第 4 章;本版的第 12 章);

——修改了与“评价方法”相关的术语(1990 年版的第 4 章;本版的第 13 章);

——修改了与“显示方法”相关的术语(1990 年版的第 4 章;本版的第 14 章)。

请注意本标准的某些内容有可能涉及专利。本标准的发布机构不应承担识别这些专利的责任。

本标准由中国机械工业联合会提出。

本标准由全国无损检测标准化技术委员会(SAC/TC 56)归口。

本标准起草单位:中国航空工业第一集团公司北京航空材料研究院。

本标准主要起草人:史亦韦、李家伟。

本标准所代替标准的历次版本发布情况为:

——GB/T 12604.1—1990。

无损检测 术语 超声检测

1 范围

本标准界定了用于超声无损检测方法的术语，作为标准和一般使用的共同基础。

2 一般术语

2.1

声吸收 acoustical absorption

衰减的组成部分，由于部分声能转换成其他形式能量(如热能)所引起。

2.2

声各向异性 acoustical anisotropy

材料的声学特性，超声向各个方向传播时所呈现出的不同的声学特性，如声速。[1)]

2.3

声阻抗 acoustical impedance

给定材料中某一点的声压与质点速度的比值，通常表达为声速与密度的乘积。[2)]

2.4

声影 acoustic shadow

阴影区 shadow zone

由于受检件的几何形状或其中存在不连续而使以给定方向传播的超声波能量不能抵达的区域。

见图 6。

2.5

衰减 attenuation

声衰减 sound attenuation

超声波在介质中传播时由于吸收和散射所引起的声压降低。

2.6

声衰减系数 attenuation coefficient

用来表示每单位传播距离衰减量的系数，该系数与材料性能、波长和波型有关，常以 dB/m 表示。

2.7

声束轴线 beam axis

通过远场中声压极大值的一些点并延伸到声源的线。

见图 2、图 10、图 11、图 12 和图 16。

2.8

声束边缘 beam edge

远场中超声束的边界，在与探头距离相同处测量，该边界处的声压已降至声束轴线上声压值的一给定比率。

见图 2。

---

1) ISO 5577:2000 英文版由于印刷错误而缺失本条定义，现本条定义为参照了 ISO 5577:2000 法文版后重新编写。

2) ISO 5577:2000 英文版的本条定义的前半句为“给定材料中某一点的声压与声速的比值”，存在明显技术错误。

2.9

声束轮廓 beam profile

由声束边缘所确定的声束形状。

2.10

声束扩散 beam spread

声波在材料中传播时声束的扩展。

2.11

分贝 decibel

dB

两个超声信号幅度的比值以 10 为底的对数的 20 倍。

$dB = 20\log_{10}$(幅度比)

2.12

不连续 discontinuity

连续性的缺失。

见图 6、图 10、图 11、图 13、图 14、图 16、图 17a)、图 17b)、图 17c)、图 18 和图 19。

2.13

边缘效应 edge effect

超声波由反射体边缘衍射引起的现象。

2.14

远场 far field

超过声束轴线上最后一个声压极大值而延伸的超声声束区域。

见图 2。

2.15

缺陷 flaw

defect

认为应被记录的不连续。

见图 6、图 10、图 11、图 13、图 14、图 16、图 17a)、图 17b)、图 17c)、图 18 和图 19。

2.16

界面 interface

声阻抗不同的两种介质之间声接触的分界面。

见图 4。

2.17

背反射损失 loss of back reflection

底波损失

受检件背面回波幅度的严重下降或消失。

2.18

近场 near field

菲涅耳区 Fresnel zone

由于干涉的原因声压不随距离作单调变化的声束区域。

2.19

近场长度 near field length

超声信号源到近场点之间的距离。

见图 3。

2.20

近场点　near field point

超声声束中声压达到声束轴线上远场前最后一个极大值点的位置。

见图 3。

2.21

传播时间　propagation time

声时　time of flight

发射的超声信号到达接收点所需时间。

2.22

反射系数　reflection coefficient

在反射面处总的反射声压与入射声压之比。

2.23

反射体　reflector

超声束遇到声阻抗变化的界面。

2.24

散射　scattering

由声束路径中的晶粒结构和(或)小反射体引起的随机反射。

2.25

声场　sound field

发射声能所产生的三维声压图。

见图 3。

2.26

声速　sound velocity

传播速度　velocity of propagation

在非频散介质中声波沿传播方向行进的相速度或群速度。

2.27

检测频率　test frequency

用以检测试件的有效超声频率,通常在接收点处测量。

2.28

超声声束　ultrasonic beam

声束　sound beam

在非频散介质中,超声能量主要部分集中分布的声场区域。

见图 2 和图 6。

2.29

超声波　ultrasonic wave

频率超过人耳可听范围的声波,此频率的下限一般取为 20kHz

3　与“波”相关的术语

3.1

纵波　longitudinal wave

压缩波　compressional wave

在介质中传播时，介质质点的振动方向与波传播方向一致的声波波型。

见图 1a)。

3.2

连续波　continuous wave

与脉冲波相对的，时间上持续存在的声波。

3.3

爬波　creeping wave

在第一临界角产生的并以纵波沿表面传播的波。

3.4

波型转换　mode conversion

mode transformation

wave conversion

在发生折射与反射时，一种波型向另一种波型的转换。

3.5

板波　plate wave

兰姆波　Lamb wave

在薄板整个厚度范围内传播的波型，仅能在入射角、频率和板厚为特定值时方可产生。

3.6

横波　transverse wave

切变波　shear wave

在介质中传播时，介质质点的振动方向与波传播方向相互垂直的声波波型。

见图 1b)。

注：此波型仅在固体中存在。

3.7

球面波　spherical wave

波阵面为球面的波。

3.8

表面波　surface wave

瑞利波　Rayleigh wave

沿传播介质表面层传播，有效透入深度约为一个波长的声波波型。

3.9

波前　wavefront

波阵面

波中由相同相位的所有点所构成的连续面。

3.10

波长　wavelength

λ

波经历一个完整周期所传播的距离。

见图 1。

3.11

波列　wave train

由同一源产生，具有相同的特征，沿相同路径传播，有确定数目的一系列声波。

4 与"角"相关的术语

4.1

入射角　angle of incidence

入射声束轴线与界面法线之间的夹角。

见图 4 和图 9。

4.2

反射角　angle of reflection

反射声束轴线与界面法线之间的夹角。

见图 4。

4.3

折射角　angle of refraction

折射声束轴线与界面法线之间的夹角。

见图 4、图 9、图 10。

4.4

临界角　critical angle

在两种不同介质的界面上的入射角，大于该值时折射后的声波传播模式将发生改变。

注：入射角大于第一临界角时折射波仅有横波，大于第二临界角时折射横波也不再存在。瑞利角是产生表面波（瑞利波）的角度。

4.5

扩散角　divergence angle

指向角

在远场中声束轴线与幅度降低到一定水平的声束边缘间的角度。

见图 2。

5 与"脉冲和回波"相关的术语

5.1

背面回波　back wall echo

back surface echo

背反射　back reflection

底波　bottom echo

B

由垂直于声束轴线的边界面反射的脉冲，通常指用直探头检测上下面平行的受检件时，来自对面的回波。

见图 17a）和图 17b）。

5.2

延迟回波　delayed echo

因路径不同或发生波型转换，以致比来自同一反射体的其他回波较迟到达同一接收点的回波。

5.3

回波　echo

反射　reflection

从反射体反射到探头的超声脉冲。

5.4

缺陷回波　flaw echo

defect echo

F

不连续回波　discontinuity echo

D

来自缺陷或不连续处的回波指示。

见图 17a)、图 17b)和图 17c)。

5.5

幻影回波　ghost echo

phantom echo

wrap-around

源于前一个周期所发射脉冲的回波。

5.6

草状回波　grass

组织回波　structural echoes

来自材料中的晶粒边界和(或)微小反射体的反射波所形成的空间随机信号。

5.7

界面回波　interface echo

来自两种不同介质的界面的回波。

5.8

多次回波　multiple echo

多次反射　multiple reflection

超声脉冲在两个或多个界面或不连续之间往复反射所形成的回波。

5.9

脉冲　pulse

持续时间短促的电或超声信号。

5.10

侧面回波　side wall echo

W

来自除背面和检测面以外的表面的回波。

见图 17a)。

5.11

干扰回波　spurious echo

parasitic echo

与不连续不相关的显示。

5.12

界面波　surface echo

S

表面回波

从受检件第一个边界反射到探头的回波指示，通常用于液浸检测技术或使用带延迟块探头的接触检测技术。

见图 17b)。

5.13

发射脉冲指示　transmission pulse indication

T

始波

发射脉冲在超声检测仪上的显示,通常用于 A 扫描显示。

见图 17a)、图 17b)和图 17c)。

5.14

发射脉冲　transmitter pulse

超声检测仪的发射器产生的电脉冲,用以激发探头。

6 与"探头"相关的术语

6.1

斜射探头　angle beam probe

angle beam search unit

斜探头　angle probe

声束入射角不是 0°的探头。

见图 7b)、图 9、图 10、图 11、图 12、图 13、图 14、图 15、图 16 和图 17c)。

6.2

中心频率　centre frequency

幅度比峰值频率的幅度低 3dB(穿透检测)或 6dB(脉冲回波检测)时所对应的频率的算术平均值。

6.3

会聚距离　convergence distance

使用双晶探头时,受检件表面与会聚区间的距离。

见图 8。

6.4

会聚区　convergence zone

会聚点　convergence point

双晶探头发射声束与接收声束的相交区称会聚区,而两轴线的相交点则称会聚点。

见图 8。

6.5

延迟声程　delay path

换能器至检测面入射点之间的声程。

6.6

场深　depth of field

焦区长度　focal zone

focal range

聚焦探头超声束中的一段,其中声压均保持在相对于其最大值的某一水平之上。

见图 20。

6.7

双换能器探头　double transducer probe

双晶探头　twin transducer probe

双探头　dual search unit

由两个用隔声层隔开的换能器装在一个外壳中组成的探头，一个换能器用于发射超声波，另一个用于接收。

见图 8。

6.8

有效换能器尺寸　effective transducer size

由测得的近场长度和波长确定的小于其机械尺寸的换能器面积。

6.9

电磁声换能器　electro-magnetic transducer

电动换能器　electrodynamic transducer

利用磁感应效应(洛伦兹效应)将电振荡转换成声能或相反的换能器。

6.10

焦距　focal length

聚焦探头从焦点到声源的距离。

见图 20。

6.11

焦点　focal point

focus

距声源最远的声压最大值点。

见图 20。

6.12

聚焦探头　focussing probe

通过使用特殊装置(如具有某种形状的换能器、透镜、电子学处理装置等)，使声束会聚产生聚焦声束或焦点的探头。

见图 20。

6.13

液浸探头　immersion probe

特殊设计可浸在液体中使用的纵波探头。

见图 17b)。

6.14

探头标称角　nominal angle of probe

对于给定的材料和温度所标出的探头折射角数值。

6.15

标称频率　nominal frequency

由制造商所标出的探头频率。

6.16

标称换能器尺寸　nominal transducer size

换能器尺寸　transducer size

元件尺寸　element size

换能器单元的物理尺寸。

6.17

直探头　normal probe

直射探头　straight beam probe

straight beam search unit

波与检测面成 90°传播(声束轴线垂直于入射面)的探头。

见图 2、图 3、图 6、图 7a)和图 17a)。

6.18

峰值频率　peak frequency

可被观测到最大幅度响应的频率。

6.19

峰数　peak number

在所接收信号的波形持续时间内,幅度超过最大幅度的 20%(−14dB)的周数,通常用以表示所接收回波信号的波形持续时间。

见图 5。

注:该数的倒数被称为"探头阻尼因子"。

6.20

相控阵探头　phased array probe

由若干个换能器阵元组成的探头,这些换能器阵元能各自以不同的幅度或相位工作,从而构成不同的声束偏转角与焦距。

6.21

探头　probe

search unit

电-声转换器件,通常由一个或多个用以发射或接收或者既发射又接收超声波的换能器组成。

6.22

探头阻尼因子　probe damping factor

峰数的倒数(见 6.19)。

6.23

探头入射点　probe index

声束轴线通过探头底面的点。

见图 9、图 12、图 16 和图 17c)。

注:对于斜射探头,这一点的标记通常刻在探头的侧面。

6.24

探头靴　probe shoe

插入在探头和受检件之间具有一定形状的材料块,用以改善耦合和(或)防护探头。

6.25

屋顶角　roof angle

半顶角　toe-in-semi-angle

双换能器探头两换能器面法线间夹角之半。

见图 8。

6.26

偏向角　squint angle

〈斜射声束探头〉探头几何轴与声束轴在检测面上投影之间的角度。

见图 9。

6.27

偏向角　squint angle

〈直射声束探头〉探头几何轴线与声束轴线之间的角度。

见图 9。

6.28

表面波探头　surface wave probe

产生和(或)接收表面波的探头。

6.29

换能器　transducer

晶片　crystal

元件　element

探头的有功元件,可将电能转换成超声能或相反。

见图 7a)、图 7b)和图 8。

6.30

换能器背衬　transducer backing

衬在换能器背面以增加阻尼的材料。

见图 7a)、图 7b)和图 8。

6.31

可变角探头　variable angle probe

折射角可以改变的探头

6.32

耐磨片　wear plate

diaphragm

作为探头组成部分的防护材料薄片,它使换能器与受检件隔开而不直接接触。

见图 7a)。

6.33

斜楔　wedge

折射棱镜　refracting prism

特殊的楔形件(常用塑料制作),将其放在换能器与受检件之间且与两者有声接触时,可使超声束以给定角度折射进入受检件。

见图 7b)。

6.34

轮式探头　wheel probe

wheel search unit

将一个或多个换能器安装在注满液体的柔韧轮胎中,超声束通过轮胎的滚动接触面与检测面相耦合的一种探头。

7　与"超声检测仪器"相关的术语

7.1

幅度线性　amplitude linearity

输入到超声检测仪接收器的信号幅度与其在超声检测仪显示器(或附加显示器)上所显示的幅度成

正比关系的程度。

7.2

盲区 dead zone

靠近检测面下的一段区域,在此区域中有意义的反射体不能被显示。

7.3

延迟扫描 delayed time base sweep

零点校正 correction of zero point

以相对于发射脉冲或参考回波一固定或可调的延迟时间触发时基线。

7.4

动态范围 dynamic range

超声检测仪可运用的一段信号幅度范围,在此范围内信号不过载或畸变,也不小至难以观测。

7.5

电子距离-幅度补偿 electronic distance-amplitude-compensation(EDAC)

检测仪中一种装置的功能,用电子学方法改变来自不同距离的相同尺寸反射体的回波放大率使回波幅度相同。

7.6

时基线扩展 expanded time-base sweep

scale expansion

时基线扫描速度的增加,可使来自受检件厚度或长度范围内选定区的回波在荧光屏上显示更多的细节。

7.7

缺陷检测灵敏度 flaw(defect)detection sensitivity

超声检测设备的性能,用最小可检出反射体来确定。

7.8

增益控制 gain control

dB 控制 dB control

增益调节 gain adjustment

仪器的控制器,通常按分贝校准,可将信号调节到适当的高度。

7.9

闸门 gate

时间闸门 time gate

用电子学方法选择时基线的一段,以监视其中的信号或作进一步处理。

7.10

闸门水平 gate level

闸门电平

监视电平 monitor level

监视水平

规定的幅度水平,高于或低于此水平,在门中的回波信号可被选出作进一步处理。

7.11

脉冲(回波)幅度 pulse(echo)amplitude

信号幅度 signal amplitude

脉冲(回波)信号的最大幅度,在采用 A 型显示时,通常指时基线到最高峰的垂直高度。

7.12

脉冲能量　pulse energy

单个脉冲所包含的总能量。

7.13

脉冲(回波)长度　pulse(echo)length

脉冲宽度

在低于峰值幅度的一规定水平上所测得的脉冲(回波)前沿和后沿之间的时间间隔。

7.14

脉冲重复频率　pulse repetition frequency

prf

脉冲重复率　pulse repetition rate

每单位时间所产生的脉冲数,通常以赫兹表示。

7.15

脉冲形状　pulse shape

时间域中一个脉冲的形状。

7.16

抑制　rejection

supression

reject

grass cutting

通过去除幅度低于某一预定水平(阈水平)的所有显示信号的方法来降低噪声(草状回波)。

7.17

分辨力　resolution

超声检测设备的特性,以能够对两个反射体提供可分离指示时两者的最小距离来确定。

注:需区别在声传播方向上的纵向分辨力与垂直于传播方向的横向分辨力。

7.18

时基线　time base

扫描线　sweep

在显示器上按时间或声程距离校准的轨迹(通常是水平的)。

7.19

时基线控制　time base control

扫描线控制　sweep control

仪器的控制器,用以将时基线调整到一预选的距离范围。

7.20

时基线性　time base linearity

由经校准的时间发生器或由已知厚度平板的多次反射所提供的输入信号与在时基线上所指示的信号位置之间成正比关系的程度。

7.21

时基线范围　time base range

检测范围　test range

在一特定的时基线上能显示的声程长度。

7.22

超声检测设备 ultrasonic test equipment

由超声检测仪、探头、电缆及在检测时与仪器相连接的所有器件组成的设备。

7.23

超声检测仪 ultrasonic test instrument

与一个或多个探头一起使用,用以发射,接收,处理和显示超声信号进行无损检测的仪器。

8 与“试块”相关的术语

8.1

校准试块 calibration block

标准试块 standard test block

具有规定的化学成分、表面粗糙度、热处理及几何形状的材料块,可用以评定和校准超声检测设备。

8.2

平底孔 flat bottom hole

FBH

圆盘缺陷 disc flaw

圆盘形反射体 disc shaped reflector

平面的圆盘形反射体。

8.3

参考试块 reference block

对比试块

与受检件或材料化学成分相似,含有意义明确参考反射体的试块。用以调节超声检测设备的幅度和(或)时间分度,以将所检出的不连续信号与已知反射体所产生的信号相比较。

见图 21。

8.4

参考缺陷 reference flaw(defect)

参考反射体 reference reflector

校准试块或参考试块中已知形状、尺寸和距检测面距离的反射体,用于缺陷检测灵敏度的校准与评估。

见图 21。

8.5

横孔 side drilled hole

SDH

side cylindrical hole

平行于检测面的圆柱形钻孔。

9 与“检测技术(方法)”相关的术语

9.1

斜射技术 angle beam technique

使用与受检件表面成一定角度而不是垂直于检测面入射的超声束进行检测的技术。

见图 17c)。

9.2

自动扫查　automatic scanning

探头在检测面上的机械化移动。

9.3

接触检测技术　contact testing technique

用一个(或多个)超声探头直接与受检件接触(用或不用耦合剂)进行扫查。

见图17a)。

9.4

直接扫查技术　direct scan technique

一次波技术　single traverse technique

超声束不经中间反射直接进入检测区进行检测。

见图10。

9.5

双探头技术　double probe technique

一收一发技术　pitch and catch technique

利用两个探头进行超声检测的技术,两探头均可分别用作发射器和接收器。

9.6

二次波技术　double traverse technique

入射超声束在受检件内经一次表面反射进入某一区域进行检测。

见图11。

9.7

间隙检测技术　gap testing technique

间隙扫描　gap scanning

探头与受检件表面不直接接触而是通过一厚度不大于数波长的液柱耦合。

见图12。

9.8

液浸技术　immersion technique

液浸检测　immersion testing

一种超声检测技术,受检件和探头均被浸入用作耦合剂和(或)折射棱镜的液体中。

见图17b)。

注:液浸可以是全部或局部的,也包括使用喷水器或轮式探头。

9.9

间接扫查技术　indirect scan technique

间接扫查　indirect scan

超声束经受检件的一个或多个表面反射后进入检测区,进行检测。

9.10

手动扫查　manual scanning

在检测面上用手移动探头进行检测。

9.11

多次回波技术　multiple-echo technique

对来自背面或不连续处的多次反射波就幅度以及声程长度进行评定的技术。

注1:多次回波的幅度可用以评价材质或连接质量。

注2:为提高壁厚(声程长度)测量的准确度,可利用尽可能多的回波次数。

9.12

多次波技术　multiple traverse technique

入射超声束在受检件内经多个面反射若干次后进入某一区域进行检测。

见图 11。

9.13

直射技术　normal beam technique

straight beam technique

使用直探头检测的技术。

9.14

环绕扫查　orbital scanning

用于获得先前已确定好位置的反射体形状信息的一种技术，扫查围绕反射体进行。

见图 13。

9.15

脉冲回波技术　pulse echo technique

脉冲反射技术　reflection(pulse)technique

将超声脉冲在一个周期内发射并经反射后接收的技术。

9.16

扫查　scanning

声束与受检件之间所做的有计划的相对移动。

9.17

单探头技术　single probe technique

用同一探头发射和接收超声波的检测技术。

9.18

螺旋扫查　spiral scanning

管子或探头纵向移动同时转动的扫查。

9.19

旋转扫查　swivel scanning

将斜射探头围绕通过其入射点并垂直受检件的轴线转动进行检测的技术。

见图 14。

9.20

串列扫查技术　tandem(scanning)technique

采用两个或多个具有相同折射角，面向同一方向，声束轴均在与检测面相垂直的同一平面内的斜射探头进行扫查的技术，其中的一个探头用于发射超声能，其余的用作检测超声能。

见图 16。

注：此技术主要用于检测垂直于检测面的不连续。

9.21

衍射声时技术　time-of-flight diffraction technique

TOFD

利用不同入射角的斜射探头或将探头放置在不同的位置处，检测衍射波声程间的关系以主要对平面型不连续进行探测和尺寸测量的技术。

9.22

穿透技术　transmission technique

超声波由一个探头发射，穿过受检件进入另一探头，根据透射波强度的变化来对材料质量进行评定的检测技术。

注：可用连续波或脉冲波。

9.23

尖端回波技术　tip echo technique

尖端衍射技术　tip diffraction technique

对于不平行于检测面的不连续，通过测量来自其尖端和底缘的两最大回波距离及斜射探头的入射角，对其视在尺寸进行评估的一种检测技术。

注：这是尺寸测量的技术之一。

10 与“受检件”相关的术语

10.1

背面　back wall

back surface

底面　bottom

在直探头脉冲反射技术检测时与检测面相对的面。

见图 17a)和图 17b)。

10.2

声束入射点　beam index

超声束的轴线在检测面上的入射点。

见图 12。

10.3

回波接收点　echo receiving point

在检测面上超声回波可被接收的点。

10.4

探头取向　probe orientation

扫查时在扫查面上斜射探头声束轴线的投影与参考线之间所保持的角度。

见图 15。

10.5

扫查方向　scanning direction

在检测面上探头的移动方向。

见图 15。

10.6

检测面　test surface

扫查面　scanning surface

受检件表面探头在其上移动的部分。

见图 8、图 9、图 10、图 11、图 12、图 16、图 17a)、图 17b)、图 17c)和图 18。

10.7

受检件　test object

examination object

被检测的物件。

见图 6、图 8、图 9、图 10、图 11、图 12、图 16、图 17a)、图 17b)、图 17c)、图 18 和图 19。

10.8

检测体积　test volume

examination volume

受检件内为检测所覆盖的体积。

11　与“耦合”相关的术语

11.1

耦合剂　couplant

耦合介质　coupling medium

耦合薄膜　coupling film

施加于探头和检测面之间以改善超声能量传递的介质，如水，甘油等。

见图 12。

11.2

耦合损失　coupling losses

穿过探头和受检件之间的界面时，超声能的损失。

11.3

耦合剂声程　couplant path

探头入射点与声束入射点之间耦合剂中的距离。

见图 12。

11.4

转移修正　transfer correction

补偿

传输修正

将探头从校准或参考试块转移到受检件时，对超声仪增益调节所作的修正。该修正量包含了由于耦合、反射和衰减引起的损失。

12　与“定位”相关的术语

12.1

缺陷深度　flaw depth

反射体深度　reflector depth

从反射体到检测(参考)面的最短距离。

见图 10。

12.2

投影声程长度　projected path length

声程长度在受检件表面上的投影。

见图 10。

12.3

跨距　skip distance

在检测面上斜射探头声束入射点与声束在背面一次反射后声束轴回射至该检测面的一点之间的距离。

见图 11。

12.4

声程长度　sound path length

声波在受检件中的路径长度。

见图 10。

13 与"评价方法"相关的术语

13.1

DAC 法　DAC method

按与 DAC 曲线的关系表示反射体回波高度的方法。

见图 21。

13.2

DGS 图　DGS diagram

AVG 图　AVG diagram

表示沿声束的距离和对一无限反射体和不同尺寸平底孔的反射波所需增益(以 dB 为单位)之间的关系的一系列曲线。

13.3

DGS 法　DGS method

AVG 法　AVG method

利用 DGS 图,以平底孔表示来自一反射体的回波高度,按圆盘形反射体的当量回波高度给出当量回波的方法。

13.4

距离幅度校正曲线　distance-amplitude correction curve

DAC

建立在离探头距离不等但尺寸相同的反射体回波峰值幅度响应的基础上的参考曲线。

见图 21。

13.5

参考试块法　reference block method

将来自不连续处的回波与来自参考试块中已知反射体的回波进行比较,对不连续作出评估的方法。

13.6

−6dB 法　−6dB drop method

半波高度法　half-amplitude method

反射体尺寸〔长度,高度和(或)宽度〕评定方法,将探头从获得最大回波幅度位置移动至回波幅度降低至其一半(下降 6dB),以此移动范围评定反射体尺寸。

13.7

−20dB 法　−20dB drop method

反射体尺寸〔长度,高度和(或)宽度〕评定方法,将探头从获得最大回波幅度位置移动至回波幅度降低至其 1/10(下降 20dB),以此移动范围评定反射体尺寸。

14 与"显示方法"相关的术语

14.1

A 扫描显示　A-scan display

A-scan presentation

用 X 轴代表时间,Y 轴代表幅度的超声信号显示方式。

见图 17a)、图 17b)和图 17c)。

14.2

B 扫描显示　B-scan display

B-scan presentation

以幅度在预置范围内的回波信号的声程长度与探头仅沿一个方向扫查时声束轴线位置之间的关系而绘制的受检件的横截面图。

见图 18。

注:该显示方式通常用于显示反射体的深度和长度。

14.3

C 扫描显示　C-scan display

C-scan presentation

受检件的二维平面显示,按探头扫描位置,绘制幅度或声程在预置范围内的回波信号的存在。

见图 19。

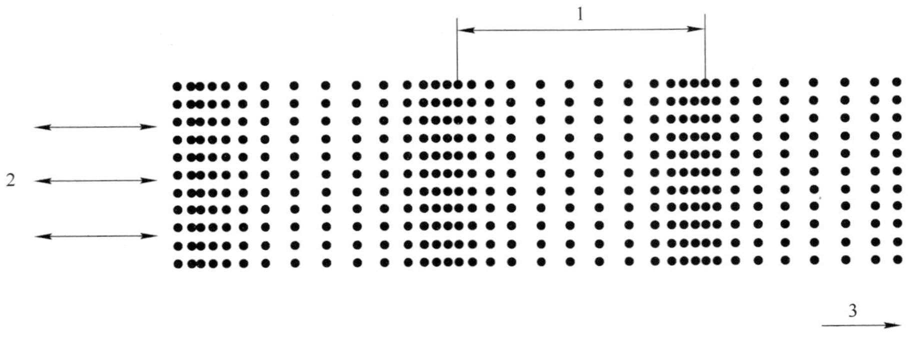

a) 纵波

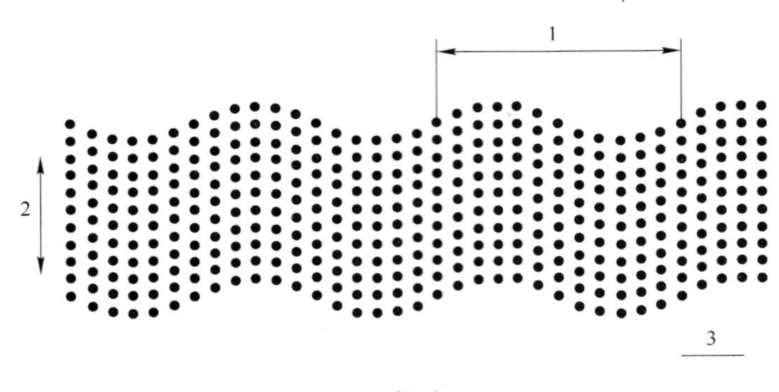

b) 横波

1——波长(3.10);
2——质点运动方向;
3——传播方向。

图 1 纵波与横波

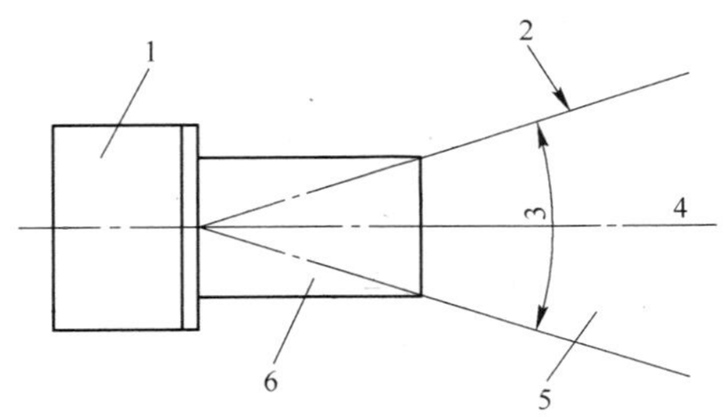

1——直探头(6.17);
2——声束边缘(2.8);
3——扩散角(4.5);
4——声束轴线(2.7);
5——远场(2.14);
6——近场(2.18)。

图 2 与声束(2.28)相关的术语

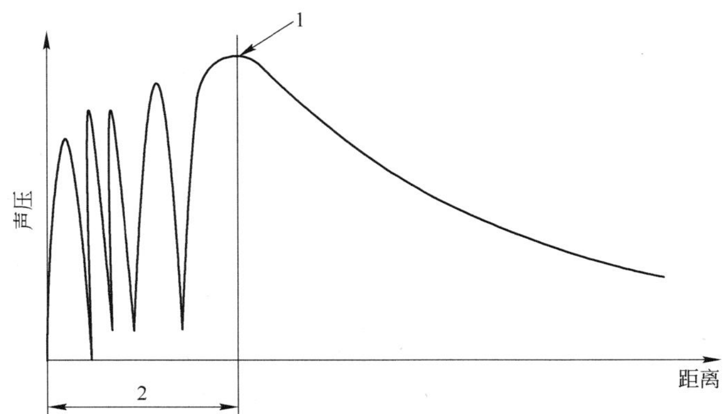

1——近场点(2.20);
2——近场长度(2.19)。

图3　直探头(6.17)的声场(2.25)

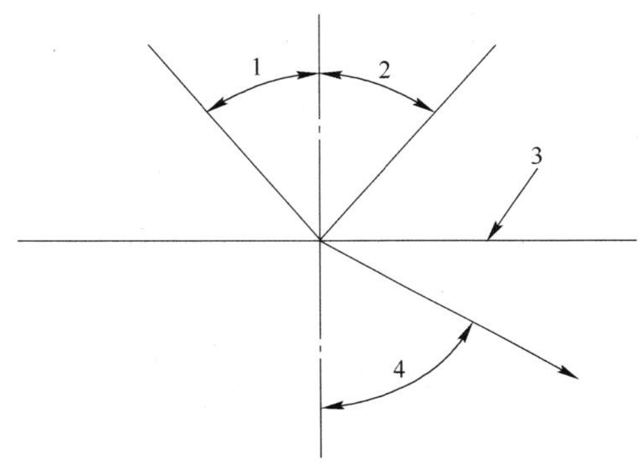

1——入射角(4.1);
2——反射角(4.2);
3——界面(2.16);
4——折射角(4.3)。

图4　界面(2.16)处的声波

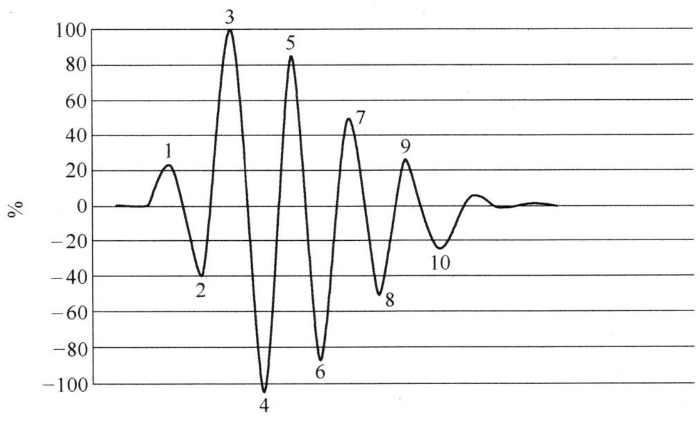

注:本例中峰数(6.19)为10,周期数为5。

图5　时域响应、峰数(6.19)和周期数

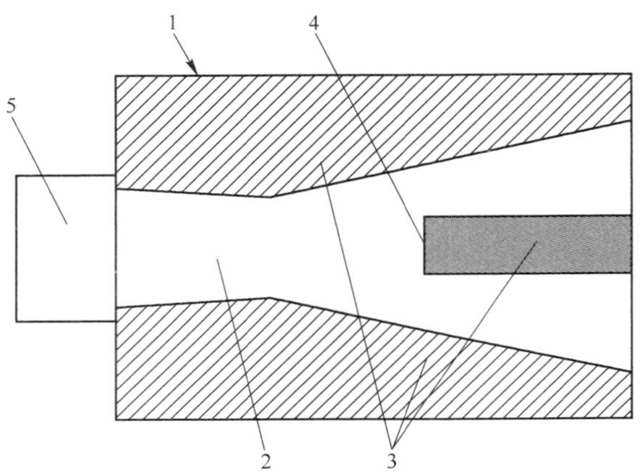

1——受检件(10.7)；

2——声束(2.28)；

3——声影区(2.4)；

4——不连续(2.12)/缺陷(2.15)；

5——直探头(6.17)。

图6 声影区(2.4)

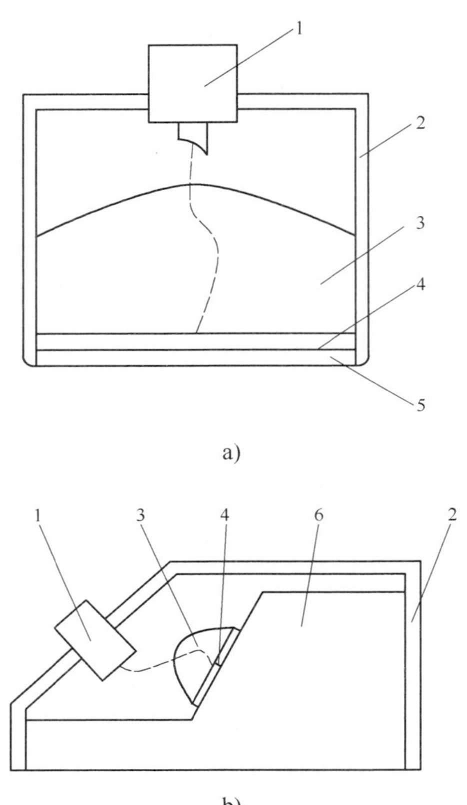

1——接头；

2——外壳；

3——换能器背衬(6.30)；

4——换能器(6.29)；

5——耐磨片(6.32)；

6——斜楔(6.33)。

图7 探头的组成

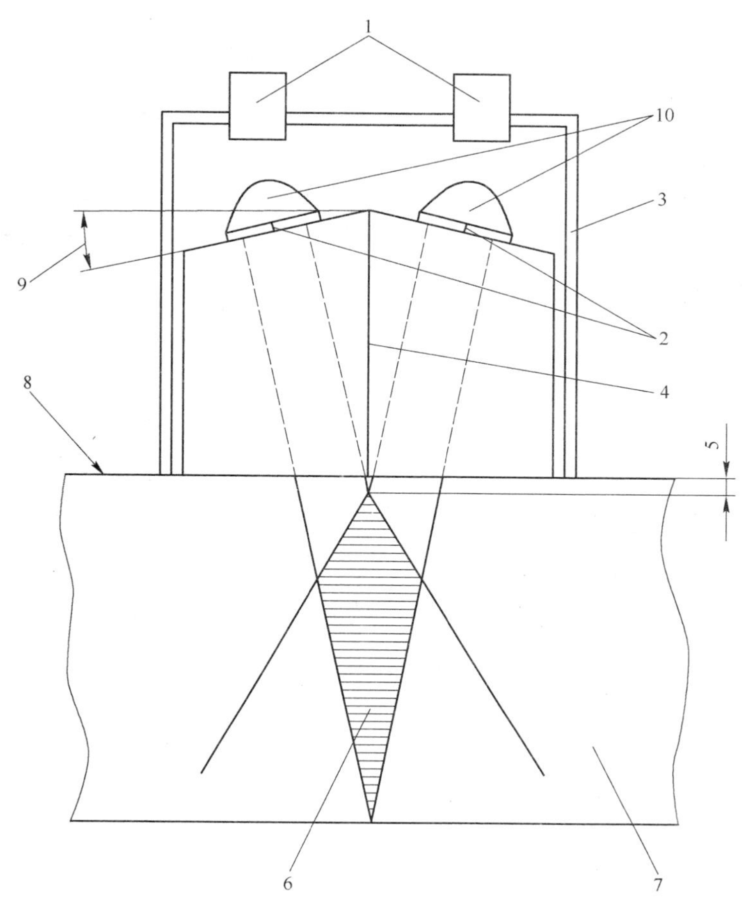

1——接头；

2——换能器(6.29)；

3——外壳；

4——隔声层；

5——会聚距离(6.3)；

6——会聚区(6.4)；

7——受检件(10.7)；

8——检测面(10.6)；

9——屋顶角(6.25)；

10——换能器背衬(6.30)。

图8　双换能器探头(6.7)的组成和声束

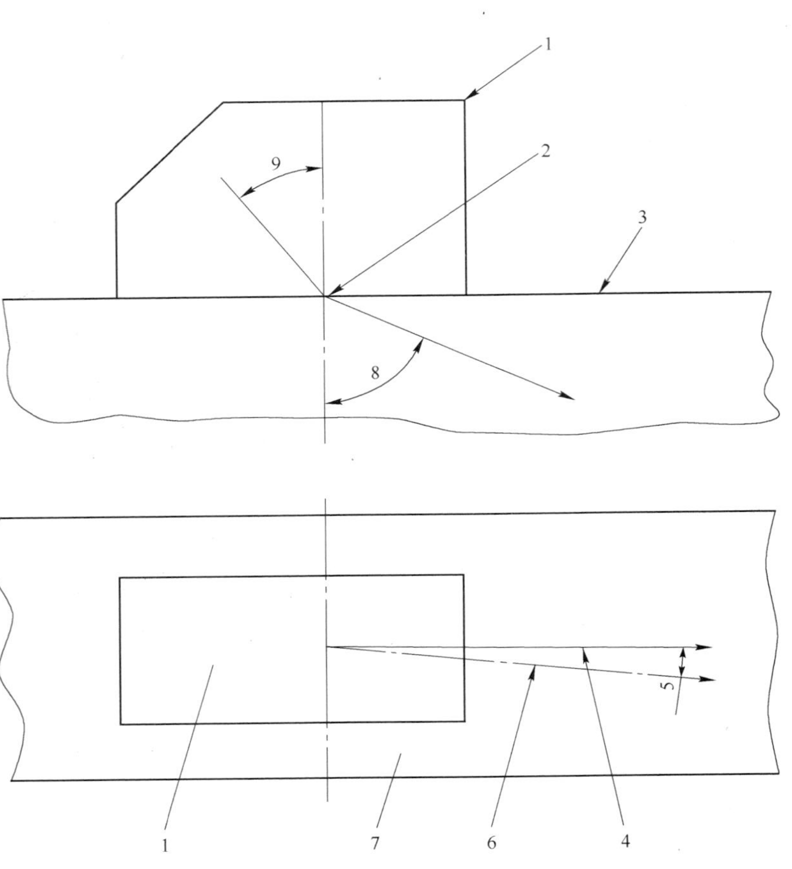

1——斜探头(6.1);
2——探头入射点(6.23);
3——检测面(10.6);
4——探头参考轴线;
5——偏向角(6.26、6.27);
6——投影声束轴线;
7——受检件(10.7);
8——折射角(4.3);
9——入射角(4.1)。

图9　与斜探头(6.1)相关的术语

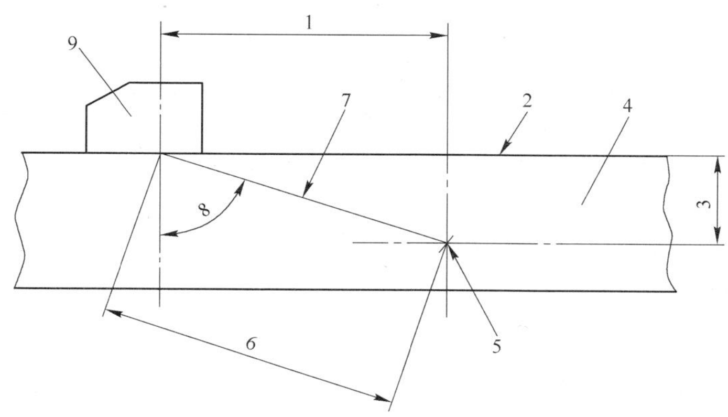

1——投影声程长度(12.2);
2——检测面(10.6);
3——缺陷深度(12.1);
4——受检件(10.7);
5——不连续(2.12)/缺陷(2.15);
6——声程长度(12.4);
7——声束轴线(2.7);
8——折射角(4.3);
9——斜探头(6.1)。

图 10 与直接扫查(9.4)相关的术语

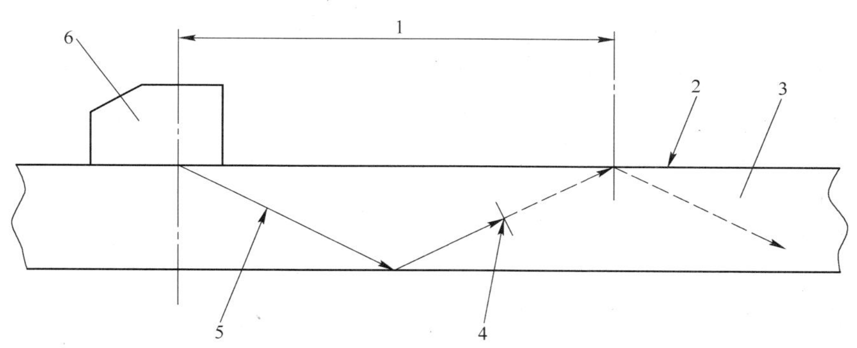

1——跨距(12.3);
2——检测面(10.6);
3——受检件(10.7);
4——不连续(2.12)/缺陷(2.15);
5——声束轴线(2.7);
6——斜探头(6.1)。

图 11 二次波技术(9.6)和多次波技术(9.12)

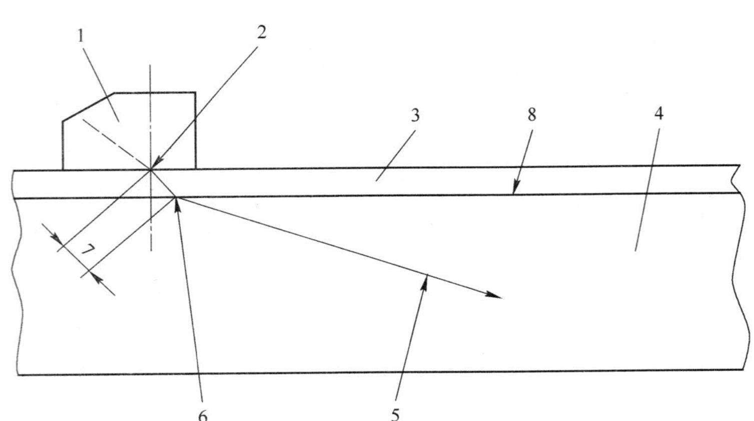

1——斜探头(6.1)；
2——探头入射点(6.23)；
3——耦合剂(11.1)；
4——受检件(10.7)；
5——声束轴线(2.7)；
6——声束入射点(10.2)；
7——耦合剂声程(11.3)；
8——检测面(10.6)。

图 12　间隙检测技术(9.7)

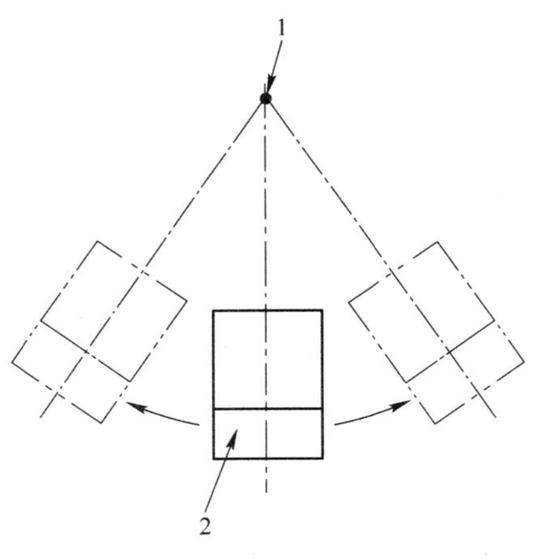

1——不连续(2.12)/缺陷(2.15)；
2——斜探头(6.1)。

图 13　环绕扫查(9.14)

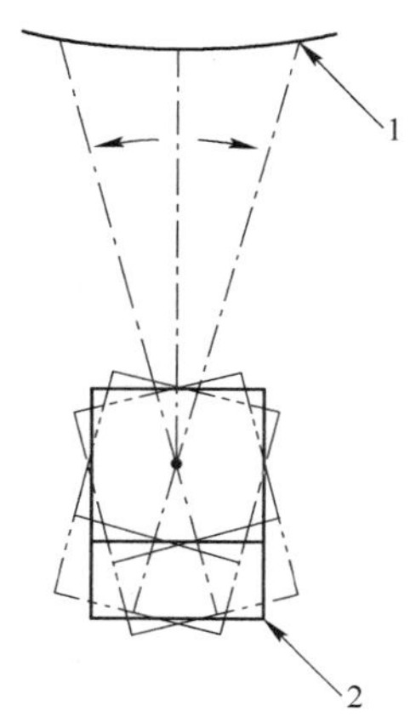

1——不连续(2.12)/缺陷(2.15)；
2——斜探头(6.1)。

图 14　旋转扫查(9.19)

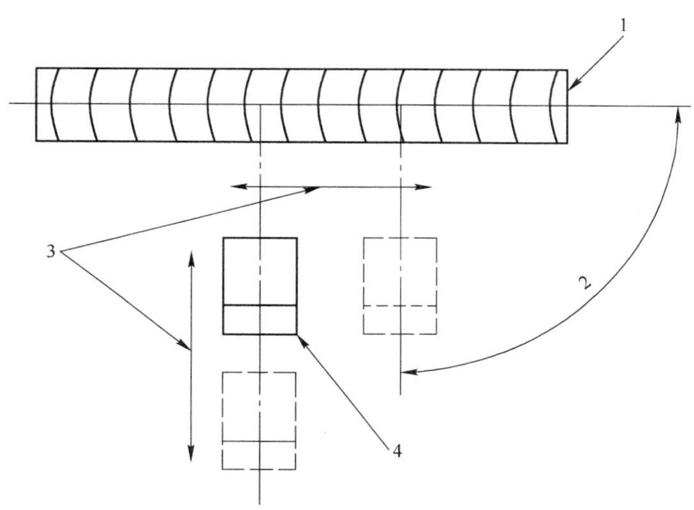

1——焊缝；
2——探头取向(10.4)；
3——扫查方向(10.5)；
4——斜探头(6.1)。

图 15　与探头方向(10.4、10.5)有关的术语

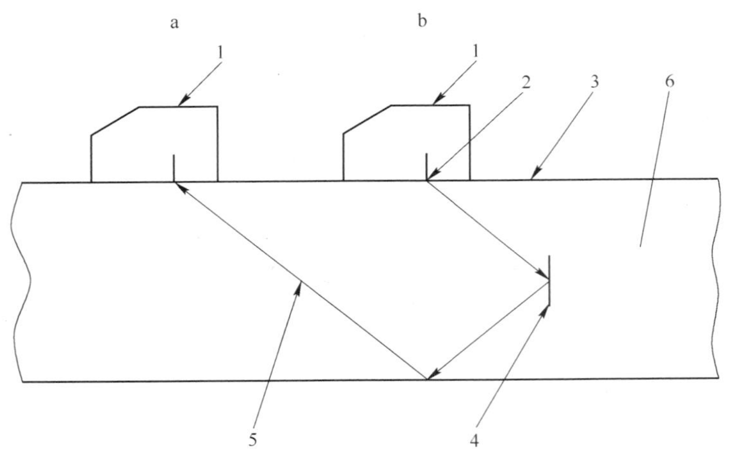

1——斜探头(6.1);

2——探头入射点(6.23);

3——检测面(10.6);

4——不连续(2.12)/缺陷(2.15);

5——声束轴线(2.7);

6——受检件(10.7);

a——用于接收;

b——用于发射。

图16 串列扫查(9.20)

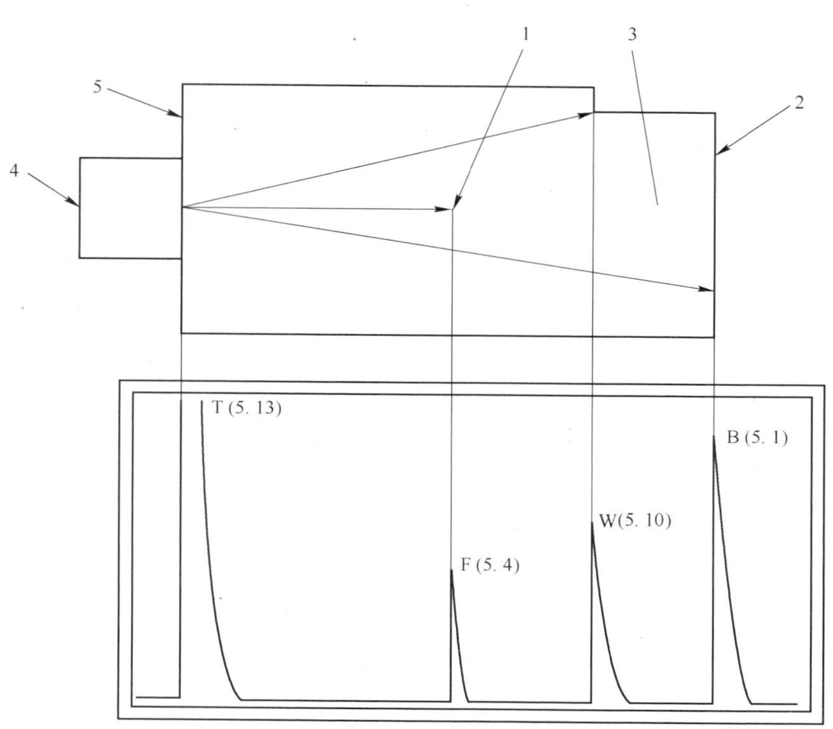

1——不连续(2.12)/缺陷(2.15)；
2——背面(10.1)；
3——受检件(10.7)；
4——直探头(6.17)；
5——检测面(10.6)；
T(5.13)——发射脉冲指示；
F(5.4)——缺陷/不连续回波；
W(5.10)——侧面回波；
B(5.1)——背面回波。

a)接触检测技术(9.3)

图 17　A 扫描显示(14.1)

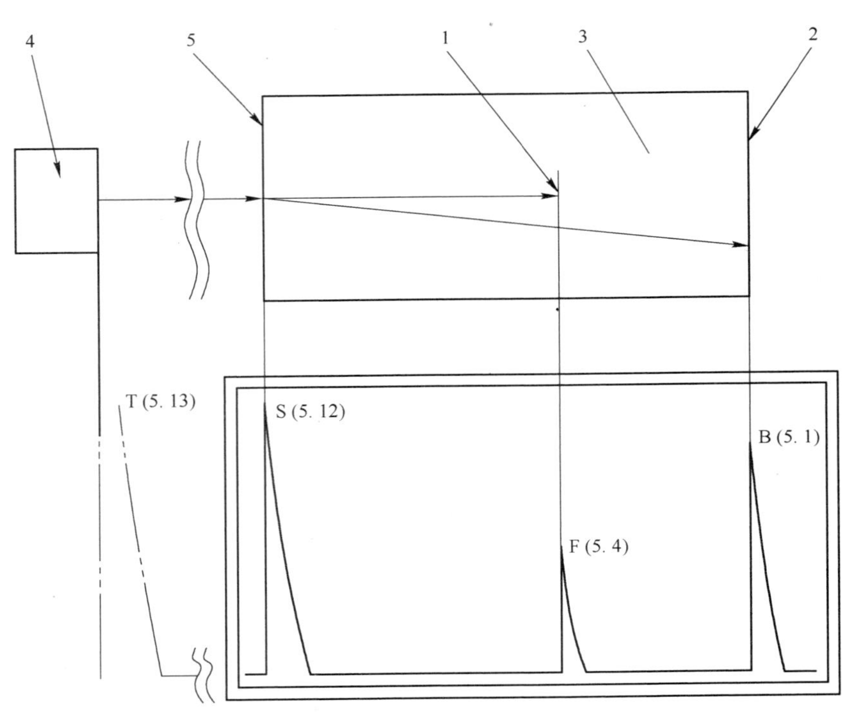

1——不连续(2.12)/缺陷(2.15)；
2——背面(10.1)；
3——受检件(10.7)；
4——直探头(6.17)；
5——检测面(10.6)；
T(5.13)——发射脉冲指示；
S(5.12)——界面波；
F(5.4)——缺陷/不连续回波；
B(5.1)——背面回波。

b)液浸检测技术(9.8)

图 17(续)

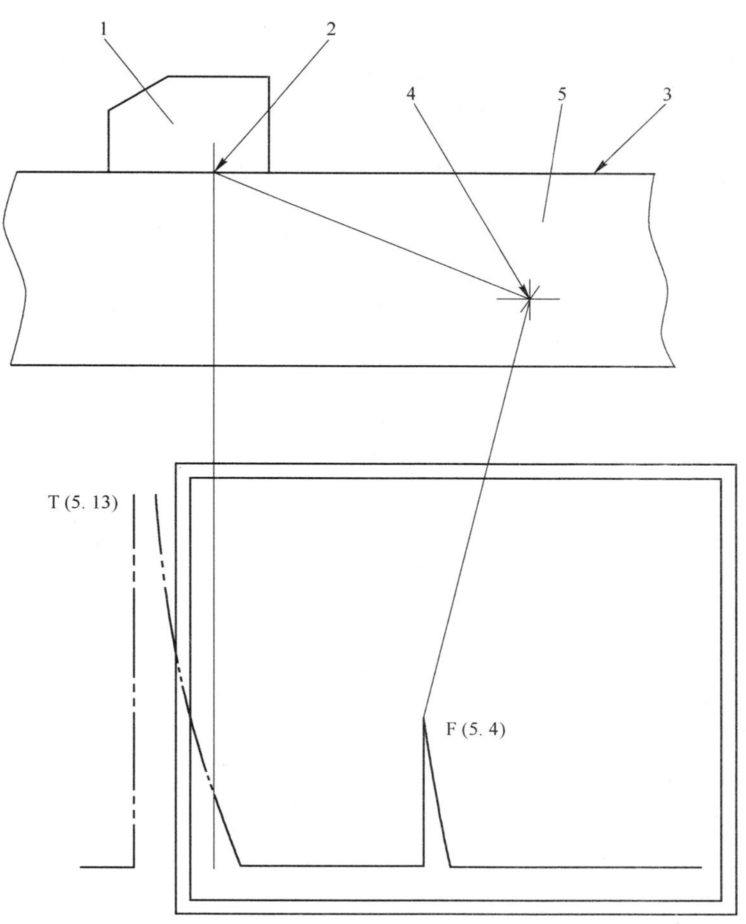

1——斜探头(6.1);

2——探头入射点(6.23);

3——检测面(10.6);

4——不连续(2.12)/缺陷(2.15);

5——受检件(10.7);

T(5.13)——发射脉冲指示;

F(5.4)——缺陷/不连续回波。

c)斜射技术(9.1)

图 17(续)

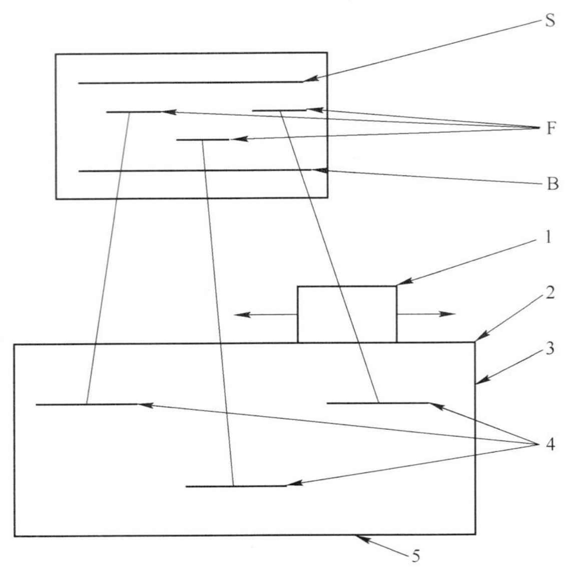

1——直探头(6.17)沿直线扫描；

2——检测面(10.6)；

3——受检件(10.7)；

4——不连续(2.12)/缺陷(2.15)；

5——背面(10.1)；

S(5.12)——表面回波指示；

F(5.4)——缺陷回波指示；

B(5.1)——背面回波指示。

图 18　B 扫描显示(14.2)

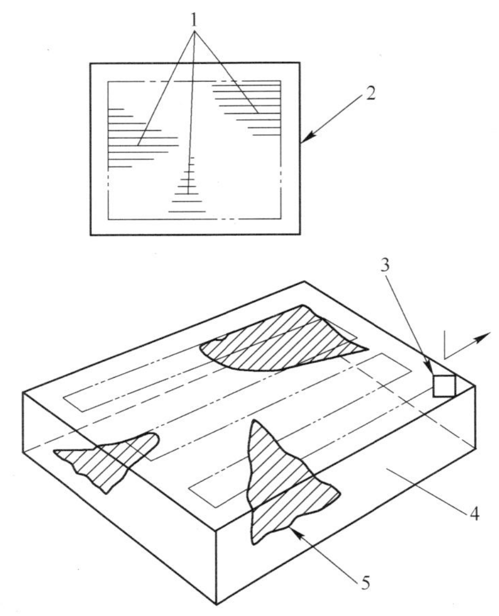

1——缺陷面积指示；

2——荧光屏图像代表顶视图；

3——探头沿平行线扫描；

4——受检件(10.7)；

5——不连续(2.12)/缺陷(2.15)区域。

图 19　C 扫描显示(14.3)

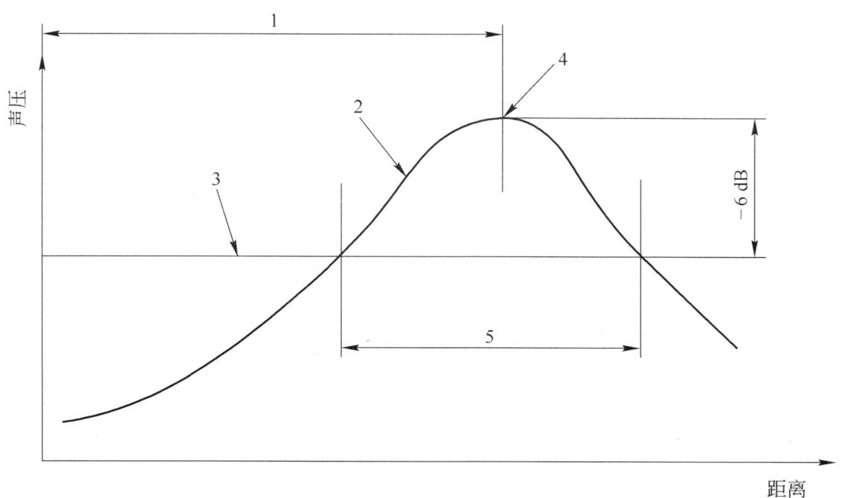

注：另可见 GB/T 18694—2002《无损检测　超声检测　探头及其声场的表征》(ISO 10375:1997,EQV)的图 10。

1——焦距(6.10)；

2——轴线上声压分布；

3——规定的水平；

4——焦点(6.11)；

5——焦区长度(6.6)。

图 20　聚焦探头(6.12)的声场(2.25)

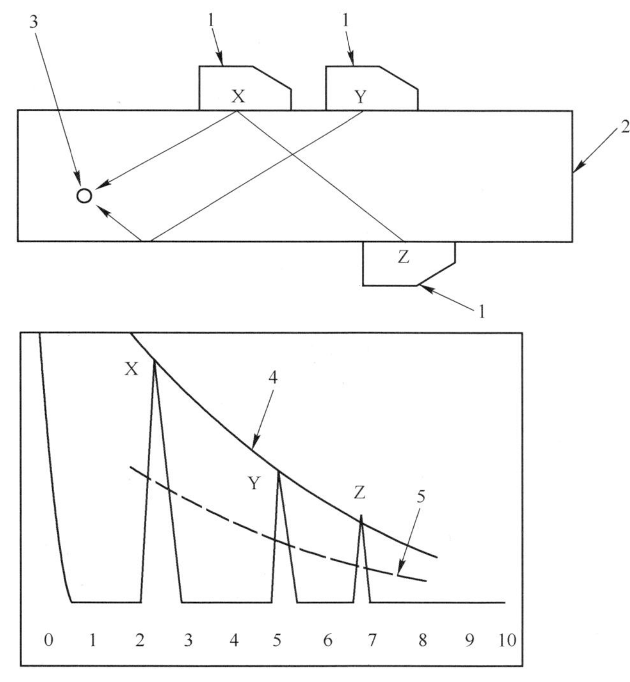

1——斜探头(6.1)；

2——参考试块(8.3)；

3——参考反射体(8.4),SDH(8.5)；

4——距离幅度校正曲线(DAC)(13.4)；

5——50%DAC；

X、Y、Z——探头位置。

图 21　DAC(13.4)法(13.1)

中 文 索 引

A

B

C

D

E

F

G

H

J

K

L

M

T

W

X

Y

Z

英文索引

A

B

C

D

E

F

G

H

I

L

M

N

O

P

R

S

T

U

V

W

ICS 01.040.19;19.100
J 04

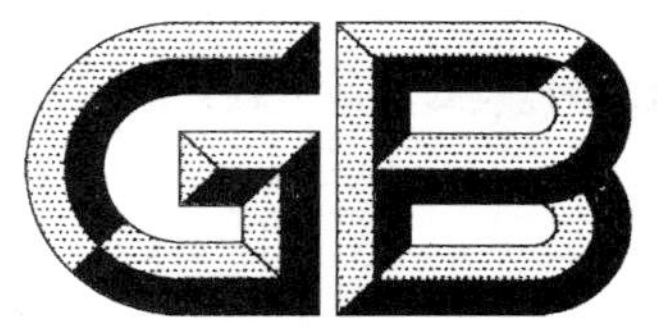

中华人民共和国国家标准

GB/T 12604.3—2005/ISO 12706:2000
代替 GB/T 12604.3—1990

无损检测 术语 渗透检测

Non-destructive testing-Terminology-Terms used in penetrant testing

(ISO 12706:2000,IDT)

2005-06-08 发布　　2005-12-01 实施

中华人民共和国国家质量监督检验检疫总局
中国国家标准化管理委员会　发布

前　　言

本标准等同采用 ISO 12706:2000《无损检测　术语　渗透检测》(英文版)。

本标准等同翻译 ISO 12706:2000。

为便于使用,本标准做了下列编辑性修改:

a) "本国际标准"一词改为"本标准";

b) 删除国际标准的前言和引言;

c) 删除国际标准的"德文索引";

d) 删除国际标准的"法文索引";

e) 增加了"中文索引"以指导使用。

本标准代替 GB/T 12604.3—1990《无损检测术语　渗透检测》。

本标准与 GB/T 12604.3—1990 相比主要变化如下:

——修改了术语和定义(1990 年版的第 2、3、4 章;本版的第 2 章)。

本标准由中国机械工业联合会提出。

本标准由全国无损检测标准化技术委员会(SAC/TC 56)归口。

本标准起草单位:国家质量监督检验检疫总局锅炉压力容器检测研究中心。

本标准主要起草人:刘德宇、沈功田、李邦宪、徐春。

本标准所代替标准的历次版本发布情况为:

——GB/T 12604.3—1990。

无损检测 术语 渗透检测

1 范围

本标准界定了渗透检测的术语。

2 术语和定义

2.1

背景 background

去除多余渗透剂后,残留在工件表面的荧光渗透剂或着色渗透剂程度。

2.2

浸湿 bath

在检测过程中,工件浸入充足的液体渗透检测材料(渗透剂、乳化剂、显像剂)中。

2.3

渗出 bleedout

通常借助显像剂的作用,使渗透剂从不连续内流出。

2.4

着色渗透剂 colour contrast penetrant

有染料(一般为红色)的液体渗透剂。

2.5

显像剂 developer

具有充分吸出不连续内渗透剂的性能,以便更易观察渗透剂的物质。

2.6

显像时间 development time

从显像剂的施加到开始检查的时间。

2.7

浸洗 dip rinse

将被检工件浸入可搅动的水槽内,以去除多余渗透剂的方法。

2.8

干粉显像剂 dry developer

一种细小的干粉状的显像剂,主要用于荧光渗透。

2.9

两用渗透剂 dual purpose penetrant

给出的显示既能在可见光下又能在 UV-A 辐射下进行观察的渗透剂。

2.10

静电喷射 electrostatic spraying

将带电颗粒施加到接地的被检表面上。

2.11

渗透剂的乳化 emulsification of penetrant

使后乳化型渗透剂变成可水洗的乳化作用。

2.12

乳化时间 emulsification time

使后乳化型渗透剂变成可水洗的时间。

2.13

乳化剂 emulsifier

使后乳化型渗透剂变成可水洗的产品。

2.14

多余渗透剂的去除 excess penetrant removal

去除被检表面的多余渗透剂，但不去除不连续内渗透剂的方法。

2.15

荧光强度 fluorescent intensity

渗透剂受 UV-A 辐射激发，在可见光谱范围内所发出的可见光强度。

2.16

荧光渗透剂 fluorescent penetrant

在 UV-A 辐射下发出荧光的渗透剂。

2.17

亲水性乳化剂 hydrophilic emulsifier

渗透检测中可用水稀释的去除剂。

2.18

亲油性乳化剂 lipophilic emulsifier

渗透检测中使用的油基型乳化剂。

2.19

渗透检测 penetrant testing

一种典型的无损检测，包括渗透、多余渗透剂的去除、显像，以便产生表面开口不连续的可见显示。

2.20

可剥离显像剂 peelable developer

蒸发后会留下一层带有显示的可剥离薄膜层的液体显像剂，常用于获得可存档的复制品。

2.21

渗透时间 penetration time

渗透剂直接与被检表面接触的时间，包括渗透剂施加时间和滴落时间。

2.22

渗透剂 penetrant

用于施加到工件表面上的液体，该液体具有能够进入不连续内而且对多余部分去除后仍能保留在不连续内可检测的性能。

2.23

渗透材料 penetrant materials

检测产品 testing products

渗透检测中使用的清洗剂、渗透剂、去除剂和显像剂。

2.24

后清洗 post cleaning

渗透检测后，将残留在被检工件上的渗透材料予以去除。

2.25

后乳化型渗透剂 post emulsifiable penetrant

为可水洗，需另用乳化剂的渗透剂。

2.26

预清洗　precleaning

被检表面污染物的去除。

2.27

产品族　product family

相容的一组渗透剂、去除剂和显像剂。

2.28

参考试块　reference block

具有已知的自然或人工不连续的试块,用于确定和(或)比较渗透检测过程的灵敏度和检查其再现性。

2.29

冲洗　rinse

用适宜的去除剂(通常为水),采用漂或冲的方法,去除被检表面多余渗透剂的过程。

2.30

灵敏度　sensitivity

渗透检测过程探测不连续能力的量度。

2.31

(渗透检测过程的)灵敏度等级　sensitivity level(of a penetrant inspection process)

对给定的渗透检测过程的灵敏度定级。

2.32

溶剂型显像剂　solvent based developer

非水湿式显像剂　nonaqueous wet developer

在挥发性溶剂中含有细微颗粒的显像剂。

2.33

溶剂去除型渗透剂　solvent-removable penetrant

被检表面的多余渗透剂,需用适宜的溶剂予以去除的渗透剂。

2.34

溶剂去除剂　solvent remover

用于去除被检表面多余渗透剂的有机液体。

2.35

水溶性显像剂(水性)　water soluble developer(aqueous)

干燥时形成有吸附能力膜层的水溶液产品。

2.36

水悬浮显像剂(水性)　water suspendable developer(aqueous)

干燥时形成有吸附能力膜层的水悬浮产品。

2.37

容水率　water tolerance

在给定的温度下,水洗型渗透剂或亲油性乳化剂的有效性能在减弱之前的容许吸水量,以质量或体积的百分比表示。

2.38

水洗型渗透剂　water-washable penetrant

可直接水洗的渗透剂。

中 文 索 引

英 文 索 引

UDC 669:620.186
H 24

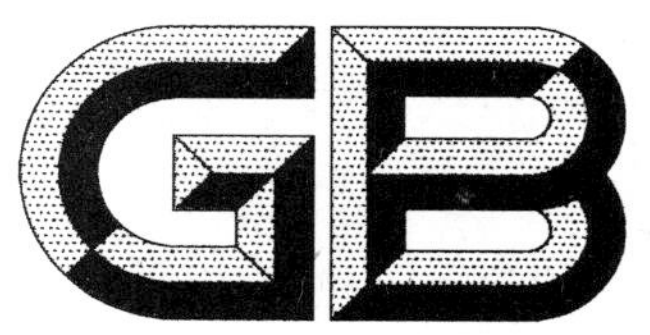

中华人民共和国国家标准

GB/T 13298—1991

金属显微组织检验方法

Metal-Inspection method of microstructure

1991-12-13 发布

1992-10-01 实施

国家技术监督局 发布

中华人民共和国国家标准

金属显微组织检验方法

GB/T 13298—1991

Metal-Inspection method of microstructure

1 主题内容与适用范围

本标准规定了金属显微组织检验的试样制备、试样研磨、试样的浸蚀、显微组织检验、显微照相及试验记录。

本标准适用于用金相显微镜检查金属组织的操作方法。

2 试样制备

2.1 试样选择

试样截取的方向、部位、数量应根据金属制造的方法，检验的目的，技术条件或双方协议的规定进行。

垂直于锻轧方向的横截面可以研究金属材料从表层到中心的组织、显微组织状态、晶粒度级别、碳化物网、表层缺陷深度、氧化层深度、脱碳层深度、腐蚀层深度、表面化学热处理及镀层厚度等。

平行于锻轧方向的纵截面可以研究非金属夹杂物的变形程度、晶粒畸变程度、塑性变形程度、变形后的各种组织形貌、热处理的全面情况等。

当检查金属的破损原因时，可在破损处取样或在其附近的正常部位取样进行比较。

2.2 试样尺寸

试样尺寸以磨面面积小于 $400mm^2$，高度 15～20mm 为宜。

2.3 试样截取

试样可用手锯、砂轮切割机、显微切片机、化学切割装置、电火花切割机、剪切、锯、铯、车、铣等截取，必要时也可用气割法截取。硬而脆的金属可以用锤击法取样。不论用哪种方法取样，均应注意避免截取方法对组织的影响，如变形、过热等。根据不同方法应在切割边去除这些影响，也可在切割时采取预防措施，如水冷等。

2.4 试样清洗

试样可用超声波清洗。试样表面若沾有油渍、污物或锈斑，可用合适溶剂清除。任何妨碍以后基体金属腐蚀的镀膜金属应在抛光之前除去。

2.5 试样镶嵌

若试样过于细薄（如薄板、细线材、细管材等）或试样过软、易碎、或需检验边缘组织、或者为便于在自动磨光和抛光机上研磨的试样。可采用下列方法之一镶嵌试样。所选用的镶嵌方法均不得改变原始组织。

2.5.1 机械镶嵌法

将试样镶入钢圈或钢夹内，如图 1、图 2 和图 3 所示。

用此法时，须注意使试样与钢圈或钢夹紧密接触。钢圈或钢夹的硬度应接近于试样的硬度。镶嵌板材

国家技术监督局 1991-12-13 批准　　　　1992-10-01 实施

时，可用较软的金属片间隔，以防磨损试样边缘。为避免浸蚀剂从试样的空隙中溢出，可将试样浸在熔融的石蜡中使空隙被充满。

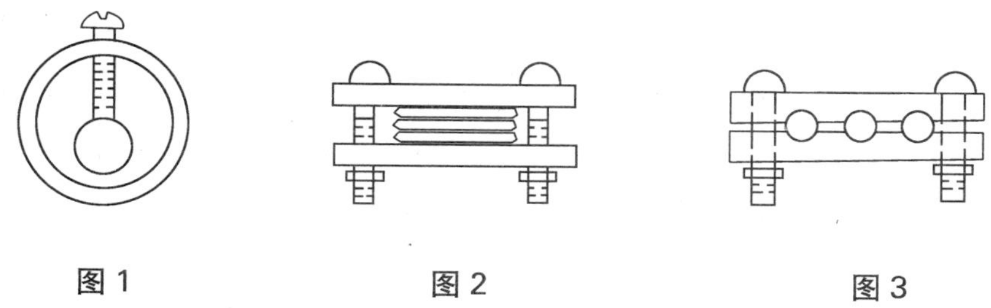

图 1　　图 2　　图 3

2.5.2　树脂镶嵌法

因树脂比金属软，必须考虑样品棱角磨圆的问题。避免棱角磨圆的方法是将样品夹持在具有相同硬度金属块之间、或样品经电镀、或将样品用相同硬度的环状物包围等。

树脂镶嵌法包括热压镶嵌法和浇注镶嵌法。

2.5.2.1　热压镶嵌法

将样品磨面朝下放入模中，树脂倒入模中超过样品高度，封紧模子并加热、加压。其温度、压力、时间根据采用的镶嵌材料而定。一般加热到 150℃左右，加压到 24.5N/mm^2 左右后停止加热，冷却后解除压力并打开模子，完成镶嵌工作。

热压树脂有两种：

a.　热固性树脂：电木粉和邻苯二甲酸二丙烯等；

b.　热塑性树脂：聚苯乙烯、聚氯乙烯、异丁烯酸甲脂等。

2.5.2.2　浇注镶嵌法

本方法用于不允许加热的试样、软的试样、形状复杂的试样、多孔性试样等。

浇注镶嵌采用的树脂有聚酯树脂、丙烯树脂、环氧树脂等。也可使用牙托粉。

浇注模可用玻璃、铝、钢、聚四氟乙烯塑料、硅橡胶等。模子可以重复使用或者一次性使用。

2.5.3　特殊镶嵌法

2.5.3.1　真空冷镶法

真空冷镶可保证塑料填满孔洞。适用于多孔样品、细裂纹样品、易脆样品、脆性材料等。

2.5.3.2　倾斜镶嵌法

对于扩散区、渗层、镀层等薄层试样，用倾斜镶嵌法可以放大镀层在一个方向上的厚度。

2.5.3.3　电镀保护镶嵌法

细线材、异型件、断口或受检处为刃口等的试样，通常在镶嵌之前先电镀，可电镀铜、铁、镍、金、银等金属。电镀金属应比样品软一些，同时不得与样品金属基体起电化学反应，样品电镀后可以采用各种镶嵌方法，以保护电镀层。

3　试样研磨

试样研磨可以用手工磨，也可用自动磨样机磨。

3.1　磨平

切取好的试样，先经砂轮磨平，为下一道砂纸的磨制做好准备。磨时须用水冷却试样，使金属的组织不因受热而发生变化。

3.2　磨光

3.2.1　手工磨光

经砂轮磨平、洗净、吹干后的试样，用手工依次由粗到细的在各号砂纸上磨制，砂纸须平铺于平的玻璃、金属或板上。从粗砂纸到细砂纸，每换一次砂纸时，试样均须转 90°角与归磨痕成垂直方向，向一个方向磨至归磨痕完全消失，新磨痕均匀一致时为止。同时每次须用水或超声波将试样洗净，手亦应同时洗净，以免将粗砂粒带到细砂纸上。磨制试样时，注意不可用力太重，每次时间也不可太长。

3.2.2 机械磨样机磨光

将由粗到细不同号数的砂纸分别置于机械磨样机上，或以不同粒度的金刚砂镶嵌于腊盘、铅盘或其他盘上依次磨制。

3.3 抛光

抛去试样上的磨痕以达镜面，且无磨制缺陷。抛光方法可采用机械抛光、电解抛光、化学抛光、显微研磨等。

3.3.1 机械抛光

3.3.1.1 粗抛光

经砂纸磨光的试样，可移到装有尼纶、尼绒或细帆布等的抛光机上粗抛光，抛光料可用微粒的氧化铝、氧化镁、氧化铬、氧化铁、金刚砂等。抛光时间 2～5min。抛光后用水洗净并吹干。

3.3.1.2 细抛光

经粗抛光后的试样，可移至装有尼龙绸、天鹅绒或其他纤维细匀的丝绒抛光盘进行精抛光。根据检验项目的要求，可选用不同粒度的细抛光粉，细金刚砂软膏等。

抛光时用力要轻，须从盘的中心至边缘来回抛光，并不时滴加少许磨粉悬浮液。绒布的湿度以将试样从盘上取下观察时，表面水膜能在 2～3s 内完全蒸发消失为宜。在抛光的完成阶段可将试样与抛光盘的转动方向成相反方向抛光。一般抛光到试样的磨痕完全除去，表面像镜面时为止。抛光后用水洗净吹干，使表面不致有水迹或污物残留。

试样抛光时，若发现较粗磨痕不易去除。或试样抛光后在显微镜下观察，发现有凹坑等磨制缺陷影响试验结果时，试样应重新磨制。

试样抛光可采用半自动、自动抛光装置。并可用单盘、双盘、多盘和变速抛光装置。

3.3.2 电解抛光

电解抛光基于阳极溶解原理，样品为阳极，不锈钢板或其他材料为阴极。电解抛光的条件是由电压、电流、温度、抛光时间来确定。

3.3.3 化学抛光

化学抛光是靠化学试剂对试样表面不均匀溶解，逐渐得到光亮表面的结果。但只能使样品表面光滑，不能达到表面平整的要求。对纯金属铁、铝、铜、银等有良好的抛光作用。

3.3.4 显微研磨

显微研磨是将显微切片机上的刀片用研磨头代替制成。显微切片机切割下来的试样，再经显微研磨机研磨。显微研磨是把磨光和抛光的操作合并为一步进行。

4 试样的浸蚀

为进行显微镜检验，须对抛光好的金属试样进行浸蚀，以显示其真实，清晰的组织结构。

4.1 常规显示组织的方法

4.1.1 化学浸蚀

化学试剂与试样表面起化学溶解或电化学溶解的过程，以显示金属的显微组织。

4.1.2 电解浸蚀

试样作为电路的阳极，浸入合适的电解浸蚀液中，通入较小电流进行浸蚀，以显示金属显微组织。浸蚀条件由电压、电流、温度、时间来确定。

4.1.3 化学浸蚀剂和电解浸蚀剂的配制及安全注意事项

a. 倒注、配制或浸蚀时应使用防护用具(眼镜、手套、工作服等);

b. 注意观察试剂瓶上注明的注意事项,了解化学试剂的毒性及安全预防措施,以正确贮存和处理化学试剂;

c. 配制浸蚀剂时如无特殊说明,总是把试剂加入到液剂中。水作溶剂时,最好用蒸馏水,因为自来水纯度变化很大;

d. 一般只能购到纯甲醇,若浸蚀剂成分要求 95%甲醇,则必须加入 5%体积水,否则,浸蚀剂不起作用;

e. 少量液体量度的转换,大致为 20 滴/mL。

4.1.4 浸蚀操作

为真实、清晰地显示金属组织结构,必须遵循以下操作:

a. 浸蚀试样时应采用新抛光的表面;

b. 浸蚀时和缓地搅动试样或溶液能获得较均匀的浸蚀;

c. 浸蚀时间视金属的性质、浸蚀液的浓度、检验目的及显微检验的放大倍数而定。以能在显微镜下清晰显示金属组织为宜;

d. 浸蚀完毕立即取出洗净吹干;

e. 可采用多种溶液进行多重浸蚀,以充分显示金属显微组织。若浸蚀程度不足时,可继续浸蚀或重新抛光后再浸蚀。若浸蚀过度时则需重新磨制抛光后再浸蚀;

f. 浸蚀后的试样表面有扰乱现象,可用反复多次抛光浸蚀的方法除去。扰乱现象过于严重,不能全部消除时,试样须重新磨制。

4.2 特殊显示组织的方法

在显微组织分析中,为特殊需要,采用特殊显示组织的方法。

4.2.1 阴极真空浸蚀

在高压加速辉光放电条件下,正离子轰击阴极试样表面,有选择地除去试样表面的部分原子,以显露金属组织。

4.2.2 恒电位浸蚀

恒电位浸蚀是电解浸蚀的进一步发展,采用恒电位仪,保证浸蚀过程阳极试样电位恒定,可以对组织中特定的相,根据其极化条件进行选择浸蚀或着色处理。

4.2.3 薄膜干涉显示组织

在金属试样抛光面上形成一层薄膜,利用入射光的多重反射和干涉现象显示组织,鉴别各种合金相。

4.2.3.1 化学浸蚀形成薄膜法

用化学试剂在金属试样表面形成一层薄膜的方法。

4.2.3.2 真空蒸发镀膜法

在真空室中,电阻加热到要求的温度,使镀膜材料蒸发,均匀沉积在试样表面,形成蒸发镀膜层。

4.2.3.3 离子溅射镀膜法

离子溅射镀膜法与阴极真空浸蚀相反,试样是阳极,镀膜材料是阴极。离子溅射镀膜法是在真空室中高压加速辉光放电作用下,正离子轰击阴极镀膜材料表面,使表面原子化,形成中性原子,从各方向溅出,射落在试样表面,在试样表面形成均匀薄膜。

4.2.3.4 热染法

将抛光试样加热(<500℃)形成氧化薄膜。由于组织中各相成分结构不同,形成厚薄不均的氧化膜。白光在氧化膜层间的干涉,呈现不同的色彩,从而鉴别金属组织中的各相。

5 显微组织检验

5.1 试样的显微组织检验包括浸蚀前的检验和浸蚀后的检验。浸蚀前主要检验试样中的夹杂物、石墨、裂纹、孔隙等及发现磨制过程中所引起的缺陷。浸蚀后主要检验试样的显微组织。

5.2 检验试样用的金相显微镜分为台式、立式、卧式。显微镜应安装在干燥通风、无灰尘、无振动、无腐蚀气氛的室内，并置于稳固的桌面和基座上，最好附有振动吸收机构。

5.3 为保证检验的准确性，首先要正确操作使用显微镜。显微镜的操作应按仪器说明书进行。在显微镜下观察时，一般先用低倍 50×～100×，其次用高倍对某相或某些细节进行仔细观察。

根据所需放大倍数选择物镜及目镜。如规定镜筒长度下物镜放大倍数为 M1，目镜放大倍数为 M2，则显微镜的放大倍数为 M1×M2。如镜筒长度增大时，则计算倍数应按比例修正，必要时可用测微标尺校准(测微标尺按计量要求须进行校验)。

5.4 根据特殊需要，可采用特殊的照明方法。如斜射光、暗场、偏振光、干涉、相衬、微分干涉(DIC)等，或者用特殊的组织显示方法进一步确定所观察的合金相。也可根据需要进行定量分析，即用人工或专门的图像分析仪定量测量显微组织的特征参量，以确定组织参数、状态、性能间的定量关系。

5.5 使用显微镜时应特别保护镜头，请注意下列各点：

a. 装卸或更换镜头时应特别小心，避免手指接触透镜表面。镜头用毕应贮存于干燥洁净的干燥皿中，以免镜片胶合剂发霉而致损坏。

b. 聚焦调节时，物镜头部不能与试样接触，应先转动粗调旋钮使物镜尽量接近试样(目测)，然后从目镜中观察的同时调节粗调旋钮，使物镜渐渐离开样品直到看到显微组织映象时，再使用微调旋钮调至映象清晰为止。

c. 镜头表面有污垢时，严禁用手或硬纤维织物擦摸，应先用专用的橡皮球吹去表面尘埃，再用干净鸵毛刷、镜头纸或软麂皮擦净，必要时可用二甲苯洗擦。

d. 使用油镜头时所用的折光油应是香柏油。用毕用二甲苯擦拭，最后用镜头纸擦净。

e. 显微镜不使用时需用防尘罩盖起(防尘罩可用玻璃、绸布等，不宜用塑料布)。

6 显微照相

6.1 准备作显微照相的试样，应精细磨制，保持清洁。试样的浸蚀程度视照相放大倍数而定。

6.2 照相放大倍数可参照仪器说明书，一般为 50×～15000×。欲精确量度照相的放大倍数时，可用测微标尺进行校正。测微标尺每分格计数为 0.01mm。

6.3 镜头的选择，视所需放大倍数而定(依照显微镜说明书适当选配)。一般为充分利用显微镜物镜的分辨率，放大倍数不应该大于物镜数值孔径(N、A)的 1000×。

6.4 照相使用的光源须调整适宜，所发出的光线需稳定和有足够的强度。照相时应调节光源与聚光的位置，使光束恰好能射入垂直照明器进口的中心，使所得的影相亮度强弱均匀一致。

6.5 滤色片依照物镜的种类而定。若为消色差镜头时，使用黄绿色滤色片。若为全消色差镜头时，则用黄、绿、蓝色滤色片均可。

6.6 试样应平稳地放在显微镜载物台上，使其平面与显微镜光轴垂直。试样放置后，应使振动吸收器发生作用。然后移动载物台，选择样品上合适的组织部位并调整显微镜焦距，使玻璃板上影相清晰。必要时可借用聚焦放大镜在毛玻璃板上观察。

6.7 显微镜的孔径光栏应根据显微镜放大倍数及试样组织结构调节到适当大小，使在显微镜下所观察到的相最清晰。

6.8 显微镜的视场光栏须调节到适当大小，使影相的光亮范围能在底片大小范围之内，而得到最佳的影相反衬。

6.9 根据检验的目的，可选择各种类型的黑白底片和彩色底片。底片的曝光时间依试样情况(金属种类与浸蚀与否)、底片性质和光亮强弱而定。必要时可用分段曝光法进行试验。

对彩色照相而言，光源的色温与彩色底片的色温平衡时，才有可能真实地表现原象所具有的各种颜色，因此彩色底片在曝光前必须用色温计测量光源色温。若光源色温与彩色底片不符时，应调整光源用电流大小或用滤色片校正色温。

6.10 黑白底片和相纸的冲洗

依照底片的种类选择适当的显影液。显影的温度及时间，应按照底片说明书的规定进行。一般显影温度为 20℃左右，显影后立即放入醋酸停影液中 30s、搅拌、以停止显影。

定影的温度在 20℃左右。底片在定影液中停留的时间一般为 20～30min，应避免在定影液中长期浸泡，因为漂白作用和沉淀化合物的作用使得后来难以清洗。定影后的底片用流动水冲洗不少于 30min，然后在无尘的室内凉干。底片在显影及定影时，有乳胶的面必须向上，底片须完全浸入溶液内，并时常晃动。

晒相时应依照底片的情况、灯光的强弱，选择适当号数的相纸及曝光时间，曝光时间应注意不要太短或太长，应使底片上较暗部分的细致影相线条能够清晰地显出为度。

按照相纸的种类选择适当的显影液。显影时间一般为 1min 左右。显影后相纸可在含有 1.5％醋酸水溶液中微浸之，以中和碱性显影液制止显影的作用，然后将相纸浸入定影液中进行定影。相纸在显影液及定影液内，乳胶面均须向上，并使其完全浸入溶液内。相纸在新鲜定影液中停留时间为 15min 左右，若为旧定影液则可酌量延长时间。定影后的相片应在流动清水中漂洗 1h 以上，或在轮换的清水中漂洗 12 次，每次约 5min，然后烘干。

6.11 彩色底片与彩色相片的冲洗

彩色底片冲洗程序为：彩显、漂白、水洗、定影、水洗、稳定、干燥等，具体操作条件依不同冲洗套药而定。

彩色相片的印放包括曝光与显影两步，曝光前必须根据相纸性质和负片进行色温校正。出现偏色(彩色底片、相片颜色与原物颜色的偏差)可加滤色片或调整光源电压加以校正。

相片冲洗应保持定时、定温、定搅动。冲洗包括彩显、停显、水洗、漂定、水洗、干燥等步骤。具体条件依不同套药而定。彩色相片以清晰，色彩真实为佳。

7 试验记录

记录应包括试样的历史、取样部位、化学成分、缺陷类型及组织的说明等，如照相则应注意记录放大倍数及浸蚀剂的种类。

附加说明：

本标准由中华人民共和国冶金工业部提出。

本标准由冶金工业部钢铁研究总院和太原钢铁公司负责起草。

本标准主要起草人林书湘、马燕文、张升科、阎清俊。

自本标准实施之日起，原中华人民共和国冶金工业部标准 YB 28—59《金属显微组织检验法》作废。

本标准水平等级标记　GB/T 13298—91　I

ICS 77.180
H 94

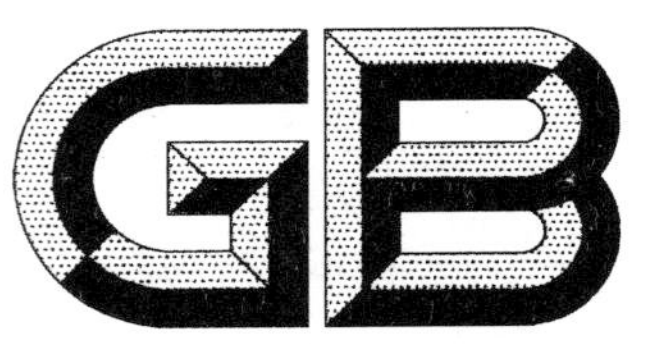

中华人民共和国国家标准

GB/T 13313—2008
代替 GB/T 13313—1991

轧辊肖氏、里氏硬度试验方法

Methods of Shore and Leeb hardness testing for rolls

2008-09-11 发布　　2009-05-01 实施

中华人民共和国国家质量监督检验检疫总局
中国国家标准化管理委员会　发布

前　言

本标准代替 GB/T 13313—1991《轧辊肖氏硬度试验方法》。

本标准与 GB/T 13313—1991 的主要技术差异如下：

——名称变更为《轧辊肖氏、里氏硬度试验方法》；

——规范性引用文件做了补充、调整；

——增添了里氏硬度的表示、测试方法，及其对试验仪器、被测轧辊、数据处理、试验报告的要求；

——增加了检测高精轧辊时对硬度计、硬度块的要求；

——明确了硬度计、硬度块的检定依据；

——提高了被测轧辊测试硬度表面粗糙度的要求；

——考虑了冷、热加工对试样表面硬度的影响；

——增加了对测试现场的环境要求；

——辊身直径小于等于 300mm 的轧辊，辊身测试母线数确定为 2 条；辊身直径大于 300mm、小于等于 500mm 的轧辊，增加了一条辊身测试母线；

——对测试母线的分布做了规定；

——增添了锻钢、铸铁、铸钢轧辊的 HSD-HLD 硬度对照表；

——硬度计的日常比对不再使用比对辊，改为标准硬度块；

——删去了原标准中附录 A《C 型肖氏硬度计主要技术参数》、附录 B《E 型肖氏硬度计主要技术参数》、附录 C《比对辊主要技术参数》；

——删去了原标准中附录 D《硬度换算表》中的 HRA 及其数据，对布氏硬度 HBW 和维氏硬度 HV 数据做了进一步修改和补充。

本标准的附录 A、附录 B 均是资料性附录。

本标准由中国钢铁工业协会提出。

本标准由中冶集团北京冶金设备研究设计总院归口。

本标准起草单位：中钢集团邢台机械轧辊有限公司、中冶集团北京冶金设备研究设计总院、中国测试技术研究院。

本标准起草人：郝进元、赵宝林、林巨才、杨金刚、张云波。

本标准 1991 年 12 月首次发布。

轧辊肖氏、里氏硬度试验方法

1 范围

本标准规定了轧辊肖氏硬度和里氏硬度的表示、测试方法，对试验仪器、被测轧辊、数据处理、试验报告的要求以及硬度换算表。

本标准适用于各种类型的锻钢、铸钢及铸铁轧辊的肖氏硬度和里氏硬度测定。

2 规范性引用文件

下列文件中的条款通过本标准的引用而成为本标准的条款。凡是注日期的引用文件，其随后所有的修改单(不包括勘误的内容)或修订版均不适用于本标准，然而，鼓励根据本标准达成协议的各方研究是否可使用这些文件的最新版本。凡是不注日期的引用文件，其最新版本适用于本标准。

GB/T 1172—1999 黑色金属硬度及强度换算值

GB/T 4341 金属肖氏硬度试验方法

GB/T 8170 数值修约规则

GB/T 17394—1998 金属里氏硬度试验方法

JJG 346 肖氏硬度计

JJG 347 标准肖氏硬度块

JJG 747 里氏硬度计

3 试验原理

3.1 肖氏硬度试验原理

将规定形状、质量的金刚石冲头从固定的高度 h_0 落在试样表面上，冲头弹起一定高度 h，用 h 与 h_0 的比值计算肖氏硬度值。计算公式如式(1)所示：

$$HS = K\frac{h}{h_0} \quad \cdots\cdots (1)$$

式中：

HS——肖氏硬度；

K——肖氏硬度系数。

3.2 里氏硬度试验原理

用规定质量的冲击体在弹力作用下以一定速度冲击试样表面，用冲头在距表面 1mm 处的回弹速度与冲击速度的比值计算硬度值。计算公式如式(2)所示：

$$HL = 1000\frac{v_R}{v_A} \quad \cdots\cdots (2)$$

式中：

HL——里氏硬度；

v_R——冲击体回弹速度；

v_A——冲击体冲击速度。

4 硬度值的表示

4.1 肖氏硬度值的表示

在肖氏硬度符号 HS 前示出硬度数值，在 HS 后示出硬度标尺类型。

例如：45HSC、45HSD 和 45HSE 分别表示 C 型、D 型和 E 型硬度计测定的硬度值为 45。

4.2 里氏硬度值的表示

在里氏硬度符号 HL 前示出硬度数值，在 HL 后示出冲击装置类型。

例如：700HLD、700HLE 表示用 D 型、E 型冲击装置测定的里氏硬度值为 700。

5 试验仪器

5.1 肖氏硬度计

5.1.1 轧辊肖氏硬度测试通常采用 D 型(机械式)、C 型(气动式)肖氏硬度计，其示值误差应不大于 ±2.5HS，重复性应不大于 2.5HS。检测硬度均匀度要求高的轧辊时，可采用高精度数字显示的 D 型或 E 型肖氏硬度计，其示值误差应不大于±2.0HS，重复性应不大于 2.0HS。

5.1.2 肖氏硬度计的主要技术指标应符合 JJG 346 的规定。

5.1.3 肖氏硬度计检定时采用的标准肖氏硬度块应符合 JJG 347 的要求。检测硬度均匀度要求高的轧辊时，标准肖氏硬度块在硬度范围大于 75HSD 时的均匀度应≤1.2HSD。

5.1.4 肖氏硬度计、硬度块按 JJG 346、JJG 347 的规定进行检定。

5.1.5 肖氏硬度计日常比对宜采用标准肖氏硬度块进行。

5.2 里氏硬度计

5.2.1 轧辊里氏硬度测试通常采用 D 型，如有需要，可采用其他类型冲击装置。里氏硬度计的示值误差应不大于±12HL，重复性应不大于 12HL。检测硬度均匀度要求高的轧辊时，里氏硬度计的示值误差应不大于±9HL，重复性应不大于 9HL。

5.2.2 里氏硬度计的主要技术参数和检定时采用的标准里氏硬度块应符合 JJG 747 的要求。检测硬度均匀度要求高的轧辊时，标准里氏硬度块在硬度范围大于 760HL 时的均匀度应≤6HL。

5.2.3 里氏硬度计、硬度块按 JJG 747 的规定进行检定。

5.2.4 里氏硬度计日常比对宜采用标准里氏硬度块进行。

6 被测轧辊

6.1 采用肖氏硬度计检测时，轧辊直径应不小于 65mm，被测片状轧辊厚度应不小于 10mm，如不在试台上测试，轧辊质量应大于 4kg。

6.2 采用 D 型里氏硬度计检测时，轧辊直径应不小于 30mm，被测片状轧辊厚度应不小于 5mm，如不在试台上测试，轧辊质量应大于 5kg。

6.3 测试表面粗糙度 $Ra \leqslant 1.6\mu m$。

6.4 采用其他类型里氏硬度计检测时，对被测轧辊的要求应符合 GB/T 17394 的规定。

6.5 在制备试样表面时，应尽量避免由于受冷、热加工等对试样表面硬度的影响。

6.6 轧辊表面应清洁，无磁性、油脂、氧化皮、涂料等外来污物。

7 测试方法

7.1 测试前准备

7.1.1 测试前肖氏/里氏硬度计应按被测轧辊的硬度范围用同一硬度等级标准肖氏/里氏硬度块校验。

7.1.2 被测轧辊应稳固地水平放置。

7.1.3 轧辊硬度测试一般应在10℃～35℃温度下进行，现场不能有强烈振动、严重粉尘、腐蚀性介质或强磁场。

7.2 测试操作

7.2.1 肖氏硬度测试

7.2.1.1 硬度测试时，应按GB/T 4341操作，硬度计可采用V型支架或手持，必须保证计测筒垂直状态。

7.2.1.2 在试台上测试硬度时压紧力约为200N。手持计测筒或用V型支架测试时，压紧力应使计测筒与轧辊表面保持接触。

7.2.1.3 D型肖氏硬度计释放冲头时，操作轮的回转时间约为1s并缓慢复位。C型硬度计读取冲头反弹瞬间最高位置时应迅速、准确。E型肖氏硬度计操作时应平稳，选择正确的测试方向。

7.2.1.4 硬度测量时，两相邻压痕中心距离不应小于2mm。压痕中心距试样边缘的距离不应小于4mm，同一压痕不得重复冲击。

7.2.2 里氏硬度测试

7.2.2.1 硬度测试前，根据轧辊直径选择适当的支撑环，以保证冲头冲击瞬间位置偏差在±0.5mm之内。

7.2.2.2 硬度测试按以下程序进行：

a) 向下推动加载套或用其他方式锁住冲击体；

b) 将冲击装置支撑环紧压在轧辊表面上，冲击方向应与试验面垂直；

c) 平稳地按动冲击装置释放钮；

d) 读取硬度示值。

7.2.2.3 硬度测试时，冲击装置应尽可能垂直向下，对于其他冲击方向所测定的硬度值，如果硬度计没有修正功能，应按GB/T 17394—1998中附录A进行修正。

7.2.2.4 对于小质量的轧辊，在试验时应予以适当的固定或耦合以保证冲击时不产生位移或弹动。

7.2.2.5 硬度测量时，两相邻压痕中心距离不应小于4mm。压痕中心距试样边缘的距离不应小于5mm，同一压痕不得重复冲击。

7.3 测试部位及点数

7.3.1 对锻钢冷轧工作辊及支承辊测试部位及点数应符合表1规定。辊身每条母线上测试点数应不少于3点。

表1

<table>
<tr><th rowspan="3">辊身直径
φ/mm</th><th colspan="3">辊 身</th><th colspan="2">辊 颈</th></tr>
<tr><th colspan="2">点 距</th><th rowspan="2">母线数</th><th rowspan="2">各辊颈每条母线测试点数</th><th rowspan="2">母线数</th></tr>
<tr><th>辊身长度
≤1200mm</th><th>辊身长度
>1200mm</th></tr>
<tr><td>≤300</td><td rowspan="2">≤150</td><td rowspan="2">≤200</td><td>2</td><td>1</td><td>1</td></tr>
<tr><td>>300</td><td>4</td><td>2</td><td>2</td></tr>
</table>

7.3.2 对使用条件要求严格的铸钢轧辊、铸铁轧辊，测试部位及点数应符合表2规定。

表2

<table>
<tr><th rowspan="3">辊身直径
φ/mm</th><th colspan="2">母线数</th><th colspan="2">辊身每条母线测试点数</th><th colspan="2">各辊颈每条母线测试点数</th></tr>
<tr><th rowspan="2">辊身</th><th rowspan="2">辊颈</th><th colspan="2">辊身长度/mm</th><th colspan="2">辊颈长度/mm</th></tr>
<tr><th>≤2000</th><th>>2000</th><th>≤600</th><th>>600</th></tr>
<tr><td>≤600</td><td>2</td><td>2</td><td>3</td><td>5</td><td>1</td><td>2</td></tr>
<tr><td>>600</td><td>4</td><td>2</td><td>3</td><td>5</td><td>2</td><td>2</td></tr>
</table>

7.3.3 一般用途的铸钢、铸铁及普通锻钢轧辊应至少在一条母线上测试，辊身不少于 3 个测试点，辊颈至少 1 个测试点。

7.3.4 辊身及辊颈表面硬度测试母线在辊身圆周方向均布。

7.3.5 带槽轧辊、片状轧辊等硬度测试一般应在工作面上进行，如测试困难可与用户协商确定。

7.3.6 冷轧工作辊及有软带要求的其他轧辊，辊身两端软带不进行硬度测试。

7.3.7 测试点的硬度一般是指通过该点母线 30mm 线段内测试硬度的平均值。

8 数据处理

8.1 连续五次读数的算术平均值为该测试点的硬度值。

8.2 测试时，允许读到 0.5 个刻度时平均值应按 GB/T 8170 规定修约到整数，允许读到 0.1 个刻度时平均值应修约到 0.5 个单位。

8.3 测试点硬度值分散度较大时，允许在该测试点范围内按 7.2 重新测定。

9 试验报告

试验报告应包括以下内容：

a) 各测试点肖氏硬度或里氏硬度的算术平均值及本支轧辊的最大值、最小值；

b) 所用肖氏硬度计或里氏硬度计的型号；

c) 试验条件（支撑方式、测试方式、测试环境温度、测试方向等）；

d) 测试操作人员。

附　录　A
（资料性附录）
硬度换算表

表 A.1 系采用肖氏硬度基准机和洛氏硬度基准机，在试块上进行硬度比对试验后，将数据数学归纳做出 HSD-HRC 硬度换算表，再与 GB/T 1172—1999 联用得到。

表 A.1　硬度换算表

肖氏 HSD	洛氏 HRC	维氏 HV	布氏 HBW ($F/D^2=30$)	肖氏 HSD	洛氏 HRC	维氏 HV	布氏 HBW ($F/D^2=30$)	肖氏 HSD	洛氏 HRC	维氏 HV	布氏 HBW ($F/D^2=30$)
34.0	20.0	226	225	56.0	42.8	414	401	78.0	57.9	654	627
34.5	20.8	230	228	56.5	43.2	418	405	78.5	58.2	660	630
35.0	21.5	233	232	57.0	43.6	422	410	79.0	58.5	666	634
35.5	22.2	236	235	57.5	44.0	428	415	79.5	58.8	671	637
36.0	22.9	240	239	58.0	44.4	433	420	80.0	59.1	678	640
36.5	23.6	244	242	58.5	44.7	438	424	80.5	59.4	685	642
37.0	24.2	249	246	59.0	45.1	443	429	81.0	59.7	692	644
37.5	24.9	252	250	59.5	45.5	448	435	81.5	60.0	698	647
38.0	25.5	256	254	60.0	45.8	454	440	82.0	60.3	705	649
38.5	26.1	260	257	60.5	46.2	458	444	82.5	60.6	711	651
39.0	26.7	264	261	61.0	46.6	462	448	83.0	60.9	718	—
39.5	27.3	267	265	61.5	46.9	466	453	83.5	61.2	725	—
40.0	27.9	272	269	62.0	47.3	471	458	84.0	61.5	733	—
40.5	28.5	276	273	62.5	47.6	476	464	84.5	61.8	741	—
41.0	29.1	281	277	63.0	48.0	482	470	85.0	62.1	748	—
41.5	29.7	287	281	63.5	48.3	487	475	85.5	62.4	756	—
42.0	30.2	290	285	64.0	48.7	492	481	86.0	62.6	763	—
42.5	30.7	293	289	64.5	49.0	497	486	86.5	62.9	770	—
43.0	31.3	297	293	65.0	49.4	502	491	87.0	63.2	776	—
43.5	31.8	301	297	65.5	49.7	507	497	87.5	63.5	782	—
44.0	32.3	305	301	66.0	50.0	512	502	88.0	63.8	789	—
44.5	32.8	309	305	66.5	50.4	518	508	88.5	64.0	795	—
45.0	33.3	314	309	67.0	50.7	523	514	89.0	64.3	802	—
45.5	33.8	318	313	67.5	51.1	528	519	89.5	64.6	810	—
46.0	34.3	323	317	68.0	51.4	534	525	90.0	64.8	817	—
46.5	34.8	329	321	68.5	51.7	539	531	90.5	65.1	823	—
47.0	35.3	333	325	69.0	52.1	545	536	91.0	65.4	830	—
47.5	35.7	338	329	69.5	52.4	551	542	91.5	65.6	838	—
48.0	36.2	343	333	70.0	52.7	556	548	92.0	65.9	847	—
48.5	36.6	347	337	70.5	53.1	562	554	92.5	66.1	855	—
49.0	37.1	351	341	71.0	53.4	568	560	93.0	66.4	862	—
49.5	37.5	355	346	71.5	53.7	573	565	93.5	66.6	869	—
50.0	38.0	360	350	72.0	54.0	578	569	94.0	66.9	875	—
50.5	38.4	364	354	72.5	54.4	585	575	94.5	(67.1)	881	—
51.0	38.8	367	358	73.0	54.7	590	580	95.0	(67.3)	888	—
51.5	39.2	371	362	73.5	55.0	596	585	95.5	(67.6)	895	—
52.0	39.7	377	366	74.0	55.3	602	590	96.0	(67.8)	902	—
52.5	40.1	382	370	74.5	55.7	608	595	96.5	(68.0)	909	—
53.0	40.5	387	375	75.0	56.0	615	601	97.0	(68.2)	(916)	—
53.5	40.9	393	380	75.5	56.3	621	605	97.5	(68.5)	(923)	—
54.0	41.3	397	384	76.0	56.6	627	610	98.0	(68.7)	(930)	—
54.5	41.7	401	388	76.5	56.9	634	615	98.5	(68.9)	(937)	—
55.0	42.1	405	392	77.0	57.2	641	618	99.0	(69.1)	(944)	—
55.5	42.5	410	397	77.5	57.6	648	623	99.5	(69.3)	(951)	—

注：表中括弧表示当超过仪器的测量范围时，数据仅供参考。

附 录 B
（资料性附录）
HSD-HLD 硬度对照表

表 B.1、表 B.2、表 B.3 系采用肖氏硬度工作机和里氏硬度工作机，在锻钢、铸铁、铸钢轧辊实物上进行硬度比对试验后，将数据数学归纳做出的 HSD-HLD 硬度对照表。

表 B.1 锻钢轧辊 HSD-HLD 硬度对照表

肖氏 HSD	里氏 HLD	肖氏 HSD	里氏 HLD	肖氏 HSD	里氏 HLD	肖氏 HSD	里氏 HLD	肖氏 HSD	里氏 HLD
35	517	50	622	65	710	80	791	95	863
36	525	51	628	66	715	81	796	96	868
37	532	52	634	67	721	82	801	97	872
38	540	53	640	68	726	83	805	98	875
39	548	54	646	69	732	84	810	99	880
40	555	55	653	70	737	85	815	100	884
41	562	56	659	71	742	86	820	101	888
42	569	57	665	72	747	87	825	102	894
43	576	58	671	73	753	88	830	103	898
44	582	59	677	74	758	89	835	104	902
45	588	60	683	75	764	90	839	105	906
46	594	61	688	76	770	91	844	—	—
47	601	62	693	77	775	92	849	—	—
48	608	63	699	78	781	93	853	—	—
49	615	64	704	79	786	94	858	—	—

表 B.2 铸铁轧辊 HSD-HLD 硬度对照表

肖氏 HSD	里氏 HLD	肖氏 HSD	里氏 HLD	肖氏 HSD	里氏 HLD	肖氏 HSD	里氏 HLD
30	477	45	585	60	677	75	761
30.5	481	45.5	589	60.5	680	75.5	763
31	484	46	592	61	683	76	766
31.5	488	46.5	596	61.5	687	76.5	768
32	491	47	599	62	690	77	771
32.5	495	47.5	603	62.5	693	77.5	773
33	498	48	606	63	696	78	776
33.5	502	48.5	609	63.5	699	78.5	778
34	505	49	612	64	702	79	781
34.5	509	49.5	615	64.5	705	79.5	784
35	512	50	618	65	708	80	786
35.5	516	50.5	621	65.5	711	80.5	789
36	519	51	624	66	714	81	791
36.5	523	51.5	627	66.5	717	81.5	794
37	526	52	630	67	720	82	796
37.5	530	52.5	633	67.5	723	82.5	799
38	533	53	636	68	726	83	801
38.5	537	53.5	640	68.5	728	83.5	804
39	540	54	643	69	731	84	806
39.5	543	54.5	646	69.5	733	84.5	809
40	547	55	649	70	736	85	811
40.5	550	55.5	652	70.5	739	85.5	814
41	554	56	655	71	741	86	816
41.5	558	56.5	658	71.5	744	86.5	819
42	562	57	660	72	746	87	821
42.5	566	57.5	663	72.5	748	87.5	824
43	570	58	666	73	751	88	826
43.5	574	58.5	668	73.5	753	—	—
44	578	59	671	74	756	—	—
44.5	581	59.5	674	74.5	758	—	—

表 B.3　铸钢轧辊 HSD-HLD 对照表

肖氏 HSD	里氏 HLD	肖氏 HSD	里氏 HLD	肖氏 HSD	里氏 HLD	肖氏 HSD	里氏 HLD
25	441	40	546	55	649	70	732
25.5	445	40.5	550	55.5	652	70.5	735
26	448	41	553	56	655	71	737
26.5	452	41.5	557	56.5	658	71.5	740
27	455	42	560	57	661	72	742
27.5	459	42.5	564	57.5	664	72.5	745
28	462	43	567	58	667	73	747
28.5	466	43.5	571	58.5	670	73.5	750
29	469	44	574	59	673	74	752
29.5	473	44.5	578	59.5	676	74.5	755
30	476	45	581	60	679	75	757
30.5	480	45.5	585	60.5	682	—	—
31	483	46	588	61	685	—	—
31.5	487	46.5	592	61.5	688	—	—
32	490	47	595	62	691	—	—
32.5	494	47.5	599	62.5	694	—	—
33	497	48	602	63	697	—	—
33.5	501	48.5	606	63.5	700	—	—
34	504	49	609	64	702	—	—
34.5	508	49.5	613	64.5	705	—	—
35	511	50	616	65	707	—	—
35.5	515	50.5	620	65.5	710	—	—
36	518	51	623	66	712	—	—
36.5	522	51.5	627	66.5	715	—	—
37	525	52	630	67	717	—	—
37.5	529	52.5	634	67.5	720	—	—
38	532	53	637	68	722	—	—
38.5	536	53.5	640	68.5	725	—	—
39	539	54	643	69	727	—	—
39.5	543	54.5	646	69.5	730	—	—

ICS 19.100
J 04

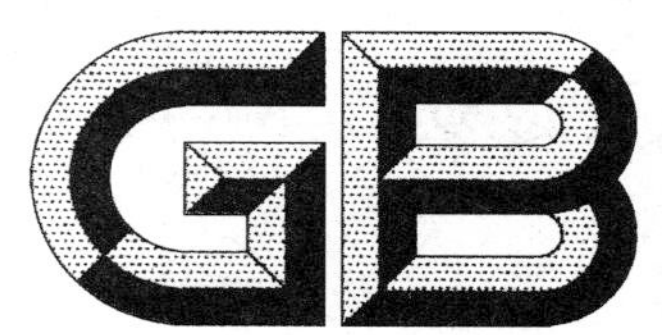

中华人民共和国国家标准

GB/T 15822.1—2005/ISO 9934-1:2001
代替 GB/T 15822—1995

无损检测　磁粉检测
第1部分:总则

Non-destructive testing—Magnetic particle testing—Part 1:General principles

(ISO 9934-1:2001,IDT)

2005-09-19 发布　　2006-04-01 实施

中华人民共和国国家质量监督检验检疫总局
中国国家标准化管理委员会　发布

目　　次

前　　言

GB/T 15822《无损检测　磁粉检测》分为3个部分：

——第1部分：总则；

——第2部分：检测介质；

——第3部分：设备。

本部分为GB/T 15822的第1部分，等同采用ISO 9934-1:2001《无损检测　磁粉检测　第1部分：总则》(英文版)。

本部分等同翻译ISO 9934-1:2001。

为便于使用，本部分做了下列编辑性修改：

a) “本欧洲标准”和“本标准”一词改为“本部分”或“GB/T 15822的本部分”；

b) 用小数点“.”代替作为小数点的逗号“,”；

c) 删除国际标准的前言；

d) 使用GB/T 1.1—2000规定的引导语。

本部分代替GB/T 15822—1995《磁粉探伤方法》，因为国际上的发展原标准在技术上已过时。

本部分与GB/T 15822—1995相比主要变化如下：

——修改了范围(1995年版的第1章；本版的第1章)；

——增加了安全与环境要求(见第5章)；

——增加了对检测规程的要求(见第6章)；

——调整了表面准备的内容(1995年版的9.2.1；本版的第7章)；

——修改了磁化的内容(1995年版的第5章、9.1和9.2.2；本版的第8章)；

——修改了检测介质的内容(1995年版的第6章、9.2.3、附录A和附录B；本版的第9章)；

——调整了观察条件的内容(1995年版的9.2.4；本版的第10章)；

——调整了综合性能检验的内容(1995年版的第7章；本版的第11章)；

——调整了显示的记录与解释的内容(1995年版的9.3、第10章和第11章；本版的第12章)；

——调整了退磁的内容(1995年版的9.2.5；本版的第13章)；

——增加了检测后清洗的内容(见第14章)；

——增加了检测报告的内容(见第15章)；

——增加了资料性附录“各种磁化技术中达到规定切向场强所需电流的计算示例”(见附录A)。

本部分的附录A为资料性附录。

本部分由中国机械工业联合会提出。

本部分由全国无损检测标准化技术委员会(SAC/TC 56)归口。

本部分起草单位：上海锅炉厂有限公司、上海材料研究所、苏州美柯达探伤器材有限公司、上海宇光无损检测设备制造有限公司。

本部分主要起草人：阎建芳、张佩铭、金宇飞、宓中玉、郭猛。

本部分所代替标准的历次版本发布情况为：

——GB/T 15822—1995。

无损检测　磁粉检测
第1部分:总则

1　范围

GB/T 15822 的本部分规定了铁磁性材料磁粉检测总则。磁粉检测主要用于检测表面开口的不连续(尤其是裂纹),也能检测近表面的不连续,但其灵敏度随深度而迅速降低。

本部分规定了被检工件的表面准备、磁化技术、检测介质的要求与施加,以及结果的记录与解释。验收准则未作规定。对于特殊项目的磁粉检测,由产品标准规定附加要求。

本部分不适用于剩磁法。

2　规范性引用文件

下列文件中的条款通过 GB/T 15822 的本部分的引用而成为本部分的条款。凡是注日期的引用文件,其随后所有的修改单(不包括勘误的内容)或修订版均不适用于本部分,然而,鼓励根据本部分达成协议的各方研究是否可使用这些文件的最新版本。凡是不注日期的引用文件,其最新版本适用于本部分。

GB/T 5097　无损检测　渗透检测和磁粉检测　观察条件(GB/T 5097—2004,ISO 3059:2001,IDT)

GB/T 12604.5　无损检测术语　磁粉检测[1)]

GB/T 15822.2　无损检测　磁粉检测　第2部分:检测介质(GB/T 15822.2—2005,ISO 9934-2:2002,IDT)

GB/T 15822.3　无损检测　磁粉检测　第3部分:设备(GB/T 15822.3—2005,ISO 9934-3:2002,IDT)

GB/T 9445　无损检测　人员资格鉴定与认证(GB/T 9445—2004,ISO 9712:1999,IDT)[2)]

EN 1330-1　无损检测　术语　第1部分:通用术语表(Non-destructive testing—Terminology—Part 1:List of general terms)

EN 1330-2　无损检测　术语　第2部分:无损检测方法专用术语(Non-destructive testing—Terminology—Part 2:Terms common to non-destructive testing methods)

3　术语和定义

GB/T 12604.5、EN 1330-1 和 EN 1330-2 确立的术语和定义适用于 GB/T 15822 的本部分。

4　人员资格鉴定与认证

磁粉检测的实施由经资格鉴定过的和有能力的人员承担。为了提供该资格鉴定,推荐按 GB/T 9445 或其他等效方式对人员进行认证。

5　安全与环境要求

磁粉检测可能会用到有毒、可燃和(或)易爆材料。在这种情况下,工作场所应有足够的通风并且远离热源和火源。应尽量避免皮肤或黏膜反复或过度接触检测介质或反差剂。

---

1)　该标准将在修订 GB/T 12604.5—1990 的基础上发布。GB/T 15822 的本部分所引用的 GB/T 12604.5 中的术语和定义与 ISO/DIS 12707:2000(prEN ISO 12707)中的术语和定义是相同的。

2)　按 ISO 3452-2:2000 附录 ZZ 给出的等效的相应国际和欧洲标准,ISO 9712:1999 与 EN 473 互为等效(或参见 GB/T 18851.2—2004)。

检测材料应按制造商的说明书来使用。任何时候都应遵守国家有关事故预防、电气安全、危险物质处理以及环境与人员防护的法规。

使用 UV-A(紫外线)源时,应注意确保未经过滤的 UV-A 源的辐射不会直接照射到操作者的眼睛。无论是灯的整体还是分体部分,UV-A 滤光片应始终处在安全条件下。

注:磁粉检测通常会在被检对象和磁化设备附近产生强磁场,对磁场敏感的器件宜放在此区域外。

6 检测规程

当询价或订货有要求时,磁粉检测应按书面规程实施。

注:规程可采用简明的工艺卡形式,其内容包括所引用的 GB/T 15822 的本部分或其他相应标准。规程宜详细规定可重复检测的检测参数。

7 表面准备

被检表面应无脏物、氧化皮、松散铁锈、焊接飞溅、脂、油和任何其他外来物,它们可能影响检测灵敏度。

表面质量的要求取决于被检不连续的尺寸和方向。表面应做准备,使相关显示能清晰区别于伪显示。

不大于 50μm 厚的非铁磁性涂层,如无破裂、紧密粘附着的油漆层,一般不会降低检测灵敏度。较厚的涂层则会降低灵敏度,这种情况下,灵敏度应进行验证。

显示与被检表面之间应有足够的视觉反差。对于非荧光技术,必要时可施加一层薄而均匀的、经认可的反差增强剂。

8 磁化

8.1 一般要求

工件表面上的最小磁通密度应为 1T,在相对磁导率高的低合金和低碳钢上达到该磁通密度的切向场强为 2kA/m。

注:对于低磁导率钢,可能需要更高的切向场强。但如果磁化太强,可能会出现掩盖相关显示的虚假背景显示。

当磁化由随时间变化的电流产生时,要求采用有效值。如果磁化设备上的电流表显示的是平均电流,其相应的各种波形的有效值由表 1 给出。用脉冲电流或截相电流(phase-cut currents),则要求进行专门的测量。

表 1 几种正弦波峰值与有效值之间的关系

波 形	峰 值	平均值	有效值	有效值/平均值
交流电	I	0	$0.707I$ $\left(=\frac{I}{\sqrt{2}}\right)$	—
半波整流交流电	I	$0.318I$ $\left(=\frac{I}{\pi}\right)$	$0.5I$	1.57
全波整流交流电	I	$0.637I$ $\left(=\frac{2}{\pi}I\right)$	$0.707I$ $\left(=\frac{I}{\sqrt{2}}\right)$	1.11

表 1(续)

波　形	峰　值	平均值	有效值	有效值/平均值
三相半波整流电	I	$0.826I$	$0.840I$	1.02
三相全波整流电	I	$0.955I$ $\left(=\frac{3}{\pi}I\right)$		

如果裂纹或其他条状不连续有可能出现在某特定方向上，磁力线应尽可能与不连续的方向垂直。

注：磁力线在偏离不连续最佳检测方向达到 60°时，仍被认为有效。在某一表面上进行两次相互垂直的磁化可完成对该表面的完全覆盖。

若需发现近表面不连续，应使用直流或整流电。

8.2　磁化验证

表面磁通密度是否足够，应采用下列一种或几种方法来证实。

a)　检测一个在最不利的部位带有细微的自然或人工不连续的工件；

b)　尽可能接近表面测量切向场强，具体由 GB/T 15822.3 给出；

c)　计算通电法的切向场强，许多情况下可采用简单计算，电流值的基本计算式在资料性附录中有规定；

d)　基于已知原理的其他方法。

注：紧贴于被检表面的磁通指示器(如片型的)，能提供一个切向场强大小和方向的指示；但不宜用于验证切向场强是否可接受。

8.3　磁化技术

本部分叙述了一系列的磁化技术。多向磁化能发现任何方向的不连续。对于形状简单的物体，附录给出了达到近似切向场强的计算式。磁化设备的要求及使用应符合 GB/T 15822.3。

下列各条叙述了各种磁化技术。

注：为了发现整个被检表面和各个方向上的不连续，可采用一种以上技术。当第一次磁化所产生的剩磁不能消除时，可要求进行退磁。只要能按 8.1 提供充分的磁化，下列以外的技术也可采用。

8.3.1　通电技术

8.3.1.1　轴向通电

检测平行于电流方向的不连续时，通电技术呈现出很高的灵敏度。

电流应通过电接触良好的垫片流过工件。典型布置如图 1 所示。电流应由外周尺寸导出，并均匀分布在被检表面上。附录 A 给出了达到规定切向场强所需电流的近似计算式示例。

应注意避免工件上电接触处的损坏。可能产生的危害包括过热、烧灼和电弧。

注：如果有电弧产生，某些接触材料如铜或锌可能导致工件的金相损坏。可使用铅接触片，但仅限于通风良好的情况下，因为它们可能产生有害气体。接触区域宜尽可能大和干净，并且是与被检工件相容的材料。

8.3.1.2　触头通电

电流从图 2 所示的手持触头或夹钳间通过，在较大表面上提供了一个小的检测区域，然后触头以规定方式移动以覆盖全部需检测的区域。图 2 和图 3 所示为几种检测方式的示例。附录 A 给出了达到规定切向场强所需电流的近似计算式。

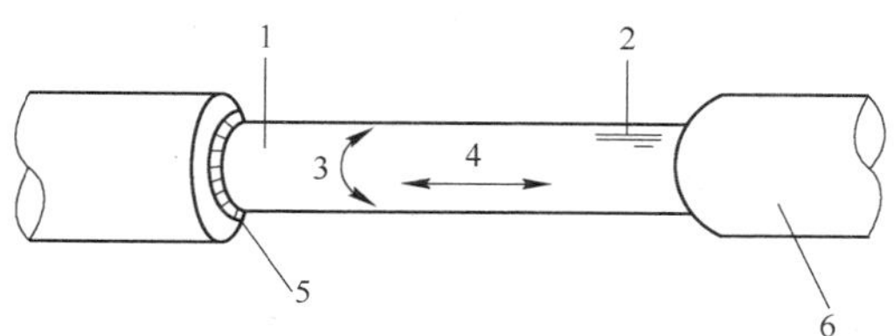

1——试件；

2——伤；

3——磁力线；

4——电流；

5——接触片；

6——接触头。

图1　轴向通电

当条状不连续平行于电流方向时，该技术呈现出最高的灵敏度。

应特别注意避免如8.3.1.1所述因触头引起的烧灼或工件的污染而损坏被检表面。还宜注意该条有关使用铅触头的警告。锌片或镀锌的触头不应使用。电弧或过热应被视作是一种缺陷，其可接受性需进行评定。如果需对受影响区域做进一步检测，则应采用另一种技术。

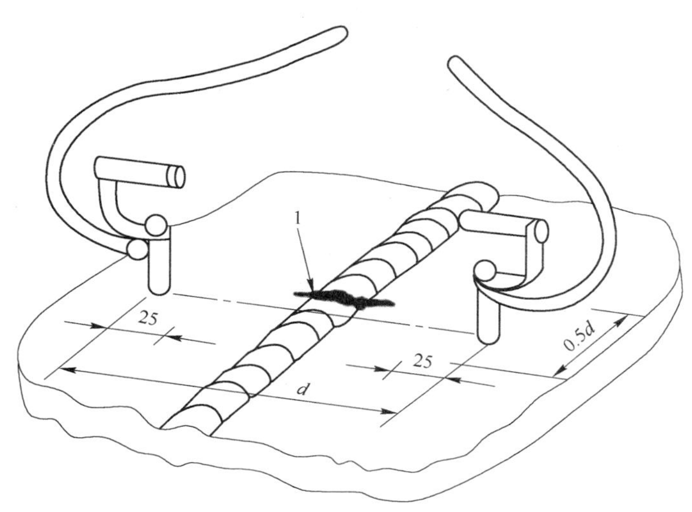

1——伤。

图2　触头通电

8.3.1.3　感应通电

将一环状工件作为一个变压器次级，使其产生感应电流，如图4所示。附录A给出了达到规定切向场强所需电流的近似计算式。

8.3.2　通磁技术

8.3.2.1　穿过导体(或穿棒)

将放在工件孔中或穿过通孔的表面绝缘的棒或柔性电缆通以电流，如图5所示。

当不连续平行于电流方向时，该法呈现出最高的灵敏度。附录A给出的用于中心导体的近似计算式示例也适用于此情况。对于偏心导体，切向场强应通过测量验证。

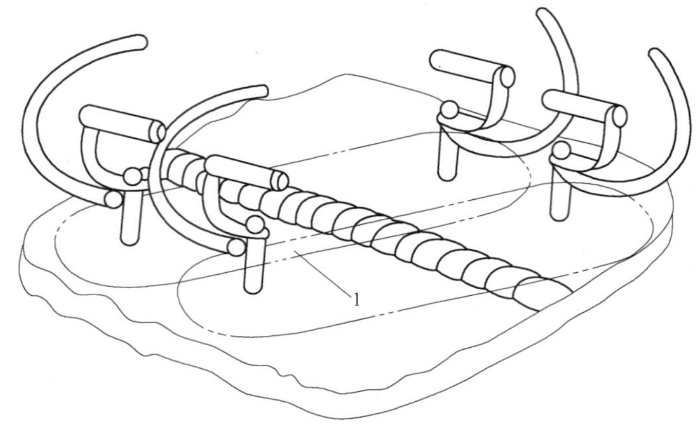

1——重叠区域。

图3 触头通电

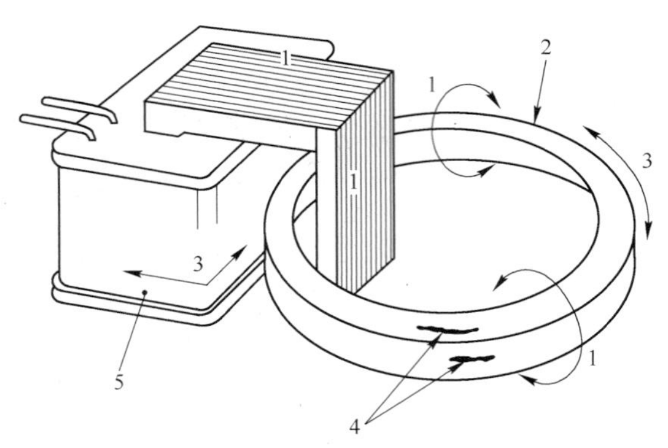

1——磁力线；
2——试件；
3——电流；
4——伤；
5——变压器初级线圈。

图4 感应通电

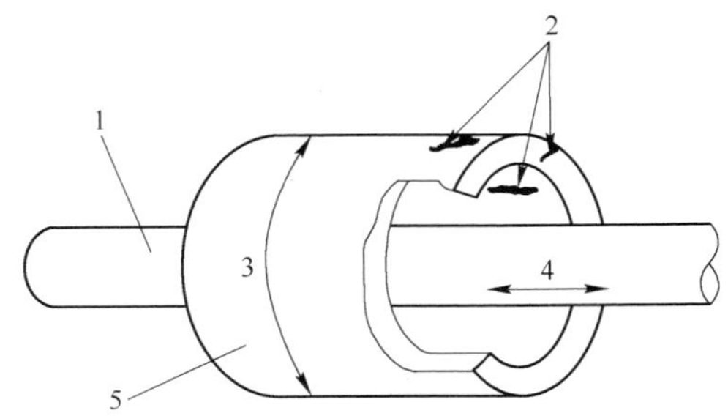

1——绝缘棒；
2——伤；
3——磁力线；
4——电流；
5——试件。

图5 穿过导体

8.3.2.2 近体导体(或平行电缆)

一根或多根表面绝缘的通电电缆或导电棒，平行放置于工件表面，接近被检区域并在其上保持距离为 d，如图 6 和图 7 所示。

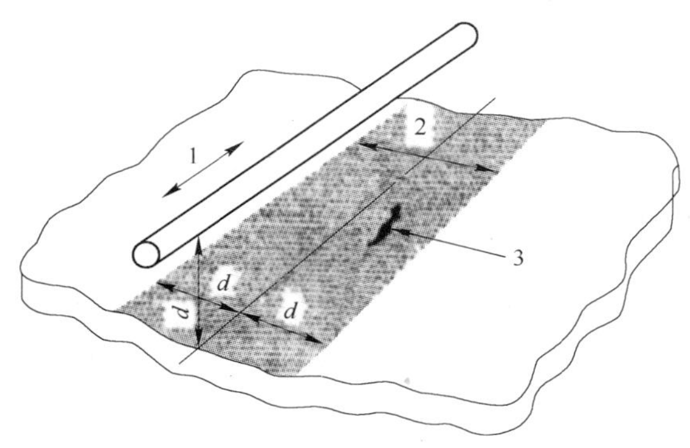

1——电流；
2——磁力线；
3——伤。

图 6 近体导体

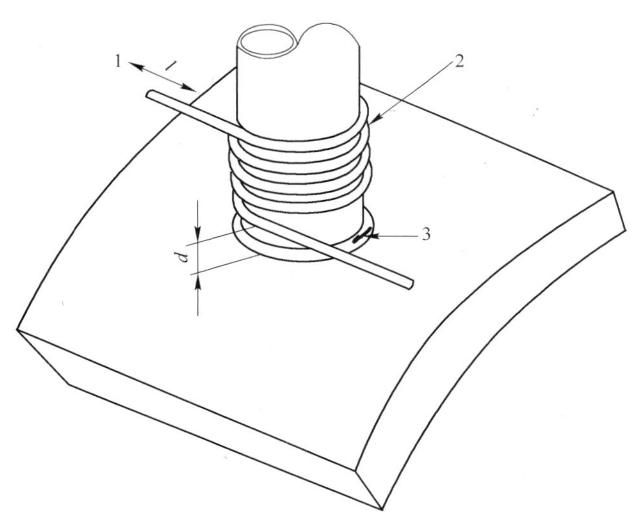

1——电流；
2——N 匝；
3——伤方向。

图 7 近体导体(螺旋线圈)

近体导体磁化技术要求接近被检材料的电流近似于单一流向。通电回路电缆的放置应尽可能远离被检区域，在任何情况下，此距离应大于 $10d$，这里的 $2d$ 为检测区域的宽度。

电缆应以小于 $2d$ 的间隔在工件上移动，以确保检测区域的重叠。附录 A 给出了达到规定切向场强所需电流的近似计算式示例。

8.3.2.3 固定设备

将工件或其部件与电磁体的两极相接触，如图 8 所示。

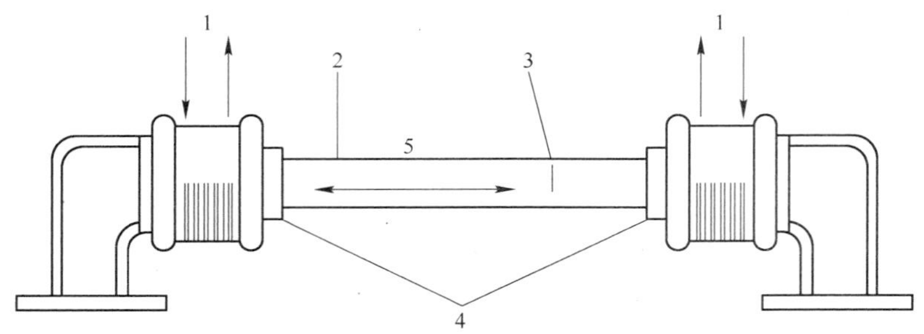

1——电流；

2——试件；

3——伤；

4——极片；

5——磁力线。

图8　通磁

8.3.2.4　便携式电磁体(磁轭)

将交流电磁体(磁轭)的两极与工件表面相接触，如图9所示。检测区域不应大于两极片之间的内切圆，还应不包括两极附近区域。图9给出了一个恰当的检测区域的示例。

注：8.1所定义的磁化要求仅适用于交流电磁体、直流电磁体和永久磁体只有在询价或订货达成协议时才可使用。

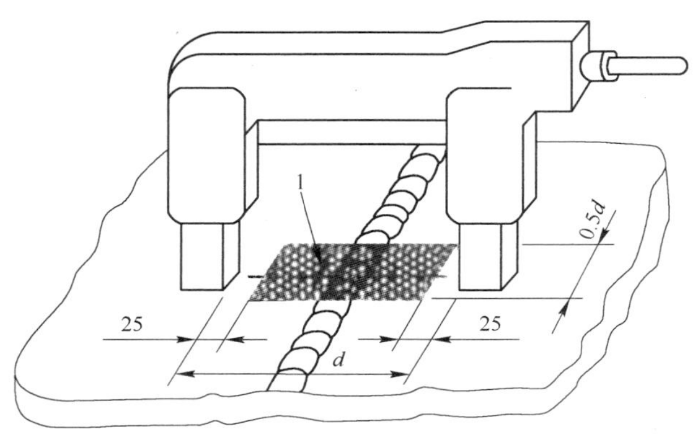

1——伤。

图9　便携式电磁体(磁轭)

8.3.2.5　刚性线圈(或形状固定线圈)

将工件放置在一个通电线圈中，使其在平行于线圈轴的方向上磁化，如图10所示。当条状不连续垂直于线圈轴时，达到最高灵敏度。

当采用螺旋形刚性线圈时，螺距应小于线圈直径的25%。

注：对于长径比小于5的短工件，推荐采用磁性延长块，这样可减小为达到必要磁化所需的电流。

附录A给出了达到规定切向场强所需电流的近似计算式。

8.3.2.6　柔性线圈(或电缆缠绕)

将通电电缆紧贴工件绕成线圈。检测区域应在线圈各匝之间，如图11所示。

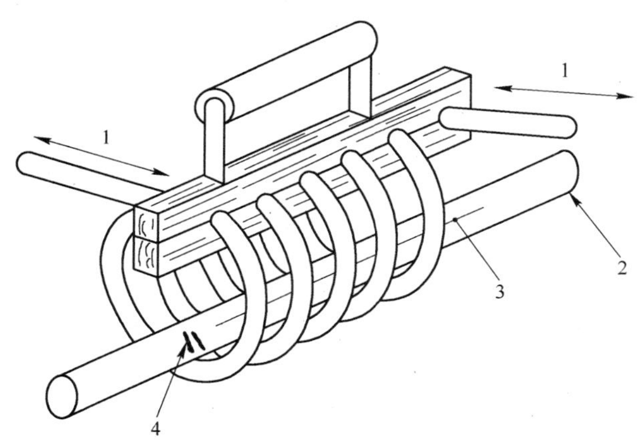

1——电流；
2——试件；
3——磁力线；
4——伤。

图 10 刚性线圈

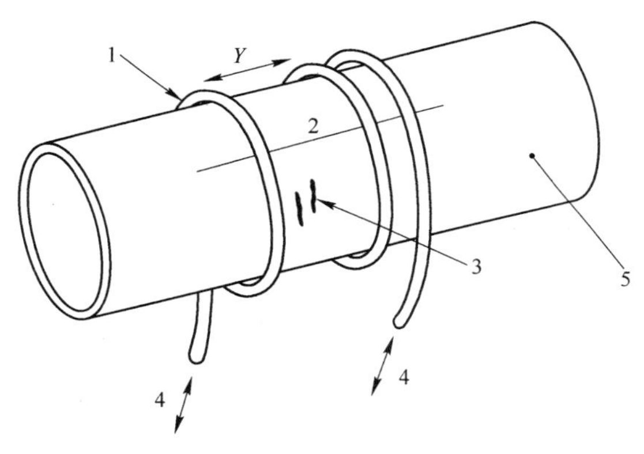

1——绝缘电缆；
2——磁力线；
3——伤；
4——电流；
5——试件。

图 11 柔性线圈

附录 A 给出了达到规定切向场强所需电流的近似计算式。

9 检测介质

9.1 介质的性能与选择

检测介质的特性应按 GB/T 15822.2。

磁粉检测采用多种类型的检测介质。通常，检测介质是一种彩色(包括黑色)或荧光的悬浮在载液中的微粒。水基载液应包含润湿剂，通常还有防锈剂。

干磁粉也可用，它们通常不易显示细微的表面不连续。

只要有合适的光滑表面、良好的排液以达到最大显示反差，并按第10章良好控制的观察条件，荧光介质通常给出最高的灵敏度。

彩色介质也能呈现出很高的灵敏度。黑色及其他颜色都可用。

注：为获得不连续与被检表面之间的高色差，按第7章和第10章施加一层薄的反差增强剂可能是必要的。

9.2 检测介质的检验

GB/T 15822.2 规定了在检测前或检测过程中所进行的强制性和推荐性的检验。

灵敏度检验应按 GB/T 15822.2 用合适的参考试块，在检测前和检测过程中进行。

如果磁悬液被反复或循环使用，应特别注意保持其性能。

9.3 检测介质的施加

对于连续法，应稍提前于磁化、并在磁化过程中持续施加检测介质。结束施加应在停止磁化之前。在移动或检测被检工件或构件前，应允许有充足的时间以便形成显示。

当使用干磁粉时，应采用对显示扰动最小的方式施加。

磁悬液施加期间，应采用非常小的压力使磁悬液流淌到表面，以便磁粉形成的显示不被冲洗掉。

施加磁悬液后，工件应进行排液，以便增强显示的反差。

10 观察条件

观察条件应符合 GB/T 5097 的要求。

在进入检测规程的下一步骤之前，应观察整个被检表面。若有观察不到之处，应移动工件或设备以便对所有区域作充分的观察。在磁化结束后、工件被检查和记录之前，应注意确保显示不被扰乱。

10.1 彩色介质

当使用彩色检测介质时：

a) 检测介质与被检表面之间应有良好反差；

b) 被检区域应采用照度不低于 500lx(lux)的日光或灯光均匀照明。

注：表面的强烈反光宜避免。

10.2 荧光介质

当使用荧光检测介质时，检测室或区域应建造成暗的，其最大环境白光为 20lx。检测区域应采用 UV-A 辐射进行照明。UV-A 辐射应按 GB/T 5097 测量，被检表面上的强度应大于 $10W/m^2$($1000\mu W/cm^2$)。只要显示与环境之间有足够的反差，较高的 UV-A 辐射允许相应增加较高的环境白光。

检测前，应允许眼睛有足够的时间适应减弱的环境光线。

为了保证恰当的辐射水平，紫外灯应在使用前几分钟(通常至少为 5min)开启。

注：操作人员宜避免直视 UV-A 辐射或镜面反射的辐射。

不应戴光敏眼镜，因其在 UV-A 辐射下会变暗，从而降低佩戴者检测不连续的能力。

11 综合性能检验

检测开始前，建议进行综合性能检验，它应被用于揭示规程或磁化技术或检测介质之一的不符合性。

最可靠的检验是检测一个含有已知的自然或人工不连续类型、位置、大小和分布情况的、具有代表性的工件。被检工件应已退磁，并没有以往检测所残留的显示。

如果没有含已知不连续的实际产品工件，则可用含有人工不连续的试件，例如十字或片型磁通指示器。

12 显示的记录与解释

宜注意区分真实显示与虚假或伪显示之间的差别，如划伤、截面变化、不同磁特性区的交界面或磁写。操作人员应进行必要的检测或观察予以识别,如有可能则予以排除造成这种伪显示的根源。

注:在允许的情况下,轻度的表面打磨是有益的。

所有的、包括不能被明确判定为伪显示的显示,应按如下定义分类成线状或圆状,并按产品标准要求作记录。

长度大于 3 倍宽度的显示为线状显示,长度小于等于 3 倍宽度的不规则圆形或椭圆形显示为圆状显示。

13 退磁

如果询价或订货有要求时,检测后的退磁应采用相应的技术进行,以达到剩磁上限的要求。

注 1:退磁要求采用交变磁场,其强度由大于等于磁化强度的初始场强开始逐渐减小。

注 2:完全退磁通常很难达到,尤其当被检工件是直流磁化的。工件若采用直流技术磁化,退磁则采用低频或反向的直流电。

注 3:有些场合,磁粉检测前必须进行退磁。这是因为初始剩磁引起的铁屑吸附、反向磁场或虚假显示可能会限制检测的有效性。

14 清洗

如果有要求,检测合格后的所有工件应清除检测介质。

注:另外,工件防腐可能是必要的。

15 检测报告

检测报告应至少涉及下列内容:

a) 公司名称;
b) 工作地址;
c) 被检工件说明及标识;
d) 检测时机(如热处理前、后,最终机加工前、后);
e) 引用的书面检测规程和所用的工艺卡;
f) 所用设备说明;
g) 磁化技术,包括(适当的)电流指示值、切向场强、波形、接触或极间距、线圈尺寸等;
h) 所用的检测介质,和反差增强剂(若曾使用过);
i) 表面准备;
j) 观察条件;
k) 检测后的最大剩磁(若有要求时);
l) 记录或标记显示的方法;
m) 检测的日期;
n) 检测人员的姓名、资格和签名。

检测报告还应包括检测结果,涉及显示的详细说明以及是否符合验收准则的声明。

附 录 A
(资料性附录)
各种磁化技术中达到规定切向场强所需电流的计算示例

所有可使用的计算式,给出的是在形状简单的工件或大型工件的零部件上达到充分磁化所需电流的近似值。当磁化是由交变电流产生时,所要求的数值是有效值。电流是以检测区域圆周上的切向场强 H 的形式表达的,如 8.1 所要求的那样。下面给出了在各种磁化技术中,达到规定切向场强所需电流的计算示例。

A.1 轴向通电(8.3.1.1 和图 1)

所需电流 I 由下式给出:

$$I = H \times p$$

式中:

I——电流,单位为安(A);

p——工件周长,单位为毫米(mm);

H——切向场强,单位为千安每米(kA/m)。

对于截面变化的工件,只有在工件截面的最大值与最小值之比小于 1.5∶1 的情况下,才能以单一电流值来磁化。以单一电流值进行磁化时,电流值应根据最大截面来确定。

A.2 触头通电(8.3.1.2 和图 2、图 3)

在检测如图 2、图 3 所示的矩形被检区域时,有效电流 I 由下式给出:

$$I = 2.5H \times d$$

式中:

I——电流强度,单位为安(A);

d——触头间距,单位为毫米(mm);

H——切向场强,单位为千安每米(kA/m)。

此式所适用的最大 d 值为 200mm。

另外,该检测区域也可以是两触头间的内切圆,但分别不包括距两个触头 25mm 范围的区域,这时:

$$I = 3H \times d$$

只有在被检表面的曲率半径大于触头间距的一半时,上述两式才可靠。

A.3 感应通电(8.3.1.3 和图 4)

所需电流 I_{ind} 由下式给出:

$$I_{ind} = H \times p$$

式中:

I_{ind}——电流,单位为安(A);

p——工件(截面)周长,单位为毫米(mm);

H——切向场强,单位为千安每米(kA/m)。

对于截面变化的工件,只有在工件截面的最大值与最小值之比小于 1.5∶1 的情况下,才能以单一电流值来磁化。以单一电流值进行磁化时,电流值应根据最大截面来确定。

注:感应电流不能轻易地通过初级电流计算得出。

A.4 穿过导体(8.3.2.1 和图 5)

对于中心导体,电流由本附录的 A.1 给出。

如果被检工件是一空心管件或类似工件,若检测外表面,电流应根据外径计算,若检测内表面,应根据内径计算。

A.5 近体导体(8.3.2.2 和图 6、图 7)

为了达到所要求的磁化,电缆安放时应使其中心线与被检表面距离为 d。

有效的检测区域为电缆中心线两侧各 d 的范围,电缆中所需电流有效值为:

$$I = 4\pi \times d \times H$$

式中:

I——电流有效值,单位为安(A);

d——电缆与被检表面的距离,单位为毫米(mm);

H——切向场强,单位为千安每米(kA/m)。

当检测圆柱形工件或支管接头(如:管座与集箱焊缝)的圆弧状拐角时,电缆可缠绕在支管或工件表面,并且可紧密地绕数圈,如图 7 所示。在这种情况下,被检表面距电缆或线圈的距离应在 d 范围内,这时 $d=NI/4\pi H$,NI 为安匝数。

A.6 刚性线圈(8.3.2.5 和图 10)

当工件截面小于线圈截面的 10%、并且工件靠近线圈内壁沿轴向放置时,应采用下列计算式,每次检测应按线圈长度递进。

$$NI = \frac{0.4H \times K}{L/D}$$

式中:

N——线圈有效匝数;

I——电流,单位为安(A);

H——切向场强,单位为千安每米(kA/m);

L/D——圆形截面工件的长度与直径之比(当工件为非圆形截面时,D=周长/π);

K——22000,适用于交流电(有效值)和全波整流电(平均值);

K——11000,适用于半波整流电(平均值)。

注:当工件长径比 $L/D>20$ 时,L/D 取 20。

对于短工件($L/D<5$),用上式会导致很大电流。为使电流最小化,应使用延长块以增加工件有效长度。

A.7 柔性电缆绕制线圈(8.3.2.6 和图 11)

用直流或整流电来达到所需磁化时,电缆中电流有效值应至少为:

$$I = 3H[T + (Y^2/4T)]$$

式中:

I——电流有效值,单位为安(A);

H——切向场强,单位为千安每米(kA/m);

T——工件壁厚,或者为实心圆形件的半径,单位为毫米(mm);

Y——线圈相邻两匝的间距,单位为毫米(mm)。

用交流电来达到所需磁化时,电缆中电流有效值应至少为:

$$I = 3H[10 + (Y^2/40)]$$

ICS 19.100
J 04

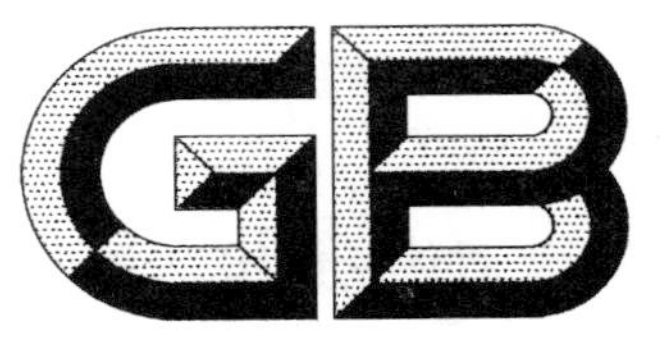

中华人民共和国国家标准

GB/T 15822.2—2005/ISO 9934-2:2002

无损检测　磁粉检测
第2部分:检测介质

Non-destructive testing—Magnetic particle testing—Part 2:Detection media

(ISO 9934-2:2002,IDT)

2005-09-19 发布　　2006-04-01 实施

中华人民共和国国家质量监督检验检疫总局
中国国家标准化管理委员会　发布

目　次

前　　言

GB/T 15822《无损检测　磁粉检测》分为3个部分：

——第1部分：总则；

——第2部分：检测介质；

——第3部分：设备。

本部分为GB/T 15822的第2部分，等同采用ISO 9934-2:2002《无损检测　磁粉检测　第2部分：检测介质》(英文版)。

本部分等同翻译ISO 9934-2:2002。

为便于使用，本部分做了下列编辑性修改：

a) “本欧洲标准”一词改为“本部分”或“GB/T 15822的本部分”；

b) 用小数点“.”代替作为小数点的逗号“,”；

c) 删除国际标准的前言；

d) 使用GB/T 1.1—2000规定的引导语；

e) 在参考文献中增加了正文页下注中提到的我国标准。

本部分的附录A、附录B和附录C为规范性附录。

本部分由中国机械工业联合会提出。

本部分由全国无损检测标准化技术委员会(SAC/TC56)归口。

本部分起草单位：上海锅炉厂有限公司、上海材料研究所、苏州美柯达探伤器材有限公司。

本部分主要起草人：张佩铭、阎建芳、金宇飞、宓中玉。

无损检测　磁粉检测
第2部分:检测介质

1　范围

GB/T 15822 的本部分规定了磁粉检测产品(包括磁悬液、干磁粉、载液、反差增强剂)的有效特性及其检验方法。

2　规范性引用文件

下列文件中的条款通过 GB/T 15822 的本部分的引用而成为本部分的条款。凡是注日期的引用文件,其随后所有的修改单(不包括勘误的内容)或修订版均不适用于本部分,然而,鼓励根据本部分达成协议的各方研究是否可使用这些文件的最新版本。凡是不注日期的引用文件,其最新版本适用于本部分。

GB/T 5097　无损检测　渗透检测和磁粉检测　观察条件(GB/T 5097—2005,ISO 3059:2001,IDT)

GB/T 12604.5　无损检测术语　磁粉检测[1)]

GB/T 15822.1　无损检测　磁粉检测　第1部分:总则(GB/T 15822.1—2005,ISO 9934-1:2001,IDT)

GB/T 15822.3　无损检测　磁粉检测　第3部分:设备(GB/T 15822.3—2005,ISO 9934-3:2002,IDT)

ISO 2160　石油制品　铜腐蚀　铜条试验(Petroleum products—Corrosiveness to copper—Copper strip test)[2)]

ISO 2591-1　筛分试验　第1部分:金属丝网和金属孔板筛分试验方法(Test sieving—Part 1:Methods using test sieves of woven wire cloth and perforated metal plate)[3)]

ISO 3104　石油制品　透明与不透明液体　运动黏度测定法和动力黏度计算法(Petroleum products—Transparent and opaque liquids—Determination of kinematic viscosity and calculation of dynamic viscosity)[4)]

ISO 4316　表面活性剂　水溶液 pH 值的测定　电位法(Surface active agents—Determination of pH of aqueous solutions—Potentiometric method)[5)]

EN 1330-1　无损检测　术语　第1部分:通用术语表(Non-destructive testing—Terminology—Part 1:List of general terms)

EN 1330-2　无损检测　术语　第2部分:无损检测方法专用术语(Non-destructive testing—Terminology—Part 2:Terms common to non-destructive testing methods)

EN 10083-1　调质钢　第1部分:特种钢交货技术条件(Quenched and tempered steels—Part 1:Technical

---

1) 该标准将在修订 GB/T 12604.5—1990 的基础上发布。GB/T 15822 的本部分所引用的 GB/T 12604.5 中的术语和定义与 ISO/DIS 12707:2000(prEN ISO 12707)中的术语和定义是相同的。

2) 与该标准相当的我国标准为 GB/T 8034。

3) 与该标准相当的我国标准为 GB/T 2007.7。

4) 与该标准相当的我国标准为 GB/T 265。

5) 与该标准相当的我国标准为 GB/T 6368。

delivery conditions for special steels)

EN 10204 金属产品 检验文件的格式(Metallic products—Types of inspection documents)

EN 12157 旋转泵 机床冷却液泵 标称流率、尺寸(Rotodynamic pumps—Coolant pumps units for machine tools—Nominal flow rate, dimensions)

3 术语和定义

GB/T 12604.5、EN 1330-1 和 EN 1330-2 确立的以及下列术语和定义适用于 GB/T 15822 的本部分。

批 batch

一次投产的全部具有相同性能和用同一标记的材料的量。

4 安全预防

磁粉检测用材料及其检验用的化学制品,可能是有害的、易燃的和(或)易挥发的,因此宜遵守各项规定的预防措施。应遵守国家和地方颁布的所有关于安全卫生、环保要求的法规。

5 分类

5.1 概述

GB/T 15822 的本部分所覆盖的磁粉检测材料应按如下分类。

5.2 磁悬液

磁悬液应由彩色磁粉或荧光磁粉加入适宜的载液构成,搅拌时应呈均匀的悬浮状。

磁悬液可由所购的浓缩状产品(包括磁膏和干磁粉)配制,或是直接可使用的。

5.3 干磁粉

干法所用的干磁粉应细分为彩色和(或)荧光磁粉。

6 检验和检验证书

6.1 型式检验和批量检验

磁粉材料的型式检验和批量检验应按 GB/T 15822.1、GB/T 15822.3 和本标准的要求进行。

进行型式检验是为了表明产品对于预期用途的适用性。进行批量检验是为了表明该批特性与特定的型式产品的一致性。

供应商应提供检验证书,以表明按 GB/T 15822 的本部分使用了哪些方法。证书应包括所得结果和允许偏差。

如果所生产的检测介质发生变化,应重新进行型式检验。

6.2 在役检验

进行在役检验是为了表明检测介质的持续性能。

7 检验方法和要求

7.1 性能

7.1.1 型式检验和批量检验

型式检验和批量检验应采用附录 B 所述的 1 型或 2 型参考试块,按附录 A 进行。

7.1.2 在役检验

在役检验应采用附录 B 所述的 1 型或 2 型参考试块,或采用一块含有与正常发现的典型被检工件上相类似不连续的试块,按附录 A 进行。

7.1.3 反差增强剂

型式检验和批量检验应采用经型式检验认可的、相容的磁悬液,并按制造商的说明书施加反差剂后,按7.1.1进行。

7.2 颜色

供应商应说明在工作状态下磁粉检测介质的颜色。

目视比较时,批量检验样品的颜色不应与型式检验样品有差异。

7.3 磁粉尺寸

7.3.1 方法

磁粉尺寸的测定方法取决于磁粉尺寸的分布范围。

注:磁悬液磁粉尺寸分布能用Coulter法或其他等效方法测定(见参考文献)。

7.3.2 磁粉尺寸定义

磁粉尺寸的范围应按如下:

——下限直径 d_l:小于 d_l 的磁粉不应多于10%。

——平均直径 d_a:50%的磁粉应大于 d_a,50%小于 d_a。

——上限直径 d_u:大于 d_u 的磁粉不应多于10%。

7.3.3 要求

d_l、d_a 和 d_u 应出具报告。对于磁悬液,尺寸应在 $d_l \geqslant 1.5\mu m$ 和 $d_u \leqslant 40\mu m$ 范围内。

注:干磁粉通常为 $d_l \geqslant 40\mu m$。

7.4 耐热性

产品在供应商规定的最高温度下加热5min后应没有性能退化。这应通过重做7.1.1规定的性能检验来验证。

7.5 荧光系数和荧光稳定性

进行这些检验必须使用干的磁粉。对于磁悬液,应使用内含的固体。

7.5.1 型式检验

7.5.1.1 方法

荧光系数 β(cd/W)定义如下:

$$\beta = L/E_e$$

式中:

L——磁粉表面的亮度(cd/m²);

E_e——磁粉表面的UV辐照度水平(W/m²)。

所用仪器的布置如图1所示。

磁粉表面应采用45°(±5°)角的UV(A)均匀照射。照度应采用准确度在±10%内的适当仪表来测量。应测量磁粉表面上未受目标区外区域影响的照度。辐照度水平应使用符合GB/T 5097要求的仪表,将UV传感器放在磁粉表面位置处进行测量。

7.5.1.2 要求

荧光系数(β)应大于1.5cd/W。

7.5.1.3 荧光稳定性

样品首先应按7.5.1.1的方法进行检验。

然后,样品应在辐照度为20W/m²(至少)的UV-A下辐照30min后,按7.5.1.1进行重新检验。荧光系数不应降低5%。

7.5.2 批量检验

批量检验应按7.5.1.1进行。荧光系数不应低于型式检验值的90%。[6)]

---

6) 此条款在ISO 9934-2:2002的英文版中的所述为"荧光系数应在型式检验值的10%以内",疑有误。

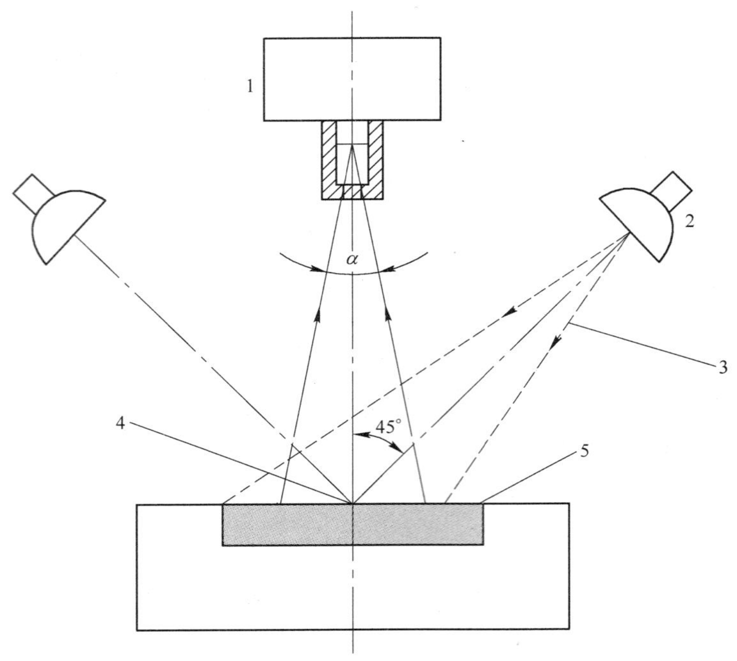

1——照度测量；

2——灯；

3——UV 辐射；

4——辐照度测量点；

5——磁粉表面。

注：推荐的布置是将一个量程为 200cd/m^2、视角(α)为 20°的照度计，放在直径为 40mm 的磁粉表面上方 80mm 处，UV(A)灯放在能使磁粉表面上的辐照度 E_e 恰好在 10W/m^2～15W/m^2 之间的位置。

图 1　磁粉荧光系数 $\boldsymbol{\beta}$ 的测定

7.6　载液的荧光

载液的荧光应在至少 10W/m^2 的 UV-A 辐照下，通过与硫酸奎宁溶液的目视比较进行检查。

硫酸奎宁溶液的浓度应为 7×10^{-9}M(5.5×10^{-6})/0.1NH_2SO_4。

被检载液的荧光不应大于硫酸奎宁。

7.7　闪点

对于磁悬液(水基除外)，载液的闪点(开口法)应出具报告。

7.8　检测介质引起的腐蚀

7.8.1　钢腐蚀检验

钢的腐蚀效应应按附录 C 进行检验和出具报告。

7.8.2　铜腐蚀检验

铜的腐蚀效应应按 ISO 2160 进行检验。

7.9　载液的黏度

黏度应按 ISO 3104 进行检验。

动力黏度在 20℃(±2℃)时不应高于 5mPa·s。

7.10 机械稳定性

7.10.1 长期检验(耐久性检验)

制造商应表明其检测介质在典型的磁粉检测床上工作超过120h而无影响。

这可以在磁粉检测床上或使用类似布置来证实,推荐装置如下:

应将40L的检测介质样品装入一个带离心泵的适宜的防腐储液箱内。检测介质应能循环和通过阀门断流。

技术数据:

水仓泵类型　　EN 12157-T160-270-1

回流管直径　　R1 1号NB管

循环时间

——开阀　　5s

——关阀　　5s

在使用前及120h后,检测介质应采用参考试块(见7.1.1)进行检验。

显示的质量若有任何可辨别变化的应拒收。

7.10.2 短期检验

7.10.2.1 设备

应采用类似于图2的搅拌装置。

1) 搅拌桨速度:($3000_{-300}^{\ 0}$)rpm;

2) 搅拌杯容量为2L;

3) 附录B所述的1型和2型参考试块;

4) 符合GB/T 5097要求的辐照度为$10W/m^2$的UV-A源。

7.10.2.2 步骤

将1L样品搅拌2h,然后比较1型和2型参考试块上由搅拌探头和参考探头所产生的显示。

7.10.2.3 要求

显示的质量若有任何可辨别变化的应拒收。

7.11 起泡

在7.10.1或7.10.2机械稳定性检验中应检查起泡情况,明显起泡的应拒收。

7.12 pH值

水基载液的pH值应按ISO 4316进行测定,其值应出具报告。

7.13 贮存稳定性

制造商应给出有效期,并应在每个原包装上标明。

7.14 固体含量

供应商应给出磁悬液中磁粉含量的推荐值g/L。

7.15 硫及卤素含量

当产品被标明为低硫和低卤素时,硫和卤素的含量应采用准确度为$\pm10\times10^{-6}$(硫/卤为200×10^{-6}时)的适当方法测定。

——硫含量应小于200×10^{-6}(±10);

——卤素含量应小于200×10^{-6}(±10),(氯+氟应认作卤素)。

8 检验要求

检验应按表1的要求进行。

型式检验(Q)和批量检验(B)应是供应商或制造商的职责。在役检验(P)是用户的职责。

表 1　检验要求

特　性	反差增强剂	干检测介质	有机载液	水基磁悬液	有机基磁悬液	方　法	
						条号	标准/备注
性能	Q/B	Q/B/P		Q/B/P	Q/B/P	7.1	
颜色	Q/B/P	Q/B/P	Q	Q/B/P	Q/B/P	7.2	采用比较法
尺寸		Q/B		Q/B	Q/B	7.3	
耐热性	Q	Q	Q	Q	Q	7.4	
荧光系数		Q/B		Q/B	Q/B	7.5	
荧光稳定性		Q		Q	Q	7.5.1.3	
闪点	Q/B		Q/B		Q/B	7.7	
载液的荧光		Q/B	Q/B	Q/B		7.6	采用比较法
钢腐蚀性	Q			Q		7.8.1	
铜腐蚀性				Q	Q	7.8.2	ISO 2160
黏度			Q	Q/B	Q/B	7.9	ISO 3104
机械稳定性:							
短期检验				Q/B	Q/B	7.10	
长期检验				Q	Q	7.10	
起泡			Q	Q/B	Q/B	7.11	
pH(水基产品)				Q		7.12	ISO 4316
贮存稳定性	Q	Q/B	Q/B	Q/B	Q/B	7.13	
硫及卤素含量	B		B	B	B	7.15	仅对标明为低硫/卤素的产品
注:Q——型式检验;B——批量检验;P——在役检验。							

9　检验报告

如果在订货时达成一致,磁粉检测材料的制造商或供应商应提供符合 EN 10204 的证书。

表 1 要求的所有检验结果应出具报告。

10　包装和标签

包装和标签应符合所有适用的国家和地方法规。容器应与检测介质相容。容器上应标明下列内容:

——产品标识;

——检测介质类型;

——批号;

——生产日期;

——有效期。

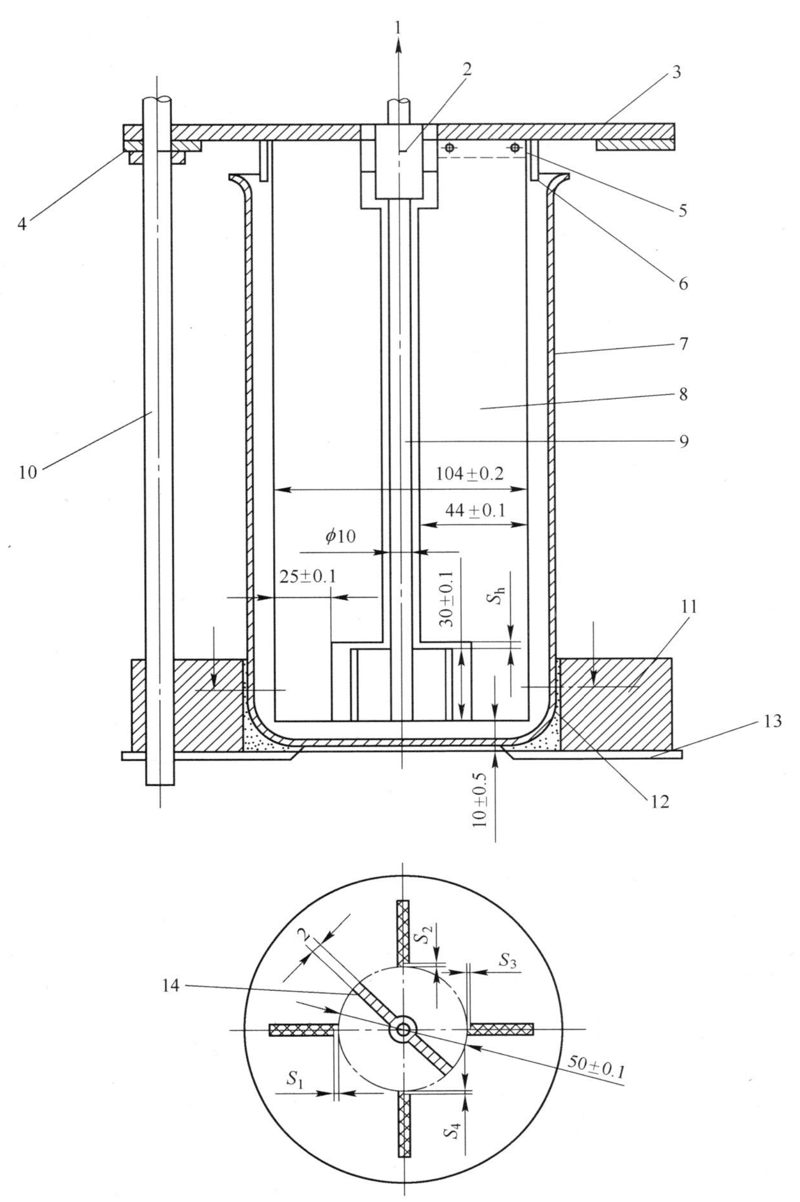

材料：抗腐蚀的非铁磁性钢。

缝隙尺寸：

$S_h=2\pm0.5$；

$S_1,\cdots,S_4=2\pm0.5(S_1+S_3)/2=2\pm0.2(S_2+S_4)/2=2\pm0.2$。

允许公差是为了确保 4 个桨片的位置。

1——马达；

2——离合器；

3——马达板；

4——支撑环调距装置/距底部 10mm；

5——采用角铁固定；

6——喷淋板；

7——杯子(ISO 3819-HF 2000)；

8——4 个固定板，厚 2mm/支撑高度～170mm；

9——轴；

10——3 个支撑；

11——导向环；

12——毡；

13——基板；

14——桨。

图 2　7.10.2 的搅拌布置结构

附　录　A
（规范性附录）
型式、批量和在役检验规程

A.1　检测介质的准备

检测介质应按制造商的说明书进行准备。

A.2　参考试块的清洗

参考试块应采用适当的方法进行清洗，以确保其无荧光材料、氧化物、脏物和油脂，并有一个水可润湿的表面。

A.3　检测介质的施加

检测介质应按 GB/T 15822.1，施加在附录 B 所述的 1 型和 2 型参考试块上。

喷射：3s～5s。

样品倾角：45°±10°。

喷射方向：与被检表面成 90°±10°。

A.4　检验与解释

A.4.1　检验

试件应在 GB/T 5097 所要求的观察条件下进行检验。

A.4.2　解释

A.4.2.1　型式和批量检验

检验应进行 3 次，并应取这些结果的平均值。应采用目视或等效的测量方法来评定显示。

A.4.2.1.1　1 型参考试块

显示应与参考检测介质所产生的显示进行比较（如采用照片）。

结果应出具报告。

A.4.2.1.2　2 型参考试块

显示的累积长度应出具报告。

A.4.2.2　在役检验

使用 1 型或 2 型试块，产生的显示应与已知结果进行比较。

A.5　反差增强剂

反差增强剂应按制造商的说明书施加在清洗过的参考试块上（见 A.2），然后应按 A.1～A.4.2.1 来检验反差增强剂。

附　录　B
（规范性附录）
参　考　试　块

B.1　1型参考试块

B.1.1　简述

该参考试块是表面带有2种自然裂纹的圆块，如图B.1所示。它应包含由磨削和应力腐蚀所产生的粗线条裂纹和细微裂纹。试块采用穿孔中心导体永久磁化。用目视或其他适当方法进行显示比较，从而来评定检测介质[7)]。

B.1.2　制造

材料准备：所用的钢(90MnCrV8)表面应磨平至9.80mm±0.05mm，然后在860℃±10℃下硬化2h，再进行油淬，使表面硬度为63HRC～70HRC。

加工：以35m/s的速度打磨，所用砂粒尺寸为46J7，每表面的递进量为0.05mm，移位2.0mm，在145℃～150℃温度下黑化1.5h。

磁化：磁化应采用1000A(峰值)直流电的中心导体来实现。

B.1.3　验证

初始评价：应采用荧光检测介质并且记录结果。

标识：每件参考试块应有唯一的标识。随参考试块一起提供的还有声明符合GB/T 15822.2的证书。

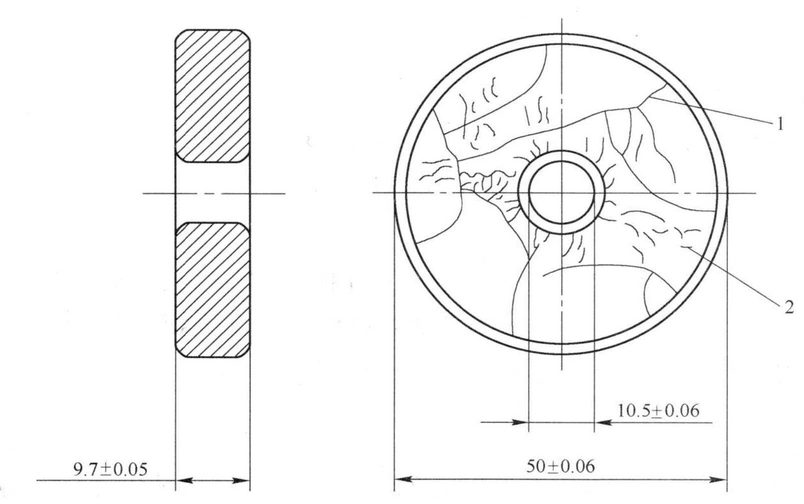

1——应力腐蚀裂纹；

2——磨削裂纹[8)]。

图B.1　典型的1型参考试块

B.2　2型参考试块

B.2.1　简述

2型参考试块是一个不需外部磁场感应的自磁化体。它包括2块钢条和2块永久磁体，如图B.2所示，它应通过校准，并以+4刻槽表示+100A/m和-4刻槽表示-100A/m。

---

7) 1型试块在德国专利G01N27/84 Auslegeschrift 2357220中有介绍。该专利已于1990年到期。

8) 此图注在ISO 9934-2:2002的英文版中的所述为“1—磨削裂纹；2—应力腐蚀裂纹”，疑有误。

显示长度给出测量性能。显示从端部开始并向中间逐步减弱。长度增加表示性能更好。应以左右侧显示的累积长度作为结果。

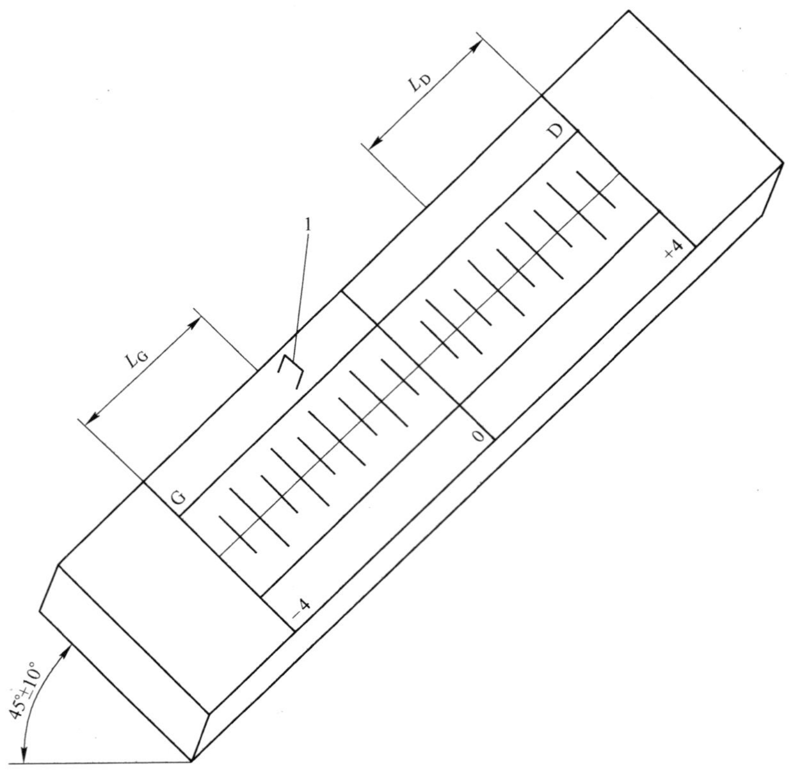

1——喷射方向。

注:在中心处有 2 块钢条:(10×10×100)mm,间隙为 0.015mm。

图 B.2　2 型参考试块

B.2.2　制造

B.2.2.1　机加工 2 块 10mm 见方和 100.5mm±0.5mm 长的 C15[9)](按 EN 10083-1[10)])方形钢条。机加工一个钢条支架和两个保护垫片(均为非磁性材料),以夹持和保护磁体(见图 B.2)。

B.2.2.2　每个钢条上各磨削一个 $Ra \approx 1.6\mu m$ 和平整度$<5\mu m$ 的面。

警告:钢条温度不宜超过 50℃。

B.2.2.3　将两钢条退磁。

B.2.2.4　将厚度为 15μm 的铝膜插入两块钢条的磨削面之间,然后将它们一起放入钢条支架。

B.2.2.5　将钢条夹持住。

B.2.2.6　固定磁体的保护垫片。

B.2.2.7　将该组件的上表面打磨至 $Ra \approx 1.6\mu m$。

B.2.2.8　移去磁体的保护垫片。

B.2.2.9　按示意图(图 B.3)所示插入磁体(小门钩型:如 CF 12-6N[11)])。用厚度为 0.2mm 的钢质分流器来调节磁场大小。

---

9)　C15 钢相当于我国的 15 号钢(参见 GB/T 699—1999)。

10)　ISO 9934-2:2002 英文版中的原文为 EN 10082-2,疑为打印错误。

11)　由 ARELEC 公司生产的 CF 12-6N 磁体是一个合适的产品例子,这一说明是为本标准用户提供方便。

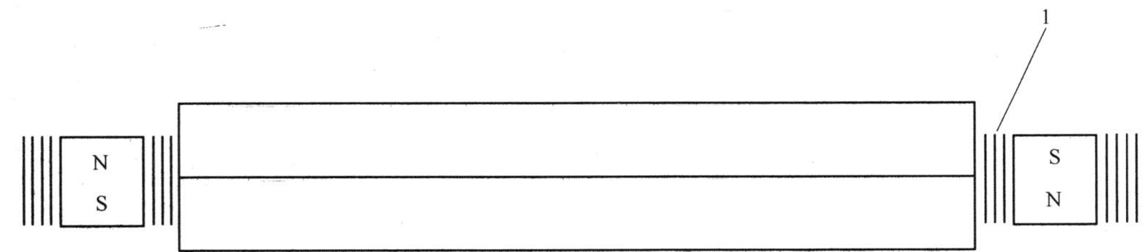

1——分流器。

图 B.3 插入磁体的示意图

B.2.2.10 组装磁体的保护垫片。

B.2.2.11 按图 B.4 所示在上表面上刻槽。刻槽距间隙不应小于 2mm。

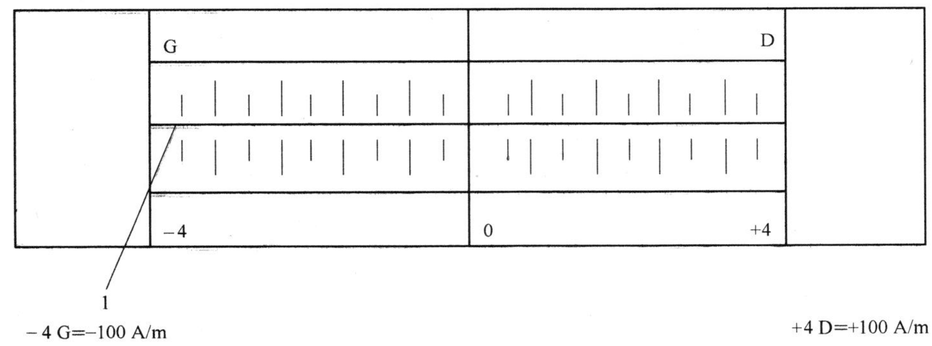

1——间隙。

图 B.4 2 型试块的刻槽

B.2.3 验证

B.2.3.1 用切向场强计，在＋4 和－4 刻槽处测量垂直于人工缺陷方向的场强。

B.2.3.2 验收准则

－4 刻槽处场强值：－100A/m±10％。

＋4 刻槽处场强值：＋100A/m±10％。

如果未满足上述数值，重复自 B.2.2.9 起的步骤，通过分流器调节场强。

B.2.3.3 标识

每件 2 型参考试块应有唯一的序列号标识。

随参考试块一起提供的还有声明符合 GB/T 15822.2 的证书。

附 录 C
(规范性附录)
钢腐蚀检验

C.1 原则

在特定条件下将已浸过铁粒的被检液过滤,通过目测遗留在过滤纸上的腐蚀痕迹来测定检测介质的腐蚀性。

腐蚀检验后,磁粉检测产品的制造商应出具有关铁粒情况的报告。无论怎样,推荐使用检验再现性好的铁粒。

如果双方同意,制造商用于磁粉检测产品腐蚀性检验的特定铁粒可由用户提供。

如果上述情况不适用或出现争议,应采用C.3定义的铁粒。

C.2 装置

C.2.1 玻璃Petri盘,外径100mm。

C.2.2 有mL刻度的吸量管。

C.2.3 直径90mm的圆形过滤纸,上面用不褪色墨水标出一个40mm直径的圆。

C.2.4 不锈钢刮板。

C.2.5 符合ISO 2591-1的5目筛。

C.2.6 准确度为0.1g的天平。

C.3 试剂和材料

C.3.1 丙酮。

C.3.2 二甲苯。

C.3.3 2C40钢[12](按EN 10083-1)铁粒,通常为2.5×2.5mm。

C.3.4 常用的灰铸铁(片状石墨)铁粒:

干法机加工,大约2.5×2.5mm(S>0.18%,P<0.12%)。

铁粒应在适当的设备中用二甲苯彻底脱脂。

C.3.5 硬水。

C.3.6 应准备下列几种溶液:

溶液A:将40g $CaCl_2 \cdot 6H_2O$ 溶于蒸馏水中再加满至1L。

溶液B:将44g $MgSO_4 \cdot 7H_2O$ 溶于蒸馏水中再加满至1L。

C.3.7 用上述两种溶液稀释制备以下三种溶液:

a) 将2.90mL溶液A与0.5mL溶液B加入至1L蒸馏水中;

b) 将10.7mL溶液A与1.7mL溶液B加入至1L蒸馏水中;

c) 将19mL溶液A与3mL溶液B加入至1L蒸馏水中。

C.4 检验步骤

C.4.1 溶液制备(100mL)

将检验量相同的被检产品分别倒入3个100mL容量的烧瓶中。用不同硬度的水(C.3.7制备的

---

12) 2C40钢相当于我国的40号钢(参见GB/T 699—1999)。

溶液 a、b、c),将每份检验量稀释至刻度线。另两种浓度的溶液采用类似操作。

C.4.2 铁粒与过滤纸的制备

应首先目测脱脂处理后的铸铁和钢的铁粒是否有铁锈沉淀。

准备一刀过滤纸,用油墨笔在纸上标记一个 40mm 直径的同心圆。

每份被检磁粉检测产品的检验要求如下:

——9 张用于钢铁粒检验的过滤纸(用三种不同硬度的水制备的三种不同浓度的溶液);

——9 张用于铸铁铁粒检验的过滤纸。

筛选铁粒以去除任何小尺寸颗粒和脏物。

将制备好的过滤纸放入 Petri 盘中,将 2g±0.1g 的铁粒分撒在每张过滤纸上标记的范围内。

C.4.3 腐蚀检验

用 2mL 实际使用的相关溶液润湿每个盘内的铁粒。

每种含有钢和铸铁铁粒的溶液均重复这一相同操作。

检查确保过滤纸与盘之间没有气泡。

将这些盘放置在室内温度为(23±1)℃的无气流和光照处 2h±10min。

当上述时间段结束,用手反转过滤纸以去除铁粒。

再用冲洗瓶中的蒸馏水冲洗,以彻底去除附在过滤纸上的铁粒。

在丙酮中浸两次。然后在室温下干燥。

C.5 结果解释

冲洗干燥后留在过滤纸上的腐蚀痕迹,应立即进行目视检验而不是用光学设备。图 C.1 有助于判读。

注:表面污染的定量评定能用透明方格纸(1mm 见方)。

表 C.1 过滤纸上腐蚀污染分级

等 级	含 义	表 面 状 况
0	无腐蚀	无污染
1	轻微腐蚀	最多 3 个小于 1mm 直径的污染
2	弱腐蚀	小于表面的 1%
3	中等腐蚀	大于表面的 1%和小于 5%
4	强腐蚀	大于表面的 5%

C.6 结果表述

若难以确定等级,则取较高的等级数。

结果应与下列内容一起记录:

——检验样品的标识;

——产品浓度和水的硬度;

——所有要求检验的注解;

——日期。

C.7 不确定性

检验结果的适用性应通过如下检验来评估:

——可重复性:

一个操作人员在相同条件下进行两次检验，其两个成对测量的4个值没有因采用一个以上的度量单位而受影响，则可认为是可接受的和有效的。

——再现性和精度：

在两个不同实验室里的再现模拟条件下进行两次检验，相同测量的读数没有因采用一个以上的度量单位而受影响，则可认为是可接受的和有效的。

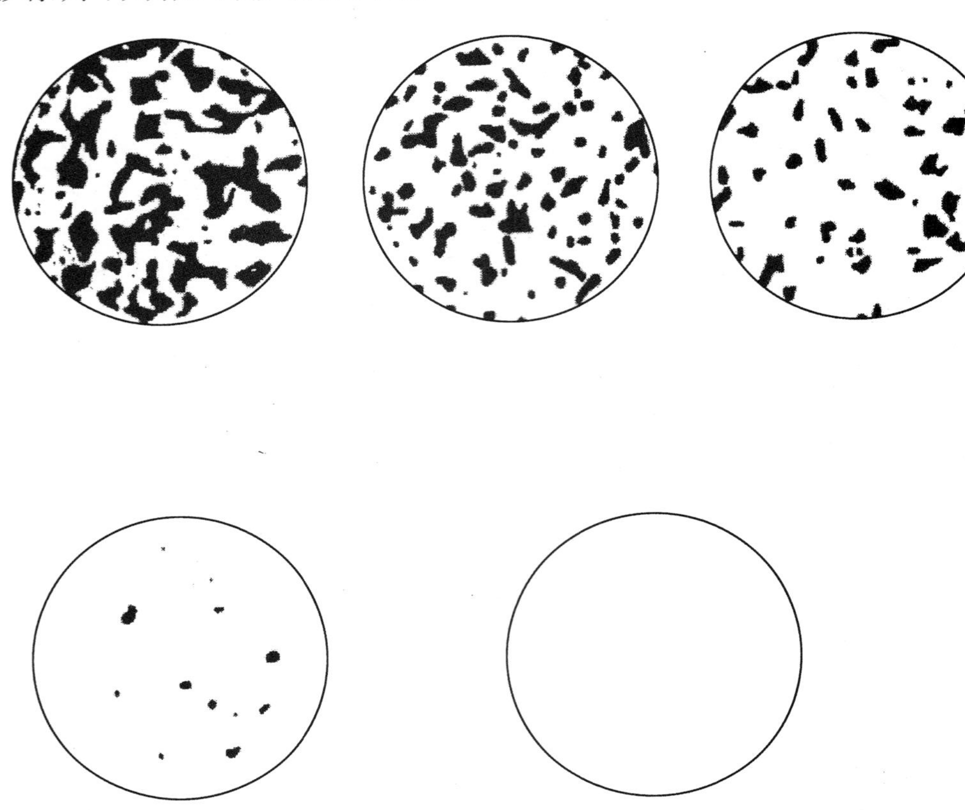

图 C.1　腐蚀痕迹的评价

参 考 文 献

GB/T 699 优质碳素结构钢(GB/T 699—1999)

GB/T 2007.7 散装矿产品取样、制样通则 粒度测定方法 手工筛分法(GB/T 2007.7—1987,NEQ ISO 2591:1982)

GB/T 5157 金属粉末粒度分布的测定 沉降天平法(GB/T 5157—1985,NEQ DIN 66111)

GB/T 6524 金属粉末 粒度分布的测量 重力沉降光透法(GB/T 6524—2003)

GB/T 6368 表面活性剂 水溶液 pH 值的测定 电位法(GB/T 6368—1993,EQV ISO 4316:1977)

GB/T 8034 焦化苯类产品铜片腐蚀的测定方法(GB/T 8034—1987,EQV ISO 2160:1972)

GB/T 265 石油产品运动黏度测定法和动力黏度计算法(GB/T 265—1988)

GB/T 19077.1 粒度分析 激光衍射法(GB/T 19077.1—2003)

ISO 3819 Laboratory glassware(beaker)

BS 3406-5 Methods for determination of particle size distribution. Recommendations for electrical sensing zonemethod (the Coulter principle)

NFX 11-666 Particle size analysis of powders—Diffraction method.

ICS 19.100
J 04

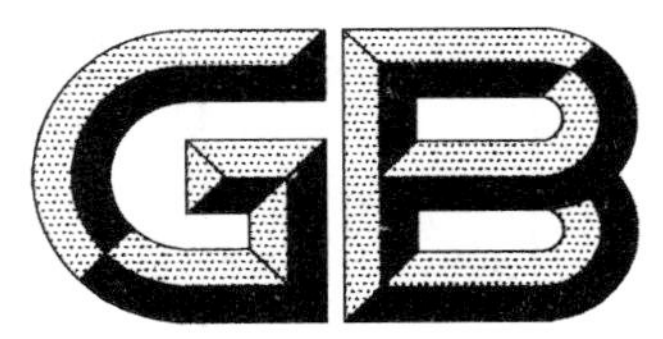

中华人民共和国国家标准

GB/T 15822.3—2005/ISO 9934-3:2002

无损检测 磁粉检测
第3部分:设备

Non-destructive testing—Magnetic particle testing—Part 3:Equipment

(ISO 9934-3:2002,IDT)

2005-09-19 发布 2006-04-01 实施

中华人民共和国国家质量监督检验检疫总局
中国国家标准化管理委员会 发布

目　　次

前　　言

本部分是首次制定。

GB/T 15822《无损检测　磁粉检测》分为3个部分：

——第1部分：总则；

——第2部分：检测介质；

——第3部分：设备。

本部分为GB/T 15822的第3部分，等同采用ISO 9934-3:2002《无损检测　磁粉检测　第3部分：设备》(英文版)。

本部分等同翻译ISO 9934-3:2002。

为便于使用，本部分做了下列编辑性修改：

a) "本欧洲标准"一词改为"本部分"或"GB/T 15822的本部分"；

b) 用小数点"."代替作为小数点的逗号"，"；

c) 删除国际标准的前言；

d) 使用GB/T 1.1—2000规定的引导语；

e) 删除国际标准的规范性附录ZZ(疑为资料性附录之误，其内容可参见正文中的页下脚注2))；

f) 在参考文献中增加了正文页下注中提到的我国标准。

本部分由中国机械工业联合会提出。

本部分由全国无损检测标准化技术委员会(SAC/TC 56)归口。

本部分起草单位：上海材料研究所、上海锅炉厂有限公司、苏州美柯达探伤器材有限公司、上海宇光无损检测设备制造有限公司、射阳县兴捷特无损检测设备有限公司。

本部分主要起草人：金宇飞、阎建芳、张佩铭、宓中玉、郭猛、郭雨生。

无损检测　磁粉检测
第3部分:设备

1　范围

GB/T 15822 的本部分描述了 3 种类型的磁粉检测设备：

——便携式或移动式设备；

——固定设备；

——用于连续检测工件的专用检测系统，该系统由一系列操作工位依次排列组成的流水线。

本部分还描述了磁化、退磁、照明、测量和监控用设备。

本部分规定了设备供应商所提供的性能、实用性方面的最低要求和测量特定参数的方法。此外，还规定了测量和校准要求以及在役检查。

2　规范性引用文件

下列文件中的条款通过 GB/T 15822 的本部分的引用而成为本部分的条款。凡是注日期的引用文件，其随后所有的修改单(不包括勘误的内容)或修订版均不适用于本部分，然而，鼓励根据本部分达成协议的各方研究是否可使用这些文件的最新版本。凡是不注日期的引用文件，其最新版本适用于本部分。

GB/T 5097　无损检测　渗透检测和磁粉检测　观察条件(GB/T 5097—2005,ISO 3059:2001,IDT)

GB/T 15822.1　无损检测　磁粉检测　第 1 部分:总则(GB/T 15822.1—2005,ISO 9934-1:2001,IDT)

IEC 60529　外壳防护等级(IP 代码)(Degrees of protection provides by enclosures(IP Code))(IEC 60529:1989)[1)]

EN 10084　表面硬化钢　交货技术条件(Case hardening steels—Technical delivery conditions)[2)]

3　安全要求

设备的设计应考虑所有涉及健康、安全、电气和环境要求等国际、国家和地方的法规。

4　设备类型

4.1　便携式电磁体(AC[3)])

4.1.1　概述

手持便携式电磁体(磁轭)在两极间产生一个磁场(当按 GB/T 15822.1 进行检测时，DC 电磁体只有在询价或订货阶段达成协议时才宜使用)。

磁化应通过测量磁极加长块(如果使用的话)极面中心连线上的切向场强 H_1 来测定。将电磁体放在钢板上，极间距为 s，如图 1 所示。钢板应是符合 C22[4)](EN 10084)的钢材，其规格为(500±25)mm×(250±13)mm×(10±0.5)mm。

定期功能检查可用上述方法或进行提升试验。当磁极调至推荐间距时，电磁体应能提起符合 C22

---

1)　与该标准相当的我国标准为 GB/T 4208。

2)　按 ISO 9934-3:2002 的英文版中的附录 ZZ 所述，EN 10084 与 ISO 683-11 是相互等效的。

3)　AC=交流电，DC=整流电。

4)　C22 钢相当于我国的 20 号钢(参见 GB/T 699—1999)。

(EN 10084)且质量至少为4.5kg的钢板或矩形钢条[5)]。钢板或钢条的主要尺寸应大于电磁体的极间距 s。

注:提起质量为4.5kg钢板的提升力为44N。

单位为毫米

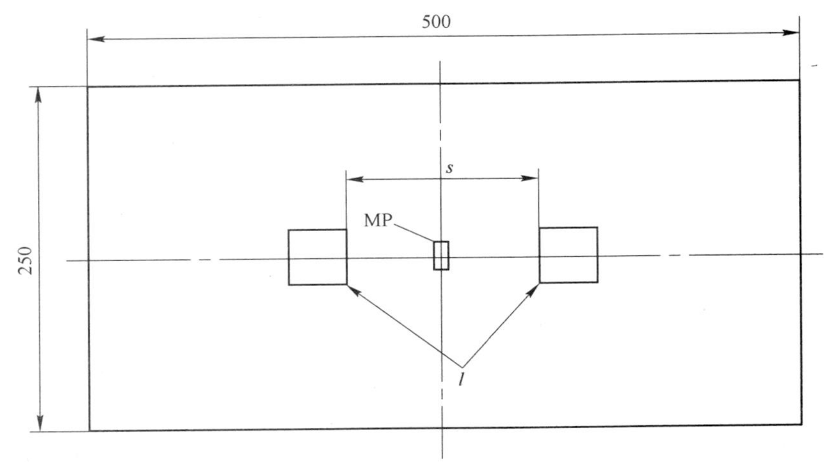

MP——切向场强测量点;

s——极间距;

l——极。

图1 便携式电磁体性能的测定

4.1.2 技术数据

设备供应商应提供下列数据:

——推荐的极间距(最大和最小极间距)(s_{max}、s_{min});

——极接触面尺寸;

——电源(电压、电流和频率);

——可供的电流波形;

——电流控制与影响波形的方法(如可控硅);

——最大输出时的暂载率(通电时间与总时间之比,以百分比表示);

——最大电流通电时间;

——分别在 s_{max} 和 s_{min} 时的切向场强(按4.1);

——设备外形尺寸;

——设备质量,单位为千克;

——规定的电气防护等级(IP),见IEC 60529。

4.1.3 最低要求

在环境温度为30℃和最大输出时,应满足下列要求:

——暂载率≥10%;

——通电时间≥5s;

——手柄表面温度≤40℃;

——s_{max} 时的切向场强(见4.1)≥2kA/m(有效值);

——提升力≥44N。

4.1.4 附加要求

电磁体应最好在手柄上安装电源开关。

---

5) 对于交叉磁轭则为9kg(相当于提升力为88N)。

通常,电磁体宜可单手使用。

4.2 电流发生器

电流发生器用来为磁化设备提供电流,电流发生器通过开路电压 U_0、短路电流 I_k 和额定电流 I_r(有效值)来表征。

若无其他规定,额定电流 I_r 被定义为电源暂载率为10%且通电时间为5s时的最大电流。

开路电压 U_0 和短路电流 I_k 由电流发生器在最大功率(无任何反馈控制连接)时的负载特性导出。电流发生器的负载线可通过依次连接两个差异很大的负载(诸如不同长度的电缆)而得出。对于第一条电缆,测出电缆中电流 I_1 和输出端电压 U_1,并且在图2上标出点 P_1。重复上述过程标出第二条负载的 P_2。用直线连接 P_1 和 P_2 就构成了负载线,此线与坐标轴的交点就给出了开路电压 U_0 和短路电流 I_k,如图2所示。

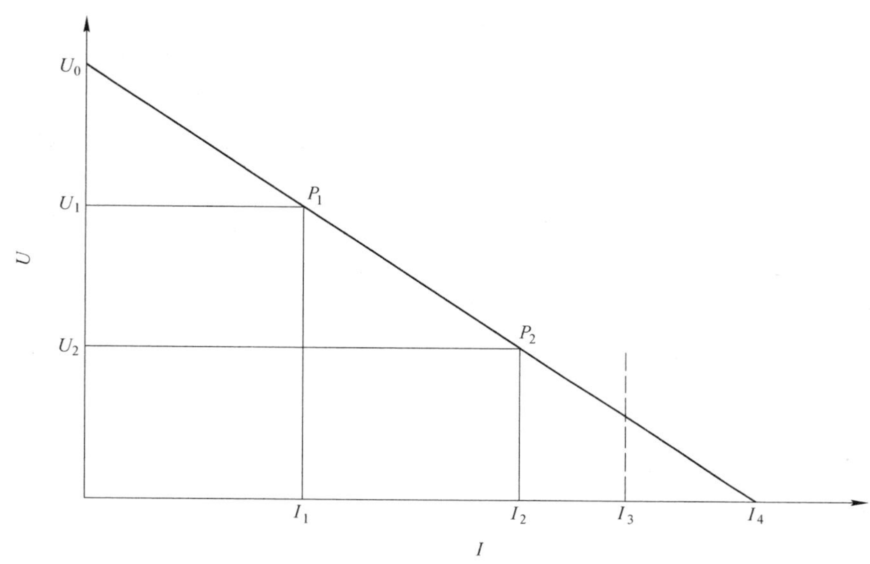

P_1,P_2——负载特性测量点。

图2 电流发生器的负载特性

4.2.1 技术数据

设备供应商应提供下列数据:

——开路电压 U_0(有效值);

——短路电流 I_k(有效值);

——额定电流 I_r(有效值);

——最大输出的暂载率(如果与4.2规定不同);

——最大电流通电时间(如果与4.2规定不同);

——可供的电流波形;

——电流调节与影响波形的方法;

——工作范围和增量调节步进量;

——恒电流控制方法(若可供时);

——仪表类型(数字、模拟);

——输出电流表的分辨力和准确度;

——最大电流输出时的电源要求(电压、相位、频率和电流);

——规定的电气防护等级(IP),见IEC 60529;

——设备外形尺寸；
——设备质量，单位为千克；
——退磁类型(若可供时)(见第8章)。

4.2.2 最低要求

在环境温度为30℃和额定电流为 I_r 时，应满足下列最低要求：
——暂载率≥10%；
——通电时间≥5s。

注：高检测率要求较高的暂载率。

4.3 磁化床

4.3.1 概述

床式固定设备可包含通电和通磁技术的装置。通磁可用电磁轭或固定线圈来达到(见GB/T 15822.1)。电流发生器特性在4.2中作了规定。

如果装置带有多向磁化功能，每个电路应独立控制。磁化应保证在各个方向上达到要求的检测能力。

电磁轭的特性是在与设备验收范围规定尺寸(长度和直径)相当的C22(EN 10084)圆钢棒长度的中点上测出的切向场强 H_t，单位为kA/m。

如果床用来通磁检测长于1m的工件，或进行分段磁化，供应商应规定如何测定磁化能力。这应包括有关一个适当长度和直径的钢棒上切向场强的说明。

4.3.2 技术数据

设备供应商应提供下列数据：
——可供的磁化类型；
——可供的电流波形；
——电流控制与影响波形的方法；
——工作范围和增量调节步进量；
——恒电流控制方法(若可供时)；
——磁化电流的监控；
——磁化持续时间范围；
——自动化特征；
——最大输出时的暂载率；
——最大电流通电时间(如果与4.2规定不同)；
——切向场强 H_t(见4.3)；
——开路电压 U_0(有效值)；
——短路电流 I_k(有效值)；
——额定电流 I_r(有效值)；
——极的横截面尺寸；
——最大夹持长度；
——夹持方式；
——压缩空气压力；
——头架与床之间的最大尺寸；
——最大试件直径；
——最大试件质量(有支撑和无支撑)；
——可使用的检测介质类型(水基/油基)；
——设备布置图(电流发生器、控制面板、检测介质储液箱位置)；

——仪表类型(数字、模拟);
——仪表分辨力和准确度;
——最大电流输出时的电源要求(电压、相位、频率和电流);
——设备外形尺寸;
——设备质量,单位为千克;
——线圈特性:
- 匝数;
- 可达到的最大安匝数;
- 线圈长度;
- 线圈内径或矩形线圈边长;
- 线圈中心场强。

4.3.3 最低要求

在30℃时,应满足下列最低要求:
——最大输出时的暂载率≥10%;
——通电时间≥5s;
——切向场强(见4.3)≥2kA/m;
——检测能力(有要求时)。

4.3.4 附加要求

对于特定的工件,设备供应商应验证其检测能力。

4.4 专用检测系统

此类系统通常是自动化的并被设计用于特定工作。复杂的工件可能要求使用多向磁化。电路个数及磁化值取决于被检不连续的位置和方向。因此在很多场合,检测能力只能用在相应部位和方向上有自然或人工不连续的试件进行验证。

4.4.1 技术数据

设备供应商应提供下列数据:
a) 磁化电路个数及类型;
b) 磁化电路特性;
c) 可供的电流波形;
d) 电流控制与影响波形的方法;
e) 工作范围及增量调节步进量;
f) 恒电流控制方法(若可供时);
g) 磁化电流的监控;
h) 系统循环时间;
i) 预喷淋和喷淋时间;
j) 磁化时间;
k) 后磁化时间;
l) 仪表类型(数字、模拟);
m) 仪表准确度和分辨力;
n) 最大输出时的暂载率;
o) 最大电流通电时间(如果与4.2规定不同);
p) 最大电流输出时的电源要求(电压、相位、频率和电流);
q) 退磁类型;

r) 可使用的检测介质类型(水基/油基);

s) 设备布置图(电流发生器、控制面板、检测介质储液箱位置);

t) 压缩空气压力;

u) 设备外形尺寸;

v) 设备质量,单位为千克。

4.4.2 最低要求

在30℃时,应满足下列最低要求:

——符合约定的检测能力;

——符合约定的循环时间;

——各回路独立控制。

5 UV-A源

5.1 概述

UV-A源应按GB/T 5097进行设计和使用。

5.2 技术数据

设备供应商应提供下列数据:

a) 工作1h后的UV-A源外壳表面温度;

b) 冷却方式(例如热交换器);

c) 电源要求(电压、相位、频率和电流);

d) 设备外形尺寸;

e) 设备质量,单位为千克;

在标称电压下,距UV-A源400mm处的:

f) 辐照区域(在最大表面辐照度一半处测得的直径或长×宽);

g) 工作15min后的辐照度;

h) 连续工作200h后的辐照度(典型值);

i) 工作15min后的照度(见9.4[6]);

j) 连续工作200h后的照度(典型值)。

5.3 最低要求

在30℃时,应满足下列最低要求:

——滤光片防检测介质泼溅的能力;

——手持工件放置处的防护;

——距源400mm处的UV-A辐照度≥10W/m²;

——距源400mm处的照度≤20lx;

——手柄表面温度≤40℃。

6 检测介质系统

6.1 概述

通常在磁化床和专用检测系统中,检测介质通过储液箱、喷淋单元和排液槽等形成循环。

6.2 技术数据

设备供应商应提供下列数据:

a) 搅拌方式;

---

6) 此条款在ISO 9934-3:2002的英文版中的所述为“见9.3”,疑有误。

b) 储液箱、喷淋单元和排液槽的材料；
c) 腐蚀防护；
d) 可使用的检测介质类型(水基/油基)；
e) 系统传输率；
f) 储液箱容量；
g) 泵的电源要求(如果是与设备分开的)；
h) 人工/自动喷淋；
i) 固定/移动式喷淋单元；
j) 手持软管。

6.3 最低要求

应满足下列最低要求：

——检测介质循环所用的防腐材料；

——传输率的调节。

7 检测室

7.1 概述

当使用荧光检测介质时，检测应在较低的环境可见光下进行，以确保不连续显示与背景之间有良好的反差(见 GB/T 5097)。

符合此要求的检测室可以与磁化设备(床)连成整体，也可以是另外分开的和活动式的。

7.2 技术数据

设备供应商应提供下列数据：

a) 无 UV-A 辐射时的可见光；
b) 可燃等级；
c) 结构件材料；
d) 通风类型；
e) 尺寸和通道。

7.3 最低要求

应满足下列最低要求：

——可见光<20lx；

——阻燃的材料；

——在操作者视野内无刺眼的可见光和(或)紫外辐射。

8 退磁

8.1 概述

退磁装置可以包含在磁化设备中，也可用分开的设备进行退磁。

如果是在退磁后观察显示，则应采用适当的方法保存显示。

8.2 技术数据

设备供应商应提供下列数据：

a) 退磁方法；
b) 电流调节类型；
c) 场强(若用线圈时则在空心线圈中心)；
d) 特定工件的剩磁场；
e) 最大电流输出时的电源要求(电压、相位、频率和电流)(如果是与总设备分开的)；
f) 设备外形尺寸(如果是与总设备分开的)；

g) 设备质量,单位为千克(如果是与总设备分开的)。

8.3 最低要求

若无其他协议,设备的退磁能力应达到规定水平(通常为0.4kA/m~1.0kA/m)。

9 测量

9.1 概述

本部分所要求的测量为:

——设备性能测定;

——校验检测参数。

宜用有效值(实际值)来规定和测量所有电和磁的值。对于单向波形,有效值测量应考虑直流分量。如果某有效值测量不大可能,该值的测量方法应作声明。

9.2 电流测量

交流电(正弦波形)能用钳形表(测量误差<10%)或用普通并联万用电表(测量误差<10%)测量。用于测量相电流(phased currents)的表,其峰值因子应>6(峰值与有效值的比值)。

9.3 磁场测量

磁化可通过用霍尔探头测量切向场强来测定。为获得所要求的场强,针对不同的磁化方法和测量部位,宜考虑3个因素:

a) 磁场感应元件的指向性

磁场感应元件的面宜与表面保持垂直。如果存在有法向场分量,倾斜可能导致显著错误。

b) 磁场感应元件的表面接近性

如果磁场在表面上随高度明显改变,则有必要在不同的高度上进行两次测量,以便推测出表面上的值。

c) 磁场方向

为了测定磁场的方向和大小,应转动探头以便给出最大读数。

9.3.1 技术数据

供应商应提供下列数据:

a) 测量值;

b) 探头类型和尺寸;

c) 传感器距探头表面的距离;

d) 感应元件的几何形状;

e) 仪器类型;

f) 仪器尺寸;

g) 电源(电池、主网电源)。

9.3.2 最低要求

应满足下列最低要求:

——测量准确度优于10%。

9.4 可见光测量

见GB/T 5097—2005。

当测量来自UV源的可见光时,照度计不应对UV和红外辐射敏感。应采用适当的滤光片。

9.5 UV-A 辐射测量

见GB/T 5097—2005。

9.6 仪器验证与校准

应执行仪器验证与校准规程,以便使仪器在校准周期内的测量误差保持在GB/T 15822的本部分给出的允许限值内。该项工作应按用户的质量保证体系和仪器制造商的推荐来进行。

参 考 文 献

GB/T 699 优质碳素结构钢(GB/T 699—1999)

GB 4208 外壳防护等级(IP代码)(GB 4208—1993,egv IEC 60529:1989)

GB/T 9445 无损检测 人员资格鉴定与认证(GB/T 9445—2005,ISO 9712:1999,IDT)

GB/T 12604.5 无损检测术语 磁粉检测

GB/T 15822.2 无损检测 磁粉检测 第2部分:检测介质(GB/T 15822.2—2005,ISO 9934-2:2002,IDT)

EN 473 Qualification and Certification of NDT Personnel—General principles

EN 1330-1 Non destructive testing—Terminology—Part 1:General terms

EN 1330-2 Non destructive testing—Terminology—Part 2:Terms common to non destructive methods

prEN ISO 9934-2:2001 Non destructive testing—Magnetic particle testing—Part 2:Detection media

prEN ISO 12707:2000 Non destructive testing—Terminology—Terms used in magnetic particle testing

ICS 77.040.10
H 22

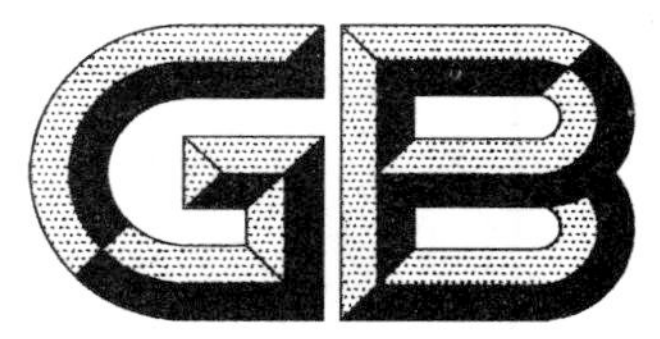

中华人民共和国国家标准

GB/T 17394—1998

金属里氏硬度试验方法

Metallic materials—Leeb hardness test

1998-05-28 发布

1998-12-01 实施

国家质量技术监督局 发布

前　言

金属里氏硬度试验方法在大型金属件硬度测试中已得到广泛应用，建立本标准的目的是满足国内冶金产品生产厂及使用部门中硬度测试的需要。

本标准对硬度计的要求与JJG 747—91《里氏硬度计检定规程》技术要求一致。本标准参考了瑞士里氏硬度计相关资料。

在附录B的里氏硬度换算表中，用于碳钢、低合金钢及铸钢的HLD换算表采用中国计量科学研究院与时代集团公司编制的换算表，其他均采用瑞士里氏硬度计的换算表。

本标准附录A、附录B、附录C和附录D是提示的附录。

本标准由中华人民共和国冶金工业部提出。

本标准由全国钢标准化技术委员会归口。

本标准起草单位：冶金部钢铁研究总院、时代集团公司、中国计量科学研究院。

本标准主要起草人：李久林、李玉书、郝建国、刘宏、高青。

中华人民共和国国家标准

GB/T 17394—1998

金属里氏硬度试验方法

Metallic materials—Leeb hardness test

1 范围

本标准规定了金属里氏硬度试验的试验原理、符号、试样、试验仪器、试验、试验结果处理及试验报告。

本标准适用于大型金属产品及部件里氏硬度的测定。

2 引用标准

下列标准所包含的条文，通过在本标准中引用而构成为本标准的条文，本标准出版时，所示版本均为有效。所有标准都会被修订，使用本标准的各方应探讨使用下列标准最新版本的可能性。

GB 10623—89　金属力学性能试验术语

JJG 747—91　里氏硬度计检定规程

3 试验原理

用规定质量的冲击体在弹力作用下以一定速度冲击试样表面，用冲头在距试样表面 1mm 处的回弹速度与冲击速度的比值计算硬度值。计算公式如下：

$$HL = 1000 \frac{v_R}{v_A}$$

式中：

HL——里氏硬度；

v_R——冲击体回弹速度；

v_A——冲击体冲击速度。

4 符号

本标准使用的符号及说明见表 1。

表 1

符　号	说　明
HLD	用 D 型冲击装置测定的里氏硬度
HLDC	用 DC 型冲击装置测定的里氏硬度
HLG	用 G 型冲击装置测定的里氏硬度
HLC	用 C 型冲击装置测定的里氏硬度
注：当使用其他冲击装置时，应在 HL 之后附以相应型号。	

国家质量技术监督局 1998-05-28 批准　　　　1998-12-01 实施

5 试样

5.1 本标准对试样的定义见 GB 10623。

5.2 在制备试样表面过程中，应尽量避免由于受热、冷加工等对试样表面硬度的影响。

5.3 试样的试验面最好是平面，试验面应具有金属光泽，不应有氧化皮及其他污物，试样表面粗糙度应符合表 2 要求。

表 2

μm

冲击装置类型	试样表面粗糙度 *Ra*
D、DC 型	≤1.6
G 型	≤6.3
C 型	≤0.4

5.4 试样必须有足够的质量及刚性以保证在冲击过程中不产生位移或弹动，试样的质量应符合表 3 规定。

表 3

kg

冲击装置类型	试样质量		
	稳定放置	固定或夹持	需耦合
D、DC 型	>5	2～5	0.05～2
G 型	>15	5～15	0.5～5
C 型	>1.5	0.5～1.5	0.02～0.5

5.5 试样应具有足够的厚度，试样最小厚度应符合表 4 规定。

表 4

mm

冲击装置类型	试样最小厚度
D、DC 型	5
G 型	10
C 型	1

5.6 对于具有表面硬化层的试样，硬化层深度应符合表 5 规定。

表 5

mm

冲击装置类型	表面硬化层深度
D、DC 型	≥0.8
C 型	≥0.2

5.7 对于凹、凸圆柱面及球面试样，其表面曲率半径应符合表 6 规定。

表 6

mm

冲击装置类型	表面曲率半径
D、DC 型	≥30
G 型	≥50

对于表面为曲面的试样，应使用适当的支撑环，以保证冲头冲击瞬间位置偏差在±0.5mm 之内。

5.8 试样不应带有磁性。

6 试验仪器

6.1 里氏硬度计的主要技术参数应符合表7要求。

表7

冲击装置类型	主要参数				试验范围 HL	用途
	冲击体质量 g	冲击能量 N·m	冲头直径 mm	冲头材料		
D型	5.5	11.0	3	碳化钨	200～900	一般场合孔内,小空间
DC型	5.5	11.0	3	碳化钨	200～900	
G型	20.0	90.0	5	碳化钨	300～750	大型铸锻件
C型	3.0	2.7	3	碳化钨	350～960	表面层及薄壁件

6.2 里氏硬度计的示值误差及重复性应不大于表8规定。

表8

冲击装置类型	里氏硬度值	示值误差	重复性
D型	490～830HLD	±12HLD	12HLD
DC型	490～830HLDC	±12HLDC	12HLDC
G型	460～630HLG	±12HLG	12HLG
C型	550～890HLC	±12HLC	12HLC

7 试验

7.1 试验前应使用相应的标准硬度块对里氏硬度计进行检验,其示值误差及重复性应不大于表8规定。

7.2 试验按以下程序进行:

a) 向下推动加载套或用其他方式锁住冲击体;

b) 将冲击装置支撑环紧压在试样表面上,冲击方向应与试验面垂直;

c) 平稳地按动冲击装置释放钮;

d) 读取硬度示值。

7.3 试验时,冲击装置尽可能垂直向下,对于其他冲击方向所测定的硬度值,如果硬度计没有修正功能,应按附录A进行修正。

7.4 对于需要耦合的试样,试验面应与支承台面平行,试样背面和支承台面必须平坦光滑,在耦合的平面上涂以适量的耦合剂,使试样与支承台在垂直耦合面的方向上成为承受压力的刚性整体。试验时,冲击方向必须垂直于耦合平面。建议用凡士林作为耦合剂。

7.5 对于大面积板材、长杆、弯曲件等试样,在试验时应予适当的支承及固定以保证冲击时不产生位移及弹动。

7.6 试样的每个测量部位一般进行五次试验。数据分散不应超过平均值的±15HL。

7.7 任意两压痕中心之间距离或任一压痕中心距试样边缘距离应符合表9规定。

表9 mm

冲击装置类型	两压痕中心间距离	压痕中心距试样边缘距离
	不小于	不小于
D、DC型	3	5
G型	4	8
C型	2	4

7.8 里氏硬度计应定期按JJG 747检定。

7.9 对于特定材料，欲将里氏硬度值较准确地换算为其他硬度值，必须做对比试验以得到相应换算关系。用检定合格的里氏硬度计和相应的硬度计分别在同一试样上进行试验，对于每一个硬度值，在三个以上需要换算的硬度压痕周围均匀分布地各测定五点里氏硬度，用里氏硬度平均值和相应硬度平均值分别作为对应值，作出硬度对比曲线。对比曲线至少应包括三组对应的数据。

7.10 里氏硬度计不应在强烈震动、严重粉尘、腐蚀性气体或强磁场的场合使用。

8 试验结果处理

8.1 用五个有效试验点的平均值作为一个里氏硬度试验数据。

8.2 应尽量避免将里氏硬度换算成其他硬度。当必须进行换算时，对于常用金属材料，可参照附录 B、附录 C 和附录 D。

8.3 里氏硬度试验结果表示方法

在里氏硬度符号 HL 前示出硬度数值，在 HL 后面示出冲击装置类型。例如 700HLD 表示用 D 型冲击装置测定的里氏硬度值为 700。

8.4 对于用里氏硬度换算的其他硬度，应在里氏硬度符号之前附以相应的硬度符号。例如 400HVHLD 表示用 D 型冲击装置测定的里氏硬度值换算的维氏硬度值为 400。

9 试验报告

试验报告应包括如下内容：

a） 本国家标准编号；
b） 硬度计型号；
c） 试验材料牌号及种类；
d） 试样的特点；
e） 冲击方向；
f） 试验环境及条件；
g） 试验结果；
h） 试验中异常情况；
i） 试验日期；
j） 相关标记。

附　录　A
（提示的附录）
里氏硬度修正值

表 A1　几种冲击装置在不同试验方向的里氏硬度修正值

HL	D 和 DC 型冲击装置				G 型冲击装置				C 型冲击装置			
	↘	⊣	↗	⊤	↘	⊣	↗	⊤	↘	⊣	↗	⊤
200												
	-7	-14	-23	-33			-13	-20				
250												
	-6	-13	-22	-31			-12	-19				
300												
	-6	-12	-20	-29			-12	-18				
350												
	-6	-12	-19	-27			-11	-17	-7	-15		
400												
	-5	-11	-18	-25			-11	-16	-7	-14		
450												
	-5	-10	-17	-24			-10	-15	-7	-13		
500					-2	-5						
	-5	-10	-16	-22			-9	-14	-6	-13		
550												
	-4	-9	-15	-20			-9	-13	-6	-12	不规定	
600												
	-4	-8	-14	-19			-8	-12	-6	-11		
650												
	-4	-8	-13	-18			-8	-11	-5	-10		
700												
	-3	-7	-12	-17			-7	-10	-5	-10		
750												
	-3	-6	-11	-16					-4	-9		
800												
	-3	-6	-10	-15					-4	-8		
850												
	-2	-5	-9	-14					-4	-7		
900												
									-3	-6		
950												

附 录 B
(提示的附录)
D型冲击装置里氏硬度换算表

表 B1 碳钢、低合金钢和铸钢($E\approx210000N/mm^2$)

HLD	HRC	HRB	HV	HB[1] ($F=30D^2$)	HB[2] ($F=30D^2$)	HSD
300			83			
302			84			
304			85			
306			85			
308			86			
310			87			
312			87			
314			88			
316			89			
318			90			
320			90			
322			91			
324			92			
326			93			
328			94			
330			94			
332			95			
334			96			
336			97			
338			98			
340			99			
342			100			
344			101			
346			101			
348			102			
350		59.6	103			
352		60.3	104			
354		61.0	105			
356		61.7	106			
358		62.4	107			
360		63.1	108			
362		63.8	109			
364		64.5	110			
366		65.1	111			
368		65.8	112			
370		66.4	114			
372		67.0	115			
374		67.7	116			
376		68.3	117			
378		68.9	118			
380		69.5	119			
382		70.1	120			
384		70.6	121			
386		71.2	123			
388		71.8	124			
390		72.3	125			
392		72.9	126			
394		73.4	127			
396		74.0	129			
398		74.5	130			
400		75.0	131		142	
402		75.5	133		144	
404		76.0	134		145	
406		76.5	135		147	
408		77.0	136		149	
410		77.5	138		150	
412		78.0	139		152	
414		78.4	141		153	
416		78.9	142		155	
418		79.3	143		156	
420		79.8	145	140	157	
422		80.2	146	141	159	
424		80.7	148	143	160	
426		81.1	149	144	162	
428		81.5	151	145	163	
430		81.9	152	147	165	
432		82.4	154	148	166	
434		82.8	155	150	168	
436		83.2	157	151	169	
438		83.6	158	153	171	
440		84.0	160	154	172	
442		84.4	161	156	174	
444		84.8	163	157	175	
446		85.1	164	159	176	
448		85.5	166	160	178	

表 B1(续)

HLD	HRC	HRB	HV	HB[1] ($F=30D^2$)	HB[2] ($F=30D^2$)	HSD
450		85.9	168	162	179	
452		86.3	169	164	181	
454		86.6	171	165	182	
456		87.0	173	167	184	
458		87.4	174	168	185	
460		87.7	176	170	187	26.4
462		88.1	178	172	188	26.7
464		88.5	179	173	190	27.0
466		88.8	181	175	191	27.3
468		89.2	183	177	193	27.6
470		89.5	185	178	194	27.9
472		89.9	186	180	196	28.2
474		90.3	188	182	197	28.5
476		90.6	190	184	198	28.8
478		91.0	192	185	200	29.1
480		91.3	194	187	202	29.4
482		91.7	195	189	203	29.7
484		92.1	197	191	205	30.0
486		92.4	199	192	206	30.3
488		92.8	201	194	208	30.6
490		93.1	203	196	209	30.9
492		93.5	205	198	211	31.2
494		93.9	207	200	212	31.5
496		94.3	209	202	214	31.7
498		94.6	211	204	215	32.0
500		95.0	213	205	217	32.2
502		95.4	215	207	219	32.5
504		95.8	217	209	220	32.8
506		96.2	219	211	222	33.1
508		96.6	221	213	224	33.3
510	19.8	97.0	223	215	225	33.6
512	20.2	97.4	225	217	227	33.9
514	20.6	97.9	227	219	229	34.2
516	21.0	98.3	229	221	230	34.4
518	21.3	98.7	231	223	232	34.7
520	21.7	99.2	233	225	234	35.0
522	22.0	99.6	235	227	235	35.3
524	22.4		237	229	237	35.6
526	22.8		239	231	239	35.8
528	23.1		241	234	241	36.1
530	23.5		244	236	242	36.4
532	23.8		246	238	244	36.7
534	24.1		248	240	246	37.0
536	24.5		250	242	248	37.3
538	24.8		252	244	250	37.6
540	25.2		255	246	252	37.9
542	25.5		257	249	254	38.1
544	25.8		259	251	256	38.4
546	26.2		261	253	258	38.7
548	26.5		264	255	259	39.0
550	26.8		266	258	261	39.3
552	27.1		268	260	263	39.6
554	27.5		270	262	265	39.9
556	27.8		273	265	268	40.2
558	28.1		275	267	270	40.5
560	28.4		278	269	272	40.8
562	28.8		280	272	274	41.1
564	29.1		282	274	276	41.4
566	29.4		285	276	278	41.7
568	29.7		287	279	280	42.0
570	30.0		290	281	282	42.3
572	30.3		292	283	285	42.6
574	30.6		294	286	287	42.9
576	30.9		297	288	289	43.2
578	31.2		299	291	292	43.5
580	31.5		302	293	294	43.8
582	31.8		304	296	296	44.1
584	32.1		307	298	299	44.4
586	32.4		309	301	301	44.7
588	32.7		312	303	304	45.0
590	33.0		315	306	308	45.4
592	33.3		317	308	310	45.7
594	33.6		320	311	313	46.0
596	33.9		322	314	315	46.3
598	34.2		325	316	318	46.6

表 B1(续)

HLD	HRC	HRB	HV	HB[1] (F=30 D²)	HB[2] (F=30 D²)	HSD
600	34.5		328	319	320	46.9
602	34.8		330	322	323	47.2
604	35.1		333	324	325	47.5
606	35.4		336	327	328	47.8
608	35.7		338	330	331	48.2
610	35.9		341	332	333	48.5
612	36.2		344	335	336	48.2
614	36.5		346	338	339	49.1
616	36.8		349	340	341	49.4
618	37.1		352	343	344	49.7
620	37.4		355	346	346	50.1
622	37.6		357	349	349	50.4
624	37.9		360	351	352	50.7
626	38.2		363	354	355	51.0
628	38.5		366	357	357	51.3
630	38.7		369	360	360	51.7
632	39.0		372	363	363	52.0
634	39.3		375	366	366	52.3
636	39.6		377	369	369	52.6
638	39.8		380	371	371	52.9
640	40.1		383	374	374	53.3
642	40.4		386	377	377	53.6
644	40.7		389	380	380	53.9
646	40.9		392	383	383	54.2
648	41.2		395	386	386	54.6
650	41.5		398	389	389	54.9
652	41.7		401	392	392	55.2
654	42.0		404	395	395	55.6
656	42.3		407	398	398	55.8
658	42.6		411	401	401	56.2
660	42.8		414	404	404	56.5
662	43.1		417	407	407	56.9
664	43.4		420	410	410	57.2
666	43.6		423	413	413	57.5
668	43.9		426	417	417	57.9
670	44.1		429	420	420	58.2
672	44.4		433	423	423	58.5
674	44.7		436	426	426	58.9
676	44.9		439	429	429	59.2
678	45.2		442	432	432	59.5
680	45.5		446	435	435	59.9
682	45.7		449	439	439	60.2
684	46.0		452	442	442	60.5
686	46.2		456	445	445	60.9
688	46.5		459	448	448	61.2
690	46.8		463	451	451	61.6
692	47.0		466	455	455	61.9
694	47.3		469	458	458	62.2
696	47.5		473	461	461	62.6
698	47.8		476	465	465	62.9
700	48.0		480	468	468	63.3
702	48.3		483	471	471	63.6
704	48.6		487	474	474	64.0
706	48.8		491	478	478	64.3
708	49.1		494	481	481	64.6
710	49.3		498	485	485	65.0
712	49.6		501	488	488	65.3
714	49.8		505	491	491	65.7
716	50.1		509	495	495	66.0
718	50.3		513	498	498	66.4
720	50.6		516	502	502	66.7
722	50.8		520	505	505	67.1
724	51.1		524	508	508	67.4
726	51.3		528	512	512	67.8
728	51.6		532	515	515	68.2
730	51.8		535	519	519	68.5
732	52.1		539	522	522	68.9
734	52.3		543	526	526	69.2
736	52.6		547	529	529	69.6
738	52.8		551	533	533	69.9
740	53.1		555	536	536	70.3
742	53.3		559	540	540	70.7
744	53.6		563	543	543	71.0
746	53.8		568	547	547	71.4
748	54.1		572	551	551	71.8

表 B1(完)

HLD	HRC	HRB	HV	HB[1] (F=30 D²)	HB[2] (F=30 D²)	HSD	HLD	HRC	HRB	HV	HB[1] (F=30 D²)	HB[2] (F=30 D²)	HSD
750	54.3		576	554	554	72.1	822	62.5		750			86.1
752	54.5		580	558	558	72.5	824	62.7		756			86.5
754	54.8		584	561	561	72.9	826	62.9		762			87.0
756	55.0		589	565	565	73.2	828	63.1		768			87.4
758	55.3		593	569	569	73.6							
							830	63.3		773			87.8
760	55.5		597	572	572	74.0	832	63.5		779			88.2
762	55.7		602	576	576	74.3	834	63.7		785			88.6
764	56.0		606	580	580	74.7	836	63.9		791			89.1
766	56.2		610	583	583	75.1	838	64.1		797			89.5
768	56.5		615	587	587	75.5							
							840	64.3		803			89.9
770	56.7		619	591	591	75.8	842	64.5		809			90.4
772	56.9		624	594	594	76.2	844	64.7		816			90.8
774	57.2		628	598	598	76.6	846	64.9		822			91.2
776	57.4		633	602	602	77.0	848	65.1		828			91.7
778	57.6		638	605	605	77.4							
							850	65.3		835			92.1
780	57.9		642	609	609	77.7	852	65.4		841			92.6
782	58.1		647	613	613	78.1	854	65.6		848			93.0
784	58.3		652	617	617	78.5	856	65.8		854			93.5
786	58.6		657	620	620	78.9	858	66.0		861			93.9
788	58.8		662	624	624	79.3							
							860	66.2		867			94.4
790	59.0		666	628	628	79.7	862	66.3		874			94.8
792	59.2		671	632	632	80.1	864	66.5		881			95.3
794	59.5		676	635	635	80.5	866	66.7		888			95.7
796	59.7		681	639	639	80.9	868	66.8		895			96.2
798	59.9		686	643	643	81.2							
							870	67.0		902			96.7
800	60.1		691	647	647	81.6	872	67.2		909			97.1
802	60.4		697	651	651	82.0	874	67.3		916			97.6
804	60.6		702			82.4	876	67.5		923			98.1
806	60.8		707			82.8	878	67.6		931			98.6
808	61.0		712			83.2							
							880	67.8		938			99.0
810	61.2		718			83.7	882	68.0		946			99.5
812	61.4		723			84.1	884	68.1		953			
814	61.7		728			84.5	886	68.2		961			
816	61.9		734			84.9	888	68.4		968			
818	62.1		739			85.3							
							890	68.5		976			
820	62.3		745			85.7							

注：HB[1]为轧制材料的布氏硬度；

HB[2]为锻造材料的布氏硬度。

表 B2 铸铁

HLD	GG HB ($F=30D^2$)	GGG HB ($F=30D^2$)	HLD	GG HB ($F=30D^2$)	GGG HB ($F=30D^2$)	HLD	GG HB ($F=30D^2$)	GGG HB ($F=30D^2$)
416		140	490	179	194	566	247	268
418		142	492	181	195	568	249	271
			494	182	197			
420		143	496	184	199	570	251	273
422		144	498	186	201	572	253	275
424		145				574	255	277
426		146	500	188	202	576	257	280
428		148	502	189	204	578	259	282
			504	191	205			
430		149	506	193	208	580	261	284
432		150	508	194	210	582	263	286
434		152				584	265	289
436		153	510	196	211	586	266	291
438		154	512	198	213	588	268	293
			514	200	215			
440	140	156	516	201	217	590	270	296
442	141	157	518	203	219	592	272	298
444	143	158				594	274	301
446	144	160	520	205	221	596	276	303
448	146	161	522	207	223	598	278	305
			524	208	225			
450	147	162	526	210	227	600	280	308
452	149	164	528	212	229	602	283	310
454	150	165				604	285	313
456	152	167	530	214	230	606	287	315
458	153	168	532	216	232	608	289	318
			534	217	234			
460	155	170	536	219	236	610	291	320
462	156	171	538	221	239	612	293	323
464	158	173				614	295	325
466	160	174	540	223	241	616	297	328
468	161	176	542	225	243	618	299	330
			544	227	245			
470	163	177	546	228	247	620	301	333
472	164	179	548	230	249	622	303	336
474	166	181				624	305	338
476	168	182	550	232	251	626	308	341
478	169	184	552	234	253	628	310	343
			554	236	255			
480	171	185	556	238	257	630	312	346
482	172	187	558	240	260	632	314	349
484	174	189				634	316	351
486	176	190	560	241	262	636	318	354
488	177	192	562	243	264	638	321	357
			564	245	266			

表 B2(完)

HLD	GG HB ($F=30D^2$)	GGG HB ($F=30D^2$)	HLD	GG HB ($F=30D^2$)	GGG HB ($F=30D^2$)	HLD	GG HB ($F=30D^2$)	GGG HB ($F=30D^2$)
640	323	359	650	334	373	660		387
642	325	362	652		376			
644	327	365	654		379			
646	330	368	656		381			
648	332	370	658		384			

注:本表适用于:
未经热处理的非合金及低合金灰口铸铁(GG)。
非合金及低合金球墨铸铁(GGG)。

表 B3 铸铝合金($E=65000\sim85000\text{N/mm}^2$)

HLD	HB ($F=10D^2$)	HLD	HB ($F=10D^2$)	HLD	HB ($F=10D^2$)	HLD	HB ($F=10D^2$)
200	30	254	43	308	59	360	76
202	31	256	44			362	77
204	31	258	44	310	60	364	77
206	32			312	60	366	78
208	32	260	45	314	61	368	79
		262	46	316	61		
210	33	264	46	318	62	370	79
212	33	266	47			372	80
214	34	268	47	320	63	374	81
216	34			322	63	376	82
218	34	270	48	324	64	378	82
		272	48	326	65		
220	35	274	49	328	65	380	83
222	35	276	49			382	84
224	36	278	50	330	66	384	84
226	36			332	67	386	85
228	37	280	51	334	67	388	86
		282	51	336	68		
230	37	284	52	338	69	390	87
232	38	286	52			392	87
234	38	288	53	340	69	394	88
236	39			342	70	396	89
238	39	290	54	344	71	398	90
		292	54	346	71		
240	40	294	55	348	72	400	90
242	40	296	55			402	91
244	41	298	56	350	73	404	92
246	41			352	73	406	93
248	42	300	56	354	74	408	93
		302	57	356	75		
250	42	304	58	358	75	410	94
252	43	306	58			412	95

表 B3(完)

HLD	HB ($F=10D^2$)	HLD	HB ($F=10D^2$)	HLD	HB ($F=10D^2$)	HLD	HB ($F=10D^2$)
414	96	450	110	488	126	524	142
416	96	452	111			526	143
418	97	454	112	490	127	528	144
		456	112	492	128		
420	98	458	113	494	128	530	145
422	99			496	129	532	145
424	100	460	114	498	130	534	146
426	100	462	115			536	147
428	101	464	116	500	131	538	148
		466	116	502	132		
430	102	468	117	504	133	540	149
432	103			506	134	542	150
434	103	470	118	508	135	544	151
436	104	472	119			546	152
438	105	474	120	510	135	548	153
		476	121	512	136		
440	106	478	122	514	137	550	154
442	107			516	138	552	155
444	107	480	122	518	139	554	156
446	108	482	123			556	157
448	109	484	124	520	140	558	158
		486	125	522	141	560	159

表 B4 铜锌合金($E=85000\sim130000\text{N/mm}^2$)

HLD	HB ($F=10D^2$)	HRB	HLD	HB ($F=10D^2$)	HRB	HLD	HB ($F=10D^2$)	HRB	HLD	HB ($F=10D^2$)	HRB
200	40		232	48		264	58	15.8	296	68	32.0
202	40		234	49		266	58	16.9	298	68	32.9
204	41		236	50		268	59	18.0			
206	41		238	50					300	69	33.8
208	42					270	60	19.1	302	70	34.7
			240	51		272	60	20.2	304	70	35.5
210	42		242	51		274	61	21.2	306	71	36.4
212	43		244	52		276	61	22.3	308	72	37.2
214	43		246	52		278	62	23.3			
216	44		248	53					310	72	38.1
218	45					280	63	24.3	312	73	38.9
			250	54		282	63	25.3	314	74	39.7
220	45		252	54		284	64	26.3	316	74	40.5
222	46		254	55		286	65	27.3	318	75	41.3
224	46		256	55		288	65	28.2			
226	47		258	56					320	76	42.1
228	47					290	66	29.2	322	76	42.9
			260	57	13.5	292	66	30.1	324	77	43.6
230	48		262	57	14.7	294	67	31.1	326	78	44.4

表 B4(完)

HLD	HB ($F=10D^2$)	HRB	HLD	HB ($F=10D^2$)	HRB	HLD	HB ($F=10D^2$)	HRB	HLD	HB ($F=10D^2$)	HRB
328	78	45.1	384	99	62.7	440	121	75.6	498	147	86.4
			386	99	63.2	442	122	76.0			
330	79	45.9	388	100	63.7	444	123	76.4	500	148	86.7
332	80	46.6				446	124	76.8	502	149	87.1
334	80	47.3	390	101	64.2	448	125	77.2	504	150	87.4
336	81	48.0	392	102	64.7				506	151	87.8
338	82	48.7	394	102	65.2	450	126	77.6	508	152	88.1
			396	103	65.7	452	126	77.9			
340	82	49.4	398	104	66.2	454	127	78.3	510	153	88.4
342	83	50.1				456	128	78.7	512	154	88.8
344	84	50.8	400	105	66.7	458	129	79.1	514	155	89.1
346	85	51.4	402	106	67.2				516	156	89.5
348	85	52.1	404	106	67.7	460	130	79.5	518	157	89.8
			406	107	68.2	462	131	79.9			
350	86	52.7	408	108	68.6	464	132	80.2	520	158	90.2
352	87	53.4				466	133	80.6	522	159	90.5
354	87	54.0	410	109	69.1	468	133	81.0	524	160	90.8
356	88	54.6	412	110	69.5				526	161	91.2
358	89	55.3	414	110	70.0	470	134	81.3	528	162	91.5
			416	111	70.4	472	135	81.7			
360	90	55.9	418	112	70.9	474	136	82.1	530	163	91.9
362	90	56.5				476	137	82.4	532	164	92.2
364	91	57.1	420	113	71.3	478	138	82.8	534	165	92.5
366	92	57.7	422	114	71.8				536	166	92.9
368	93	58.2	424	114	72.2	480	139	83.2	538	167	93.2
			426	115	72.6	482	140	83.5			
370	93	58.8	428	116	73.1	484	141	83.9	540	168	93.6
372	94	59.4				486	142	84.2	542	169	93.9
374	95	60.0	430	117	73.5	488	143	84.6	544	170	94.2
376	96	60.5	432	118	73.9				546	171	94.6
378	96	61.1	434	119	74.3	490	144	85.0	548	172	94.9
			436	120	74.7	492	144	85.3			
380	97	61.6	438	120	75.2	494	145	85.7	550	173	95.3
382	98	62.1				496	146	86.0			

表 B5 铜铝合金及铜锡合金($E=94000\sim130000\mathrm{N/mm^2}$)

HLD	HB ($F=10D^2$)	HLD	HB ($F=10D^2$)	HLD	HB ($F=10D^2$)	HLD	HB ($F=10D^2$)
300	60	310	64	320	68	330	73
302	61	312	65	322	69	332	73
304	62	314	66	324	70	334	74
306	62	316	67	326	71	336	75
308	63	318	67	328	72	338	76

表 B5(续)

HLD	HB ($F=10D^2$)	HLD	HB ($F=10D^2$)	HLD	HB ($F=10D^2$)	HLD	HB ($F=10D^2$)
340	77	418	115	494	158	570	203
342	78			496	159	572	204
344	79	420	116	498	160	574	206
346	80	422	117			576	207
348	81	424	119	500	161	578	208
		426	120	502	162		
350	82	428	121	504	163	580	209
352	82			506	164	582	211
354	83	430	122	508	166	584	212
356	84	432	123			586	213
358	85	434	124	510	167	588	214
		436	125	512	168		
360	86	438	126	514	169	590	216
362	87			516	170	592	217
364	88	440	127	518	172	594	218
366	89	442	128			596	219
368	90	444	129	520	173	598	221
		446	130	522	174		
370	91	448	132	524	175	600	222
372	92			526	176	602	223
374	93	450	133	528	178	604	225
376	94	452	134			606	226
378	95	454	135	530	179	608	227
		456	136	532	180		
380	96	458	137	534	181	610	228
382	97			536	182	612	230
384	98	460	138	538	184	614	231
386	99	462	139			616	232
388	100	464	140	540	185	618	234
		466	142	542	186		
390	101	468	143	544	187	620	235
392	102			546	188	622	236
394	103	470	144	548	190	624	238
396	104	472	145			626	239
398	105	474	146	550	191	628	240
		476	147	552	192		
400	106	478	148	554	193	630	242
402	107			556	194	632	243
404	108	480	149	558	196	634	244
406	109	482	151			636	246
408	110	484	152	560	197	638	247
		486	153	562	198		
410	111	488	154	564	199	640	248
412	112			566	201	642	250
414	113	490	155	568	202	644	251
416	114	492	156			646	252

表 B5(完)

HLD	HB ($F=10D^2$)	HLD	HB ($F=10D^2$)	HLD	HB ($F=10D^2$)	HLD	HB ($F=10D^2$)
648	254	662	263	678	274	692	284
		664	264			694	286
650	255	666	266	680	276	696	287
652	256	668	267	682	277	698	289
654	258			684	278		
656	259	670	269	686	280	700	290
658	260	672	270	688	281		
		674	271				
660	262	676	273	690	283		

表 B6　纯铜及低铜合金($E=110000\sim135000N/mm^2$)

HLD	HB ($F=10D^2$)	HLD	HB ($F=10D^2$)	HLD	HB ($F=10D^2$)	HLD	HB ($F=10D^2$)	HLD	HB ($F=10D^2$)
200	45	254	59	308	77	360	99	414	125
202	45	256	60			362	100	416	126
204	46	258	60	310	78	364	101	418	127
206	46			312	79	366	102		
208	47	260	61	314	80	368	103	420	128
		262	61	316	80			422	129
210	47	264	62	318	81	370	103	424	131
212	48	266	63			372	104	426	132
214	48	268	63	320	82	374	105	428	133
216	49			322	83	376	106		
218	49	270	64	324	84	378	107	430	134
		272	65	326	84			432	135
220	50	274	65	328	85	380	108	434	136
222	50	276	66			382	109	436	137
224	51	278	67	330	86	384	110	438	138
226	51			332	87	386	111		
228	52	280	67	334	88	388	112	440	139
		282	68	336	88			442	140
230	52	284	69	338	89	390	113	444	142
232	53	286	69			392	114	446	143
234	53	288	70	340	90	394	115	448	144
236	54			342	91	396	116		
238	54	290	71	344	92	398	117	450	145
		292	71	346	93			452	146
240	55	294	72	348	94	400	118	454	147
242	56	296	73			402	119	456	148
244	56	298	74	350	94	404	120	458	150
246	57			352	95	406	121		
248	57	300	74	354	96	408	122	460	151
		302	75	356	97			462	152
250	58	304	76	358	98	410	123	464	153
252	58	306	77			412	124	466	154

表 B6(完)

HLD	HB ($F=10D^2$)	HLD	HB ($F=10D^2$)	HLD	HB ($F=10D^2$)	HLD	HB ($F=10D^2$)	HLD	HB ($F=10D^2$)
468	155	512	183	558	214	602	245	648	281
		514	184			604	247		
470	157	516	185	560	215	606	248	650	282
472	158	518	187	562	216	608	250	652	284
474	159			564	218			654	286
476	160	520	188	566	219	610	252	656	287
478	161	522	189	568	221	612	253	658	289
		524	191			614	255		
480	163	526	192	570	222	616	256	660	290
482	164	528	193	572	224	618	258	662	292
484	165			574	225			664	294
486	166	530	195	576	226	620	259	666	295
488	168	532	196	578	228	622	261	668	297
		534	197			624	262		
490	169	536	199	580	229	626	264	670	299
492	170	538	200	582	231	628	265	672	300
494	171			584	232			674	302
496	172	540	201	586	234	630	267	676	303
498	174	542	203	588	235	632	268	678	305
		544	204			634	270		
500	175	546	205	590	237	636	271	680	307
502	176	548	207	592	238	638	273	682	308
504	178			594	240			684	310
506	179	550	208	596	241	640	275	686	312
508	180	552	209	598	243	642	276	688	313
		554	211			644	278		
510	181	556	212	600	244	646	279	690	315

附　录　C

（提示的附录）

G 型冲击装置里氏硬度换算表

表 C1　低碳钢、低合金钢及铸钢($E\approx 210000\text{N/mm}^2$)

HLG	HB ($F=30D^2$)	HRB	HLG	HB ($F=30D^2$)	HRB	HLG	HB ($F=30D^2$)	HRB	HLG	HB ($F=30D^2$)	HRB	HLG	HB ($F=30D^2$)	HRB
300	90	47.7	316	100	54.8	330	108	60.5	346	119	66.6	360	128	71.4
302	91	48.6	318	101	55.7	332	109	61.3	348	120	67.3	362	130	72
304	93	49.5				334	111	62.1				364	131	72.6
306	94	50.4	320	102	56.5	336	112	62.9	350	121	68	366	132	73.3
308	95	51.3	322	103	57.3	338	113	63.6	352	123	68.7	368	134	73.9
			324	104	58.1				354	124	69.4			
310	96	52.2	326	106	59	340	115	64.4	356	125	70	370	135	74.5
312	97	53.1	328	107	59.8	342	116	65.1	358	127	70.7	372	137	75.1
314	98	53.9				344	117	65.8				374	138	75.7

表 C1(完)

HLG	HB ($F=30D^2$)	HRB
376	140	76.3
378	141	76.9
380	143	77.5
382	144	78
384	146	78.6
386	147	79.2
388	149	79.7
390	150	80.2
392	152	80.8
394	153	81.3
396	155	81.8
398	157	82.3
400	158	82.8
402	160	83.3
404	161	83.8
406	163	84.3
408	165	84.8
410	166	85.2
412	168	85.7
414	170	86.2
416	171	86.6
418	173	87.1
420	175	87.5
422	177	87.9
424	178	88.3
426	180	88.8
428	182	89.2
430	184	89.6
432	185	90
434	187	90.4
436	189	90.8
438	191	91.2
440	193	91.6
442	194	92
444	196	92.3
446	198	92.7
448	200	93.1

HLG	HB ($F=30D^2$)	HRB
450	202	93.5
452	204	93.8
454	206	94.2
456	208	94.5
458	209	94.9
460	211	95.2
462	213	95.6
464	215	95.9
466	217	96.3
468	219	96.6
470	221	96.9
472	223	97.3
474	225	97.6
476	227	97.9
478	229	98.3
480	231	98.6
482	233	98.9
484	236	99.2
486	238	99.6
488	240	99.9
490	242	
492	244	
494	246	
496	248	
498	250	
500	253	
502	255	
504	257	
506	259	
508	262	
510	264	
512	266	
514	268	
516	271	
518	273	
520	275	
522	278	
524	280	

HLG	HB ($F=30D^2$)	HRB
526	282	
528	285	
530	287	
532	289	
534	292	
536	294	
538	297	
540	299	
542	301	
544	304	
546	306	
548	309	
550	311	
552	314	
554	317	
556	319	
558	322	
560	324	
562	327	
564	329	
566	332	
568	335	
570	337	
572	340	
574	343	
576	345	
578	348	
580	351	
582	354	
584	356	
586	359	
588	362	
590	365	
592	368	
594	371	
596	373	
598	376	

HLG	HB ($F=30D^2$)	HRB
600	379	
602	382	
604	385	
606	388	
608	391	
610	394	
612	397	
614	400	
616	403	
618	406	
620	409	
622	412	
624	415	
626	418	
628	421	
630	424	
632	428	
634	431	
636	434	
638	437	
640	440	
642	444	
644	447	
646	450	
648	453	
650	457	
652	460	
654	463	
656	467	
658	470	
660	473	
662	477	
664	480	
666	484	
668	487	
670	491	
672	494	
674	498	

HLG	HB ($F=30D^2$)	HRB
676	501	
678	505	
680	508	
682	512	
684	516	
686	519	
688	523	
690	526	
692	530	
694	534	
696	538	
698	541	
700	545	
702	549	
704	553	
706	557	
708	560	
710	564	
712	568	
714	572	
716	576	
718	580	
720	584	
722	588	
724	592	
726	596	
728	600	
730	604	
732	608	
734	612	
736	616	
738	620	
740	625	
742	629	
744	633	
746	637	
748	642	
750	646	

表 C2　灰口铸铁(GG)及球墨铸铁(GGG)(E=170000～180000N/mm²)

HLG	GG HB ($F=30D^2$)	GGG HB ($F=30D^2$)	HLG	GG HB ($F=30D^2$)	GGG HB ($F=30D^2$)	HLG	GG HB ($F=30D^2$)	GGG HB ($F=30D^2$)
340	92		416	141	160	490	203	224
342	93		418	143	161	492	205	226
344	94					494	206	228
346	96		420	144	162	496	208	230
348	97		422	146	164	498	210	232
			424	147	165			
350	98		426	149	167	500	212	234
352	99		428	150	168	502	214	236
354	100					504	216	239
356	102		430	152	170	506	218	241
358	103		432	153	171	508	220	243
			434	155	173			
360	104		436	156	175	510	222	245
362	105		438	158	176	512	224	247
364	107					514	226	250
366	108		440	160	178	516	228	252
368	109		442	161	179	518	230	254
			444	163	181			
370	110		446	164	183	520	232	257
372	112		448	166	184	522	234	259
374	113					524	236	261
376	114		450	168	186	526	239	264
378	115		452	169	188	528	241	266
			454	171	189			
380	117		456	173	191	530	243	269
382	118		458	174	193	532	245	271
384	119					534	247	273
386	121	140	460	176	195	536	249	276
388	122	142	462	178	197	538	251	278
			464	179	198			
390	123	143	466	181	200	540	254	281
392	125	144	468	183	202	542	256	283
394	126	145				544	258	286
396	127	146	470	185	204	546	260	289
398	129	148	472	186	206	548	263	291
			474	188	208			
400	130	149	476	190	210	550	265	294
402	132	150	478	192	212	552	267	296
404	133	151				554	269	299
406	134	153	480	193	214	556	272	302
408	136	154	482	195	216	558	274	304
			484	197	218			
410	137	155	486	199	220	560	276	307
412	139	157	488	201	222	562	279	310
414	140	158				564	281	312

表 C2(完)

HLG	GG HB ($F=30D^2$)	GGG HB ($F=30D^2$)	HLG	GG HB ($F=30D^2$)	GGG HB ($F=30D^2$)	HLG	GG HB ($F=30D^2$)	GGG HB ($F=30D^2$)
566	284	315	580	301	335	594	318	355
568	286	318	582	303	338	596	321	358
			584	306	340	598	323	361
570	288	321	586	308	343			
572	291	323	588	311	346	600	326	364
574	293	326						
576	296	329	590	313	349			
578	298	332	592	316	352			

附　录　D
(提示的附录)
C 型冲击装置里氏硬度换算表

表 D1　低碳钢、低合金钢及铸钢($E\approx210000\text{N/mm}^2$)

HLC	HV	HB ($F=30D^2$)	HRC	HS	HLC	HV	HB ($F=30D^2$)	HRC	HS	HLC	HV	HB ($F=30D^2$)	HRC	HS
350	80	80			396	102	103			440	130	129		
352	80	81			398	103	104			442	131	131		
354	81	81								444	133	132		
356	82	82			400	104	105			446	134	133		
358	83	83			402	105	107			448	135	135		
					404	107	108							
360	84	84			406	108	109			450	137	136		
362	85	85			408	109	110			452	138	137		
364	86	86								454	140	139		
366	86	87			410	110	111			456	141	140		
368	87	88			412	111	112			458	143	141		
					414	113	114							
370	88	89			416	114	115			460	144	143		
372	89	90			418	115	116			462	146	144		
374	90	91								464	147	145		
376	91	92			420	116	117			466	149	147		
378	92	94			422	118	118			468	150	148		
					424	119	120							
380	93	95			426	120	121			470	152	150		
382	94	96			428	122	122			472	153	151		
384	95	97								474	155	152		
386	96	98			430	123	123			476	156	154		
388	97	99			432	124	124			478	158	155		
					434	126	126							
390	99	100			436	127	127			480	160	157		
392	100	101			438	128	128			482	161	158		
394	101	102								484	163	160		

表 D1(续)

HLC	HV	HB ($F=30D^2$)	HRC	HS	HLC	HV	HB ($F=30D^2$)	HRC	HS	HLC	HV	HB ($F=30D^2$)	HRC	HS
486	164	161			560	229	222		33. 2	636	307	299	30. 4	43. 6
488	166	163			562	231	224		33. 4	638	309	301	30. 7	43. 9
					564	232	226		33. 7					
490	167	164			566	234	227		34. 0	640	311	304	31. 0	44. 2
492	169	166			568	236	229		34. 2	642	313	306	31. 3	44. 5
494	171	167								644	316	308	31. 6	44. 7
496	172	169			570	238	231	20. 0	34. 5	646	318	311	31. 9	45. 0
498	174	170			572	240	233	20. 4	34. 8	648	320	313	32. 1	45. 3
					574	242	235	20. 7	35. 0					
500	176	172			576	244	237	21. 1	35. 3	650	322	315	32. 4	45. 6
502	177	173			578	246	239	21. 4	35. 6	652	325	318	32. 7	45. 9
504	179	175								654	327	320	33. 0	46. 2
506	181	176			580	248	241	21. 7	35. 8	656	330	322	33. 3	46. 5
508	182	178			582	250	243	22. 1	36. 1	658	332	325	33. 5	46. 8
					584	252	245	22. 4	36. 4					
510	184	179			586	254	247	22. 7	36. 7	660	334	327	33. 8	47. 0
512	186	181			588	256	249	23. 1	36. 9	662	337	329	34. 1	47. 3
514	187	183								664	339	332	34. 4	47. 6
516	189	184			590	258	251	23. 4	37. 2	666	341	334	34. 6	47. 9
518	191	186			592	260	252	23. 7	37. 5	668	344	337	34. 9	48. 2
					594	262	254	24. 0	37. 8					
520	193	187			596	264	257	24. 4	38. 0	670	346	339	35. 2	48. 5
522	194	189			598	266	259	24. 7	38. 3	672	349	342	35. 4	48. 8
524	196	191								674	351	344	35. 7	49. 1
526	198	192			600	268	261	25. 0	38. 6	676	354	347	36. 0	49. 4
528	200	194			602	270	263	25. 3	38. 8	678	356	349	36. 3	49. 7
					604	272	265	25. 6	39. 1					
530	201	196			606	274	267	25. 9	39. 4	680	359	352	36. 5	49. 9
532	203	197			608	276	269	26. 2	39. 7	682	361	354	36. 8	50. 2
534	205	199								684	364	357	37. 1	50. 5
536	207	201			610	278	271	26. 5	40. 0	686	367	359	37. 3	50. 8
538	208	202			612	280	273	26. 9	40. 2	688	369	362	37. 6	51. 1
					614	283	275	27. 2	40. 5					
540	210	204			616	285	277	27. 5	40. 8	690	372	365	37. 9	51. 4
542	212	206			618	287	279	27. 8	41. 1	692	374	367	38. 1	51. 7
544	214	208								694	377	370	38. 4	52. 0
546	216	209			620	289	282	28. 1	41. 4	696	380	372	38. 6	52. 3
548	218	211			622	291	284	28. 4	41. 6	698	382	375	38. 9	52. 6
					624	293	286	28. 7	41. 9					
550	219	213		31. 9	626	295	288	29. 0	42. 2	700	385	378	39. 2	52. 9
552	221	215		32. 1	628	298	290	29. 3	42. 5	702	388	380	39. 4	53. 2
554	223	217		32. 4						704	390	383	39. 7	53. 5
556	225	218		32. 7	630	300	292	29. 5	42. 8	706	393	386	39. 9	53. 8
558	227	220		32. 9	632	302	295	29. 8	43. 0	708	396	389	40. 2	54. 1
					634	304	297	30. 1	43. 3					

表 D1(续)

HLC	HV	HB ($F=30D^2$)	HRC	HS	HLC	HV	HB ($F=30D^2$)	HRC	HS	HLC	HV	HB ($F=30D^2$)	HRC	HS
710	399	391	40.5	54.4	786	520	506	49.9	66.2	860	680	642	58.7	79.3
712	401	394	40.7	54.7	788	524	510	50.2	66.6	862	685	646	58.9	79.6
714	404	397	41.0	55.0						864	690	650	59.1	80.0
716	407	400	41.2	55.3	790	528	513	50.4	66.9	866	695	654	59.4	80.4
718	410	402	41.5	55.6	792	531	517	50.6	67.2	868	700	658	59.6	80.8
					794	535	520	50.9	67.6					
720	413	405	41.7	55.9	796	539	523	51.1	67.9	870	705	663	59.8	81.2
722	416	408	42.0	56.2	798	543	527	51.4	68.2	872	711	667	60.0	81.6
724	419	411	42.2	56.5						874	716	671	60.3	82.0
726	422	414	42.5	56.8	800	547	530	51.6	68.5	876	721	675	60.5	82.4
728	424	417	42.7	57.1	802	551	534	51.8	68.9	878	727	679	60.7	82.8
					804	555	537	52.1	69.2					
730	427	419	43.0	57.4	806	559	541	52.3	69.6	880	732	683	61.0	83.2
732	430	422	43.3	57.7	808	563	544	52.6	69.9	882	738		61.2	83.6
734	433	425	43.5	58.0						884	743		61.4	84.0
736	436	428	43.8	58.3	810	567	548	52.8	70.2	886	749		61.6	84.4
738	440	431	44.0	58.6	812	571	551	53.0	70.6	888	755		61.9	84.9
					814	575	555	53.3	70.9					
740	443	434	44.3	58.9	816	579	558	53.5	71.3	890	760		62.1	85.3
742	446	437	44.5	59.3	818	583	562	53.7	71.6	892	766		62.3	85.7
744	449	440	44.8	59.6						894	772		62.5	86.1
746	452	443	45.0	59.9	820	587	566	54.0	72.0	896	778		62.8	86.6
748	455	446	45.3	60.2	822	592	569	54.2	72.3	898	784		63.0	87.0
					824	596	573	54.5	72.7					
750	458	449	45.5	60.5	826	600	577	54.7	73.0	900	790		63.2	87.4
752	462	452	45.7	60.8	828	605	580	54.9	73.4	902	796		63.4	87.9
754	465	455	46.0	61.1						904	802		63.6	88.3
756	468	458	46.2	61.4	830	609	584	55.2	73.7	906	808		63.9	88.8
758	471	461	46.5	61.7	832	613	588	55.4	74.1	908	814		64.1	89.2
					834	618	592	55.6	74.4					
760	475	464	46.7	62.1	836	622	595	55.9	74.8	910	820		64.3	89.7
762	478	468	47.0	62.4	838	627	599	56.1	75.2	912	827		64.5	90.1
764	481	471	47.2	62.7						914	833		64.7	90.6
766	485	474	47.5	63.0	840	632	603	56.3	75.5	916	839		64.9	91.0
768	488	477	47.7	63.3	842	636	607	56.6	75.9	918	846		65.2	91.5
					844	641	611	56.8	76.2					
770	492	480	48.0	63.6	846	646	615	57.0	76.6	920	852		65.4	92.0
772	495	483	48.2	64.0	848	650	618	57.3	77.0	922	859		65.6	92.4
774	499	487	48.5	64.3						924	866		65.8	92.9
776	502	490	48.7	64.6	850	655	622	57.5	77.4	926	872		66.0	93.4
778	506	493	48.9	64.9	852	660	626	57.7	77.7	928	879		66.2	93.9
					854	665	630	58.0	78.1					
780	509	496	49.2	65.3	856	670	634	58.2	78.5	930	886		66.4	94.4
782	513	500	49.4	65.6	858	675	638	58.4	78.9	932	893		66.6	94.9
784	517	503	49.7	65.9						934	900		66.9	95.4

表 D1(完)

HLC	HV	HB ($F=30D^2$)	HRC	HS	HLC	HV	HB ($F=30D^2$)	HRC	HS	HLC	HV	HB ($F=30D^2$)	HRC	HS
936	907		67.1	95.9	946	943		68.1	98.5	956	980		69.1	101.2
938	914		67.3	96.4	948	950		68.3	99.0	958	988		69.3	101.7
										960	996		69.5	102.3
940	921		67.5	96.9	950	957		68.5	99.6					
942	928		67.7	97.4	952	965		68.7	100.1					
944	935		67.9	98.0	954	973		68.9	100.6					

ICS 77.040.10
H 22

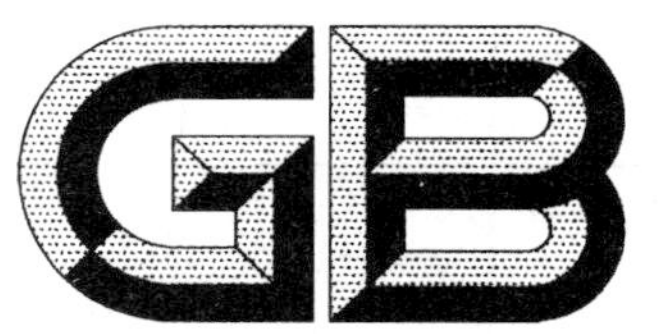

中华人民共和国国家标准

GB/T 18449.1—2009
代替 GB/T 18449.1—2001

金属材料　努氏硬度试验
第1部分:试验方法

Metallic materials—Knoop hardness test—Part 1:Test method

(ISO 4545-1:2005,MOD)

2009-06-25 发布　　2010-04-01 实施

中华人民共和国国家质量监督检验检疫总局
中国国家标准化管理委员会　发布

目　次

前　　言

GB/T 18449《金属材料　努氏硬度试验》分为如下四部分：

——第1部分：试验方法；

——第2部分：硬度计的检验与校准；

——第3部分：标准硬度块的标定；

——第4部分：硬度值表。

本部分为GB/T 18449的第1部分。

本部分修改采用ISO 4545-1:2005《金属材料　努氏硬度试验　第1部分：试验方法》(英文版)。

本部分根据ISO 4545-1:2005重新起草，根据我国的实际情况，本部分在采用国际标准时进行了修改和补充。这些技术性差异用垂直单线标识在它们所涉及的条款的页边空白处。

本部分结构和技术内容与ISO 4545-1:2005基本一致，根据我国情况在以下几方面进行了修改：

——删除了国际标准的引言；

——修改了国际标准的前言；

——将规范性引用文件中的国际标准转化为对应的国标；

——修改了附录B硬度测量值的不确定度。

本部分代替GB/T 18449.1—2001《金属材料　努氏硬度试验　第1部分：试验方法》，本部分与原国家标准对下列内容进行了修改：

——在5.3中增加了对压痕测量装置的具体要求；

——增加了6.3条；

——在6.5条增加了“保证在加力过程中试样不发生移动”的相关说明；

——增加了7.9条；

——在7.10增加了对压痕测量装置的具体要求；

——增加了7.11条；

——增加了7.12条；

——增加了第8章“试验结果的不确定度”；

——增加了资料性附录A《使用者对硬度计的期间核查》；

——增加了资料性附录B《硬度值测量不确定度》。

本部分的附录A和附录B均为资料性附录。

本部分由中国钢铁工业协会提出。

本部分由全国钢标准化技术委员会归口。

本部分起草单位：钢铁研究总院，冶金工业信息标准研究院。

本部分起草人：高怡斐、董莉。

本部分所代替标准的历次版本发布情况为：

GB/T 18449.1—2001。

金属材料　努氏硬度试验
第1部分：试验方法

1　范围

GB/T 18449的本部分规定了金属材料努氏硬度试验的原理、符号及说明、硬度计、试样、试验方法、结果的不确定度及试验报告。

本部分规定的试验力值范围为0.09807N到19.614N。

本方法只适用于压痕对角线长度≥0.02mm。

2　规范性引用文件

下列文件中的条款通过GB/T 18449的本部分的引用而成为本部分的条款。凡是注日期的引用文件，其随后所有的修改单或修订版均不适用于本部分，然而，鼓励根据本部分达成协议的各方研究是否可使用这些文件的最新版本。凡是不注日期的引用文件，其最新版本适用于本部分。

GB/T 18449.2　金属努氏硬度试验　第2部分：硬度计的校验与校准(GB/T 18449.2—2001，idt ISO 4546：1993)

GB/T 18449.3　金属努氏硬度试验　第3部分：标准硬度块的标定(GB/T 18449.3—2001，idt ISO 4547：1993)

GB/T 18449.4　金属材料　努氏硬度试验　第4部分：硬度值表(GB/T 18449.4—2009，ISO 4545-4：2005，IDT)

JJF 1059　测量不确定度评定与表示

3　原理

将顶部两相对面具有规定角度的菱形棱锥体金刚石压头用试验力压入试样表面，经规定保持时间后卸除试验力，测量试样表面压痕长对角线的长度(见图1和图2)。

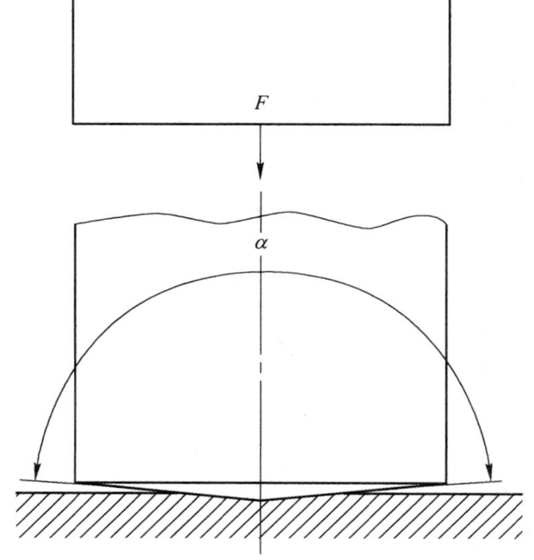

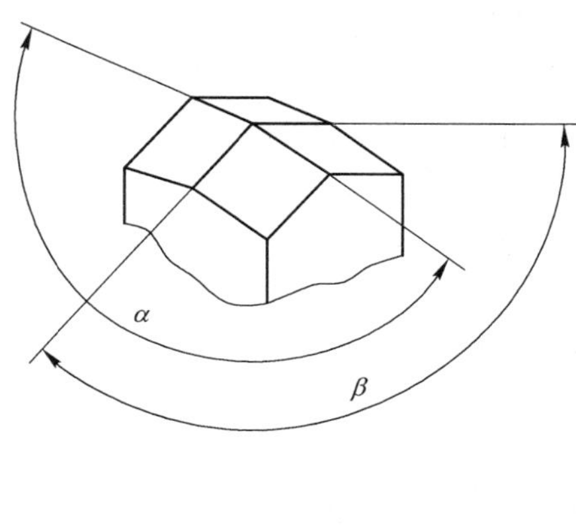

图1　努氏硬度压头

努氏硬度与试验力除以压痕投影面积所得的商成正比，压痕被视为具有与压头顶部角度相同的菱面棱锥体形状。

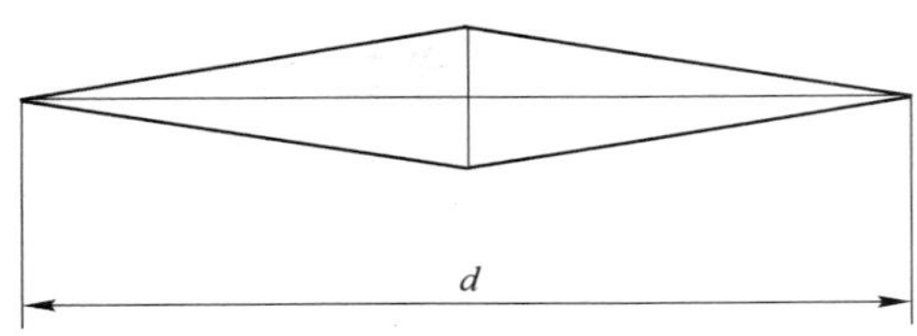

图 2 努氏硬度压痕

4 符号及说明

4.1 符号及说明见表 1 及图 1 和图 2。

表 1 符号及说明

符 号	说 明
F	试验力，单位为 N
d	压痕长对角线长度，单位为 mm
c	压头常数，与用长对角线长度的平方计算的压痕投影面积相关 压头常数 $c=\dfrac{\tan\frac{\beta}{2}}{2\tan\frac{\alpha}{2}}$，$c=0.7028$ α 及 β 是相对棱边之间的夹角，见图 1。
HK	努氏硬度$=$常数$\times\dfrac{试验力}{压痕投影面积}$ $=0.102\dfrac{F}{d^2c}=0.102\times\dfrac{F}{0.7028d^2}=1.451\dfrac{F}{d^2}$
注：常数$=\dfrac{1}{g_n}=\dfrac{1}{9.80665}\approx0.102$，9.80665 是从 kgf 转换成 N 的转换因子。	

4.2 努氏硬度 HK 表达方法举例

示例：

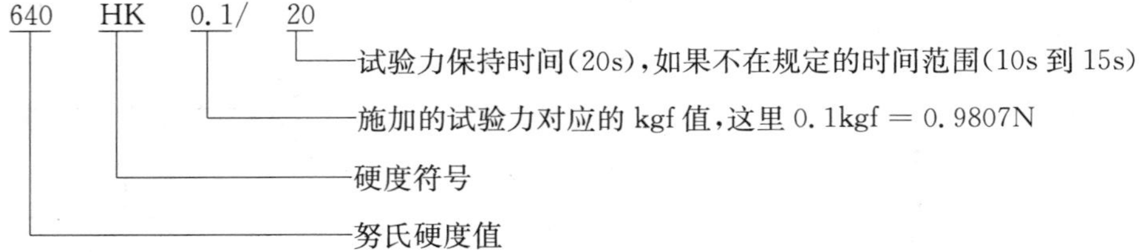

5 试验设备

5.1 硬度计

硬度计应符合 GB/T 18449.2 的规定，能施加预定试验力或 98.07×10^{-3}N～19.614N 的试验力。

5.2 压头

压头应是具有菱形基面的金刚石棱锥体，并符合 GB/T 18449.2 的要求。

5.3 测量装置

测量系统的光学部分应满足 GB/T 18449.3 中对柯勒照明系统的要求。

努氏硬度压痕测量装置应符合 GB/T 18449.2 的相应要求。

压痕测量装置应能将对角线放大到视场的 25%～75%。

测量系统报出的对角线长度应精确至 0.1μm。

注：附录 A 提供了使用者对硬度计的日常检查方法。

6 试样

6.1 应在平坦光滑的试样表面上进行试验，试样表面应抛光，并应无氧化皮及外界污物，尤其不应有油脂。在各种试验条件下，压痕周边均应清晰地出现在显微镜视场中。试样表面应保证精确测量压痕对角线长度的测定。

6.2 制备试样时应采取措施，使例如由于发热或冷加工等因素对试样表面硬度的影响减至最小。

6.3 由于努氏硬度压痕很浅，在准备样品时应采取特殊措施。推荐根据被测材料选取适合的抛光和电解抛光技术。

6.4 试验后试样背面不应出现可见变形。

6.5 对于小横截面或形状不规则的试样，可使用类似镶嵌的辅助支承，保证在加力过程中试样不发生移动。

7 试验程序

7.1 试验一般在 23℃±5℃室温下进行，如果不在此温度范围内试验，应在报告中说明。

7.2 推荐选用表 2 中示出的试验力进行试验。

表 2 不同条件下的试验力

硬度符号	试验力值 F	
	N	近似的 kgf[a] 当量数
HK0.01	0.09807	0.010
HK0.02	0.1961	0.020
HK0.025	0.2452	0.025
HK0.05	0.4903	0.050
HK0.1	0.9807	0.100
HK0.2	1.961	0.200
HK0.3	2.942	0.300
HK0.5	4.903	0.500
HK1	9.807	1.000
HK2	19.614	2.000

a kgf 不是国际单位制单位。

7.3 试样应放置于试台上。试样支承面应清洁且无其他污物(氧化皮、油脂、灰尘等)。试样应稳固地放置于试台上以确保试验中不产生位移。压痕对角线端部必需能清晰地显示出。

7.4 调整测量显微镜的焦距，保证试样表面能够被观测到。

7.5 使压头与试样表面接触，垂直于试验面施加试验力，加力过程中不应有冲击和振动，直至将试验力施加至规定值。从加力开始至全部试验力施加完毕的时间应不超过 10s。压头下降速度应在 15μm/s～70μm/s 之间。初始试验力到全部试验力的施加时间不应超过 10s。

7.6 除非另有规定试验力的保持时间应为 10s～15s。对于特殊材料，试验力保持时间可以延长，但误差应在±2s 之内。

7.7 在整个试验期间，硬度计应避免受到冲击和震动。

7.8 任一压痕中心距试样边缘距离，至少应为短压痕对角线长度的3倍。

7.9 对于肩并肩的两相邻压痕之间的最小距离至少应为压痕短对角线长度的2.5倍；对于头碰头的两相邻压痕之间的最小距离至少应为压痕长对角线长度的1倍。如果两压痕的大小不同，压痕之间的最小距离至少应为较大压痕短对角线长度的1倍。

7.10 应测量压痕长对角线的长度，用长对角线的长度计算努氏硬度。对于所有试验，压痕的周边在显微镜的视场里应被清晰地定义。

注：总之，降低试验力也就增加了测量结果的分散性。这尤其适用于低力值的努氏硬度试验，在测量长压痕对角线时将出现主要缺陷。对于努氏硬度，长对角线的测量精度不可能优于±0.001mm。

压痕测量装置应能将对角线放大到视场的25%～75%。

7.11 努氏硬度值应按照表1给出的公式进行计算，或使用GB/T 18449.4给出的硬度值表。

7.12 如果长压痕对角线的一半与另一半相差超过10%，应检查试样测量表面与支撑表面之间的平行度，最终保证压头与试样之间的同轴性。试验结果偏差超过10%的应该舍弃。

8 结果的不确定度

如需要，一次完整的不确定度评估宜依照测量不确定度表示指南JJF 1059进行。

对于硬度试验，可能有以下两种评定测量不确定度的方法。

——基于在直接校准中对所有出现的相关不确定度分量的评估；

——基于用标准硬度块（有证标准物质）进行间接校准，测定指导参见附录B。

9 试验报告

试验报告应包括以下内容：

a) GB/T 18449本部分的编号；

b) 与试样有关的详细资料；

c) 试验结果；

d) 不在本部分规定之内的操作；

e) 影响试验结果的各种细节；

f) 如果试验温度不在7.1规定范围时，应注明试验温度。

注1：尚无普遍通用的方法将努氏硬度精确地换算成其他硬度或抗拉强度。因此应避免这种换算，除非通过对比试验建立换算的基础。

注2：试验力相同的情况下，才可以对硬度值作精确比较。

附 录 A
（资料性附录）
使用者对硬度计的期间核查

使用者应在当天使用硬度计之前，对其使用的硬度标尺或范围进行检查。

日常检查之前，（对于每个范围/标尺和硬度水平）应使用依照GB/T 18449.3标定过的标准硬度块上的标准压痕进行压痕测量装置的间接检验。压痕测量值应与标准硬度块证书上的标准值相差在0.5%和0.4μm（取两者中的较大值）以内。如果测量装置不能满足上述要求，应采取相应措施。

日常检查应在按照GB/T 18449.3标定的标准硬度块上至少打一个压痕。如果测量的硬度（平均）值与标准硬度块标准值的差值在GB/T 18449.2中给出的允许误差之内，则硬度计被认为是满意的。如果超出，应立即进行间接检验。

所测数据应当保存一段时间，以便监测硬度计的再现性和测量设备的稳定性。

附 录 B
(资料性附录)
硬度值测量的不确定度

B.1 通常要求

本附录定义的不确定度只考虑硬度计与标准硬度块(CRM)相关测量的不确定度。这些不确定度反映了所有分量不确定度的组合影响(间接检定)。由于本方法要求硬度计的各个独立部件均在其允许偏差范围内正常工作,故强烈建议在硬度计通过直接检定一年内采用本方法计算。

图B.1显示用于定义和区分各硬度标尺的四级的计量朔源链的结构图。朔源链起始于用于定义国际比对的各硬度标尺的国际基准。一定数量的国家基准——基础标准硬度计"定值"校准实验室用基础参考硬度块。当然,基础标准硬度计应当在尽可能高的准确度下进行直接标定和校准。

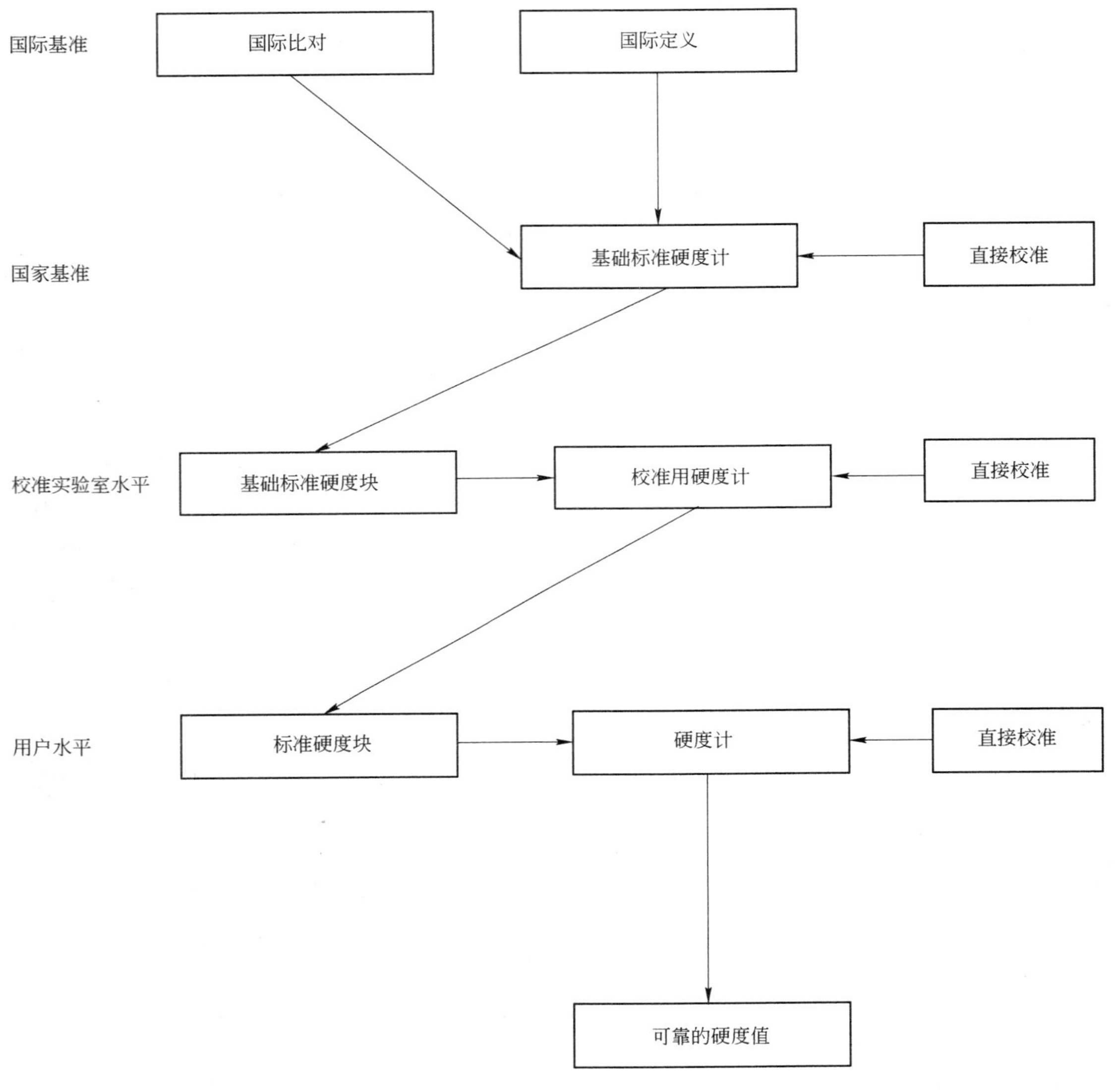

图B.1 硬度标尺的定义和量值传递图

B.2 通常程序

本程序用平方根求和的方法(RSS)合成 u_1(各不确定度分项见表 B.1)。扩展不确定度 U 是 u_1 和包含因子 $k(k=2)$的乘积。表 B.1 给出了全部的符号和定义。

B.3 硬度计的偏差

硬度计的偏差 b 起源于下面两部分之间的差异:

——校准硬度计的五个硬度压痕的平均值。

——标准硬度块的标准值。

可以用不同的方法确定不确定度。

B.4 计算不确定度的步骤:硬度测量值

注:CRM(Certified Reference Material)是由标准硬度计标定的标准硬度块。

B.4.1 考虑硬度计最大允许误差的方法(方法 1)

方法 1 是一种简单的方法,它不考虑硬度计的系统误差,即是一种按照硬度计最大允许误差考虑的方法。

测定扩展不确定度 U(见表 B.1)

$$U = k \cdot \sqrt{u_E^2 + u_{CRM}^2 + u_H^2 + u_x^2 + u_{ms}^2} \qquad \text{(B.1)}$$

测量结果:

$$X = \overline{x} \pm U \qquad \text{(B.2)}$$

B.4.2 考虑硬度计系统误差的方法(方法 2)

除去方法 1,也可以选择方法 2。方法 2 是与控制流程相关的方法,可能获得较小的不确定度。

$$U = k \cdot \sqrt{u_x^2 + u_H^2 + u_{CRM}^2 + u_{ms}^2 + u_b^2} \qquad \text{(B.3)}$$

测量结果:

$$X = \overline{x} \pm U \qquad \text{(B.4)}$$

B.5 硬度测量结果的表示

表示测量结果时应注明不确定度的表示方法。通常用方法 1 表达测量不确定度(见表 B.1 中第 10 步)。

表 B.1 扩展不确定度的说明

方法步骤	不确定度来源	符号	公 式	依 据	例:[…]=HK1
1 方法 1 方法 2	测量试样的平均值及其标准偏差	$\overline{x}$ s_x	$\overline{x}=\frac{\sum_{i=1}^{n}x_i}{n}$ $s_x=\frac{R}{C}$	测量结果的标准偏差 采用极差法计算 当 $n=5$ 时极差系数 $C=2.33$	单次测量值 402.6,404.7,403.0,400.9,399.2 $\overline{x}=402.1$ $s_x=\frac{5.5}{2.33}=2.36$
2 方法 1 方法 2	对试样测量重复性的标准不确定度	u_x	$u_x=s_x$	评定单次测量的标准不确定度	$u_x=2.36$
3 方法 1 方法 2	用标准硬度块检定的平均值和标准偏差	$\overline{H}$ s_H	$\overline{H}=\frac{\sum_{i=1}^{n}H_i}{n}$ $s_H=\frac{R}{C}$	检定结果的标准偏差 采用极差法计算 当 $n=5$ 时极差系数 $C=2.33$	406.5,403.0,400.9,403.4,397.5 $\overline{H}=402.3$ $s_H=\frac{9.0}{2.33}=3.86$
4 方法 1 方法 2	用标准硬度块检定的平均值的标准不确定度	$u_{\overline{H}}$	$u_{\overline{H}}=s_H/\sqrt{5}$	评定 5 次平均值的标准不确定度	$u_H=\frac{3.86}{\sqrt{5}}=1.73$
5 方法 1 方法 2	标准硬度块的标准不确定度	u_{CRM}	$u_{CRM}=2\cdot u_{CRMrel}(\overline{d})\times H_{CRM}$ $u_{CRMrel}(\overline{d})=\frac{0.04\,\overline{d}}{2.83}\div\overline{d}=\frac{0.04}{2.83}$ $=1.413\%$	标准硬度块不均匀性 最大允许值见 GB/T 18449.2	$u_{CRM}=2\times1.413\%\times396.8=11.21$
6 方法 1	最大允许误差下的标准不确定度	u_E	$\mathrm{HK}=1.451\frac{F}{d^2}$ $u_E(d)=\frac{E_{rel}(d)}{\sqrt{3}}\cdot\overline{x}$	GB/T 18449.2 压痕最大允许误差 $E_{rel}(d)=\pm2\%$	$u_E=2\cdot u_E(d)$ $u_E=2\times\frac{2\%}{\sqrt{3}}\times402.1$ $=2\times1.154\%\times402.1=9.28$

表 B.1(续)

方法步骤	不确定度来源	符号	公式	依据	例:[…]=HK1
7 方法 1 方法 2	压痕测量分辨力的标准不确定度	u_{ms}	$HK=1.451\frac{F}{d^2}$ $u_{rel}(HK)=2\cdot u_{rel}(d)$ $u_{rel(d)}=\frac{\delta_{ms}}{2\sqrt{3}}$	GB/T 18449.2 压痕测量装置的分辨力为 0.0005mm。按均匀分布考虑。硬度值为 402.1HK1 时,压痕长度为 0.1881mm。则 $u_{rel}(d)=\frac{0.0005}{2\sqrt{3}}\div 0.1881=0.077\%$	$u_{ms}=2\times 0.077\%\times 402.1=0.62$
8 方法 2	硬度计校准值与硬度块标准值差	b	$b=\overline{H}-H_{CRM}$	第 3 步和第 5 步	$b=402.3-396.8=5.5$
9 方法 2	硬度计系统误差带来的不确定度	u_b	$u_b=\|b\|$	两点分布	$u_b=5.5$
10 方法 1	扩展不确定度的评定	U	$U=k\cdot\sqrt{u_x^2+u_{\overline{H}}^2+u_E^2+u_{CRM}^2+u_{ms}^2}$	第 1 步到第 7 步 $k=2$	$U=2\sqrt{2.36^2+1.73^2+9.28^2+11.21^2+0.62^2}$ $=2\times 14.86=29.7$
11 方法 1	测量结果	X	$X=\overline{x}\pm U$	第 1 步和第 10 步	$X=(402.1\pm 29.7)$HK(方法 1)
12 方法 2	扩展不确定度的评定	U	$U=k\cdot\sqrt{u_x^2+u_{\overline{H}}^2+u_{CRM}^2+u_{ms}^2+u_b^2}$	第 1 步到第 5 步 第 7 步到第 9 步	$U=2\times\sqrt{2.36^2+1.73^2+11.21^2+0.62^2+5.5^2}$ $U=25.7$HK
13 方法 2	测量结果	X	$X=\overline{x}\pm U$	第 1 步和第 12 步	$X=(402.1\pm 25.7)$HK(方法 2)

中华人民共和国冶金行业标准

YB 4052—1991

高镍铬无限冷硬离心铸铁轧辊金相检验

1991-05-04 发布　　1992-01-01 实施

中华人民共和国冶金工业部　发布

中华人民共和国冶金行业标准

高镍铬无限冷硬离心铸铁轧辊金相检验

YB 4052—1991

1 主题内容与适用范围

本标准规定了用光学金相显微镜评定高镍铬无限冷硬离心复合铸铁轧辊(以下简称"高镍铬轧辊")工作层的显微组织和评定方法。

本标准适用于评定高镍铬轧辊工作层的显微组织。

2 试样的切取与制备

2.1 金相试样在辊坯粗加工后的辊身端部切取,或在辊身中部表面直接进行金相检验。

2.2 切取和制备金相试样时,应保证不破坏原有的组织结构,石墨夹杂不能剥落、污染和变形,试样表面应光洁,不允许有明显的划痕或肉眼可见的缺陷。

3 检验规则

3.1 试样受检部位距离辊面 0～15mm 范围。

3.2 试样抛光后检验石墨,经 2%～5%硝酸酒精溶液腐蚀后检验基体组织和碳化物,评定基体组织,放大倍数为 400 倍或 500 倍,其余检验项目放大 100 倍。

3.3 显微检验时,应首先普遍观察受检范围,综合大多数视场后选择有代表性的视场,对照相应的级别图评定。

3.4 检验结果表示方法:石墨形态和基体组织特征以名称表示,同一试样中有多种组织形态并存时,在报告中按主次顺序填写;石墨数量和碳化物数量,以级别名称或百分数表示,超出级别范围时,用"＜"或"＞"表示。

4 检验项目和评级图

4.1 石墨形态

石墨形态分 5 种,见表 1 和图 1～图 5。

表 1

名　称	说　明	图　号
片　状	边缘光滑、端部尖锐的薄片状	1
蠕虫状	彼此孤立,表面不平整,端部圆钝的厚片形	2
碎块状	一个个孤立、厚度不断变化的不规则块状	3
团絮状	石墨内部和边缘呈"松散"絮状,形状不规则	4
团虫状	絮状、团状石墨的主体上有蠕虫分枝,形状不规则	5

中华人民共和国冶金工业部 1991-05-04 批准　　1992-01-01 实施

石墨形态图(100×)

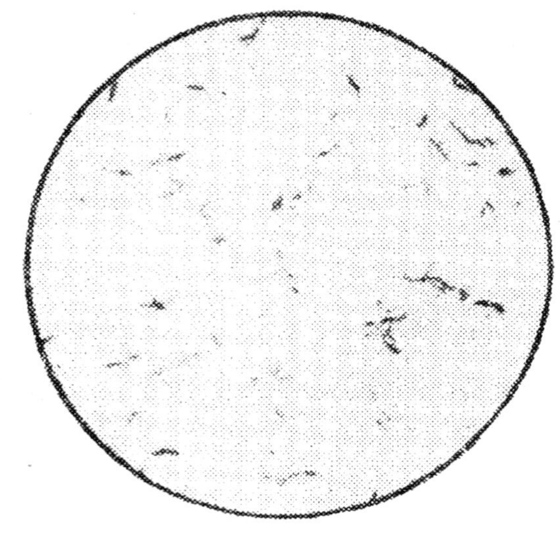

图1　片状

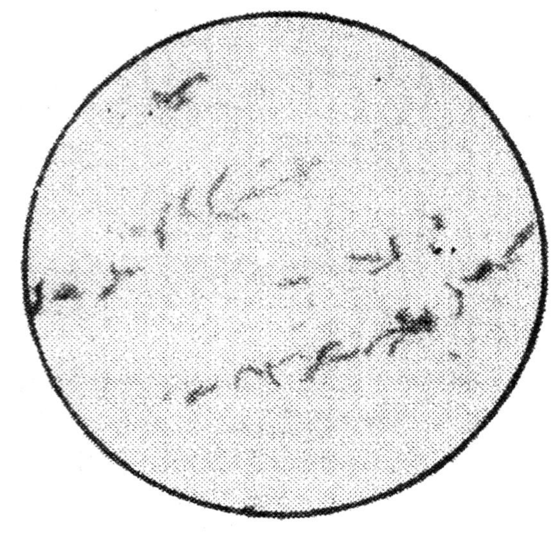

图2　蠕虫状

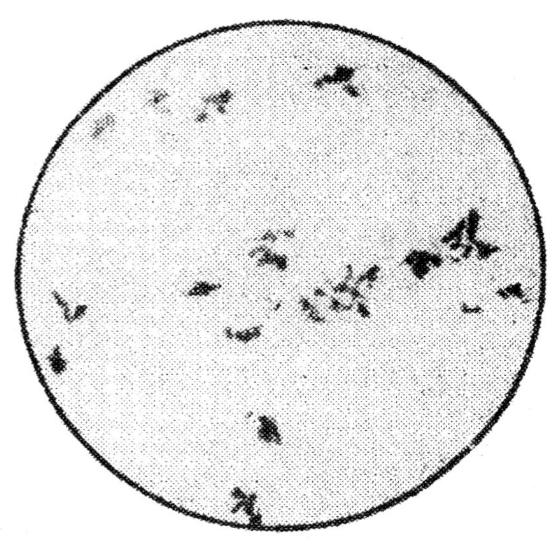

图3　碎块状

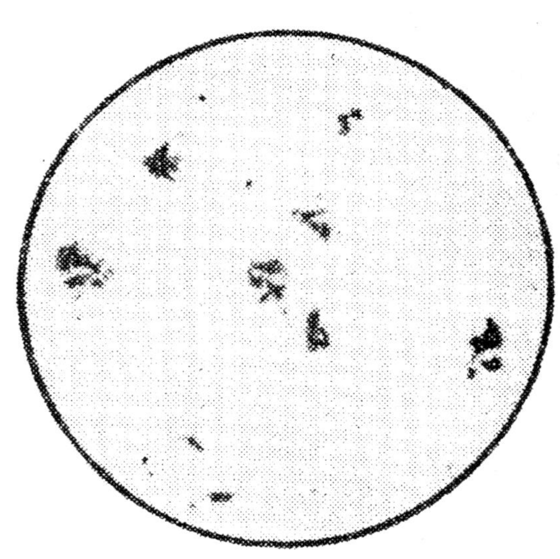

图4　团絮状

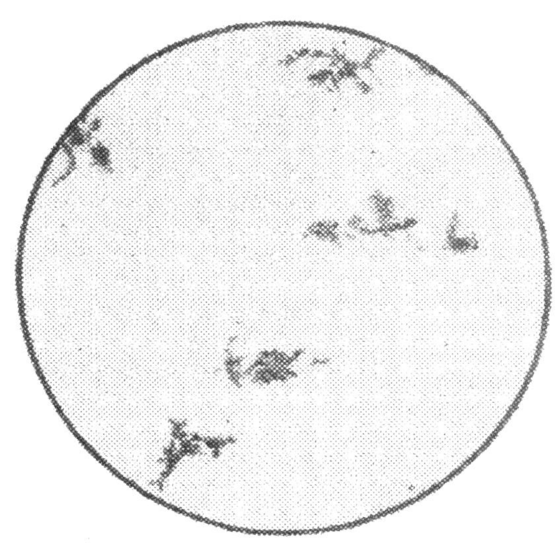

图 5　团虫状

4.2　石墨数量

石墨数量分列 A、B 二组图片，各为 5 级，见表 2 和图 6～图 10。

表 2

级　别	石墨数量，%	图　　号
1	1～2	6A、6B
2	>2～3	7A、7B
3	>3～4	8A、8B
4	>4～5	9A、9B
5	>5～6	10A、10B

石墨数量级别图(100×)

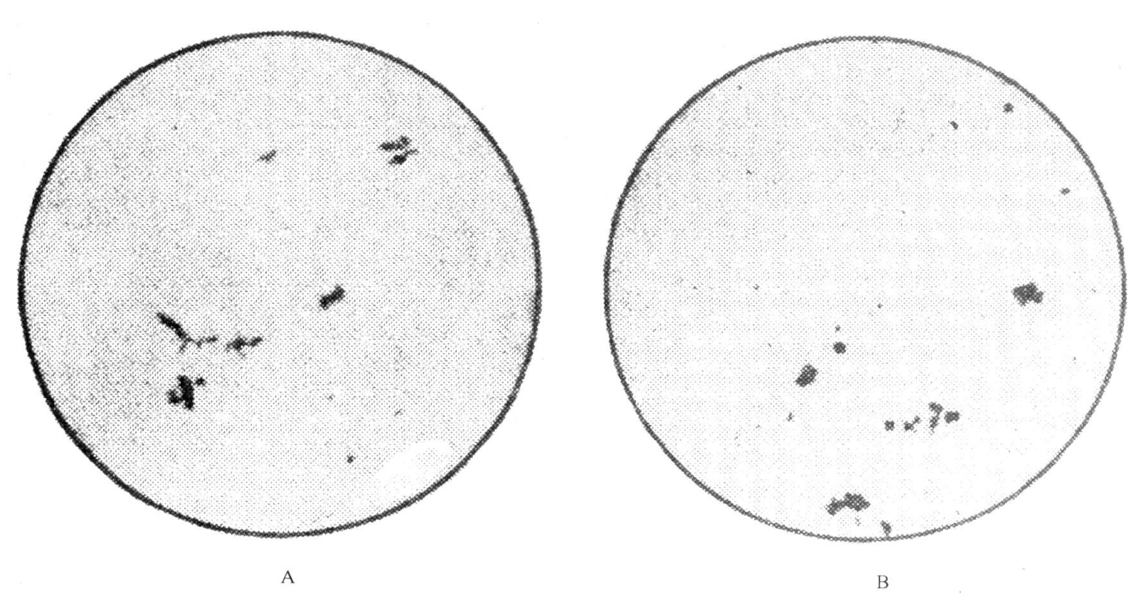

图 6　1 级

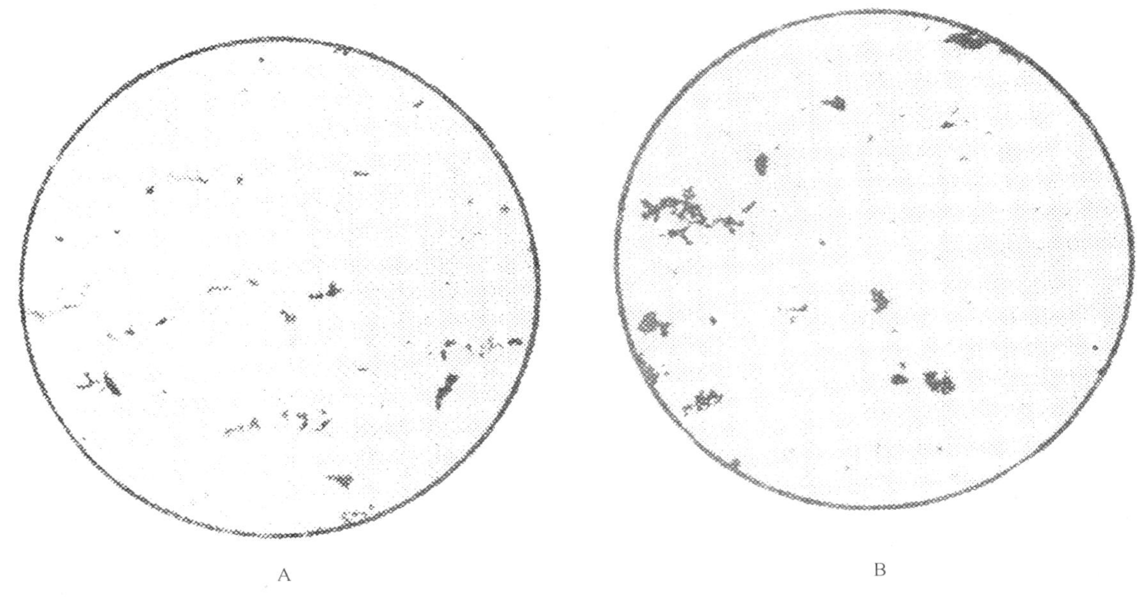

图7　2级

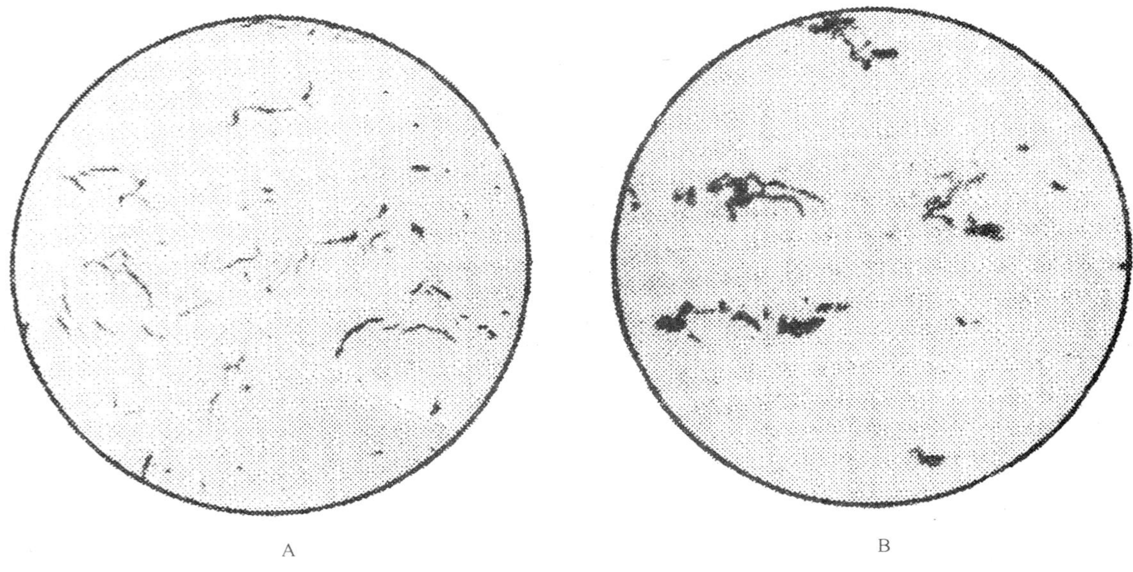

图8　3级

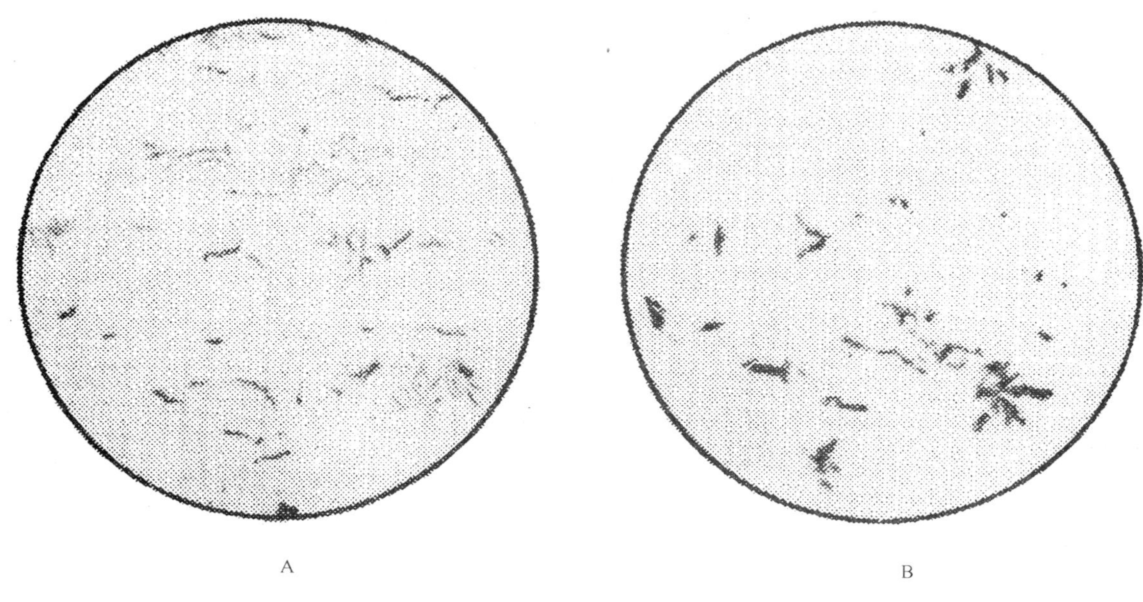

A　　　　B

图9　4级

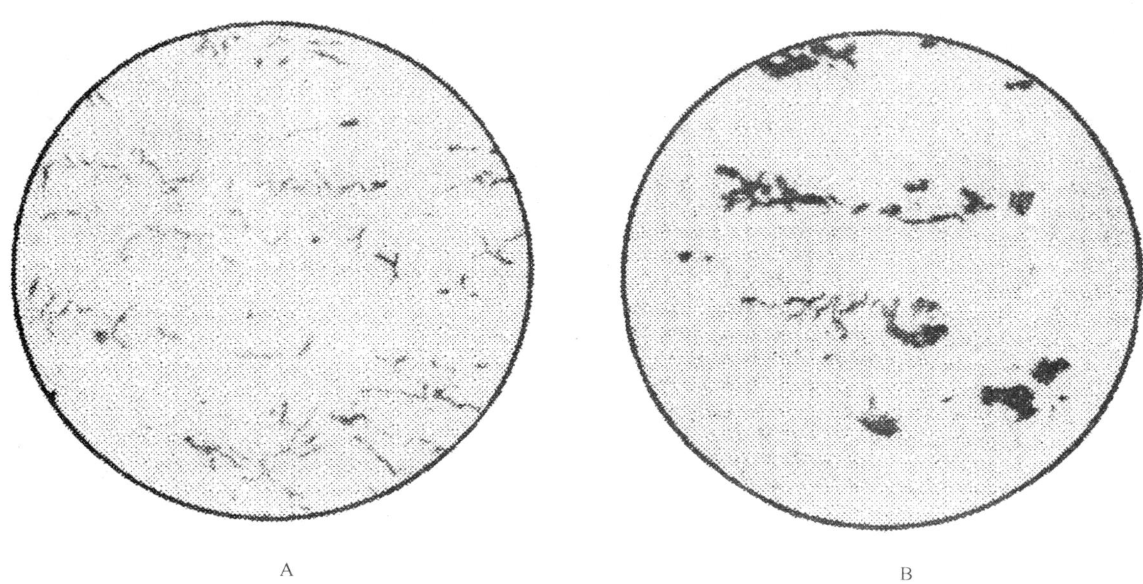

A　　　　B

图10　5级

4.3 基体组织特征

基体组织特征分为 4 种，见表 3 和图 11～图 14。

表 3

名　称	说　　明	图　　号
马氏体	透镜、竹叶形的片状，有的有中脊背，彼此以 60°或 120°夹角，铸态多在贝氏体间隙分布	11
下贝氏体	较深色针条状，无严格夹角，针上有细微碳化物析出	12
上贝氏体	束条状或排状，束条或排中为近乎平行的铁素体细条，条间有断续的细小碳化物	13
回火贝氏体	铸态贝氏体经回火后，其形状和在光镜下的细微结构，不见明显变化的贝氏体	14

基体组织特征图(500×)

图 11　马氏体

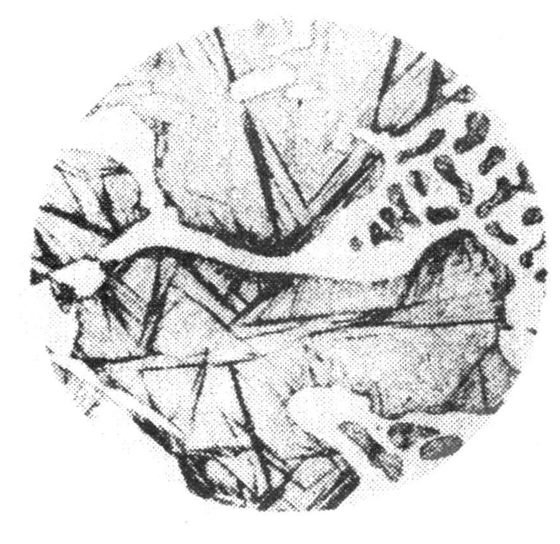

图 12　下贝氏体

图 13　上贝氏体

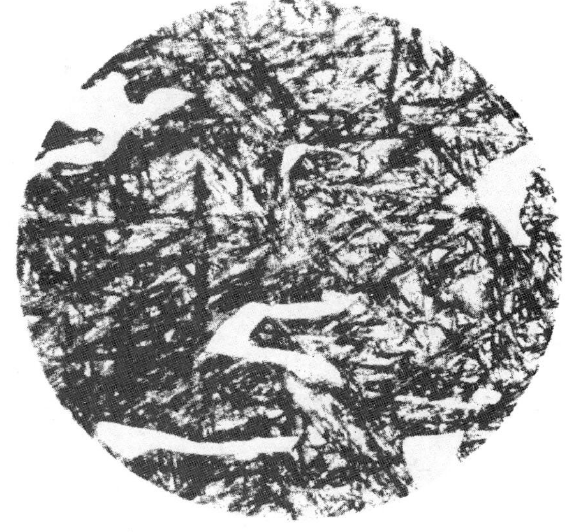

图 14　回火贝氏体

4.4　碳化物数量

碳化物数量分为 A、B 二组图片，各为 5 级，见表 4 和图 15～图 19。

表 4

级别名称	碳化物数量，%	图　　号
碳 20	20～25	15A、15B
碳 25	>25～30	16A、16B
碳 30	>30～35	17A、17B
碳 35	>35～40	18A、18B
碳 40	>40～45	19A、19B

碳化物数量级别图(100×)

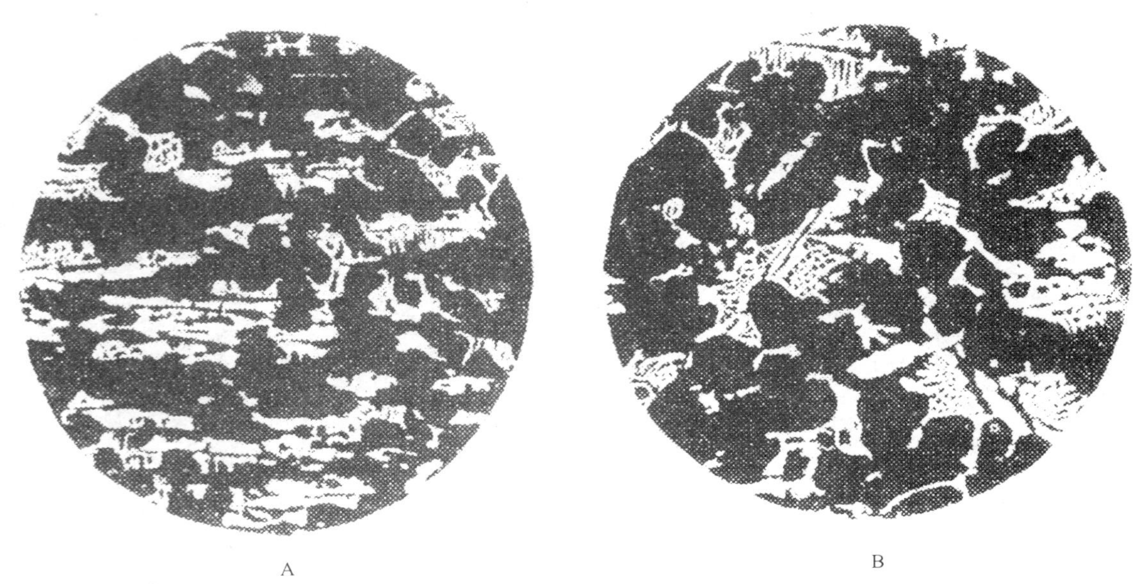

图 15　碳 20

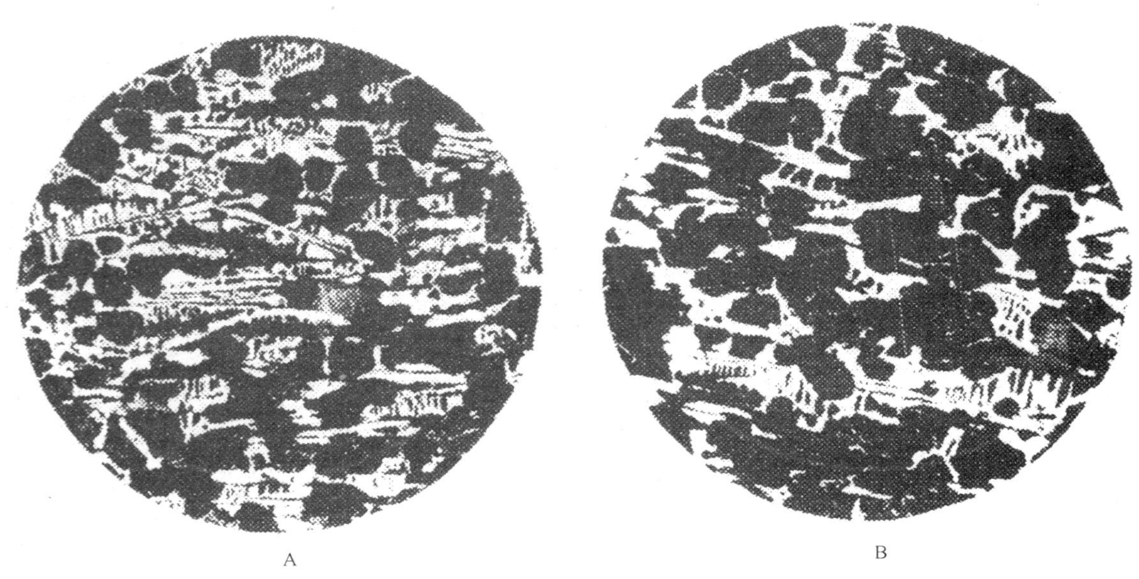

图 16　碳 25

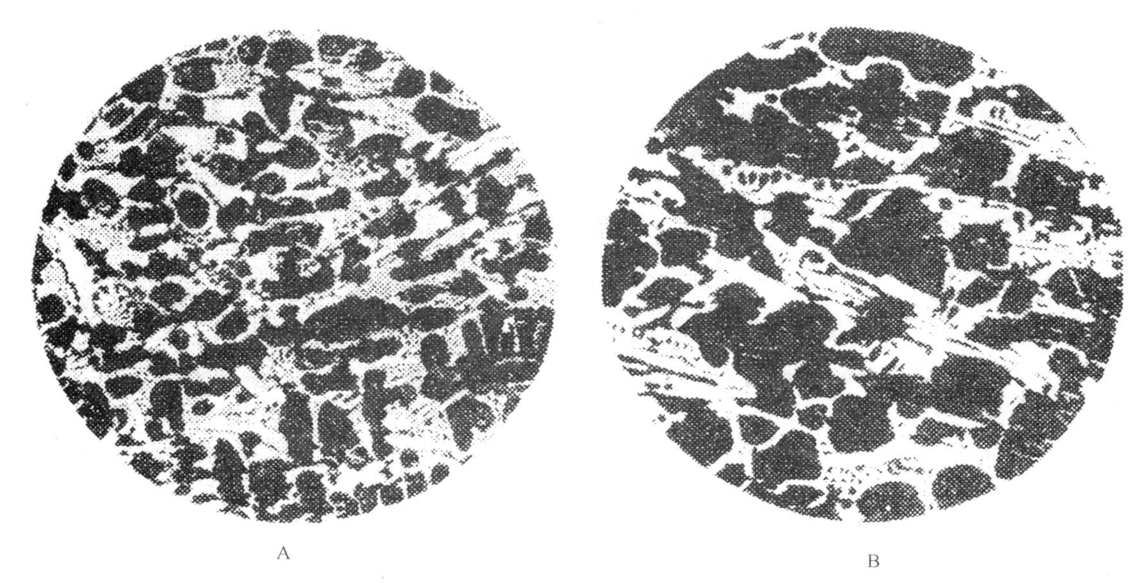
A　　　　B

图 17　碳 30

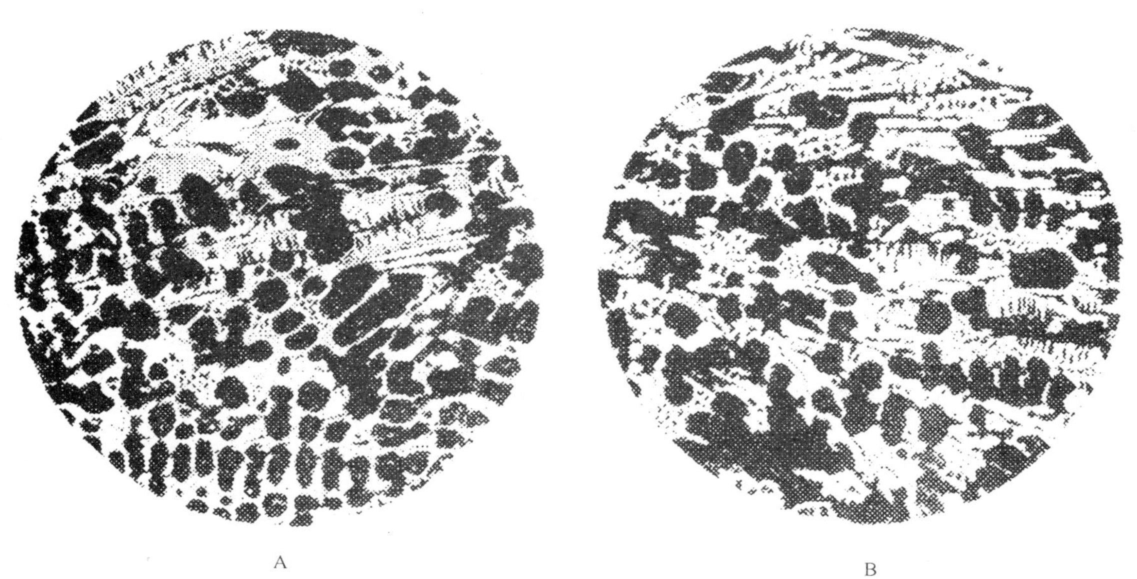
A　　　　B

图 18　碳 35

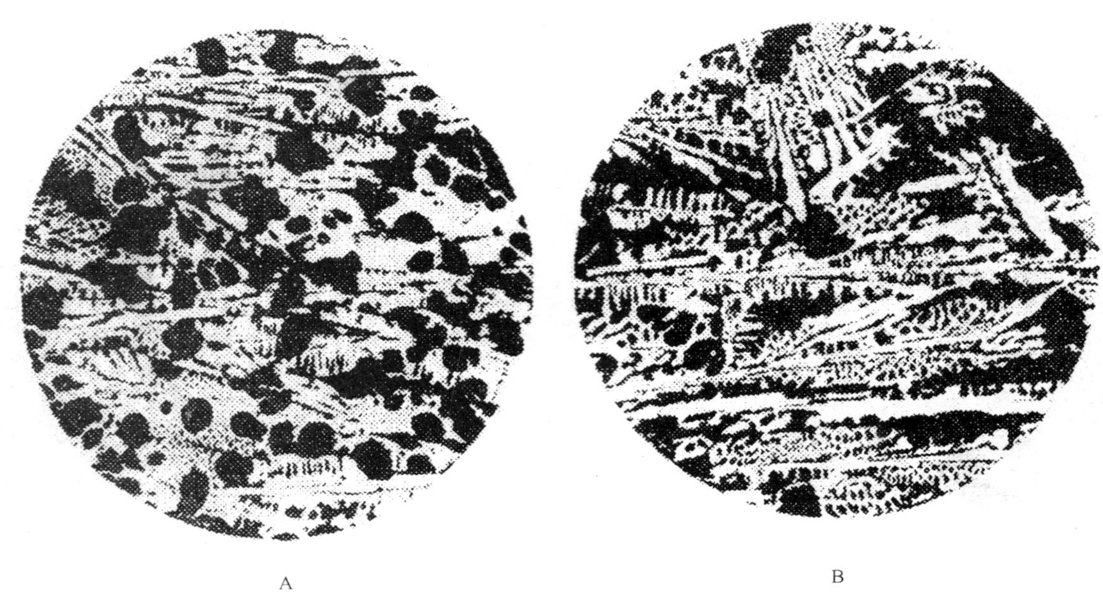

A　　　　B

图 19　碳 40

附加说明：

本标准由中华人民共和国冶金工业部提出。

本标准由邢台冶金机械轧辊厂负责起草。

本标准主要起草人张思维、沈渝渝、马媛。

本标准 YB 4052—91 自实施之日起，代替 YB H24 001—90。

本标准水平等级标记　YB 4052—91 I